高等学校教材

仪器分析

YIQI FENXI

第二版

孙凤霞 主编

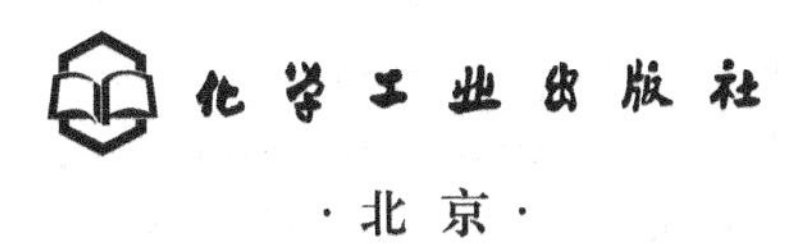

·北京·

本书共分5篇21章，主要讲述了光谱学分析法、色谱法、电分析化学法、热分析法、质谱分析法与联用技术。在第一版的基础上，补充了二维核磁共振波谱法、超高效液相色谱、液相色谱-质谱联用、ICP-MS联用等的内容，电分析化学部分作了较大的更新，其它部分也作了相应的调整，以使学生通过学习，根据分析目的，能够选择适宜的、最新的分析方法和仪器。

本书同时配套的多媒体教学课件详细介绍了仪器分析的基础理论、结构及工作原理，采用模拟动画和实物影像资料或解剖图的形式，形象地反映了仪器的结构和性能。对于仪器的应用和实验技术，采用实例分析的方式做了详细的介绍。每部分内容均采用 Windows 标准的下拉菜单式，界面友好、交互性强。

本书和配套的多媒体教学课件既可用作高等院校本科生和研究生的仪器分析课程教材或教学参考书，也可供从事仪器分析工作的科技人员和分析工作者参考使用。

图书在版编目（CIP）数据

仪器分析/孙凤霞主编. —2版. —北京：化学工业出版社，2011.6（2022.8重印）
高等学校教材
ISBN 978-7-122-11261-3

Ⅰ. 仪… Ⅱ. 孙… Ⅲ. 仪器分析-高等学校-教材 Ⅳ. O657

中国版本图书馆CIP数据核字（2011）第088391号

责任编辑：宋林青　于志岩　　文字编辑：孙凤英
责任校对：徐贞珍　　装帧设计：史利平

出版发行：化学工业出版社（北京市东城区青年湖南街13号　邮政编码100011）
印　　装：北京虎彩文化传播有限公司
787mm×1092mm　1/16　印张23½　字数596千字　2022年8月北京第2版第9次印刷

购书咨询：010-64518888　　售后服务：010-64518899
网　　址：http://www.cip.com.cn
凡购买本书，如有缺损质量问题，本社销售中心负责调换。

定　　价：56.00元

前　言

本教材第一版于2003年编写、2004年出版，分析仪器在这几年取得了突飞猛进的进步，尤其是核磁共振仪器部分和色谱仪器部分，相应的仪器分析方法也有了新的进展和变化。作为化工、制药、环境、食品以及应用化学等专业基础课的仪器分析课程，也应及时吐故纳新，为经典仪器分析内容补充新概念、新方法和新应用。第二版主要补充了二维核磁共振波谱法、超高效液相色谱、LC-MS和ICP-MS的内容，电分析化学部分作了较大的更新，其他部分也作了相应的调整。学生通过本教材的学习，根据分析目的，应能够选择适宜的、最新的分析方法和仪器，达到培养工程技术人才能够及时跟踪学科前沿的目的。

本书同时配套的多媒体教学课件也重新作了大的调整，在第一版的基础上，修订后的CAI不仅可以直接参考教学或自学使用，同时可以在其基础上进行二次开发，更适合于教学使用。更新后的CAI详细介绍了仪器分析的基础理论、结构及工作原理，采用模拟动画和实物影像资料或解剖图的形式，形象地反映了仪器的结构和性能。对于仪器的应用和实验技术，采用实例分析的方式做了详细的介绍。每部分内容均采用Windows标准的下拉菜单式，界面友好、交互性强。

本教材在编写过程中，参考了大量的国内外教材、著作和论文，还引用了某些图表和数据，在此向有关的作者表示衷心的感谢。

本书和配套的多媒体教学课件既可用作高等院校本科生和研究生的仪器分析课程教材或教学参考书，也可供从事仪器分析工作的科技人员和分析工作者参考使用。

本书由孙凤霞博士任主编。除原作者在第一版的基础上做了修订以外，王育华博士和郑和堂副教授对电分析化学部分作了大量的修改工作，哈婧博士对原子光谱部分作了调整和补充。

由于编者水平有限，疏漏之处在所难免，恳请读者批评指正！

编者

2011年3月10日

第一版前言

仪器分析课程是化学、化工、制药、环境、食品等专业的必修基础课之一。通过本课程的学习，要求能够掌握常用仪器分析方法的原理和仪器的简单结构；根据分析的目的，结合学到的各种仪器分析方法的特点、应用范围，能够选择适宜的分析方法，以达到培养工程技术人才所必须具备的基本仪器分析素质的目的。

和传统教材相比，该教材增添了联用技术和电色谱的内容。在教材编写过程中，编者将每类仪器分析方法的最新发展及应用的内容补充了进来，坚持仪器分析的教学内容应吐故纳新，在讲解经典内容的同时，注意渗透最新仪器分析的观点、概念和方法，为现代仪器分析提供了内容展示的窗口和延伸发展的接口。

本书同时配套多媒体教学课件在化学工业出版社出版，详细介绍了仪器分析的基础理论、结构及工作原理，采用模拟动画和实物影像资料或解剖图的形式，形象地反映了仪器的结构和性能。对于仪器的应用和实验技术，采用实例分析的方式做了详细的介绍。每部分内容均采用 Windows 标准的下拉菜单式，界面友好、交互性强。

在教材编写过程中，参考了大量的国内外教材、著作和论文，还引用了某些图表和数据，在此向有关的作者表示衷心的感谢。

本书和配套的多媒体教学课件既可用作高等院校本科生和研究生的仪器分析课程教科书或教学参考书，也可供从事仪器分析工作的科技人员和分析工作者参考使用。

本书由孙凤霞任主编。其中第五章和第十～十一章由李巧玲编写；第二十一～二十四章由李巧玲、孙凤霞联合编写；第六章和第十七～十九章由李艳廷编写；第七～八章由杜红霞编写；第十二～十三章由张桂编写；第二～三章由刘国权、殷蓉联合编写；第四章由吴广枫编写；其余章节由孙凤霞编写。全书最后由孙凤霞通读修改定稿。本书得到天津大学李润卿教授（主审第一～三章）、天津大学赵秋雯教授（主审第十二～十四章）、河北师范大学周清泽教授（主审第十七～十九章）、河南工业大学周展明教授（主审第十五章）、河北科技大学董文庚教授（主审第七～八章）的审阅，在此谨向审阅书稿的各位教授表示衷心的谢意。

由于编者水平有限，缺点错误在所难免，恳请读者批评指正！

编者

2004 年 3 月

目　　录

第一篇　光谱学分析方法

第二篇　色　谱　法

第三篇 电分析化学法

第四篇 热分析法

第五篇 质谱法与联用技术

绪　　论

第一节　概　　述

分析化学是根据化学原理和物理化学原理测定和鉴别物质的组成、状态、结构及其组分含量的科学，它包括化学分析和仪器分析两大部分。化学分析是指利用化学反应和它的计量关系来确定被测物质的组成和含量的一类分析方法，测定时需使用化学试剂、天平和一些玻璃器皿。仪器分析是以物质的物理和物理化学性质为基础建立起来的一种分析方法，测定时需要使用比较复杂的仪器。仪器分析的产生为分析化学带来了革命性的变化，仪器分析是分析化学的发展方向。

电子、计算机、激光等新技术的发展，促使分析化学和实验技术发生了深刻的变化，许多老的仪器分析方法出现了新面貌，新的仪器分析方法不断出现。目前，化学分析法也在不断仪器化，如称重直读天平、容量分析采用自动滴定、数字显示滴定剂体积的滴定管等，但化学分析的近代化并没有改变它们的分析原理，因而与仪器分析的明显差别仍然存在。

然而，仪器分析与化学分析的区别不是绝对的，仪器分析是化学分析基础上的发展。因为不少仪器分析方法的原理，涉及有关化学分析的基本理论；其次不少仪器分析方法，还必须与试样处理、分离及掩蔽等化学分析手段相结合，才能完成分析的全过程。仪器分析有时还需要采用化学富集的方法提高灵敏度；有些仪器分析方法，如分光光度分析法，由于涉及大量的有机试剂和配合物化学等理论，所以在不少书籍中把它列入化学分析。

应该指出，仪器分析本身不是一门独立的学科，而是多种仪器方法的组合。由于这些仪器方法在化学学科中极其重要。它们已不单纯地应用于分析的目的，而是广泛地应用于研究和解决各种化学理论和实际问题。

仪器分析课程是化学、化工、制药、环境、食品等学科的专业基础必修课之一。仪器分析为定性和定量分析提供了快捷、方便的方法基础，同时仪器分析也为结构分析提供了方法基础。学生通过学习要掌握常用仪器分析方法的原理和仪器的简单结构；要具有根据分析目的，结合学到的各种仪器分析方法知识，选择适宜分析方法的能力；其目的在于培养工程技术人才所必须具备的基本仪器分析素质。

第二节　仪器分析的内容及分类

仪器分析所包括的方法很多，目前已有数十种，常按测量过程中所观测的性质，可分为电分析化学法、色谱分析法、光学分析法、质谱分析法及热分析法等。

一、电分析化学法

根据物质的电学及电化学性质所建立起来的分析方法统称为电分析化学法。它通常是将待测溶液构成一化学电池（电解池或原电池），通过研究或测量化学电池的电学性质（如电极电位、电流、电导及电量等）或电学性质的突变或电解产物的量与电解质溶液组成之间的内在联系以确定试样的含量。根据所测量的电学性质，可将电分析化学法分为电位分析法、伏安及极谱分析法、电导分析法、电解分析法及库仑分析法等。

二、光学分析法

光学分析法是根据物质与电磁辐射之间的关系而建立起来的一种物理分析方法。光学分析法可分为光谱法及非光谱法两大类。在光谱法中，与电磁辐射作用的物质分子或原子间有能级跃迁存在，如紫外及可见光度分析法、原子发射光谱法、红外及拉曼光谱法等；在非光谱分析法中，不涉及物质分子或原子能级间的跃迁，只改变了电磁辐射的传播方向和物理性质，如折射、散射、衍射、偏振等。非光谱法包括折射法、X射线衍射法及旋光测定法等。其中以光谱法最丰富，最重要，应用最广泛。

根据与电磁辐射作用的物质是以气态原子还是以分子（或离子团）形式存在，可将光谱法分为原子光谱法和分子光谱法两类。原子光谱法包括原子发射光谱法、原子吸收光谱法、原子荧光光谱法和X射线荧光光谱法等。分子光谱法包括紫外及可见光度分析法、分子荧光光谱法、红外及拉曼光谱法。

根据物质与电磁辐射相互作用的机理，可将光谱法分为发射光谱法、吸收光谱法、荧光光谱法、拉曼光谱法、X射线衍射光谱法等。

三、色谱法

色谱法是一种用来分离、分析多组分混合物质极有效的方法之一。它的分离原理是：混合物中各组分在互不相溶的两相（固定相和流动相）间具有不同的分配系数，当混合物中各组分随着流动相移动通过固定相时，在流动相和固定相之间进行反复多次的分配，这样就使分配系数不同的各组分在固定相中的滞留时间有长有短，从而按不同的次序先后从固定相中流出。按流动相物理状态的不同，可将色谱法分为气相色谱法和液相色谱法两种。气相色谱气体为流动相，液相色谱液体为流动相。

色谱法能在较短的时间内对组成极为复杂、各组分性质极为相近的混合物同时进行分离和测定。例如在气相色谱中，用空心毛细管柱一次可以解决石油馏分中的几十个、上百个组分的分离和测定。目前色谱法已成为天然产物、石油化工、医药卫生、环境科学、生命科学、能源科学、有机和无机新型材料等各个研究领域中不可缺少的重要工具。

四、质谱法

质谱法是通过将样品转化为运动的气态离子并按质荷比（m/z）大小进行分离记录的分析方法，所获得图谱即为质谱图。根据质谱图提供的信息可以进行多种有机物及无机物的定性和定量分析，复杂化合物的结构分析，样品中各种同位素比的测定及固体表面的结构和组成分析等。例如，质谱检出的离子强度与离子数目成正比，通过离子强度可进行定量分析。

质谱仪早期主要用于分子量的测定和定量测定某些复杂碳氢混合物中的各组分等。20世纪60年代以后，才开始用于复杂化合物的鉴定和结构分析。实验证明，质谱法是研究有机化合物结构最有力的工具之一。

五、热分析法

热分析法是基于热力学原理和物质的热学性质而建立的分析方法。它研究物质的热学性质（物理的或化学的性质）与温度之间的相互关系，利用这种关系来分析物质的组成。主要的热分析技术为差热分析、差示扫描量热法、热重分析、微分热重法和逸出气体分析。它们在化工、冶金、地质、建筑、机电、医药、食品、纺织、农林、环境保护等领域得到了越来越广泛、深入的应用。

第三节 仪器分析的特点

一、仪器分析的优点

① 分析速度快，能满足生产控制的要求。许多仪器配有自动进样装置和微计算机控制，使仪器能在较短时间内分析多个样品，适合批量分析。

② 灵敏度高，样品用量少。如样品用量由化学分析的 mL、mg 级降低到仪器分析的 μg、μL 级，甚至更低。适合于微量、痕量和超痕量成分的测定。

③ 用途广泛，能适应各种分析的要求。除了能进行定性、定量分析外，还能进行结构分析、物相分析、微区分析、价态分析等，还可用于测定络合物的络合比、稳定常数、酸碱电离常数、分子量等；但对一种分析仪器往往只能完成其中的一种或数种任务。

④ 对于大多数仪器来说是非破坏性分析，无损样品又可实现分析目的，测定后样品可回收，这样就可利用少量的样品继续进行多种分析。

⑤ 选择性高。很多的仪器分析方法可以通过选择或调整测定条件，使共存的组分测定时，相互间不产生干扰。

二、仪器分析的局限性

① 仪器设备复杂、投资大，对维护及环境要求高，需要一定水平的操作人员与维修人员。

② 仪器分析是一种相对方法，需要标准物质进行比较，而标准物质的标定又需要借助于化学分析法。

③ 相对误差大，一般不适合于常量和高含量分析。例如发射光谱分析法的相对误差为5%～20%。

第四节 发展中的仪器分析

20 世纪 40～50 年代兴起的材料科学，60～70 年代发展起来的环境科学都促进了分析化学学科的发展。20 世纪 80 年代以来，生命科学的发展又促进了分析化学另一次巨大的发展。仪器分析是分析化学的重要组成部分，学科之间的相互渗透更加深入，吸收其他学科的新成就来创造新的分析方法。近代物理学、数学、电子学及近代激光技术、微波技术、真空技术、数字化技术、计算机技术的迅速发展带来了仪器分析的革命，仪器分析方法不断地更新自己，为科学技术提供更准确、更灵敏、专一、快速、简便的分析方法。如生命科学研究的进展，需要对多肽、蛋白质、核酸等生物大分子进行分析，对生物药物分析，对超微量生物活性物质，如单个细胞内神经传递物质的分析以及对生物活体进行分析。

信息时代的到来，给仪器分析带来了新的发展，主要是仪器信号的采集和数据处理的发展。

计算机与分析仪器的结合，出现了分析仪器的智能化，加快了数据处理的速度。它使许多以往难以完成的任务，如实验室的自动化，图谱的快速检索，复杂的数学统计可轻而易举地完成。信息的采集和变换主要依赖于各类传感器，这又带动了仪器分析中传感器的发展，出现了光导纤维的化学传感器和各种生物传感器。

联用分析技术已成为当前仪器分析的重要发展方向。将几种方法结合起来，特别是分离方法（如色谱法）和鉴定方法（红外光谱法、质谱法、核磁共振波谱法、原子吸收光谱法等）的结合，汇集了多个仪器的优点，弥补了单一仪器的不足，可以更好地完成试样的分析任务。

总之，仪器分析正在向快速、自动、准确、灵敏、简便、多效及适应特殊分析的方向发展。

第一篇　光谱学分析方法

第一章　光谱学分析法导论

第一节　电磁辐射的性质

一、电磁辐射的波粒二象性

电磁辐射是一种以很高速度通过空间传播的光量子流，它具有波动性和微粒性。波动性主要用于解释折射、衍射、干涉和散射等现象，可以用波长、频率和速度等参数来描述。辐射的速度、频率和波长之间的关系为

$$v=\lambda\nu$$

式中，λ 为波长；ν 为频率；v 为辐射的传播速度。不同的电磁波谱区波长可采用不同的单位，可以是 m、cm、μm 或 nm 等，换算关系为 $1\text{m}=10^2\text{cm}=10^6\mu\text{m}=10^9\text{nm}$。频率 ν 表示单位时间内电磁场振动的次数，单位为赫兹，用 Hz 表示。在真空中辐射的传播速度与频率无关，用 c 表示，已准确测定的 c 值为 $2.979\times10^{10}\text{cm/s}$。

波长的倒数为波数 $\bar{\nu}$，其定义为每厘米长度内通过波长的数目，单位为 cm^{-1}，和波长的关系为

$$\bar{\nu}(\text{cm}^{-1})=1/\lambda(\text{cm})=10^4/\lambda(\mu\text{m})$$

电磁辐射的微粒性表明电磁辐射是由大量以光速运动的粒子流组成，这种粒子称为光子。光子是具有能量的，每个光子的能量为

$$E=h\nu=hc/\lambda$$

式中，h 为普朗克（Planck）常数，其值为 $6.626\times10^{-34}\text{J}\cdot\text{s}$。上式表明，光子的能量与它的频率成正比，或与波长成反比。波长越长（或频率越低），光子所具有的能量就越低。光子的能量也可用电子伏特（eV）表示，常用于表示高能量光子的能量单位，即 1 个电子通过电位差为 1V 的电场时所获得的能量。辐射能还可以用每摩尔光子所具有的能量（焦耳）表示，以 J/mol 为单位。

$$1\text{eV}=1.602\times10^{-19}\text{J}$$

此外，在光学分析法中常用电磁辐射强度 J 的概念。它定义为电磁辐射在单位时间内穿过垂直于辐射方向上单位面积的能量，单位为 $\text{J/(s}\cdot\text{m}^2)$。

二、电磁波谱

将电磁辐射按照波长或频率的大小顺序排列，便得到电磁波谱，如图 1-1 所示。微波和无线电波波长较长，能量很低，常与电子和原子核的自旋能级跃迁相关联。其次是红外线区，其中波长 2.5～25μm 的区域称为中红外区，主要涉及分子的振动、转动能级跃迁，在有机化合物的结构分析中极为重要。可见光区的波长为 380～780nm，常用于有色物质的分

析。紫外线区的波长为10～380nm（200nm以下称为真空紫外区），其中200～380nm的近紫外部分是进行紫外光谱分析的常用区域。可见与紫外线区的光与原子及分子的价电子和非成键电子的跃迁相关。X射线和γ射线区的波长很短，具有非常高的能量，与原子或分子的内层电子跃迁及核能级的变化有关，在近代分析化学中占有重要地位。

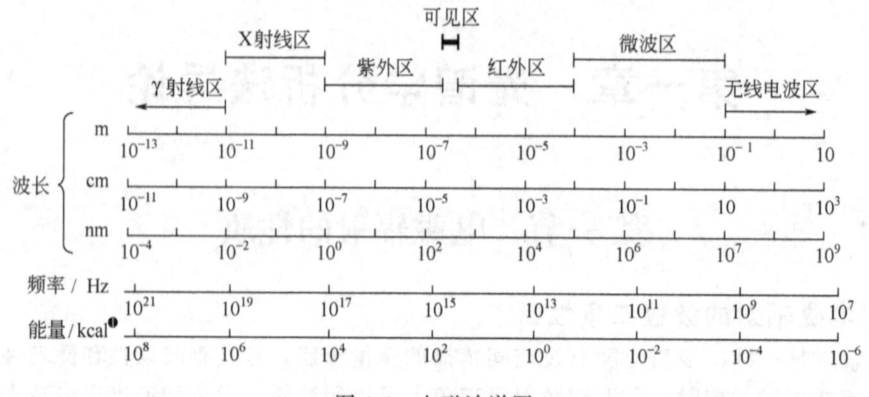

图 1-1 电磁波谱图

用于分析目的的电磁波的有关参数见表1-1。当一束光或电磁波照射到物质上时，光子就与物质的分子、原子或离子等微粒相互作用而交换能量。在通常状态下，物质中这些微粒处于基态，吸收一定频率的辐射后，由基态跃迁到激发态，这个过程称为辐射的吸收。处于激发态的微粒是十分不稳定的，大约经过$10^{-8}\sim10^{-9}$s，便以辐射的形式释放出多余的能量，重新回到基态，这个过程称为辐射的发射。只有当激发光子的能量等于受激微粒由基态跃迁至激发态两个能级的能量差时，才能发生辐射的吸收现象。同样，物质发射光子的能量也只能等于相应的两个能级的能量差，即

$$\Delta E=E_1-E_2=h\nu_1-h\nu_2=hc(1/\lambda_1-1/\lambda_2)$$

表 1-1 电磁波的有关参数

能量 E/eV	频率 ν/Hz	波长 λ	电磁波名称	对应的跃迁类型
$>2.5\times10^5$	$>6.0\times10^{19}$	<0.005nm	γ射线区	核能级
$2.5\times10^5\sim1.2\times10^2$	$6.0\times10^{19}\sim3.0\times10^{16}$	0.005～10nm	X射线区	K,L层电子能级
$1.2\times10^2\sim6.2$	$3.0\times10^{16}\sim1.5\times10^{15}$	10～200nm	真空紫外线区	K,L层电子能级
6.2～3.1	$1.5\times10^{15}\sim7.5\times10^{14}$	200～380nm	近紫外线区	外层电子能极
3.1～1.6	$7.5\times10^{14}\sim3.8\times10^{14}$	380～750nm	可见光区	外层电子能极
1.6～0.50	$3.8\times10^{14}\sim1.2\times10^{14}$	0.75～2.5μm	近红外线区	分子振动能级
$0.50\sim2.5\times10^{-2}$	$1.2\times10^{14}\sim6.0\times10^{12}$	2.5～50μm	中红外线区	分子振动能级
$2.5\times10^{-2}\sim1.2\times10^{-3}$	$6.0\times10^{12}\sim3.0\times10^{11}$	50～1000μm	远红外线区	分子转动能级
$1.2\times10^{-3}\sim4.1\times10^{-6}$	$3.0\times10^{11}\sim1.0\times10^{9}$	1～300mm	微波区	分子转动能级
$<4.1\times10^{-6}$	$<1.0\times10^{9}$	>300mm	无线电波区	电子和核的自旋

通过能量差公式可以计算出在各电磁辐射区产生各种类型跃迁所需的能量，反之亦然。例如，使分子或原子的价电子激发产生跃迁所需的能量为20～1eV，则所吸收的电磁辐射的波长范围为62～1240nm。

❶ 1cal=4.1840J，下同。

第二节 光谱学分析法及其分类

光谱法是基于物质与辐射能作用时，测量由物质内部发生量子化的能级之间的跃迁而产生的发射、吸收或散射辐射的波长和强度分析的方法，如紫外及可见光度分析法、原子发射光谱法、红外及拉曼光谱法等。

一、原子光谱与分子光谱

根据与电磁辐射作用的物质是以气态原子还是以分子（或离子团）形式存在，可将光谱法分为原子光谱法和分子光谱法两类。原子光谱法是由原子外层或内层电子能级的变化产生的，它的表现形式为线状光谱。属于这类分析方法的有原子发射光谱法（AES）、原子吸收光谱法（AAS）、原子荧光光谱法（AFS）以及X射线荧光光谱法（XFS）等。分子光谱法是由分子中电子能级、振动和转动能级的变化产生的，表现形式为带状光谱。属于这类分析方法的有紫外-可见分光光度法（UV-Vis）、红外光谱法（IR）、分子荧光光谱法（MFS）和分子磷光光谱法（MPS）等。

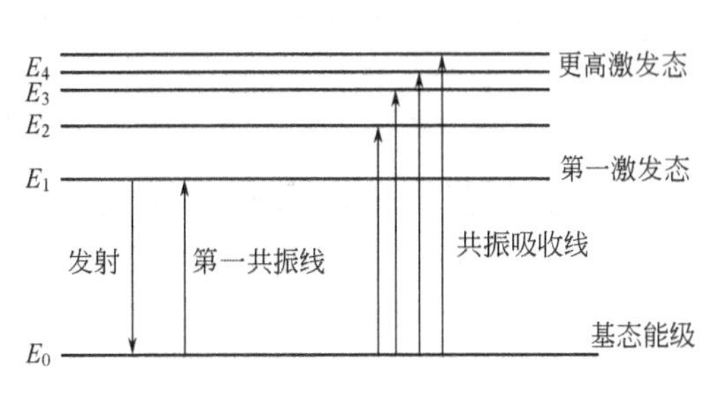

图 1-2 原子能级示意

（1）原子光谱 是由原子外层电子跃迁而产生的光谱。处于气相状态下的原子经过激发可以产生特征的线状光谱。由于周期表中所有元素的原子，其价电子跃迁所引起的能量变化 ΔE 在 2～20eV 之间，所以所有元素的原子光谱的波长主要分布在紫外及可见光谱区，仅少数落在近红外区。一个原子可具有多种能级状态，如图 1-2 所示。当有辐射通过自由原子蒸气时，辐射的能量等于原子中的电子的基态和激发态能量差的辐射称为共振线；从基态跃迁至能量最低的激发态（第一激发态）产生的共振线称为第一共振线。各种元素的原子结构和外层电子的排布不同。不同元素的原子从基态激发至第一激发态（或由第一激发态跃回基态）时，吸收（或发射）的能量不同，因此各种元素的共振线不同，各有其特征性，这种共振线称为元素的特征谱线。由于第一共振线灵敏度最高，所以又称为最灵敏线。在原子光谱分析中，大多数情况下是利用元素最灵敏的共振线来进行测定的，因此这些谱线又称分析线。

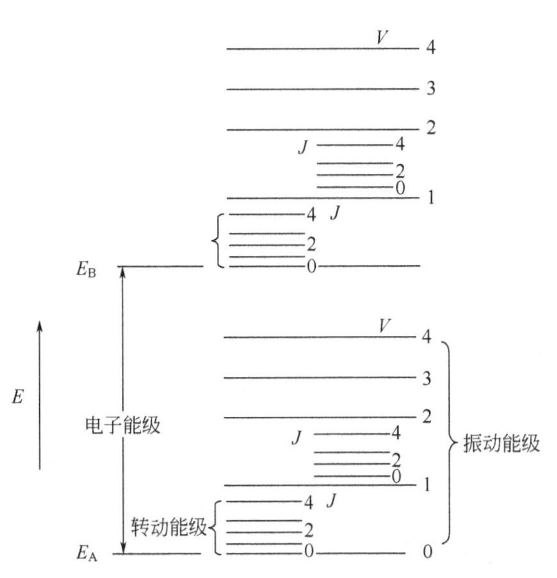

图 1-3 分子中电子能级、振动能级和转动能级示意

（2）分子光谱 其形成机理与原子光谱相似，也是由于能级之间的跃迁引起的。由于分子内部的运动比原子复杂，既有价电子的运动，又有分子内原子相对于平衡位置的振动和分子绕其质心的转动。此外，分子还有平动。价电子运动、振动和转动分别具有相应的能级，即电子能级 E_e、振动能级 E_v 和转动能极 E_r。图 1-3 所示为分子的能级示意图，图中 E_A 和 E_B 表示不同能量的电子能级，在每个电子能级中因振动能量不同而

分为若干个振动能级（用 V 表示），如图中 $V=0$，1，2，3，…的振动能级。在同一电子能级和同一振动能级中，还因转动能量不同而分为若干个转动能级（用 J 表示），如图中 $J=0$，1，2，3，…的转动能级。

对于大多数分子，电子能级跃迁所需能量最大，ΔE_e 为 1～20eV，所吸收的电磁波波长为 1.25～0.06μm，主要在紫外及可见光区，产生的光谱称为电子光谱，也即紫外-可见光谱。振动能级跃迁所需能量次之，ΔE_v 为 0.05～1eV，为 ΔE_e 的 1%左右，需吸收波长为 25～1.25μm 的电磁辐射。由于它所吸收的能量处于红外线区，故又称为红外光谱。在分子振动的同时还有转动运动，因此振动能级跃迁的同时常伴有转动能级跃迁，二者合称振动-转动光谱（简称振-转光谱）。分子转动能级跃迁所需能量最小，ΔE_r 为 0.005～0.05eV，为 ΔE_e 的 0.1%左右，需吸收波长为 250～25μm 的远红外线，相应的吸收光谱称为转动光谱或远红外光谱。

然而，在电子能级跃迁的同时，总是伴随着振动能级和转动能级的跃迁。由于振转能级间距很小，对应的谱线很接近，在紫外-可见光谱仪上很难将它们分开，因此实际观察到的电子光谱不是线状光谱，而是由无数条谱线组成的光谱带。

二、发射光谱法和吸收光谱法

根据物质与电磁辐射相互作用的机理，将光谱法分为发射光谱法、吸收光谱法及拉曼光谱。

1. 发射光谱法

物质通过电、热或光等激发过程获得能量，变为激发态原子 A^* 或分子 M^*，当从激发态过渡到基态或低能态时产生发射光谱。

$$A^* \longrightarrow A + h\nu$$

$$M^* \longrightarrow M + h\nu$$

通过测量物质发射光谱的波长和强度，进行定性和定量分析的方法称为发射光谱分析法。

根据发射光谱所在的光谱区和激发方法不同，发射光谱法又可分为以下几种方法。

（1）γ射线光谱法　天然或人工放射性物质的原子核在衰变的过程中发射 γ 射线回到基态，同时伴随有 α 粒子或 β 粒子的发射。测量这种特征 γ 射线的能量（或波长），可以进行定性分析；测量 γ 射线的强度（检测器每分钟的计数），可以进行定量分析。

（2）X射线荧光分析法　当入射 X 射线使 K 层电子激发生成光电子后，L 层电子落入 K 层空穴，这时能量 $\Delta E = E_K - E_L$ 以辐射形式释放出来，产生 K_α 射线，这就是荧光 X 射线。测量 X 射线的能量（或波长）可以进行定性分析，测量其强度可以进行定量分析。

（3）原子发射光谱分析法　用火焰、电弧、等离子炬等作为激发源，使气态原子或离子的外层电子受激发后发射特征光谱，利用这种光谱进行分析的方法叫做原子发射光谱分析法。波长范围在 190～900nm。

（4）原子荧光分析法　气态自由原子吸收特征波长的辐射后，原子的外层电子从基态或低能态跃迁到较高能态，约经 10^{-8}s，又跃迁至基态或低能态，同时发射出与原激发波长相同（共振荧光）或不同的辐射（非共振荧光——直跃线荧光、阶跃线荧光、阶跃激发荧光、敏化荧光等），称为原子荧光。波长在紫外和可见光区内。在与激发光源成一定角度（通常为 90°）的方向测量荧光的强度，可以进行定量分析。

（5）分子荧光分析法　某些物质被紫外线照射后，物质分子吸收辐射而成为激发态分子，然后回到基态的过程中发射出比入射波长更长的荧光。测量荧光的波长和强度进行分析的方法称为荧光分析法。波长在可见光谱区。

(6) 分子磷光分析法　物质吸收光能后，基态分子中的一个电子被激发跃迁至第一激发单重态轨道，由第一激发单重态的最低能级，经系统间交叉跃迁至第一激发三重态（系间窜跃），并经过振动弛豫至最低振动能级，由此激发态跃迁至基态时，便发射磷光。根据磷光的波长和强度进行分析的方法称为磷光分析法。它主要用于环境分析、药物研究等方面的有机化合物的测定。

(7) 化学发光分析法　由化学反应提供足够的能量，使其中一种反应分子的电子被激发，形成激发态分子。激发态分子跃迁回基态时，发出一定波长的光。其发光强度随时间变化。在合适的条件下，峰值与被分析物浓度成线性关系，可用于定量分析。

2. 吸收光谱法

当电磁辐射能与被照射物质的原子核、原子或分子的两个能级间跃迁所需的能量满足 $\Delta E=h\nu$ 的关系时，将产生吸收光谱。

$$M+h\nu \longrightarrow M^*$$

吸收光谱法可分为以下几种方法。

(1) Mössbauer（莫斯鲍尔）谱法　由与被测元素相同的同位素作为 γ 射线的发射源，使吸收体（样品）原子核产生无反冲的 γ 射线共振吸收所形成的光谱。光谱波长在 γ 射线区。从 Mössbauer 谱可获得原子的氧化态和化学键、原子核周围电子云分布或邻近环境电荷分布的不对称性以及原子核处的有效磁场等信息。

(2) 原子吸收光谱法　利用待测元素气态原子对共振线的吸收进行定量测定的方法。其吸收机理是原子的外层电子能级跃迁，波长在紫外、可见和近红外区。

(3) 紫外-可见分光光度法　利用分子在紫外和可见光区产生电子能级跃迁所形成的吸收光谱。紫外-可见吸收光谱法主要用于定量分析。

(4) 红外光谱法　利用分子在红外区的振动-转动吸收光谱来测定物质结构的光谱分析法。

(5) 核磁共振波谱法　在磁场作用下，核自旋磁矩与外磁场相互作用分裂为能量不同的核磁能级，核磁能级之间的跃迁吸收或发射射频区的电磁波。

利用吸收光谱可进行有机化合物结构鉴定，以及分子的动态效应、氢键的形成、互变异构反应等化学研究。

3. Raman 散射

一定频率的单色光照射物质，物质分子会发生散射现象。如果这种散射是光子与物质分子发生能量交换引起的，即不仅光子的运动方向发生变化，它的能量也发生变化，则称为 Raman 散射。这种散射光频率与入射光频率的差值，称为 Raman 位移。Raman 位移的大小与分子的振动和转动能级有关，利用 Raman 位移研究物质结构的方法称为 Raman 光谱法，它是与红外光谱法互补的一种光谱技术。

第三节　光谱仪器简介

用来测量吸收、发射或荧光的电磁辐射强度和波长关系的仪器叫做光谱仪或分光光度计。虽然各种方法所用仪器在构造方面不同，但其基本组成大致相同。这类仪器一般由五个部分组成：光源、单色器、样品池、检测器和输出记录。

一、光源

光谱分析中，光源必须具有足够的输出功率和稳定性。由于光源辐射功率的波动与电源功率的变化成指数关系，因此往往需用稳压电源以保证稳定或者用参比光束的方法来减少光源输出对测定所产生的影响。光源有连续光源和线光源等。

一般连续光源主要用于分子吸收光谱法；线光源用于荧光、原子吸收和 Raman 光谱法。

1. 连续光源

连续光源是指在波长范围内主要发射强度平稳的具有连续光谱的光源。

（1）紫外光源　紫外连续光源主要采用氢灯或氘灯，在低压（$\approx 1.3\times10^{3}$Pa）下以电激发的方式产生连续光谱，光谱范围为 160～375nm。高压氢灯以 2000～6000V 的高压使两个铝电极之间发生放电。低压氢灯是在有氧化物涂层的灯丝和金属电极间形成电弧，启动电压约为 400V 的直流电压，而维持直流电弧的电压为 40V。氘灯的工作方式与氢灯相同，光谱强度比氢灯大 3～5 倍，寿命也比氢灯长。

（2）可见光源　可见光区最常见的光源是钨丝灯。在大多数仪器中，钨丝的工作温度约为 2870K，光谱波长范围为 320～2500nm。氙灯也可用作可见光源，当电流通过氙灯时，产生强辐射，发射的连续光谱分布在 250～700nm。

（3）红外光源　常用的红外光源是一种用电加热到温度在 1500～2000K 之间的惰性固体，光强最大的区域在 6000～5000cm^{-1}。在长波侧 667cm^{-1}和短波侧 10000cm^{-1}的强度已降到峰值的 1%左右。常用的有能斯特灯、硅碳棒。

2. 线光源

（1）金属蒸气灯　在透明封套内含有低压气态原子，常见的是汞灯和钠蒸气灯。把电压加到固定在封套上的一对电极上，会激发出元素的特征线光谱。汞灯产生的线光谱波长范围为 254～734nm，钠灯主要是 589.0nm 和 589.6nm 处的一对谱线。

（2）空心阴极灯　主要用于原子吸收光谱，有单元素空心阴极灯、多元素空心阴极灯和变强度空心阴极灯等多种类型，能提供元素的特征光谱线。

（3）激光　激光的强度高、方向性和单色性好，作为一种新型光源应用于 Raman 光谱、荧光光谱、发射光谱等领域。

二、单色器

单色器的主要作用是将复合光分解成单色光或有一定宽度的谱带。单色器由入射狭缝、出射狭缝、准直镜，以及色散元件，如棱镜或光栅等组成，如图 1-4 所示。

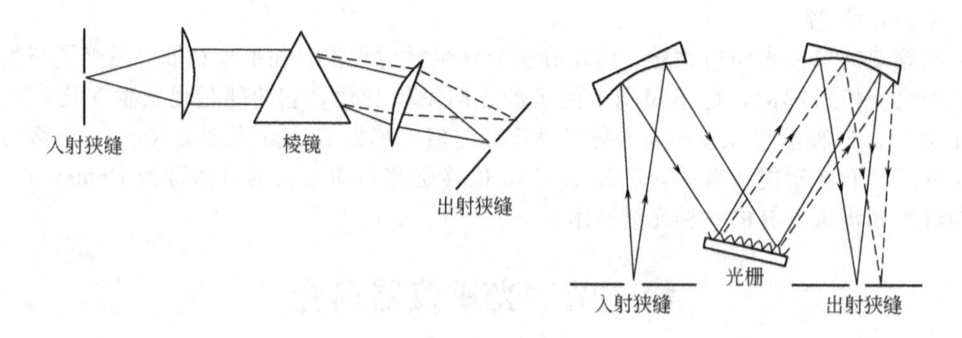

图 1-4　单色器

三、吸收池

盛放试样的吸收池（也称比色皿、样品池）由透明的材料制成。在紫外线区工作时采用石英材料；可见光区则用硅酸盐玻璃；红外线区应根据不同的波长范围选用不同材料的晶体制成吸收池窗口。吸收池的形状有方形、圆柱形等，其光程长度有 1mm、2mm、5mm、

1cm、2cm、10cm 等。

四、检测器

现代光谱仪器中，检测器通常分为两类。一类是量子化检测器，即光子检测器，它包括单道光子检测器和多道光子检测器，主要用于紫外-可见光谱的检测。单道光子检测器，如光电池、光电管、光电倍增管等；多道光子检测器，如光二极管阵列（PDAs）检测器和电荷转移元件阵列（CTDs）检测器等。另一类是热检测器，如真空热电偶、热电检测器等，主要用于红外光谱仪中。

检测器将光能转变为电信号，然后通过计算机输出打印或用记录仪、表头、显示屏等显示。这种检测器在一定宽度的波长范围内，必须具有对光响应快、灵敏度高、稳定性好等性能。

五、读出装置

由检测器将光信号转换为电信号，这种电信号是光信号的模拟信号。简单的老式的光学分析仪器采用检流计、微安表、记录仪等直接显示电信号的大小。现在各种电器仪表都能采用数字显示器。要将模拟电信号的数字直接显示出数来，必须先经过模拟数转换，将模拟信号转变为数字信号。这样不仅可以用数字显示器直观地显示信号值的大小，减小读数误差，有利于提高读数的精度，而且数字信号可以由存储器存储，以便对信号进一步处理。

模拟电信号，包含有背景信号、测试信号和噪声信号。噪声信号的存在严重影响测试信号的质量，读出装置如果只能简单地显示检测器提供的电信号，则要求在检测器和读出装置之间设计专门的电路，采用硬件滤去信号中的噪声。硬件滤波除噪声的缺陷是适用的噪声频率范围较窄。若能将模拟电信号转换为数字信号，则能利用计算机软件滤去信号中的噪声。利用计算机软件滤除噪声的优点是不受噪声频率范围的限制。现在，除简易光学分析仪器外，中、高档光学分析仪器均采用计算机作为仪器的读出装置。从检测信号中扣除背景信号得到分析信号，进行数据处理。在分析测试过程中，对测试信号进行数据处理是一个十分重要的环节。获得准确的分析信息是分析测试的最终目的。

习　　题

1. 请按能量递增和波长递增的顺序，分别排列下列电磁辐射区：红外，无线电波，可见光，紫外，X射线。

2. 对下列单位进行换算：

(1) 150pm X 射线的波数（cm^{-1}）；

(2) 670.7nm Li 线的频率（Hz）；

(3) 3300cm^{-1}波数的波长（cm）；

(4) Na 588.995nm 相应的能量（eV）。

第二章　紫外-可见吸收光谱法

紫外-可见吸收光谱法（ultraviolet and visible spectrophotometry，UV-Vis）是分子吸收光谱方法，是利用分子对外来辐射的吸收特性建立起来的分析方法，涉及的是分子的价电子在不同分子轨道间能级的跃迁，对应的光谱区范围为180～780nm。紫外-可见吸收光谱法主要用于分子的定量分析，但紫外光谱法为四大波谱之一，是鉴定许多化合物，尤其是有机化合物的重要定性工具之一。

随着科学技术的发展，结合现代的光、电和计算机技术，紫外-可见吸收光谱法具有灵敏度高（可测 10^{-7}～10^{-4}g/mL 的微量组分）、准确度较好（相对误差1%～2%，对微量组分能完全满足要求）、仪器价格低廉、操作简便快速等优点，使紫外-可见吸收光谱法在有机化学、生物化学、药品分析、食品检验、医疗卫生、环境保护、生命科学等各个领域和科研生产工作中成为一种重要的检测手段。

第一节　紫外-可见吸收光谱法基本原理

一、紫外-可见吸收光谱产生的机理

紫外-可见吸收光谱是由分子中电子的能级跃迁产生的。用一束具有连续波长的紫外-可见光照射某些化合物，其中某些波长的光辐射被化合物分子所吸收，若将化合物在紫外-可见光作用下的吸光度对波长作图，就可获得该化合物的紫外-可见吸收光谱，图2-1所示为茴香醛的紫外-可见吸收光谱。

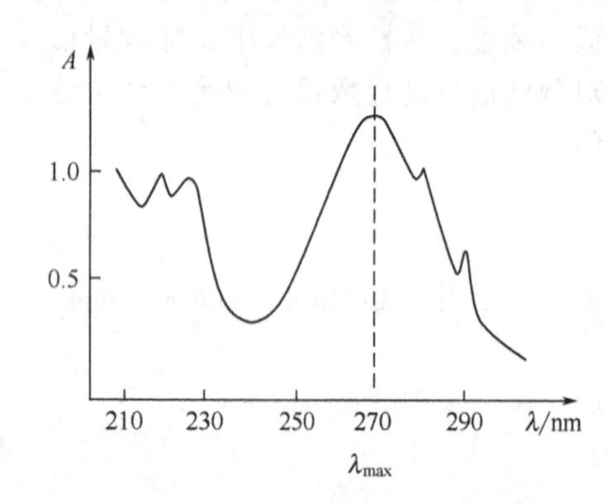

图2-1　茴香醛的紫外-可见吸收光谱

在紫外-可见吸收光谱中常以吸收谱带最大吸收位置处波长 λ_{max} 和该波长下的摩尔吸光系数 ε_{max} 来表征化合物的吸收特征。紫外-可见吸收光谱反映了物质分子对不同波长光的吸收能力。吸收带的形状、λ_{max} 和 ε_{max} 与吸光分子的结构有密切的关系。各种有机化合物的 λ_{max} 和 ε_{max} 都有定值，同类化合物的这些数值比较接近，处于一定的范围。

1. 分子轨道与电子跃迁的类型

（1）分子轨道　其中最常见的有σ轨道、π轨道和n轨道。

成键σ轨道的电子云分布呈圆柱形对称，电子云密集于两原子核之间；而反键 σ^* 分子轨道的电子云在原子核之间的分布比较稀疏。处于成键σ轨道上的电子称为成键σ电子，处于反键 σ^* 轨道上的电子称为反键 σ^* 电子。

分子π轨道的电子云分布不呈圆柱形对称，但有一对称面，在此平面上电子云密度等于零，而对称面的上、下部空间则是电子云分布的主要区域。反键 π^* 分子轨道的电子云分布也有一对称面，但2个原子的电子云互相分离。处于成键π轨道上的电子称为成键π电子，处于反键 π^* 轨道上的电子称为反键 π^* 电子。

含有氧、氮、硫等原子的有机化合物分子中，还存在未参与成键的电子对，常称为孤对

电子，孤对电子是非键电子，简称为 n 电子。例如甲醇分子中的氧原子，其外层有 6 个电子，其中 2 个电子分别与碳原子和氢原子形成 2 个 σ 键，其余 4 个电子并未参与成键，仍处于原子轨道上，称为 n 电子。含有 n 电子的原子轨道称为 n 轨道。

（2）电子跃迁的类型　根据分子轨道理论的计算结果，分子轨道能级的能量以反键 σ^* 轨道最高，成键 σ 轨道最低，而 n 轨道的能量介于成键轨道与反键轨道之间。

分子中能产生跃迁的电子一般处于能量较低的成键 σ 轨道、成键 π 轨道及 n 轨道上。当电子受到紫外-可见光作用而吸收光辐射能量后，电子将从成键轨道跃迁到反键轨道上，或从 n 轨道跃迁到反键轨道上。电子跃迁方式如图 2-2 所示。

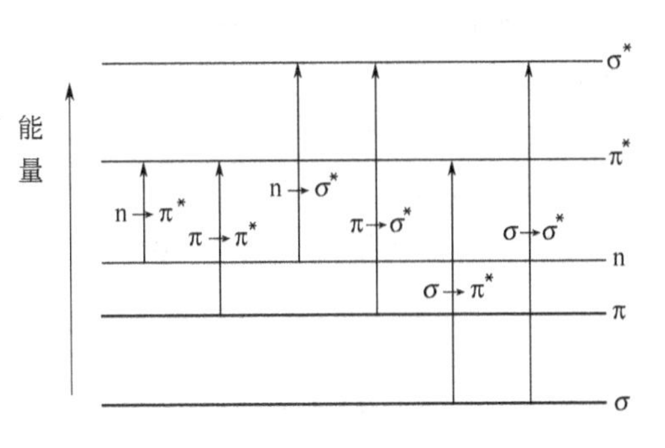

图 2-2　σ、π、n 轨道及电子跃迁方式

从图 2-2 中可见，几种分子轨道能级的高低顺序是：$\sigma<\pi<n<\pi^*<\sigma^*$；分子轨道间可能的跃迁有：$\sigma\rightarrow\sigma^*$、$\sigma\rightarrow\pi^*$、$\pi\rightarrow\sigma^*$、$n\rightarrow\sigma^*$、$\pi\rightarrow\pi^*$、$n\rightarrow\pi^*$ 六种。但由于与 σ 成键和反键轨道有关的四种跃迁：$\sigma\rightarrow\sigma^*$、$\sigma\rightarrow\pi^*$、$\pi\rightarrow\sigma^*$ 和 $n\rightarrow\sigma^*$ 所产生的吸收谱多位于真空紫外区（0～200nm），而 $n\rightarrow\pi^*$ 和 $\pi\rightarrow\pi^*$ 两种跃迁的能量相对较小，相应波长多出现在紫外-可见光区。

① $\sigma\rightarrow\sigma^*$ 跃迁　由于 σ 键结合比较牢固，电子从 σ 轨道跃迁到 σ^* 轨道需要很高的能量，大约需 780kJ/mol，所以 $\sigma\rightarrow\sigma^*$ 跃迁是一种高能跃迁。这类跃迁对应的吸收波长大都在真空紫外区。例如乙烷的 $\sigma\rightarrow\sigma^*$ 跃迁吸收波长为 135nm，环丙烷的 $\sigma\rightarrow\sigma^*$ 跃迁吸收波长为 190nm。由于饱和烃类的吸收波长都在真空紫外区，或者说在近紫外区是透明的，所以常用作测定紫外-可见吸收光谱的溶剂。

② $n\rightarrow\sigma^*$ 跃迁　如果分子中含有氧、氮、硫、卤素等原子，则能产生 $n\rightarrow\sigma^*$ 跃迁。$n\rightarrow\sigma^*$ 跃迁的能量比 $\sigma\rightarrow\sigma^*$ 跃迁的能量低得多，但这类跃迁所引起的吸收波长仍低于 200nm，只有当分子中含有硫、碘等电离能较低的原子时，$n\rightarrow\sigma^*$ 跃迁的吸收波长才高于 200nm，例如甲硫醇和碘甲烷的 $n\rightarrow\sigma^*$ 跃迁的吸收波长分别为 227nm 和 258nm。$n\rightarrow\sigma^*$ 跃迁所产生的吸收强度比较弱。

③ $\pi\rightarrow\pi^*$ 跃迁　不饱和化合物及芳香化合物除含 σ 电子外，还含有 π 电子。π 电子比较容易受激发，电子从成键 π 轨道跃迁到反键 π^* 轨道所需的能量比较低。一般，只含孤立双键的乙烯、丙烯等化合物，其 $\pi\rightarrow\pi^*$ 跃迁的吸收波长在 170～200nm 范围内，但吸收强度很强。如果烯烃上存在取代基或烯键与其他双键共轭，$\pi\rightarrow\pi^*$ 跃迁的吸收波长将移到近紫外区。

芳香族化合物存在环状共轭体系，$\pi\rightarrow\pi^*$ 跃迁会出现三个吸收带。例如苯的三个吸收带波长分别为 184nm、203nm 和 256nm。

④ $n\rightarrow\pi^*$ 跃迁　从图 2-2 可看出，$n\rightarrow\pi^*$ 跃迁所需的能量最低，所以它所产生的吸收波长最长，但吸收强度很弱。例如丙酮中羰基能产生 $n\rightarrow\pi^*$ 跃迁，其吸收波长为 280nm。

电子跃迁类型与分子结构及其存在的基团有密切的联系，因此可以根据分子结构来预测可能产生的电子跃迁，例如饱和烃只有 $\sigma\rightarrow\sigma^*$ 跃迁；烯烃有 $\sigma\rightarrow\sigma^*$ 跃迁，也有 $\pi\rightarrow\pi^*$ 跃迁；脂族醚则有 $\sigma\rightarrow\sigma^*$ 跃迁和 $n\rightarrow\sigma^*$ 跃迁；而醛、酮同时存在 $\sigma\rightarrow\sigma^*$、$n\rightarrow\sigma^*$、$\pi\rightarrow\pi^*$ 和 $n\rightarrow\pi^*$ 四种跃迁。反之，也可以根据紫外吸收带的波长及电子跃迁类型来判断化合物分子中可能存在的吸收基团。

2. 发色基团、助色基团

发色基团（chromophore）也称生色基团。凡是能导致化合物在紫外及可见光区产生吸收的基团，不论是否显出颜色都称为发色基团。有机化合物分子中，能在紫外-可见光区产生吸收的典型发色基团有羰基、羧基、酯基、硝基、偶氮基及芳香体系等。这些发色基团的结构特征是都含有 π 电子。当这些基团在分子内独立存在，与其他基团或系统没有共轭或没有其他复杂因素影响时，它们将在紫外区产生特征的吸收谱带。孤立的碳-碳双键或三键其 λ_{max} 值虽然落在近紫外区之外，但已接近一般仪器可能测量的范围，具有“末端吸收”，所以也可以视为发色基团。不同的分子内孤立地存在相同的这类生色基团时，它们的吸收峰将有相近的 λ_{max} 和相近的 ε_{max}。如果化合物中有几个发色基团互相共轭，则各个发色基团所产生的吸收带将消失，而代之出现新的共轭吸收带，其波长将比单个发色基团的吸收波长长，吸收强度也将显著增强。表 2-1 列出了几种常见发色团的吸收峰及电子跃迁。

表 2-1 发色团的吸收峰及电子跃迁

发色团	化合物类型	示例	溶剂	吸收峰		电子跃迁
				$\lambda_{最大}$/nm	$\varepsilon_{最大}$	
烯烃	RCH=CHR	乙烯	蒸气	165 193	15000 10000	π-π* π-π*
炔烃	RC≡CR	2-辛炔	庚烷	195 223	2100 160	π-π* π-π*
羰基(酮)	R(R)C=O	丙酮	己烷	188 279	900 15	π-π* n-π*
羰基(醛)	RC(=O)H	乙醛	蒸气 己烷	180 290	10000 17	π-π* n-π*
羧基	RC(=O)OH	乙酸	95%乙醇	208	32	n-π*
酰胺	RC(=O)NH_2	乙酰胺	水	220	63	n-π*
硝基	RNO_2	硝基甲烷	异辛烷	280	22	n-π*

助色基团（auxochrome）是指它们孤立地存在于分子中时，在紫外-可见光区内不一定产生吸收。但当它与发色基团相连时，能使发色基团的吸收谱带明显地发生改变。助色基团通常都含有 n 电子。当助色基团与发色基团相连时，由于 n 电子与 π 电子的 p-π 共轭效应导致 π→π* 跃迁能量降低，发色基团的吸收波长发生较大的变化。常见的助色基团有—OH、—Cl、—NH、—NO_2、—SH 等。如苯和苯胺的最大吸收如下：

$\lambda_{max}=254$nm，$\varepsilon_{max}=205$　　　　NH_2　$\lambda_{max}=280$nm，$\varepsilon_{max}=1450$

苯和苯胺相比，苯胺中 NH_2 为助色基，所以苯胺的最大吸收波长比苯长，而且吸收强度大。

由于取代基作用或溶剂效应导致发色基团的吸收峰向长波长移动的现象称为向红移动（bathochromic shift）或称红移（red shift）。与此相反，由于取代基作用或溶剂效应等原因导致发色基团的吸收峰向短波长方向的移动称为向紫移动（hypsochromic shift）或蓝移（blue shift）。

与吸收带波长红移及蓝移相似，由于取代基作用或溶剂效应等原因的影响，使吸收带的强度即摩尔吸光系数增大（或减小）的现象称为增色效应（hyperchromic effect）或减色效应（hypsochromic effect）。

二、各类化合物的紫外-可见吸收光谱

饱和烃的取代衍生物如卤代烃，其卤素原子上存在 n 电子，可产生 n→σ* 跃迁。例如，CH_3Cl、CH_3Br 和 CH_3I 的 n→σ* 跃迁分别出现在 173nm、204nm 和 258nm 处。这些数据说明氯、溴和碘原子引入甲烷后，其相应的吸收波长发生了红移，显示了卤素原子的助色作用。表 2-2 列举了部分化合物 n→σ* 跃迁实例。

表 2-2 部分化合物 n→σ* 跃迁实例

化合物	λ_{max}/nm	ε_{max}	备 注
H_2O	167	1480	水、醇、醚等在
CH_3Cl	173	200	紫外-可见吸收光谱分
$(CH_3)_2O$	184	2520	析中可以作为溶剂
CH_3OH	184	150	
CH_3Br	204	200	n→σ* 跃迁的摩尔
CH_3NH_2	215	600	吸光系数一般较小
$(CH_3)_2NH$	220	100	
$(CH_3)_3N$	227	900	
$(CH_3)_2S$	229	140	
CH_3I	258	365	

在不饱和烃类分子中，当有两个以上的双键共轭时，随着共轭系统的延长，π→π* 跃迁的吸收带将明显向长波方向移动，吸收强度也随之增强，如图 2-3 所示。

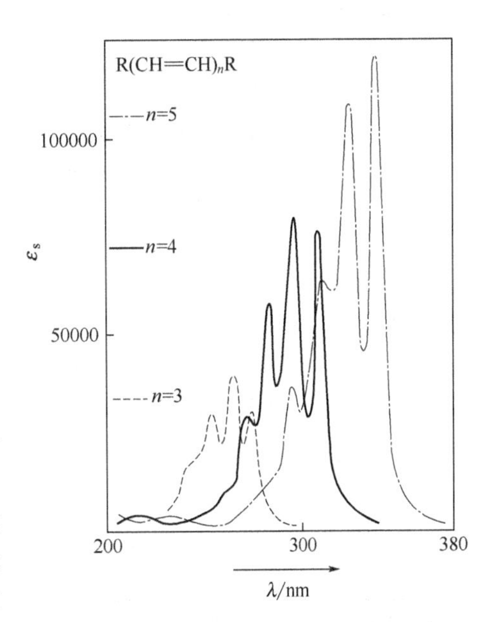

图 2-3 不同程度的共轭烯烃的紫外光谱图

羰基化合物含有羰基。羰基主要可产生 π→π*、n→σ*、n→π* 三个吸收带。醛、酮、羧酸及羧酸的衍生物，如酯、酰胺等，都含有羰基。由于醛、酮这类物质与羧酸及羧酸的衍生物在结构上的差异，因此它们产生n→π* 吸收带的光区稍有不同。

羧酸及羧酸的衍生物的羰基上的碳原子直接连接含有未共用电子对的助色团，如—OH、—Cl、—OR 等，由于这些助色团上的 n 电子与羰基双键的 π 电子产生 p-π 共轭，导致 π* 轨道的能级有所提高，但这种共轭作用并不能改变 n 轨道的能级，因此实现 n→π* 跃迁所需的能量变大，n→π* 吸收带蓝移至 210nm 左右。

苯有三个吸收带，它们都是由 π→π* 跃迁引起的。当苯环上有取代基时，苯的三个特征谱带都会发生显著的变化。稠环芳烃，如萘、蒽、芘等，均显示苯的三个吸收带，但是与苯本身相比较，这三个吸收带均发生红移，且强度增加。当芳环上的碳原子被氮原子取代

后，则相应的氮杂环化合物（如吡啶、喹啉）的吸收光谱，与相应的碳环化合物极为相似，即吡啶与苯相似，喹啉与萘相似。此外，由于引入含有 n 电子的 N 原子，这类杂环化合物还可能产生 $n\rightarrow\pi^*$ 吸收带。

三、影响化合物紫外-可见光谱的因素

1. 共轭效应的影响

同分异构体之间双键位置或者基团排列位置不同，分子的共轭程度不同，它们的紫外-可见吸收波长及强度也不同。例如 α 和 β 紫罗兰酮分子的末端环中双键位置不同，β 异构体比 α 异构体存在较大的共轭效应，它们的 $\pi\rightarrow\pi^*$ 跃迁吸收波长分别为 227nm 和 299nm，就是一个很好的例子：

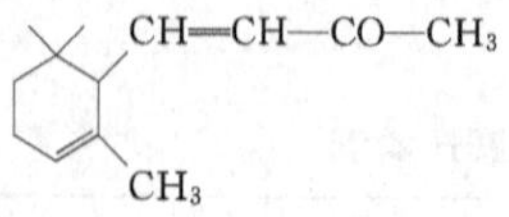

CH═CH—CO—CH$_3$　　　　CH═CH—CO—CH$_3$

CH$_3$　　　　CH$_3$

α 异构体，$\lambda_{max}=227nm$ 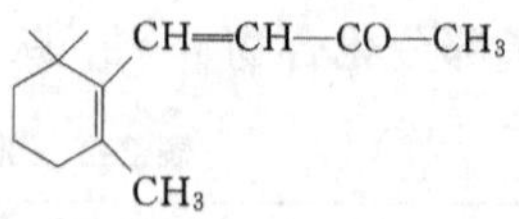　　　　β 异构体，$\lambda_{max}=299nm$

在取代烯化合物中，取代基排列位置不同而构成的顺反异构体也具有类似的特征。一般，在反式异构体中基团间有较好的共平面性，电子跃迁所需能量较低；而顺式异构体中基团间位阻较大，影响体系的共平面作用，电子跃迁需要较高的能量。

某些化合物具有互变异构现象，如 β-二酮在不同的溶剂中可以形成酮式和烯醇式互变异构体：

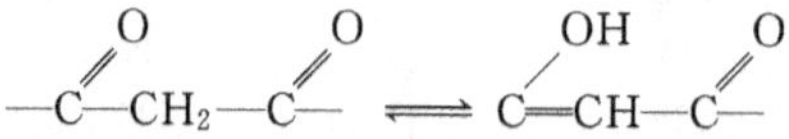

$$-\overset{O}{\overset{\|}{C}}-CH_2-\overset{O}{\overset{\|}{C}}- \rightleftharpoons \overset{OH}{\overset{|}{C}}=CH-\overset{O}{\overset{\|}{C}}-$$

在酮式异构体中两个羰基并未共轭，它的 $\pi\rightarrow\pi^*$ 跃迁需要较高的能量；而烯醇式异构体中存在双键与羰基的共轭，所以 $\pi\rightarrow\pi^*$ 跃迁能量较低，吸收波长较长。在不同溶剂中两种异构体的比例不同，所以其光谱也不同。

2. 分子离子化的影响

若化合物在不同的 pH 介质中能形成阳离子或阴离子，则吸收带会随分子的离子化而改变。如苯胺在酸性介质中会形成苯胺盐阳离子。

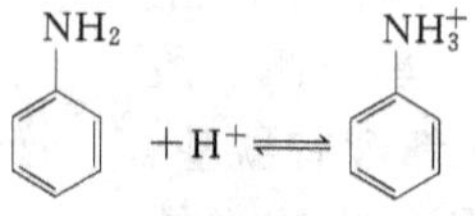

$$C_6H_5NH_2 + H^+ \rightleftharpoons C_6H_5NH_3^+$$

苯胺形成盐后，氮原子的未成键电子消失，氨基的助色作用也随之消失，因此苯胺盐的吸收带从 230nm 和 280nm 蓝移到 203nm 和 254nm。

苯酚在碱性介质中能形成苯酚阴离子，其吸收带将从 210nm 和 270nm 红移到 235nm 和 287nm。

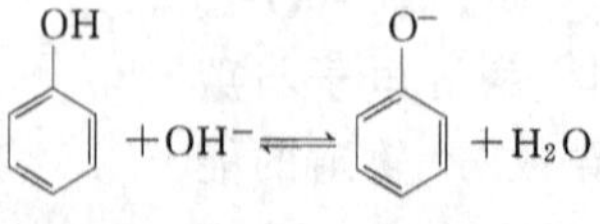

$$C_6H_5OH + OH^- \rightleftharpoons C_6H_5O^- + H_2O$$

苯酚分子中 OH 基团含有两对孤对电子，与苯环上 π 电子形成 $n\rightarrow\pi$ 共轭，当形成酚盐阴离子时，氧原子上带有负电荷，供电子能力增强，使 p-π 共轭作用进一步增强，从而导致吸收带红移，同时吸收强度也有所增加。

3. 取代基的影响

如果在某些发色基团的一端存在含孤对电子的助色基团时，由于 p-π 共轭作用，使 $\pi\rightarrow\pi^*$ 跃迁的吸收波长发生变化。当助色基团与羰基碳原子相连时，羰基 $n\rightarrow\pi^*$ 跃迁的吸收波

长将产生蓝移。例如乙醛的 n→π* 跃迁吸收波长为 290nm，而乙酰胺、乙酸乙酯分别蓝移到 220nm 和 208nm。这是由于未成键电子与发色基团形成的 p-π 共轭效应提高了反键 π 轨道的能级，而 n 电子轨道的能级保持原状，因此增加了电子从 n 轨道跃迁到 π* 轨道时需要的能量，从而导致 n→π* 吸收带蓝移。

取代基对吸收带波长的影响程度与取代基的性质及其在分子中的相对位置有着密切的关系。

4. 溶剂的影响

溶剂对紫外-可见光谱的影响比较复杂。在一系列不同种类的溶剂中测定一种纯化合物的紫外-可见光谱时，所获得的谱带形状、最大吸收波长和吸收强度等特征可能因溶剂种类的变化而不同。

随溶剂极性增加，大多数化合物的吸收光谱变得平滑，精细结构简化乃至消失。当溶剂极性增加时，分子间作用力增加，n、π 和 π* 的能量均降低，但能量下降的程度不同，如图 2-4 所示。

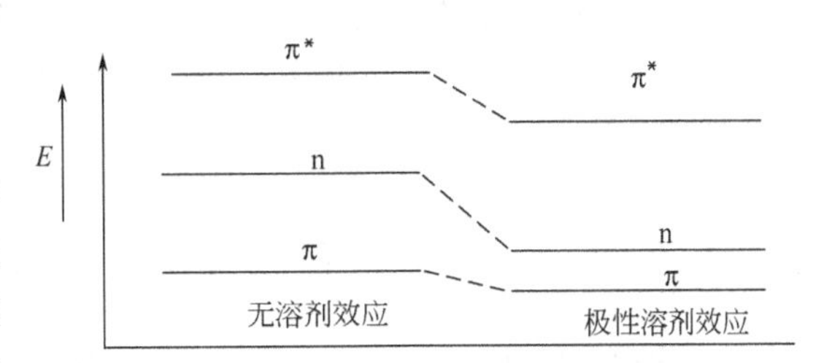

图 2-4　不同极性溶剂对分子轨道能量影响

对于 π→π* 跃迁，由于 π* 较 π 轨道的极性更强，受极性溶剂作用时激发态能级降低，较基态能级降低更大些，因此两能级能量差减小，相应吸收带向长波方向移动。

对于由 n→π* 跃迁产生的吸收峰，由于极性溶剂对基态（n 轨道）的作用较之对激发态（π* 轨道）的作用更强，使两能级间能量差增大，因此相应的吸收峰发生蓝移。例如羰基化合物在含有羟基的强极性溶剂中能形成氢键，n 电子在实现 n→π* 跃迁时需要一定的附加能量破坏氢键，因此 n→π* 跃迁的吸收波长比在非极性溶剂中短一些。

四、无机化合物的紫外-可见吸收光谱

1. 电荷转移吸收光谱

某些分子同时具有电子给予体和电子接受体，它们在外来辐射激发下会强烈吸收紫外线或可见光，使电子从给予体轨道向接受体轨道跃迁，这样产生的光谱称为电荷转移光谱。许多无机配合物能产生这种光谱。如以 M 和 L 分别表示配合物的中心离子和配位体，当一个电子由配位体的轨道跃迁到与中心离子相关的轨道上时，可用下式表示：

$$M^{n+}—L^{b-} \xrightarrow{h\nu} M^{(n-1)+}—L^{(b-1)-}$$

$$Fe^{3+}—SCN^{-} \xrightarrow{h\nu} Fe^{2+}—SCN$$

例如，一般来说，在配合物的电荷转移过程中，金属离子是电子接受体，配位体是电子给予体。此外，一些具有 d^{10} 电子结构的过渡元素形成的卤化物及硫化物，如 AgBr、PbI_2、HgS 等也是由于电荷转移而产生颜色的。

有些有机化合物也可以产生电荷转移吸收光谱。如在 ⟨苯环⟩—COR 分子中，苯环可以作为电子给予体，氧作为电子接受体，在光子的作用下产生电荷转移：

$$C_6H_5—C(=O)—R \xrightarrow{h\nu} [C_6H_5]^{+}=C(—O^{-})—R$$

又如在乙醇介质中，将醌与氢醌混合产生暗绿色的分子配合物，它的吸收峰在可见光区。

电荷转移吸收光谱谱带的最大特点是摩尔吸光系数大，一般 ε_{max} 大于 10^4。因此用这类

谱带进行定量分析可获得较高的测定灵敏度。

2. 配位体场吸收光谱

这种谱带是指过渡金属离子与配位体（通常是有机化合物）所形成的配合物在外来辐射作用下，吸收紫外或可见光而得到相应的吸收光谱。元素周期表中第四、第五周期的过渡元素分别含有 3d 和 4d 轨道，镧系和锕系元素分别含有 4f 和 5f 轨道。这些轨道的能量通常是相等的（兼并的），而当配位体按一定的几何方向配位在金属离子的周围时，使得原来简并的 5 个 d 轨道和 7 个 f 轨道分别分裂成几组能量不等的 d 轨道和 f 轨道。如果轨道是未充满的，当它们的离子吸收光能后，低能态的 d 电子或 f 电子可以分别跃迁到高能态的 d 或 f 轨道上去。这两类跃迁分别称为 d-d 跃迁和 f-f 跃迁。这两类跃迁必须在配位体的配位场作用下才有可能产生，因此又称为配位场跃迁。

由于八面体场中 d 轨道的基态与激发态之间的能量差别不大，这类光谱一般位于可见光区。又由于选择规则的限制，配位场跃迁吸收谱带的摩尔吸光系数较小，一般 ε_{max} 小于 10^2。相对来说，配位体场吸收光谱较少用于定量分析中，但它可用于研究配合物的结构及无机配合物键合理论等。

第二节 紫外-可见光谱法吸收定律

进行紫外-可见光谱测定时，大多数采用液体或溶液试样。定量的方法基础是朗伯-比尔定律。

一、朗伯-比尔定律

朗伯-比尔定律（Lambert-Beer）是吸收光度法的基本定律。它表明在稀溶液中，物质对单色光的吸光度（A）与吸光物质溶液的浓度（c）和液层厚度（l）的乘积成正比。其数学表达式推导如下。

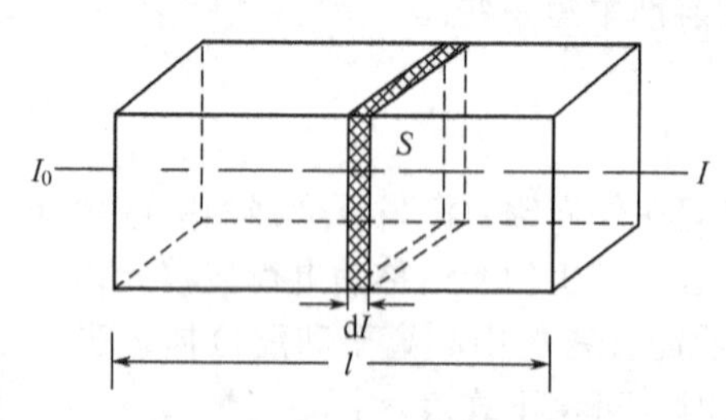

图 2-5 光通过截面 S，厚度 l 的吸光介质

假设一束平行单色光通过一个含有吸光物质的物体（气体、液体或固体）。物体的截面积为 S，厚度为 l，如图 2-5 所示。物体中含有 n 个吸光质点（原子、离子或分子）。光通过此物体时，一些光子被吸收，光强由 I_0 降至 I。

取物体中一个极薄的断层来讨论，设该断层中含吸光质点数为 dn，这些能捕获光子的质点可以看作是截面 S 上被占去一部分不让光子通过的面积 ds，k 为吸光质点对光子的吸收截面积。

即

$$\mathrm{d}s = k\mathrm{d}n$$

则光子通过断层时，被吸收的概率是：

$$\frac{\mathrm{d}s}{S} = \frac{k\mathrm{d}n}{S}$$

因而投射于此断层的光强 I_x 被减弱了 dI_x，故由此可得，光通过厚度为 l 的物体时，有：

$$-\int_{I_0}^{I} \frac{\mathrm{d}I_x}{I_x} = \int_0^n \frac{k\mathrm{d}n}{S}; \quad -\ln\frac{I}{I_0} = \frac{kn}{S}; \quad -\lg\frac{I}{I_0} = k\frac{n}{S}\lg e = \varepsilon \times \frac{n}{S}$$

I/I_0 是透光率 T（transmitance），常用百分数表示；又因截面积 S 与体积 V、质点总数 n 与浓度 c 等有以下关系：

$$S = V/l, \quad n = Vc$$

故 $$n/S=lc$$

以 A 代表 $-\lg T$，并称之为吸光度或吸收度（absorbance），有：

$$A=-\lg T=\varepsilon lc \tag{2-1}$$

或 $$T=10^{-A}=10^{-\varepsilon lc}$$

上式即为 Lambert-Beer 定律的数学表达式。

式(2-1) 表明，单色光通过吸光物质溶液后，透光率 T 与 c 或 l 之间的关系是指数函数关系。而吸光度 A 与 c 或 l 之间则是简单的正比关系，其中 ε 为比例常数，称为吸光系数或吸收系数（absorptivity）。

二、吸光度具有加和性

若溶液中同时存在两种或多种不互相影响的吸光物质时，则总的吸光度是各个共存物质吸光度之和，而各物质的吸光度则由各自的浓度与吸光系数所决定。例如，设溶液中同时存在有 a、b、c 等吸光物质，则各物质在同一波长下，吸光度具有加和性，即

$$A_{总}=-\lg T_{总}=A_a+A_b+A_c+\cdots \tag{2-2}$$

$$A_{总}=L\ (\varepsilon_a c_a+\varepsilon_b c_b+\varepsilon_c c_c+\cdots) \tag{2-3}$$

吸光度的这种加和性质是测定混合组分的依据。

三、吸光系数

吸光系数的物理意义是吸光物质在单位质量浓度及单位液层厚度时的吸光度。在一定条件（单色光波长、溶剂、温度等）下，吸光系数是物质的特性常数之一，可作为定性鉴别的重要依据。在吸光度与溶液浓度（或液层厚度）的线性关系中，吸光系数是斜率，是物质定量分析的重要依据。其值愈大，测定的灵敏度愈高。吸光系数有以下两种常用的表达方式。

摩尔吸光系数（molar absorptivity）是指在一定波长时，溶液浓度为单位摩尔浓度、液层厚度为单位厚度时的吸光度，用 ε 或 E_M 标记。通常将 ε 大于 10^4 称为强吸收，ε 小于 10^3 称为弱吸收，介于两者之间称为中强吸收。

比吸光系数（specific absorptivity）也称百分吸光系数，用来表示吸收强度。它相当于在一定波长时，浓度为 1%、液层厚度为 1cm 的吸光度值，用 $E_{1cm}^{1\%}$ 标记。ε 和 $E_{1cm}^{1\%}$ 的关系是

$$\varepsilon=\frac{M}{10}E_{1cm}^{1\%} \tag{2-4}$$

式(2-4) 中的 M 是吸光物质的摩尔质量。通常 ε 和 $E_{1cm}^{1\%}$ 不能直接测得，需用已知准确浓度的稀溶液测得的吸光度换算得到。

四、偏离比尔定律的主要因素及其减免方法

做定量分析时，通常液层厚度是相同的，按照比尔定律，浓度与吸光度之间的关系应该是一条通过直角坐标原点的直线。但在实际工作中，往往会偏离线性而发生弯曲，如图 2-6 中的虚线。若在弯曲部分进行定量，将产生较大的测定误差。导致偏离线性的主要原因有化学因素和光学因素两方面。

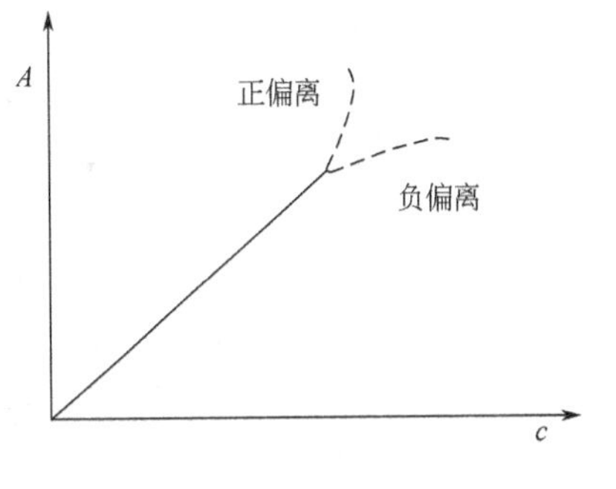

图 2-6 比尔定律的偏离情况

1. 化学因素

比尔定律只有在描述稀溶液对单色光的吸收时才是成功的。在较高浓度（通常大于 0.01mol/L）时将引起偏差。一方面是由于浓度较大时，溶液中的吸光粒子距离减小，以致每个粒子都可影响其邻近粒子的电荷分

布。这种相互作用使它们吸收给定波长辐射的能力即吸光系数发生改变，从而使吸光度和浓度间的线性关系发生偏离。另一方面，浓度较大时，由于溶液对光折射率的显著改变而使观测到的吸光度发生较显著的变化，从而导致对比尔定律的偏离。因此测定时宜在较稀的溶液（一般小于0.01mol/L）中进行。

此外，吸光物质可因浓度或其他因素改变而有离解、缔合或与溶剂的相互作用，而发生明显偏离比尔定律的现象。例如，$K_2Cr_2O_7$ 水溶液有以下的平衡。

$$\underset{\text{(橙色)}}{Cr_2O_7^{2-}} + H_2O \rightleftharpoons 2H^+ + \underset{\text{(黄色)}}{2CrO_4^{2-}}$$

若溶液稀释时，由于稀释使平衡向右移动，故 $Cr_2O_7^{2-}$ 浓度严重减小，结果偏离比尔定律而产生误差。为了减免这类误差，应严格控制溶液条件，使被测物保持在吸光系数相同的形式，以获得较好的分析结果。上例若在强酸性溶液中测定 $Cr_2O_7^{2-}$ 或在强碱性溶液中测定 CrO_4^{2-}，都可避免偏离比尔定律的现象。

2. 光学因素

（1）非单色光的影响　比尔定律只适用于单色光，但一般的分光器所提供的入射光并不是纯的单色光，而是波长范围较窄的复色光。由于同一物质对不同波长光的吸收程度不同，因而导致对比尔定律的偏离。现设入射光有两种波长的单色光，一为样品的最大吸收波长 λ_{max}，另一波长 λ' 则处于吸收峰的侧面，如图2-7所示。设两波长所对应的入射光强度分别为 I_0 及 I_0'、透过光强度分别为 I_t 及 I_t'，液池厚度 b，样品浓度 c，则入射光总强度分别为 $I_{0总}=I_0+I_0'$ 及透过光总强度 $I_{t总}=I_t+I_t'$。

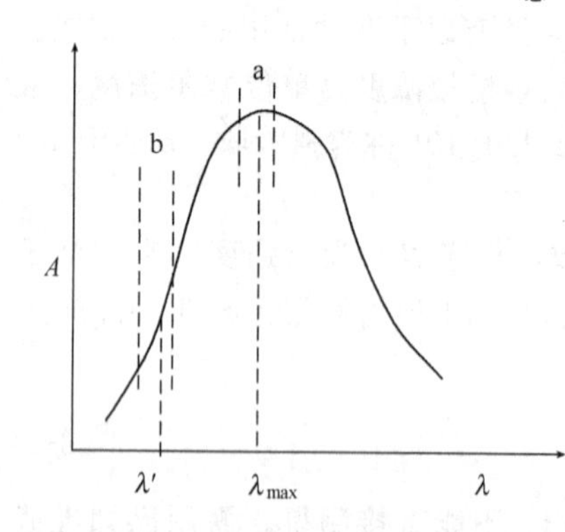

图2-7　入射光波长选择示意

$$I_0=I_t\times10^{\varepsilon bc} \text{ 及 } I'_0=I_t'\times10^{\varepsilon' bc}$$

实际测得的吸光度为

$$A_m=\lg\frac{I_0+I'_0}{I_t+I_t'}=\lg\frac{10^{\varepsilon bc}\left[I_t+I_t'10^{(\varepsilon'-\varepsilon)bc}\right]}{I_t+I_t'} \tag{2-5}$$

$$A_m=\varepsilon bc+\lg\frac{I_t+I_t'10^{(\varepsilon'-\varepsilon)bc}}{I_t+I_t'}$$

$$=A+\Delta A \tag{2-6}$$

式(2-5)中 ε 及 ε' 分别为 λ_{max} 及 λ' 波长对应的摩尔吸收系数。由于 $\varepsilon>\varepsilon'$，所以 ΔA 为负值，产生负偏差，即用不纯单色光所测得的吸光度较用波长为 λ_{max} 的单色光测得的吸光度小。由式(2-6)可以看出，ε 与 ε' 的差值及浓度 c 越大，则负值 ΔA 越大，对光吸收定律的偏离就越严重。

为了减免非单色光造成的误差，测定时应选用较纯的单色光（即波长范围尽可能窄的复合光）。同时尽可能选择吸收曲线上 λ_{max} 的光作为入射光，因为在此处测定不但灵敏度高，而且由于曲线比较平坦，ε 与 ε' 差别不大，对比尔定律偏离较小，如图2-7中的a所示。若选用图示的较陡的谱带b作入射光，由于在该波长范围内 ε 与 ε' 值变化较大，将会出现明显的偏离。

此外，从分光器得到的不很纯的单色光中，还混杂有一些不在谱带范围内，与所需的波长不符的光，称为杂散光。它是由仪器制造过程中难以避免的瑕疵以及由于仪器使用保养不当，使仪器的光学元件受到尘染或霉蚀所引起的。随着仪器制造工艺的提高和保养方法的改善，杂散光的影响可减少到忽略不计。

（2）其他光学因素的影响　首先，光通过吸收池时，约有1/10或更多的光能因反射而损失。在一般情况下，可用参比溶液对比来补偿。即先让入射光通过参比溶液（除不含被测组分外其他成分与被测液相同）的吸收池，调节仪器的透光率为100%，然后再用于测被测液的透光率或吸光度。其次溶液中的质点对入射光的散射作用，可使透过光减弱。对于真溶液，由于质点小，散射作用不强，同时因有空白对比，一般不影响吸光度测量。但溶液如含胶体、蛋白质等大的质点，则散射作用增强，而且不易制备参比液加以补偿，因而常使测得的吸光度偏高，故应尽量避免。另外，在实际测定中，由于仪器性能限制，通过吸收池的光不是真正的平行光，而是稍有倾斜的光束，这将使通过吸收池的实际光程 L 增加而影响 A 的测量值。这是同一物质溶液用不同仪器测定吸光度值产生差异的原因之一。

第三节　实验技术及分析条件

为使分析方法有较高的灵敏度和准确度，选择最佳的测定条件是很重要的。这些条件包括仪器测量条件、试样反应条件，以及参比溶液的选择等。

一、仪器测量条件

任何分光光度计都有一定的测量误差，这是由于光源不稳定、实验条件的偶然变动、读数不准确等因素造成的。这些因素对于试样的测定结果影响较大，特别是当试样浓度较大或较小时。因此要选择适宜的吸光度范围，以使测量结果的误差尽量减小。根据 Lambert-Beer 定律

$$A=-\lg T=\varepsilon lc$$

微分后得

$$\mathrm{d}\lg T=0.4343\,\frac{\mathrm{d}T}{T}=-\varepsilon l\mathrm{d}c$$

$$0.4343\,\frac{\Delta T}{T}=-\varepsilon l\Delta c$$

将上式代入 Lambert-Beer 定律，则测定结果的相对误差为

$$\frac{\Delta c}{c}=\frac{0.4343\Delta T}{T\lg T}$$

要使测定结果的相对误差 $\left(\frac{\Delta c}{c}\right)$ 最小，对 T 求导数应有一极小值，即

$$\frac{\mathrm{d}}{\mathrm{d}T}\left[\frac{0.4343\Delta T}{T\lg T}\right]=\frac{0.4343\Delta T(\lg T+0.4343)}{(T\lg T)^2}=0$$

解得 $\lg T=-0.434$ 或 $T=36.8\%$

即当吸光度 $A=0.434$ 时，吸光度测量误差最小。上述结果也可由图 2-8 表示，即图中曲线的最低点。如果光度计读数误差为 1%，若要求浓度测量的相对误差小于 5%，则待测溶液的透射比应选在 10%～70%范围内。实际工作中，可通过调节待测溶液的浓度、选用适当厚度的吸收池等方式使透射比 T（或吸光度 A）落在此区间内。

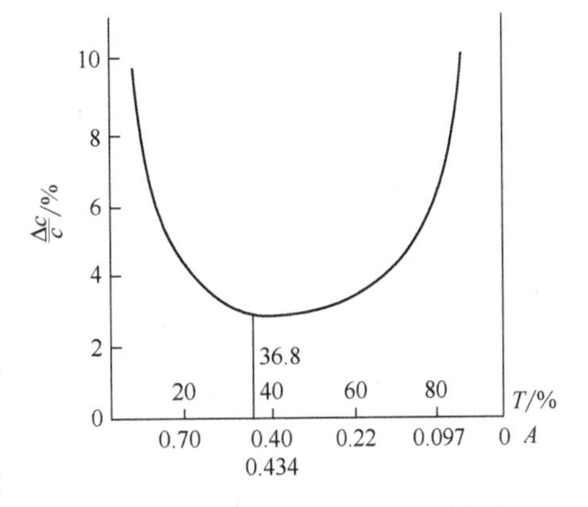

图 2-8　浓度测量的相对误差 $\left(\frac{\Delta c}{c}\right)$ 与溶液透射比（T）的关系

除了合适的吸光度范围外，还要选择入射光波长和狭缝的宽度。通常选择最强吸收带的最大吸收波长为入射光波长，称为最大吸收原则，以得到最大的测量灵敏度。狭缝的宽度直接影响到测定的灵敏度和校准曲线的线性范围。狭

缝宽度增大，入射光的单色性降低，在一定的程度上会使灵敏度下降，校准曲线偏离Lamert-Beer定律。狭缝的宽度应以减小狭缝宽度时试样的吸光度不再增加为准。一般来说，狭缝宽度大约是试样吸收峰半宽度的1/10。

二、溶剂的选择

溶剂对物质吸收光谱的影响较为复杂，一般来说，改变溶剂的极性会引起吸收带波长发生变化。增加溶剂的极性能使$\pi \rightarrow \pi^*$跃迁的吸收带波长红移，而使$n \rightarrow \pi^*$跃迁的吸收带波长蓝移。溶剂极性对不同化合物的影响是不相同的，共轭双烯化合物受溶剂极性影响比较小，而α,β-不饱和羰基化合物受溶剂极性影响比较大。改变溶剂的极性，会引起吸收带形状变化。溶剂的极性由非极性改变到极性，精细结构简化乃至消失，吸收峰减少并使吸收曲线趋于平滑，有时还会改变吸收带的最大吸收波长λ_{max}。在选择测定吸收光谱曲线的溶剂时，应注意如下几点：①尽量选用低极性溶剂；②溶剂能很好地溶解被测物质，并具有良好的化学和光化学稳定性；③溶剂在样品的吸收光谱范围内无明显吸收。常用溶剂的极限波长见表2-3。

表2-3 溶剂的极限波长

溶剂	极限波长/nm	溶剂	极限波长/nm	溶剂	极限波长/nm
乙醚	210	乙醇	215	四氯化碳	260
环己烷	200	二氧杂环己烷	220	甲酸甲酯	260
正丁醇	210	正己烷	220	乙酸乙酯	260
水	200	甘油	230	苯	280
异丙醇	210	二氯乙烷	233	甲苯	285
甲醇	200	二氯甲烷	235	吡啶	305
乙腈	190	氯仿	245	丙酮	330

三、参比溶液的选择

测量试样溶液的吸光度时，先要用参比溶液调节透射比为100%，以消除溶液中其他成分以及吸收池和溶剂对光的反射和吸收所带来的误差。根据试样溶液的性质，选择合适组分的参比溶液是很重要的。

1. 溶剂参比

当试样溶液的组成较为简单，共存的其他组分很少且对测定波长的光几乎没有吸收时，可采用溶剂作为参比溶液，这样可消除溶剂、吸收池等因素的影响。

2. 试剂参比

如果显色剂或其他试剂在测定波长有吸收，按显色反应相同的条件，只是不加入试样，同样加入试剂和溶剂作为参比溶液。这种参比溶液可消除试剂中的组分产生吸收的影响。

3. 试样参比

如果试样基体在测定波长有吸收，而与显色剂不起显色反应时，可按与显色反应相同的条件处理试样，只是不加显色剂。这种参比溶液适用于试样中有较多的共存组分，加入的显色剂量不大，且显色剂在测定波长无吸收的情况。

4. 平行操作溶液参比

用不含被测组分的试样，在相同条件下与被测试样进行同样处理，由此得到平行操作参比溶液。

四、无机化合物的紫外-可见吸收光谱测量

在无机分析中，很少利用金属离子本身的颜色进行光度分析，因为它们的吸光系数

都比较小。一般都是选用适当的试剂，与待测离子反应生成对紫外或可见光有较大吸收的物质再测定，这种反应称为显色反应，所用的试剂称为显色剂。配位反应、氧化还原反应以及增加生色基团的衍生化反应等都是常见的显色反应类型，尤以配位反应应用最广。许多有机显色剂与金属离子形成稳定性好、具有特征颜色的螯合物，其灵敏度和选择性都较高。

另外，其他如显色反应的时间、温度、放置时间，溶剂溶液中共存物的干扰等对配合物稳定性有影响的都对显色反应有影响，这些需要通过条件试验来确定。

第四节　紫外-可见光度计

紫外-可见光谱仪器可分为经典分光光度计和二极管阵列多通道分光光度计。经典紫外-可见分光光度计，是紫外-可见光经单色器分光后选择不同波长的光测定溶液透光率或吸光度的仪器。其光路可用方框图示意如下：

光源—单色器—吸收池—检测器—信号处理及输出系统

一、经典分光光度计的类型

紫外-可见分光光度计可分为两大类，即单波长分光光度计和双波长分光光度计。单波长分光光度计又可分为单光束和双光束两类。下面简要介绍几种类型仪器的光路原理。

1. 单光束紫外-可见分光光度计

经单色器分光后的一束平行光，照射样品溶液（或参比溶液）进行吸光度的测定。此类仪器如国产的 751 型、752 型、7530 型等；国外的如英国的 Unicam SP500 型、美国的 Beckmann DU-2 型、日本岛津的 QR-50 型等。以 7530 型仪器为例，其光路原理如图 2-9 所示，光源为钨灯和氘灯。这种简易型分光光度计结构简单、操作方便、维修容易，但对光源发光强度的稳定性要求较高。适合于紫外-可见光区的常规定性和定量工作。

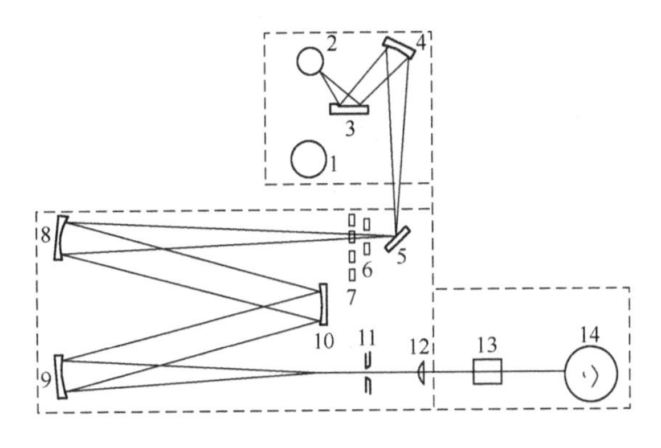

图 2-9　7530 型单光束分光光度计光路示意

1—氘灯；2—钨灯；3，5—平面反射镜；4—聚光镜；6—进口狭缝；7—滤光系统；8，9—球面反射镜；10—光栅；11—出光狭缝；12—透镜；13—吸收池；14—光电倍增管

2. 双光束紫外-可见分光光度计

此类仪器国产的如 710 型、730 型等；国外的如英国的 Unicam SP700 型，日本岛津的 UV-200、UV-240 型等。其光路原理如图 2-10 所示。从单色器射出的单色光，用一个旋转的扇面镜（又称斩光器）将它分成两束交替断续的单色光，分别通过参比池和样品池后，再用一同步的扇面镜将两束透过光交替地投射于光电倍增管，使它产生一个交变的脉冲讯号，经过比较放大后，由显示器显示出透光率、吸光度、浓度，或进行波长扫描，记录吸收光谱。扇面镜以每秒几十至几百转的速度匀速旋转，使单色光能在很短时间内交替通过参比与样品池，可以减少或避免因光源发射光的强度不稳而引入的误差。测量中不需要移动吸收池，可在随意改变波长的同时自动记录所测量的吸光度值，描绘吸收曲线。

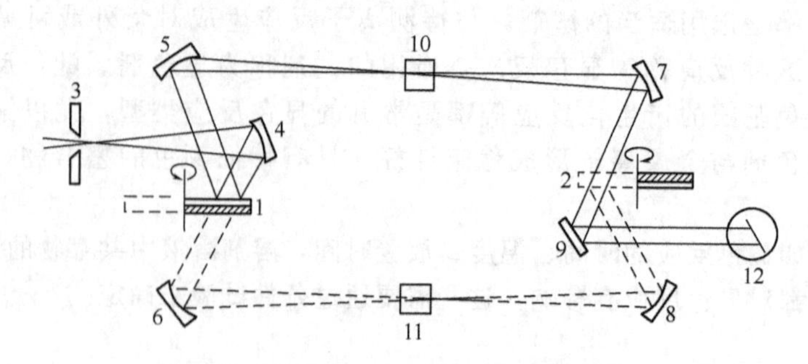

图 2-10 双光束分光光度计光路图

1，2—同步斩光器（旋转扇面镜）；3—单色器出光狭缝；

4～8—凹面镜；9—平面镜；10，11—参比与样品吸收池；12—光电倍增管

3. 双波长紫外-可见分光光度计

这类仪器如国产的 WFZ800-S 型，日本岛津的 UV-300 型、日立的 556 型等。其光路原理如图 2-11 所示。此类仪器采用两个并列的单色器，分别产生波长不同的两束光交替照射同一样品池，得到试液对不同波长的吸光度差值。

对 λ_1 $$A_1=\varepsilon_1 cl$$

对 λ_2 $$A_2=\varepsilon_2 cl$$

$$\Delta A=A_2-A_1=(\varepsilon_2-\varepsilon_1)cl=Kc \tag{2-7}$$

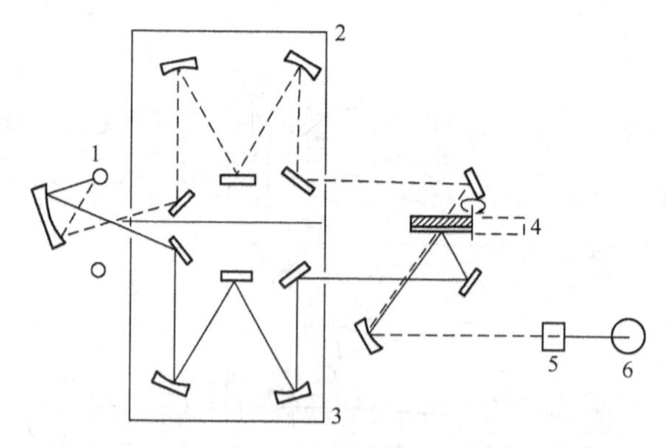

图 2-11 双波长分光光度计光路示意

1—光源；2，3—两个单色器；4—斩光器；

5—样品吸收池；6—光电倍增管

因在同一条件下测定，ε_1、ε_2、l 都是常数，故 ΔA 与待测组分的浓度成正比。

这类仪器由于不需要参比池，故可以减免由于吸收池不匹配，参比溶液与试样溶液折射率和散射作用的不同引起的误差。除了以双波长的方式工作外，这类仪器也可以用单波长双光束方式工作。仪器可以固定一个波长作参比，用另一单色器作波长扫描，得出吸光度差的光谱。也可以固定波长差（$\Delta\lambda$）扫描，得到一阶导数光谱。仪器因需装备两个单色器，价格较高，体积较大。用微机装备的单波长仪器能实现上述双波长仪器的功能。

二、光二极管阵列多通道分光光度计

光二极管阵列多通道分光光度计光路如图 2-12 所示，由光源发出的辐射聚焦到吸收池上，光通过吸收池到达光栅，经分光后照射到光二极管阵列检测器上。该检测器含有一个由几百个光二极管构成的线性阵列。典型的仪器使用了 316 个硅光二极管阵列作为检测器。整个陈列在一个长 1～6cm 的芯片上，单个光二极管宽 15～50μm，整个仪器由计算机控制。该类仪器可在 200～820nm 的光谱范围内保持波长分辨率达到 2nm。

光二极管阵列仪器的特点是具有多路优点，信噪比高于单通道仪器，此外，测量快速，整个光谱的记录时间仅需 1s 左右。因此该类仪器是研究反应中间体的有力工具，在动力学研究、液相色谱和毛细管电泳流出组分的定性和定量分析中也得到广泛应用。

三、主要组成部件

1. 光源

吸光度测量对光源的要求是，能发射强度足够而且稳定的连续光谱。紫外区和可见区常用的光源有以下两类。

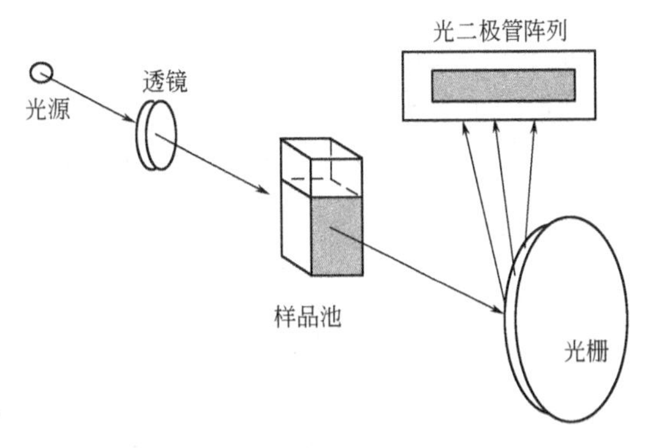

图 2-12 光二极管阵列多通道分光光度计光路图

(1) 钨灯或卤钨灯 钨灯是固体炽热发光，又称白炽灯。作为可见光源，其波长范围是 350～1000nm。钨灯的发光强度与供电电压的 3～4 次方成正比，电源电压的微小波动就会引起发射光强的很大变化。因此，必须使用稳压电源，使光源发光强度稳定。

卤钨灯是钨灯灯泡内充碘或溴的低压蒸气，它比钨灯发光强度大，寿命也较长。

(2) 氢灯或氘灯 氢灯或氘灯都是气体放电发光，发射 150～400nm 的紫外连续光谱，具有石英窗或用石英灯管制成，用作紫外区光源。氘灯发光强度和使用寿命比氢灯大 2～3 倍，故现在的仪器多用氘灯。气体放电发光需先激发，同时应控制稳定的电流，所以都配有专用的电源装置。氢灯或氘灯的发射光谱中有几根原子谱线，可作为波长校正用，常用的谱线有 486.13nm（F 线）和 656.28nm（C 线）。

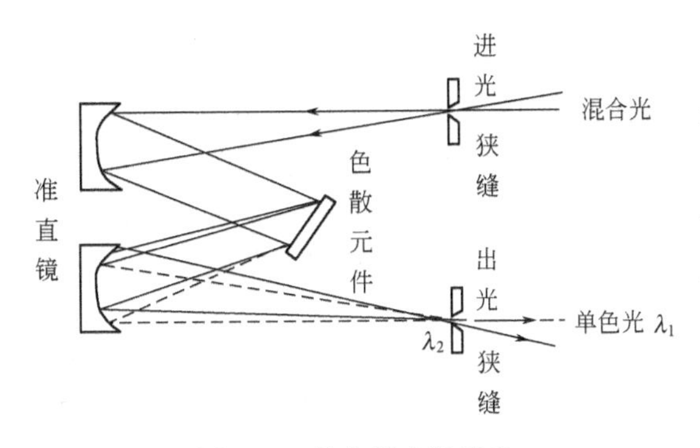

图 2-13 单色器光路示意

2. 单色器

单色器的作用是将来自光源的含有各种波长的复色光按波长顺序色散，并从中分离出所需波长的单色光。单色器由狭缝、准直镜及色散元件等组成，其原理如图 2-13 所示。来自光源并聚焦于进光狭缝的光，经准直镜变成平行光，投射于色散元件。色散元件使各种不同波长的平行光由不同的投射方向（或偏转角度）形成按波长顺序排列的光谱。再经过准直镜将色散后的平行光聚焦于出光狭缝上。转动色散元件的方位，可使所需波长的单色光从出光狭缝分出。

(1) 色散元件 常用的色散元件有棱镜和光栅。早期仪器多采用棱镜，现在多使用光栅。

(2) 准直镜 准直镜是以狭缝为焦点的聚焦镜。其作用是将进入色散器的发散光变成平行光，又将色散后的单色平行光聚集于出光狭缝。

(3) 狭缝 狭缝为光的进、出口，包括进光狭缝和出光狭缝。进光狭缝起着限制杂散光进入的作用。狭缝宽度直接影响分光质量。狭缝过宽，单色光不纯，将使吸光度变值；狭缝太窄，则光通量小，将降低灵敏度。故测定时狭缝宽度要适当，一般以减小狭缝宽度至溶液的吸光度不再增加为宜。

一般廉价仪器多用固定宽度的狭缝，不能调节。精密仪器狭缝可调节。光栅分光的仪器多用单色光的谱带宽度来表示狭缝宽度，直接表达单色光的纯度。棱镜分光的仪器因色散不均匀，只能用狭缝的实际宽度（一般为 1～3mm）表示，单色光的谱带宽度（即单色光的纯度）需经换算后才能得到。

3. 样品池

可见光区使用光学玻璃吸收池或石英池，紫外线区只能使用石英池。用作盛参比溶液与样品溶液的吸收池应互相匹配，在盛同一溶液时 ΔT 应小于 0.2%。在测定吸光系数或利用吸光系数进行定量时，还要求吸收池有准确的厚度（光程），或使用同一只吸收池。

4. 检测器

检测器是一类光电转换器。它能将接收到的光讯号转变为便于测量的电讯号。常用的有光电池、光电管和光电倍增管。

5. 信号处理与显示

检测器检测到的电讯号较弱，需经过放大才能以某种方式将测量结果显示出来。显示方式一般为透光率或吸光度，有的还转换成浓度、吸光系数等显示。

第五节 判断化合物最大吸收峰位置的经验规则

有机化学家 Woodward、Fieser、Kuhn 及 Scott 等总结了一套预测不饱和化合物最大吸收峰位置的经验规则，对鉴定和推测结构十分有用，现分述如下。

一、Woodward-Fieser 规则

当含两个共轭双键时，其紫外-可见吸收光谱与孤立双键的紫外-可见吸收光谱有显著的不同。例如 2-丁烯 $\pi\rightarrow\pi^*$ 跃迁的吸收波长为 178nm，而具有共轭双键的丁二烯，其 $\pi\rightarrow\pi^*$ 跃迁的吸收波长为 217nm，摩尔吸光系数也有很大不同。

Woodward、Fieser 等人根据大量实验结果总结了计算共轭分子中 $\pi\rightarrow\pi^*$ 跃迁吸收带波长的经验规则。该规则是以某一类化合物的基本吸收波长为基础，加入各种取代基对吸收波长所作的贡献，就是该化合物的 $\pi\rightarrow\pi^*$ 跃迁的吸收波长。也就是将紫外-可见光谱的极大吸收与分子结构联系起来，选择适当的母体，再加上一些修饰即可估算出某些化合物的极大吸收波长。

直链共轭多烯 $\pi\rightarrow\pi^*$ 跃迁的吸收波长计算方法如下：首先选择一个共轭二烯作为母体，确定其最大吸收位置基数，然后加上与 π 共轭体系相关的经验参数（见表 2-4），计算所得数值与实测的 λ_{max} 比较，以确定推断的共轭体系骨架结构是否正确。

表 2-4 直链共轭多烯 λ_{max} Woodward-Fieser 计算规则

种 类	$\pi\rightarrow\pi^*$ 跃迁 λ_{max}/nm	种 类	$\pi\rightarrow\pi^*$ 跃迁 λ_{max}/nm
直链共轭二烯基本值	217	卤素取代	17
烷基或环残余取代基	5	增加一个共轭双键	30
环外双键	5		

【例 1】 计算化合物 CH_3—(1, 2, 3 环)=$\overset{4}{C}(CH_3)_2$ 的吸收波长。

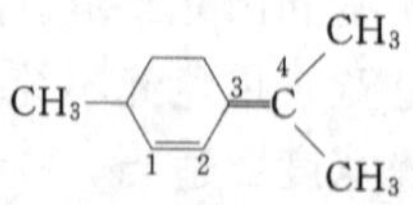

该化合物在 1、3 碳原子上各有一个烷基（环残余）取代，4 位碳上有两个甲基取代，3、4 位的双键与环相连，是环外双键。该化合物的吸收计算如下。

计算值：217＋4×5＋5＝242nm

测量值：243nm

环状共轭二烯化合物的 $\pi\rightarrow\pi^*$ 跃迁吸收波长计算方法见表 2-5。

表 2-5　环状共轭二烯化合物的 $\pi\rightarrow\pi^*$ 跃迁 λ_{max} Woodward-Fieser 计算规则

种　类	$\pi\rightarrow\pi^*$ 跃迁 λ_{max}/nm	种　类	$\pi\rightarrow\pi^*$ 跃迁 λ_{max}/nm
同环共轭二烯基本值	253	含硫基团取代(—SR)	30
异环共轭二烯基本值	214	氨基取代(—NRR′)	60
烷基或环残余取代基	5	卤素取代	5
环外双键	5	酰基取代(—OCOR)	0
烷氧基取代(—OR)	6	增加一个共轭双键	30

使用这个规则时，应注意如果有多个可供选择的母体时，应优先选择较长波长的母体，如共轭体系中若同时存在同环二烯与异环二烯时，应选取同环二烯作为母体。环外双键特指 C═C 双键中有一个 C 原子在该环上，另一个 C 原子不在该环上的情况。对“身兼数职”的基团应按实际“兼职”的次数计算增加值，同时应准确判断共轭体系的起点与终点，防止将与共轭体系无关的基团计算在内。同时须注意的是该规则不适用于共轭双键多于四个的共轭体系，也不适用于交叉共轭体系。典型的交叉共轭体系骨架的结构如下：

【例 2】　计算松香酸 $\pi\rightarrow\pi^*$ 跃迁吸收波长。

松香酸为异环二烯，其基本值为 214nm，在 1、3、4 位碳上有 4 个烷基取代基，在 3、4 位上双键是环外双键，其吸收波长 λ_{max} 计算如下。

计算值：214＋4×5＋5＝239nm

测定值：238nm

【例 3】　计算下列化合物的 $\pi\rightarrow\pi^*$ 跃迁吸收波长。

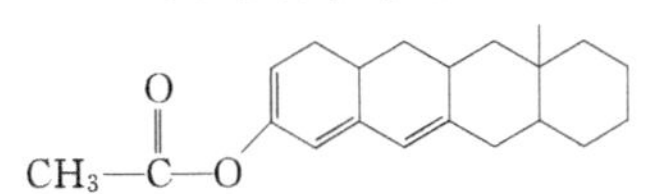

该例中选同环二烯作母体，而不选异环双烯作母体。当有多个母体可供选择时，应优先选择波长长的作母体。以同环双烯作母体，其基本值为 253nm，由三个烷基取代基 3×5，一个环外双键 5，增加一个共轭双键 30nm，一个酰氧基 0nm。

计算值：253＋3×5＋5＋30＝303nm

测定值：306nm

二、Fieser-Kuhn 规则

对于四个以上双键的共轭体系，其 λ_{max} 和 ε_{max} 可按 Fieser-Kuhn 规则计算。

$$\lambda_{max}=114+5M+n(48.0-1.7n)-16.5R_{环内}-10R_{环外}$$

$$\varepsilon=1.74\times10^4 n$$

式中，M 为共轭体系上取代的烷基数；n 为共轭双键数；$R_{环内}$ 为含环内双键的环的个数；$R_{环外}$ 为含环外双键的环的个数。

【例 4】　计算 β-胡萝卜素的 λ_{max} 值。

$$\lambda_{max}=114+5\times10+11\times(48.0-1.7\times11)-16.5\times2=453.3\text{nm}$$

$$\varepsilon=1.74\times10^4\times11=1.91\times10^5$$

已知，在己烷溶液中，β-胡萝卜素的 λ_{max} 和 ε_{max} 分别为 452nm 和 1.52×10^5，计算得到的数

值与实际观察到的数值非常接近。

三、Scott 规则

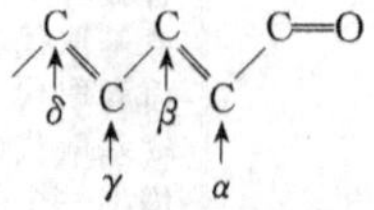

$$\underset{\delta}{C}=\underset{\gamma}{C}-\underset{\beta}{C}=\underset{\alpha}{C}-C=O$$

α,β-不饱和羰基化合物的 $\pi\rightarrow\pi^*$ 跃迁吸收波长计算见表 2-6。

表 2-6　计算 α,β-不饱和羰基化合物的 $\pi\rightarrow\pi^*$ 跃迁吸收波长的 Scott 规则

种　类	$\pi\rightarrow\pi^*$ 跃迁 λ_{max}/nm			
直链及六元环 α,β-不饱和酮基本值	215			
五元环 α,β-不饱和酮基本值	202			
α,β-不饱和醛基本值	207			
α,β-不饱和酸和酯基本值	193			
增加一个共轭双键	30			
增加同环二烯	39			
环外双键、五元及七元环内双键	5			
烯基上取代	α	β	γ	δ
烷基或环残余取代基	10	12	18	18
烷氧基取代(—OR)	35	30	17	31
羟基(—OH)	35	30	50	50
酰基取代(—OCOR)	6	6	6	6
卤素(Cl)	15	12	12	12
卤素(Br)	25	30	25	25
含硫基团取代(—SR)		80		
氨基取代(—NRR′)		95		

羰基化合物的 $\pi\rightarrow\pi^*$ 和 $n\rightarrow\pi^*$ 跃迁峰的 λ_{max} 受溶剂影响非常显著。表 2-6 所列计算 λ_{max} 规则时，只有用 95%乙醇或甲醇作溶剂才能获得与实测值相符合的计算结果。若用其他溶剂，必须用表 2-7 的数值进行修正。

表 2-7　溶剂修正值

溶　剂	修 正 值	溶　剂	修 正 值
水	8	氯仿	−1
乙醚	−7	二氧杂环己烷	−5
环己烷	−11	正己烷	−11

【例 5】 计算下列化合物的吸收波长。

(a)

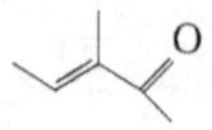

基值：　215
α-烷基　+10
β-烷基　+12
237nm（实测 236nm）

(b)

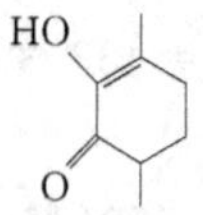

基值：　215
α-羟基　+35
β-烷基　$+2\times12$
274nm（实测 270nm）

(c)

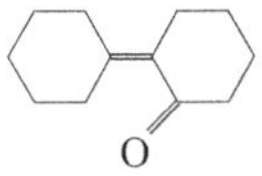

基值：	215
α-烷基	+10
β-烷基	+2×12
环外双键	+2×5
	259nm（实测 257nm）

应用这一规则计算时，应注意环上的羰基不能视为环外双键。

(d)

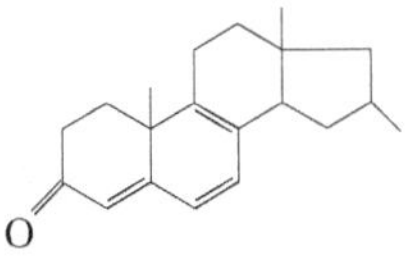

基值：	215
β-烷基	+12
γ-以远烷基	+3×18
同环双键	+39
延伸双键	+2×30
环外双键	+5
	385nm（实测 388nm）

第六节　定性及定量分析应用

紫外-可见吸收光谱的特征值（λ_{max}、λ_{min}）取决于电子能级差，吸光系数则取决于跃迁概率。因此，紫外-可见吸收光谱反映了物质分子的电子结构特征。同一物质的吸收光谱有相同的 λ_{max}、λ_{min} 和相同的吸光系数，故同一物质相同浓度的吸收曲线应能相互重合；而不同物质的吸收曲线一般是不能完全重合的。因此，吸收曲线的特征值及整个吸收曲线的形状是定性鉴别的重要依据。而在定量分析中，吸收曲线可提供测定的适当波长，一般以灵敏度大的 λ_{max} 作为测定波长。

一、定性分析

1. 定性分析的一般步骤

有机化合物的紫外-可见吸收光谱只能反映分子中发色基团和助色基团及其附近的结构特性，而不能反映整个分子结构的特性。因此仅仅依靠紫外-可见光谱来推断未知化合物的结构是困难的。但是紫外-可见光谱对于判别有机化合物中发色基团和助色基团的种类、位置及其数目以及区别饱和与不饱和化合物，测定分子中共轭程度等有其独特的优点。因此紫外-可见光谱可用来测定共轭分子及芳族化合物分子的骨架，并可研究与共轭作用、溶剂稳定化作用有关的分子构象以及互变异构现象和氢键等。

用紫外-可见光谱进行定性鉴定的化合物必须是纯净的，并按正确的操作方法用紫外-可见分光光度计绘出吸收曲线，然后根据该化合物的吸收特征作出初步判断。

如果化合物的紫外-可见光谱没有吸收带，则说明不存在共轭体系，也不含 N、Br、I、S 等杂原子，它可能是饱和直链烷烃、饱和脂环烷烃、非共轭烯或非共轭炔，或其他饱和脂肪族化合物等。

若化合物在 200～250nm 范围有强吸收带，则该化合物可能是含有两个共轭不饱和键的体系。如果强吸收带出现在 260～300nm 范围内，则表明该化合物存在 3 个或 3 个以上共轭双键。如吸收带进入可见光区，则该化合物是长共轭发色基团的化合物或是稠环芳香族化合物。

若化合物只在 270～350nm 有弱的吸收带，则该化合物可能含有 n 电子的简单非共轭发色基团，如羰基、硝基等。

若化合物在 250nm 以上有中等强度吸收带，且有精细结构或谱带很宽，则该化合物很可能含有苯环。

按上述规律可以初步确定该化合物的归属范围。将该化合物的光谱与标准化合物的谱图进行对照，如果两者吸收光谱的特征完全相同，则可考虑两者可能是同一化合物，或者它们具有相同的分子骨架和发色基团。如果光谱不同，则可以肯定不是同一种化合物。也可以在测试条件相同的情况下与一已知的模型化合物的紫外-可见光谱相对比后作出判断。

2. 定性方法

利用紫外-可见吸收光谱进行化合物的定性鉴别，一般采用对比法。即将样品化合物的吸收光谱特征与标准化合物的吸收光谱进行对照比较，也可以利用文献所载的化合物标准谱图进行核对。如果吸收光谱完全相同，则两者可能是同一种化合物。但还需用其他光谱法进一步证实。因为紫外-可见吸收光谱一般反映的是部分结构单元的信息，即生色团和助色团的信息，只有 1 个或几个宽的吸收带。具有相同生色团和助色团的同系物的紫外-可见吸收光谱图类似。但是如两张紫外-可见吸收光谱有明显差别，则可以肯定不是同一种化合物。具体的方法如下。

(1) 对比吸收光谱特征数据　最常用于鉴别的光谱特征数据是吸收峰所在的波长（λ_{max}）。若一个化合物有几个吸收峰，并存在谷和肩峰，应同时作为鉴定的依据，这样更能显示光谱特征的全面性。

具有不同基团的化合物，可能有相同的 λ_{max} 值，但它们的 ε_{max} 值常有明显差异，故 ε_{max} 常用于分子结构分析中吸光基团的鉴别。对于分子中含有相同吸光基团的同系物，它们的 λ_{max} 和 ε_{max} 值常很接近，但因摩尔质量不同，所以质量吸收系数有较大差别而得以鉴别。

(2) 对比吸光度（或吸光系数）的比值　如化合物有两个以上的吸收峰，可用在不同吸收峰处（或峰与谷）测得吸光度的比值作为鉴别的依据，因为用的是同一浓度溶液和同一厚度的吸收池，取吸光度比值也就是吸光系数的比值，从而消除浓度和厚度不准确所带来的影响。

例如，维生素 B_{12} 的吸收光谱有三个吸收峰，分别为 278nm、361nm、550nm。作为鉴别的依据，361nm 与 278nm 吸光度的比值应为 1.70～1.88；361nm 与 550nm 的吸光度比值应为 3.15～3.45。

(3) 对比吸收光谱图的一致性　用上述几处光谱特征数据作鉴别，不能发现吸收光谱中其他部分的差异。必要时，需将试样与已知标准品用同一溶剂配制成相同浓度的溶液，在相同条件下分别描绘吸收光谱，核对其一致性。也可利用文献所载的标准谱图进行核对，只有在光谱曲线完全一致的情况下才有可能是同一物质；若光谱曲线有差异，则可认为试样与标准品并非同一物质。

(4) 标准光谱　常用的标准谱图、手册主要有下列几种。

① Organic Electronic Spectral Data，M. J. Kamlet，J. P. Phillips，et al. Interscience，New York。

这是一套多卷大型手册性丛书，从 1960 年开始出版第一卷，其后陆续出版各卷。可以根据分子式从该书中查找化合物名称、λ_{max}、$\lg\varepsilon$、文献出处和测定的溶剂等数据、资料。

② The Sadtler Standard Spectra，Ultraviolet，Sadtler Research Laboratories。

这是由萨特勒研究实验室编的紫外标准谱图。附有化合物名称索引、化合物类别索引、分子式索引、探知表及光谱号码索引。

③ Handbook of Ultraviolet and visi Absorption Spectra of Organic Compounds，Konzo

Hirayama，Plenum Press Data Division，New York，1967。

可以根据发色基团从该手册中查找 λ_{max}、lgε、文献出处和测定的溶剂；也可以从 λ_{max} 查找发色基团、lgε 等。

④ Ultraviolet Spectra of Aromatic Compounds，R. A. Friedel，et al. Wiley，New York，1958。

⑤ Ultraviolet Spectra of Hetero-organic Compounds，G. F. Bolshakow，et al. Khimia Publ. USSR，1969。

⑥ American Petroleum Institute Research Project 44，Selected Ultraviolet Spectral Data V. 1-3，Thermodynamics Research Center，Texas。

二、定量分析方法及应用

紫外-可见吸收光谱在定量分析领域内有着广泛的用途。紫外-可见分光光度法具有灵敏、准确、测定简便等优点，既可以测定单一的微量组分，也可以测定多组分混合物及高含量组分。

1. 单组分的定量

根据比尔定律，物质在一定波长处的吸光度与浓度之间有线性关系。因此，只要选择适合的波长测定溶液的吸光度，即可求出浓度。在紫外-可见光谱法中，通常应以被测物质吸收光谱的最大吸收峰处的波长作为测定波长。如被测物有几个吸收峰，则选不为共存物干扰，峰较高、较宽的吸收峰波长，以提高测定的灵敏度、选择性和准确度。此外，还要注意选用的溶剂应不干扰被测组分的测定。许多溶剂本身在紫外线区有吸收峰，只能在它吸收较弱的波段使用。表 2-3 列出一些溶剂的极限波长。选择溶剂时，组分的测定波长必须大于溶剂的极限波长。

(1) 吸光系数法　吸光系数是物质的特性常数。只要测定条件（溶液浓度、单色光纯度等）不致引起对比尔定律的偏离，即可根据测得的吸光度 A，按比尔定律求出浓度或含量。

例如，维生素 B_{12} 样品 2.50mg 用水溶成 100mL 后，盛于 1cm 吸收池中，在 361nm 测得 A 值为 0.507，则

$$E_{1cm}^{1\%}=\frac{A}{cl}=\frac{0.507}{0.0025}=202.8\mu g/mL$$

$$样品中 B_{12}（\%）=\frac{(E_{1cm}^{1\%})_{样}}{(E_{1cm}^{1\%})_{标}}=\frac{202.8}{207}=98.0\%$$

(2) 标准曲线法　此法尤其适用于单色光不纯的仪器，因为在这种情况下，虽然测得的吸光度值可以随所用仪器的不同而有相当的变化，但若是同一台仪器，固定其工作状态和测定条件，则浓度与吸光度之间的关系仍可写成 $A=kc$，不过这里的 k 仅是一个比例常数，不能用作定性的依据，也不能互相通用。

测定时，将一系列浓度不同的标准溶液，在同一条件下分别测定吸光度，考查浓度与吸光度成直线关系的范围，然后以吸光度为纵坐标，浓度为横坐标，绘制 A-c 关系曲线，或叫工作曲线。如符合比尔定律，将得到一条通过原点的直线。也可用直线回归的方法，求出回归的直线方程。再根据样品溶液所测得的吸光度，从标准曲线或从回归方程求得样品溶液的浓度。

标准曲线法对仪器的要求不高，是分光光度法中简便易行的方法，尤其适合于大批量样品的定量分析。

(3) 对照法　又称比较法。在相同条件下，在线性范围内配制样品溶液和标准溶液，在选定波长处，分别测量吸光度。根据比尔定律

$$A_{样}=\varepsilon_{样}\ l_{样}\ c_{样}$$

$$A_{标} = \varepsilon_{标}\ l_{标}\ c_{标}$$

因是同种物质、同台仪器、相同厚度吸收池及同一波长测定，故 $\varepsilon_{样} = \varepsilon_{标}$，$l_{样} = l_{标}$，所以：

$$c_{样}/c_{标} = A_{样}/A_{标}$$

$$c_{样} = \frac{A_{样}}{A_{标}} \times c_{标} \tag{2-8}$$

为了减少误差，比较法配制的标准溶液浓度常与样品溶液的浓度相近。

例如，维生素 B_{12} 注射液的含量测定：精密吸取 B_{12} 注射液 2.5mL，加水稀释至 10.0mL，摇匀。另配制 B_{12} 标准液：精密称取 B_{12} 标准品 25mg，加水溶解并稀释至 1000mL，摇匀。在 361nm 处，用 1cm 吸收池分别测得样品溶液和标准溶液的 A 值为 0.508 和 0.518，求 B_{12} 注射液的浓度。

根据式(2-8) 并考虑称量和稀释情况，得

$$c_{样} \times \frac{2.5}{10} = \frac{25 \times 1000}{1000} \times \frac{0.508}{0.518} \mu g/mL$$

解此式得

$$c_{样} = 98.1 \mu g/mL$$

2. 多组分定量

溶液中有两种或多种组分共存时，可根据各组分吸收光谱相互重叠的程度分别考虑测定方法。最简单的情况是各组分的吸收峰所在波长处，其他组分没有吸收，如图 2-14(a) 所示，则可按单组分的测定方法分别在 λ_1 处测定 a 组分，在 λ_2 处测定 b 组分，互不干扰。

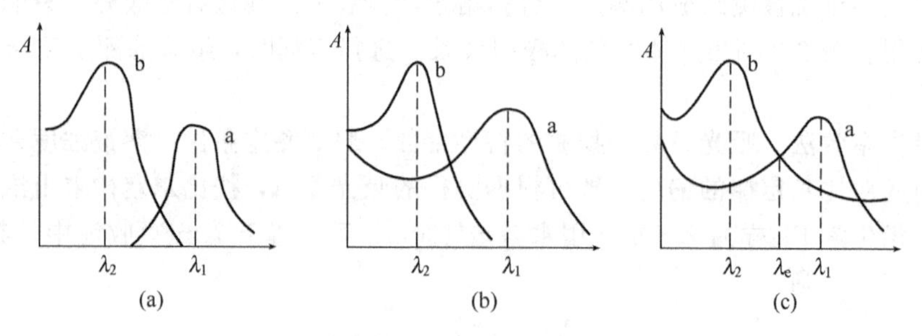

图 2-14 混合组分吸收光谱相互重叠的三种情况

如果 a、b 两组分的吸收光谱部分重叠，如图 2-14(b) 所示，这时可先在 λ_1 处按单组分方法测定 a 组分的浓度 c_a，b 组分不干扰；然后在 λ_2 处测得混合物溶液的总吸光度 A_2^{a+b}，即可根据吸光度的加和性计算 b 组分的浓度 c_b。

因 $$A_2^{a+b} = A_2^a + A_2^b = \varepsilon_2^a c_a + \varepsilon_2^b c_b$$

故 $$c_b = (A_2^{a+b} - \varepsilon_2^a c_a)/\varepsilon_2^b \tag{2-9}$$

式中，a、b 中两组分的吸光系数 ε_2^a 和 ε_2^b 需事先求得。

在混合组分测定中，更多遇到的情况是吸收光谱双向重叠，互相干扰，如图 2-14(c) 所示。这时可根据测定的目的、要求和光谱重叠的不同情况，采取以下的几种方法。

(1) 解线性方程组法　对于如图 2-14(b) 的两组分混合物，若事先测知 λ_1 和 λ_2 处两组分各自的 ε_1^a、ε_2^a、ε_1^b、ε_2^b 值，则在两波长处分别测得混合物的 A_1^{a+b} 和 A_2^{a+b} 后，就可用线性方程组解得两组分的 c_a 和 c_b。

因

$$\begin{aligned} A_1^{a+b} &= A_1^a + A_1^b = \varepsilon_1^a c_a + \varepsilon_1^b c_b \\ A_2^{a+b} &= A_2^a + A_2^b = \varepsilon_2^a c_a + \varepsilon_2^b c_b \end{aligned} \tag{2-10}$$

故

$$c_a = \frac{A_1^{a+b}\varepsilon_2^b - A_2^{a+b}\varepsilon_1^b}{\varepsilon_1^a\varepsilon_2^b - \varepsilon_2^a\varepsilon_1^b}$$

$$c_b=\frac{A_2^{a+b}\varepsilon_1^a-A_1^{a+b}\varepsilon_2^a}{\varepsilon_1^a\varepsilon_2^b-\varepsilon_2^a\varepsilon_1^b} \tag{2-11}$$

式中，浓度 c 的单位依据所用的吸光系数而定。

本法是混合组分测定的经典方法。如所选波长处各组分的 ε 值差别较大，在测定 A 时又有良好的重现性，则可得到比较准确的结果。从理论上说，只要选用的波长点数等于或大于溶液所含的组分数，就可用于任意多混合组分的测定。但实际上随着溶液所含组分增多，越难选到较多的适合波长点，而且影响因素也增多，故很难得到准确的结果。

（2）等吸收双波长消去法　此法是在吸收光谱互相重叠的 a、b 两组分共存时，先设法消去组分 a 的干扰而测定组分 b。方法是选取两个波长 λ_1 和 λ_2［见图 2-15(a)］，使组分 a 在这两个波长处的吸光度相等，而对待测组分 b 在两波长处的吸光度则有尽可能大的差别。用这样两个波长测得混合组分的吸光度之差，只与组分 b 的浓度成正比，而与组分 a 的浓度无关。可用数学式表达如下：

$$\begin{aligned}\Delta A^{a+b}&=A_1^{a+b}-A_2^{a+b}=A_1^a+A_1^b-A_2^a-A_2^b\\&=A_1^b-A_2^b=(\varepsilon_1^b-\varepsilon_2^b)c_b(\text{因 } A_1^a=A_2^a)\\&=kc_b\end{aligned} \tag{2-12}$$

如需测定另一组分 a 时，可用相同的方法，另选两个适宜的波长 λ_1 和 λ_2，消去 b 组分的干扰［见图 2-15(b)］。本法如用双波长分光度计测定，可直接测得吸光度差 ΔA 值。

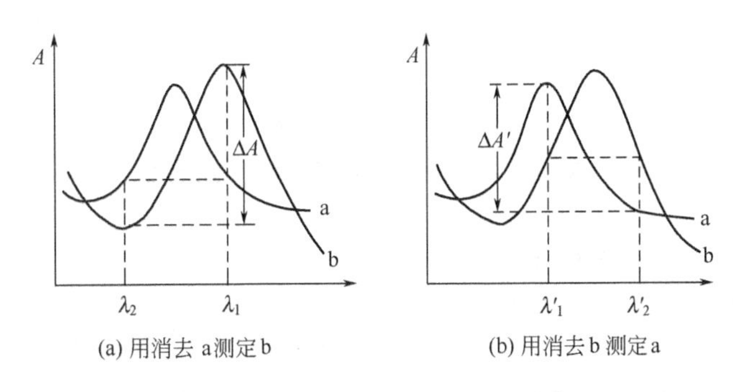

(a) 用消去 a测定b　　(b) 用消去b 测定a

图 2-15　等吸收双波长消去法示意

本法还可适用于浑浊溶液的测定。浑浊液因有悬浮的固体微粒遮断一部分光而使测得的 A 值偏高。但浑浊固体微粒的干扰一般不受波长的影响或影响甚微，可以认为在所有波长处其吸光度是相等的。因此可选择组分吸收峰处的波长和组分吸光度小处的波长测定浑浊液的 ΔA 值，这样既可消除悬浮微粒的干扰，又可提高组分测定的准确度。

应用等吸收双波长消去法时，干扰组分的吸收光谱中至少需有一个吸收峰或谷，才有可能找到对干扰组分等吸收的两个波长。否则，需要用下述的倍率减差法。

（3）倍率减差法（系数倍率法）　本法克服了等吸收双波长消去法选波长遇到的困难，增加了选择波长的可能性。如图 2-16 所示，设 y 为干扰组分，x 为待测组分，选定 λ_1 和 λ_2 测定，则 y 在 λ_2 的 A 值小于在 λ_1 处的 A 值，故可令 $\frac{A_1^y}{A_2^y}=k$（k 称掩蔽系数）。

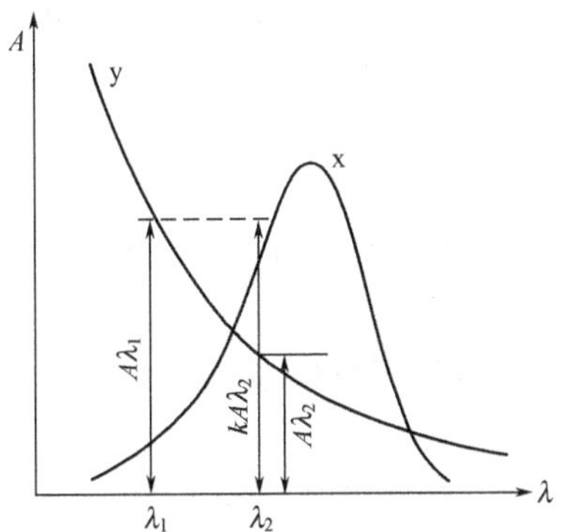

图 2-16　系数倍率法

且规定
$$\Delta A = kA_2 - A_1$$
由此得
$$\begin{aligned}\Delta A^{x+y} &= k(A_2^y + A_2^x) - (A_1^y + A_1^x) \\ &= kA_2^x - A_1^x \quad (\text{因 } kA_2^y - A_1^y = 0) \\ &= (k\varepsilon_2^x - \varepsilon_1^x)c_x \\ &= Kc_x \end{aligned} \tag{2-13}$$

故 ΔA^{x+y} 与待测组分 c_x 成正比，不受 y 组分的干扰。

乘掩蔽系数 k 时，干扰组分和待测组分都放大了 k 倍，故使测得的 ΔA 值加大，从而使灵敏度提高。但 k 值过大，因噪声放大，使信噪比值减少而带来不利，故 k 值一般应在 5～7 倍为限。

三、导数光谱法

导数光谱法又称微分光谱法。如果把一个吸收光谱写成波长的函数：
$$A = c\varepsilon = cf(\lambda) \tag{2-14}$$
那么，它的导函数图像就是导数光谱。显然，也就可以有一阶、二阶、三阶等各阶的导数光谱。

1. 获得导数光谱的方法

一般可用以下两种方法获得导数光谱。

（1）人工作图法　从原吸收光谱的数据中每隔一个波长小间隔 $\Delta\lambda$（1～2nm），逐点计算出 $\Delta A/\Delta\lambda$ 的值：
$$\left(\frac{\Delta A}{\Delta\lambda}\right)_i = \frac{A_{i+1} - A_i}{\lambda_{i+1} - \lambda_i} \tag{2-15}$$

用这些数值对波长描绘成图像，就得一阶导数光谱。用类似方法又可从导数光谱中获得高一阶的导数光谱。

（2）仪器扫描法　用双波长分光光度计以固定间隔 $\Delta\lambda$（1～2nm）的两束单色光同时扫描，记录样品对两束光吸光度的差值 ΔA，便得到样品的一阶导数光谱。

装配有微处理机的分光光度计，利用它的记忆和处理数据的功能，可以直接存储吸收光谱的数据并加以处理，可描绘出一阶、二阶、三阶……的导数光谱。

2. 导数光谱的特点

现以高斯曲线模拟一条吸收曲线，其一至四阶的导数图像如图 2-17 所示。从中可以看出，导数光谱有以下主要特点。

随着导数阶数的增加，极值数目增加（极值数＝导数阶数＋1），谱带宽度变小，分辨能力增高。可分离和检测两个或两个以上重叠的谱带（见图 2-18）。

吸收曲线的极大值，在奇数阶（$n=1$，3，…）的导数中相应于零；而在偶数阶（$n=2$，4，…）的导数中相应于一个极值（极小和极大交替出现）。这有助于吸收曲线峰值的精确测定。

吸收曲线上的拐点，在奇数阶导数中产生极值，在偶数阶导数中通过零。这对肩峰的鉴别很有帮助。

总之，导数光谱可以给出更多的信息，提高分辨能力，对分子结构的细微差别也有较强的鉴别能力。

3. 导数光谱在定量分析上的应用

（1）基本原理　物质在某一波长处的吸收系数 ε 是定值。它随波长而变的函数关系 $\varepsilon = f(\lambda)$ 也应是确定的。所以它的导函数 $d\varepsilon/d\lambda$、$d^2\varepsilon/d\lambda^2$、…也都应该是确定的。根据式

(2-15)，从吸收光谱得到的导数光谱应有以下关系：

$$\frac{dA}{d\lambda}=c\times\frac{d\varepsilon}{d\lambda}$$

$$\frac{d^2A}{d\lambda^2}=c\times\frac{d^2\varepsilon}{d\lambda^2}$$

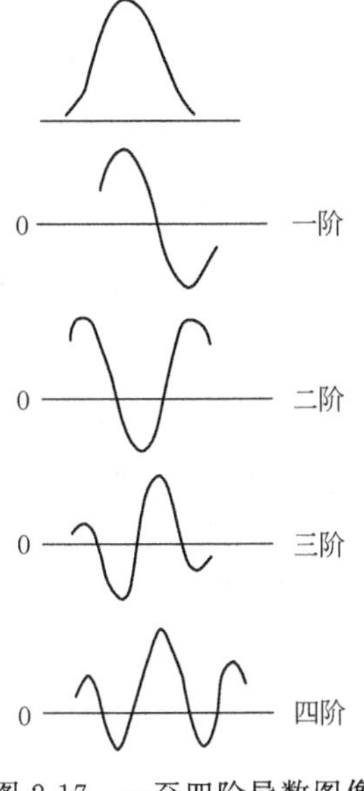

图 2-17　一至四阶导数图像

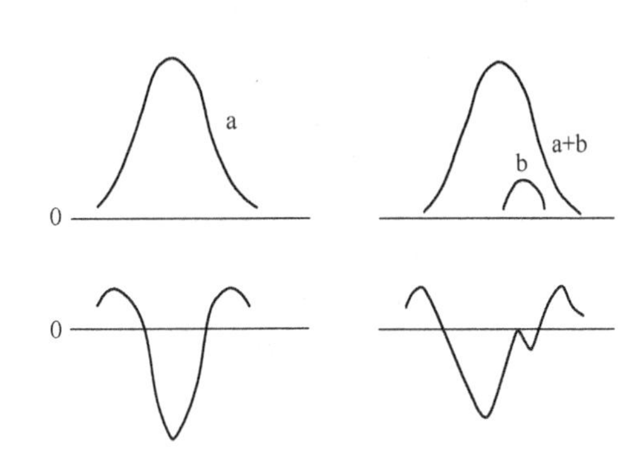

图 2-18　吸收峰 a（上左）与包含小峰 b 的 a+b（上右）曲线

注：曲线变形不明显，在二阶导数（右下方）中能显示出 b 的峰位

因此，在任一波长处，导数光谱上的数值与浓度成正比。这是导数光谱用于定量的依据。

(2) 定量方法　一般采用工作曲线法或标准对比法。首先是根据所要求的灵敏度和共存物的干扰情况选择适宜的波长和求导条件，如单色光的谱带宽（狭缝宽）、波长间距（$\Delta\lambda$）、导数的阶（一般不超过四阶）等。在选定的条件下，先用标准品求得测量值与浓度之间的关系（工作曲线或直线方程），然后根据样品在相同条件下的测量值，利用工作曲线或直线方程求得样品中的被测物含量。

从导数光谱上读取定量用数据的方法，一般不用零线作参比，而是用相邻峰作参比。常用以下两种方法。

① 峰-峰法　取正峰（朝上）与相邻负峰（朝下）两峰尖的距离作为测量值[图 2-19(b)]。

② 基线法　取相邻两个同向峰（正或负）的公切线为基线，以中间的反向峰（负或正）峰尖至基线的距离作为测量值[图 2-19(a)]。

测量中的背景吸收、杂质或共存物吸收的干扰，可通过选择适宜的波长和求导条件加以排除。例如，若干扰吸收为一个二次曲线的幂函数，则在一阶导数图像中成为线性干扰，在二阶导数图像中成为常数干扰，而在三阶导数图像中干扰将完全消失。

导数光谱法可提高测定的灵敏度和选择性。例如，乙醇中含苯量低至 10μg/g 时，普通吸收光谱已不易辨别，而导数光谱甚至可测到 1μg/g 的苯含量。又如，废水中苯胺和苯酚的含量测定。由于该二组分的紫外-可见吸收光谱重叠，用常规的分光光度法无法测定，但若用导数光谱法则可同时测它们的含量。图 2-20 所示为含 5μg/g 苯胺和苯酚废水液的四阶导数光谱。图中$\overline{CD}$的高度正比于苯酚的浓度，$\overline{FN}$的高度正比于苯胺的浓度。利用工作曲线法，即可测出废水中苯胺和苯酚的含量。

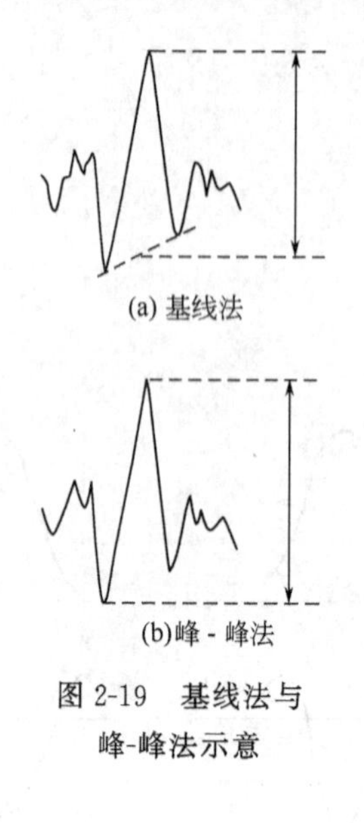

图 2-19　基线法与峰-峰法示意

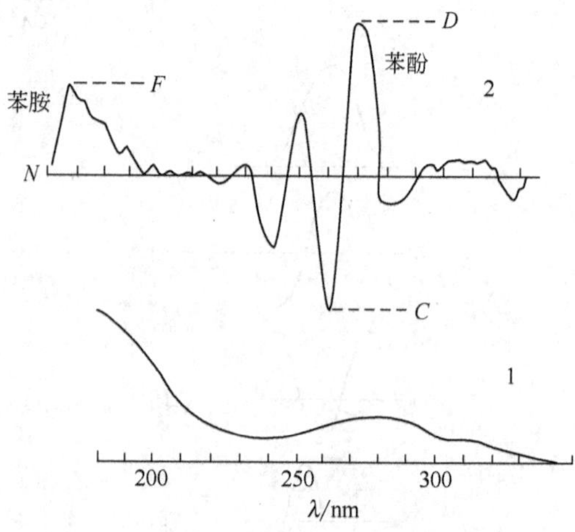

图 2-20　废水中苯胺和苯酚同时定量测定

1—含 5ppm 苯胺和苯酚的一般光谱；

2—含 5ppm 苯胺和苯酚的四阶导数光谱；

1ppm＝1mg/L，下同

习　　题

1. 简述紫外-可见光谱产生的原因。有哪些特点？

2. 按照分子轨道理论，产生紫外-可见光谱的电子跃迁形式有几种？比较它们的能量高低。

3. 紫外-可见光谱的吸收谱带有几种？仔细研究它们的联系与区别。

4. 简述影响紫外分子光谱的因素有哪些。

5. 朗伯-比尔定律成立的前提条件是什么？它在紫外-可见分光光度法中的地位和意义？它的表达式说明了什么？

6. 在紫外-可见分光光度定量分析中，影响准确度的因素有哪些？如何减小测定误差？

7. 简述紫外-可见分光光度计的主要部件、类型和性能。

8. 举例说明紫外-可见分光光度法在定性分析中的应用。

9. 判断在紫外-可见光区，下列化合物产生几个吸收带？

乙烯　　苯乙烯　　丁二烯　　苯甲醛

10. 精称乙酰唑胺标准品 0.2020g 溶解，定容 1000mL，吸取 5.00mL，再稀释定容 100mL，于 265nm 波长下测定吸光度 0.47（用 1cm 池）。求：①$E_{1cm}^{1\%}$；②ε（M_r＝222）；③样品液 A_x＝0.407，求 c_x（μg/mL）；④该样品液标示浓度 $c_{标}$＝8.80μg/mL，求样品百分含量。

11. 精密吸取 0.0205mol/L $K_2Cr_2O_7$ 标准溶液 3.00mL，用 0.25mol/L H_2SO_4 稀释定容 50.00mL，用此溶液在 440nm 波长处，用 1cm 吸收池测定吸光度为 0.425，另外吸取未知浓度的 $K_2Cr_2O_7$ 样品液 1.00mL，定容 100mL，在相同条件下测得吸光度为 0.642。求原未知 $K_2Cr_2O_7$ 样品溶液的浓度。

12. 有一 A 和 B 两种化合物的混合溶液，已知 A 在波长 282nm 和 238nm 处的 $E_{1cm}^{1\%}$ 值分别为 720 和 270；而 B 在上述两波长处吸光度相等，现在 A 和 B 混合液盛于 1cm 吸收池中，测得 λ_{max} 为 282nm 处的吸光度为 0.422，在 λ_{max} 为 238nm 处的吸光度为 0.278，求 A 化合物的浓度（mg/100mL）。

第三章　红外光谱法

第一节　概　　述

分子的能量主要由平动能量、振动能量、电子能量和转动能量构成。其中振动能级的能量差为 $8.01\times10^{-21}\sim1.60\times10^{-19}$J，与红外线的能量相对应。若以连续波长的红外线为光源照射样品，所测得的吸收光谱称红外吸收光谱，简称红外光谱（infrared spectrum）。由于实验技术和应用的不同，通常把红外区（0.8～1000μm）划分成三个区。

近红外区（泛频区）：波长 0.8～2.5μm，主要用来研究 O—H、N—H 及 C—H 键的倍频吸收。

中红外区（基本转动-振动区）：波长 2.5～25μm，它是研究、应用最多的区域，该区的吸收主要是由分子的振动能级和转动能级跃迁引起的。因此，红外吸收光谱又称振转光谱。

远红外区（转动区）：波长 25～1000μm，分子的纯转动能级跃迁以及晶体的晶格振动多出现在远红外区。

通常所说的红外光谱是指中红外区。红外光谱图纵坐标是百分透过率 T 或吸光度 A，横坐标可用波长 λ 或波数 $\bar{\nu}$ 表示。波数即波长的倒数，表示单位（1cm）长度中所含波长的数目。波长或波数可以按下式互换

$$\bar{\nu}(\mathrm{cm}^{-1})=\frac{1}{\lambda(\mathrm{cm})}=\frac{10^4}{\lambda(\mu\mathrm{m})} \tag{3-1}$$

所有的标准红外吸收光谱图中都标有波长和波数两种刻度。波长是按微米等间隔分度的，称为线性波长表示法，如图 3-1(a) 所示。按波数等间隔分度称为线性波数表示法，如图 3-1(b)所示。必须注意的是，同一样品用线性波长表示和用线性波数表示的光谱外貌是有差异的，如图 3-1 所示。

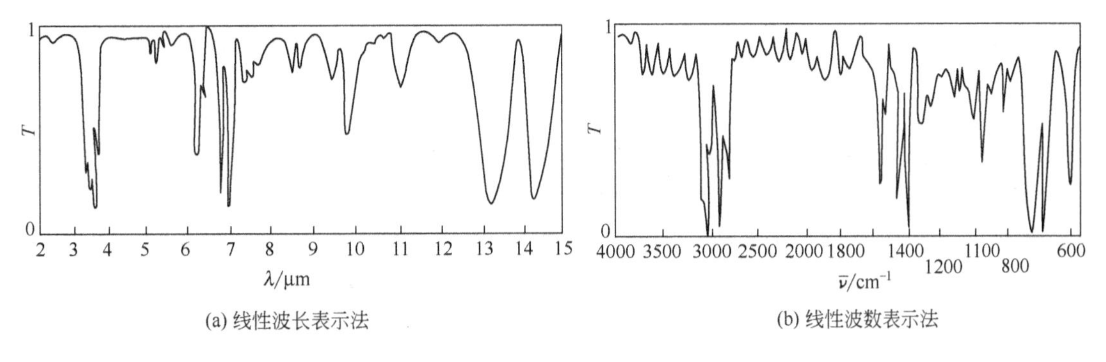

(a) 线性波长表示法　　(b) 线性波数表示法

图 3-1　聚苯乙烯 IR 光谱

红外光谱与紫外-可见光谱都属于吸收光谱，但与其他光谱法或其仪器分析法相比较，红外光谱法有如下特点。

① 红外光谱是依据样品在红外线区（一般指 2.5～25μm 波长区间）吸收谱带的位置、强度、形状、个数，并参照谱带与溶剂、浓度等的关系来推测分子的空间构型，求化学键的

力常数、键长和键角，推测分子中某种官能团的存在与否，推测官能团的邻近基团，确定化合物结构。

② 红外光谱不破坏样品，并且对样品的任何存在状态都适用，如气体、液体、可研细的固体或薄膜样品都可以分析。测定方便，制样简单。

③ 红外光谱特征性强。所以人们也常称红外光谱为“分子指纹光谱”。对于一些同分异构体、几何异构体和互变异构体也可以鉴定。

④ 分析时间短。色散型红外光谱做一个样可在几分钟内完成。如果采用傅里叶变换红外光谱仪在 1s 以内就可完成多次扫描，为快速分析提供了十分有用的工具。

第二节　红外吸收光谱的原理

一、分子的振动

分子振动能级常包含有很多转动能级，在分子发生振动能级跃迁时，不可避免地伴随着转动能级的跃迁，因此无法测得纯振动光谱，通常所测得的光谱实际上是振动-转动光谱，简称振转光谱。

为了讨论方便，先讨论双原子分子的纯振动光谱。

1. 双原子分子的振动

双原子分子的振动可近似地看成两个用弹簧连接着的小球的运动。将两个原子间的化学键看成质量可以忽略不计的弹簧，长度为 r（核间距）；将两个原子视为质量分别为 m_1 和 m_2 的小球，它们之间的伸缩振动可以近似地看成沿轴线方向的简谐振动。因此，可以把双原子分子称为谐振子。这个体系的振动波数 $\bar{\nu}$，由经典力学（虎克定律）可导出：

$$\bar{\nu}=\frac{1}{2\pi c}\sqrt{\frac{k}{\mu}} \tag{3-2}$$

式中　c——光速，3×10^{8} m/s；

k——化学键的力常数，N/m；

μ——折合质量，kg。

$$\mu=\frac{m_1 m_2}{m_1+m_2} \tag{3-3}$$

若力常数 k 以 N/m 为单位，折合质量 μ 以原子质量为单位，则式(3-3) 可简化为：

$$\bar{\nu}=130.2\sqrt{\frac{k}{\mu}} \tag{3-4}$$

由式(3-4) 可知，双原子分子的振动波数取决于化学键的力常数和原子的质量。化学键越强（k 值越大），折合质量越小，振动波数越高。

例如，HCl 分子 $k=4.8\times10^{2}$ N/m，根据式(3-4) 可算出 HCl 的振动波数为

$$\bar{\nu}=130.2\times\sqrt{\frac{4.8\times10^{2}}{\frac{35.5\times1.0}{35.5+1.0}}}\,\text{cm}^{-1}=2892.4\text{cm}^{-1}$$

实测值为 2885.9cm^{-1}。

式(3-4) 同样适合于复杂分子中一些化学键（如 C—H、C≡C、C═C、C═O 等）的振动波数的计算。举例如下：

对于 C—H，$k=5\times10^{2}$ N/m，$\mu=(12\times1)/(12+1)\approx1$，则 $\bar{\nu}=2911.4\text{cm}^{-1}$。

对于 C═C，$k=10\times10^{2}$ N/m，$\mu=6$，$\bar{\nu}=1683\text{cm}^{-1}$。

对于 C—C，$k=5\times10^2$ N/m，$\mu=6$，$\bar{\nu}=1190\text{cm}^{-1}$。

上述计算值与实验值很接近。由计算可说明，同类原子组成的化学键（折合质量相同），力常数大的，基本振动波数就大。由于氢的原子质量最小，故含氢原子单键的基本振动波数都出现在中红外区的高频区。但式(3-4) 只适用于双原子分子或多原子分子中影响因素小的谐振子。

上面的讨论是限于将双原子分子作为谐振子模型并用经典力学的方法加以讨论的，虽然较圆满地解释了振动光谱的基频吸收，但是对一些弱的吸收带无法解释。这是因为将微观粒子当作经典粒子来处理，未考虑其波动性。按照量子力学的观点，当分子吸收红外线发生跃迁时要满足一定的选律，即振动能级是量子化的，可能存在的能级要满足下式

$$E=\left(v+\frac{1}{2}\right)h\nu \tag{3-5}$$

式中，h 为普朗克常量；ν 为振动波数；v 为振动量子数（0，1，2，…）。

实际上双原子分子的势能曲线不像简谐振动那样对称，如图 3-2 所示。图中虚线表示谐振子振动能曲线，水平线代表各振动量子数 v 所对应的能级。在原子振动的振幅较小时，可以近似地用谐振子模型处理，见图中实线。振幅较大时，原子间的振动已不是对称的谐振动，势能曲线如图 3-2 中实线所示的抛物线。若原子振动的振幅大到一定的程度，核间距离大到一定的数值，核间吸引力近似为零。此时，势能与核间距 r 无关，势能曲线显示一条水平线，分子也就解离了。常温下分子处于最低振动能级，此时叫基态，$v=0$。当分子吸收一定波长的红外线后，它可以从基态跃迁到第一激发态 $v=1$，此过程 $v_0\rightarrow v_1$ 的跃迁产生的吸收带较强，称为基频或基峰。除此以外，也会产生从基态跃迁到第二激发态甚至第三激发态的情况，这些 $v_0\rightarrow v_2$ 或 $v_0\rightarrow v_3$ 的跃迁产生的吸收带依次减弱，称为倍频，用 $2\nu_1$、$2\nu_2$、…表示。

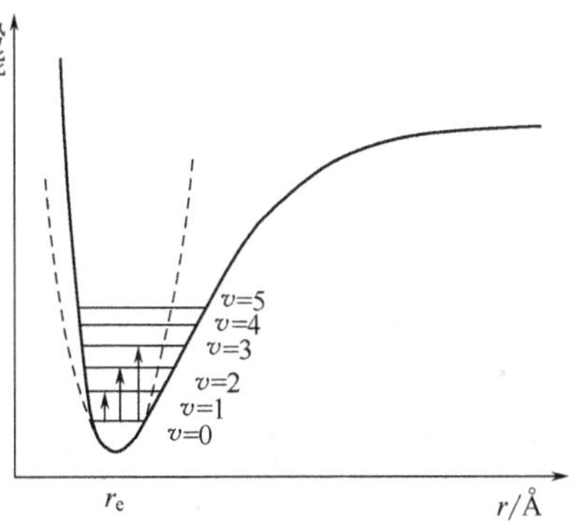

图 3-2 双原子分子的势能曲线
1Å=0.1nm，下同

2. 分子振动与红外光谱

（1）分子的振动自由度 双原子分子的振动是沿化学键的轴线作振动，核间距变化的伸缩振动。而多原子分子随原子数目的增加，振动方式越来越复杂，不仅包括双原子分子的伸缩振动，还包括各种平面内或平面外的变形振动以及它们之间的耦合振动，出现的峰数也相应地增加，这些峰的数目与分子的振动自由度有关。在 N 个原子所组成的分子里，每个原子在空间的位置要由三个坐标来确定，由 N 个原子组成的分子就需要 $3N$ 个坐标，也就是有 $3N$ 个运动自由度。由于分子是一个整体，分子本身作为一个整体有三个平动自由度和三个转动自由度（线性分子有两个转动自由度），因而分子振动自由度的数目等于$3N-6$个（线性分子的振动自由度为 $3N-5$ 个）。分子振动自由度的数目越大，则在红外吸收光谱中出现的峰数越多。

（2）分子振动的类型 分子的振动分为伸缩振动和弯曲振动两类。伸缩振动是沿原子核之间的轴线作振动，核间距发生变化，用字母 ν 来表示伸缩振动。伸缩振动可按振动方式是否具有一定的对称性而分为不对称伸缩振动 ν_{as} 和对称伸缩振动 ν_s。弯曲振动是原子核在垂直于键轴方向上的振动，从外形上看如同化学键发生弯曲一般。根据弯曲振动是发生在平面内或不在一个平面内进行而分为面内变形振动和面外变形振动。现以亚甲基 CH_2 为例说明

亚甲基的振动形式，如图 3-3 所示。

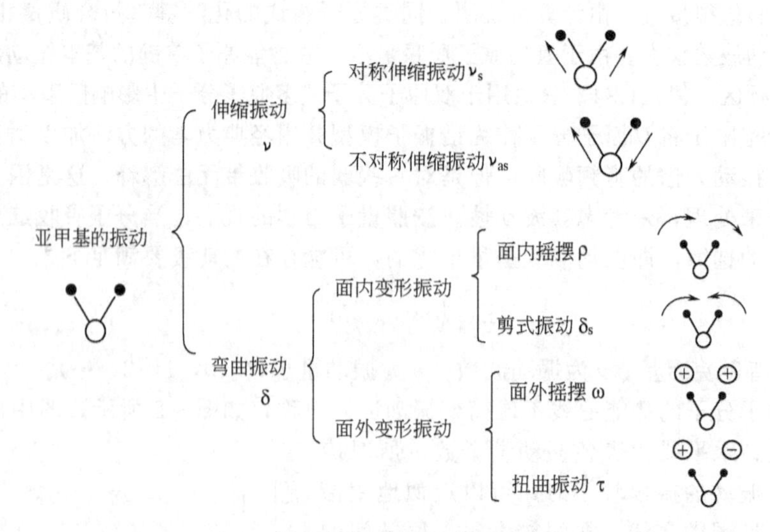

图 3-3 亚甲基的振动形式

亚甲基 CH_2 的两个 C—H 键构成一个平面，假定此平面就是纸平面，H 原子在纸平面内垂直于 C—H 键轴的方向上振动，这样的弯曲振动叫作平面内弯曲振动。当两个 C—H 做平面内弯曲振动时，如果它们始终以∠HCH 的角平分线为对称轴，那么这种弯曲振动称为对称弯曲振动；这种振动从外形上看如同剪刀的动作，故又称为剪式振动，用符号 δ_s 表示。如果一个 C—H 键靠近角平分线的同时，另一个 C—H 键远离角平分线，这样的振动称为平面内摇摆振动，用符号 ρ 表示。如果两个 H 原子在垂直于纸面的方向上振动，称为平面外弯曲振动。如果两个 H 原子核运动方向相同，即同时向纸面的同一侧运动，这种弯曲振动称为平面外摇摆振动，用符号 ω 表示。如果两个 H 原子核运动方向相反，则称为扭曲振动，用符号 τ 表示。

二、红外吸收光谱产生的条件

分子在发生振动能级跃迁时，需要一定的能量，这个能量通常由红外线来供给。由于振动能级是量子化的，因此分子振动能级跃迁只能吸收与振动能级差 ΔE 的能量相当的辐射。

光量子的能量为 $E=h\nu$（ν 是红外辐射频率），当分子相邻的两个振动能级发生能级跃迁时，必须满足

$$\Delta E=E_{v+1}-E_v=h\nu \tag{3-6}$$

式中，v 为振动量子数，式(3-5) 和式(3-6) 说明了只有当红外辐射频率等于振动量子数的差值与振动波数的乘积时，才能吸收红外线，产生红外光谱。这是红外吸收光谱产生的第一个条件。在常温下绝大多数分子处于 $v=0$ 的振动基态，因此主要观察的是由 $v=0\rightarrow v=1$ 的吸收峰。

红外吸收光谱产生的第二个条件是分子在振动过程中必须有瞬间偶极矩的改变，这样的振动称为红外活性的振动。例如 CO_2 分子的 ν_{as}，虽然它的永久偶极矩为零，但在振动过程中，在一个氧原子移向碳原子的同时，另一个氧原子却背离碳原子运动。因此，电荷分布将发生周期性的变化，使正、负电荷不重合，产生了瞬间偶极矩变化，结果在 2349cm^{-1} 处发生了吸收，而 CO_2 分子的 ν_s，两个氧原子同时离开或移向中心碳原子，两个键产生的瞬间偶极矩方向相反，大小相等，分子的正、负电荷中心重合，对于整体而言，偶极矩没有变化，始终为零，所以该振动不产生红外吸收。

三、谱带强度的表示方法

红外光谱中，谱带的强度主要由两个因素决定。一是振动中偶极矩变化的程度。瞬间偶极矩变化越大，吸收峰越强。二是能级跃迁的概率。跃迁的概率大，吸收峰也越强。一般来说，基频（$v_0 \rightarrow v_1$）跃迁概率大，所以吸收较强；倍频（$v_0 \rightarrow v_2$）虽然偶极矩变化大，但跃迁概率很低，所以峰强反而很弱。偶极矩变化的大小与以下三个因素有关。

（1）原子的电负性　化学键两端的原子之间电负性差别越大，其伸缩振动引起的偶极矩变化越大，红外吸收越强。故吸收峰强度为 $\nu_{O-H} > \nu_{C-H} > \nu_{C-C}$。

（2）振动方式　相同基团的各种振动，由于振动方式不同，分子的电荷分布也不同，偶极矩变化也不同。通常，不对称伸缩振动的吸收比对称伸缩振动的吸收强度大；伸缩振动的吸收强度比变形振动的吸收强度大。

（3）分子的对称性　结构为中心对称的分子，若其振动也以中心对称，则此振动的偶极矩变化为零。如 CO_2 的对称伸缩振动没有红外活性。对称性差的振动偶极矩变化大，吸收峰强。

红外光谱的峰强可以用摩尔吸收系数表示：

$$\varepsilon = \frac{1}{cl} \lg \frac{I_0}{I} \tag{3-7}$$

式中，ε 为摩尔吸收系数；c 为样品浓度，mol/L；l 为吸收池厚度，cm；I_0 为入射光强度；I 为出射光强度。

通常，当 $\varepsilon > 100$ 时，峰很强，用 vs 表示；ε 在 20～100 范围内，为强峰，用 s 表示；ε 在10～20 范围内，为中强峰，用 m 表示；ε 在 1～10 范围内，为弱峰，用 w 表示；ε 在 1～10 时，峰很弱，用 vw 表示。

四、红外吸收光谱中常用的几个术语

1. 特征峰与相关峰

红外光谱的最大特点是特征性强。复杂分子中存在许多官能团，各个官能团在分子被激发后，都会产生特征吸收。因此红外光谱的特征性与官能团的特征性是分不开的。通过研究发现，同一官能团的振动波数非常相近，总是出现在某一范围内。例如伯胺中的 NH_2 基具有一定的吸收频率，而很多含有 NH_2 基的化合物，在这个频率附近（3500～3100cm^{-1}）也出现吸收峰。因此将凡是能用于鉴定官能团存在的吸收峰，称为特征峰，其对应的频率称为特征频率。

一个基团存在多个振动形式的吸收峰。习惯上把这些相互依存而又相互可以佐证的吸收峰称为相关峰。例如 CH_3 基相关峰有：$\nu_{C-H(as)}$ 约 2960cm^{-1}，$\nu_{C-H(s)}$ 约 2870cm^{-1}，ρ_{C-H} 约 1470cm^{-1}，δ_{sC-H} 约 1380cm^{-1}（as 表示不对称，s 表示对称）。用一组相关峰鉴别基团的存在是个较重要的原则。在一些情况下，由于峰与峰重叠或峰强太弱，并非所有的峰都能观测到，但必须找出主要的相关峰才能认定基团的存在。

2. 特征区与指纹区

习惯上把波数在 4000～1330cm^{-1}（波长为 2.5～7.5μm）的区间称为特征频率区，简称特征区。特征区吸收峰较疏，而且每个谱带与基团的对应关系比较明确，容易辨认。各种化合物中官能团的特征频率都位于该区域，在此区域内振动波数较高，受分子其余部分影响小，因而有明显的特征性，它可作为官能团定性的主要依据。在这个区域中主要有 ν_{O-H}、ν_{N-H}、$\nu_{C=C-H}$、ν_{C-H}、$\nu_{C=O}$、$\nu_{C\equiv C}$、$\nu_{C\equiv N}$、$\nu_{C=C}$ 等基团的伸缩振动，还包括部分含单键基团的面内弯曲振动的基频峰。

波数在1330～667cm^{-1}（波长7.5～15μm）的区域称为指纹区。在此区域中出现的谱带大都不具有鲜明的特征性。出现的峰主要是C—X（X＝C、N、O）单键的伸缩振动及各种弯曲振动。由于这些单键的键强差别不大，原子质量又相近，振动耦合现象比较普遍，所以峰带特别密集，犹如人的指纹，故称指纹区。分子结构上的微小变化，都会引起指纹区光谱的明显改变，因此在确定有机化合物时用途很大。

五、影响基团吸收频率的因素

在双原子分子中，其特征吸收谱带的位置由键力常数和原子折合质量决定。在复杂有机化合物分子中，某一基团的特征吸收频率同时还要受到分子结构和外界条件的影响。同一种基团，由于其周围的化学环境不同，使其特征吸收频率会有所位移，在一个范围内波动。

1. 外部条件对吸收峰位置的影响

（1）物态效应　同一化合物在固态、液态和气态时的红外光谱之间会有较大的差异。如丙酮的$\nu_{C=O}$在气态样品时在1742cm^{-1}，液态样品时在1710cm^{-1}，而且强度也有变化。1,10-二溴正癸烷［Br—$(CH_2)_{10}$—Br］的红外光谱如图3-4所示，上图为固体状态下测定，下图在液体状态下测定，两者有明显的差别。

（2）溶剂效应　用溶液法测定光谱时，使用的溶剂种类不同对图谱会有影响。溶剂溶质的缔合，可改变溶质分子吸收带的位置及强度。如图3-5中的化合物在不同溶剂中的羰基频率的变化是很明显的。

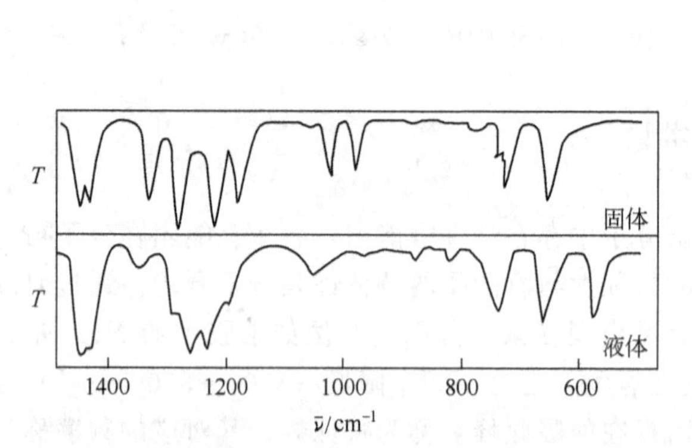

图3-4　固体和液体［Br—$(CH_2)_{10}$—Br］的部分红外光谱

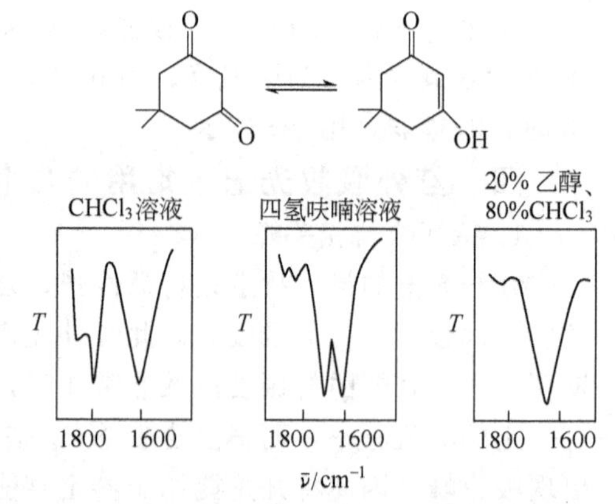

图3-5　溶液引起异构体及红外光谱的变化

2. 分子结构对基团吸收谱带的影响

分子结构对基团吸收谱带影响一般包括电子效应（诱导效应和共轭效应）的影响，偶极场效应、氢键的影响，位阻效应、耦合作用及互变异构的影响等。

（1）诱导效应（I效应）　分子内某个基团邻近带有不同电负性的取代基时，由于诱导效应引起分子中电子云分布的变化，从而引起键力常数的改变，使基团吸收频率变化。通常情况下，吸电子基团（－I效应）使邻近基团吸收波数升高，给电子基团（＋I效应）使波数降低。如不同取代基对羰基的影响由图3-6可以看得很明显。

化合物	CH_3—C(=O)—CH_3	$ClCH_2$—C(=O)—CH_3	Cl—C(=O)—CH_3	Cl—C(=O)—Cl	F—C(=O)—F
$\nu_{C=O}$/cm^{-1}	1715	1724	1806	1828	1928

图3-6　不同取代基对羰基红外光谱的影响

取代基吸电子性越强，使 $\nu_{C=O}$升高越多；相同的吸电子取代基越多，$\nu_{C=O}$升高越多。

（2）共轭效应（C 效应） 在有不饱和键存在的化合物中，共轭体系经常会影响基团吸收频率。共轭效应要求共轭体系有共平面性，它使共轭体系的电子云密度平均化，键长也平均化，双键略有伸长，单键略有缩短。共轭体系容易传递静电效应，所以常常显著地影响某些基团的吸收位置及强度。共轭体系有“π-π”共轭和“p-π”共轭。基团与吸电子基团共轭（受到－C 效应），使基团键力常数增加，因此基团吸收频率升高；与给电子基团共轭（受到＋C 效应），使基团键力常数减小，基团吸收频率降低。共轭的结果总是使吸收强度增加。当一个基团邻近同时存在诱导效应和共轭效应的基团或存在一个既有诱导效应又有共轭效应的基团时，若两种作用一致，则两个作用互相加强；若两种作用不一致，则总的影响取决于作用强的作用。

【例 1】 羰基的伸缩振动波数受苯环和烯键（与羰基比是给电子基团）共轭的影响而下降。

化合物	$CH_3-C(=O)-CH_3$	$CH_3-CH=CH-C(=O)-CH_3$	$Ph-C(=O)-Ph$
$\nu_{C=O}/cm^{-1}$	1715	1677	1665

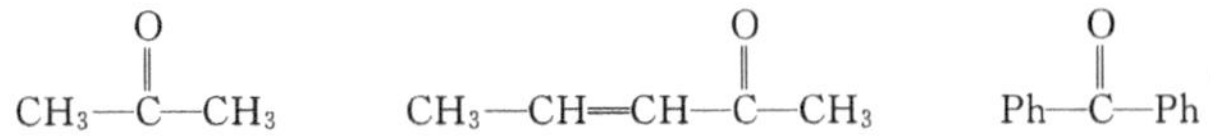

【例 2】 在酯和酰胺化合物中，氧原子和氮原子都是吸电子的，但是同时存在着氧原子和氮原子上的未共用电子对（p 电子）与羰基的 π 电子的“p-π”共轭，在这个共轭体系中，氮原子和氧原子都是给电子共轭。共轭作用和诱导作用相反，总的作用取决于影响大的作用。由于氧原子的吸电子诱导（－I）大于给电子的共轭（＋C），所以使酯的 $\nu_{C=O}$波数大于脂肪族饱和酮。氮原子的吸电子诱导（－I）小于给电子的共轭（＋C），所以酰胺的 $\nu_{C=O}$波数小于脂肪族饱和酮。

化合物	$R-C(=O)-R'$	$R-C(=O)-O-R'$	$R-C(=O)-NRR'$
$\nu_{C=O}/cm^{-1}$	约 1715	约 1735	1630～1690

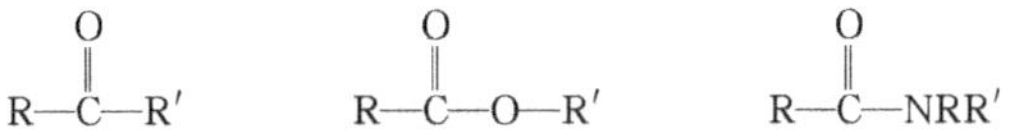

【例 3】 下面的化合物也可以看出给电子的共轭基团及吸电子的共轭基团的影响。

化合物	$Ph-C(=O)-CH_3$	p-$(CH_3)_2N-Ph-C(=O)-H$	$Ph-C(=O)-CH_3$	p-$NO_2-Ph-C(=O)-CH_3$
$\nu_{C=O}/cm^{-1}$	1690	1663	1693	1700

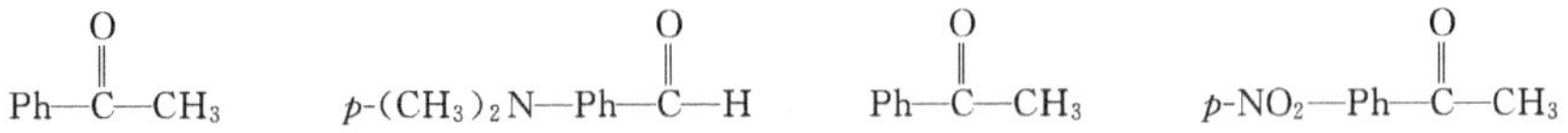

（3）偶极场效应 诱导效应和共轭效应是通过化学键起作用的，而偶极场效应是互相靠近的基团之间通过空间起作用的。例如，1,3-二氯丙酮有三种构象异构形式存在，其液态时光谱中出现了三个 $\nu_{C=O}$吸收。其原因是氯原子的空间位置不同，对羰基的影响也不同。当氯原子的空间位置与羰基较近时，由于两者电子云密度均较大，具有相同的极化极，因此互相排斥，结果使羰基的键力常数增加，$\nu_{C=O}$增加；当多个氯原子的空间位置与羰基较近时，羰基的键力常数增加更多，$\nu_{C=O}$增加也很大，如图 3-7 所示。羰基的 α 位上有卤素时，因卤素相对于羰基的位置（空间构型）不同而引起 $\nu_{C=O}$的位移作用叫“α 卤代酮”规律。

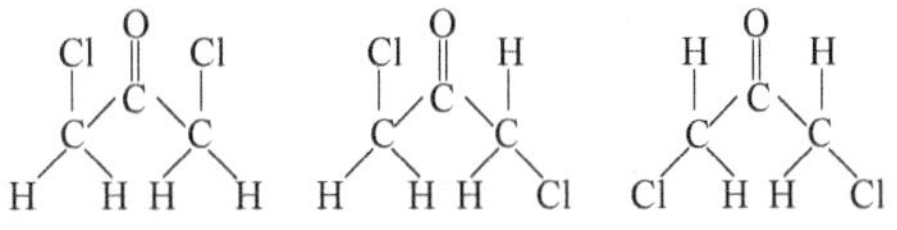

$\nu_{C=O}/cm^{-1}$：1755，1742，1728

图 3-7 1,3-二氯丙酮有三种构象异构体的 $\nu_{C=O}$吸收峰

（4）张力效应 与环直接连接的环外双键（烯烃、羰基），环越小环张力越大，双键键力常数也越大，因此环外双键的伸缩振动波数随环减小其波数越高。环内双键的伸缩振动波数则随环数的减小而降低，环丙烯例外，如图 3-8 中数据显示。

（5）氢键的影响 氢键的形成使伸缩振动波数移向低波数，吸收强度增强，峰变宽。其变形振动移向高波数，但变化不如伸缩振动显著。特别是形成共轭型六圆环分子内氢键时影响更显著。形成分子内氢键的化合物图谱不随浓度的变化而变化，而分子间氢键的化合物图谱会随浓度的变化而改变。

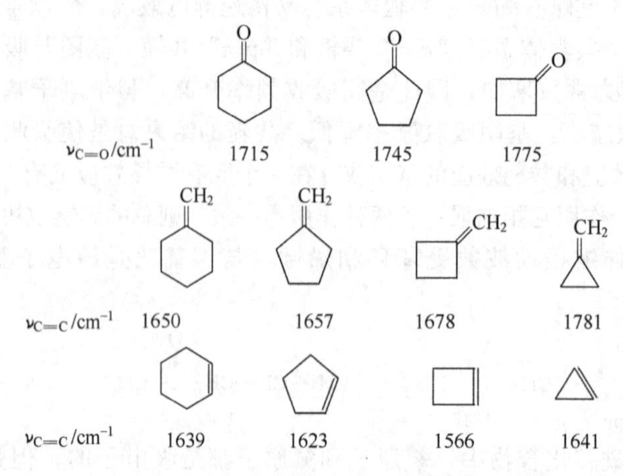

图 3-8　环张力效应与双键的伸缩振动波数

因为分子间氢键受测试条件影响，样品溶液的浓度、pH 值等都会使谱图产生差异。如醇类在很稀的溶液中，其羟基为游离态，$\nu_{OH} \geqslant 3600cm^{-1}$；当浓度增加时，羟基逐渐形成缔合状态，游离态羟基逐渐减少甚至消失，ν_{OH}逐渐移向低波数，这些缔合态羟基 $\nu_{O-H} < 3600cm^{-1}$。

（6）位阻效应　共轭效应会使基团吸收频率降低。若分子结构中存在空间阻碍，使共轭受到限制，则基团吸收接近正常值。如图 3-9 所示的例子中，由于环上取代基增多，使羰基与烯键的共轭效应减弱，则 $\nu_{C=O}$会比无取代基时增大，接近饱和脂肪酮的 $\nu_{C=O}$。

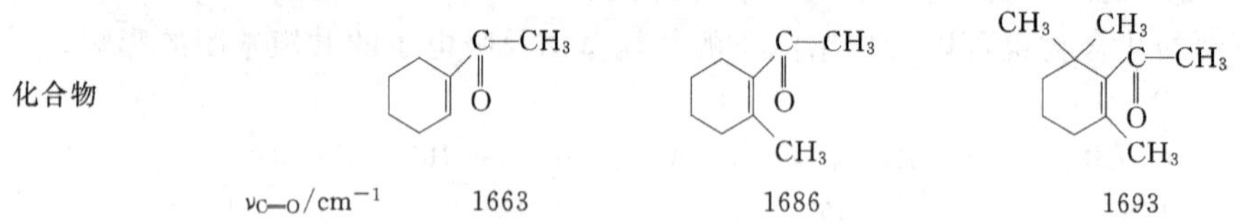

化合物

$\nu_{C=O}/cm^{-1}$	1663	1686	1693

图 3-9　由于空间位阻的影响羰基吸收波数的变化

（7）振动耦合　邻近的两个基团同时具有大约相等的频率就会发生振动耦合，结果产生两个吸收带。在许多化合物中都可以发现这种现象，这些化合物有以下几种。

① 一个碳上含有两个或三个甲基，则在 1395～1350cm^{-1}出现两个吸收峰。

② 酸酐上两个羰基互相耦合产生两个吸收带，两峰相距约 60cm^{-1}。

③ 二元酸的两个羧基之间只有 1～2 个碳原子时，会出现两个 $\nu_{C=O}$，相隔三个碳原子则没有这种耦合。

	$HOOCCH_2COOH$	$HOOC(CH_2)_2COOH$	$HOOC(CH_2)_nCOOH$
$\nu_{C=O}/cm^{-1}$	1740，1710	1780，1700	$n \geqslant 3$ 时，一个峰

④ 具有 RNH_2 和 $RCONH_2$ 结构的化合物，有两个 ν_{N-H}也是由于耦合产生的。

⑤ 费米共振　当一个倍频或者组合频靠近另一个基频时，则会发生耦合，产生两个吸收带。一般情况下其中一个频率比基频高，而另一个则要低，称为费米共振。例如正丁基乙烯基醚中 ω_{C-H}810cm^{-1}的倍频与 $\nu_{C=C}$发生振动耦合，出现两个强的谱带在 1640cm^{-1}、1613cm^{-1}。

（8）互变异构的影响　当有互变异构现象存在时，在红外光谱上能够看到各种异构体的吸收带。各种吸收的相对强度不仅与基团种类有关，而且与异构体的百分含量有关。例如乙酰乙酸乙酯有酮式和烯醇式结构（见图 3-10），两者的吸收都能在红外谱图上找到，但烯醇式的 $\nu_{C=O}$ 较酮式 $\nu_{C=O}$ 弱，说明烯醇式较少。

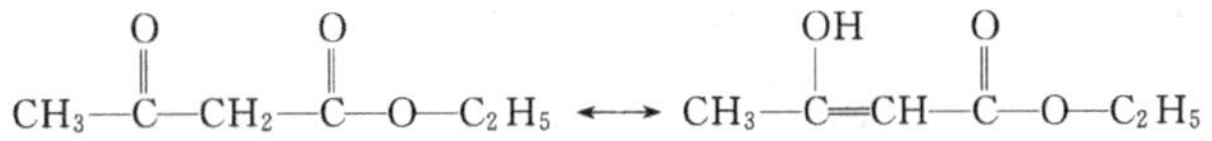

$$CH_3-\overset{\overset{\displaystyle O}{\|}}{C}-CH_2-\overset{\overset{\displaystyle O}{\|}}{C}-O-C_2H_5 \longleftrightarrow CH_3-\overset{\overset{\displaystyle OH}{|}}{C}=CH-\overset{\overset{\displaystyle O}{\|}}{C}-O-C_2H_5$$

$\nu_{C=O}/cm^{-1}$　1738 (s)，1717 (s)　　$\nu_{C=O}$与 $\nu_{C=C}$在 1650cm^{-1} (w)，ν_{OH}在 3000cm^{-1}

图 3-10　乙酰乙酸乙酯的酮式和烯醇式红外吸收对照

括号中 s 表示强峰，w 表示弱峰

第三节　红外光谱解析

一、各类化合物的红外吸收光谱

不同的化合物具有不同的红外光谱，各类化合物的主要官能团及其吸收峰位见表 3-1。

表 3-1　化合物的主要官能团及其吸收峰位

化合物类别	所含主要官能团及振动形式	波数/cm^{-1}
饱和烷烃	C—H 伸缩振动	2950～2800(s)
	CH_2 弯曲振动	约 1465(m)
	CH_3 弯曲振动	约 1375(s)
	CH_2 弯曲振动(4 个或更多)	约 720(m,s)
烯烃	═C—H 伸缩振动	3100～3010(m,w)
	C═C 伸缩振动(孤立双键)	1690～1630 可变
	C═C 伸缩振动(共轭双键)	1640～1610 可变
	C—H 面内弯曲振动	1430～1290(m)
	C—H 弯曲振动(单取代)	约 990(s)& 约 910(s)
	C—H 弯曲振动(*E* 式二取代)	约 970(s)
	C—H 弯曲振动(1,1-二取代)	约 890(s)
	C—H 弯曲振动(*Z* 式二取代)	约 700(m)
	C—H 弯曲振动(三取代)	约 815(m)
炔烃	≡C—H 伸缩振动	约 3300(s)
	C≡C 伸缩振动	约 2150 可变
	≡C—H 弯曲振动	650～600(s)
芳香化合物	C—H 伸缩振动	3020～3000
	C═C 伸缩振动	约 1600 & 约 1475 可变
	C—H 弯曲振动(单取代)	770～730(vs)& 715～685(s)
	C—H 弯曲振动(邻位二取代)	770～735(vs)
	C—H 弯曲振动(间位二取代)	约 880(vs)& 约 780(m,s)& 约 690(m)
	C—H 弯曲振动(对位二取代)	850～800(vs)
醇	O—H 伸缩振动	约 3650 or 3400～3300 可变
	C—O 伸缩振动	1260～1000(s)
醚	C—O—C 伸缩振动(二烃基醚)	1300～1000(s)
	C—O—C 伸缩振动(二芳基醚)	约 1250(s)& 约 1120(m,s)
醛	O═C—H 伸缩振动	约 2850(w)& 约 2750(w)
	C═O 伸缩振动	约 1725(vs)
酮	C═O 伸缩振动	约 1715(vs)
	C—C 伸缩振动	1300～1100
羧酸	O—H 伸缩振动	3600～2400 可变
	C═O 伸缩振动	1730～1700(vs)
	C—O 伸缩振动	1320～1210(m)
	O—H 弯曲振动	1440～1400(w)

续表

化合物类别	所含主要官能团及振动形式	波数/cm^{-1}
酯	C═O 伸缩振动 C—C(O)—C 伸缩振动(醋酸酯) C—C(O)—C 伸缩振动(其他酯)	1750～1735(vs) 1260～1230(s) 1210～1160(s)
酰氯	C═O 伸缩振动 C—Cl 伸缩振动	1810～1775(vs) 730～550(s)
酸酐	C═O 伸缩振动 C—O 伸缩振动	1830～1800(vs)&1775～1740(vs) 1300～900(s)
胺	N—H 伸缩振动 N—H 弯曲振动 C—N 伸缩振动(烷基) C—N 伸缩振动(芳基) N—H 面外弯曲振动	3500～3300 可变 1640～1500 可变 1200～1025(m,w) 1360～1250(s) 约 800
酰胺	N—H 伸缩振动 C═O 伸缩振动 N—H 弯曲振动 N—H 弯曲振动(伯酰胺)	3500～3180 可变 1680～1630(s) 1640～1550(m) 1570～1515(m)
卤代烃	C—F 伸缩振动 C—Cl 伸缩振动 C—Br 伸缩振动 C—I 伸缩振动	1400～1000(s) 785～540(s) 650～510(s) 600～485(s)
腈	C≡N 伸缩振动	约 2250 可变
异氰酸盐(或酯)	—N═C═O 伸缩振动	约 2270(s)
异硫氰酸酯(盐)	—N═C═S 伸缩振动	约 2125(s)
亚胺	R_2C═N—R 伸缩振动	1690～1640 可变
硝基	—NO_2(脂肪族) —NO_2(芳香族)	1600～1530(s)&1390～1300(s) 1550～1490(s)&1355～1315(s)
硫醇	S—H 伸缩振动	约 2550(w)
亚砜	S═O 伸缩振动	约 1050(s)
砜	S═O 伸缩振动	约 1300(s)& 约 1150(s)
磺酸酯(或盐)	S═O 伸缩振动 S—O 伸缩振动	约 1350(s)& 约 1750(s) 1000～750(s)
磷化物	P—H 伸缩振动 P—H 弯曲振动 P═O 伸缩振动 P═S 伸缩振动	2320～2270(s) 1090～810(s) 1210～1140(s) 750～850
硼化合物	B—H 伸缩振动 B—O 伸缩振动 B—N 伸缩振动 B—C 伸缩振动	2640～2200(s) 1380～1310(vs) 1550～1330(vs) 1240～620(s)

注：括号内符号意义：vs—很强；s—强；m—中强；w—弱。

二、红外吸收光谱中的八个重要区段

有机化合物的种类很多，大部分是由 C、H、O、N 四种元素组成。所以说大部分有机化合物的红外光谱基本上都是由这四种元素所组成的化学键的振动引起的吸收。吸收峰的位置和强度取决于分子中各基团（化学键）的振动形式和具体所处的化学环境。常见的化学基团在波数 4000～600cm^{-1}范围内都有各自的特征吸收，这个红外范围是一般红外分光光度计的工作范围。在实际应用时，为了便于对红外光谱进行解析，通常将这个波数范围划分(见表 3-2)。由表 3-2 可推测化合物的红外光谱吸收特征，或根据红外光谱特征，初步推测化合物中存在的基团。

表 3-2　红外光谱的区域划分

频率范围/cm^{-1}	基　　团	振　动　类　型
3700～3000	OH,NH,≡CH	ν_{X-H}
3100～3000	Ar—H,═CH,环丙烷,—CH_2—X,—CH_2—$C(NO_2)_3$	ν_{Ar-H},$\nu_{=CH}$,ν_{CH}
3000～2700	CH_3,CH_2,CH,—CHO	烷烃及醛的 ν_{CH}
2400～2000	—C≡C,—C≡N,—C═C═C,—N≡C,O═C═O	三键和累积双键的伸缩振动
1900～1650	—C═O	$\nu_{C=O}$
1675～1500	—C═C,—C═N,NH	$\nu_{C=C}$,$\nu_{C=N}$,苯环骨架振动,δ_{NH}
1500～1100	CH_3,CH_2,CH	δ_{CH}
	C—C,C—O,C—N	ν_{C-O},ν_{C-N}
1000～600	Ar—H,═CH	ω_{Ar-H},$\omega_{=CH}$,可决定取代类型
	OH,NH	ω_{OH},ω_{NH}
	C—X(X 为卤素)	ν_{C-X}

以下将介绍各种基团的振动与波数的关系。

1. O—H、N—H 伸缩振动区(3750～3000cm^{-1})

不同类型的 O—H、N—H 伸缩振动见表 3-3。

表 3-3　O—H、N—H 伸缩振动吸收位置

基 团 类 型	波数/cm^{-1}	备注(峰强和峰形)
游离 ν_{O-H}	3700～3500	s,尖锐吸收带
两分子缔合	3550～3450	s,尖锐吸收带
多分子缔合	3400～3200	s,宽吸收带
羧基 ν_{O-H}	3500～2500	s,宽吸收带
分子内氢键	3570～3450	s,尖锐吸收带
螯形化合物	3600～2500	宽吸收带(OH 和分子内的 C═O、NO_2 等形成螯合键)
π-氢键	3600～3500	π 体系(如烯烃)和 OH 的作用
游离 ν_{N-H}	3500～3300	w,尖锐吸收带
缔合	3500～3100	w,尖锐吸收带
酰胺	3500～3300	可变

O—H 伸缩振动在 3700～3200cm^{-1}，它是判断分子中有无羟基的重要依据。游离羟基伸缩振动峰仅在非极性溶剂（如 CCl_4）的稀溶液或气态中呈现尖锐的峰。游离酚中的 O—H 伸缩振动位于 3700～3500cm^{-1}区段的低频一端（约 3500cm^{-1}）。由于该峰形状尖锐，且没有其他吸收的干扰（溶剂中微量游离水吸收位于 3710cm^{-1}处），因此很容易识别。

羟基是个强极性基团，因此羟基化合物的缔合现象非常显著。在用溶液法测定 IR 光谱时，除游离羟基的伸缩振动产生的吸收峰外，还可以看到氢键的吸收峰。这是由于羟基形成氢键缔合后，$^-$O—H$^+$键拉长，偶极矩增大，因此在 3450～3200cm^{-1}之间表现为强而宽的峰。如果增加溶液的浓度，分子间氢键的吸收强度增加，而分子内氢键的吸收强度将无变化。例如，1,2-环戊二醇有顺、反两种异构体。在顺式异构体中两个羟基形成重叠构象，在 CCl_4 稀溶液（浓度小于 5mol/m^3）3700～3500cm^{-1}区会出现两个峰（见图 3-11），其中 3633cm^{-1}是游离羟基的吸收峰，而 3572cm^{-1}就是分子内两个羟基缔合形成的。如果增加溶液的浓度（浓度为 40mol/m^3），可以看到在出现分子间缔合峰（约 3500cm^{-1}）的同时，游离羟基的 3633cm^{-1}峰强度减弱，而分子内缔合峰（3572cm^{-1}）的强度并不变化（见图3-12）。1,2-环戊二醇的反式异构体是由反式构象构成的，故看不到分子内氢键的存在。

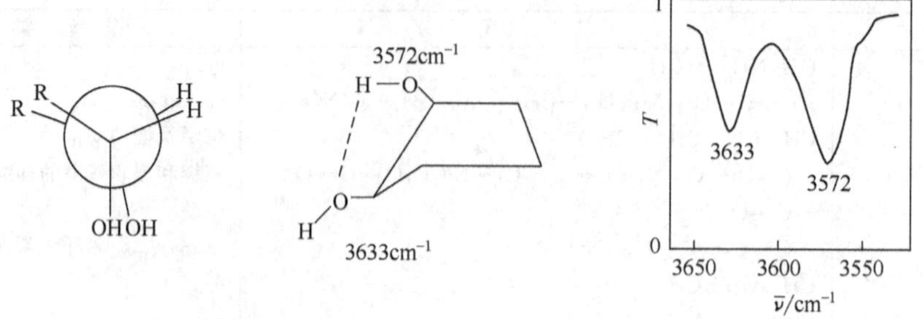

图 3-11　1,2-顺环戊二醇在 CCl_4（浓度 5.0mol/m³）溶液中的 IR 光谱

注：重叠构象；游离 $3633cm^{-1}$；分子内 $3572cm^{-1}$

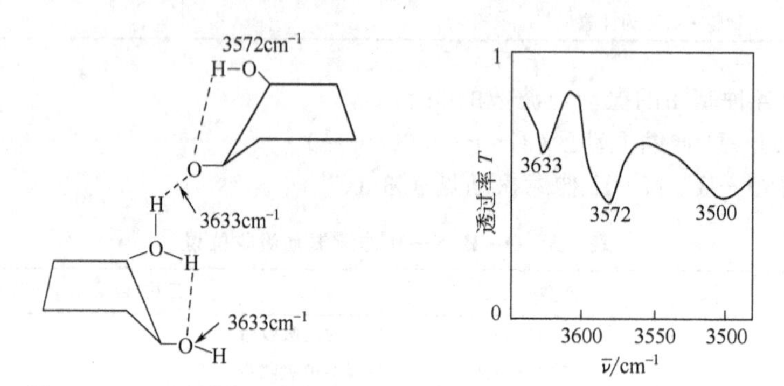

图 3-12　1,2-顺环戊二醇在 CCl_4（浓度 40mol/m³）溶液中的 IR 光谱

注：游离 $3633cm^{-1}$；分子内 $3572cm^{-1}$；分子间 $3500cm^{-1}$

有机酸中的羟基形成氢键的能力更强，通常羧酸在固体，甚至在相当稀的溶液中都是以两分子缔合形式存在的，从而使 ν_{O-H} 向低波数方向位移，在 $3200\sim2500cm^{-1}$ 区出现强而宽的峰，是典型羧酸存在的特征。这个峰通常和脂族的 ν_{C-H} 峰重叠，但是很容易识别。只有在测定气态样品或非极性溶剂的稀溶液时，方可看到游离羧酸的特征吸收，ν_{O-H} 吸收位于 $3500cm^{-1}$ 处。

含有氨基的化合物无论是游离的氨基或缔合的氨基，其峰强都比缔合的羟基峰弱，且谱带稍尖锐一些。由于氨基形成的氢键没有羟基的氢键强，因此当氨基缔合时，吸收峰位置的变化不如 OH 基那样显著，引起向低波数方向位移一般不大于 $100cm^{-1}$。

ν_{N-H} 吸收峰的数目与氮原子上取代基的多少有关，如伯胺及伯酰胺显双峰，且两峰强度近似相等。这两个峰是 NH_2 的不对称伸缩振动和对称伸缩振动的频率。当 NH_2 基和 OH 基形成氢键时，NH_2 的对称伸缩振动峰位是稳定的，只是强度随着浓度而变化。如果氢键中无 OH 基参与，则其吸收位置将随着浓度的增加而移向低波数。在测定液体样品时，常常在 $3200cm^{-1}$ 处还可以看到一个肩峰，这是由于 NH_2 剪式振动（$1600cm^{-1}$）的倍频与 ν_{N-H} 费米共振而被强化了的结果。

在 IR 光谱中，伯、仲、叔胺的特征吸收常常受到干扰或者缺少特征吸收（如叔胺），这给基团的鉴定带来了困难，如果借助于简单的化学反应，使它们转变成胺盐，根据胺盐的光谱来鉴别它们便比较容易。一般都是在惰性溶剂中通入干燥的氯化氢气体，使之生成胺盐，然后进行测定。各种胺盐中的 ν_{N-H} 具有宽而强的吸收带，且吸收峰位置向低波数一端移动。伯胺盐在 $3000\sim2500cm^{-1}$（vs），仲胺盐在 $2700\sim2500cm^{-1}$（vs），叔胺盐在 $2700\sim2500cm^{-1}$（vs），再根据 $1600\sim1500cm^{-1}$ 区的 N—H 弯曲振动吸收可区分仲胺盐和叔胺盐（叔胺盐在该区无吸收）。

2. C—H 伸缩振动区（3300～2700cm^{-1}）

这个区域实际包含了 3300～3000cm^{-1}、3000～2700cm^{-1} 两个区域，见表 3-4。从表中的数据可以看出，—C≡C—H、—C=C—H 和 Ar—H 的伸缩振动吸收均在 3000cm^{-1} 以上的区域，其中炔烃的 $\nu_{C≡C-H}$ 吸收强度较大，谱带较窄，易于与 ν_{O-H} 及 ν_{N-H} 区别开来。芳烃的 ν_{Ar-H} 在 3030cm^{-1} 附近。烯烃的 $\nu_{C=C-H}$ 吸收出现在 3010～3040cm^{-1} 范围，末端 =CH_2 的 ν_{C-H} 吸收出现在 3085cm^{-1} 附近，谱带也比较尖锐。饱和脂肪族烃和醛类的 ν_{C-H} 吸收低于 3000cm^{-1}。因此，3000cm^{-1} 是区分饱和烃和不饱和烃的分界线（环丙烷例外）。

表 3-4　各类化合物 C—H 伸缩振动吸收位置

C—H 键的类型	波数/cm^{-1}	峰的强度	C—H 键的类型	波数/cm^{-1}	峰的强度
—C≡C—H	约 3300	s	>C—H	2890	w
—C=C—H	3100～3000	m			
Ar—H	3050～3010	m			
—CH_3	2960 及 2870	s	—C(=O)—H	2720	w
—CH_2—	2930 及 2850	s			

CH_3 与 CH_2 均有对称与不对称的伸缩振动，所以呈现双峰，其中不对称的伸缩振动 ν_{as} 大于对称的伸缩振动 ν_s。利用高分辨红外分光光度计可以很清楚地看到这两组峰。但是只具有 NaCl 棱镜的简易型仪器，在 3000～2800cm^{-1} 区只显示 2944cm^{-1} 和 2865cm^{-1} 的两个吸收峰。>C—H 基的伸缩振动吸收出现在 2890cm^{-1} 附近，强度很弱，甚至观测不到。CH_3 和 CH_2 的 ν_{C-H} 峰位置是基本不变的，但若环的形状使键角发生了扭曲，或分子中出现其他元素时，这些吸收峰的位置就要受到影响。此外，物质状态的变化对其吸收也有较小的影响，当由蒸气态变为液态时，吸收位置要降低 7cm^{-1} 左右。

醛基上的 C—H 吸收在 2815cm^{-1}、2713cm^{-1} 处有两个吸收峰，如图 3-13 所示，它是由 C—H 弯曲振动的倍频与 C—H 伸缩振动之间费米共振作用的结果，其中 2713cm^{-1} 吸收峰很尖锐，且低于其他的 ν_{C-H} 吸收，易于识别，是醛基的特征吸收峰，可作为分子中有醛基存在的一个依据。

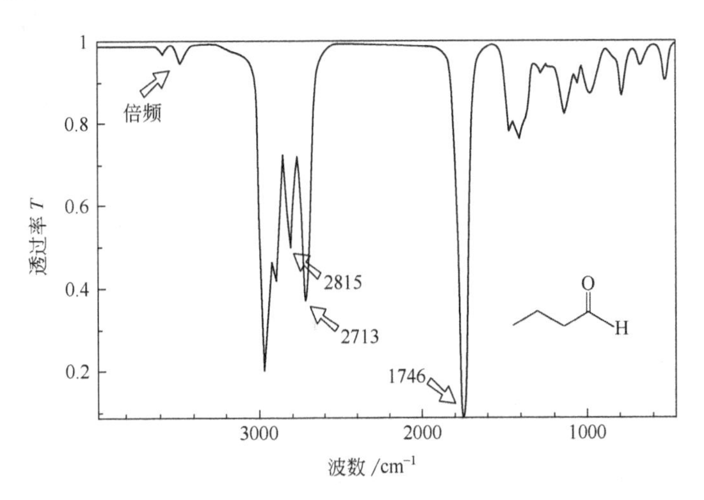

图 3-13　正丁醛的红外吸收图谱

3. 叁键和累积双键区（2400～2100cm^{-1}）

在 IR 光谱中，波数在 2400～2100cm^{-1} 区域内的谱带较少，因为含叁键和累积双键的化合物不多。各种类型的叁键伸缩振动波数和累积双键不对称伸缩振动波数见表 3-5。

表 3-5 各类叁键和累积双键伸缩振动吸收位置

叁键或累积双键类型	波数/cm^{-1}	峰的强度	叁键或累积双键类型	波数/cm^{-1}	峰的强度
R—C≡C—H	2140～2100	m	>C=C=C<	约 1950	s
R—C≡C—R′	2260～2190	可变	>C=C=O	约 2150	
R—C≡C—R	无吸收		>C=C=N	约 2000	
R—C≡N	2260～2240	m,s	O=C=O	约 2349	
R—N=$\overset{+}{N}$=$\overset{-}{N}$	2160～2120	s	R—N=C=O	2275～2250	s
R—N=C=N—R	2155～2130	s			

含有叁键的化合物是很容易识别的。炔烃除了利用 $\nu_{C≡C—H}$ 鉴定以外，还可以利用 $\nu_{C≡C}$ 来鉴别。但是结构对称的炔烃（如乙炔）不发生吸收，因为对称伸缩振动偶极矩不发生变化，是非红外活性的振动。如果 C≡C 键与 C=C 键共轭，可使 $\nu_{C≡C}$ 吸收向低波数稍稍位移，并使强度增加。如果和羰基共轭，对峰位影响不大，但是强度要增加。

饱和脂肪族腈在 2260～2240cm^{-1} 范围内有一中强峰。因为只有少数的基团在此处有吸收，故此峰在分析鉴定中很有用。如果 C≡N 与不饱和键或芳核共轭，该峰位于 2240～2220cm^{-1} 区，且强度增加。一般说来，共轭的 $\nu_{C≡N}$ 峰位要比非共轭的低约 30cm^{-1}。

4. 羰基的伸缩振动区(1900～1650cm^{-1})

羰基（C=O）的吸收最常出现的区域为 1755～1670cm^{-1}。由于 C=O 的偶极矩较大，一般吸收都很强烈，常成为 IR 光谱中第一强峰，非常特征，故 $\nu_{C=O}$ 吸收峰是判别有无 C=O化合物的主要依据。$\nu_{C=O}$ 吸收峰的位置还和邻近基团有密切关系。各类羰基化合物因邻近的基团不同，具体峰位也不同，见表 3-6。

当羰基化合物羰基两端连接的基团有共轭效应时，将使 $\nu_{C=O}$ 吸收峰向低波数一端移动；吸电子的诱导效应使 $\nu_{C=O}$ 的吸收峰向高波数一端移动，具体原理见本章第二节。如 α，β-不饱和羰基化合物、苯环与羰基共轭的化合物，由于不饱和键与 C=O 共轭，使 C=O 键吸收峰在该区域中的低波数区；当 α 位有吸电子的卤素（或酰卤）存在时，则移向高波数一端。酸酐、酯、羧酸中的 C=O，由于取代基为吸电性，因此 $\nu_{C=O}$ 吸收峰向高波数一端移动，如图 3-14 所示。酸酐 C=O 的吸收有两个峰出现在较高波数区，两峰相距约 60cm^{-1}。两个吸收峰的出现是由于酸酐分子中两个 C=O 振动耦合所致，其中对称耦合振动波数大于不对称振动波数。

表 3-6 羰基化合物的 C=O 伸缩振动吸收位置

羰基类型	波数/cm^{-1}	峰的强度	羰基类型	波数/cm^{-1}	峰的强度
饱和脂肪醛	1740～1720	vs	（六元环）	1760～1680	vs
α,β-不饱和脂醛	1705～1680	vs	酯(非环状)	1740～1710	vs
芳香醛	1715～1690	vs	六元及七元环内酯	1750～1730	vs
饱和脂酮	1725～1705	vs	五元环内酯	1780～1750	vs
α,β-不饱和脂酮	1685～1665	vs	酰卤	1815～1720	vs
α-卤代酮	1745～1725	vs	酸酐	1850～1800,1780～1740	vs
芳香酮	1700～1680	vs	酰胺	1700～1680(游离)	
脂环酮(四元环)	1800～1750	vs		1660～1640(缔合)	
（五元环）	1780～1700	vs			

酰胺中的 C=O 与 NH_2 由于 p-π 共轭作用大于 N 原子的诱导作用，所以 $\nu_{C=O}$ 的吸收位于 1680cm^{-1}附近，如果是缔合状态，波数还要降低。

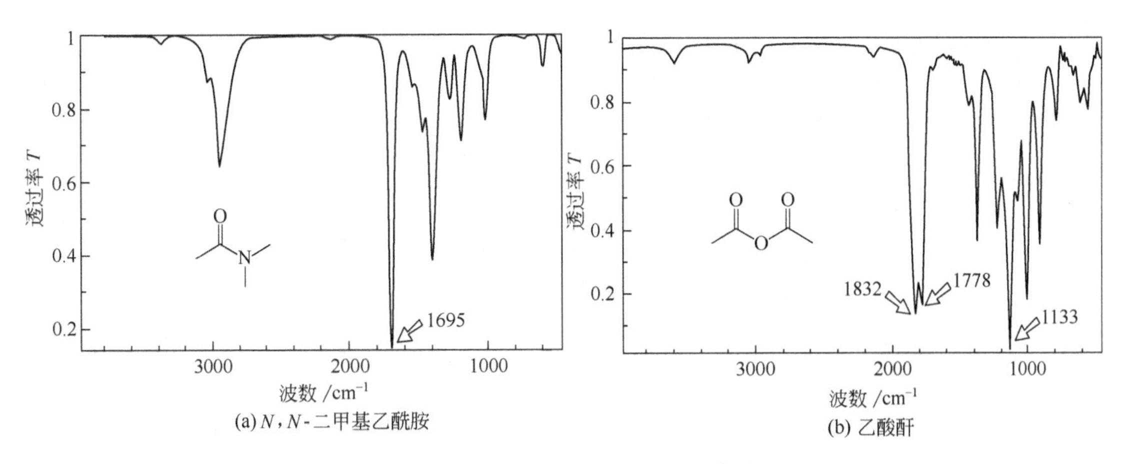

图 3-14 含羰基的化合物的红外谱图

5. 双键伸缩振动区(1690～1500cm^{-1})

该区主要包括 C═C、C═N、N═N、N═O 等的伸缩振动以及苯环的骨架振动($\nu_{C=C}$)。各类双键伸缩振动吸收位置见表 3-7。

表 3-7 各类双键伸缩振动吸收位置

双键类型	波数/cm^{-1}	峰的强度	双键类型	波数/cm^{-1}	峰的强度
C═C	1680～1620	可变	—N═N—	1630～1575	可变
苯环骨架	1620～1450		$-NO_2$	1615～1510	s
C═N—	1690～1640	可变		1390～1320	s

烯烃 $\nu_{C=C}$ 一般情况下比较弱，甚至观察不到。当各相邻基团电负性相差比较大时，$\nu_{C=C}$吸收峰较强。随着电性中心向分子中心 C═C 键移动（即分子的几何对称性增大），其吸收强度逐渐减小。同样理由，顺式异构体都有着较强的吸收，而反式异构体的这个峰就比较小甚至没有。四取代的烯烃，如果四个取代基团相似或相同，则 $\nu_{C=C}$ 的吸收很弱，甚至是非红外活性的。因此，仅根据在此波数范围内有无吸收来判断有无双键的存在是不可靠的。而共轭作用将使 $\nu_{C=C}$ 吸收峰强度增加，但吸收峰向低波数方向位移。一般共轭双烯 $\nu_{C=C}$有两个吸收峰，它们分别在 1600cm^{-1}及 1650cm^{-1}，前者是鉴定共轭双烯的特征峰。

C═C 与苯环共轭引起吸收峰位移较小，此时 $\nu_{C=C}$位于 1625cm^{-1}处。如果双键与 C═C 或其他多重键共轭，也可以看到使 $\nu_{C=C}$吸收强度增高（仍低于 C═O 的强度和吸收波数）和频率降低的现象。

单核芳环的 $\nu_{C=C}$吸收主要有四个，出现在 1620～1450cm^{-1}范围内。这是芳环的骨架振动，其中最低波数 1450cm^{-1}的吸收峰常被取代基 CH_3—的不对称弯曲振动和—CH_2—的剪式振动重叠，不易观察到。其余三个吸收峰分别出现在 1600cm^{-1}、1580cm^{-1}和 1500cm^{-1}附近。其中 1500cm^{-1}附近（1520～1480cm^{-1}）的吸收峰最强，1600cm^{-1}附近（1620～1590cm^{-1}）吸收峰居中，1580cm^{-1}的吸收峰最弱，常常被 1600cm^{-1}附近的吸收峰所掩盖或变成它的一个肩峰。1600cm^{-1}和 1500cm^{-1}附近的这两个峰是鉴别有无芳核存在的重要标志之一。芳烃的 $\nu_{C=C}$吸收峰比较稳定，但芳环上的取代情况也会引起这两个峰发生位移。这三个吸收峰的强度随芳环上取代情况不同而差别很大，而且没有规律可循。芳烃和烯烃的红外谱图示例如图 3-15 所示。

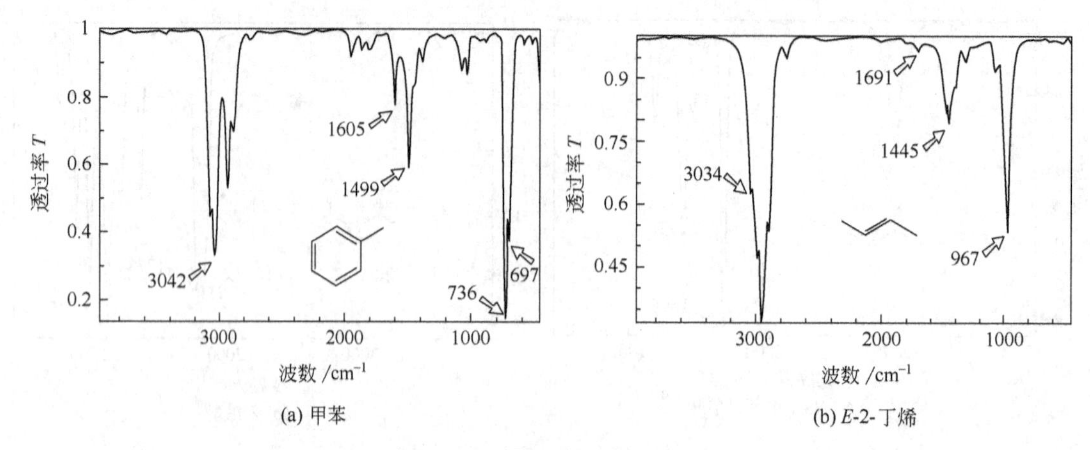

(a) 甲苯　　(b) *E*-2-丁烯

图 3-15　芳烃和烯烃红外谱图

硝基（NO_2）存在于硝基化合物、硝酸酯和硝胺类中。NO_2 的对称和不对称伸缩振动产生两个吸收峰。这两个吸收峰非常强，即使与其他官能团处于同一区域也能分辨出来。脂族硝基化合物的这两个峰分别位于 1560cm^{-1}和 1350cm^{-1}左右，其中不对称伸缩振动比对称伸缩振动峰强。

在该区域（1690～1500cm^{-1}）中，除了各种类型的双键伸缩振动外，还有伯胺的 NH_2 弯曲振动吸收带。伯胺的 NH_2 剪式振动吸收位于 1650～1580cm^{-1}（中强峰），它的扭曲振动在 900～650cm^{-1}区有一宽的吸收峰，特征性强，它是鉴别伯胺的重要依据。仲胺在这个区域没有吸收，如果分子中含有芳核，由于芳核骨架吸收也在这一区域，以致掩盖了相应的 NH_2 弯曲振动吸收带，因此 NH_2 的弯曲振动吸收在结构分析上无法加以利用，而脂肪族仲胺的面外弯曲振动吸收却较强，位于 750～700cm^{-1}，可以以此峰判别仲胺，芳香族伯胺无此吸收带。伯酰胺 NH_2 剪式振动吸收位于 1640～1600cm^{-1}区，它是一个尖峰。仲酰胺的 NH 弯曲振动位于 1550～1530cm^{-1}区，非常特征，可以用来区别仲酰胺和伯酰胺。芳香伯、仲、叔胺化合物的 IR 图谱如图 3-16 所示。

6. X—H 面内弯曲振动及 X—Y 伸缩振动区(1475～1000cm^{-1})

这个区域主要包括 C—H 面内弯曲振动，C—O、C—X（卤素）等伸缩振动，以及C—C 单键和碳链的骨架振动等。该区域是指纹区的一部分。由于各种单键的伸缩振动以及和 C—H面内弯曲振动之间互相发生耦合，使这个区域里的吸收峰变得非常复杂，并且对结构上的微小变化非常敏感。因此，只要在化学结构上存在细小的差异（如同分异构体），在指纹区就有明显的区别。由于图谱复杂，出现的振动形式很多，除了极少数较强的特征外，其他的难以找到它们的归属，但其主要价值在于表示整体分子的特征，因此对鉴定化合物很有用。C—H 面内弯曲振动及 X—Y 伸缩振动的波数见表 3-8。

大多数有机化合物都含有甲基 CH_3 和亚甲基 CH_2，它们在 1460cm^{-1}附近处有特征吸收，这是由甲基及亚甲基的 C—H 面内不对称弯曲振动引起的。除此之外，甲基还在 1380cm^{-1}处出现 C—H 面内对称弯曲振动的特征吸收。1380cm^{-1}对结构敏感，它可作为判断分子中有无甲基存在的依据。孤立甲基在 1380cm^{-1}附近出现单峰，其强度随分子中甲基数目增多而增强。

当两个甲基或三个甲基和同一碳原子相连时，1380cm^{-1}峰会发生裂分，出现双峰，这个现象一般称为异丙基分裂或叔丁基分裂。该双峰是由于分子中两个（或三个）甲基对称弯曲振动互相耦合而使 1380cm^{-1}吸收峰裂分。异丙基在 1389～1381cm^{-1}和 1372～1368cm^{-1}

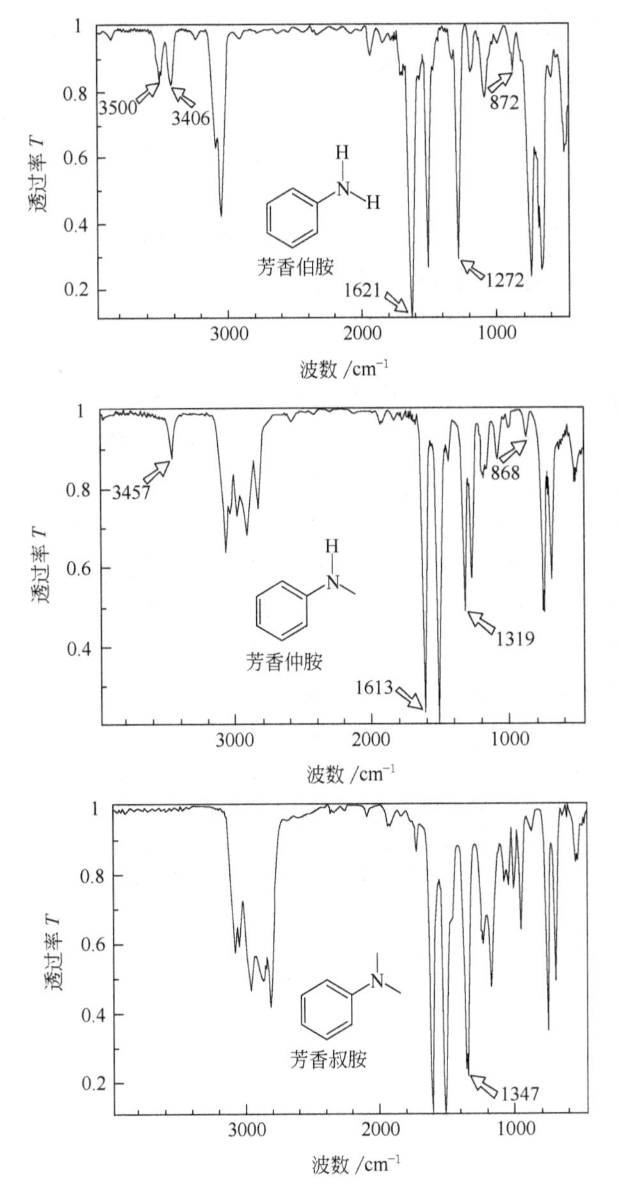

图 3-16 芳香伯、仲、叔胺化合物的 IR 图谱

表 3-8 C—H 弯曲振动及 X—Y 伸缩振动吸收位置

键的振动类型	波数/cm^{-1}	峰的强度	键的振动类型	波数/cm^{-1}	峰的强度
烷基 δ_{as}	1460		伯醇	1065～1010	s
δ_s			仲醇	1100～1010	s
—CH_3	1380		叔醇	1150～1100	s
$>C(CH_3)_2$	1385 及 1375 双峰	双峰强度约相等(1∶1)	酚 ν_{C-O}	1300～1200 1220～1130	s
			醚 ν_{C-O}	1275～1060	s
			脂肪醚	1150～1060	s
$-C(CH_3)_3$	1395 及 1365 双峰	双峰强度约相等(1∶2)	芳香醚	1275～1210	s
			乙烯醚	1225～1200	s
			酯	1300～1050	s
醇 ν_{C-O}	1200～1000	s	胺 ν_{C-N}	1360～1020	可变

处出现两个强度相等的峰，同时异丙基的 ν_{C-C} 吸收峰常出现在 1170cm^{-1} 和邻近的 1150cm^{-1}（肩峰），强度比 1380cm^{-1}双峰弱，可用这两组峰来鉴别异丙基的存在。叔丁基的裂分双峰在 1401～1393cm^{-1}和 1374～1360cm^{-1}处，低频峰比高频峰的强度大两倍，同时在 1255cm^{-1}和 1210cm^{-1}出现中等强度的叔丁基 ν_{C-C}吸收峰。但是应该指出，当 CH_3 和非碳原子相连时，这个对称弯曲振动吸收位置将发生位移。

ν_{C-O}引起很强的红外吸收，可以用来分辨醇、醚和酯类化合物。由于 ν_{C-O}能与其他的振动产生强烈的耦合，因此 ν_{C-O}的吸收位置变动很大（1300～1000cm^{-1}）。ν_{C-O}常常是该区域中最强的峰，它是判断 C—O 键存在的一个依据。

一般醇的 ν_{C-O}和 δ_{C-O}在 1410～1050cm^{-1}处有强吸收，当确知在该区域没有其他基团干扰吸收峰时，可根据表 3-8 中的数据鉴别醇的 α 碳取代情况。

醚的 ν_{C-O}在 1250～1100cm^{-1}处，它是由 C—O—C 不对称伸缩振动引起的较强吸收峰。但是由于其他官能团的吸收也在这个区域内出现，故直接由此来确定醚的吸收峰是困难的。实际上只有观察不到有 C═O 键与 O—H 键吸收峰的情况下，才可以判断是否有醚的吸收峰。饱和脂肪族醚的吸收峰变动较窄，在 1150～1060cm^{-1}区，通常靠近 1125cm^{-1}处。若和氧原子相邻的碳原子上带有侧链，则会使吸收峰复杂化，但一般仍出现在 1100cm^{-1}附近。芳族醚的吸收在 1275～1210cm^{-1}区，大多数靠近 1250cm^{-1}处，即所谓的“1250cm^{-1}”峰，缩醛和缩酮是特殊形式的醚，在它们的 IR 光谱中，C—O—C—O－C 键由于伸缩振动耦合，吸收峰分裂为三个，出现在 1190～1160cm^{-1}、1143～1125cm^{-1}和 1098～1063cm^{-1}处（强峰）。缩醛的特征峰总是出现在 1116～1105cm^{-1}处，而缩酮没有此峰，可作为识别二者的依据。此峰是由 C—O 邻接的 C—H 弯曲振动所引起的。

酯的 ν_{C-O}吸收峰相当恒定，它是鉴别酯的重要光谱数据。各种类型酯的 ν_{C-O}值归纳见表 3-9。

表 3-9　各种类型酯的 ν_{C-O}值

酯 的 类 型	酯的 C—O 伸缩振动波数/cm^{-1}
甲酸酯 HCOOR	约 1190
乙酸酯 CH_3COOR	约 1245
丙酸酯 C_2H_5COOR	约 1190
正丁酸酯 $n\text{-}C_3H_7COOR$	约 1190
异丁酸酯 $i\text{-}C_3H_7COOR$	约 1200
羧酸甲酯 $RCOOCH_3$	约 1250,约 1205,约 1175(最强)
α,β-不饱和羧酸酯 $-\overset{\vert}{C}=\overset{\vert}{C}-\overset{O}{\overset{\Vert}{C}}-OR$	1310～1250
芳香酸酯 R—⟨苯环⟩—COOR	1200～1100
内酯	1250～1375

在该区域中还有胺的 C—N 键的伸缩振动。胺类化合物在非共轭条件下，ν_{C-N}在 1220～1022cm^{-1}区出现弱的吸收。由于这些峰的强度弱，频率区域宽，因此它们对于解析结构用处不大。芳族胺的 ν_{C-N}是强峰；各类芳胺 ν_{C-N}吸收位置是不同的，如伯芳胺 1340～1250cm^{-1}，仲芳胺 1350～1250cm^{-1}，叔芳胺 1360～1310cm^{-1}，芳胺的红外图谱如图 3-16 所示。

7. C—H 面外弯曲振动区(1000～650cm^{-1})

烯烃、芳烃的C—H 面外弯曲振动在 1000～650cm^{-1}区，对结构敏感，人们常常借助这些吸收峰来鉴别各种取代类型的烯烃及芳环上取代基位置等。烯烃的 C—H 面外弯曲振动吸收位置见表 3-10。

表 3-10　各类烯烃的═C—H 面外弯曲振动吸收位置

烯烃类型	波数/cm^{-1}	峰的强度
$RHC═CH_2$	995～985	s
	915～905	s
$R^1R^2C═CH_2$	895～885	s
$R^1HC═CHR^2$		
顺式	约 690	
反式	980～965	s
$R^1R^2C═CHR^2$	840～790	s

对于 $RCH═CH_2$ 类型的化合物，一般在 995cm^{-1} 和 910cm^{-1} 处出现两个强峰，其中 995cm^{-1} 的跃迁是由 C—H 的面外弯曲振动吸收引起的，而 910cm^{-1} 是 CH_2 的面外弯曲振动的吸收。共轭或烷氧基取代会使峰的形状和位置发生变化。对于 $R^1R^2C═C$ 类型的烯烃，若 R^1 和 R^2 都是烷基，则 CH_2 的面外弯曲振动在 890cm^{-1} 处出现强吸收，取代基对该峰影响很小。顺式二取代烯烃（$R^1CH═CHR^2$）的面外弯曲振动受周围取代基影响较反式显著，α-碳原子上有 Cl、CH_3 及含氧官能团取代时，将使顺式面外弯曲振动吸收峰移向高频区。反式烯烃面外弯曲振动在 970cm^{-1}，该峰在有机物尤其是在顺反异构体的结构分析中非常有用。

利用 IR 光谱判别苯环的取代类型主要看 900～650cm^{-1} 的强峰和 2000～1660cm^{-1} 的弱峰。苯衍生物在 2000～1660cm^{-1} 范围内出现 C—H 面外和 C—C 面内弯曲振动的倍频或组频吸收，强度很弱，但是它们的吸收峰形特征在表征苯环取代类型上很有用。一般来说，此峰区干扰较少，但分子中含有 C—O 基及其他有干扰官能团时，就不能用它来鉴别苯的取代类型。

取代苯在 900～650cm^{-1} 范围出现 Ar—H 面外弯曲振动吸收峰，该峰强度较大，而且对于苯环上的取代类型特别特征，因此利用这些峰来检测苯的衍生物最为方便，甚至可以利用这些峰来完成取代苯异构体混合物的定量分析。各种取代苯在 900～650cm^{-1} 区的吸收情况见表 3-11。

表 3-11　各种取代苯 ν_{C-H} 吸收位置

取代类型	波数/cm^{-1}	峰的强度
苯	670	s
单取代	770～730 } 五个相邻 H	vs
	710～690 } 五个相邻 H	s
二取代		
1,2	770～735	s
1,3	810～750 } 三个相邻 H	vs
	725～680 } 三个相邻 H	m→s
	900～860　孤立芳 H	
1,4	860～800　两个相邻 H	vs
三取代		
1,2,3-	780～760 } 三个相邻 H	vs
	745～705 } 三个相邻 H	
1,2,4-	885～870(一个芳 H)	m
	825～805　(两个芳 H)	s
1,3,5-	865～810(一个芳 H)	s
	730～675	s
四取代		
1,2,3,4-	810～800(两个芳 H)	
1,2,3,5-	850～840(一个芳 H)	
1,2,4,5-	870～855(一个芳 H)	
五取代	900～860(一个芳 H)	s

应该指出，极性基团的取代芳环往往会与表 3-11 所列数据有所不同，表 3-9 所列数据也适用于稠环芳烃（如萘系）和杂环化合物。

在 1000～650cm^{-1} 区域中，还有 CH_2 的面外摇摆振动产生的一个弱吸收峰，这个峰在结构分析中也具有重要的地位。CH_2 面外摇摆振动吸收峰因相邻的 CH_2 数目（n）不同而变化，当 $n \geqslant 4$ 时，波数稳定在 722cm^{-1} 处；随着相连的 CH_2 个数的减少，其吸收位置有规律地向高波数方向移动，如 $n=3$，CH_2 面外摇摆振动吸收峰位于 740cm^{-1}；$n=2$，CH_2 面外摇摆振动吸收峰位于754cm^{-1}；$n=1$，CH_2面外摇摆振动吸收峰位于810cm^{-1}。借此可以观测分子链的长短。固态烃CH_2的面外摇摆振动吸收峰还会分裂成双峰732cm^{-1}、722cm^{-1}，强度剧烈增加。这是由于晶态时，分子间相互作用的结果。将固态转变成熔融态或溶解在溶剂中，测定时则无此现象发生。

以上按区域讨论了一些基团的IR吸收峰。现举例来说明红外光谱中划分区段的应用。

【例4】 某化合物的IR光谱见图3-17，试问：

① 是脂肪族还是芳族化合物？

② 是否含有C═CH或C≡CH基？

③ 是否含有CH_3基？

④ 是否含有OH、NH或C═O基？

解：①以下事实可以证明无芳环存在。在3000cm^{-1}以上有ν_{C-H}吸收峰，且不太强，说明可能有—C≡C—H、—C═C—H、Ar—H基团存在；在1600cm^{-1}和1500cm^{-1}处无苯环骨架吸收峰。因此不是芳族化合物，而是脂肪族化合物。

② 在2200cm^{-1}处没有吸收峰，排除了—C≡C—H基存在的可能。而1650cm^{-1}、910cm^{-1}、990cm^{-1}的强吸收峰证明有双键的存在，所以化合物中含有 >C═C—H 基。

③ 在1380cm^{-1}附近无CH_3弯曲振动吸收峰，故知分子中不含有CH_3。

④ 在3500～3300cm^{-1}及1900～1650cm^{-1}区域没有强吸收，故知分子中不可能有OH、NH或C═O基。

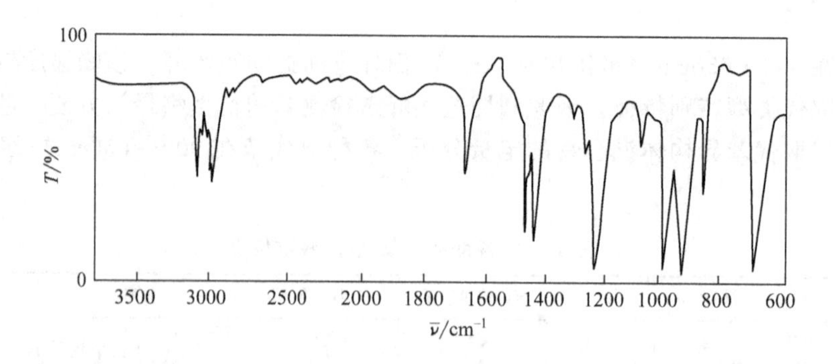

图3-17 未知物的IR光谱

三、红外吸收光谱的解析

1. 谱图解析的方法

红外光谱可用来对化合物作定性鉴定、定量分析和结构分析，所有这些分析都离不开谱图的解析。所谓谱图解析就是根据红外光谱图上出现的吸收带的位置、强度和形状，利用各种基团特征吸收的知识，确定吸收带的归属，确定分子中所含的基团，结合其他分析所获得的信息，作定性鉴定和推测分子结构。在进行化合物的鉴定及结构分析时，对图谱解析经常用到直接法、否定法和肯定法。

（1）直接法　用已知物的标准品与被测样品在相同条件下测定IR光谱，并进行对照。完全相同时则可定为同一化合物。无标准品对照，但有标准图谱时，则可按名称、分子式查找核对，必须注意测定条件（指样品的物理状态、样品浓度及溶剂等）与标准图谱一致。尤其是溶剂因素影响较大，须加注意，以免得出错误的结论。如果只是样品浓度不同，则峰的强度会改变，但是每个峰的强弱顺序（相对强度）通常应该是一致的。

（2）否定法　根据IR光谱与分子结构的关系，谱图中某些波数的吸收峰就反映了某种基团的存在。当谱图中不出现某种吸收峰时，就可否定某种基团的存在。例如在IR光谱中1900～1600cm^{-1}附近无强吸收，就表示不存在C═O基。

（3）肯定法　借助于红外光谱中的特征吸收峰，以确定某种特征基团存在的方法叫做肯定法。例如，谱图中约1740cm^{-1}处有吸收峰，且在1260～1050cm^{-1}区域内出现两个强吸收峰，就可以判定分子中含有酯基。

在实际工作中，往往是三种方法联合使用，以便得出正确的结论。

2. 谱图解析的步骤

谱图解析并无严格的程序和规则，在前面我们对各基团的IR光谱进行了简单的讨论，并将中红外区分成区域。但是应当指出，这样的划分仅仅是将谱图稍加系统化以利于解释而已。解析谱图时，可先从各区域的特征频率入手，发现某基团后，再根据指纹区进一步核证。在解析过程中单凭一个特征峰就下结论是不够的，要尽可能把一个基团的每个相关峰都找到。也就是既有主证，还得有佐证才能确定，这是应用IR光谱进行定性分析的一个原则。有这样一个经验叫做“四先、四后、一抓”，即先特征，后指纹；先最强峰，后次强峰，再中强峰；先粗查，后细查；先肯定，后否定；一抓一组相关峰。谱图具体解析步骤有以下几步。

① 检查光谱图是否符合要求。基线的透过率在90%左右，最大的吸收峰不应成平头峰。没有因样品量不合适或者压片时粒子未研细而引起图谱不正常的情况。

② 了解样品来源、样品的理化性质、其他分析的数据、样品重结晶溶剂及纯度。合成的产品由反应物及反应条件来预测反应产物，对于解谱会有很大用处。样品纯度不够，一般不能用来作定性鉴定及结构分析，因为杂质会干扰谱图解析，应该先做纯化处理。一些不太稳定的样品要注意其结构变化而引起谱图的变化。

③ 排除可能出现的“假谱带”。常见的有水的吸收峰，在3400cm^{-1}、1640cm^{-1}和650cm^{-1}波数位置处。CO_2的吸收在2350cm^{-1}和667cm^{-1}波数位置处。还有处理样品时重结晶的溶剂，合成产品中未反应完的反应物或副产物等都可能会带入样品而引起干扰。在KBr压片过程中可能有水混入试样。样品保存时吸附水也会使试样中出现水的吸收峰。

④ 若可以根据其他分析数据写出分子式，则应先算出分子的不饱和度U。计算化合物的不饱和度，对于推断未知物的结构是非常有帮助的。不饱和度是有机分子中碳原子不饱和的程度。计算不饱和度的经验公式为：

$$U=1+n_4+\frac{(4n_6+3n_5+n_3-n_1)}{2} \tag{3-8}$$

式中，n_6、n_5、n_4、n_3、n_1分别代表六价、五价、四价、三价、一价原子的数目。通常规定，双键和饱和环状化合物的不饱和度为1，叁键的不饱和度为2，苯环的不饱和度为4。因此，根据分子式计算不饱和度就可初步判断有机化合物的类别。

⑤ 确定分子所含基团及化学键的类型。每种不同结构的分子都有其特征的红外光谱，谱图上的每个吸收带代表了分子中某一个基团或化学键的特定振动形式。可以由特征谱带的位置、强度、形状确定所含基团或化学键的类型。

4000～1333cm^{-1}范围的特征频率区可以判断官能团的类型。1333～650cm^{-1}范围的“指纹区”能反映整个分子结构的特点。如苯环的存在可以由3100～3000cm^{-1}、约1600cm^{-1}、约1580cm^{-1}、约1500cm^{-1}、约1450cm^{-1}的吸收带判断，而苯环上取代类型要用900～650cm^{-1}区域的吸收带判断。羟基的存在可以由3650～3200cm^{-1}区域的吸收带判断，但是区别伯、仲、叔醇要用“指纹区”的 1410～1000cm^{-1}的吸收带。如羧基可能在 3600～2500cm^{-1}、1760～1685cm^{-1}、995～915cm^{-1}、1440～1210cm^{-1}附近出现多个吸收，而且有一定的强度和形状。从这多个峰的出现可以确定羧基的存在。当然由于具体的分子结构和测试条件的差别，基团的特征吸收带会在一定范围内位移。所以还要考虑各种因素对谱带的影响，相关峰也不一定会全出现。

在分析谱图时要综合考虑谱带位置、谱带强度、谱带形状和相关峰的个数，再确定基团的存在。

⑥ 结合其他分析数据和结构单元，提出可能的结构式。

⑦ 根据提出的化合物结构式，查找该化合物的标准图谱，若测试条件（单色器、试样制备方式及谱图坐标等）一样，则样品图谱应该与标准图谱一致。

对于新化合物，一般情况下只靠红外光谱是难以确定结构的。应该综合应用质谱、核磁共振、紫外光谱、元素分析等手段进行综合结构分析。

【例 5】 有一化合物分子式 C_7H_6O，其 IR 光谱图如图 3-18，试推测其结构。

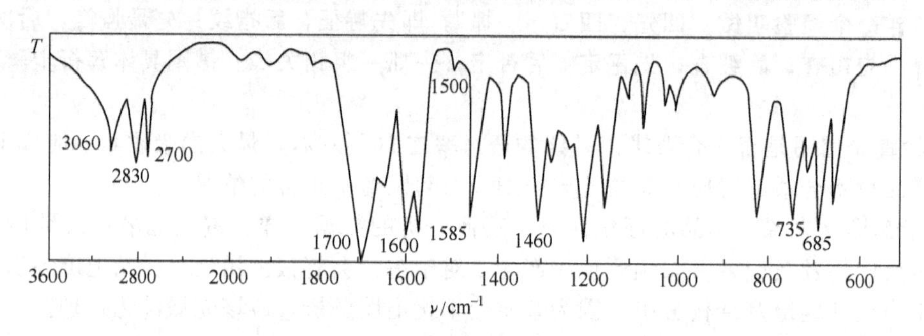

图 3-18 C_7H_6O 的 IR 光谱

解：① $U=1+7+\frac{(0-6)}{2}=5$

② 3060cm^{-1}、1600cm^{-1}、1585cm^{-1}、1500cm^{-1}、1460cm^{-1}的吸收说明有苯环，结合在 735cm^{-1}、685cm^{-1}的两个吸收可以认为是单取代苯环。

③ 1700cm^{-1}的强吸收是 $\nu_{C=O}$，波数较低，应该有共轭。

④ 2830cm^{-1}、2700cm^{-1}两个吸收是醛的特征吸收。

⑤ 单取代苯环和 CHO 的结合正好是分子式 C_7H_6O，该化合物应该是苯甲醛 PhCHO。

⑥ 和苯甲醛标准图谱对照，图谱一致，解析结果正确。

第四节 红外光谱仪

目前红外光谱仪可分为色散型红外光谱仪和傅里叶变换红外光谱仪。

一、色散型红外光谱仪

1. 仪器的基本结构

色散型双光束红外光谱仪如图 3-19 所示。自光源发出的连续红外线对称地分为两束，一束通过样品池，一束通过参比池。这两束光经过半圆形扇形镜面调制后进入单色器，再交替地射在检测器上。当样品有选择地吸收特定波长的红外线后，两束光强度就有差别，在检测器上产生与光强差成正比的交流信号电压。该信号经放大后带动参比光路中的减光器（光楔）使之向减小光强差方向移动，直至两光束强度相等。与此同时与光楔同步的记录笔，可描绘出物质的吸收情况，得到光谱图。

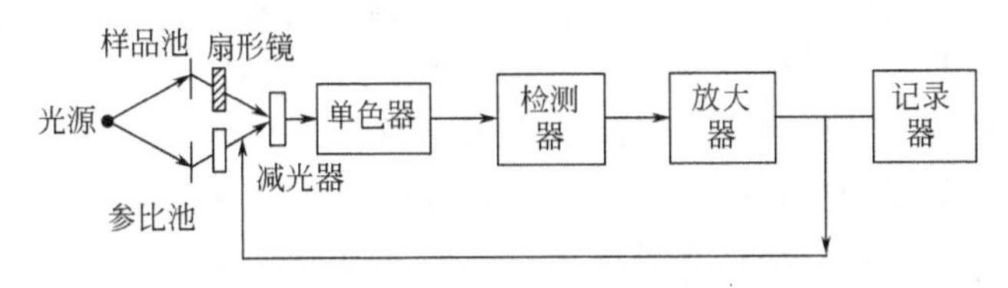

图 3-19　色散型双光束红外光谱仪

2. 红外光谱仪的主要部件

以色散型红外光谱仪为例介绍仪器的主要组成。傅里叶变换的仪器部件有所不同。

(1) 光源　它的作用是产生高强度、连续的红外线。目前在中红外区较为实用的红外光源有硅碳棒和能斯特灯。硅碳棒由硅碳砂加压成型并经煅烧做成。工作温度 1300～1500℃，工作寿命 1000h。硅碳棒不需要预热，寿命也较长，且价格便宜。能斯特灯由稀土金属氧化物加压成型后在高温下烧结而成，主要成分为氧化锆，工作温度 1300～1700℃，使用寿命可达 2000h。能斯特灯有负的电阻系数，在常温下不导电，800℃左右为导体，工作波数为 5000～400cm^{-1}。所以要点亮这种灯要预热到 700℃以上。能斯特灯寿命长、稳定性好，但价格较贵，操作不如硅碳棒方便。

(2) 检测器　它是测量红外线强度大小并将其变为电信号的装置。主要有真空热电偶、高莱池和热电量热计三种。真空热电偶应用最多。它的应用范围为 2～50μm。当红外线通过窗片射到涂黑的热电偶接点上时，接点温度升高，产生温差电势，回路有电流产生。热电偶的时间常数为 0.05s。由于热电偶时间常数大，所以不能用作高速扫描红外光谱仪的检测器。

高莱池是一种灵敏度较高的气胀式检测器。在充氮的气室两端各封有低硝化纤维素膜。前面的膜涂黑，可接受红外线；后面的膜真空镀 Sb 作为可伸屈的反射镜。当红外线透过窗片射到涂黑的膜上，气室内温度升高，改变了可伸屈膜的曲率，导致射到光电管上的光线强度发生变化。高莱池寿命短，为 1～2 年。膜容易老化引起漏气，目前已很少使用。

利用硫酸三甘肽（TGS）和其氘代产物 DTGS 作热电材料。这种物质在居里点以下时有很大的极化效应，极化强度与温度有关。若将这种材料的薄片两面与电极相连，即形成一个电容。当红外线照射在上面时使其极化度发生改变，两电极产生感应电荷，接入外电阻后可以检测出来。由于它在室温下热电系数大，时间常数小，斩光频率可达 2000Hz，可以实现高速扫描，已广泛用于傅里叶变换红外光谱仪中。

二、傅里叶变换红外光谱仪

与色散型红外光谱法相比，傅里叶红外光谱法（Fourier transformation infrared spectrometer，FTIS）是通过测量干涉图和对干涉图进行傅里叶变换的方法来获得红外光谱的。红外线的强度与形成该束光的两束相干光的光程差之间的关系符合傅里叶函数关系。迈克逊干涉仪是傅里叶变换红外线谱仪的核心。通过迈克逊干涉仪发生光的干涉过程，在不同光程差处测量混合的红外线的干涉图，经过傅里叶变换得到常见的红外光谱图。傅里叶变换的红外光谱仪上得到的聚苯乙烯的干涉图如图 3-20 所示，而经傅里叶变换的聚苯乙烯的红

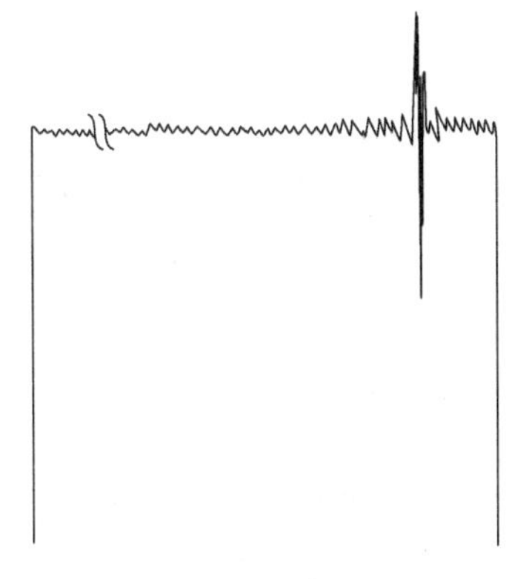

图 3-20　聚苯乙烯的干涉图

外光谱图如图 3-1 所示。

傅里叶变换红外光谱仪（FTIR）由光学检测系统、计算机数据处理系统、计算机接口、电子线路系统组成。其中光学检测系统由迈克逊干涉仪、光源、检测器组成。光学系统控制电路的主要任务是把检测器得到的信号经放大器、滤波器等处理，然后送到计算机接口，再经处理后送到计算机数据处理系统。计算机通过接口与光学测量系统电路相连，把测量得到的模拟信号转换为数字信号，在计算机内通过试样后得到含试样信息的干涉图进行采集，并经过快速傅里叶交换，得到吸收强度或透光度随频率或波数变化的红外光谱图，图 3-21 所示为 FTIR 工作原理。

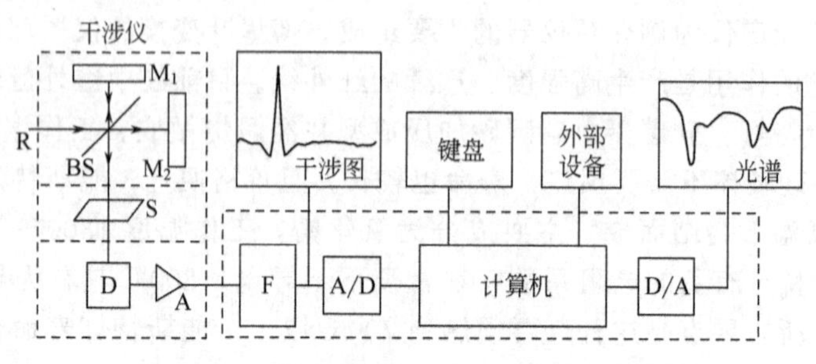

图 3-21 傅里叶变换红外光谱仪工作原理

R—红外光源；M_1—固定镜；M_2—动镜；BS—光束分裂器；
S—试样；D—探测器；A—放大器；F—滤光器；
A/D，D/A—模数转换器

FTIR 的核心部分是迈克尔逊干涉仪，图 3-22 所示为其光学示意和工作原理。图中 M_1 和 M_2 为两块平面镜，它们相互垂直放置，M_1 固定不动，M_2 则可沿图示方向作微小的移动，称为动镜。在 M_1 和 M_2 之间放置一呈 45°的半透膜光束分裂器 BS（beam-splitter），可使 50%的入射光透过，其余部分被反射。当光源发出的入射光进入干涉仪后就被光束分裂器分成两束光，即透射光Ⅰ和反射光Ⅱ，其中透射光Ⅰ穿过 BS 被动镜 M_2 反射，沿原路返回到 BS 并被反射到探测器 D，反射光Ⅱ则由固定镜 M_1 沿原路反射回来通过 BS 到达 D。这样，在探测器 D 上所得到的Ⅰ光和Ⅱ光是相干光。如果进入干涉仪的是波长为 λ_1 的单色光，开始时，因 M_1 和 M_2 离 BS 距离相等（此时称 M_2 处于零位），Ⅰ光和Ⅱ光到达探测器时位相相同，发生相长干涉，亮度最大。当动镜 M_2 移动入射光的 $1/4\lambda$ 距离时，则Ⅰ光的光程变化为 $1/2\lambda$，在探测器上两光位相差为 180°，则发生相消干涉，亮度最小。当动镜 M_2 移动 $1/4\lambda$ 的奇数倍，则Ⅰ光和Ⅱ光的光程差为 $\pm 1/2\lambda$、$\pm 3/2\lambda$、$\pm 5/2\lambda$、…时（正负号表示动镜零位向两边的位移），都会发生这种相消干涉。同样，M_2 位移 $1/4\lambda$ 的偶数倍时，即两光的光程差为 λ 的整数倍时，则都将发生相长干涉。而部分相消干涉则发生在上述两种位移之间。因此，当 M_2 以匀速向 BS 移动时，亦即连续改变两束光的光程差时，就会得到如图 3-23(a) 所示的干涉图。图 3-23(b) 所示为另一入射光波长为 λ_2 的单色光所得干涉图。如果两种波长的光一起进入干涉仪，则将得到两种单色光干涉图的加和图［见图 3-23(c)］。同样，当入射光为连续波长的多色光时，得到的则是具有中心极大并向两边迅速衰减的对称干涉图。这种多色光的干涉图等于所有各单色

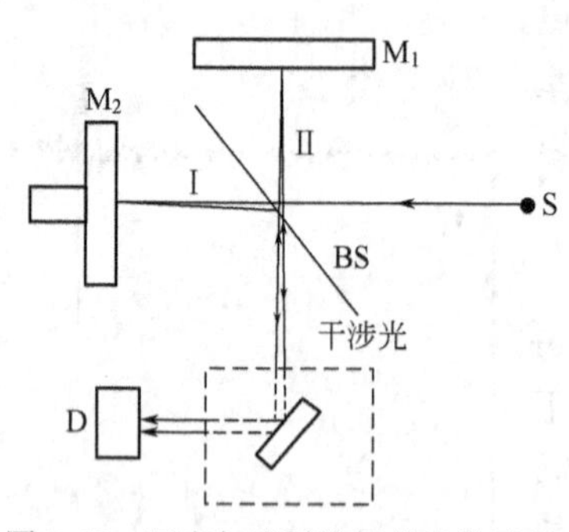

图 3-22 迈克尔逊干涉仪的光学示意和工作原理

M_1—固定镜；M_2—动镜；S—光源；D—探测器；BS—光束分裂器

光干涉图的加和。若在此干涉光束中放置能吸收红外线的试样，由于试样吸收了某些频率的能量，结果所得到的干涉图强度曲线函数就发生变化。由此技术所获得的干涉图是难以解释的，需要用电子计算机进行处理。已知干涉图，从数学观点讲是傅里叶变换，所以计算机的任务是进行傅里叶逆变换，以得到我们所熟悉的透过率随波数变化的红外光谱图。实际上干涉仪并没有把光按频率分开，而只是将各种频率的光信号经干涉作用调制为干涉图函数，再由计算机通过傅里叶逆变换计算出原来的光谱。

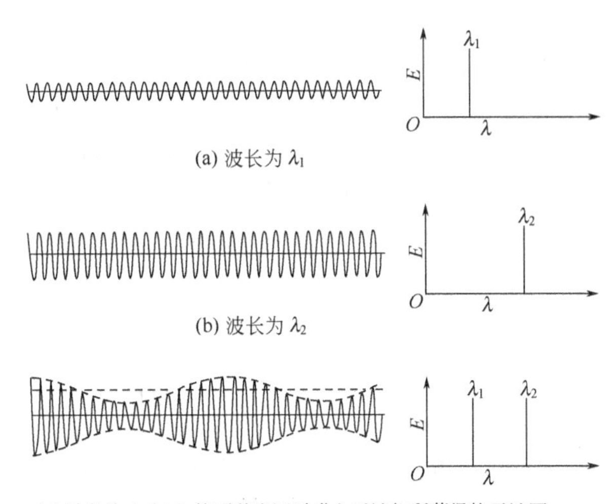

图 3-23　由干涉仪获得的单色光的干涉图

傅里叶变换红外光谱仪不用狭缝和光的色散元件，消除了狭缝对光谱能量的限制，使光能的利用率大大提高。使仪器具有测量时间短、高通量、高信噪比、高分辨的特性。与色散型仪器的扫描不同，傅里叶红外光谱仪能同时测量记录全波段光谱信息，使得在任何测量时间内都能够获得辐射源的所有频率的全部信息。这种傅里叶技术与光谱，如红外光谱、紫外光谱、荧光光谱和拉曼光谱相结合，成为光谱学的一个分支——傅里叶变换光谱学。

傅里叶变换红外光谱仪还具有以下特点。

① 分辨率高，可达 $0.1cm^{-1}$，波数准确度高达 $0.01cm^{-1}$。

② 扫描速度快，在几十分之一秒内可扫描一次，在 1s 以内可以得到一张分辨率高、低噪声的红外光谱图。所以可用于快速化学反应的追踪，研究瞬间的变化，解决气相色谱和红外的联用问题。

③ 灵敏度高，由于它可以在短时间内进行多次扫描，使样品信号累加、储存。噪声可以平滑掉，提高了灵敏度。用于痕量分析，样品量可以达到 10^{-9}～10^{-11}g。

④ 杂散光小，通常在全光谱范围内杂散光低于 0.3%。

⑤ 测量范围宽，只需改变分光束和光源，就可研究 10000～$10cm^{-1}$ 的红外光谱段。

⑥ 波数准确度高，由于使用了 He-Ne 激光测定动镜的位置，波数精确度可达 $0.01cm^{-1}$。

第五节　实验技术

红外光谱测定样品的制备，必须按照试样的状态、性质、分析的目的、测定装置条件选择一种最适合的制样方法，这是成功测试的基础。

一、制样时要注意的问题

首定要了解样品纯度。一般要求样品纯度大于99%，否则要提纯（用红外光谱定量分析时不要求纯度）。对含水分和溶剂的样品要进行干燥处理。根据样品的物态和理化性质选择制样方法。如果样品不稳定，则应避免使用压片法。制样过程还要注意避免空气中水分、CO_2 及其他污染物混入样品。

二、固体样品的制样方法

固体样品可以是以薄膜、粉末及结晶等状态存在，制样方法要因样品而异。

1. 压片法

最常用的压片法是取微量试样，加 100～200 倍的特殊处理过的 KBr 或 KCl 在研钵中研细，使粒度小于 2.5μm，放入压片机中使样品与 KBr 形成透明薄片。

此法适用于可以研细的固体样品。但不稳定的化合物，如易发生分解、异构化、升华等变化的化合物则不宜使用压片法。由于 KBr 易吸收水分，所以制样过程要尽量避免水分的影响。

2. 糊状法

选用与样品折射率相近、出峰少且不干扰样品吸收谱带的液体混合后研磨成糊状，散射可以大大减小。通常选用的液体有石蜡油、六氯丁二烯及氟化煤油。研磨后的糊状物夹在两个窗片之间或转移到可拆液体池窗片上作测试。这些液体在某些区有红外吸收，可根据样品适当选择使用。

此法适用于可以研细的固体样品。试样调制容易，但不能用于定量分析。

3. 溶液法

溶液法是将固体样品溶解在溶剂中，然后注入液体池进行测定的方法。液体池有固定池、可拆池和其他特殊池（如微量池、加热池、低温池等种类）。液体池由框架、垫片、间隔片及红外透光窗片组成。可拆池的结构如图 3-24 所示。

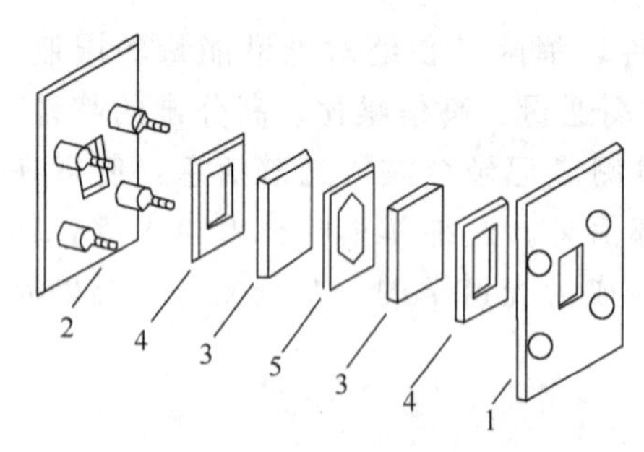

图 3-24 可拆液体池的结构

1—前框；2—后框；3—红外透光窗片；4—橡胶垫；5—间隔片

可拆池的液层厚度可由间隔片的厚薄调节，但由于各次操作液体层厚度的重复性差，即使小心操作，误差也在 5%，所以可拆池一般用在定性或半定量分析上，而不用在定量分析。固定池与可拆池不同，使用时不可拆开，只用注射器注入样品或清洗池子，它可以用于定量和易挥发液体的定性工作。红外透光窗片由多种材料制成，可以自行根据透红外线的波长范围、机械强度及对试样溶液的稳定性来选择使用。

4. 薄膜法

某些材料难以用前面几种方法测试，也可以使用薄膜法。一些高分子膜常常可以直接用来测试，而更多的情况是要将样品制成膜。熔点低、对热稳定的样品可以放在窗片上用红外灯烤，使其受热成流动性液体加压成膜。不溶、难熔、又难粉碎的固体可以用机械切片法成膜。

三、液体样品的制样方法

液体样品可采用溶液法和液膜法。液膜法是在两个窗片之间，滴上 1～2 滴液体试样，使之形成一层薄的液膜，用于测定。此法操作方便，没有干扰。但是此方法只适用于高沸点液体化合物，不能用于定量，所得谱图的吸收带不如溶液法那么尖锐。

四、气体样品的制样方法

气体样品一般使用气体池进行测定。气体池长度可以选择。用玻璃或金属制成的圆筒两端有两个透红外线的窗片。在圆筒两边装有两个活塞，作为气体的进、出口，如图 3-25 所示。为了增长有效的光路，也有多重反射的长光路气体池。

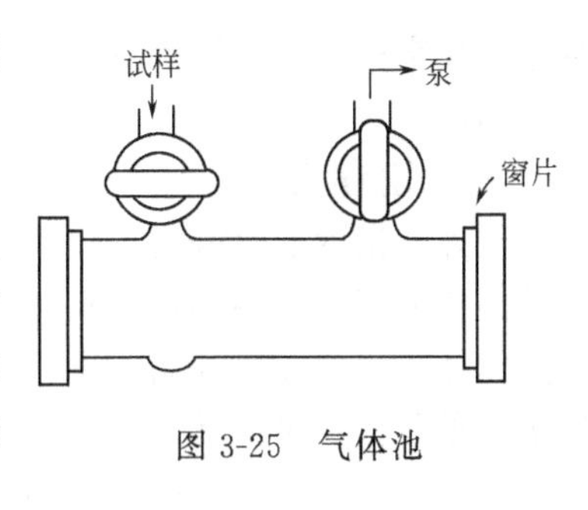

图 3-25　气体池

第六节　红外吸收光谱的应用

一、定性分析

已知物的定性，往往要用标准谱图作对照。红外光谱的谱图由于谱图的表示方式、仪器的性能和操作条件的不同而有所差异。但是对于同一种物质而言，特征吸收频率的位置和相对强度的顺序是相同的。在实际工作中要注意这个问题。标准图谱分谱图集、穿孔卡片两种。

1. 萨特勒（Sadtler）红外谱图集

这是一套收集谱图最多、比较实用的图集。它收集了棱镜、光栅光谱和傅里叶变换三代仪器的光谱图约 10 多万张。由美国 Sadtler 实验室编制，于 1947 年开始出版。它分为化合物标准谱图和商品谱图两大部分。这套谱图有下列索引。

“Alphabetical Index”，按字母顺序排列的化合物名称索引。

“Chemical Classes Index”，按字母顺序排列的化合物种类索引。

“Functional Group Alphabetical Index”，按字母顺序排列的官能团索引。

“Molecular Formula Index” 为分子式索引，按 C、H、Br、Cl、F、I、N、O、P、S、Si、M 的顺序排列。M 表示金属元素。

“Commercial Formula Index”，从商品名可以找出光谱的号码。

“Specfinder”，一种谱带索引。根据化合物光谱中的几个强峰，可用 “Specfinder” 查出可能的化合物及其图谱。这些光谱图已经数字化，可用于计算机的检索。

2. Wyandotte-ASTM 穿孔卡片

这是美国试验材料学会（ASTM）和万道特化学公司在 1954 年开始出版发行的穿孔卡片。目前已出版 14 万多张。这套卡片分 12 区，共有 80 行，每行标以 0～9 数目，因而每张卡片可有 960 个数字的穿孔位置，每个孔均表示一定的含义。卡片给出的是光谱峰值的数据信息，不能给出光谱强度和光谱。在进行光谱图的检索时，可利用谱图的索引，也可利用一些检索工具书。如由美国 ASTM 光谱资料组编成的“已发表红外光谱的化合物分子式、名称和文献索引”即 Molecular-Formula List of Compound，Names，and Reference to Published Infrared Spectra。该索引收录了已发表的图集和文献上的十万多张红外光谱，按分子式和字母顺序两种方法编目，并提供了光谱来源，可使查阅者很快找到谱图。

在使用标准谱图作对照时，应注意制样方法、仪器类型等，应尽可能使测试条件与标准图上的条件一致。

二、结构分析

IR 光谱是测定有机化合物结构的强有力手段，由 IR 光谱可判断官能团、分子骨架。具有相同化学组成的不同异构体，它们的 IR 光谱有一定的差异，因此可利用 IR 光谱识别各种异构体。

三、定量分析

红外光谱的定量分析不仅可对单组分进行定量分析，还可对多组分样品进行定量分析。红外定量分析时样品不用分离，不受样品状态的限制，气、固、液体均可以进行分析。可以对异构体、过氧化物和高分子化合物等用气相色谱法难以测定的物质进行定量分析。但红外光谱定量分析灵敏度低、准确性较差，不适于进行微量分析。

红外光谱的定量分析是以测定某特征官能团的吸收峰强度为基准（此吸收峰称为“分析峰”），按照朗伯-比耳定律进行的。分析峰应该选择在待测组分的特征吸收带位置，强度尽可能大，与邻近谱带及杂质的谱带干扰少。在定量分析工作中以此峰代表待测组分。

1. 吸光度的测量

吸光度的测量主要有两种方法，即顶点强度法和面积强度法，如图 3-26 所示。

（1）顶点强度法　其又可分为峰高法和基线法。下面主要介绍常用的基线法。在分析峰的两侧选谱带两边最大透过率处的两点划切线为基线，I_0 和 I 可像图 3-27 那样确定。选取时，应该尽量选取连接吸收带邻近区域的透过率最高的两点作基线，这样可以减少干扰因素的影响。

（2）面积强度法　用吸收谱带的全面积来确定吸收强度可按下式计算：

$$B=\frac{1}{lc}\int_{\nu_1}^{\nu_2}\lg\left(\frac{I_0}{I}\right)d\nu \tag{3-9}$$

式中，B 为吸收谱带表观积分强度；l 为光程长；c 为浓度；ν_1、ν_2 为吸收谱带起始及终止的波数。如果谱带对称性好，可以用谱带半峰宽和光密度来计算谱带积分强度；对称性不好，可以用光密度对吸收频率作图，然后用积分仪求面积。

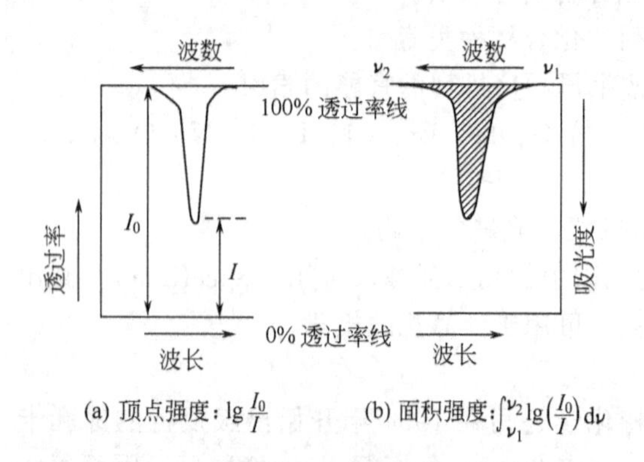

图 3-26　顶点强度法和面积强度法的计算方法

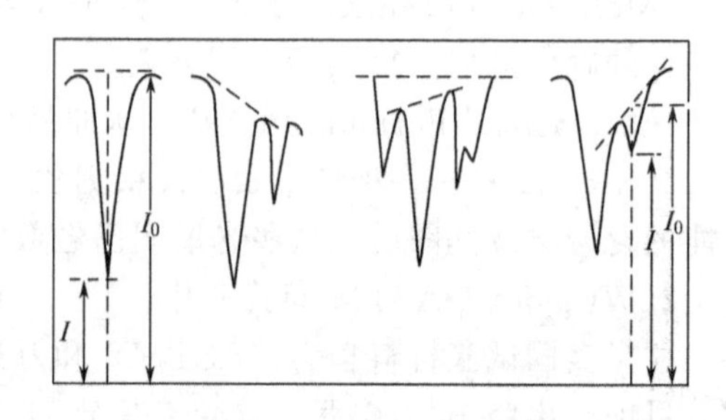

图 3-27　基线画法示例

2. 定量分析的方法

定量分析的根据是朗伯-比耳定律，首先做出样品中所有成分的标准物质的红外光谱，选择待测组分的分析峰。用已知浓度的标准样品和未知样品进行比较，根据它们的吸光度进行定量，这个方法叫标准法。具体做法有两种：一是根据朗伯-比耳定律直接计算。此方法只适用于浓度与光密度成线性关系，分析峰不被其他成分和溶剂干扰，吸收池厚度可精密测得的情况。二是工作曲线法。若被测定的试样的浓度变化很大，或由于使用极性溶剂造成光密度与浓度的关系不严格遵守朗伯-比耳定律，可采用工作曲线法。先用待测组分的标准样品配制不同浓度的一系列标准溶液，逐一在分析峰处测出吸光度。以吸光度为纵坐标，以浓度为横坐标，绘制工作曲线。然后测定待测样品溶液的吸光度值，在工作曲线上找出对应的待测样品溶液的浓度值，再计算。

四、红外光谱中的新技术——差示光谱

在光谱分析中，经常需要知道两种光谱之差。例如，在溶液光谱中去掉溶剂的光谱，便可得到纯溶质的光谱；在二元混合物中，去掉一个组分的光谱，便可得到另外一个组分的光谱，该光谱称差示光谱。

使用差谱技术，可以不经化学分离而直接鉴定出未知混合物的各组分，甚至是微量的组分。而这些微量组分的红外吸收峰往往被大组分的主体红外吸收峰所掩盖，在一般 IR 吸收谱图上很难观察到。因此差谱技术在一定程度上解决了理化分离所不能解决的问题，称之为“光谱分离”技术。

习　　题

1. 简述红外光谱是如何产生的？它与紫外光谱的联系和区别是什么？
2. 分子振动的自由度如何确定？
3. 归纳分子振动的类型有哪些？
4. 影响红外光谱峰强度和峰数的因素有哪些？
5. 简述解析红外光谱图的大体步骤有哪些？
6. 红外分光光度计与紫外-可见分光光度计在光路设计上有何不同？为什么？
7. 为什么红外分光光度法要采取特殊的制样方法？
8. 液体样品若为溶液样品时，摄取红外光谱图时应注意什么问题？
9. 指出化合物 2,3-二甲基-1,3-丁二烯红外光谱（图 3-28）中用阿拉伯数字所标的吸收峰是什么键或基团的吸收峰。

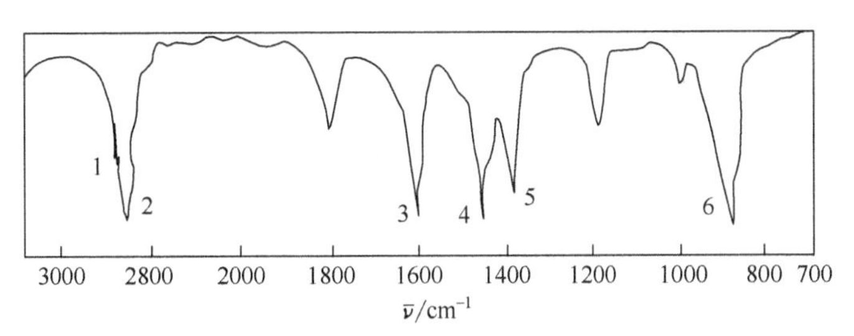

图 3-28　2,3-二甲基-1,3-丁二烯的红外吸收光谱

10. 请根据下面的红外光谱图（图 3-29）确定下列四个结构中的哪一个与谱图符合？

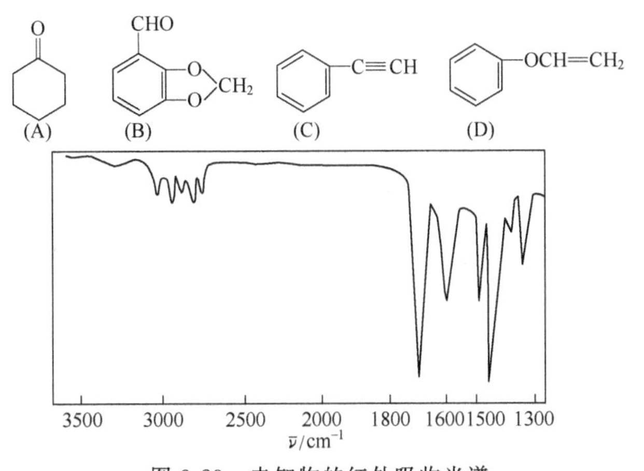

图 3-29　未知物的红外吸收光谱

11. 分子式为 C_3H_6O 的未知物，其红外光谱如图 3-30，试推测其结构。

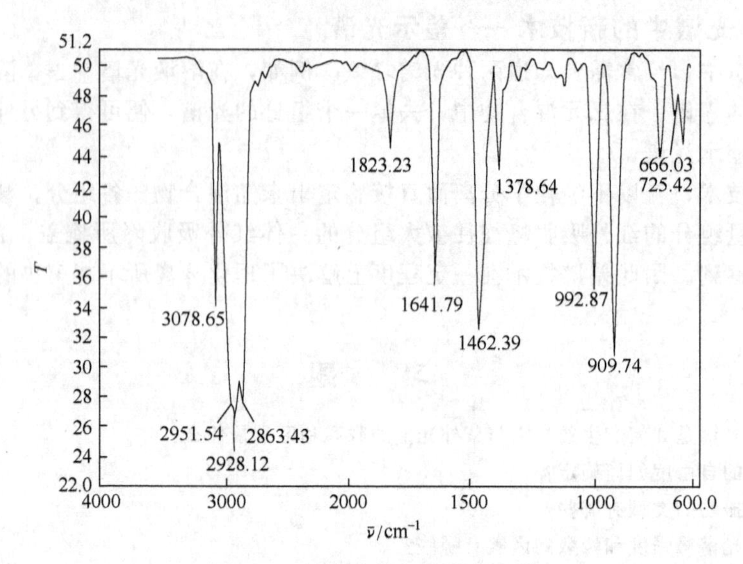

图 3-30 未知物的红外吸收光谱

第四章　激光拉曼光谱法

拉曼（Raman）光谱是分子振动光谱的一种，属于散射光谱。Raman 散射效应是由印度科学家 Raman 于 1928 年发现的。由于 Raman 效应太弱等原因，使这种研究分子结构的手段的应用和发展受到严重影响。早期的 Raman 光谱仪使用汞灯作为激发光源，到了 20 世纪 60 年代中期，由于引入激光光源以及在仪器方面和制样技术上的改进，使 Raman 光谱技术出现了突破。

目前 Raman 光谱仪已能够像红外光谱仪那样快速记录光谱，样品用量也减少到 1mg 以下，这样就使 Raman 光谱获得了新生，成为化合物分析鉴定的一种重要技术。Raman 光谱和红外光谱在化合物结构分析上各有所长，互相补充，两种光谱的结合，才能得到分子振动光谱的完整数据，更好地研究分子振动及其结构组成。

第一节　基本原理

一、Raman 光谱法基本原理

当一束单色光（例如激光）照射透明的样品时，大部分光透过而一小部分光会被样品在各个方向上散射，或发生 Tyndall 散射。在这些散射中，散射光的频率（能量）与入射光的能量相同，则这部分散射光称为 Rayleigh 散射。另外还有第三种散射，即 Raman 散射。

1. Rayleigh 散射

假设入射单色光频率 ν_0，其光子能量为 $h\nu_0$，Rayleigh 散射是由于入射光的光子与样品分子发生弹性碰撞，即光子和分子之间没有能量交换，光子的能量保持不变，散射光频率与入射光频率相同，仅方向发生了改变。Rayleigh 散射光的强度与入射光波长的四次方成反比。在全部散射光中 Rayleigh 散射占大多数，且强度最强。设振动能级 $V=0$ 的基态能量为 E_0，振动能级 $V=1$ 的基态能量为 E_1，受能量 $h\nu_0$ 的光子的激发，处于 $V=0$ 和 $V=1$ 的分子分别跃迁到能量为 $E_0+h\nu_0$ 和 $E_1+h\nu_0$ 的虚拟态（a）和虚拟态（b）(见图 4-1)，分子在虚拟态是很不稳定的，将很快返回 $V=0$ 和 $V=1$ 状态并将吸收的能量以光的形式释放出来，所以 Rayleigh 散射光的频率和入射光相同，即 $\nu_{\text{Rayleigh}}=\nu_0$。

2. Raman 散射

约占总散射光强度的 $10^{-6}\sim10^{-10}$，不仅改变了光的传播方向，而且散射光的频率也不同于入射光的频率，为 Raman 散射。Raman 散射是由于光子与样品分子发生非弹性碰撞。

3. Raman 位移和 Raman 光谱图

如图 4-1 所示当入射光子 $h\nu_0$ 把处于振动能级 $V=0$ 的分子激发到了虚拟态（a），分子在虚拟态（a）很不稳定，很快返回振动能级 $V=1$ 的状态，并以光的形式释放出这部分能量，这部分光即 Stokes 线。若当入射光子 $h\nu_0$ 把处于振动能级 $V=1$ 的分子激发到了虚拟态（b），分子在虚拟态（b）很不稳定，很快返回振动能级 $V=0$ 的状态并以光的形式释放这部分能量，这部分光称为反 Stokes 线。按照 Boltzmann 统计，室温时分子处于振动激发态（振动能级 $V=1$）的概率不足 1%，因此 Stokes 线强度要比反 Stokes 线强度强得多。

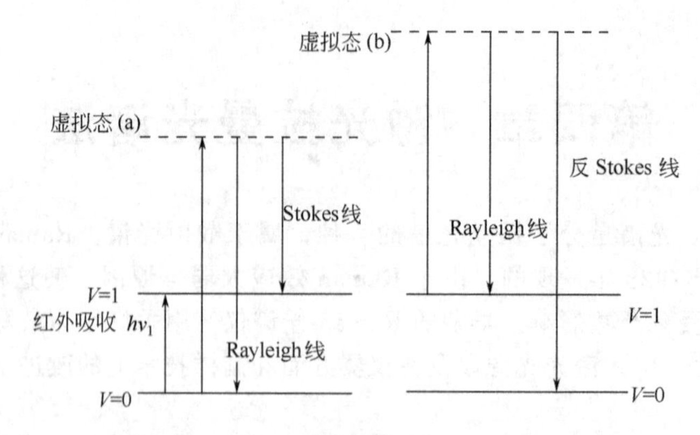

图 4-1 Rayleigh 散射与 Raman 散射的产生

从能级图可看出
$$\nu_{反Stokes} > \nu_0 > \nu_{Stokes} \tag{4-1}$$
能级差
$$\Delta E = h\nu_0 - h\nu_{Stokes} = h\nu_{反Stokes} - h\nu_0 = E_1 - E_0 \tag{4-2}$$

Stokes 线或反 Stokes 线与入射光频率之差称为 Raman 位移。由公式(4-2) 可知，对应的 Stokes 线与反 Stokes 线的 Raman 位移相等，即有下式：
$$\text{Raman 位移} = \nu_0 - \nu_{Stokes} = \nu_{反Stokes} - \nu_0 = \Delta E/h = (E_1 - E_0)/h \tag{4-3}$$

Raman 位移取决于分子振动能级的改变，Raman 位移在数值上取决于第一振动激发态与振动基态的能级差。所以同一振动方式产生的 Raman 位移的频率和红外吸收频率范围是相同的。不同的化学键或基团有不同的振动，Raman 位移反映的是振动能级的变化，因此 Raman 位移是分子结构的特征参数，它不随入射光频率的改变而改变。这是 Raman 光谱可以作为分子结构定性分析的理论依据。Raman 谱线的强度与入射光的强度和样品分子的浓度成正比，这是 Raman 光谱定量分析的理论依据。在仪器条件一定的情况下，Raman 谱线强度与样品分子的浓度成正比。

Raman 光谱图是以 Raman 位移（波数）为横坐标，谱带强度为纵坐标作图得到的图谱。由于 Raman 位移是以激发光波数作为零写在光谱的最右边，并省去反 Stokes 线相应的 Raman 位移谱带，采用左正右负的坐标定位规则，因此便得到类似于红外光谱的 Raman 光谱图。图 4-2 所示为甲醇的 Raman 光谱图。

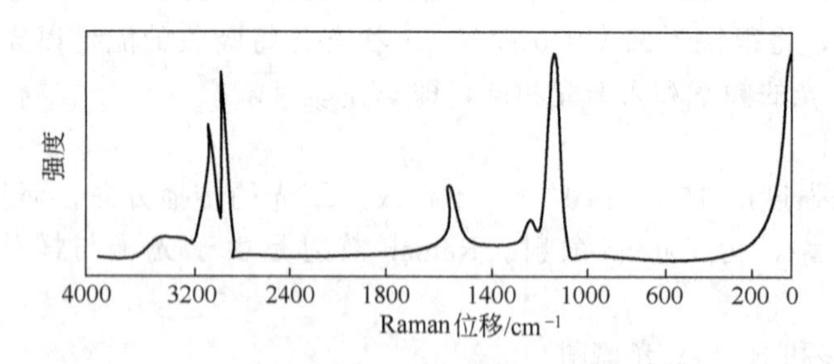

图 4-2 甲醇的 Raman 光谱图

4. Raman 选律和 Raman 活性的判断

在第三章已提到，只有产生偶极矩变化的振动才是红外活性的。红外光谱谱带强度正比于振动中原子通过它们平衡位置时偶极矩的变化。Raman 光谱产生于分子诱导偶极矩的变化，Raman 活性取决于振动中极化度是否变化，而偶极矩却不发生变化。所谓极化度是指分子在电场（如光波这种交变的电磁场）的作用下分子中电子云变形的难易程度。因此只有极化度有变化的振动才是 Raman 活性的。Raman 谱带强度取决于平衡前后电子云形状差别的大小，也就是说，Raman 谱线强度正比于诱导偶极矩的变化。

在同一分子中，某个振动既可以具有 Raman 活性，又可以具有红外活性；也可以只具有 Raman 活性而无红外活性；或只有红外活性而无 Raman 活性。

一个分子是否具有 Raman 活性，取决于分子在运动时某一固定方向上的极化率是否改变。对于分子的振动-转动来说，Raman 活性都是根据极化率是否改变来判断的。下面以分子振动为例，说明极化率 α 是否发生改变。

分子在光波的交变电磁场作用下会诱导出电偶极矩：

$$\mu=\alpha E=\alpha E_0\cos\ (2\pi\nu_0 t) \tag{4-4}$$

式中，μ 是分子诱导的偶极矩；E 是激发光的交变电场强度；α 是分子极化率。

分子极化率的改变与分子振动有关：

$$\alpha=\alpha_0+(\mathrm{d}\alpha/\mathrm{d}q)_0 q \tag{4-5}$$

式中，α_0 是分子在平衡位置的极化率；q 是双原子分子的振动坐标；$(\mathrm{d}\alpha/\mathrm{d}q)_0$ 是平衡位置时 α 对 q 的导数。

$$q=r-r_{\mathrm{e}}$$

式中，r 是双原子分子核间距；r_{e} 是平衡位置时的核间距。

将式(4-5) 代入式(4-4)，整理后得

$$\mu=\alpha_0 E_0\cos(2\pi\nu_0 t)+\frac{1}{2}q_0 E_0(\mathrm{d}\alpha/\mathrm{d}q)_0\{\cos[2\pi(\nu_0-\nu)t]+\cos[2\pi(\nu_0+\nu)t]\} \tag{4-6}$$

式中，第一项对应于分子散射光频率，等于激发光频率而得的 Rayleigh 散射；第二项对应于分子散射光频率发生位移改变而得的 Raman 散射，其中 $\nu_0-\nu$ 为 Stokes 线，$\nu_0+\nu$ 为反 Stokes 线。

由以上推导可知，$(\mathrm{d}\alpha/\mathrm{d}q)_0$ 不等于 0 是 Raman 活性。具体来说，全对称振动模式的分子，在激发光子作用下，会发生分子极化，故常有 Raman 活性，而且活性很强。而对于离子键的化合物来说，由于没有发生分子变形，故没有 Raman 活性。

5. Raman 光谱和红外光谱的关系

从产生光谱的机理来看，Raman 光谱是分子对激发光的散射，而红外光谱是分子对红外线的吸收，但两者都是研究分子振动的重要手段，同属于分子光谱。分子的非对称性振动和极性基团的振动，一般都会引起分子偶极矩的变化，故这类振动是红外活性的。如 C═O、C—H、N—H 和 O—H 等，在红外光谱上出现吸收峰。相反，分子对称骨架振动在红外光谱上几乎看不到吸收峰。而分子对称性振动和非极性基团的振动，如 C—C、S—S、N—N 键等，均可以从 Raman 光谱得到丰富的信息。可见，Raman 光谱和红外光谱是互相补充的。

对任何分子可用下面的规则来粗略地判断其 Raman 或红外是否具有活性。

(1) 相互排斥规则　凡具有对称中心的分子，若其分子振动是 Raman 活性的，则其红外吸收就是非活性的。反之，若红外吸收是活性的，则 Raman 散射是非活性的。

(2) 相互允许规则　凡是没有对称中心的分子，其红外和 Raman 光谱都是活性的（除去一些罕见的点群和氧的分子)。

(3) 相互禁阻规则　对于少数分子的振动，其红外和 Raman 光谱都是非活性的。如乙烯分子的扭曲振动，它既没有偶极矩的变化，也不发生极化率的改变，在红外和 Raman 光谱中，均得不到它的峰位。

需要指出的是，Raman 光谱与红外光谱相类似，解析时除考虑基团的特征频率外，还要考虑到谱带的形状和强度，以及因化学环境的变化而引起的改变。综合以上各个方面，才能对光谱作出正确的认识。

在 Raman 光谱中，官能团谱带的波数与其在红外光谱中出现的波数基本一致。不同的是两者的选律不同，在红外光谱中甚至不出现的振动在 Raman 光谱中可能是强谱带。

下面简要描述一下 Raman 光谱图的特点。

① 对称振动和准对称振动产生的 Raman 谱带强度高，例如 S—S、C ═C、N ═C、C≡C 的对称取代物的 Raman 谱带都较强。从单键、双键，到叁键，Raman 谱带依次增强，这是因为键数增加，可变形的电子数也相应增加。

② C≡N、C ═S、S—H 伸缩振动在红外光谱中强度很弱，但在 Raman 光谱中都是强谱带。

③ 环状化合物中，构成环状骨架的所有键同时伸缩，这种对称振动通常是 Raman 光谱的最强谱带。

④ 连双键如 C ═N ═C 和 O ═C ═O 对称伸缩振动在 Raman 光谱中是强谱带，但在红外光谱中却是弱谱带；相反，反对称伸缩振动在 Raman 光谱中为弱谱带，但在红外光谱中却是强谱带。

⑤ 有机化合物中经常出现 C—C 单键，其伸缩振动是 Raman 强谱带。

⑥ 醇类和烷烃的 Raman 光谱类似，这是由于以下三个原因造成的。a. C—O 键的力常数或键强度同 C—C 键差别不大；b. OH 的质量与 CH_3 的质量数只差 2；c. OH 的 Raman 谱带同 C—H 和 N—H 谱带相比较弱。

二、共振 Raman 光谱

通过 Raman 散射产生机理可知，Raman 散射是效率极低的一种过程，而且观察到的 Raman 光谱非常微弱。如果选择入射激发光的频率与物质的电子吸收带重合，或接近于重合，则光子与分子发生相互作用的微扰过程的效率将大大提高（约增加六个数量级），这种效应称为共振效应，这样得到的 Raman 光谱即共振 Raman 光谱。

图 4-3(a) 所示为 0.5mmol/L 的 1,10-邻菲啰啉与亚铁离子配合物溶液的可见光谱区吸收图。配合物在 510nm 左右呈现出很强的金属-配位体电荷转移吸收带，摩尔吸光系数约为 11000L/(mol·cm)。图 4-3(b) 所示的 Raman 光谱是通过使用氩离子和氪离

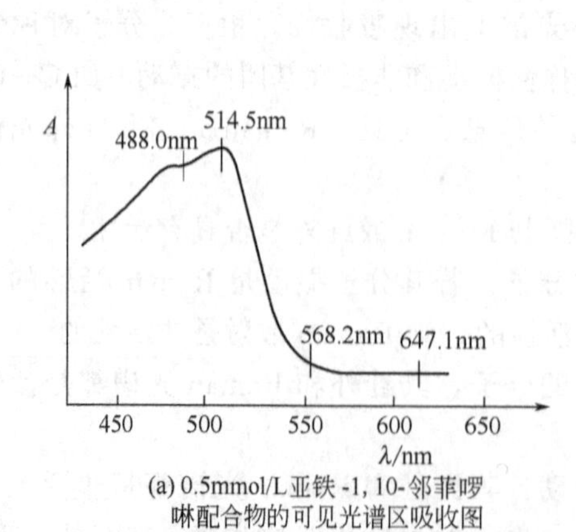

(a) 0.5mmol/L亚铁-1, 10-邻菲啰啉配合物的可见光谱区吸收图

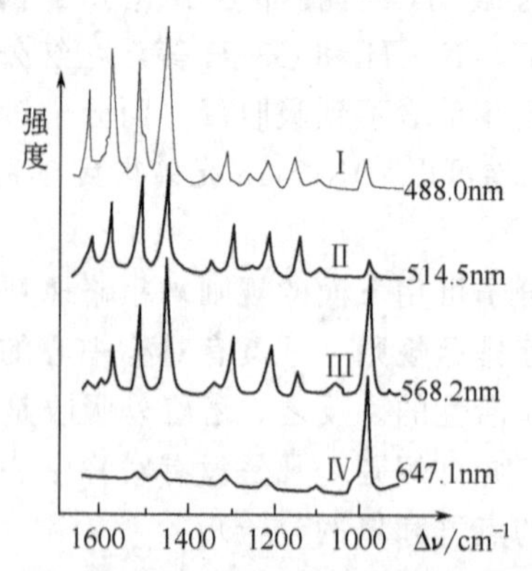

(b) 不同波长的激发光得到的 0.5mmol/L亚铁-1, 10-邻菲啰啉配合物的共振 Raman 光谱

图 4-3　共振 Raman 效应

子激光的数根谱线作为激发光源而得到的 Raman 光谱，它清楚地证明了共振 Raman 光谱的共振效应。溶液中同时还含有用作内标的 0.5mol/L 的硫酸根离子，由于入射光的频率与硫酸根的吸收带相差较远（983cm^{-1}处的谱带与硫酸根离子相关），故它不呈现共振增强效应。

图 4-3(b) 最下部的一个光谱（谱图Ⅳ）是使用氪离子激光的 647.1nm 线照射后所得，它与配合物的吸收带位置相差较远，因此配合物 Raman 峰相对很弱。使用 Kr^+ 激光 568.2nm 线（它落于配合物的电子吸收带范围）照射所得的 Raman 光谱（谱图Ⅲ）呈现出相当强的谱线，这些谱线与配合物相关，此外硫酸根离子的谱带强度也较大。若用氩离子（Ar^+）激光的 514.5nm 线（该线与配合物的最大电子吸收带波长相重合）激发样品，配合物的共振增强谱带就比硫酸根离子的强得多，甚至当硫酸根离子浓度是配合物浓度的 1000 倍时也是如此（谱图Ⅱ），在此情况下，随入射波长改变，增强因子可大于 10^4。若使用 488.0nm 线，增强效应比使用 514.5nm 的要低（谱图Ⅰ），这是因为 488.0nm 不是配合物的最大吸收波长，而只是落于配合物的高频吸收峰肩处。

共振 Raman 效应除了可使灵敏度得到提高外，还可提高选择性。只有那些与生色基团有关的振动形式才具有 Raman 增强效应。而所有其他的振动形式，则保持它们那种在正常 Raman 散射过程中固有的低效率。例如，酶和蛋白质的体系中（这些酶和蛋白质在其活性点上都含有生色基团），可利用 Raman 效应来获得关于生色团的振动光谱信息，而不会受到与蛋白质主链和支链相关的大量振动干扰。血红素蛋白质的测定是这种选择性的极好证明，在此蛋白质中，所观测到的 Raman 带仅与四吡咯大环的振动形式相关。

三、去偏振度的测量

一般光谱只能得到频率和强度两个参数，而 Raman 光谱还可以测得另一个重要参数——去偏振度，这使得 Raman 光谱在测定分子结构的对称性及晶体结构方面有着重要意义。

为了描述 Raman 散射的偏振性能，定量计算分子的对称性，定义了参数去偏振度 ρ。

$$\rho = I_{\perp} / I_{/\!/} \tag{4-7}$$

式中，$I_{\perp}$ 是偏振器在垂直于入射光方向时测得的散射光强度；$I_{/\!/}$ 是偏振器在平行于入射光方向时测得的散射光强度。

对于对称振动，如 CH_4，$\rho=0$；对于非对称的分子，其极化率常常是各向异性的，$\rho=3/4$。在入射光是偏振光的情况下，一般分子的去偏振度介于 0 与 3/4 之间，分子的对称性越高，其去偏振度越趋近于 0；如果测得 $\rho \to 3/4$，则为不对称结构。

为了在仪器上比较方便地测得样品的去偏振度，采用了起偏器、检偏器和扰偏器等附件。起偏器可装在激光器上，使入射光改变光波偏振方向；检偏器装在收集散射光的光路中，检测不同偏振方向的散射光；扰偏器置于检偏器和单色器的狭缝之间，目的是消除单色器光栅和反射镜的偏振效应。

第二节　激光拉曼光谱仪

激光 Raman 光谱仪可分为色散型激光 Raman 光谱仪和傅里叶变换 Raman 光谱仪。

一、色散型激光 Raman 光谱仪

色散型激光 Raman 光谱仪主要由激光光源、样品池、单色器、检测系统、记录输出和计算机控制系统等部分组成，如图 4-4 所示。

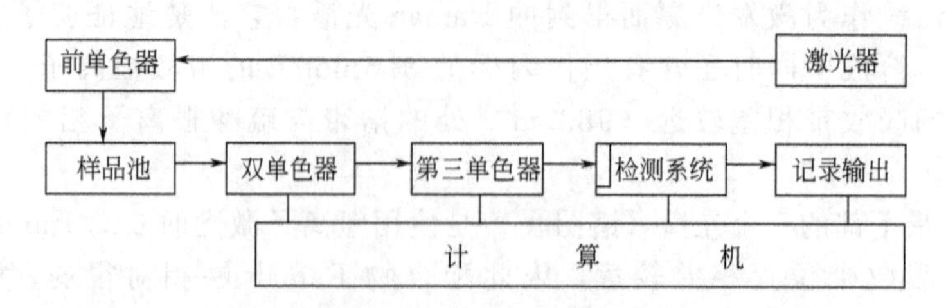

图 4-4 色散型激光 Raman 光谱仪方框图

当激光经前置单色器镜照射到样品时，通常是在同入射光成 90°的方向收集散射光。为抑制杂散光，常用双光栅单色器，在特殊需要（如测定低波数的 Raman 光谱）时，还需用第三单色器，以得到高质量的 Raman 谱图。散射信号经分光后，进入检测器。由于 Raman 散射信号十分微弱，须经光电倍增管将微弱的光信号变成微弱的电信号，再经微电放大系统放大，由记录仪记录下 Raman 光谱图。

1. 激光光源

激光光源多用连续气体激光器，例如，主要波长为 632.8nm 的 He-Ne 激光器和主要波长为 514.5nm 和 488.0nm 的 Ar^+ 激光器。

由于 Ar^+ 激光器可以提供多条功率不同的分立波数的激发线，为一定波长范围的共振 Raman 提供了可能的光源。需要指出的是，所用激发光的波长不同，所测得的 Raman 位移（$\Delta\nu=\nu_0-\nu_s$）是不变的，只是强度不同而已。

2. 样品池

样品池的作用一是使激光聚集在样品上，产生 Raman 散射，故样品池装有聚焦透镜；二是收集由样品产生的 Raman 散射光，并使其聚焦在双单色器的入射狭缝上，因此样品池又装有收集透镜。为适应固体、薄膜、液体、气体等各种形态的样品，样品池除装有三维可调的样品平台外，还备有各种样品池和样品架。例如，单晶平台、毛细管、液体池、气体池、180°背散射架等。为适应动力学实验需要，样品池可以改装为样品室，并可以配置高温炉或液氮冷却装置，以满足实验中的控温需要。对于一些光敏、热敏物质，为避免激光照射而分解，可将样品装在旋转池中，保证 Raman 测试正常进行。

3. 单色器

单色器是激光 Raman 光谱仪的心脏，要求最大限度地降低杂散光且色散性能好。常用光栅分光，并采用双单色器以增强效果。双单色器是由两个单色器串联而成。为减少杂散光的影响，整个双单色器的内壁及狭缝均为黑色。

4. 检测器

对于可见光谱区内的 Raman 散射光，可用光电检测器，如光电倍增管、光子计数器等。以 SPEX1403 激光 Raman 光谱仪配置的 RCA-C31034 光电倍增管为例，它是砷化镓（GaAs）阴极光电倍增管，量子效率较高（17%～37%），光谱响应较宽（300～860nm）。在−30℃冷却情况下，暗计数小于 20 周/s。正因为它十分灵敏，它的计数上限为 10^6 周/s。需要注意的是，光电倍增管应避免强光的进入，在 Raman 测试设置参数时，一定要把 Rayleigh 线挡住，以免因 Rayleigh 线进入，造成过载而烧毁光电倍增管。长时间冷却光电倍增管，也会使它的暗计数维持在较低的水平，这对减少 Raman 光谱的噪声、提高信噪比是有利的。

二、傅里叶变换激光 Raman 光谱仪

色散型 Raman 光谱仪逐点扫描，单道记录，为了得到一张高质量的谱图，必须经多次

累加，花费时间长。色散型 Raman 光谱仪所用的可见光范围的激光，能量大大超过产生荧光的阈值，很容易激发出荧光并淹没 Raman 信号，以致无法测定。傅里叶变换激光 Raman 光谱仪的出现，完全消除了色散型 Raman 光谱仪的缺点。无荧光干扰，扫描速度快，分辨率高，从而大大拓宽了 Raman 光谱的应用范围。如图 4-5 所示，由于蒽是强荧光物质，因此在激光器产生的 514.5nm 激光照射下，产生范围很宽、强度很大的荧光背景图（Ⅰ），但在图（Ⅱ）中，荧光背景消除，各 Raman 线清晰，信噪比大大提高。

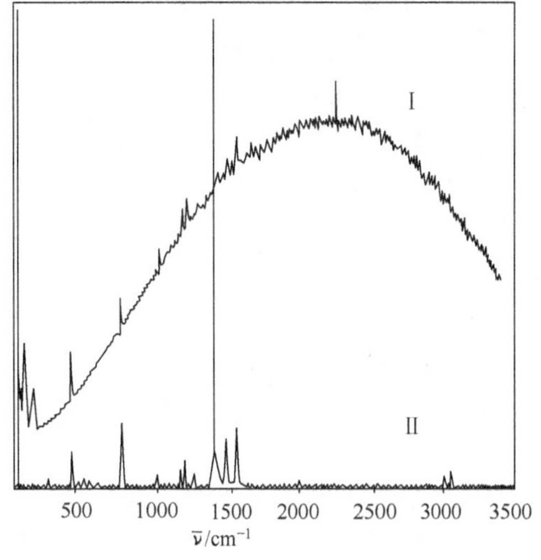

图 4-5　蒽的 Raman 光谱图

Ⅰ—Raman 光谱，激发波长：514.5nm；Ⅱ—傅里叶 Raman 变换光谱，激发波长：1064.0nm

傅里叶变换激光 Raman 光谱仪的光路设计类似于傅里叶变换红外光谱仪，但干涉仪与样品池排列次序不同。图 4-6 所示为傅里叶变换 Raman 光谱仪的光路示意，它由激光光源、样品池、干涉仪、滤光片组、检测器及控制的计算机等组成。

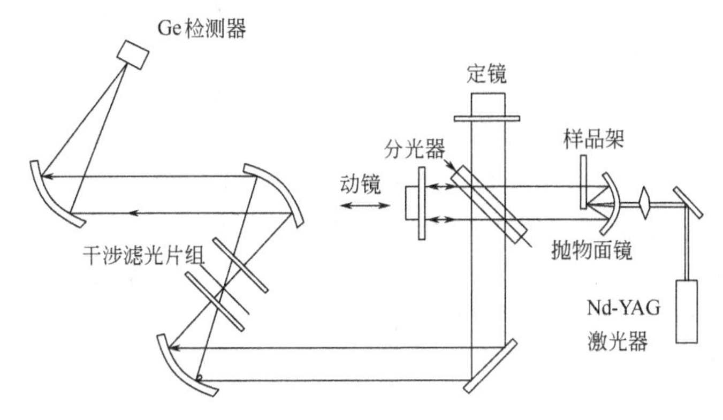

图 4-6　傅里叶变换激光 Raman 光谱仪示意

傅里叶变换 Raman 光谱（FT-Raman）仪的光路与傅里叶红外光谱（FT-IR）仪的光路相似，由激光光源、样品池、Michelson 干涉仪、特殊滤光器、检测器所组成，检测到的信号经放大由计算机收集处理。现将各主要部件分述如下。

1. 近红外激光光源

采用 Nd-YAG（掺钕钇铝石榴石）激光器代替了可见光激光器，产生波长为 1.064μm 的近红外线作激发线，它的能量低于荧光激发所需阈值，从而避免了大部分荧光对 Raman 光谱的干扰。

不足之处是 1.064μm 近红外激发光比可见光波长要长约一倍，受 Raman 散射截面随激发线波长呈 $1/\lambda^4$ 规律递减的制约，它的散射截面仅为可见光 514.5nm 的 1/16（即 $1/2^4$），因而使散射光的强度减小了，影响了仪器的信噪比，不过，这可以用增加扫描次数来弥补。

2. 样品池

激发光被样品散射后，由中心带小孔的抛物面会聚透镜收集，收集面为整个背散射的

180°，以尽可能多地收集 Raman 信号。

3．Michelson 干涉仪

这与傅里叶变换红外使用的干涉仪一样，只是将分束器改换成石英分束器，以便近红外线透过。整个 Raman 光谱范围的散射光经干涉仪，所得干涉图经计算机进行快速傅里叶变换后，即可直接得到 Raman 强度随 Raman 位移变化的 Raman 光谱图。一般扫描速度每分钟可得到 20 张谱图，大大加快了分析速度，即使多次累加，以改善谱图的信噪比，也比色散型 Raman 光谱仪快得多。

4．特殊的滤光器

特殊的滤光器可滤出比 Raman 散射强 10^6～10^{10} 倍的 Rayleigh 散射。目前采用分级滤光的办法，用 1～3 个介电干涉滤光器组合而成。

5．检测器

目前采用 InGaAs 检测器（可在室温下工作），信噪比高。也有采用灵敏度较高的、液氮冷却的锗二极管检测器，但费用相对较高。

第三节 拉曼光谱应用

一、定性和定量分析

Raman 位移是分子结构的特征参数，它不随激发光频率的改变而改变。这是 Raman 光谱可以作为分子结构定性分析的理论依据。Raman 谱线的强度与入射光的强度及样品分子的浓度二者成正比，这是 Raman 光谱定量分析的理论依据。当实验条件一定时，Raman 光谱的强度与样品的浓度呈简单线性关系。Raman 光谱定量分析常用内标法来测定，检出限在 $\mu g/cm^3$ 数量级，可用于有机化合物和无机阴离子的分析。

二、激光 Raman 光谱在有机物结构分析中的作用

激光 Raman 光谱与红外光谱是互补的两项技术，是有机化合物分子结构分析的重要工具。但 Raman 光谱与红外光谱相比，其优越之处有以下几点。

① Raman 光谱仪的常规扫描范围为 4000～40cm^{-1}，不像一般色散型红外光谱仪绘制的红外光谱区域较窄（4000～200cm^{-1}）。

② 激光 Raman 光谱在可见光区研究分子振动光谱，而红外光谱则是在红外线区进行光谱吸收研究。这样激光 Raman 光谱就大大降低了对样品池、单色器和检测器等光学元件材料的要求。

③ 水是一种优良的溶剂。由于水的 Raman 光谱一般很弱，可以很方便地直接测试样品水溶液的 Raman 光谱。

④ 固体样品能够直接用于测试激光 Raman 光谱，例如，单晶和纤维样品，而无需像红外光谱那样研磨制样，但是样品可能被高强度激光束烧焦。

⑤ 入射的激光光束和 Raman 散射光都是偏振光，可以测试去偏振度 ρ 值。根据 ρ 值还能判断 Raman 光谱带属于哪种类型振动。

⑥ 采用共振激光 Raman 技术，可以记录化合物分子中有非发色基团存在时的发色基团的 Raman 光谱。由于激光频率和发色基团的电子运动的特征频率相等或近似，发色基团吸收了一部分的激光能量，处于共振状态。同时 Raman 散射过程大大增强（增加量为 10^6），而非发色基团并不处在共振状态上，其 Raman 散射仍像通常一样较弱，因此突出了发色基团的 Raman 光谱带。

如 $CH_3C\equiv CCH_3$ 中的伸缩振动在 2200cm^{-1}有强的 Raman 谱带，$C_2H_5—S—S—C_2H_5$ 中的S—S 键在 500cm^{-1}有强的 Raman 谱带；相反，它们在红外中没有观察到。对于强极性基团，如 OH，在红外光谱中有强吸收，在 Raman 光谱中谱带弱或看不到。因为 C＝C 键的 Raman 散射很强，而且随结构变化而变，用 Raman 光谱测定顺反异构体和双键异构体很有效。

三、Raman 光谱在高聚物分析中的应用

Raman 光谱可以用于高聚物的构型、构象研究，用于聚合物立体规整性的研究、结晶度和取向度的研究。例如聚四氟乙烯结晶度大小的变化，可以在 Raman 光谱中观察到。随着结晶度降低，谱带变宽，尤其是在 600cm^{-1}很明显。在聚乙烯中也有此现象。

四、Raman 光谱用于生物大分子的研究

水的红外吸收很强，在红外光谱中常常会掩盖不少其他基团吸收。而在 Raman 光谱中，水的吸收很弱，因此很多水溶性物质，包括一些生物大分子及其他生物体内组分可以用 Raman 光谱来研究。例如，蛋白质、酶、核酸等生物活性物质常需在水溶液中接近生物体内环境下研究其一些性质，此时 Raman 光谱比红外光谱更合适。可对这些生物大分子的构象、氢键和氨基酸残基周围环境等方面提供大量的结构信息。

五、Raman 光谱用于无机物及金属配合物的研究

Raman 光谱可测定某些无机原子团的结构，如汞离子在水溶液中可以以 Hg^{+} 或 Hg^{2+} 形式存在，红外光谱中无吸收，而在 Raman 光谱中在 169cm^{-1}出现强偏振线，表明 Hg^{2+} 存在。

在金属配合物中，金属与配位体键的振动频率一般都在 100～700cm^{-1}范围内，这些键的振动常有 Raman 活性，因此可以用 Raman 光谱对配合物的组成、结构和稳定性进行研究。

六、傅里叶变换 Raman 光谱及其应用

FT-Raman 光谱能用于许多传统色散型 Raman 光谱仪不能测定的样品，如高分子化合物、有机化合物、生物、医药，还可用于其他如染料、石油等具有荧光物质的研究，FT-Raman的出现开辟了对此类物质研究的新途径。

例如，天然及人工合成橡胶大都具有较强的荧光，因此，它们的振动光谱主要用 IR 光谱研究，现在已测定了许多天然及人工合成橡胶的 FT-Raman 光谱，如丁腈橡胶等，并用它来研究橡胶的硫化过程。还可用 FT-Raman 光谱研究环氧树脂固化过程中结构的变化。FT-Raman 光谱与 FT-IR 光谱结合，可研究晶体聚酯的结晶度及相转变。

虽然 FT-Raman 光谱仪目前还不能像 FT-IR 光谱仪那样，完全取代色散型 Raman 光谱仪，但由于 FT-Raman 光谱仪有很多优点，以及随着它的激发光源、光学过滤器、干涉仪及检测器等的改进，它必将在科学研究及生产实际中得到愈来愈广泛的应用。

七、有机化合物基团的拉曼光谱和红外光谱特征频率和强度

有机化合物基团的拉曼光谱和红外光谱的特征频率和强度数据见表 4-1。

表 4-1　有机化合物基团的拉曼光谱和红外光谱的特征频率和强度

振动①	频率范围/cm^{-1}	拉曼强度②	红外强度②
ν(O—H)	3650～3000	w	s
ν(N—H)	3500～3300	m	m
ν(≡C—H)	3300	w	s
ν(═C—H)	3100～3000	s	m
ν(—C—H)	3000～2800	s	s
ν(—S—H)	2600～2550	s	w

续表

振动①	频率范围/cm^{-1}	拉曼强度②	红外强度②
ν(C≡N)	2255～2220	m～s	s～o
ν(C≡C)	2250～2100	vs	w～o
ν(C═O)	1820～1680	s～w	vs
ν(C═C)	1900～1500	vs～m	o～m
ν(C═N)	1680～1610	s	m
ν(N═N)，脂肪族取代基	1580～1550	m	o
ν(N═N)，芳香族取代基	1440～1410	m	o
ν_a((C—)NO_2)	1590～1530	m	s
ν_s((C—)NO_2)	1380～1340	vs	m
ν_a((C—)SO_2(—C))	1350～1310	w～o	s
ν_s((C—)SO_2(—C))	1160～1120	s	s
ν((C—)SO(—C))	1070～1020	m	s
ν(C═S)	1250～1000	s	w
δ(CH_2)，δ_a(CH_3)	1470～1400	m	m
δ_s(CH_3)	1380	m～w，如在 C═C 上，s	s～m
ν(C—C)	1600，1580	s～m	m～s
	1500，1450	m～w	m～s
	1000	s(单取代时) m(1,3,5 衍生物时)	o～w
ν(C—C)	1300～600	s～m	m～w
ν_a(C—O—C)	1150～1060	w	s
ν_a(C—O—C)	970～800	s～m	w～o
ν(Si—O—Si)	1110～1000	w～o	vs
ν(Si—O—Si)	550～450	vs	o～w
ν(O—O)	900～845	s	o～w
ν(S—S)	550～430	s	o～w
ν(Se—Se)	330～290	s	o～w
ν(C(芳香族)—S)	1100～1080	s	s～m
ν(C(脂肪族)—S)	790～630	s	s～m
ν(C—Cl)	800～550	s	s
ν(C—Br)	700～500	s	s
ν(C—I)	660～480	s	s
δ_s(C—C)，脂肪链			
C_n，$n=3\sim12$	400～250	s～m	w～o
$n>12$	$2495/n$		
分子晶体中的晶格振动	200～20	vs～o	s～o

① ν：伸缩振动；δ：弯曲振动；ν_s：对称伸缩振动；ν_a：不对称伸缩振动。

② vs：很强；s：强；m：中等；w：弱；o：非常弱或看不到信号。

习　题

1. 什么是 Raman 散射、Stokes 线和反 Stokes 线？什么是 Raman 位移？

2. Raman 光谱法与红外光谱法相比，在结构分析中的特点是什么？

3. 指出以下分子的振动方式哪些具有红外活性，哪些具有 Raman 活性？或两者均有？

(1) O_2 的对称伸缩振动；

(2) CO_2 的不对称伸缩振动；

（3） H_2O 的弯曲振动；

（4） C_2H_4 的弯曲振动。

4. Raman 光谱图和红外光谱图相比，有何异同？

5. 为什么说 Raman 光谱法能提供较多的分子结构信息？

6. 什么是共振 Raman 光谱？

7. Raman 光谱定性和定量的依据是什么？

第五章　分子发光光谱法

分子发光光谱法（molecular luminescence spectrometry）包括光致发光（photo-luminescence）、化学发光（chemiluminescence）和生物发光（bioluminescence）等。分子荧光（molecular fluorescence）和分子磷光（molecular phosphorescence）属于光致发光。分子荧光光谱法的灵敏度比紫外-可见吸收光谱法高几个数量级。近些年来，荧光光度计作为高效液相色谱、毛细管电泳的高灵敏度检测器以及激光诱导荧光分析法，在超高灵敏度的生物大分子的分析方面受到广泛关注。本章主要介绍分子荧光和分子磷光光谱。

第一节　分子荧光和磷光的基本原理

一、分子荧光和磷光的产生

荧光分析法是利用某些物质在紫外线照射下发出荧光的现象所建立的分析方法。当紫外线照射某些物质时，由于这些物质结构的特殊性，会发出比吸收波长更长的不同波长的可见光，当紫外线停止照射时，随之消失的光叫做荧光，不立即消失的光叫做磷光。

每种物质分子中都具有一系列紧密相隔的电子能级，而每个电子能级中又包含一系列的振动能级和转动能级。当分子吸收能量（电能、热能、光能或化学能等）后可跃迁到激发态。分子在激发态是不稳定的，它很快跃迁回到基态。在跃迁回到基态的过程中将多余的能量以光子形式辐射出来，这种现象称为“发光”。

据泡利（Pauli）不相容原理，分子内同一轨道中的两个电子必须具有相反的旋转方向，即自旋配对，自旋量子数的代数和 $S=0$，其分子态的多重性 $M=2S+1=1$，该分子就处在单重态，用符号 S 表示。绝大多数有机分子的基态是处于单重态的。倘若分子吸收能量后，在跃迁过程中不发生自旋方向的变化，即分子处在激发单重态。如果在跃迁到高能级的过程中还伴随着电子自旋方向的改变，这时，分子便具有两个不配对的电子，则有 $S=1$，$M=2S+1=3$，该分子处在激发的三重态，用符号 T 表示。S_0、S_1 和 S_2 分别表示分子的基态、第一和第二激发单重态；T_1、T_2 则分别表示分子的第一和第二激发三重态。处在分立的电子轨道的非成对的电子，平行自旋比配对自旋更稳定（洪特规则），因此，三重激发态能级总是比相应的单重态激发态的能量略低些。

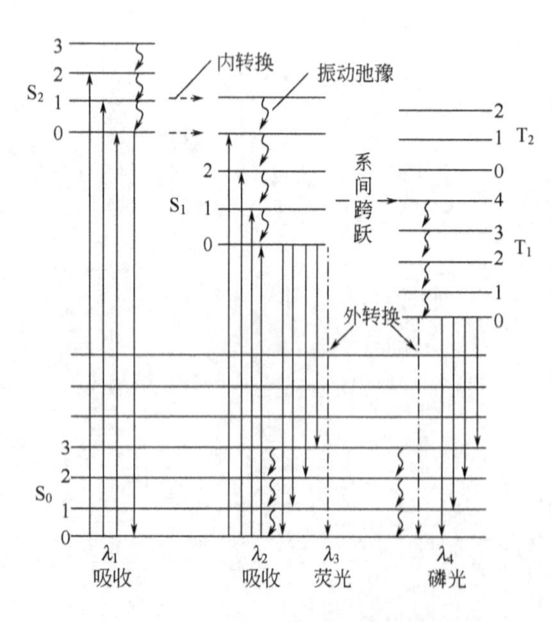

图 5-1　荧光、磷光体系能级图

处在激发态的分子是不稳定的，它可能通过辐射跃迁或非辐射跃迁等去激发过程回到基态。当然，也可能由于分子之间的作用产生去激发过程。辐射跃迁去激发过程有光子的发射时，产生荧光或磷光现象（见图 5-1）。非辐射跃迁指以热的形式辐射多余的能量，包括振动弛豫、内转换、系间窜越、外转换等。各种跃迁方式发生的可能性及其程度，既和物质分子结构有关，也和激发时的物理和化学环境等因素有关。下面分别说明去激发过程中的几种能量传递的方式。

1. 振动弛豫

在凝聚相体系中，被激发到激发态（如 S_1 和 S_2）的分子能通过与溶剂分子的碰撞，迅速以热的形式把多余的振动能量传递给周围的分子，而自身返回该电子能级的最低振动能级，这个过程称为振动弛豫，振动弛豫过程发生极为迅速，约为 10^{-12}s。图 5-1 中以各振动能级间的小箭头表示振动弛豫。

2. 内转换

当 S_2 的较低振动能级与 S_1 的较高振动能级的能量相当或重叠时，分子有可能从 S_2 的振动能级以无辐射方式过渡到 S_1 的能量相等的振动能级上，这个过程称为内转换。内转换发生的时间约在 10^{-12}s。内转换过程同样也发生在激发三重态的电子能级间。

由于振动弛豫和内转换过程极为迅速（10^{-12}s），因此，激发后的分子很快回到电子第一激发单重态 S_1 的最低振动能级，所以高于第一激发态的荧光发射十分少见。

3. 荧光发射

当分子处在单重态的最低振动能层时，去激发过程是在 10^{-7}～10^{-9}s 的时间内发射一个光子回到基态，这一过程称为荧光发射。如图 5-1 所示，荧光的特征波长（λ_3）较分子吸收的特征波长（λ_1 或 λ_2）都长。荧光多为 $S_1 \rightarrow S_0$ 跃迁，即使是吸收能量较大的特征波长 λ_1，分子由 S_0 跃迁到 S_2，最终将只发出波长为 λ_3 的荧光。

4. 外转换

激发态分子与溶剂和其他溶质分子间的相互作用及能量转移等过程称为外转换。外转换过程是荧光或磷光的竞争过程，因此该过程使发光强度减弱或消失，这种现象称为“猝灭”或“熄灭”。

5. 系间跨跃

系间跨跃是不同多重态之间的一种无辐射跃迁。该过程是激发态电子改变其自旋态，分子的多重性发生变化的结果。当两种能态的振动能级重叠时，这种跃迁的概率增大。图 5-1 中的 $S_1 \rightarrow T_1$ 跃迁就是系间跨跃的例子，即单重态到三重态的跃迁，即较低单重态振动能级与较高的三重态振动能级重叠。这种跃迁是“自旋禁阻”的，因而其速率常数（约为 10^2～$10^6 s^{-1}$）远小于内转化过程的速率常数。

6. 磷光发射

激发态分子经过系间跨跃到达激发三重态后，并经过迅速的振动弛豫到达第一激发三重态（T_1）的最低振动能级上，从 T_1 态分子经发射光子返回基态，此过程称为磷光发射。磷光发射是不同多重态之间的跃迁（即 $T_1 \rightarrow S_0$），故属于“禁阻”跃迁，因此磷光的寿命比荧光要长得多，为 10^{-3}～10s，所以，将激发光从磷光样品移走后，还常可观察到后发光现象，而荧光发射却观察不到。

荧光与磷光的根本区别：荧光是由激发单重态最低振动能级至基态各振动能级间跃迁产生的；而磷光是由激发三重态的最低振动能级至基态各振动能级间跃迁产生的。

二、荧光光谱

任何荧光分子都具有两种特征的光谱：激发光谱和发射光谱。

1. 荧光激发光谱

荧光激发光谱（或简称激发光谱）是通过固定发射波长，扫描激发波长而获得的荧光强度-激发波长的关系曲线。激发光谱反映了在某一固定的发射波长下，不同激发光激发的荧光的相对效率。激发光谱可用于荧光物质的鉴别，并在进行荧光测定时选择适宜的激发波长。

2. 荧光发射光谱

荧光发射光谱又称荧光光谱，是通过固定激发波长，扫描发射（即荧光测定）波长所获得的荧光强度-发射波长的关系曲线。它反映了在相同的激发条件下，不同波长处分子的相对发射强度。荧光发射光谱可以用于荧光物质的鉴别，并作为荧光测定时选择恰当的测定波长或滤光片的依据。

在通常的荧光仪上所测绘的荧光激发光谱和发射光谱属于“表观”光谱，当对仪器的光源、单色器和检测器等的光谱特征进行校准后，才能绘得“校准”（或称“真实”）的荧光激发光谱和发射光谱。

3. 同步荧光光谱

在通常的荧光分析中所获得的光谱为荧光的激发光谱和发射光谱，如图 5-2(a) 所示。1971 年由 Lloyd 首先提出用同步扫描技术来绘制光谱图。该技术是在同时扫描激发和发射单色器波长的条件下，测绘光谱图的，所得到的荧光强度-激发波长（或发射波长）曲线为同步荧光光谱。根据激发和发射两个单色器在同时扫描过程中彼此间所应保持的关系，测定同步荧光光谱有三种方法：①在扫描过程中，激发波长和发射波长有一个固定的波长差，即 $\Delta\lambda=\lambda_{em}-\lambda_{ex}=$常数，此方法称为固定波长同步扫描荧光法；②使发射单色器与激发单色器之间保持一个恒定的波数差（$\Delta\bar{\nu}$），即 $(1/\lambda_{ex}-1/\lambda_{em})\times10^7=\Delta\bar{\nu}$，此方法称为固定能量同步扫描荧光法；③使两单色器在扫描过程中以不同的速率同时进行扫描，即波长可变，此方法称为可变波长同步扫描荧光法。

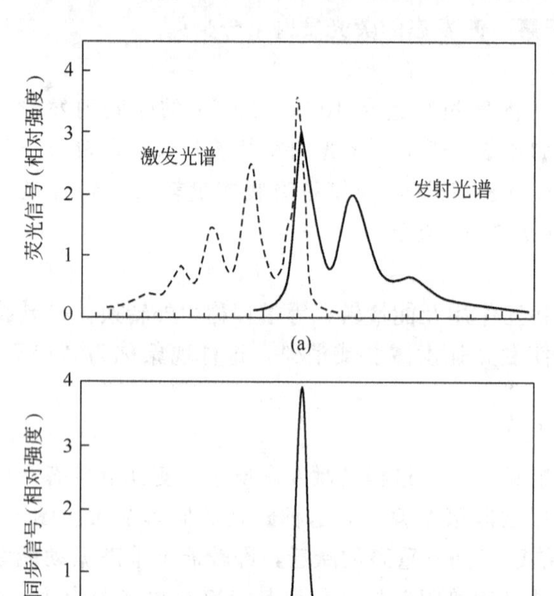

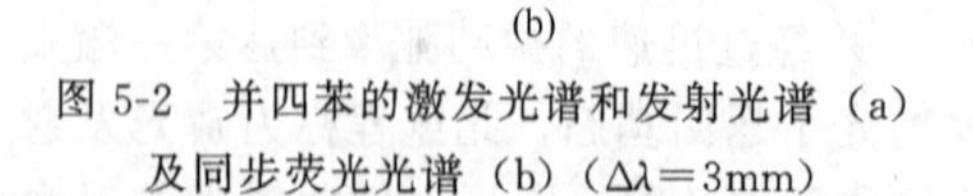

图 5-2　并四苯的激发光谱和发射光谱（a）及同步荧光光谱（b）（$\Delta\lambda=3$mm）

同步扫描荧光法有如下特点：光谱简化；谱带窄化；光谱的重叠现象减小；散射光的影响减小。图 5-2(b) 所示为并四苯的同步荧光光谱图。从图中可以看出同步荧光光谱相当简单。仅在 475nm 处出现一个同步荧光光谱峰。这种光谱的简化，提高了分析测定的选择性，避免了其他谱带所引起的干扰，但对光谱学的研究不利，因为它损失了其他光谱带所含的信息。

4. 三维荧光光谱

三维荧光光谱是 20 世纪 80 年代发展起来的一种新的荧光分析技术。以荧光强度对激发波长和发射波长的函数得到的光谱图为三维荧光光谱，也称总发光光谱、等高线光谱等。三维荧光光谱可用两种图形表示：①三维曲线光谱图；②平面显示的等强度线光谱图，如图 5-3

(a) 和 (b) 所示。从三维荧光光谱可以清楚看到激发波长与发射波长变化时荧光强度的信息。三维荧光光谱作为光谱指纹技术应用范围广泛，例如，可用于环境检测和法庭试样的判证。

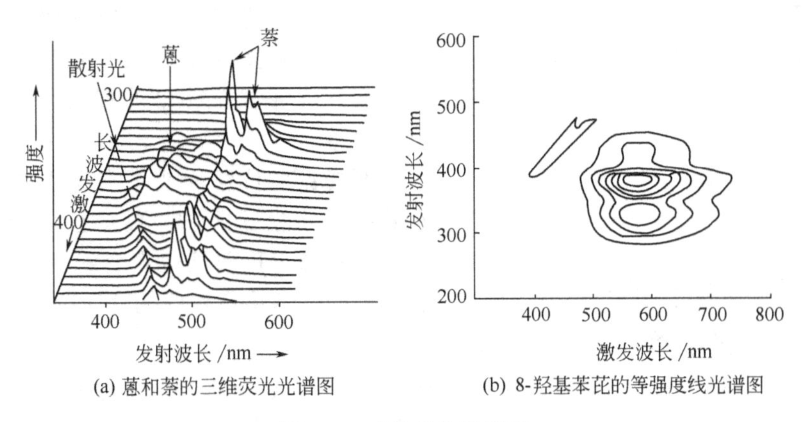

(a) 蒽和萘的三维荧光光谱图　　(b) 8-羟基苯芘的等强度线光谱图

图 5-3　三维荧光光谱图

三、荧光光谱的特征

在溶液中，荧光光谱显示了某些普遍的特征，这些特征为我们识别荧光物质的正常荧光提供了基本原则。

1. 荧光发射光谱的形状与激发光波长无关

虽然分子的吸收光谱可能有几个吸收带，但是其荧光光谱只有一个发射带。即使分子被激发到高于 S_1 的电子态的更高振动能级，然而由于内转化和振动弛豫非常迅速，以致很快地丧失多余的能量而衰变到 S_1 电子态的最低振动能级，所以荧光发射谱只含有一个发射带。由于荧光发射发生于第一电子激发态的最低振动能级，而与荧光体被激发至哪一个电子态无关，所以产生的荧光光谱形状和激发光波长无关。

2. 与吸收光谱的镜像对称规则

比较某种物质的荧光光谱和吸收光谱，会发现它们之间存在“镜像对称”关系。图 5-4 所示为蒽的荧光光谱（右）和吸收光谱（左）。从图 5-5 的位能曲线可知：基态中振动能级的分布和第一激发态振动能级的分布是相似的；在激发或发射的瞬间，核的相对位置近似不变，即此间不存在振动能级的变化。若吸收光子存在 0→2 振动带的最大跃迁概率，产生相应的最大吸收，则在发射光子时，也存在0→2 振动带的最大跃迁概率，产生最大的荧光强度，因而呈现以两个能级的最低振动能级之间的能量差所对应的频率为中心的吸收光谱和荧

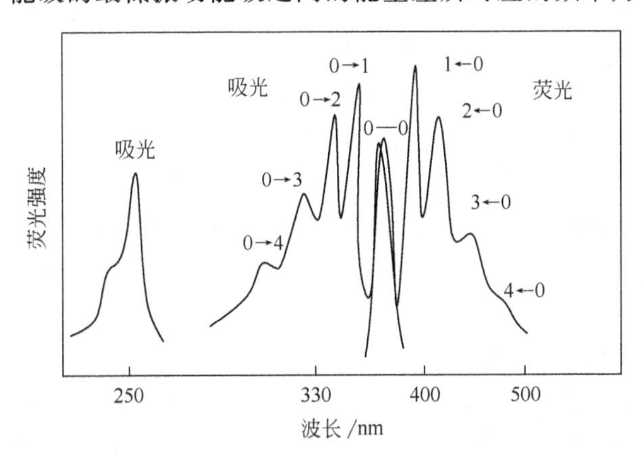

图 5-4　蒽的乙醇溶液荧光光谱（右）和吸收光谱（左）

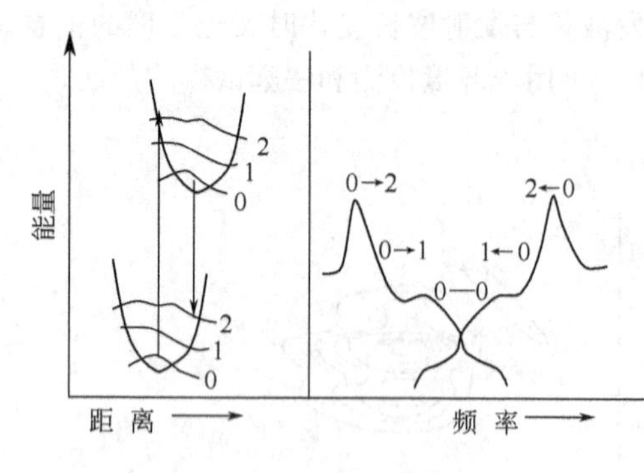

图 5-5 镜像对称规则

光光谱是对称镜像。

3. 斯托克斯位移

在溶液荧光光谱中，所观察到的荧光波长总是大于激发光的波长。斯托克斯在 1852 年首次观察到这种波长移动的现象，因而称为斯托克斯位移。

斯托克斯位移说明了在激发与发射之间存在着一定的能量损失。激发态分子由于内转化和振动弛豫过程而迅速衰变到 S_1 电子态的最低振动能级，这是产生斯托克斯位移的主要原因。

四、分子荧光参数

分子荧光参数是从各种不同角度对分子荧光的特性进行描述。通过各种特性参数的测定，不但可以进行一般性的定量分析，而且可以推断分子在各种环境中构象的变化，了解分子结构与其性质之间的相互关系。

1. 荧光量子效率

也称为量子效率，是发荧光的分子数与总的激发态分子数之比。也可以定义为物质吸光后发射荧光的光子数与吸收激发光的光子数的比值，即

$$\varphi = \text{发射的光子数}/\text{吸收的光子数} \tag{5-1}$$

由荧光去激发过程可以看出，物质吸收光被激发后，既有发射荧光返回基态的可能，也有无辐射跃迁回到基态的可能。对于强的荧光物质而言，如荧光素分子，荧光发射将是主要的，而对弱荧光物质而言，则无辐射过程占主导。因此，荧光量子效率与荧光发射过程的速率及无辐射过程的速率有关。即

$$\varphi = k_f/(k_f + \sum k_i) \tag{5-2}$$

式中，k_f 为荧光发射过程的速率常数；$\sum k_i$ 是系间跨跃和外转换等有关无辐射跃迁过程的速率常数的总和。一般而言，k_f 主要取决于分子的化学结构，而 $\sum k_i$ 主要取决于化学环境。

化学结构能使体系的 k_f 升高、k_i 降低，从而可使体系的荧光增强；反之，则使体系的荧光减弱。

2. 荧光寿命

荧光寿命是指停止激发之后，荧光强度降到最大强度的 1/e 所需要的时间，常用 τ 表示。荧光发射是一随机过程，是单指数衰变过程；荧光寿命为 τ，意味着在 $t=\tau$ 时已有 63%的受激分子衰变了，37%的受激分子则在 $t>\tau$ 的时刻衰变。

荧光强度的衰减通常遵守如下的速度方程式：

$$I_t = I_0 e^{-t/\tau} \tag{5-3}$$

式中，I_0，I_t 分别表示在时间 0 和 t 时的荧光强度。由实验可作出 $\ln I_t$-t 的关系曲线，这是一条直线。由直线的斜率可以求得荧光寿命的数值。利用荧光寿命，可以进行荧光混合物分析。

五、影响荧光强度的因素

荧光是由具有荧光结构的物质吸收光后产生的，其发光强度与该物质分子的吸光作用及荧光效率有关，因此荧光与物质分子的化学结构密切相关。而对于发光弱的物质，可以转化为强荧光物质，从而提高选择性和灵敏度。所以，影响物质荧光强度的因素主要有分子结构

和发光分子所处的环境。

1. 分子结构

一般具有强荧光的分子都具有大的共轭 π 键结构、给电子取代基和刚性的平面结构等，这有利于荧光的发射。因此，分子中至少具有一个芳环或具有多个共轭双键的有机化合物才容易发射荧光，而饱和的或只有孤立双键的化合物，不呈现显著的荧光。结构对分子荧光的影响主要表现在以下几个方面。

(1) 跃迁类型　实验证明，对大多数荧光物质，首先经历 $\pi \rightarrow \pi^*$ 或 $n \rightarrow \pi^*$ 激发，然后经过振动弛豫或其他无辐射跃迁，再发生 $\pi^* \rightarrow \pi$ 或 $\pi^* \rightarrow n$ 跃迁而得到荧光。在这两种跃迁类型中，$\pi^* \rightarrow \pi$ 跃迁常能发出较强的荧光（较大的量子产率）。这是由于 $\pi \rightarrow \pi^*$ 跃迁具有较大的摩尔吸光系数（一般比 $n \rightarrow \pi^*$ 大 100～1000 倍）；其次，$\pi \rightarrow \pi^*$ 跃迁的寿命约为 10^{-7}～10^{-9}s，比 $n \rightarrow \pi^*$ 跃迁的寿命 10^{-5}～10^{-7}s 要短。因此 k_f 较大，有利于发射荧光；此外，在 $\pi^* \rightarrow \pi$ 跃迁过程中，通过系间跨跃至三重态的速率常数也较小（$S_1 \rightarrow T_1$ 能级差较大），这也有利于荧光的发射，总之，$\pi \rightarrow \pi^*$ 跃迁是产生荧光的主要跃迁类型。

(2) 共轭效应　含有 $\pi \rightarrow \pi^*$ 跃迁能级的芳香族化合物的荧光最强、最有用。含脂肪族和脂环族羰基结构的化合物也会发射荧光，但这类化合物的数量比芳香族少。

稠环化合物一般都会产生荧光。简单的杂环化合物，如吡啶、呋喃、噻吩和吡咯等不产生荧光。但当苯环被稠化至杂环核上时，吸收峰的摩尔吸光系数增加，因此像喹啉、吲哚等化合物也会产生荧光。

(3) 结构刚性效应　实验发现，多数具有刚性平面结构的有机分子具有强烈的荧光。因为这种结构可以减少分子的振动，使分子与溶剂或其他溶质分子的相互作用减少，也就减少了碰撞去活的可能性。

此外，分子的平面刚性结构效应对许多金属配合物的荧光发射也有影响。如 8-羟基喹啉本身的荧光强度远比其锌配合物低，利用这种性质可进行痕量金属离子的测定。

(4) 取代基效应　芳香族化合物苯环上的不同取代基对该化合物的荧光强度和荧光光谱有很大的影响。

① 给电子基团。—OH、—OR、—CN、$—NH_2$、$—NR_2$ 等为给电子基团，因为产生了 p-π 共轭作用，而增强 π 电子共轭程度，使最低激发单重态与基态之间的跃迁概率增大，使荧光增强。

② 吸电子基团。—COOH、—NO、—C═O、卤素等属于吸电子基团，会减弱甚至会猝灭荧光。这类基团中非键电子 n 和苯环的共轭 π 键不能构成 p-π 键，分子的跃迁属于禁戒跃迁，摩尔吸光系数很小。但是，有非键电子存在，则增大了激发态系间跨跃 $S_1 \rightarrow T_1$。荧光减弱，磷光则相应增强。例如，二甲苯酮的 $S_1 \rightarrow T_1$ 的系间跨跃产率接近于 1，它在非酸性介质中的磷光很强，又如硝基苯不发荧光，而苯酚和苯胺的荧光比苯强。乙醇溶液中某些取代基对苯的荧光波长及其强度的影响见表 5-1。

③ 重原子取代。重原子是指卤素（Cl、Br 和 I）。芳烃取代上卤素之后，其化合物的荧光随卤素原子质量增加而减弱，而磷光则相应地增强。“重原子效应”见表 5-2。这种效应被解释为非键电子的数量增多，同时，随原子质量增大，离原子核越远，使得处在激发态的非键电子自旋状态改变的概率也随之增加，即 $S_1 \rightarrow T_1$ 的系间跨跃明显增加。

④ 取代基位置。对位、邻位取代增强荧光，间位取代抑制荧光，如 1,3,5-三苯基苯的荧光效率比对联三苯和对联四苯显著降低；共轭体系越大，取代基的影响越小；两种取代基共存时，其中一个取代基可能起主导作用。

表 5-1 取代基对苯的荧光波长及其强度的影响

化合物	分子式	荧光波长/nm	相对荧光强度	化合物	分子式	荧光波长/nm	相对荧光强度
苯	C_6H_6	270～310	10	酚离子	$C_6H_5O^-$	310～400	10
甲苯	$C_6H_5CH_3$	270～320	17	苯甲醚	$C_6H_5OCH_3$	285～345	20
丙苯	$C_6H_5C_3H_7$	270～320	10	苯胺	$C_6H_5NH_2$	310～405	20
一氟代苯	C_6H_5F	270～320	17	苯胺离子	$C_6H_5NH_3^+$	—	0
一氯代苯	C_6H_5Cl	275～345	7	苯甲酸	C_6H_5COOH	310～490	3
一溴代苯	C_6H_5Br	290～380	5	苯基氰	C_6H_5CN	280～360	20
一碘代苯	C_6H_5I	—	0	硝基苯	$C_6H_5NO_2$	—	0
苯酚	C_6H_5OH	285～365	18				

表 5-2 卤素取代的"重原子效应"

化合物	ϕ_p/ϕ_f	荧光波长/nm	磷光波长/nm	τ/s
萘	0.093	315	470	2.6
1-甲基萘	0.053	318	476	2.5
1-氟萘	0.086	316	473	1.4
1-氯萘	5.2	319	483	0.23
1-溴萘	6.4	320	484	0.014
1-碘萘	>1000	没有观察到	488	0.0023

注：ϕ_p/ϕ_f 为磷光效率 ϕ_p 和荧光效率 ϕ_f 之比。

⑤ 杂环化合物。其分子中含有 N、O、S 原子，它们都含有非键电子 n。激发跃迁属 $n\rightarrow\pi^*$ 类型。这类化合物的摩尔吸光系数小，荧光微弱或不发荧光，但是，其激发态$S_1\rightarrow T_1$ 系间跨跃强烈，在低温和极性溶剂中有较强的磷光，对这类物质研究较多的是含氮杂环化合物。在非极性溶液中，它们的荧光很弱；随着溶剂的极性提高，其荧光强度亦提高。如喹啉在苯、酒精和水中的荧光强度之比为 1∶30∶1000，又如 8-羟基喹啉和铁试剂（7-碘-6-羟基-5-磺酸）在强酸性介质中会质子化，使分子中的非键电子和质子生成配价键，非键合电子 n 失去了原来的特性，激发跃迁由 $n\rightarrow\pi^*$ 转变为 $\pi\rightarrow\pi^*$，荧光则由弱增强。

2. 环境因素

荧光分子所处的溶液环境对其荧光发射有直接影响，因此适当地选取实验条件有利于提高荧光分析的灵敏度和选择性。溶液环境对荧光发射的影响因素主要有以下几个方面。

(1) 溶剂效应　同一荧光体在不同的溶剂中，其荧光光谱的位置和强度都可能会有显著的差别。

溶剂对荧光光谱的影响主要是由于溶液的介电常数和折射率等因素的作用，这称为一般溶剂效应，这种效应是普遍存在的。另一种溶剂作用是由于荧光分子与溶剂分子形成氢键，从而影响荧光强度，这种溶剂效应称为特殊溶剂效应。一般地，增大溶剂的极性，由于 $\pi\rightarrow\pi^*$ 跃迁的能量减小，从而使荧光光谱向长波方向移动，即红移。图 5-6 表明了 2-苯氨基-6-萘磺酸在不同溶剂中的荧光光谱。由此可以看出，从乙腈到水，随极性增大，该分子的荧光光谱逐渐红移。

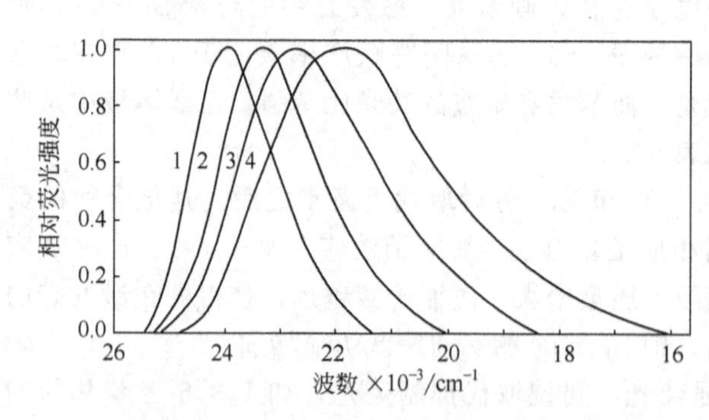

图 5-6　2-苯氨基-6-萘磺酸的荧光发射光谱

1—乙腈；2—乙二醇；3—30%乙醇-70%水；4—水

(2) 温度的影响　荧光强度对温度

十分敏感，荧光分析中一定要严格控制温度，温度上升，荧光强度下降。其中一个重要的原因是温度增快了振动弛豫而丧失了振动能量；另一个原因是温度升高降低了溶液的黏度，既增加了荧光分子热运动，也增加了溶剂分子的热运动，从而增加两者之间的碰撞频率，使外转换去激发过程的速率增大。在低温条件下，荧光强度显著增强。低温荧光分析技术已成为荧光分析的重要手段。

(3) pH 的影响　带有酸性或碱性官能团的芳香族化合物的荧光一般和溶液的 pH 值相关，对此类荧光分析，要严格控制溶液的 pH 值。例如，苯胺分子只存在 pH7～12 的溶液中，会发出蓝色的荧光，在 pH＜2 和 pH＞13 的溶液中苯胺以离子形式存在，却不会发出荧光。

金属离子和有机试剂生成配合物荧光物质。pH 值对荧光强度影响也十分显著。pH 值的大小既影响配合物的形成，也影响配合物的组成。例如，镓与 2,2-二羟基偶氮苯在 pH 3～4 溶液中形成 1∶1 的配合物，能发出荧光；而在 pH6～7 溶液中则形成非荧光性的 1∶2 配合物。

(4) 荧光猝灭　荧光分子与溶剂或其他溶质分子之间相互作用，使荧光强度减弱的作用称为荧光猝灭。能引起荧光强度降低的物质称为猝灭剂。导致荧光猝灭的主要类型有以下几种。

① 碰撞猝灭　是指处于激发单重态的荧光分子与猝灭剂分子相碰撞，使激发单重态的荧光分子以无辐射跃迁的方式回到基态，产生猝灭作用。

② 静态猝灭（组成化合物的猝灭）　由于部分荧光物质分子与猝灭剂分子生成非荧光的配合物而产生的。此过程往往还会引起溶液吸收光谱的改变。

③ 转入三重态的猝灭　分子由于系间窜跃，由单重态跃迁到三重态。转入三重态的分子在常温下不发光，它们在与其他分子的碰撞中消耗能量而使荧光猝灭。

溶液中的溶解氧对有机化合物的荧光产生猝灭效应是由于三重态基态的氧分子和单重激发态的荧光物质分子碰撞，形成了单重激发态的氧分子和三重态的荧光物质分子，使荧光猝灭。

④ 发生电子转移反应的猝灭　某些猝灭剂分子与荧光物质分子相互作用时，发生了电子转移反应，因而引起荧光猝灭。

⑤ 荧光物质的自猝灭　在浓度较高的荧光物质溶液中，单重激发态的分子在发生荧光之前和未激发的荧光物质分子碰撞而引起的自猝灭。有些荧光物质分子在溶液浓度较高时会形成二聚体或多聚体，使它们的吸收光谱发生变化，也引起溶液荧光强度的降低或消失。

(5) 内滤作用　当溶液中存在能吸收荧光物质的激发光或发射光的物质时，也会使体系的荧光减弱，这种现象称为内滤作用。如果荧光物质的荧光发射光谱与该物质的吸收光谱有重叠，当浓度较大时，部分基态分子将吸收体系发射的荧光，从而使荧光强度降低，这种自吸现象也是一种内滤作用。

第二节　分子荧光光谱仪

荧光光谱仪是由光源、激发单色器、样品池、发射单色器、检测器及记录系统等组成，其原理如图 5-7 所示。

在该图中，由光源发出的光经激发单色器分光后得到特定波长激发光，然后入射到样品

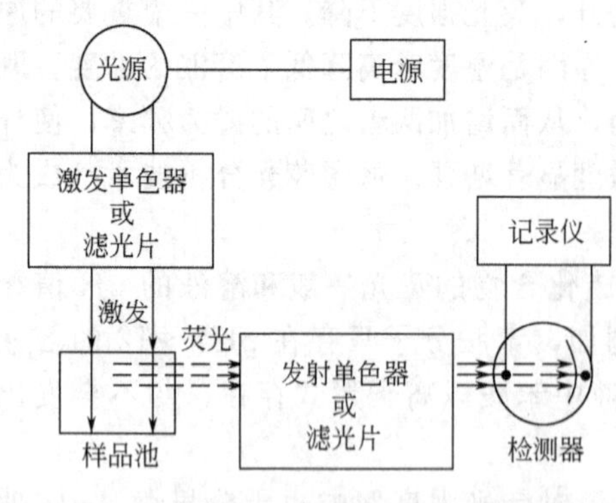

图 5-7　荧光光谱仪基本部件方框图

使荧光物质激发产生荧光，通常在90°方向上进行荧光测量。因此，发射单色器与激发单色器互成直角。经发射单色器分光后使荧光到达检测器而被检测。此外，通常在激发单色器与样品池之间及样品池与发射单色器之间还装有滤光片架，以备不同荧光测量时选择使用各种滤光片。滤光片的作用是消除或减小瑞利散射光及拉曼光等的影响，在更高级的荧光仪器中，激发和发射滤光片架同时也可安装偏振片以备荧光偏振测量时选用。仪器由计算机控制，并可进行固体物质的荧光测量及低温条件下的荧光测量等。

一、光源

常见的光源有氙灯和高压汞灯。氙灯功率一般在100～500W之间；有的荧光光谱仪中使用脉冲氙灯，其峰值功率可达20kW，而平均功率仅8W。氙灯需用优质电源，以便保持氙灯的稳定性和延长其使用寿命。

此外激光器也可用作激发光源，它可提高荧光测量灵敏度。

二、单色器

现代仪器中单色器有激发单色器和发射单色器两种，激发单色器用于荧光激发光谱的扫描及选择激发波长；发射单色器用于扫描荧光发射光谱及分离荧光发射波长。

三、样品池

荧光用的样品池需用弱荧光的材料制成，通常用四面透光的石英，形状以方形和长方形为宜。

四、检测器

现代荧光光谱仪中普遍使用光电倍增管作为检测器，新一代荧光光谱仪中使用了电荷耦合元件检测器，可一次获得荧光二维光谱。

第三节　分子荧光光谱法的应用

分子荧光光谱法的灵敏度和选择性较高，与紫外-可见分光光度法相比，其灵敏度可高出2～4个数量级，其检测下限通常可达0.1～0.001$\mu g/cm^3$。荧光分析法的应用广泛，尤其对生物大分子的检测，另外还可测定60余种元素。同时荧光光度计还可作为高效液相色谱及电色谱的检测器。

一、荧光定量分析

1. 荧光强度与浓度的基本关系式

发射的荧光（或磷光）的强度正比于该体系吸收的激发光的强度，荧光强度I_f为：

$$I_f=\varphi_f(I_0-I) \tag{5-4}$$

式中，I_0为入射光强度；I为通过厚度b的介质后的光强度。由比尔定律得

$$I_f=\varphi_f I_0(1-10^{-\varepsilon bc}) \tag{5-5}$$

将式(5-5)进行Taylor展开：

$$I_f=\varphi_f I_0\left[2.303\varepsilon bc-\frac{(2.303\varepsilon bc)^2}{2!}+\frac{(2.303\varepsilon bc)^3}{3!}-\cdots+\frac{(2.303\varepsilon bc)^n}{n!}\right]$$

当 εbc 小于 0.01 时，高次项的值小于 1%，可以忽略，则

$$I_f = 2.303 \varphi_f I_0 \varepsilon bc \tag{5-6}$$

在 I_0 一定时

$$I_f = kc \tag{5-7}$$

因此，在低浓度时，荧光强度与物质浓度成线性关系；在高浓度时，由于自猝灭和自吸收等原因使荧光强度与浓度不成线性关系。

从式(5-6) 可以看出荧光强度 I_f 与入射光的强度 I_0 成正比，因此使用激光器作为激发光源可以获得较高的荧光测量灵敏度。

2. 单组分的荧光直接测定和间接测定

在荧光测定时可以采用直接测定和间接测定的方法来测定单组分荧光被测物质的浓度。若被测物本身发生荧光，则可以通过测量其荧光强度来测定该物质的浓度。

大多数的无机化合物和有机化合物，它们或不发生荧光，或荧光量子效率很低而不能直接测定，此时可采用间接测定的方法。第一种间接方法是利用化学反应使非荧光物质转变为能用于测定的荧光物质；第二种间接方法是荧光猝灭法。若被测物质是非荧光物质，但它具有使某荧光化合物的荧光猝灭的作用，此时，可通过测量荧光化合物荧光强度的降低来测定该荧光物质的浓度，例如对氟、硫、铁、银、钴和镍等元素的测定。

(1) 有机化合物　荧光分析可以测定许多类有机化合物，因此在临床、生物化学和环境保护等领域中十分重要。

芳香族化合物具有共轭不饱和体系，可用荧光分析法测定，胺类、甾族化合物、蛋白质、酶与辅酶、维生素及多种药物等也可用荧光分析法测定。

对于不产生荧光的物质，如甾族化合物，经浓 H_2SO_4 处理后，可使不产生荧光的环状醇类结构改变为能产生荧光的酚类结构。几种用于有机化合物的荧光试剂见表 5-3。

表 5-3　用于有机化合物的常见荧光试剂

被测物质	试　　剂	被测物质	试　　剂
雌激素	H_2SO_4	氨基酸	邻苯二醛(缩合)
皮质甾族	H_2SO_4	维生素 B_1	$Fe(CN)_6^{3-}$ 或 Hg^{2+}(氧化至硫胺荧)

(2) 无机化合物　几种常用的荧光测定试剂及被测定的无机金属离子见表 5-4。利用金属离子，如铍、铝、硼、镓、硒、镁及某些稀土元素等，与有机试剂形成荧光配合物来进行荧光分析。

表 5-4　几种常用的荧光测定试剂及被测定的元素

试　　剂	测定的元素	试　　剂	测定的元素
安息香 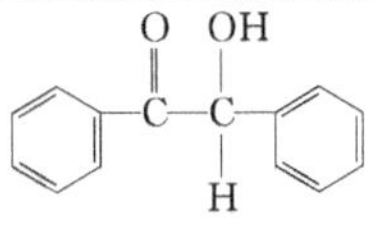	B, Zn, Ge, Si	2-羟基-3-萘甲酸 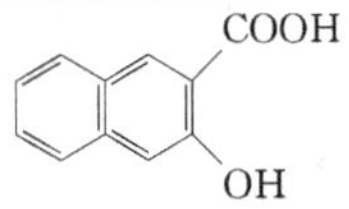	Al, Be
2,2′-二羟基偶氮苯 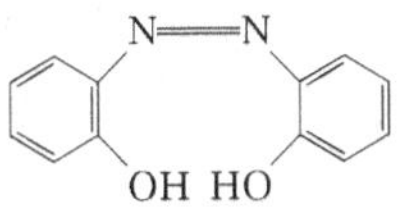	Al, F, Mg	8-羟基喹啉 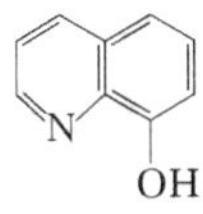	Al, Be

定量方法可采用标准曲线法。首先测定一系列的标准溶液的荧光强度，绘制荧光强度-浓度标准曲线，然后再测量试样的荧光强度，从而求得其浓度。

注意：绘制标准曲线时应采用同一种稳定的荧光物质，如用荧光塑料板或荧光基准物质——硫酸奎宁溶液来校准仪器的读数。

3. 多组分的荧光测定

利用荧光物质本身具有荧光激发光谱和发射光谱，实验时可以选择任一波长来进行多组分的荧光测定。

若二组分的荧光光谱峰不重叠，可选用不同的发射波长来测定各组分的荧光强度；若二组分的荧光光谱峰相近，甚至重叠，而激发光谱有明显差别，这时可选用不同的激发波长来进行测定。

二、其他应用

1. 基因研究及检测

遗传物质的脱氧核糖核酸（DNA），自身的荧光效率很低，一般条件下几乎检测不到DNA的荧光。因此，人们常选用某些荧光分子作为探针，通过探针标记分子的荧光变化来研究DNA与小分子及药物的作用机理，从而探讨致病原因及筛选和设计新的高效低毒药物。目前，典型的荧光分子探针为溴乙啶（EB)。此外也使用Tb^{3+}、吖啶类染料、钙的配合物等。在基因检测方面，已逐步使用荧光染料作为标记物来代替同位素标记，从而克服了同位素标记物产生的污染、价格昂贵及难保存等的不足。

2. 溶液中单分子行为的研究

分子荧光方法利用激光诱导产生超高灵敏度，这已能实时检测到溶液中单分子的行为。这一研究工作受到了广泛的关注。目前，已观察到溶液中罗丹明6G分子、荧光素分子等及其标记的DNA分子的单分子行为。

第四节　磷光光谱法

分子磷光光谱在原理、仪器和应用等方面与分子荧光光谱相似，其差别在于磷光是由第一激发单重态的最低能级，经系间跨跃至第一激发三重态，并经过振动弛豫至最低振动能级，然后经禁阻跃迁回到基态而产生的，因此发光速率较慢。荧光则来自短寿命的单重态，所以磷光的平均寿命比荧光长，在光照停止后还可保持一时间。与荧光相比，磷光具有如下三个特点。

① 磷光辐射的波长比荧光长，这是因为分子的T_1态能量比S_1态低。

② 磷光的寿命比荧光长。由于荧光是$S_1 \rightarrow S_0$辐射跃迁产生的，这种跃迁是自旋许可的跃迁，因而S_1态的辐射寿命通常在$10^{-7} \sim 10^{-9}$s；磷光是$T_1 \rightarrow S_0$跃迁产生的，这种跃迁属自旋禁阻的跃迁，其速率常数要小得多，因而辐射寿命要长，为$10^{-4} \sim 10$s。

③ 磷光寿命和辐射强度对重原子和顺磁性离子是极其敏感的。

一、低温磷光

由于激发三重态的寿命长，使激发态分子发生$T_1 \rightarrow S_0$这种分子内部的内转化非辐射去活化过程，以及激发态分子与周围的溶剂分子间发生碰撞和能量转移过程，或发生某些光化学反应的概率增大，这些都将使磷光强度减弱，甚至完全消失。为减少这些去活化过程的影响，通常应在低温下测量磷光。

低温磷光分析中，液氮是最常用的合适的冷却剂。因此要求所使用的溶剂，在液氮温度

(77K) 下应具有足够的黏度并能形成透明的刚性玻璃体，对所分析的试样应具有良好的溶解特性，本身又容易制备和提纯，并在所研究的光谱区域内没有很强的吸收和发射。最常用的溶剂是 EPA，它由乙醇、异戊烷和二乙醚按体积比为 2∶5∶5 混合而成。使用含有重原子的混合溶剂 IEPA（由 EPA∶碘甲烷＝10∶1 组成），有利于系间跨跃跃迁，可以增加磷光效应。

含重原子的溶剂，由于重原子的高核电荷引起或增强了溶质分子的自旋-轨道耦合作用，从而增大了 $S_0 \rightarrow T_1$ 吸收跃迁和 $S_1 \rightarrow T_1$ 系间跨跃跃迁的概率，有利于磷光的发生和增大磷光的量子产率。这种作用称为外部重原子效应。当分子中引入重原子取代基，例如，当芳烃分子中引入杂原子或重原子取代基时，也会发生内部重原子效应，导致磷光量子效率的提高。

二、室温磷光

由于低温磷光需要低温实验装置，并且溶剂选择也受到一定的限制，应用范围受到了一定的限制。所以目前发展了多种室温磷光法（RTP）。

1. 固体基质室温磷光法（SS-RTP）

此法基于测量室温下吸附于固体基质上的有机化合物所发射的磷光。所用的载体种类较多，有纤维素载体（如滤纸、玻璃纤维）、无机载体（如硅胶、氧化铝）以及有机载体（如乙酸钠、聚合物、纤维素膜）等。理想的载体是既能将分析物质牢固地束缚在表面或基质中以增加其刚性，并能减小三重态的碰撞猝灭等非辐射去活化过程，而本身又不产生磷光背景。

2. 胶束增稳的溶液室温磷光法（MS-RTP）

当溶液中表面活性剂的浓度达到临界胶束浓度后，便相互聚集形成胶束。由于这种胶束的多相性，改变了磷光团的微环境和定向的约束力，从而强烈影响了磷光团的物理性质，减小了内转化和碰撞能量损失等非辐射去活化过程的趋势，明显增加了三重态的稳定性，从而可以实现在溶液中测量室温磷光。利用胶束稳定的因素，结合重原子效应，并对溶液除氧，是 MS-RTP 的三个要素。

3. 敏化溶液室温磷光法（SS-RTP）

该法是在没有表面活性剂存在的情况下获得溶液的室温磷光的。分析物质被激发后并不发射荧光，而是经过系间跨跃过程衰减至最低激发三重态。当有某种合适的能量受体存在时，发生了由分析物质到受体的三重态能量转移，最后通过测量受体所发射的室温磷光强度而间接测定该分析物质。在这种方法中，分析物质本身并不发磷光，而是引发受体发磷光。

三、磷光分析仪

磷光分析仪与荧光分析仪相似，由光源、样品池、分光器和检测器等组成。此外，磷光分析还需具备装有液氮的石英杜瓦瓶以及可转动的斩波片或可转动的圆柱形筒，如图 5-8 所示。

装液氮的杜瓦瓶用于低温磷光的测定。

利用斩波片能测定磷光和荧光，而且还能测定不同寿命的磷光，两斩波片可调节成同相或异相。当可转动的两斩波片同相时，测定的是荧光和磷光的总强度；异相时，激发光被斩断，因荧光寿命比磷光短，消失快，所测定的就是磷光的强度。

四、应用

磷光分析在无机化合物测定中应用较少。它主要用于环境分析、药物研究等方面的有机化合物的测定。一些有机化合物的磷光分析见表 5-5。

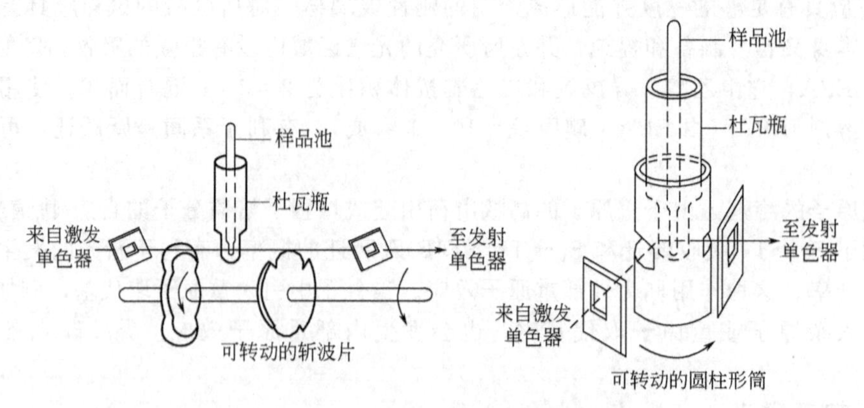

图 5-8 石英杜瓦瓶、斩波片和圆柱形筒

表 5-5 一些有机化合物的磷光分析①

化合物	溶剂	λ_{ex}/nm	λ_{em}/nm	化合物	溶剂	λ_{ex}/nm	λ_{em}/nm
腺嘌呤	WM	278	406	吡啶	EtOH	310	440
	RTP	290	470	吡哆素盐酸	EtOH	291	425
蒽	EtOH	300	462	水杨酸	EtOH	315	430
	EPA	240	380		RTP	320	470
阿司匹林	EtOH	310	430	磺胺二甲基吡啶	EtOH	280	405
苯甲酸	EPA	240	400	磺胺	EtOH	297	411
咖啡因	EtOH	285	440		RTP	267	426
柯卡因盐酸	EtOH	240	400	磺胺吡啶	EtOH	310	440
	RTP	285	460	色氨酸	EtOH	295	440
可待因	EtOH	270	505		RTP	280	448
DDT	EtOH	270	420	香草醛	EtOH	332	519

① WM 为水-甲醇；RTP 为室温磷光。

习　题

1. 试从原理和仪器两方面比较分子荧光、磷光的异同点。
2. 解释下列名词：
（1）量子产率；（2）荧光猝灭；（3）系间跨跃；（4）振动弛豫；（5）重原子效应。
3. 下列化合物中，预期哪一种的荧光量子产率高？为什么？

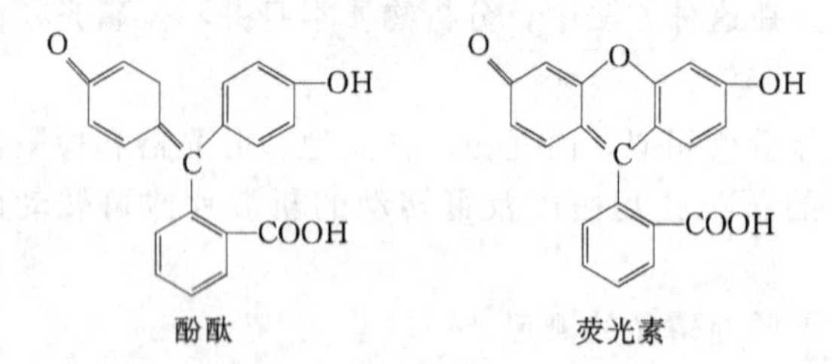

4. 苯胺（$C_6H_5NH_2$）荧光在 pH3 还是 pH10 时更强？解释之。
5. 根据图 5-4 蒽的乙醇溶液光谱图，选择测定时的激发和荧光发射的最佳波长。
6. 为什么分子荧光光度分析法的灵敏度通常比分子吸光光度法高？
7. 阐述激发光谱、荧光发射光谱、吸收光谱三者之间的关系。

第六章　核磁共振波谱法

核磁共振波谱法（nuclear magnetic resonance spectroscopy，NMR）是有机物结构分析的重要方法之一。

所谓核磁共振（简称为 NMR）是指处于外磁场中物质的原子核受到相应频率（兆赫数量级的射频）的电磁波作用时，在其磁能级之间发生的共振跃迁现象，检测电磁波被原子核吸收的情况就可以得到核磁共振波谱。因此，就其本质而言，核磁共振波谱与红外及紫外吸收光谱一样，是物质与电磁波相互作用而产生的，属于吸收光谱（波谱）范畴。根据核磁共振波谱图上共振峰的位置、强度和精细结构可以研究分子结构。

1946 年美国斯坦福大学的 F. Bloch 和哈佛大学 E. M. Purcell 领导的两个研究组首次独立观察到核磁共振信号，由于该重要的科学发现，他们两人共同荣获 1952 年诺贝尔物理奖。NMR 发展最初阶段的应用局限于物理学领域，主要用于测定原子核的磁矩等物理常数。1950 年前后 W. G. Proctor 等发现处在不同化学环境的同种原子核有不同的共振频率，即化学位移。接着又发现因相邻自旋核而引起的多重谱线，即自旋-自旋耦合，这一切开拓了 NMR 在化学领域中的应用和发展。20 世纪 60 年代，计算机技术的发展使脉冲傅里叶变换核磁共振方法和仪器得以实现和推广，引起了该领域的革命性进步。随着 NMR 和计算机的理论与技术不断发展并日趋成熟，NMR 无论在广度和深度方面均出现了新的飞跃性进展，具体表现在以下几方面。

① 仪器向更高的磁场发展，以获得更高的灵敏度和分辨率，现已有 300MHz、400MHz、500MHz、600MHz，甚至 1000MHz 的超导 NMR 谱仪。

② 利用各种新的脉冲系列，发展了 NMR 的理论和技术，在应用方面作了重要的开拓。

③ 提出并实现了二维核磁共振谱以及三维和多维核磁谱、多量子跃迁等 NMR 测定新技术，在归属复杂分子的谱线方面非常有用。瑞士核磁共振谱学家 R. R. Ernst 在这方面作出了贡献，获得 1991 年诺贝尔化学奖。

④ 固体高分辨 NMR 技术，HPLC-NMR 联用技术，碳、氢以外核的研究等多种测定技术的实现大大扩展了 NMR 的应用范围。

核磁共振谱学长盛不衰的快速发展，使它在有机化学、生物化学、药物化学、物理学、临床医学以及众多工业部门中得到广泛应用，成为化学家、生物化学家、物理学家以及医学家等研究者不可缺少的重要工具。

第一节　核磁共振波谱的基本原理

一、核磁共振现象的产生

1. 原子核的基本属性

（1）原子核的质量和所带电荷　原子核由质子和中子组成，其中质子数目决定了原子核所带电荷数，质子与中子数之和是原子核的质量。原子核的质量和所带电荷是原子核最基本的属性，表示这两种属性的方法是在元素符号的左上角标出原子核的质量数，左下角标出其所带电荷数（有时也标在元素符号右边，一般较少标出），例如$^{1}_{1}H$、$^{2}_{1}D$（或$^{2}_{1}H$）、$^{12}_{6}C$ 等。

由于同位素之间有相同的质子数，而中子数不同，即它们所带电荷数相同而质量数不同，所以原子核的表示方法可简化为只在元素符号左上角标出质量数，如^{1}H、^{2}D（或^{2}H）、^{12}C等。

（2）原子核的自旋和自旋角动量　原子核有自旋运动，在量子力学中用自旋量子数 I 描述原子核的运动状态。自旋量子数 I 的值与核的质量数和所带电荷数有关，即与核中的质子数和中子数有关（见表 6-1）。由表中可见质量数和质子数均为偶数的原子核，如^{12}C、^{16}O、^{32}S等，自旋量子数 $I=0$，它们没有核磁共振现象。质量数是偶数，质子数是奇数的原子核自旋量子数为整数，质量数为奇数的核自旋量子数为半整数。凡是自旋量子数 $I\neq0$ 的原子核都有核磁共振现象，其中以 $I=1/2$ 核的核磁共振研究得最多。

表 6-1　各种核的自旋量子数

质量数	质子数	中子数	自旋量子数 I	典型核
偶数	偶数	偶数	0	$^{12}C,^{16}O,^{32}S$
偶数	奇数	奇数	$n/2(n=2,4,\cdots)$	$^{2}H,^{14}N$
奇数	偶数	奇数	$n/2(n=1,3,5,\cdots)$	$^{13}C,^{17}O$
	奇数	偶数		$^{1}H,^{19}F,^{31}P,^{15}N$

原子核在自旋时也产生自旋角动量，其自旋角动量 $\boldsymbol{P}$ 的大小与自旋量子数 I 有以下关系：

$$\boldsymbol{P}=\frac{h}{2\pi}\sqrt{I(I+1)} \tag{6-1}$$

式中，h 为普朗克常数，$6.626\times10^{-34}\mathrm{J\cdot s}$。

当空间存在着静磁场，且其磁力线沿 Z 轴方向时，根据量子力学原则，原子核自旋角动量 $\boldsymbol{P}$ 在直角坐标系 Z 轴上的分量 P_Z 由下式决定：

$$P_Z=\frac{h}{2\pi}m \tag{6-2}$$

其中，m 为原子核的磁量子数，可取 I、$I-1$、$I-2$、…、$-I$ 等值。

（3）原子核的磁性和磁矩　带正电荷的原子核作自旋运动，就好比是一个通电的线圈，可产生磁场。因此自旋核相当于一个小的磁体，其磁性可用核磁矩 $\boldsymbol{\mu}$ 来描述。核磁矩 $\boldsymbol{\mu}$ 也是一个矢量，其与原子核的自旋角动量成正比，方向重合。

$$\boldsymbol{\mu}=\gamma\boldsymbol{P} \text{ 或 } \boldsymbol{\mu}_Z=\gamma P_Z \tag{6-3}$$

γ 称为磁旋比，是原子核的基本属性之一，特定原子核的 γ 是常数。核的磁旋比 γ 越大，核的磁性越强，在核磁共振中越容易被检测。

2. 磁性核在外磁场 B_0 中的行为

如果 $I\neq0$ 的磁性核处于外磁场 B_0 中，B_0 作用于磁核将产生以下几种现象。

（1）原子核的进动　当磁核处于一个均匀的外磁场 B_0 中，核因受到 B_0 产生的磁场力作用围绕着外磁场方向作旋转运动，同时仍然保持本身的自旋。这种运动方式称为进动或拉摩进动（Larmor process），它与陀螺在地球引力作用下的运动方式相似（见图 6-1）。原子核的进动频率由下式决定：

$$\nu=\frac{\gamma}{2\pi}B_0 \tag{6-4}$$

式中，γ 为核的磁旋比；B_0 为外磁场强度；ν 为核的进动频率。对于指定核，磁旋比 γ 是定值，其进动频率 ν 与外磁场强度 B_0 成正比；在同一外磁场中，不同核因 γ 值不同而有不同的进动频率。

（2）原子核的取向和能级分裂　处于外磁场中的磁核具有一定能量。设外磁场 B_0 的方向与 Z 轴重合，核磁矩 $\boldsymbol{\mu}$ 与 B_0 间的夹角为 θ（见图 6-1），则磁核的能量 E 按照下式计算：

$$E=-\boldsymbol{\mu}B_0\cos\theta \tag{6-5}$$

将式(6-2) 和式(6-3) 代入式(6-5)，则有

$$E=-\gamma\frac{h}{2\pi}B_0 m \tag{6-6}$$

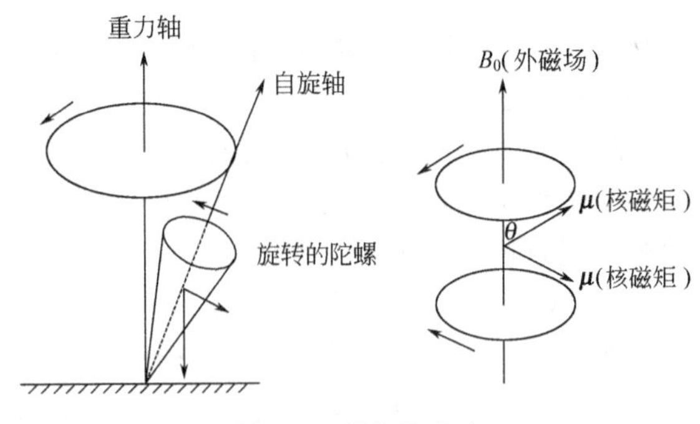

图 6-1　磁核的进动

与小磁针在磁场中的定向排列类似，自旋核在外磁场中也会定向排列（取向）。只不过核的取向是空间方向量子化的，取决于磁量子数的取值。对于^{1}H、^{13}C 等 $I=1/2$ 的核，只有两种取向 $m=+1/2$ 和 $m=-1/2$；对于 $I=1$ 的核，有三种取向，即 m 等于 1、0、-1。现以 $I=1/2$ 的核为例进行讨论。

较低能级（$m=+1/2$）的能量根据式(6-6) 为：

$$E_{+1/2}=-\gamma\frac{h}{2\pi}mB_0=-\frac{h}{4\pi}\gamma B_0$$

同样较高能级（$m=-1/2$）的能量为：

$$E_{-1/2}=\gamma\frac{h}{2\pi}mB_0=\frac{h}{4\pi}\gamma B_0$$

两个能级之间的能级差 ΔE 为：

$$\Delta E=E_{-1/2}-E_{+1/2}=\frac{h}{2\pi}\gamma B_0 \tag{6-7}$$

式(6-7) 和式(6-6) 表明，自旋量子数 $I=1/2$ 的原子核由低能级向高能级跃迁时需要的能量 ΔE 与外磁场强度成正比。图 6-2 所示为磁能级与外磁场 B_0 的关系。从图中可以看到，当 $B_0=0$ 时，$\Delta E=0$，即外磁场不存在时，能级是简并的，只有当磁核处于外磁场中原来简并的能级才能分裂成（$2I+1$）个不同能级。外磁场越大，不同能级间的间隔越大。

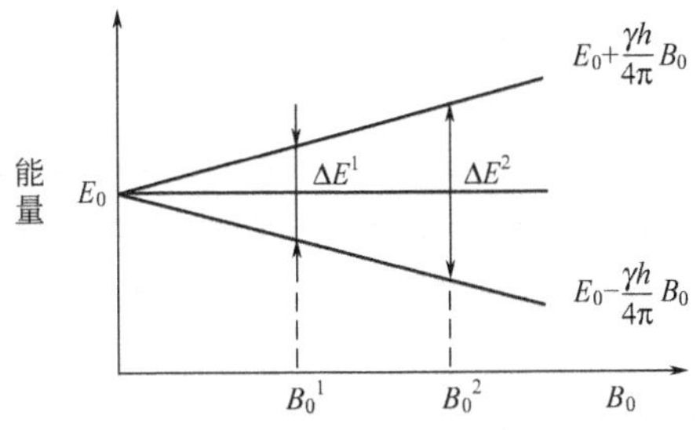

图 6-2　$I=1/2$ 的磁核能级与外磁场的关系

3. 核磁共振产生的条件

由上面的讨论得知，自旋量子数为 I 的磁核在外磁场的作用下原来简并的能级分裂为（$2I+1$）个能级，其能量大小可从式(6-5) 得到。由于核磁能级跃迁的选律为 $\Delta m=\pm1$（m 是磁量子数），所以相邻能级间的能量差为：

$$\Delta E=E_{-1/2}-E_{+1/2}=\frac{h}{2\pi}\gamma B_0 \tag{6-8}$$

当外界电磁波提供的能量恰好等于相邻能级间的能量差时，即 $E_{外}=\Delta E$ 时，核就能吸收电磁波的能量并从较低能级跃迁到较高能级，这种跃迁称为核磁共振，被吸收的电磁波频率为：

$$\nu=\frac{\Delta E}{h}=\frac{1}{2\pi}\gamma B_0 \tag{6-9}$$

根据式(6-8) 可知，对于同一种核，γ为一常数，B_0 场强度增大，其共振频率 ν 也增大。例如^{1}H，当 B_0=1.409T 时，ν=60MHz；当 B_0=2.350T 时，ν=100MHz。B_0 相同，不同的自旋核因 γ 值不同，其共振频率亦不同。例如当 B_0=2.350T 时，对^{1}H 为 100MHz，对^{19}F 为 94MHz，对^{31}P 为 40.5MHz，对^{13}C 为 25MHz。

这个频率范围对应于电磁波分区中的射频（即无线电波）部分。检测电磁波（射频）被吸收的情况就可得到核磁共振波谱（NMR）。最常用的核磁共振波谱是氢核磁共振谱（^{1}H NMR）和碳核磁共振谱（^{13}C NMR），简称氢谱和碳谱。但必须记住，碳谱是^{13}C 核磁共振谱，因为^{12}C 的 I=0，是没有核磁共振现象的。

也可以用另一种方式来描述核磁共振产生的条件。磁核在外磁场中作拉摩进动，进动频率由式(6-4) 可计算出。如果外界电磁波的频率正好等于核进动频率，那么核就能吸收这一频率电磁波的能量，产生核磁共振现象。

由上述讨论可知，外磁场的存在是核磁共振产生的必要条件，没有外磁场，磁核不会作拉摩进动，不会有不同的取向，简并的能级也不发生分裂，因此就不可能产生核磁共振现象。

4. 弛豫过程

在核磁共振波谱中，因外磁场作用造成能级分裂的能量差比电子能级和振动能级差小4～8个数量级，自发辐射几乎为零，若要在一定的时间间隔内持续检测到核磁共振信号，必须有某种过程存在，它能使处于高能级的原子核回到低能级，以保持低能级上的粒子数始终多于高能级。这种从激发态恢复到平衡的过程就是弛豫（relaxation）过程。

弛豫过程对于核磁共振信号的观察非常重要，根据 Boltzmann 分布，在核磁共振条件下，处于低能级的原子核数只占极微的优势。例如，对于^{1}H 核，当外磁场强度 B_0 为 1.409T（相当于 60MHz 的核磁共振谱仪），温度为 27℃（300K）时，低能级与高能级上的氢核数目之比为 1.0000099∶1，即在设定的条件下，每一百万个^{1}H 中处于低能级的^{1}H 数目仅比高能级多十个左右。如果没有弛豫过程，在电磁波持续作用下^{1}H 吸收能量不断由低能级跃迁到高能级，这个微弱的多数很快会消失，最后导致观察不到 NMR 信号，这种现象称为饱和。在核磁共振中若无有效的弛豫过程，饱和现象是很容易发生的。

弛豫过程一般分为两类：自旋-晶格弛豫和自旋-自旋弛豫。

(1) 自旋-晶格弛豫（spin-lattice relaxation） 自旋核与周围分子（固体的晶格，液体则是周围的同类分子或溶剂分子）交换能量的过程称为自旋-晶格弛豫，又称为纵向弛豫。该弛豫过程反映了体系和环境的能量交换，结果是高能级的核数目减少，就整个自旋体系来说，总能量下降。纵向弛豫过程所经历的时间用 T_1 表示，T_1 愈小，纵向弛豫过程的效率愈高，愈有利于核磁共振信号的测定。一般液体及气体样品的 T_1 很小，仅几秒钟。固体样品因分子的热运动受到限制，T_1 很大，有的甚至需要几小时。因此测定核磁共振谱时一般多采用液体试样。

(2) 自旋-自旋弛豫（spin-spin relaxation） 核与核之间进行能量交换的过程称为自旋-自旋弛豫，也称为横向弛豫。自旋-自旋弛豫反映核磁矩之间的相互作用。当两者频率相同时，就产生能量交换，高能级的核将能量交给另一个核后跃迁回到低能级，而接受能量的那个核跃迁到高能级。交换能量后，两个核的取向被调换，各种能级的核数目不变，系统的总能量不变。横向弛豫过程所需时间以 T_2 表示，一般的气体及液体样品 T_2 为 1s 左右，固体及黏度大的液体试样由于核与核之间比较靠近，有利于磁核间能量的转移，因此 T_2 很小，只有 10^{-4}～10^{-5}s。自旋-自旋弛豫过程只是完成了同种磁核取向和进动方向的交换，对恢复 Boltzmann 平衡没有贡献。

弛豫时间决定了核在高能级上的平均寿命，因而影响 NMR 谱线的宽度。由于

$$\frac{1}{T}=\frac{1}{T_1}+\frac{1}{T_2}$$

所以 T 取决于 T_1 及 T_2 的较小者。由弛豫时间（T_1 或 T_2 之较小者）所引起的 NMR 信号峰的加宽，可以用 Heisenberg 测不准原理来估计。从量子力学知道，微观粒子能量 E 和测量的时间 t 这两个值不可能同时精确地确定，但两者的乘积为一常数，即：

$$\Delta E\Delta t\approx\frac{h}{2\pi}$$

因为

$$\Delta E\approx h\Delta\nu$$

所以

$$\Delta\nu\cdot\Delta t\approx\frac{1}{2\pi}$$

式中，$\Delta\nu$ 为由于能级宽度 ΔE 所引起的谱线宽度，周/s，它与弛豫时间成反比，固体样品的 T_2 很小，所以谱线很宽。因此，常规的 NMR 测定，需将固体样品配制成溶液后进行。

二、化学位移

根据核磁共振条件，可知某一种原子核的共振频率只与该核的旋磁比 γ 及外磁场 B_0 有关。例如，对于 ^1H 核来说，若照射频率为 60MHz，则使其产生核磁共振的磁场强度一定为 1.409T，也就是说在一定条件下，化合物中所有的 ^1H 核同时在磁场强度为 1.409T 处发生共振，产生一个单一的吸收峰。如果确是这样，那么 NMR 对有机物结构分析就没有什么意义了。但实际情况并非如此。1950 年 W. G. Proctor 等人在研究硝酸铵的 ^{14}N NMR 时发现了两条谱线，一条谱线是铵的氮产生的，另一条则是硝酸根中的氮产生的。这说明核磁共振可以反映同一种核（^{14}N）的不同化学环境。在高分辨仪器上，化合物中处于不同化学环境的 ^1H 也会产生不同的谱线，例如乙醇有三条谱线，分别代表了分子中 CH_3、CH_2 和 OH 三种不同化学环境的质子。谱线位置不同，说明共振条件（共振频率）不同。处于不同化学环境的原子核具有不同共振频率为有机物结构分析提供了可能。

1. 屏蔽常数

在讨论核磁共振基本原理时，把原子核当作孤立的粒子，即裸露的核，就是说没有考虑核外电子，没有考虑核在化合物分子中所处的具体环境等因素。当裸露核处于外磁场 B_0 中，它受到 B_0 的作用。而实际上，处在分子中的核并不是裸露的，核外有电子云存在。核外电子云受 B_0 的诱导产生一个方向与 B_0 相反、大小与 B_0 成正比的诱导磁场，如图 6-3 所示。它使原子核实际受到的外磁场强度减小。也就是说核外电子对原子核有屏蔽（shielding）作用。如果用屏蔽常数 σ 表示屏蔽作用的大小，那么处于外磁场中的原子核受到的不再是外磁场 B_0 作用而是 $B_0(1-\sigma)$。所以，实际原子核在外磁场 B_0 中的共振频率不再由式(6-4) 决定，而应该将其修正为：

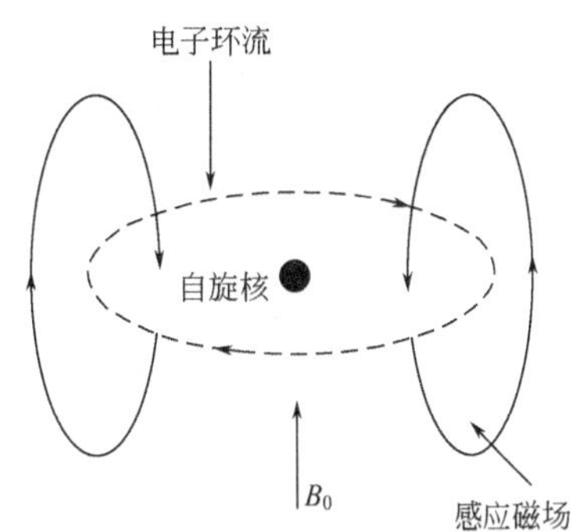

图 6-3　核外电子所产生的抗磁屏蔽

$$\nu=\frac{1}{2\pi}\gamma B_0(1-\sigma) \tag{6-10}$$

屏蔽作用的大小与核外电子云密度有关，核外电子云密度越大，核受到的屏蔽作用越大，而实际受到的外磁场强度降低越多，共振频率降低的幅度也越大。如果要维持核以原有的频率共

振，则外磁场强度必须增强得越多。由于屏蔽效应的存在，不同化学环境的同一种原子核的共振频率不同。

2. 化学位移

在恒定的外加磁场作用下，处于不同化学环境的同一种原子核，由于屏蔽作用不同而产生的共振吸收频率也不同。但是频率的差异范围很小，难以精确测定其绝对值。例如在100MHz仪器中（即^1H的共振频率为100MHz），处于不同化学环境的^1H因屏蔽作用引起的共振频率差别在0～1500Hz范围内，仅为其共振频率的百万分之十几。故实际操作时采用标准物质作为基准，测定样品和标准物质的共振频率之差。

另外，从式(6-10)共振方程式可以看出，共振频率与外磁场强度B_0成正比；磁场强度不同，同一种化学环境的核共振频率不同。若用磁场强度或频率表示化学位移，则使用不同型号（即不同照射频率）的仪器所得的化学位移值不同。例如，1，2，2-三氯丙烷（$CH_3CCl_2CH_2Cl$）有两种化学环境不同的^1H，在氢谱中出现两个吸收峰。其中CH_2与电负性大的Cl原子直接相连，核外电子云密度较小，即受到的屏蔽作用较小，故CH_2吸收频率比CH_3大。在60MHz核磁共振仪器上测得的谱图中CH_3与标准物质的吸收峰相距134Hz，CH_2与标准物质的吸收峰相距240Hz。而在100MHz仪器测定其NMR谱图，对应的数据为223Hz和400Hz（见图6-4）。从此例可以看出，同一种化合物在不同仪器上测得的谱图若以共振频率表示将没有简单、直观的可比性。为了解决这个问题，故在实验中采用某一标准物质作为基准，以基准物质的谱峰位置作为核磁谱图的坐标原点。采用不同官能团的原子核谱峰位置相对于原点的距离δ来表示化学位移。

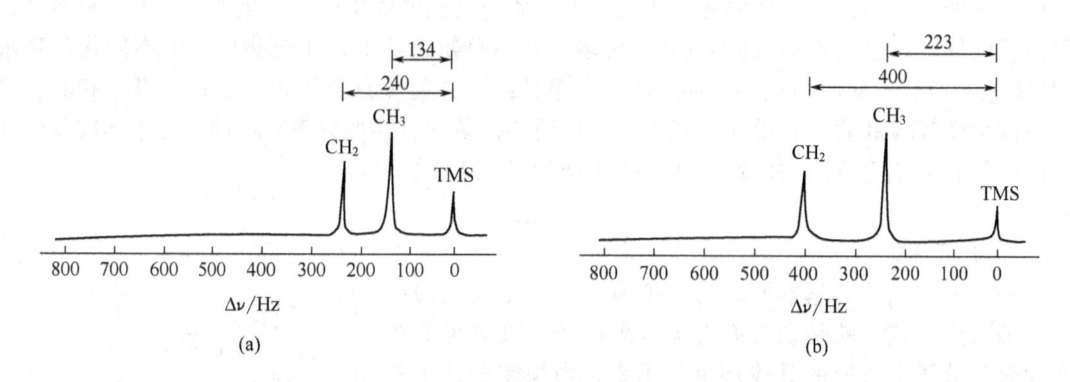

图6-4 在60MHz（a）和100MHz（b）仪器测定的1,2,2-三氯丙烷的^1H NMR谱

化学位移δ按式(6-11)计算：

$$\delta=\frac{(\nu_{样}-\nu_{标})}{\nu_{标}}\times10^6=\frac{(B_{标}-B_{样})}{B_{标}}\times10^6 \tag{6-11}$$

式中，$\nu_{样}$、$B_{样}$和$\nu_{标}$、$B_{标}$分别为样品中磁核与标准物中磁核的共振频率与共振吸收时的外磁场强度。可以看出，位移常数δ是无量纲单位。$\nu_{样}$和$\nu_{标}$的数值都很大（MHz级），而它们的差值却很小（通常不过几十至几千赫兹），也即位移常数δ的值非常小，一般在百万分之几的数量级。为了便于读、写，在式(6-11)中乘以10^6，因此，在一些文献和书本中可以看到所标示的δ的值是以ppm（即百万分之一）来表示的，但ppm不是SI制标准允许使用的物理量单位。

1,2,2-三氯丙烷中 CH_3 的化学位移如用 δ 值表示，在 60MHz 和 100MHz 仪器上测定时分别为：

60MHz 仪器 $$\delta=\frac{134}{60\times10^6}\times10^6=2.23$$

100MHz 仪器 $$\delta=\frac{223}{100\times10^6}\times10^6=2.23$$

同样可以计算出 CH_2 的化学位移值均为 4.00。由此可见，用 δ 值表示化学位移，同一个物质在不同规格型号的仪器上所测得的数值是相同的。

在化学位移测定时，常用的标准物是四甲基硅烷［tetramethylsilane，$(CH_3)_4Si$，简称 TMS］。

TMS 用作标准物质的优点是：①化学性质不活泼，与样品之间不发生化学反应和分子间缔合；②为对称结构，四个甲基有相同的化学环境，因此无论在氢谱还是在碳谱中都只有一个吸收峰；③Si 的电负性（1.9）比 C 的电负性（2.5）小，TMS 中的氢核和碳核处在高电子密度区，产生大的屏蔽效应，它产生 NMR 信号所需的磁场强度比一般有机物中的氢核和碳核产生 NMR 信号所需的磁场强度都大得多，与绝大部分样品信号之间不会互相重叠干扰；④沸点很低（27℃），容易去除，有利于回收样品。

但 TMS 是非极性溶剂，不溶于水。对于那些强极性试样，必须用重水为溶剂，测谱时要用其他标准物，如 2,2-二甲基-2-硅戊烷-5-磺酸钠（又称 DSS）、叔丁醇、丙醇等。这些标准物在氢谱和碳谱中都出现一个以上的吸收峰，使用时应注意与试样的吸收峰加以区别。

甲基氢核的核外电子及甲基碳核的核外电子的屏蔽作用都很强，无论氢谱或碳谱，一般化合物的峰大都出现在 TMS 峰的左边，按“左正右负”的规定，一般化合物的各个基团的 δ 均为正值。在 ^1H 谱和 ^{13}C 谱中都规定标准物 TMS 的 $\delta=0$，位于图谱的右边。在它的左边 δ 为正值，在它的右边 δ 为负值，绝大部分有机物中的氢核或碳核的化学位移都是正值。当外磁场强度自左至右扫描逐渐增大时，δ 值却自左至右逐渐减小。凡是 δ 值较小的核，就说它处于高场。不同的同位素核因屏蔽常数 σ 变化幅度不等，δ 值变化的幅度也不同。

3. 化学位移的测定

化学位移是相对于某一标准物而测定的，测定时一般都将 TMS 作为内标和样品一起溶解于合适的溶剂中。氢谱和碳谱测定所用的溶剂一般是氘代溶剂，即溶剂中的 ^1H 全部被 ^2D 所取代。常用的氘代溶剂有氘代氯仿（$CDCl_3$）、氘代丙酮（CD_3COCD_3）、氘代甲醇（CD_3OD）、重水（D_2O）等。

测定化学位移有两种实验方法：一种是固定照射的电磁波频率，不断改变磁场强度 B_0，从低场（低磁场强度）向高场（高磁场强度）变化，当 B_0 正好与分子中某一种化学环境的核的共振频率 ν 满足式(6-10) 的共振条件时，就产生吸收信号，在谱图上出现吸收峰。这种方式称为扫场。另一种是采用固定磁场强度 B_0 而改变照射频率 ν 的方法，称为扫频。一般仪器大多采用扫场的方法。

各种不同氢核的化学位移大致范围如图 6-5 所示。

三、自旋-自旋耦合

Gutowsty 等人在 1951 年发现 $POCl_2F$ 溶液中的 ^{19}F 核磁共振谱中存在两条谱线。由于该分子中只有一个 F 原子，这种现象显然不能用化学位移来解释，由此发现了自旋-自旋耦合（spin-spin coupling）现象。

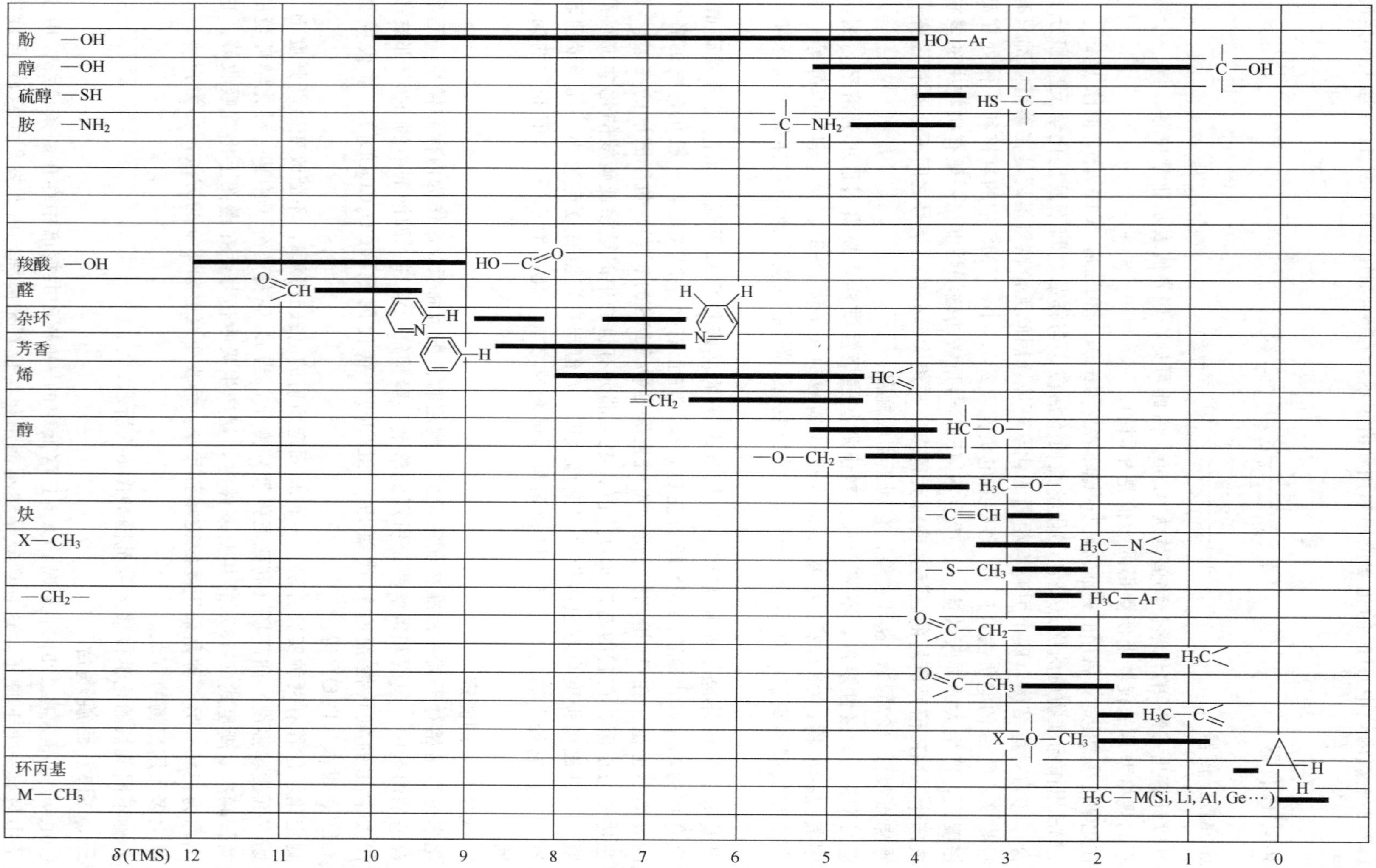

图 6-5 各种环境中质子的化学位移

1. 自旋-自旋耦合引起峰的裂分

在讨论化学位移时，我们考虑了磁核的电子环境，即核外电子云对核产生的屏蔽作用，但忽略了同一分子中磁核间的相互作用。这种磁核间的相互作用很小，对化学位移没有影响，而对谱峰的形状有着重要影响。图 6-6 所示分别为低分辨核磁共振仪和高分辨核磁共振仪所得到的乙醛（CH_3CHO）的 NMR 图谱。对比这两张图谱可以发现，用低分辨核磁共振仪得到的图谱，乙醛只有两个单峰。在高分辨率图谱中，得到的是两组峰，它们分别是二重峰和四重峰。裂分峰的产生是由于 CH_3 和 CHO 两个基团上的 ^1H 相互干扰引起的，这种磁核之间的相互干扰称为自旋-自旋耦合，由自旋耦合产生的多重谱峰现象称为自旋裂分。耦合是裂分的原因，裂分是耦合的结果。

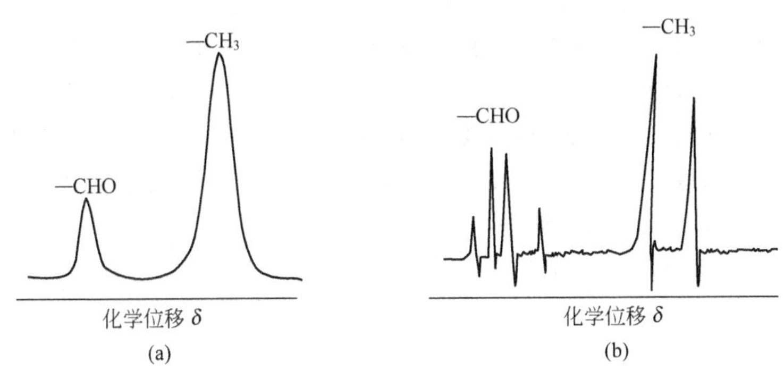

图 6-6 在低分辨率（a）和高分辨率仪器（b）中测得的乙醛的 ^1H NMR 谱

考察一个氢核对一个邻近氢核自旋耦合的情况。对于如下分子

$$
\begin{array}{cc} H_b & H_a \\ | & | \\ -C- & C- \\ | & | \end{array}
$$

如果 H_a 邻近没有其他质子（H_b 被取代），则 H_a 的共振条件为

$$\nu=\frac{1}{2\pi}\gamma B_0(1-\sigma)$$

只有一个峰。现在 H_a 邻近有 H_b 存在，H_b 在外磁场中有两种自旋取向，对 H_a 核有干扰，H_b 核的两种自旋取向相应产生两个强度相同（ΔB）、方向相反的小磁场，其中一个与外磁场 B_0 同方向，另一个与 B_0 相反。这时 H_a 核实际受到的磁场强度不再是 $B_0(1-\sigma)$，而是 $[B_0(1-\sigma)+\Delta B]$ 或 $[B_0(1-\sigma)-\Delta B]$，因此核的共振频率也不再由式(6-10) 决定，而应该作相应的修正：

$$\nu_1=\frac{1}{2\pi}\gamma[B_0(1-\sigma)+\Delta B] \quad 和 \quad \nu_2=\frac{1}{2\pi}\gamma[B_0(1-\sigma)-\Delta B] \tag{6-12}$$

这就是说，H_a 核原来应在频率 ν 位置出现的共振吸收峰不再出现，而在这一位置两侧各出现一个吸收峰 ν_1 和 ν_2，即 H_a 核吸收峰被裂分为两重峰。由于在外磁场中 H_b 核两种取向的概率近似相等，所以两个裂分峰的强度近似相等。在 H_a 核受到 H_b 核干扰的同时，H_b 核也受到来自 H_a 核同样的干扰，同样也被裂分成两重峰，所以自旋-自旋耦合是磁核之间相互干扰的现象和结果。

如果 H_b 有两个，如

$$\begin{array}{c} H_{b1}\ H_a \\ H_{b2}-C-C- \end{array}$$

每一个在外磁场中都有两种自旋取向，两个 H_b 共有四种自旋取向：①H_{b1}与 H_{b2}都与外磁场平行；②H_{b1}是平行的，H_{b2}逆平行；③H_{b1}逆平行，H_{b2}是平行的；④H_{b1}与 H_{b2}都是逆平行。核 H_{b1}和 H_{b2}是等价的，因此②和③没有区别，结果只产生三种局部磁场。H_a 核受到这三种磁场效应而裂分为三重峰。上述四种自旋取向的概率都一样，因此，三重峰中各峰的强度比为 1∶2∶1。

用同样的方法可以分析相邻存在三个相同的自旋核时，H_a 核实际受到四种不同磁场强度的作用而裂分为四重峰。四重峰的强度比为 1∶3∶3∶1。

若推广到一般情况，与所讨论的核相耦合的核有 n 个（其耦合作用均相同），这些核的磁矩均有 $2I+1$ 个取向，则这 n 个核共有 $2nI+1$ 种"分布"情况，因此使所研究核的谱线分裂为 $2nI+1$ 条。核磁共振最常研究的核，如^{1}H、^{13}C、^{19}F、^{31}P 等，I 都为 1/2，自旋-自旋耦合产生的谱线分裂数为 $2nI+1=n+1$，这称为 $n+1$ 规律。而耦合裂分的谱线间强度的相对比近似为二项式$(a+b)^n$ 展开式各项系数之比。

自旋耦合与自旋裂分进一步反映了磁核之间相互作用的细节，可提供相互作用的磁核数目、类型及相对位置等信息。

2. 耦合常数 J

当自旋体系存在自旋-自旋耦合时，核磁共振谱线发生裂分。由裂分所产生的裂距反映了相互耦合作用的强度，称为耦合常数（coupling constant）J，单位赫兹（Hz）。耦合常数反映了两个核磁矩之间相互作用的强弱，故耦合常数或自旋裂分程度的大小与场强无关，是化合物结构的特征物理量。

耦合常数的大小和两个核在分子中相隔化学键的数目密切相关，所以在 J 的左上方标以两核相距的化学键数目。如$^{13}C—^{1}H$ 之间的耦合标为^{1}J。而$^{1}H—^{12}C—^{12}C—^{1}H$ 中两个^{1}H 之间的耦合常数标为^{3}J。因自旋耦合是通过成键电子传递的，所以耦合常数随化学键数目的增加而迅速下降。对于氢核来说，根据相互耦合的核之间间隔的键数分为同碳耦合、邻碳耦合及远程耦合三类。同碳耦合的耦合常数变化范围非常大，其值与结构密切相关。邻碳耦合是相邻位碳上氢产生的耦合，在饱和体系中耦合可通过 3 个单键进行，耦合常数范围为0～16Hz。邻碳耦合是进行立体化学研究最有效的信息之一，这也是 NMR 能为结构分析提供有效信息根源之一。相隔 4 个或 4 个以上键之间的相互耦合称为远程耦合，远程耦合常数一般较小，小于 1Hz。

第二节　核磁共振氢谱

核磁共振氢谱（^{1}H NMR），也称为质子磁共振谱（proton magnetic resonance，PMR），是发展最早、研究得最多、应用最为广泛的核磁共振波谱。在较长一段时间里核磁共振氢谱几乎是核磁共振谱的代名词。究其原因，一是质子的磁旋比 γ 较大，天然丰度接近 100%，核磁共振测定的绝对灵敏度是所有磁核中最大的，在脉冲傅里叶变换（pulse Fourier transformation，PFT）核磁共振出现之前，天然丰度低的同位素，如^{13}C 等的测定很困难；二是由于^{1}H 是有机化合物中最常见的元素，^{1}H NMR 谱是有机物结构解析中最有用的核磁共振谱之一。

典型的^1H NMR谱如图6-7所示。图中横坐标为化学位移值δ，它的数值代表了谱峰的位置，即质子的化学环境，是^1H NMR谱提供的重要信息。$\delta=0$处的峰为内标物TMS的谱峰。图的横坐标自左到右代表了磁场强度增强或者频率减小的方向，也是δ值减小的方向。因此，将谱图右端称为高场（upfield），左端称为低场（downfield），以便于讨论核磁共振谱峰位置的变化。谱图的纵坐标代表谱峰的强度。谱峰强度的精确测量是依据谱图上台阶状的积分曲线，每一个台阶的高度代表其下方对应的谱峰面积。在^1H NMR中谱峰面积与其代表的质子数目成正比，因此谱峰面积也是^1H NMR谱提供的一个重要信息。

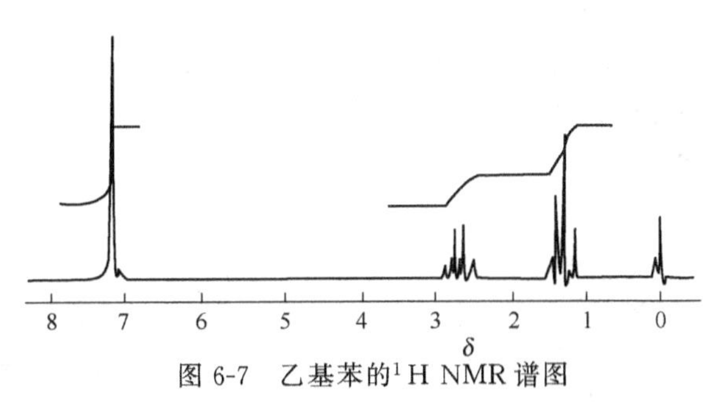

图6-7 乙基苯的^1H NMR谱图

图中有的位置上谱峰呈现出多重峰形，这是自旋-自旋耦合引起的谱峰裂分，它是^1H NMR谱提供的第三个重要信息。如图6-7乙苯的谱图中，从低场到高场共有三组峰：$\delta\approx7.17$的较宽的单峰是烷基单取代的苯环上5个质子产生的共振信号，$\delta\approx2.6$的四重峰是亚甲基产生的信号，$\delta\approx1.25$的三重峰则是甲基产生的。它们的峰面积之比（即积分曲线高度之比）为5∶2∶3，等于相应三个基团中的质子数之比。

一、影响氢核化学位移的因素

化学位移值能反映质子的类型以及所处的化学环境，与分子结构密切相关，因此有必要对其影响因素进行比较详细的研究。

1. 诱导效应

核外电子云的抗磁性屏蔽是影响质子化学位移的主要因素。电负性强的原子或基团吸电子诱导效应大，使得靠近它们的质子周围电子云密度减小，质子所受到的抗磁性屏蔽减小，所以共振向低场位移，δ值增大。典型的诱导效应的例子见表6-2。

表6-2 甲烷衍生物CH_3X的δ和取代基电负性

甲烷衍生物CH_3X	CH_3F	CH_3OH	CH_3Cl	CH_3Br	CH_3I	CH_4
化学位移δ	4.06	3.40	3.05	2.68	2.16	0.23
取代基X电负性	4.0	3.5	3.0	2.8	2.5	2.1

对于 X—CH(Y)(Z) 型化合物，X、Y、Z基对 >CH— δ值的影响具有加和性。另外，电负性基团的吸电子诱导效应沿化学键延伸，相隔的化学键越多，影响越小。例如，在甲醇、乙醇和正丙醇中的甲基随着离OH基团的距离增加，化学位移向高场移动，分别为3.39、1.18和0.93。

2. 化学键的各向异性效应

化合物中非球形对称的电子云，如π电子系统，对邻近质子会附加一个各向异性的磁场，即这个附加磁场在某些区域与外磁场的方向相反，使外磁场强度减弱，起抗磁性屏蔽作用，而在另外一些区域与外磁场方向相同，对外磁场起增强作用，产生顺磁性屏蔽的作用。

（1）芳烃的各向异性效应　以苯环为例进行讨论。苯环中的6个碳原子都是sp^2杂化的，每一个碳原子的sp^2杂化轨道与相邻的碳原子形成6个碳-碳σ键，每一个碳原子又以

sp^2 杂化轨道与氢原子的 s 轨道形成碳-氢 σ 键，由于 sp^2 杂化轨道的夹角为 120°，所以 6 个碳原子和 6 个氢原子处于同一平面上。每一个碳原子还有一个垂直于此平面的 p 轨道，6 个 p 轨道彼此重叠，形成环状大 π 键，离域的 π 电子在平面上下形成两个环状电子云。当苯环平面正好与外磁场方向垂直时，在外磁场的感应下，环状电子云产生一个各向异性的磁场。在苯环平面的上下，感应磁场的方向与外磁场方向相反，造成较强的屏蔽作用。而在苯环平面的四周则产生一个与外磁场方向相同的顺磁性磁场，其作用可以替代部分外磁场，造成了去屏蔽作用，如图 6-8(a)所示。苯环上的氢正好都处于去屏蔽区域，所以在低场共振，δ≈7.3。

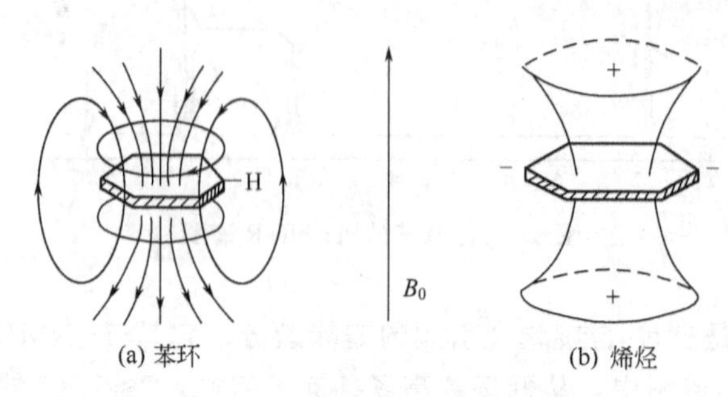

图 6-8 苯环和烯烃中双键的各向异性效应

(2) 双键的各向异性效应 碳碳双键的情况与芳烃十分相似，碳原子的 sp^2 杂化形成平面分子，π 电子在平面上下形成环电流[见图 6-8(b)]。在外磁场作用下 π 电子产生的感应磁场对分子平面上下起屏蔽作用，对平面四周去屏蔽，烯氢正好是处于去屏蔽区域，所以在低场共振。但与苯环相比，一个双键的 π 电子形成的环电流比较弱，化学位移为 5～6。醛基氢也处于去屏蔽区，同时邻近还有电负性较强的氧原子存在，吸收峰出现在更低场，δ 值为9～10。

(3) 三键的各向异性效应 三键是由一个 σ 键（sp 杂化）和两个 π 键组成。炔氢与烯氢相比，δ 值应处于较低场，但事实相反。这是因为 π 电子云以圆柱形分布，构成筒状电子云，绕碳-碳键而成环流，产生的感应磁场沿键轴方向为屏蔽区。炔氢正好位于屏蔽区内，所以在高场共振。另一方面，由于炔碳是 sp 杂化，C—H 键成键电子更靠近碳，使炔氢趋向低场移动。两种相反的效应共同作用使炔氢的化学位移为 2～3。

3. 共轭效应

现以苯甲醛和苯甲醚为例，说明共轭效应的影响。

苯环上的氢被醛基（—CHO、吸电子基）取代，由于 π-π 共轭效应，使苯环邻、对位的电子云密度比间位更小，故邻、对位质子的 δ 值应大于间位质子。但由于醛基的吸电子效应使苯环上总的电子云密度减少了，所以间位质子 δ 值仍大于未取代苯上氢的 δ 值（δ=7.26）。

甲氧基（CH_3O—）为供电子基，与苯环形成 p-π 共轭，使苯环邻、对位的电子云密度大于间位，故邻、对位质子的 δ 值小于间位质子。但由于甲氧基供电子效应使苯环上总的电子云密度增加了，所以间位质子 δ 值仍小于未取代苯上氢的 δ 值。

4. 范德华效应

当两个原子相互靠近时，由于受到范德华力作用，电子云相互排斥，导致原子核周围的电子云密度降低，屏蔽减小，谱线向低场方向移动，这种效应称为范德华效应。这种效应与相互影响的两个原子之间的距离密切相关，当两个原子相隔 0.17nm（即范德华半径之和）时，该作用对化学位移的影响约为 0.5，距离为 0.20nm 时影响约为 0.2，当原子间的距离大于 0.25nm 时可不再考虑。

5. 外界因素的影响

外界因素主要是指浓度、温度和溶剂。

(1) 浓度 与 O、N 相连的氢，由于分子间氢键的存在，浓度增大，缔合程度增大，δ

值增大。例如 OH（醇）0.5～5，COOH 10～13，$CONH_2$ 5～8。

(2) 温度 温度不同可能引起化合物分子结构的变化。如活泼氢、受阻旋转、互变异构（酮式与烯醇式）、环翻转（环己烷的翻转）等，这些动力学现象均与温度有密切关系。可能出现完全不同的^1H NMR 谱。

(3) 溶剂 一般化合物在 CCl_4 或 $CDCl_3$ 中测得的 NMR 谱重复性较好，在其他溶剂中测试 δ 值会稍有改变，有时改变较大。这是溶剂与溶质间相互作用的结果，这种作用称为溶剂效应。

二、简单耦合和高级耦合

1. 核的等价性

在讨论耦合作用的一般规则之前，必须清楚核的等价性质。在核磁共振中核的等价性分为两个层次：化学等价和磁等价。

(1) 化学等价 又称化学位移等价，是立体化学中的一个重要概念。如果分子中有两个相同的原子或基团处于相同的化学环境时，称它们是化学等价。对于核磁共振谱来说，化学等价与否是决定谱图复杂程度的重要因素。

化学等价与否一般有下述几种情况。因单键的自由旋转，甲基上的三个氢或饱和碳原子上三个相同基团都是化学等价的。亚甲基（CH_2）或同碳上的两个相同基团情况比较复杂，需具体分析。一般情况，固定环上 CH_2 两个氢不是化学等价的，如环己烷或取代的环己烷上的 CH_2；与手性碳直接相连的 CH_2 上两个氢不是化学等价的；单键不能快速旋转时，同碳上的两个相同基团可能不是化学等价的。

(2) 磁等价 如果两个原子核不仅化学位移相同（即化学等价），而且还以相同的耦合常数与分子中的其他核耦合，则这两个原子核就是磁等价的。可见磁等价比化学等价的条件更高。两个核（或基团）磁等价必须满足下列两个条件：①它们是化学等价的；②它们对任意另一个核的耦合常数 J 相同。

2. 简单耦合和高级耦合

通常，自旋干扰作用的强弱与相互耦合的氢核之间的化学位移差距有关，按 $\Delta\nu/J$ 的大小来进行自旋耦合体系分类。若系统中两个（或两组）相互干扰的氢核的化学位移差距 $\Delta\nu$ 比耦合常数 J 大得多，即 $\Delta\nu/J>10$ 的体系，干扰作用弱，称为简单耦合，所得图谱属于一级图谱；而 $\Delta\nu/J<10$ 的体系，则干扰作用强，称为高级耦合，其图谱属于高级图谱。根据耦合强弱，对共振谱进行分类其基本规则如下：对高级耦合体系其核以 ABC 或 KLM 等相连英文字母表示，称之为 ABC 多旋体系；简单耦合的体系，其核以 AMX 等不相连的字母表示，称为 AMX 多旋体系。磁等价的核用相同字母，如 A_2 或 B_3 表示；化学等价而磁不等价核，如以 AA′表示。对于一级图谱，自旋-自旋分裂图谱的解析十分简单方便。严格的一级行为要求 $\Delta\nu/J>20$，但在用一级技术对图谱进行分析时，对 $\Delta\nu/J<10$ 体系有时亦可进行。

对于高级耦合系统，可采用增强磁场、同位素取代、去耦技术等简化图谱，在此不作介绍。对于低级耦合系统，其耦合裂分规律如下。

① 一个（组）磁等价质子与相邻碳上的 n 个磁等价质子耦合，将产生 $n+1$ 重峰，如 CH_3CH_2OH 分子内质子间的耦合。

② 一个（组）质子与相邻碳上的两组质子（分别为 m 个和 n 个质子）耦合，如果该两组碳上的质子性质类似，则将产生 $m+n+1$ 重峰，如 $CH_3CH_2CH_3$；如果性质不类似，则将产生$(m+1)(n+1)$重峰，如 $CH_3CH_2CH_2NO_2$。

③ 因耦合而产生的多重峰相对强度可用二项式 $(a+b)^n$ 展开的系数表示，n 为磁等价核的个数。

④ 一组多重峰的中点，就是该质子的化学位移值。

⑤ 磁等价的核相互之间也有耦合作用，但没有谱峰裂分的现象。例如 $ClCH_2CH_2Cl$，只有单重峰。

⑥ 一组磁等价质子与另一组非磁等价质子之间不发生耦合分裂。例如对硝基苯乙醚、硝基苯上的质子为非磁等价，不产生一级图谱，因而产生的分裂较复杂；而苯乙基醚上的质子为磁等价，产生较简单的一级图谱。

⑦ 远程耦合的低级耦合，由于核之间的作用较小，很少观察到分裂。

第三节　^{1}H 核磁共振波谱法的应用

一、定性分析

1. 图谱解析的一般程序

（1）对图谱进行初步观察　检查 TMS 信号是否在零点，是否尖锐、对称，尾波是否明显；弄清楚扫描范围；区分出杂质峰、溶剂峰、旋转边带和 ^{13}C 卫星峰。杂质峰有时可从比例上看是否够一个氢来判断。在使用重氢溶剂时，由于有少量非氘化溶剂的存在，在谱图上会出现其吸收峰。旋转边带是样品管旋转中产生不均匀磁场时出现的信号，其特点是，以强谱线为中心，在其左右对称处出现一对弱峰。边带到中央强峰的距离为样品管的转速，转速改变，其距离亦随之改变，由此可判断旋转边带。^{13}C 卫星峰是 ^{13}C 和 ^1H 之间耦合引起的，由于 ^{13}C 的天然丰度仅为 1.1%，故一般情况下看不到。

（2）计算不饱和度　根据不饱和度推测分子的结构类型，不饱和度的具体计算方法见第三章第三节。

（3）根据峰面积计算分子中各类氢核的数目　在 NMR 谱图中，共振吸收峰的峰面积与引起共振吸收的氢核数成正比，因此各吸收峰的峰面积之比即为各类氢核数之比。又因吸收峰的峰面积与阶梯式积分曲线的高度成正比，故可用积分曲线来推测氢核数。若已知分子中总的氢核数，则可从积分曲线求出每个或每组峰代表的氢核数目；若总氢核数不知道，则可由甲基信号或其他孤立的亚甲基信号来推算各峰的氢核数。

（4）根据每一个峰组的化学位移值、质子数目以及峰组裂分的情况推测出对应的结构单元　在这一步骤中，应特别注意那些貌似化学等价，而实际上不是化学等价的质子或基团。连接在同一碳原子上的质子或相同基团，因单键不能自由旋转或因与手性碳原子直接相连等原因常常不是化学等价的，这种情况会影响峰组个数，并使裂分峰形复杂化。

（5）将结构单元组合成可能的结构式，对所有可能结构进行指认　根据化学位移和耦合关系将各个结构单元连接起来。对于简单的化合物有时只能列出一种结构式，但对于比较复杂的化合物则能列出多种可能的结构，此时应注意排除与谱图明显不符的结构，以及排除不合理的结构。

2. 定性分析应用示例

【例】　某化合物分子式为 $C_3H_7NO_2$，其核磁共振氢谱如图 6-9 所示，试解析此谱图。

解：由分子式计算该化合物的不饱和度。

$$U=1+n_4+\frac{1}{2}(n_3-n_1)=1+3+\frac{1}{2}\times(1-7)=1$$

由此可知，该化合物可能含有一个双键或一个环。

δ 值在 1.50 和 1.59 处的两个信号太弱，可认为是杂质引起的吸收峰。除此以外，全图出现三组峰，积分曲线的高度比为 2：2：3，其数之和正好与分子式中氢的数目相符。由此可知分子无对称性。

再对各个峰组进行分析。在低场 $\delta=4.25$ 的三重峰，在高场 $\delta=1.0$ 的三重峰，因彼此的 J 不等同，故这两组峰相互间没有自旋耦合作用。因此，可推测它们分别与中间的六重峰有相互作用。此六重峰的质子为两个，如果再考虑两边的信号各分裂为三重峰，则该化合物具有 $CH_3—CH_2—CH_2—X$ 部分结构，再参考所给的分子式，则可推定该化合物是 $CH_3—CH_2—CH_2—NO_2$，其不饱和度是 1，$\delta=1.0$ 是甲基的三重峰，应和—CH_2—相连；$\delta=4.25$ 的三重峰为与—CH_2—相连的—CH_2—，因它和—NO_2 直接相连，故其 δ 值增大。$\delta=1.98$ 是中间的—CH_2—的六重峰，它的信号预期能看到$(3+1)\times(2+1)=12$，即 12 重峰，但实际上其两侧的 CH_3—和—CH_2—对其耦合作用几乎没有差别，作为近似，可认为具有 5 个等价的相邻质子。

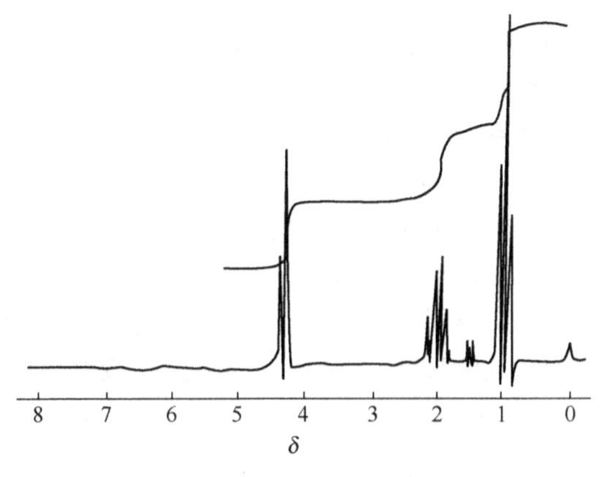

图 6-9　化合物 $C_3H_7NO_2$ 的核磁共振氢谱

二、定量分析

1. 定量分析的基本公式

某类氢核共振吸收峰的峰面积与其对应的氢核数目成正比，这是核磁共振波谱法定量分析的依据。定量分析的基本公式是

$$A=A_0nc \tag{6-13}$$

式中，A 为被测化合物中某类氢核的峰面积；A_0 为一个氢核的峰面积，可由标准物质求得；n 为 1mol 被测化合物中某类氢核的数目；c 为被测化合物的物质的量，mol。

用 NMR 法测定样品中各组分的相对含量时，往往可以不用标准样品。

2. 常用定量分析方法

（1）校正曲线法　配制一系列待测组分纯品的标准溶液，绘制相应的 NMR 谱，测出其中某一特征峰的峰面积，以峰面积对浓度作校正曲线。在同样的操作条件下，绘制未知样品的 NMR 谱，求出其相应特征峰的峰面积，由校正曲线推算出未知样浓度。

（2）标准加入法　配制一种已知浓度的待测组分纯品的标准溶液，取一定体积此溶液加入到已知体积的未知样品中，同时测定混合液和未知样品的 NMR 谱，取谱图中的某一特征峰的面积进行定量。由下式计算未知溶液中待测组分的浓度 c_x。

$$c_x=\frac{A_xV_m}{A_m(V_x+V_m)-A_xV_x}c_s \tag{6-14}$$

式中，A_x 为未知样品测得的特征峰面积；A_m 为混合液测得的特征峰面积；c_x 为未知样品中待测组分浓度；c_s 为标准溶液中待测组分浓度；V_x 与 V_m 分别为配制混合液时所取未知样品和标准溶液的体积。

在上述两种方法中，特征峰的选择原则是：该峰在标准样品 NMR 谱中分辨清楚；响应值较大；未知样品中其他组分的吸收峰不与特征峰重叠；与溶剂干扰峰相距较远。

第四节　核磁共振碳谱

有机化合物中的碳原子构成了有机物的骨架，因此观察和研究碳原子的信号对研究有机物有着非常重要的意义。虽然^{13}C有核磁共振信号，但其天然丰度仅为1.1%，观察灵敏度只有^{1}H核的1/64，故信号很弱，给检测带来了困难。所以在早期的核磁共振研究中一般只研究核磁共振氢谱。

直到20世纪70年代脉冲傅里叶变换核磁共振谱仪（PFT-NMR）问世，以及去耦技术的发展，核磁共振碳谱（^{13}C NMR）的工作才迅速发展起来。目前PFT-^{13}C NMR已成为阐明有机分子结构的常规方法，广泛应用于涉及有机化学的各个领域，在结构测定、构象分析、动态过程讨论、活性中间体及反应机制的研究、聚合物立体规整性和序列分布的研究及定量分析等方面都显示了巨大的威力，成为化学、生物、医药等领域不可缺少的测试方法。

一、^{13}C NMR的特点

1. 信号强度低

由于^{13}C天然丰度只有1.1%，^{13}C的磁旋比（γ_C）较^{1}H的磁旋比（γ_H）低约4倍，所以^{13}C的NMR信号比^{1}H的要低得多，大约是^{1}H信号的六千分之一。故在^{13}C NMR的测定中常常要进行长时间的累加才能得到一张信噪比较好的图谱。

2. 化学位移范围宽

^{1}H谱的谱线化学位移值δ的范围在0～10，少数谱线可再超出约5，一般不超过20，而一般^{13}C谱的化学位移在0～250范围，特殊情况下会再超出50～100。由于化学位移范围较宽，故对化学环境有微小差异的核也能区别，这对鉴定分子结构更为有利。

3. 耦合常数大

由于^{13}C天然丰度只有1.1%，与它直接相连的碳原子也是^{13}C的概率很小，故在碳谱中一般不考虑天然丰度化合物中的^{13}C—^{13}C耦合，而碳原子常与氢原子连接，它们可以互相耦合，耦合常数的数值一般在125～250Hz。因为^{13}C天然丰度很低，这种耦合并不影响^{1}H谱，但在碳谱中是主要的。所以不去耦的碳谱，各个裂分的谱线彼此交叠，很难识别。故常规的碳谱都是去耦谱，谱线相对简单。

4. 共振方法多

^{13}C NMR除质子噪声去耦谱外，还有多种其他的共振方法，可获得不同的信息。如偏共振去耦谱，可获得^{13}C—^{1}H耦合信息；不失真极化转移增强共振谱，可获得定量信息等。因此，碳谱比氢谱的信息更丰富，解析结论更清楚。

与核磁共振氢谱一样，碳谱中最重要的参数是化学位移，耦合常数、峰面积也是较为重要的参数。另外，氢谱中不常用的弛豫时间如T_1值在碳谱中因与分子大小、碳原子的类型等有着密切的关系而有广泛的应用，如用于判断分子大小、形状；估计碳原子上的取代数、识别季碳、解释谱线强度；研究分子运动的各向异性；研究分子的链柔顺性和内运动；研究空间位阻以及研究有机物分子、离子的缔合、溶剂化等。

二、^{13}C NMR的实验方法及去耦技术

1. ^{13}C NMR的实验方法

（1）提高^{13}C NMR的灵敏度　增加测试样品的体积和浓度可使^{13}C核的数目增加，而体积的增加受到磁体之间空隙的限制，浓度的增加又受到样品溶解度的限制，所以

测试^{13}C NMR，尽可能配制较高浓度的试样溶液，使用直径 10mm 或 15mm 的核磁管测试。

降低测试温度可稍微提高^{13}C NMR 的灵敏度。但要注意某些化合物的^{13}C NMR 谱可能随温度而变。增大磁场强度 B_0 亦可有效地改善信噪比。

采用 CAT（computer averaged transient）方法，信号在计算机中累加而增强，噪声被平均化而分散，信噪比随累加扫描次数的增大而增大。

增强^{13}C NMR 灵敏度的最经济、最有效的方法是 PFT 与去耦技术相结合。

（2）脉冲傅里叶变换核磁共振技术　PFT-NMR 在前面已经提及。采用脉冲发射，调节脉冲的频率宽度和脉冲间隔，以满足样品中各类核同时发生跃迁及有效地进行弛豫。脉冲的作用时间非常短，仅为微秒级。如果作累加测量，脉冲需要重复，时间间隔一般也小于几秒钟，加上计算机快速傅里叶变换，用 PFT-NMR 测定一张谱图只需要几秒至几十秒钟的时间，比 CW-NMR 所需的时间短得多，这使得为提高信噪比而作累加测量的时间大大缩短。因此采用脉冲傅里叶变换核磁共振波谱仪，大大提高了仪器的灵敏度和分析速度，同时也实现了丰度和磁旋比都较小的磁核的核磁共振测定。

（3）氘锁　要得到一张较好的^{13}C NMR 谱图，通常要经过几十乃至几十万次的扫描，这就要求在计算机容量允许的范围内，磁场绝对稳定。如果磁场发生漂移，信号的位置改变，就会导致谱线变宽、分辨率降低，甚至谱图无使用价值。为了稳定磁场，PFT-NMR 仪均采用锁场方法。只要不失锁，磁场稳定性好，即使累加几昼夜也是可行的。

采用氘内锁的方法是较方便的。使用氘代溶剂或含一定量氘化合物的普通试剂，通过仪器操作，把磁场锁在强而窄的氘代信号上。当发生微小的场频变化，信号产生微小的漂移时，通过氘锁通道的电子线路将补偿这种微小的漂移，使场频仍保持固定值，以保证信号频率的稳定性。即使长时间累加也不至于分辨率下降及谱峰变形。重水（D_2O）不含碳，在^{13}C NMR谱中无干扰，是理想的极性溶剂。

（4）^{13}C NMR 化学位移参照标准　由于 TMS 在^{1}H NMR 与^{13}C NMR 中的某些相似性（化学位移位于高场，4 个 CH_3 化学环境相同），^{13}C NMR 化学位移的标准物也是 TMS。标准物可作为内标，直接加入到待测样品中，也可用作外标。

实际上，溶剂的共振吸收峰也经常作为^{13}C 化学位移的第二个参考标度。

2. ^{13}C NMR 的去耦技术

在^{1}H NMR 谱中，^{13}C 对^{1}H 的耦合仅以极弱的峰出现，可以忽略不计。反过来，在^{13}C NMR谱中，^{1}H 对^{13}C 的耦合是普遍存在的。这虽能给出丰富的结构分析信息，但谱峰相互交错，难以归属，给谱图解析、结构推导带来了极大的困难。耦合裂分的同时，又大大降低了^{13}C NMR 的灵敏度。解决这些问题的方法，通常采用去耦技术。

（1）质子噪声去耦谱（proton noise decoupling）　质子噪声去耦谱也称作宽带去耦谱（broad band decoupling），是测定碳谱时最常采用的去耦方式。它的实验方法是在测碳谱时，以一相当宽的射频场 B_1 照射各种碳核，使其激发产生^{13}C 核磁共振吸收的同时，附加另一个射频场 B_2（又称去耦场），使其覆盖全部质子的共振频率范围，且用强功率照射，使所有的质子达到饱和，则与其直接相连的碳或邻位、间位碳感受到平均化的环境，由此去除^{13}C 和^{1}H 之间的全部耦合，使每种碳原子仅给出一条共振谱线。

质子宽带去耦谱不仅使^{13}C NMR 谱大大简化，而且由于耦合的多重峰合并，使其信噪比提高，灵敏度增大。然而灵敏度增大程度远大于复峰的合并强度，这种灵敏度的额外增强是 NOE 效应影响的结果。所谓 NOE 是指在^{13}C (^{1}H) NMR 实验中，观测^{13}C 核的共振吸收时，照射^{1}H 核使其饱和，由于干扰场 B_2 非常强，同核弛豫过程不足使其恢复到平衡，经过核之间偶极的相互作用，^{1}H 核将能量传递给^{13}C 核，^{13}C 核吸收到这部分能量后，犹如本身被照射而发生弛豫。这种由双共振引起的附加异核弛豫过程，能使^{13}C 核在低能级上分布的核数目增加，共振吸收信号增强，这一效应称之 NOE（nuclear overhauser enhencement）。

但是，由于各碳原子的 NOE 的不同，质子噪声去耦谱的谱线强度不能定量地反映碳原子的数量。

（2）选择氢核去耦谱（selective proton decoupling spectrum，简称 SPD）及远程选择氢核去耦谱（long-range selective proton decoupling spectrum，简称 LSPD） 两种方法均是在氢核信号归属明确的前提下，用很弱的能量选择性地照射某种特定的氢核，分别消除它们对相关碳的耦合影响。选择氢核去耦或远程选择氢核去耦表现在图谱上峰形发生变化的信号只是与之有耦合相关或远程耦合相关的^{13}C 信号。

（3）偏共振去耦谱（off resonance decoupling spectrum，简称 OFR） 与质子宽带去耦方法相似，偏共振去耦也是在样品测定的同时另外加一个照射频率，只是这个照射频率的中心频率不在质子共振区的中心，而是移到比 TMS 质子共振频率高 100～500Hz 的（质子共振区以外）位置上。由于在分子中，直接与^{13}C 相连的^{1}H 核与该^{13}C 的耦合最强；^{13}C 与^{1}H 之间相隔原子数目越多，耦合越弱。用偏共振去耦的方法，就消除了弱的耦合，而只保留了直接与^{13}C 相连的^{1}H 的耦合。一般来说，在偏共振去耦时，^{13}C 峰裂分为 n 重峰，就表明它与 $n-1$ 个氢核相连。这种偏共振的^{13}C NMR 谱，对分析结构有一定的用途。

（4）门控去耦和反转门控去耦 质子噪声去耦失去了所有的耦合信息，偏共振去耦也损失了部分耦合信息，而且都因 NOE 不同而使信号的相对强度与所代表的碳原子数目不成比例。为了测定真正的耦合常数或作各类碳的定量分析，可以采用门控去耦或反转门控去耦方法。

在脉冲傅里叶变换核磁共振波谱仪中有发射门（用以控制射频脉冲的发射时间）和接受门（用以控制接收器的工作时间）。门控去耦（又称交替脉冲去耦或预脉冲去耦）是指用发射门及接受门来控制去耦的实验方法，用这种方法与用单共振法获得的^{13}C NMR 谱较为相似，但用单共振法得到同样一张谱图，需要累加的次数更多，耗时很长。门控去耦法借助于 NOE 的帮助，在一定程度上补偿了这一方法的不足。图 6-10(a) 和图 6-10(b) 用的是同样的脉冲间隔和扫描次数，门控去耦谱的强度比未去耦共振谱的强度增强近一倍。

反转门控去耦（又称抑制 NOE 门控去耦）是用加长脉冲间隔，增加延迟时间，尽可能抑制 NOE，使谱线强度能够代表碳数多少的方法，由此方法测得的碳谱称为反转门控去耦谱，亦称为定量碳谱。在这种谱图中，碳数与其相应的信号强度接近成比例，如有不同的各级碳，其信号强度也将基本上按含碳数成正比。比较图 6-10(c) 和图 6-10(d)，可以看出反转门控去耦谱提供了碳原子的定量信息。

（5）不失真极化转移技术（distortionless enhancement by polarization transfer，简称 DEPT） 不失真极化转移技术目前成为^{13}C NMR 测定中常用的方法。DEPT 是将两种特殊的脉冲系列分别作用于高灵敏度的^{1}H 核及低灵敏度的^{13}C 核，将灵敏度高的^{1}H 核磁化转移至灵敏度低的^{13}C 核上，从而大大提高了^{13}C 核的观测灵敏度。此外，还能利用异核间的耦合对^{13}C核信号进行调制的方法来确定碳原子的类型。谱图上不同类型

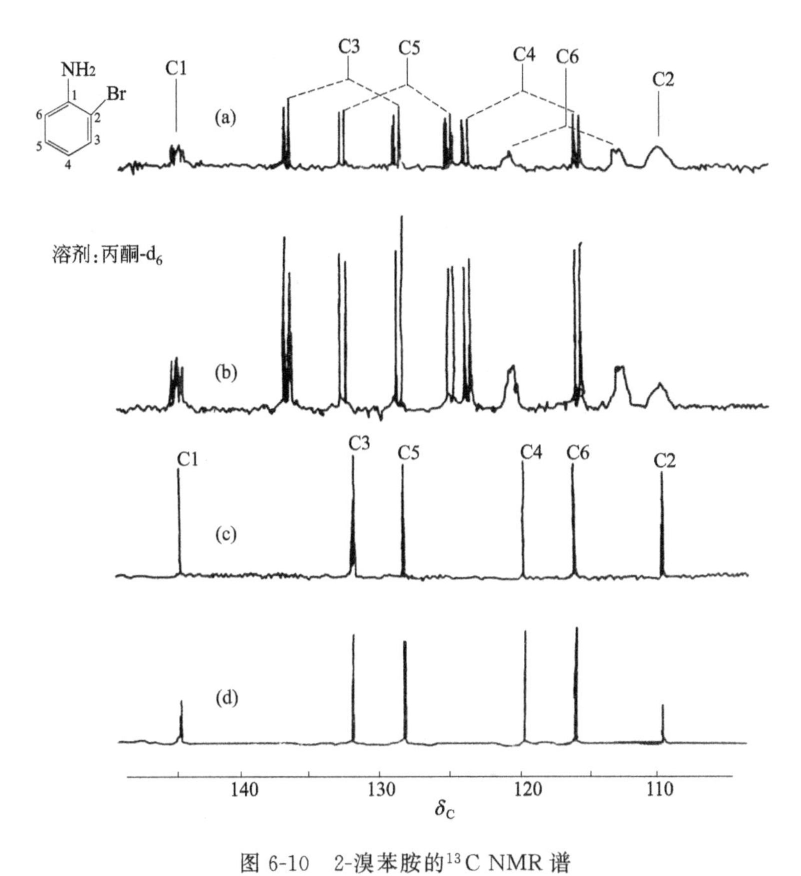

图 6-10　2-溴苯胺的^{13}C NMR 谱

(a) 未去耦的单共振谱；(b) 门控去耦谱；(c) 反转门控去耦谱；(d) 质子噪声去耦谱

的^{13}C信号均表现为单峰的形式分别朝上或向下伸出，或者从谱图上消失，以取代在OFR谱中朝同一方向伸出的多重谱线，因而信号之间很少重叠，灵敏度高。DEPT谱的定量性很强。

DEPT谱有下列三种谱图。

① DEPT45 谱　在这类谱图中 CH、CH_2 和 CH_3 均出正峰。

② DEPT90 谱　在这类谱图中只有 CH 出正峰，其余的碳均不出峰。

③ DEPT135 谱　在这类谱图中 CH 和 CH_3 出正峰，CH_2 出负峰。

图 6-11 为β-苯丙烯酸乙酯的质子噪声去耦谱和 DEPT 的三种谱图。

三、^{13}C的化学位移

核磁共振碳谱的测定方法有很多种，其中最常见的是质子噪声去耦谱。在这类谱中，每一种化学等价的碳原子只有一条谱线，原来被氢耦合分裂的几条谱线并为一条，谱线强度增加。但是由于不同种类的碳原子 NOE（nuclear overhauser enhancement）效应不相等，因此对峰强度的影响也就不一样，故峰强度不能定量地反映碳原子的数量。所以在质子噪声去耦谱中只能得到化学位移的信息。

一般来说，碳谱中化学位移（δ_C）是最重要的参数，它直接反映了所观察核周围的基团、电子分布的情况，即核所受屏蔽作用的大小。碳谱的化学位移对核所受的化学环境是很敏感的，它的范围比氢谱宽得多，一般在0～250。对于相对分子质量在300～500的化合物，碳谱几乎可以分辨每一个不同化学环境的碳原子，而氢谱有时却严重

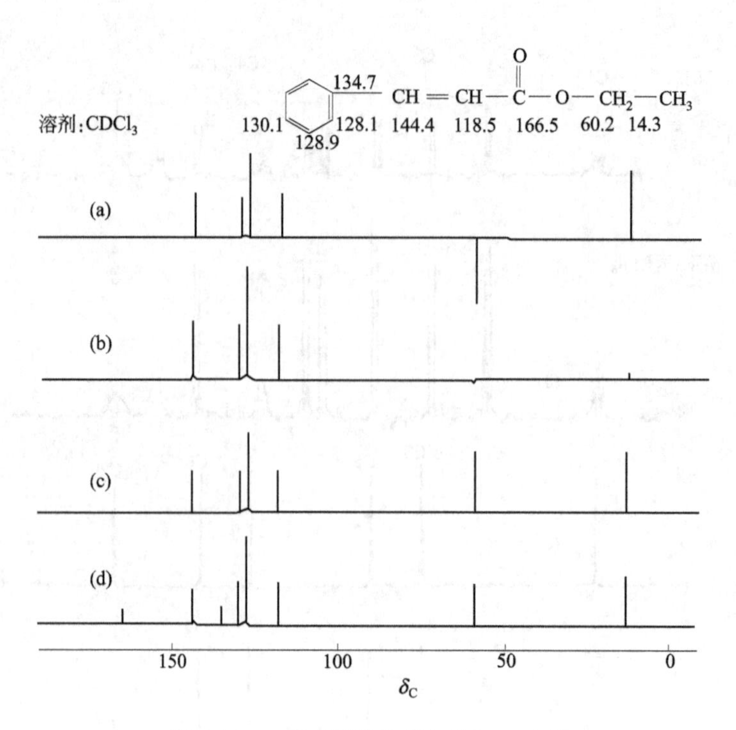

图 6-11 β-苯丙烯酸乙酯的^{13}C NMR 谱

(a) DEPT135 谱，CH 和 CH_3 出正峰，CH_2 出负峰；(b) DEPT90 谱，只有 CH 出峰；(c) DEPT45 谱，除季碳原子 δ_C 166.5 和 δ_C 134.7 外均出峰；(d) 质子噪声去耦谱

重叠。

不同结构与化学环境的碳原子，它们的 δ_C 从高场到低场的顺序与和它们相连的氢原子的 δ_H 有一定的对应性，但并非完全相同。δ_C 的次序为：饱和碳在较高场，炔碳次之，烯碳和芳碳在较低场，而羰基碳在更低场。

分子有不同的构型、构象时，δ_C 比 δ_H 更为敏感。碳原子是分子的骨架，分子间的碳核的相互作用比较小，不像处在分子边缘上的氢原子，分子间的氢核相互作用比较大，所以对于碳核，分子内的相互作用显得更为重要，如分子的立体异构、链节运动、序列分布、不同温度下分子内的旋转、构象的变化等，在碳谱的 δ_C 值及谱线形状上常有所反映，这对于研究分子结构及分子运动、动力学和热力学过程都有重要的意义。

常见有机化合物^{13}C 化学位移见表 6-3。

四、^{13}C 核磁共振波谱解析的大致程序

1. 化合物结构为已知时

可将得到的数据与光谱集或文献进行对照予以确定，或与类似化合物数据比较确定信号归属。常用的重要参考资料如下（方括号内数字为收载的化合物数目）。

① Carbon-13 NMR spectra，Johnson & Jankowski，Wiley-Interscience Pub.（1972）[500]。

② Selected 13C-NMR spectra data，Texas A～M Univ.（APl Research Project No. 44）Vol. Ⅰ.（1975），Vol Ⅱ（1976）～[430]。

③ Atlas of Spectral Data～Phys. Const. for Org. Compd，2nd，Grasselli & Ritochy，CRC Press. Inc. Vol. Ⅰ～Ⅳ（1975）。

表 6-3　常见有机化合物^{13}C 化学位移

官能团		δ_C	官能团		δ_C
>C=O	酮	225～175	>C—C<	C(季碳)	70～35
	α,β-不饱和酮	201～180			
	α-卤代酮	200～160	>C—O—		85～70
H—C=O	醛	205～175	>C—N<		75～65
	α,β-不饱和醛	195～175			
	α-卤代醛	190～170	>C—S—		70～55
—COOH	羧酸	185～160			
—COCl	酰氯	182～165	>C—X	(卤代烃)	75(Cl)～35(Ⅰ)
—CONHR	酰胺	180～160	>CH—C<	C(叔碳)	60～30
$(—CO)_2NR$	酰亚胺	180～165			
—COOR	羧酸酯	175～155	>CH—O—		75～60
$(—CO)_2O$	酸酐	175～150			
$—(R_2N)_2CS$	硫脲	170～150	>CH—N<		70～50
>C=NOH	肟	165～155	>CH—S—		55～40
$(RO)_2CO$	碳酸酯	160～150			
>C=N	甲亚胺	165～145	>CH—X	(X 为卤素)	65(Cl)～30(Ⅰ)
$—^{\oplus}N≡C^{\ominus}$	异氰化物	150～130	$—CH_2—C<$	C(仲碳)	45～25
—C≡N	氰化物	130～110	$—CH_2—O—$		70～40
—N=C=S	异硫氰化物	140～120			
▷	环丙烷	5～−5	$—CH_2—N<$		60～40

④ Atlas of C-13 NMR Data，Vol.Ⅰ，Breitmaier，Haas，Voelter，IFI/Plenum (1975)，[1000]。

⑤ Sadtler Guide to Carbon-13 NMR Spectra，Heydon，London [500]。

2. 化合物结构为未知时

① 结合噪声去耦谱及 DEPT 谱（或其他去耦谱），确定信号的数目，求出 δ 值，判断碳核的类型；

② 根据 OFR 谱，确定碳相连的氢核的数目；

③ 对照已知的化学位移数据表或与已知图谱进行对比研究，或结合其他图谱提供的信息综合考虑，推断化合物的基本骨架或整个结构。

目前对新化合物的结构确定及信号归属已借助于直接证明法，如在对^{1}H NMR 谱信号进行归属的基础上，用选择性氢核去耦、远程氢核去耦或 2D-NMR 技术直接证明予以确认。

第五节　二维核磁共振谱简介

二维核磁共振谱（two-dimensional NMR，简称 2D-NMR）思想是 Jeener 早在 1971 年提出来的。经过 Ernst（1991 年 Nobel 化学奖获得者）和 Freeman 等人的努力，发展了多种二维核磁共振实验方法并把它们应用于多肽、蛋白质、核酸等复杂结构的研究方面，取得了很大的成功。在此仅对结构分析中常用的几种二维谱作简单介绍。

自由感应衰减 FID 信号通过傅里叶（Fourier）变换，从时畴信号转换成频畴谱，成为谱线强度与频率的关系，这是一维谱，因为变量只有一个频率。二维核磁共振谱是由两个时间变量，经过两次傅里叶变换得到的两个独立的频率变量的谱图。2D NMR 信号是两个独立频率变量的信号函数 $S(\omega_1,\omega_2)$，关键的一点是两个独立的自变量都必须是频率，如果一个自变量是频率，另一个自变量是时间、温度、浓度等其他的物理化学参数，就不属于此处所指的二维 NMR 谱，它们只能是一维 NMR 谱的多线记录。此处所指的二维 NMR 谱是专指时间域的二维实验，是以两个独立的时间变量进行一系列实验，得到信号 $S(t_1,t_2)$。经两次 Fourier 变换得到的两个独立的频率变量的信号函数 $S(\omega_1,\omega_2)$。具体过程为在获得一维谱的 FID 信号过程中，再引入一个时间变量因素 t_1，当逐渐改变时间变量 t_1 时，使体系有关核的磁化矢量相互作用后产生有关信息给予标记，即获得一系列以时间 t_1 来标记的、以时间 t_2 为变量的 FID 信号，它构成二维时域信号函数 $S(t_1, t_2)$。将此函数分别对 t_2 和 t_1 进行 Fourier 变换，便得到二维频域信号函数 $S(\omega_1, \omega_2)$，此即 2D 图谱。

一、二维核磁共振谱的表现形式

二维核磁共振谱的表现形式有两种：等高图和堆积图。

(1) 等高图（contour plot） 类似于等高线地图。最中心的圆圈表示峰的位置，圆圈的数目表示峰的强度。最外圈表示信号的某一定强度的截面，其内第二、三、四圈分别表示强度依次增高的截面。这种图的优点是易于找出峰的频率，作图快；缺点是低强度的峰可能漏画。它对结构分析十分有用，一般 NMR 应用均画等高图[见图 6-12(a)]。

(2) 堆积图（stacked trace plot） 是一种假三维立体图，由很多条“一维”谱线紧密排列构成。堆积图的优点是直观，有立体感；缺点是难找出吸收峰的频率，大峰后可能隐藏较小的峰，而且作图耗时较多[见图 6-12(b)]。

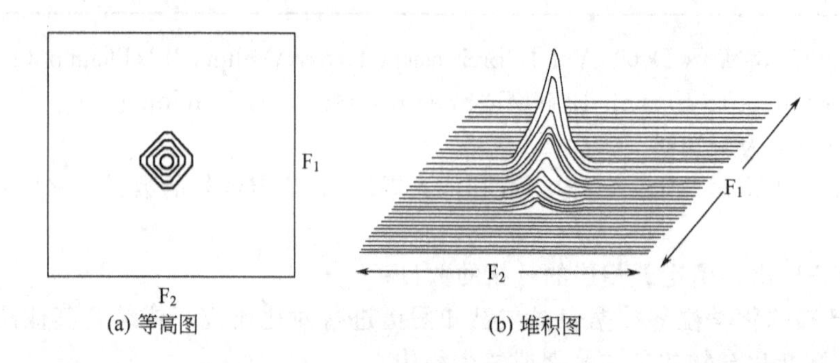

图 6-12 $CHCl_3$ 的 H—H COSY 谱

以上两种图形是二维谱的总体表现形式，对局部谱图还有别的表现方式，如通过某点作截面、投影等。

由于二维核磁共振谱的种类很多，下面就最常用的二维核磁共振谱分类讨论。

二、常用的二维核磁共振谱

至今分析化学家设计了各种各样的脉冲序列，希望简化复杂的谱图，从 2D-NMR 谱中直接获取更多的化学信息：化学位移 δ 与相应耦合裂分峰的相应关系，包括同核或异核的 δ 与耦合常数 J 的关系；相互耦合峰的化学位移 δ 的对应性，体系中可发生化学交换核的谱峰的对应性等。最常用、最基本的是 2D-J-NMR 谱及 2D 化学位移相关谱。

1. 2D-J-NMR 谱

亦称 J 谱，或称为 δ-J 谱，它把化学位移和自旋耦合的作用分辨开来，将化学位移 δ 与耦合常数 J 为二维坐标的谱图。J 谱包括异核 J 谱及同核 J 谱。简单耦合体系的同核 J 谱中最常见的为氢核的 J 分解谱（图 6-13），其表现形式简单：ω_2 维方向（水平轴）反映了氢谱的化学位移 δ_H，在 ω_2 方向的投影相当于全去耦谱图，化学位移等价的一种核显示一个峰；ω_1 维方向（垂直轴）反映了峰的裂分和 $J_{H—H}$ 值，峰组的峰数一目了然。若为高级耦合体系，其同核 J 谱的表现形式将比较复杂。

异核 J 谱常见的为碳原子与氢原子之间产生耦合的 J 分解谱（图 6-14），它的 ω_2 方向（水平轴）的投影如同全去耦碳谱。ω_1 方向（垂直轴）反映了各个碳原子谱线被直接相连的氢原子产生的耦合裂分：CH_3 显示四重峰，CH_2 显示三重峰，CH 显示双重峰，季碳显示单峰。

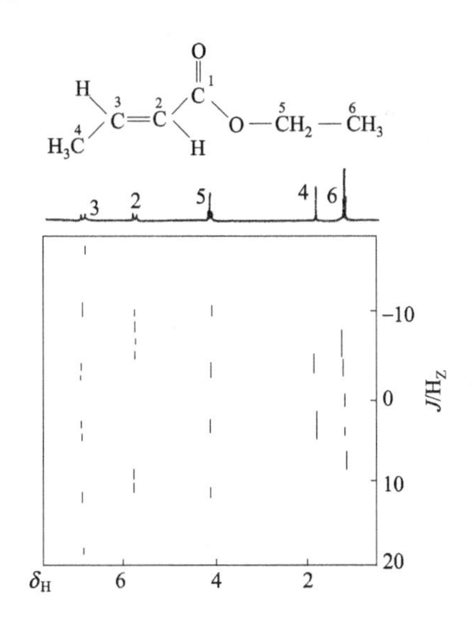

图 6-13　(E)-2-丁烯酸乙酯 ^{1}H 同核 2D-J 分解谱

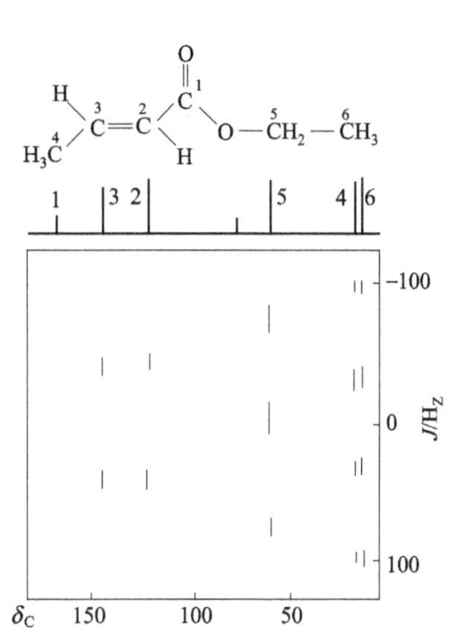

图 6-14　(E)-2-丁烯酸乙酯 ^{13}C—^{1}H 异核 2D-J 分解谱

2. 化学位移相关谱

化学位移相关谱（chemical shift correlation spectroscopy）也称为 δ-δ 谱，是二维核磁共振谱的核心。它表明共振信号的相关性。

测定化学位移相关谱的方法有很多，在这里仅介绍有机化合物结构分析中最常用的几种图谱。

（1）同核位移相关谱　同核位移相关谱中使用最频繁的是 H—H COSY，COSY 是 correlation spectroscopy 的缩写。H—H COSY 是 ^{1}H 与 ^{1}H 核之间的位移相关谱，通常就简称为COSY。

COSY 谱的水平轴及垂直轴方向的投影均为氢谱，一般列于上方及左侧（或右侧）。COSY 谱本身为正方形，当水平轴和垂直轴谱宽不等时则为矩形。正方形中有一条对角线（一般为左下右上），对角线上的峰称为对角峰（diagonal peak）。对角线外的峰称为交叉峰（cross peak）或相关峰（correlated peak）。每个相关峰或交叉峰反映两个峰组间的耦合关系。它的解谱方法是：取任一交叉峰作为出发点，通过它作垂线，会与某对角线峰及上方的氢谱中的某峰组相交，它们即是构成此交叉峰的一个峰组。再通过该交叉峰作水平线，与另一对角线峰相交，再通过该对角线峰作垂线，又会与氢谱中的另一峰组相交，此即构成该交叉峰的另一峰组。由此可见，通过COSY谱，从任一交叉峰即可确定相应的两峰组的耦合关系而不必考虑氢谱中的裂分峰形。见图 6-15。

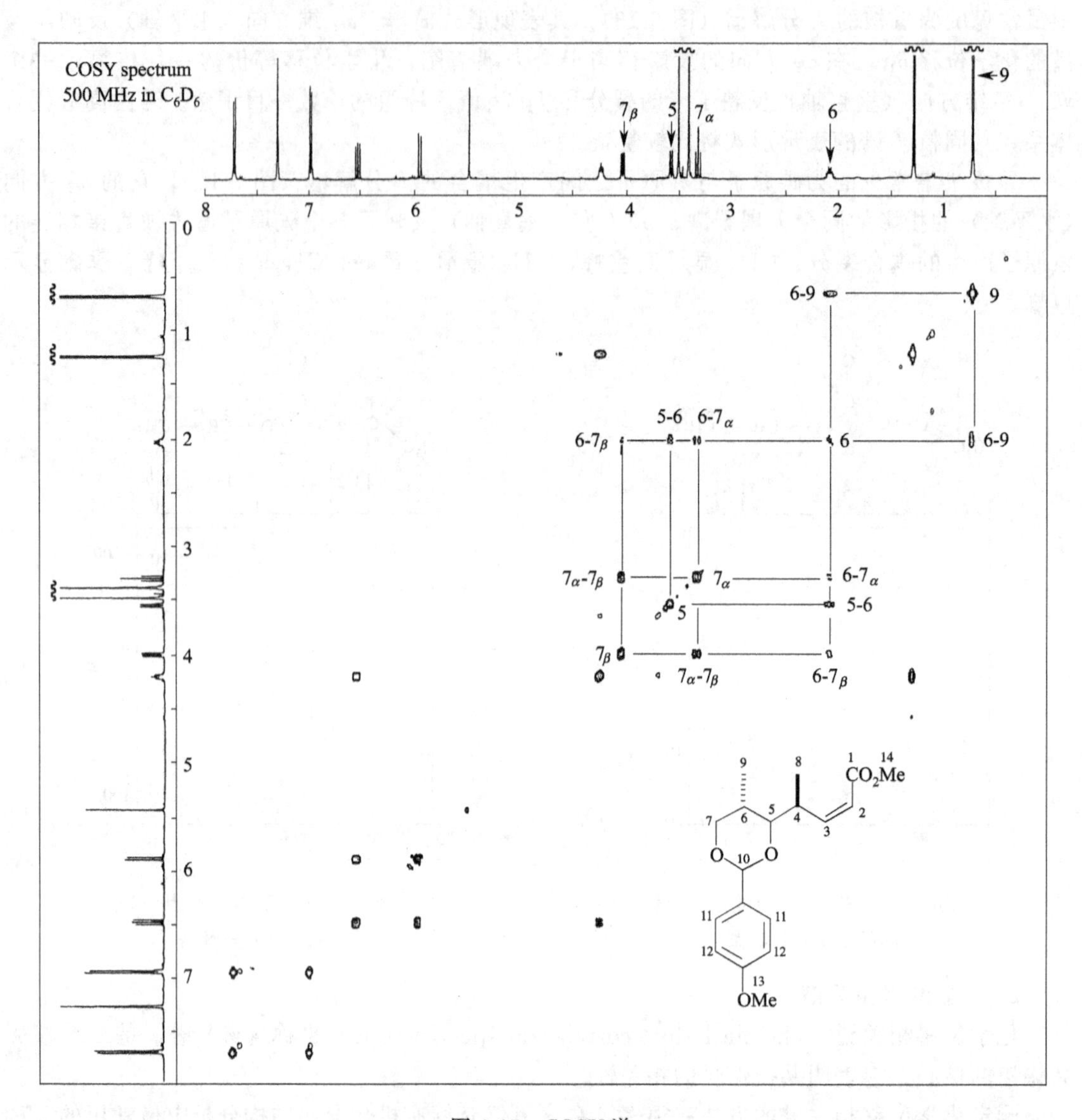

图 6-15 COSY 谱

（2）异核位移相关谱 异核位移相关谱中最常见的是 C—H COSY。C—H COSY 是^{13}C和^{1}H 核之间的位移相关谱，它反映了^{13}C 和^{1}H 核之间的关系。它又分为直接相关谱和远程相关谱，直接相关谱是把直接相连的^{13}C 和^{1}H 核关联起来，矩形的二维谱中间的峰称为交叉峰（cross peak）或相关峰（correlated peak），反映了直接相连的^{13}C 和^{1}H 核，在此图谱中季碳无相关峰。而远程相关谱则是将相隔两至三根化学键的^{13}C 和^{1}H 核关联起来，甚至能跨越季碳、杂原子等，交叉峰或相关峰比直接相关谱中多得多，因而对于帮助推测和确定化合物的结构非常有用。

在异核位移相关谱测试技术上又有两种方法，一种是对异核（非氢核）进行采样，这在以前是常用的方法，是正相实验，所测得的图谱称为“C—H COSY”或长程“C—H COSY”、COLOC（远程^{13}C—^{1}H 化学位移相关谱，correlation spectroscopy via long rang coupling)。因是对异核进行采样，故灵敏度低，要想得到较好的信噪比，必须加入较多的样品，累加较长的时间。另一种是对氢核进行采样，这种方法是目前常用的方法，为反相实验，所得的图谱为 HMQC（^{1}H 检测的异核多量子相干实验，^{1}H detected heteronuclear multiple quantum coherence）、HSQC（^{1}H 检测的异核单量子相干实验，^{1}H detected heteronuclear single quantum coherence）或 HMBC（^{1}H 检测的异核多键相关实验，^{1}H detected heteronuclear multiple bond correlation 或 long range heteronuclear multiple quantum coherence）谱。由于是对氢核采样，故对减少样品用量和缩短累加时间很有效果。

HMQC 和 HSQC 对应于“H—C COSY”，反映的是^{1}H 和^{13}C 以$^{1}J_{CH}$相耦合，HMBC 对应于长程“H—C COSY”和 COLOC，反映的是^{1}H 和^{13}C 以$^{n}J_{CH}$相耦合。无论是正相实验还是反相实验，所测得的图谱形式均是一样的，一维为氢谱，另一维为碳谱。解谱的方法也是相同的。其差别在于在正相实验中 ω_2（F_2，水平轴）方向的投影为全去耦碳谱，ω_1（F_1，垂直轴）方向的投影为氢谱，而在反相实验中正好与之相反。图 6-16 和图 6-17 分别是同一化合物的 HMQC 和 HMBC 图。

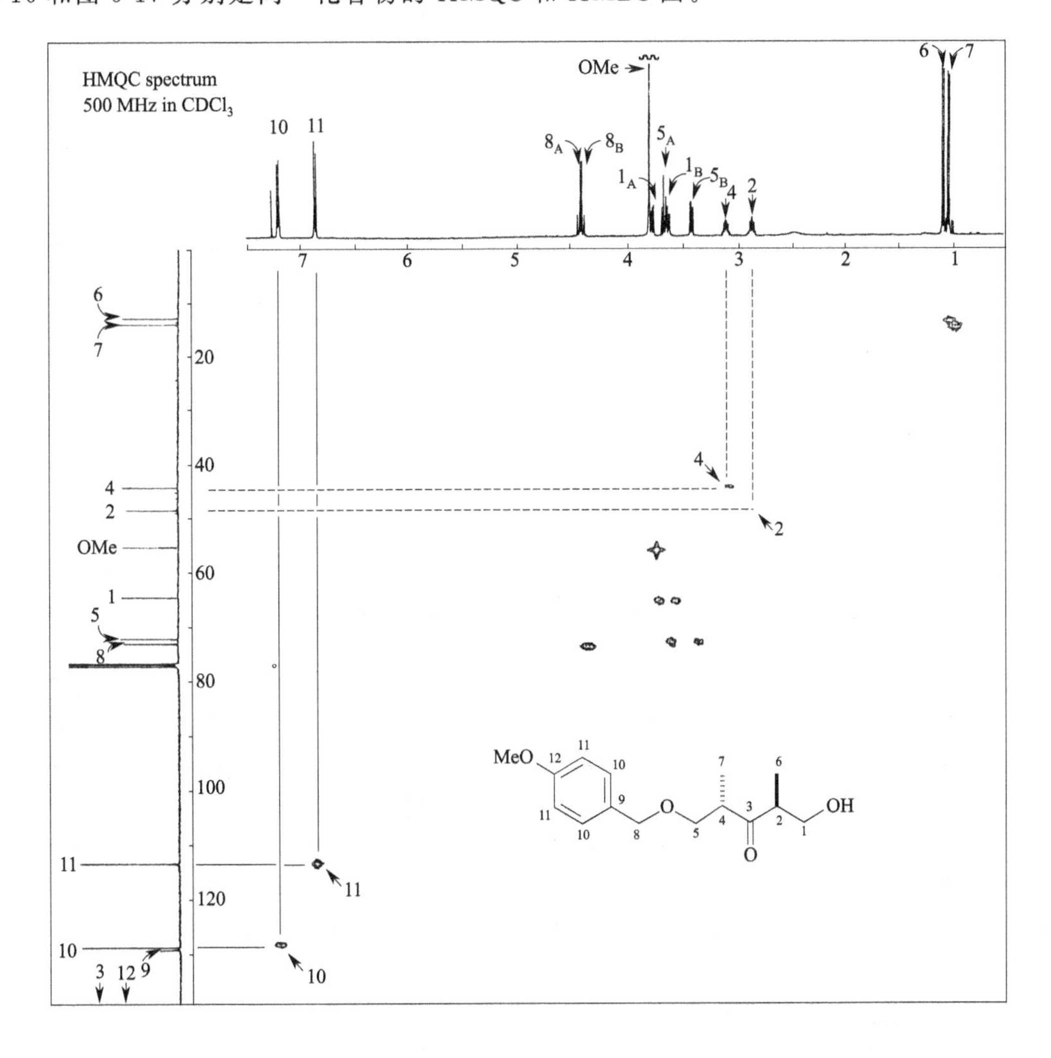

图 6-16 HMQC 谱

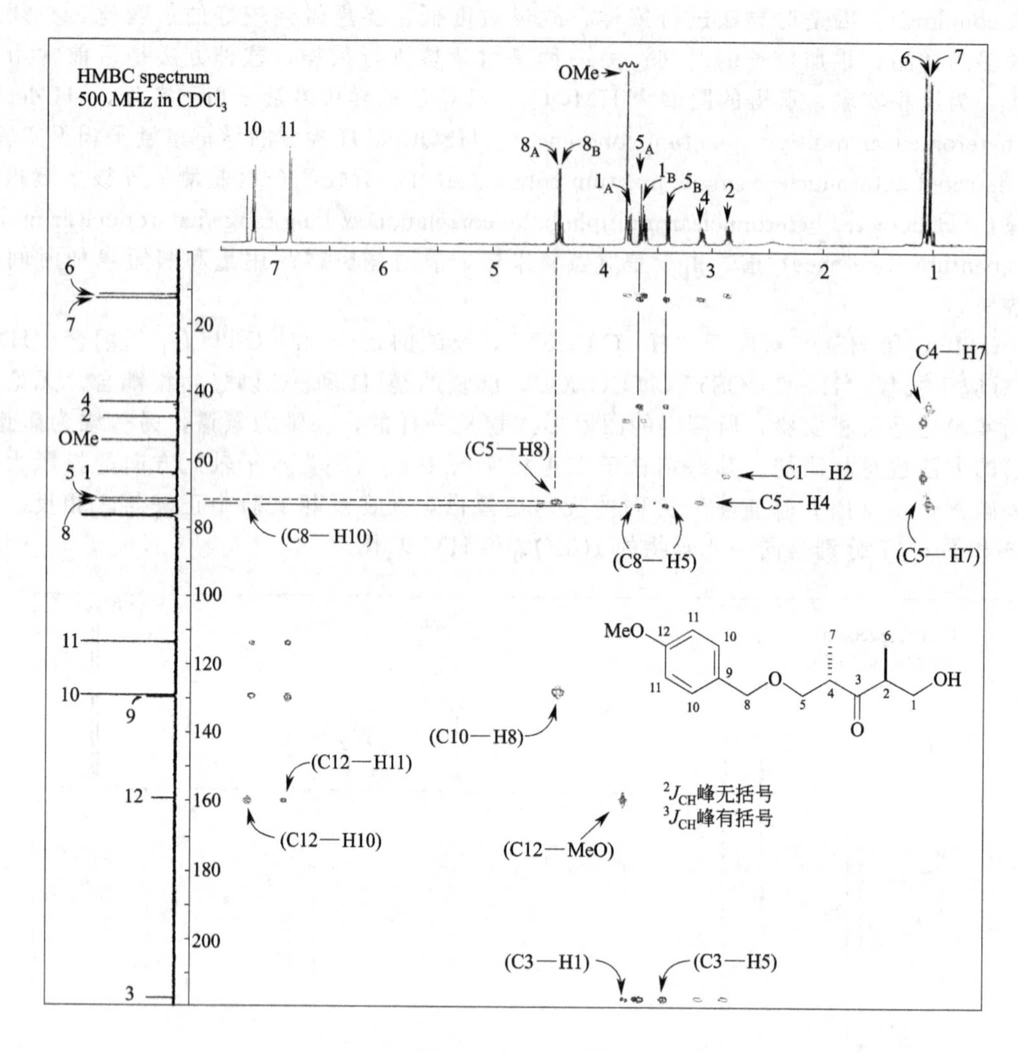

图 6-17 HMBC 谱

第六节 核磁共振谱仪及实验技术

核磁共振谱仪是检测和记录核磁共振现象的仪器。用于有机物结构分析的谱仪因为要检测不同化学环境磁核的化学位移以及磁核之间自旋耦合产生的精细结构，所以必须具有高的分辨率。高分辨核磁共振谱仪的型号、种类很多，按产生磁场的来源不同，可分为永久磁体、电磁体和超导磁体三种；按外磁场强度不同而所需的照射频率不同可分为 60MHz、100MHz、200MHz、300MHz、500MHz 等型号。但最重要的一种分类是根据射频的照射方式不同，将仪器分为连续波核磁共振谱仪（continuous wave NMR，CW-NMR）和脉冲傅里叶变换核磁共振谱仪（pulse Fourier transform NMR，PFT-NMR）两大类。

一、连续波核磁共振谱仪

连续波核磁共振谱仪的基本结构如图 6-18 所示。它主要由磁体、射频(RF)发生器、射频放大和接收器、探头、频率或磁场扫描单元以及信号放大和显示单元等部件组成。

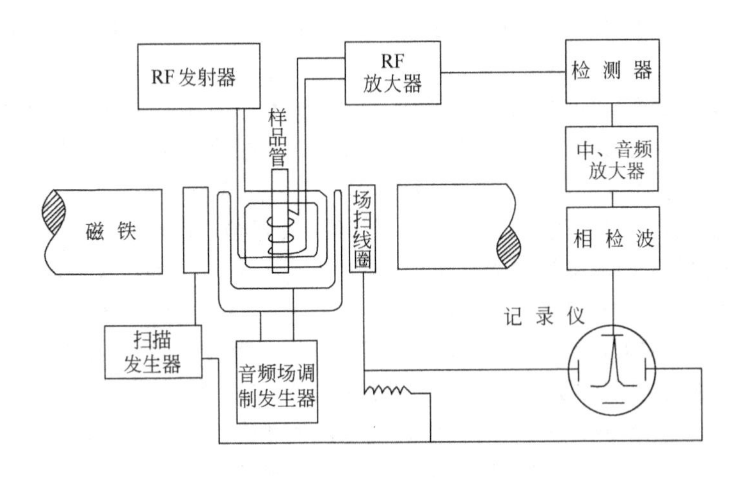

图 6-18 连续波核磁共振谱仪的基本结构

1. 磁体

磁体是所有类型的核磁共振谱仪都必须具备的最基本的组成部分，其作用是提供一个强的稳定均匀的外磁场。永久磁体、电磁体和超导磁体都可以用作核磁共振谱仪的磁体，但前两者所能达到的磁场强度有限，最多只能用于制作 100MHz 的谱仪。超导磁体的最大优点是可达到很高的磁场强度，因此可以制作 200MHz 以上的高频谱仪，目前世界上已经制成了高达 1000MHz 的核磁共振谱仪。超导磁体是用铌-钛超导材料绕成螺旋管线圈，置于液氦杜瓦瓶中，然后在线圈上逐步加上电流，待达到要求后撤去电源。由于超导材料在液氦温度下电阻为零，电流始终保持原来的大小，形成稳定的永久磁场。为了减少液氦的蒸发，通常使用双层杜瓦瓶，在外层杜瓦瓶中装入液氮，以利于保持低温。由于运行过程中消耗液氦和液氮，超导磁体的维持费用较高。

核磁共振谱仪对磁场的稳定和均匀性要求非常高，因此除了磁体之外还有许多辅助装置用于微调，消除因温度或电流（对于电磁铁）等变化所产生的对磁场强度的影响。

2. 射频发生器

射频发生器用于产生一个与外磁场强度相匹配的射频频率，提供能量使磁核从低能级跃迁到高能级。因此，射频发生器的作用相当于红外或紫外光谱仪中的光源，所不同的是，根据核磁共振的基本原理，即式(6-9)，在相同的外磁场中，不同的核种因磁旋比不同而有不同的共振频率。所以，同一台仪器用于测定不同的核种需要有不同频率的射频发生器。

3. 射频接收器

射频接收器用于接收携带样品核磁共振信号的射频输出，并将接收到的射频信号传送到放大器放大。射频接收器相当于红外或紫外光谱仪中的检测器。

4. 探头

探头中有样品管座、发射线圈、接收线圈、预放大器和变温元件等。发射线圈和接收线圈相互垂直，并分别与射频发生器和射频接收器相连，样品管座处于线圈的中心，用于承放样品管。样品管座还连接有压缩空气管，压缩空气驱动样品管快速旋转，使其中的样品分子感受到的磁场更为均匀。变温元件可用于控制探头温度，整个探头置于磁体的磁极之间。探头是 NMR 的心脏。

5. 扫描单元

扫描单元是连续波核磁共振谱仪特有的一个部件。扫描单元用于控制扫描速度、扫描范围等参数。

大部分商品仪器采用扫场的方式。因为样品中不同化学环境的磁核共振条件稍有差别，扫场线圈在磁体产生的外磁场基础上连续作微小的改变，扫过全部可能发生共振的区域，当磁场强度正好符合某一化学环境的磁核的共振条件，即满足式(6-10)时，该核便吸收射频发生器发出的电磁波能量，从低能级跃迁到高能级。射频接收器接收吸收信号，经放大后记录下来。连续波核磁共振谱仪是一种单通道仪器，在某一时间单元里只有一种化学环境的核因满足共振条件而产生吸收信号，其他的核都处于“等待”状态。为了记录无畸变的核磁共振谱图，扫描磁场的速度必须很慢，以使核的自旋体系与环境始终保持平衡。这样扫描一张谱图需要100～500s。

核磁共振测定的主要困难是核磁共振信号很弱，为了提高信噪比（S/N），通常采用重复扫描累加的方法。但这种办法不仅费时，而且要求仪器非常稳定，以保证在测定时间范围内信号不漂移，这一点实际上很难做到。脉冲傅里叶变换核磁共振谱仪的出现，大大提高了测试的灵敏度和分析速度。

二、脉冲傅里叶变换核磁共振谱仪

PFT-NMR 仪对磁场的要求与 CW-NMR 完全相同，也有磁体、射频发生器、射频接收器以及探头等部件。不同的是，PFT-NMR 仪器不用扫描磁场或频率的方式来采集不同化学环境的磁核的共振信号，而是在外磁场保持不变的条件下，使用一个强而短的射频脉冲照射样品，这个射频脉冲中包括所有不同化学环境的同类磁核（比如^{1}H）的共振频率，在这样的射频脉冲照射下所有这类磁核同时共振。由此可获得各个对应的自由感应衰减（FID）信号的叠加信息。FID 信号中虽然包含所有共振核的信息，但是它属于很难识别的时间域函数，所以要将 FID 信号通过傅里叶变换转化为我们熟悉的以频率为横坐标的谱图，即频率域谱图。图 6-19 所示为 PFT-NMR 谱仪的结构。

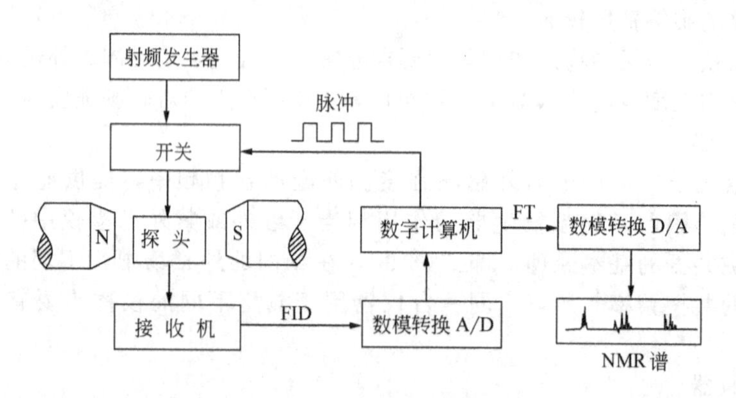

图 6-19 PFT-NMR 谱仪结构

脉冲傅里叶核磁共振谱仪是一种多通道仪器。在 PFT-NMR 中，强而短的射频脉冲相当于一个多通道的发射机，而傅里叶变换则相当于一个多通道的接收机。每施加一个脉冲，就能接收到一个 FID 信号，经过傅里叶变换便可得到一张常规的核磁共振谱图。

脉冲的作用时间非常短，仅为微秒级。如果作累加测量，脉冲需要重复，时间间隔一般也小于几秒钟，加上计算机快速傅里叶变换，用 PFT-NMR 测定一张谱图只需要几秒至几十秒钟的时间，比 CW-NMR 所需的时间短得多，这使得为提高信噪比而作累加测量的时间大大缩短。故采用脉冲傅里叶变换核磁共振波谱仪，大大提高了仪器的灵敏度和分析速度，同时也实现了丰度和磁旋比都较小的磁核的核磁共振测定。

三、样品制备

1. 样品管的要求

高分辨率核磁共振谱仪通常仅适用于液体样品，把它置于样品管内进行测试，根据仪器和实验的要求可以选择不同的外径（ϕ=5mm，8mm，10mm）。微量操作可使用球形或圆柱形的微量样品管。为保持旋转均匀及良好的分辨率，要求管壁内外均匀、平直，为防止溶剂挥发，尚需带上塑料管帽。

2. 样品的体积与浓度

CW-NMR 谱仪 ϕ5mm 样品管的最小充满高度约为 25mm，最少体积约 0.3mL，如果被测溶液体积小于 0.3mL，可用一尼龙塞充填于样品管底部。为获得良好的信噪比，要求样品浓度为 5%～10%，需要纯样品 15～30mg。PFT-NMR 谱仪所需样品可大大减少，^{1}H 谱只需 1mg 左右，最少几微克即能检测。测定^{13}C 谱所需量是几毫克至几十毫克。

3. 标准物质

每张图谱都必须提供一个参考峰，样品信号的化学位移以此峰为标准，标准物质可以直接加入样品，称为内标，也可置于放在样品管中的毛细管内，称为外标。

一个理想的标准物质要求：①能溶于样品溶液，和溶剂及溶质不发生或者很少发生分子间的相互作用；②它本身具有单一的尖峰，易于正确判断；③沸点较低，回收样品时易于除去。

四甲基硅烷（TMS）符合上述要求，而且它处在比绝大多数有机化合物都高的磁场处共振，是一个较理想的内标试剂。一般在样品溶液内加入约 1%，就能得到具有相当强度的参考信号。在文献资料中位移数据大多以 TMS 作标准，并定其 $\delta=0$。TMS 沸点较低（26.5℃），高温操作时，就需用六甲基二硅醚（HMDS），$\delta=0.04$。TMS 在水中几乎不溶，水溶液的内标一般采用 3-三甲基硅丙烷磺酸钠（简称 DSS），它的三个等价甲基单峰 $\delta=0.0$，其余三个彼此耦合的亚甲基是复杂的多重峰。在 1%浓度以下，它们淹没在噪声背景中。

有时也可把溶剂作为内标，然后根据溶剂对于 TMS 的化学位移折算成样品信号对 TMS 的化学位移值。必须注意的是可能存在溶剂和溶质的相互作用，折算时会产生一定的误差。

如果标准物质不能直接加入样品溶液内，可使用外标把放有标准物的毛细管放入内置样品溶液的样品管内，或将标准物放入特制的同心管内。

4. 溶剂选择

核磁共振实验中，选择适当的溶剂是很重要的。一个优良的溶剂应该满足以下要求：①溶剂分子是化学惰性的，它与样品分子间没有或很少有相互作用；②溶剂分子最好是磁各向同性的，它不会影响样品分子的磁屏蔽；③溶剂分子不含被测定的核，或者它的共振信号不干扰样品信号。

^{1}H 谱的理想溶剂是四氯化碳和二硫化碳，此外经常使用的还有氯仿、丙酮、二甲亚砜（DMSO）、三氟醋酸（TFA）、吡啶、苯等含氢溶剂，为避免这些溶剂中质子信号的干扰，更多地使用它们的氘代衍生物。

5. 样品纯度

少量不溶物的存在将影响磁场的均匀性而降低分辨率，可通过过滤方法除去。顺磁性物质包括氧的存在，将产生有效的弛豫使谱线大大变宽，有时必须除去。氧可用适当的脱气技术予以去除，并在真空或通氮条件下封闭样品管。少量水的存在促成活泼质子的交换；微量酸和碱的存在将催化交换过程，影响 OH、NH 的峰形和化学位移。

习　题

1. 名词解释

(1) 化学位移磁各向异性；(2) 核进动频率；(3) 耦合常数；(4) 一级图谱；(5) 饱和；(6) 纵向弛豫和横向弛豫。

2. 一个自旋量子数为 5/2 的核在磁场中有多少种能态？量子数为多少？

3. 试计算在 1.9406T 的磁场中下列各核的共振频率：^{1}H，^{13}C，^{19}F，^{31}P。

4. 自旋-自旋弛豫与自旋-晶格弛豫有何不同？

5. 使用 60.0MHz 共振仪上观察到某化合物中一种质子与 TMS 的吸收之差为 180Hz。如果使用 40MHz 的仪器，这种频率相差为多少？

6. 氢核磁各核中常用的内标是什么？为什么？

7. 简述自旋-自旋裂分的原理，怎样区分耦合常数与化学位移？

8. 已知一化合物的分子式为 $C_3H_6O_2$，^{1}H NMR 图如图 6-20，试解析其结构。

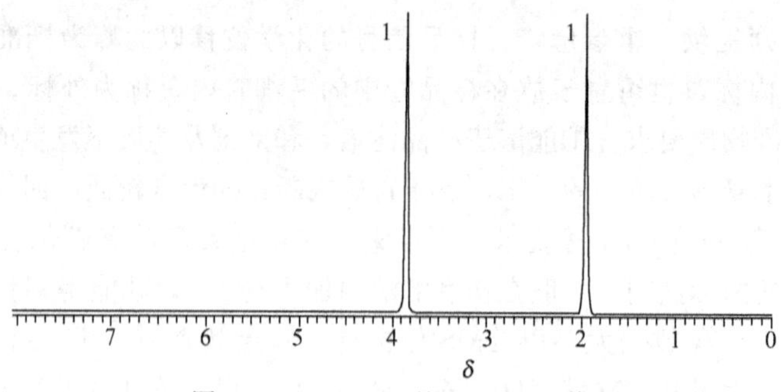

图 6-20　$C_3H_6O_2$ 的 ^{1}H NMR 谱

9. 已知一化合物的分子式为 $C_5H_{10}O$，^{1}H NMR 图如图 6-21，试解析其结构。

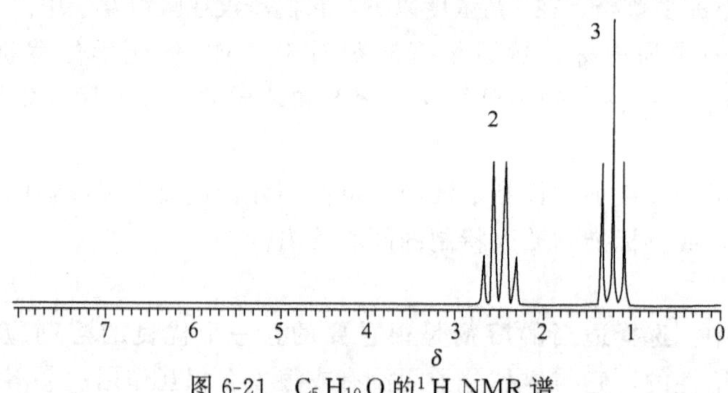

图 6-21　$C_5H_{10}O$ 的 ^{1}H NMR 谱

10. 已知一化合物的分子式为 $C_4H_{10}O_2$，偏共振去耦谱 ^{13}C NMR 图如图 6-22，试解析其结构。

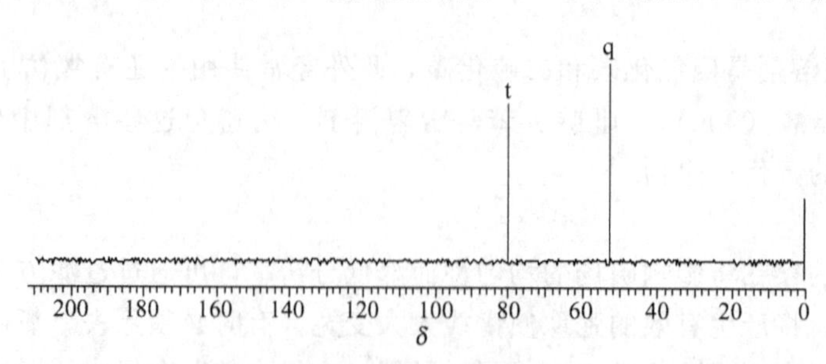

图 6-22　$C_4H_{10}O_2$ 的偏共振去耦谱 ^{13}C NMR

第七章　原子发射光谱法

第一节　原子光谱概述

原子光谱是原子内部运动变化的客观反映，原子光谱法是由于原子核外电子在不同能级间跃迁而产生的光谱。从应用角度看，其主要特征一是波长，二是强度，前者关系着光子的能量，后者关联着光子群体的能量。原子光谱与原子结构的内在联系，是原子光谱分析方法的重要理论基础之一。属于这类分析方法的有原子发射光谱法（atomic emission spectrometry，AES）、原子吸收光谱法（atomic absorption spectrometry，AAS），原子荧光光谱法（atomic fluorescence spectrometry，AFS）。各种方法相应仪器方框图如图 7-1 所示。

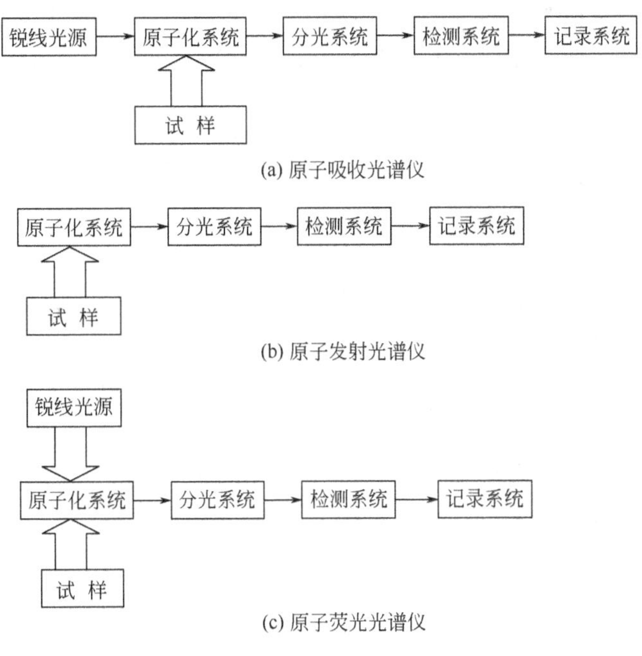

图 7-1　原子光谱仪示意

一、原子核外电子的运动状态

原子是由原子核和绕核运动的电子构成的。核外电子分布在各电子层中，每个电子层包含许多亚层或能级，而每个亚层又包含许多原子轨道，每个原子轨道又由两个分轨道组成。元素原子的核外电子数等于其原子序数。根据量子理论，电子的排布有一定概率，其能量是不连续的。对于外层为一个电子的原子，其能态可以由 4 个量子数描述，即主量子数 n，轨道角量子数 l、轨道磁量子数 m 和自旋量子数 s。

主量子数 n 表示电子层，决定电子的能量。n 相同的电子属于同一电子层。n 越大，其电子层中运动电子能量越高。对于基态原子 $n=1\sim7$，对应电子层名称为 K、L、M、…、Q。

轨道角量子数 l 表示电子云的形态，l 值为从 0 到 $n-1$ 的正整数，共 n 项。l 值越大，能量亦越高。$l=0$、1、2、3、…，对应的电子云名称为 s、p、d、f、…。在同一电子层中能量顺序一般为 s<p<d<f。

轨道磁量子数 m 表示电子云在空间的伸展方向，$m=0$、±1、±2、…、$\pm l$，m 可取由 $-l$ 到 $+l$ 间的任意整数，共 $2l+1$ 项。当无外磁场存在时，同一亚层的各个原子轨道或电子云的不同伸展方向具有相同的能量。

自旋量子数 s 表示电子的自旋，$s=\pm1/2$。每个电子的原子轨道只可能有两个分轨道，或者说电子自旋只有顺时针和逆时针两个方向。当无外磁场时，这两个分轨道的能量相同。

核外电子的排布遵循能量最低原理、鲍利不相容原理和洪特规则。如钠原子核外电子构型为 $1s^2 2s^2 2p^6 3s^1$，其价电子构型为 $3s^1$，则 $n=3$、$l=0$、$m=0$、$s=1/2$ 或 $-1/2$。

对于外层有多个价电子的原子，由于各电子间存在相互作用，情况比较复杂，一般用矢量和表示。主量子数的 n 意义同前面叙述一样，取值为大于 0 的任意整数。

总角量子数 L 是说明轨道间相互作用的参数。等于各个价电子角量子数 l 的矢量和，即 $\vec{L}=\sum\vec{l}$。其加和规则为：$L=|l_1+l_2|$，$|l_1+l_2-1|$，…，$|l_1-l_2|$，即由两个角量子数 l_1 与 l_2 之和变到它们之差，间隔为 1，共有（$2L+1$）个数值。L 的取值为 0、1、2、3、…，对应的光谱符号为 S、P、D、F、…

总自旋量子数 S 是说明自旋与自旋相互作用的，等于各个价电子自旋量子数的矢量和，即 $\vec{S}=\sum\vec{S}$，S 取值 0、±1、±2、…（当 S 为整数时）或 $\pm1/2$，$\pm3/2$，$\pm5/2$、…（当 S 为半整数时），共有（$2S+1$）个数值。

总内量子数 J 的值为 L 和 S 的矢量和，即 $\vec{J}=\vec{L}+\vec{S}$。$J=L+S$，$L+S-1$，$L+S-2$，…，$L-S$。当 $L\geqslant S$ 时，J 可取（$2S+1$）个数值。当 $L<S$ 时，J 可取（$2L+1$）个数值。J 值又称光谱支项，反映了轨道角动量与自旋角量子数的相互作用。

二、光谱项与能级图

在光谱学上，常用光谱项表示整体原子的状态，即原子所处的能级。其表示方法为 $n^{2S+1}L_J$。以钠原子为例，其基态和激发态光谱项见表 7-1。

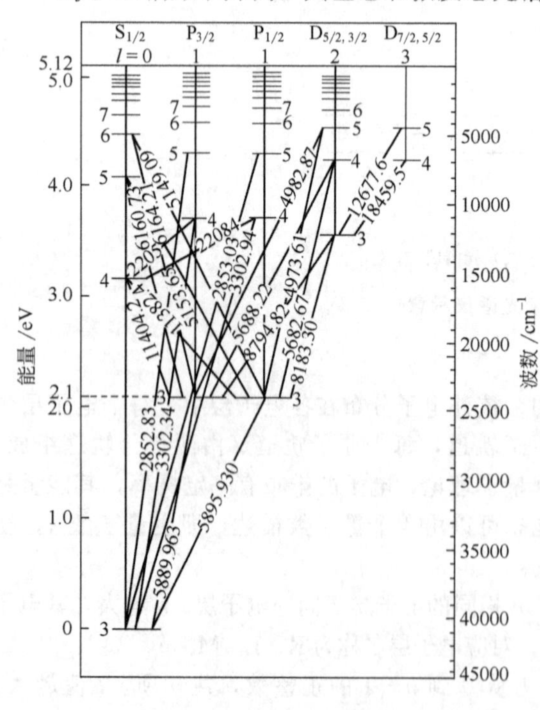

图 7-2 钠原子能级图

由于光谱线的产生是原子中价电子在两个能级间跃迁的结果，两个能级均可以用光谱项表示，所以每条谱线也可以用两个光谱项来表示。

如 Na 588.996nm $3^2S_{1/2}$-$3^2P_{3/2}$ D_2 线；

589.593nm $3^2S_{1/2}$-$3^2P_{1/2}$ D_1 线

通常把低能级的光谱项写在前面，高能级的光谱项写在后面。这样就可以较直观地了解该谱线由哪两个能级间的跃迁产生。

根据量子力学原理，电子在任意两个能级间的跃迁不可能任意发生，需遵循以下条件。

① 主量子数的变化 Δn 为包括零的整数。

② $\Delta L=\pm1$，即跃迁只能在 S 项与 P 项间、P 与 S 或 D 间、D 与 P 或 F 间等发生。

③ $\Delta S=0$，即不同多重性状间的跃迁是不可能的。

表 7-1　钠原子主要光谱项

价电子组态	量子数					光谱项	
	n	L	S	J			
基　态 3s′	3	0	1/2	1/2		$3^2S_{1/2}$	
激发态 3p′	3	1	1/2	3/2	1/2	$3^2P_{1/2}$	$3^2P_{1/2}$
3d′	3	2	1/2	5/2	3/2	$3^2D_{5/2}$	$3^2D_{3/2}$
4f′	4	3	1/2	7/2	5/2	$4^2F_{7/2}$	$4^2F_{5/2}$

④ $\Delta J=0$、±1，但当 $J=0$ 时，$\Delta J=0$ 的跃迁是不允许的。

上述规则即称为光谱选律。

元素的光谱线系常用能级图表示，图 7-2 所示为钠原子能级图。能级图的纵坐标表示能量，用 cm^{-1}或 eV 表示。实际存在的能级用横线表示，能级间的距离自下至上逐渐减小，顶端附近是密集的横线，表示各激发态，最下面一条横线表示基态。五个纵行以不同的光谱项符号表示。可能发射的谱线用线连接，并以波长值表示，单位为 nm。由各种不同的高能级跃迁到同一低能级时所发射的一系列谱线称为线系。

第二节　原子发射光谱法的基本原理

原子发射光谱法是一种成分分析方法，可对约 70 种元素（金属元素及磷、硅、砷、碳、硼等非金属元素）进行分析。这种方法常用于定性、半定量和定量分析。在一般情况下，用于 1%以下含量的组分测定，检出限可达 mg/kg，精密度为±10%左右，线性范围约 2 个数量级。但如采用电感耦合等离子体（ICP）作为发射光源，则可使某些元素的检出限降低至 $10^{-3}\sim10^{-4}$mg/kg，精密度达到±1%以下，线性范围可延长至 7 个数量级。这种方法可有效地用于测量高、中、低含量的元素。

原子的外层电子由高能级向低能级跃迁，能量以电磁辐射的形式发射出去，这样就得到了发射光谱。原子发射光谱是线状光谱。一般情况下，原子处于基态，在电致激发、热致激发或光致激发等激发光源的作用下，原子获得能量，外层电子从基态跃迁到较高能态变为激发态，经约 10^{-8}s，外层电子就从高能级向较低能级或基态跃迁，多余能量的发射可得到一条光谱线。原子中某一外层电子由基态激发到高能级所需要的能量称为激发电位。原子光谱中每一条谱线的产生各有其相应的激发电位。由激发态向基态跃迁所发射的谱线称为共振线。共振线具有最小的激发电位，因此最容易被激发，为该元素最强的谱线。

处于激发态的原子以光的形式释放多余的能量 ΔE，ΔE 与发射光谱波长的关系：

$$\lambda=\frac{hc}{\Delta E} \tag{7-1}$$

离子的外层电子跃迁时发射的谱线称为离子线，每条离子线有相应的激发电位。这些离子线激发电位的大小与电离电位无关。

离子也可能被激发，其外层电子跃迁也发射光谱。由于离子和原子具有不同的能级，所以离子发射的光谱与原子发射的光谱不一样。每一条离子线都有其激发电位，这些离子线的激发电位大小与电离电位高低无关。

在原子谱线表中，为了区别原子线和各级离子线，常在元素符号后面注罗马数字Ⅰ、Ⅱ、Ⅲ等，其中罗马数Ⅰ表示中性原子发射光谱的谱线，Ⅱ表示一次电离离子发射的谱线，Ⅲ表示二次电离离子发射的谱线。例如 MgⅠ 285.21nm 为原子线，MgⅡ 280.27nm 为一次电离离子线。

在热力学平衡条件下，某元素的原子或离子的激发也处于平衡状态，即分配在各激发态和基态的原子浓度遵循麦克斯韦-玻尔兹曼分布定律。即：

$$N_i = N_0 \frac{g_i}{g_0} e^{-\frac{E_i}{KT}} \tag{7-2}$$

式中 N_i——单位体积内处于第 i 个激发态的原子数；

N_0——单位体积内处于基态的原子数；

g_i——第 i 个激发态的统计权重；

g_0——基态的统计权重；

E_i——由基态激发到第 i 个激发态所需的能量；

K——玻尔兹曼常数，1.38×10^{-23}J/K；

T——激发光源温度。

由于原子在激发时可能被激发到不同的高能级，又可能以不同形式跃迁到不同低能级，因而可以发射出许多不同波长的谱线，电子在不同能级间的跃迁，只要符合光谱选律就可以发生。电子在两个能级间每秒跃迁发生可能性的大小称为跃迁概率。

谱线强度可以表示为：

$$I = N_i A h\nu \tag{7-3}$$

式中 I——谱线强度；

N_i——单位体积内处于第 i 个能级的原子数；

A——电子在某两个能级的跃迁概率；

h——普朗克常数；

ν——发射谱线的频率。

将式(7-2) 代入式(7-3)，则有

$$I = N_0 \frac{g_i}{g_0} e^{-\frac{E_i}{KT}} A h\nu \tag{7-4}$$

合并式中的常数项，简化后，可将原子线的谱线强度写为：

$$I = K^{\circ} N e^{-\frac{E_i}{KT}} \tag{7-5}$$

离子线的谱线强度写为：

$$I^{+} = K^{+} N (KT)^{\frac{5}{2}} e^{-\frac{v+E_j}{KT}} \tag{7-6}$$

式中 K°，K^{+}——原子线、离子线用的不同系数；

N——等离子体中该元素处于各种状态的原子总数；

v——该元素的电离电位；

E_i——原子的激发电位；

E_j——离子的激发电位。

由式(7-4) 可知，影响谱线强度的主要因素有以下几种。

(1) 激发电位　谱线强度与激发电位是负指数关系。激发电位越高，谱线强度越小。这是由于随着激发电位的增高处于该激发态的原子数迅速减少。激发电位较低的谱线都较强，而激发电位高的谱线都较弱，所以第一共振线常常是某一元素所有谱线中最强的谱线。

(2) 跃迁概率　可通过实验数据得到，一般在 $10^6 \sim 10^9 s^{-1}$之间。它与激发态寿命的倒数成正比，即原子处于激发态的时间越长，跃迁概率越小，产生的谱线强度越弱。

(3) 统计权重　由于具有相同的 n、L、J 值的能级在有外加磁场时可以分裂成 $2J+1$ 个能级，而一般在无外加磁场时，这个能级就不会发生分裂，此时可以认为这个能级是由

$2J+1$ 个不同能级合并而成的。所以，数值 $2J+1$ 常称作简并度或统计权重。谱线强度与统计权重成正比。

(4) 激发温度 谱线强度随激发温度变化是比较复杂的。因为在光源中的激发、电离等过程是同时发生的，随着温度升高，虽然激发能力增强，易于原子激发，但同时原子的电离能力也增强，即元素的离子数不断增加而原子数不断减少，使原子线强度减小，而离子线强度增强。

(5) 原子密度 谱线强度与 N_0 成正比，但 N_0 是由元素的浓度决定的，所以在一定条件下 $N_0 \propto c$。因此，谱线强度应与元素的浓度有一定关系，光谱定量分析就是根据这一关系而建立的。

第三节 原子发射光谱仪

一、原子发射光谱的获得

获得样品的原子发射光谱的最简便、常用的方法如图 7-3 所示。被测样品经激发光源 X 进行激发，元素的原子辐射特征光经外光路照明系统 L 聚焦在入射狭缝 S 上，再经准直系统 O_1 使之成为平行复色光。经色散系统 P 把复色光按波长顺序色散成光谱，最后光谱线经检测系统接收得到样品的特征发射光谱。

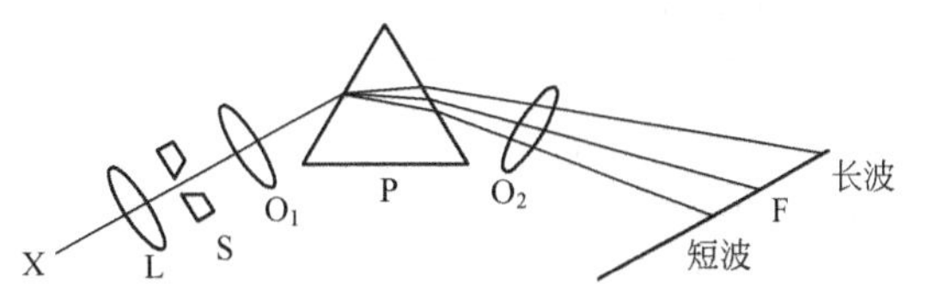

图 7-3 原子发射光谱获得示意

二、原子发射光谱仪的主要组成部分

激发光源、色散系统和检测系统是原子发射光谱的主要组成部分。

1. 激发光源

激发光源具有使样品蒸发、解离、原子化和激发、跃迁产生光辐射的作用。激发光源是影响分析准确度和灵敏度的主要因素。目前可用的光源有火焰、电弧、火花、辉光、等离子体和激光等。

(1) 火焰 火焰是最早用于 AES 的光源，它是利用燃气和助燃气气体混合后燃烧产生足够的热量来使样品蒸发、解离和激发的。用不同的燃气和助燃气、不同的气体流量比例可以得到不同用途的火焰。

与其他光源比较，火焰光源的设备简单，操作比较方便，稳定性好，因而精密度较高，且分析速度快，但由于火焰温度一般只有 2000～3000K，只能激发那些激发电位低的原子如碱金属和碱土金属，使用范围有限。

利用火焰的热能使原子发光并进行光谱分析的仪器称为火焰光度计，其分析方法称为火焰光度法。

(2) 电弧 电弧是由较大电流通过两个电极之间的一种气体放电现象，所产生的弧光有很大的能量，如果把样品引入弧光中，就可以使样品蒸发、解离，并激发原子使之发射出线光谱。通过气体的电流可以是直流或交流的。电弧是目前应用比较广泛的光源。

(3) 火花 火花是利用升压变压器把电压升高后向一个与分析间隙并联的电容器充电，当电容器上的电压达到一定值后将分析间隙的空气绝缘击穿而在气体中放电。常用的火花有高压火花、低压火花、高频火花及控制火花等多种形式。

高压火花的特点是放电的稳定性好，电弧放电的瞬间温度可高达 10000K 以上，适用于定量分析及难激发元素的测定。由于激发能量大，所产生的谱线主要是离子线，又称火花线。但这种光源每次放电后的间隔时间较长，电极头温度较低，因而试样的蒸发能力较差，较适合于分析熔点低的试样。缺点是灵敏度较差、背景大，不宜作痕量元素分析。另外，由于火花仅射击在电极的一小点上，若试样不均匀，产生的光谱不能全面代表被分析的试样，故仅适用于金属、合金等组成均匀的试样。由于使用高压电源，操作时应注意安全。

（4）辉光　是一种在很低气压下的放电现象。有气体放电管、格里姆放电管及空心阴极放电管多种形式，其中空心阴极放电管应用比较多。一般是将样品放在空心阴极的空腔里或以样品作为阴极，放电时利用气体离子轰击阴极使样品溅射出来进入放电区域而被激发。

辉光光源的激发能力很强，可以激发一些很难激发的元素，如部分非金属元素、卤素和一些气体。产生的谱线强度大，背景小，检出限低，稳定性好，分析的准确度高。但设备复杂，进样不便，操作烦琐。它主要用于超纯物质中杂质分析及难激发元素、气体样品、同位素的分析及谱线超精细结构研究。

（5）电感耦合等离子体（ICP）光源　等离子体是指有一定电离度的气体，其中正、负电荷的粒子数基本相等，整体上呈中性，故称等离子体。等离子体激发光源是20世纪70年代才迅速发展起来的一种新型光源，有直流等离子体喷焰DCP、电感耦合高频等离子炬ICP、电容耦合微波等离子炬CMP等。

ICP光源一般由三部分组成：高频发生器、等离子炬管、雾化器。等离子炬管是一个三层同心石英玻璃管。外层通入冷却气Ar气的目的是使等离子体离开外层石英管内壁，以避免烧毁石英管。中层石英管出口做成喇叭形，通入Ar气起维持等离子体的作用，有时也可不通Ar气。内层以载气载带试样气溶胶由内管注入等离子体内。试样气溶胶由气动雾化器和超声波雾化器产生。当高频发生器与围绕在等离子炬管外的负载铜管线圈（以水冷却）接通时，高频电流流过线圈，并在炬管的轴线方向上形成一个高频磁场。此时，若向炬管内通入气体，并用一感应圈产生电火花引燃，则气体触发产生电离粒子。当这些带电粒子达到足够的电导率时，就会产生一股垂直于管轴方向的环形涡电流。这股几百安培的感应电流瞬间就将气体加热到近10000K，并在管口形成一个火炬状的稳定的等离子炬，如图7-4所示。试样由内管喷射到等离子体中进行蒸发和激发。

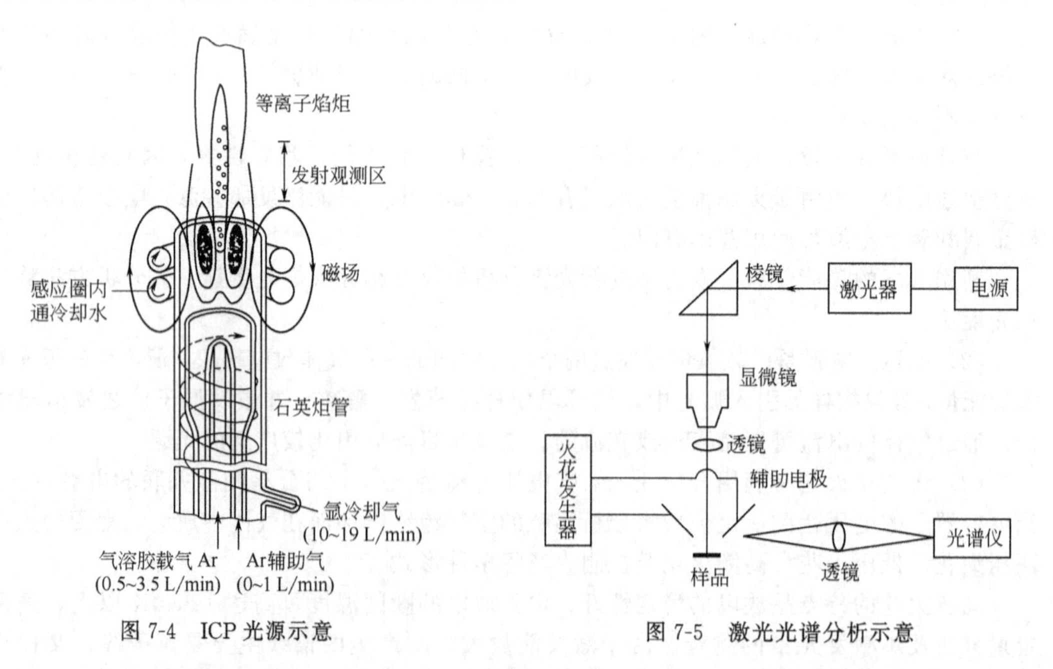

图7-4　ICP光源示意　　图7-5　激光光谱分析示意

由于高频电流的趋肤效应，使中心通道内的电流密度较低，而试样气溶胶在通道内受热蒸发、分解和激发。所以试样中共存元素对外层放电影响不大，降低了基体元素对谱线强度的影响，提高了 ICP 的分析精密度。ICP 光源具有基体效应小、检出限低、线性范围宽等优点，是分析液体试样的最佳光源。

(6) 激光 激光的单色性和方向性很好，亮度非常大。虽然激光的输出总能量不大，但经过聚焦的激光束，光斑直径可控制在 5～300μm，焦点温度可高达 10000K 以上，几乎可以把任何物质熔化和蒸发。常用的激光器是采用红宝石或钕玻璃固体激光器，利用氙灯的闪光激发工作物质产生激光束。经常采用的样品激发方法为两段激励法或称交叉激发法，也称为被动式同步火花激发，此方法是用聚焦的激光束照到样品上进行蒸发，再用一对辅助电极的火花放电激发蒸发出来的样品蒸气。图 7-5 所示为激光光谱分析的示意，由激光器产生的激光束经直角转向棱镜，聚焦在样品上使样品蒸发，其蒸气由辅助电极的火花激发，辐射出的谱线经透镜进入光谱仪。

激光光源将激光的高蒸发能力与电火花的高激发能力结合在一起，所以灵敏度高、检出限低。由于激光束可以控制在非常小的直径范围内，并配有显微镜，因此可对样品进行微区分析。消耗样品量很少，几乎不破坏样品，适合分析成品和珍贵样品。样品无需预处理，基体效应极小。

2. 分光系统

常用的色散元件有棱镜和光栅两类。当包含有不同波长的复合光通过棱镜时，不同波长的光就会因折射率不同而分开，这就是棱镜的色散作用。色散能力常用色散率和分辨率表示，但随着波长的增加，棱镜的色散率降低，且棱镜的色散率和分辨率不如光栅，因此，现代光谱仪中多使用光栅作为色散元件。

光栅是用玻璃或金属片制成，上面准确刻有大量宽度和距离都相等的平行线条。光栅有透过光栅和反射光栅之分，在光谱仪中常用反射光栅。如果光线通过这些刻槽产生衍射和干涉现象，这种光栅称为透射光栅；如果每个刻槽是一个小反射镜，它反射的光产生衍射和干涉现象，这种光栅称为反射光栅；发射光谱分析仪器用的光栅均属发射光栅。外形上光栅分为平面光栅和凹面光栅。凹面光栅的刻槽间距只是在光栅截面圆弧的弦上的投影是等距的，而在光栅表面上则是不等距的。凹面光栅除具有色散作用外，还兼具准光和聚光作用。因此采用凹面光栅的光谱仪，一般具有光学系统简单和辐射损失少的优点，但成像质量不如平面光栅，一般多用于光电直读光谱仪，而光栅摄谱仪由于对成像质量要求较高，多采用平面光栅作为色散元件。按刻制方式不同，还可分为机刻光栅（包括原刻光栅和复制光栅）和全息光栅。全息光栅采用激光全息照相联系方法制造，刻槽数可达 6500 条/mm，且可得到较大面积的光栅。机刻光栅和全息光栅都是现代发射光谱仪的重要色散元件。

3. 检测系统

在原子发射光谱仪中使用的检测器大致可以分为两类：一类是通过摄谱仪以胶片感光方式记录原子发射光谱，再利用感光胶片上的原子发射线的波长和黑度进行间接定性和定量检测；另一类则通过光电转换元件作为检测器，直接对原子发射光谱的波长和亮度进行检测。光电转换元件有多种，其中包括光电池、光电管、二极管阵列、光电倍增管检测器、电荷偶合式检测器（CCD）、电荷注入式检测器（CID）、接触式感光器件（CIS）、分段式电荷偶合检测器（SCD）等等。

三、各种类型的原子发射光谱仪

根据发生原子发射光谱使用的光源和检测器件的不同，原子发射光谱仪器名称也不相同，大致可以划分为以下几种。

（1）火焰光度计　采用火焰作为光源（试液雾化后喷入火焰），滤光片作为单色器，光电池或光电管作为检测器元件组成仪器。测量试样元素的辐射强度来进行发射光谱定量分析，称为火焰光度分析法，该法只能对碱金属和碱土金属等激发电位低的元素进行定量分析。

（2）等离子体发射光谱仪　应用ICP作为光源的发射光谱仪。

（3）摄谱仪　将分光系统焦面上的发射光谱图采用照相感光板来记录，然后用投影仪（又称映谱仪）将感光板上记录下来的原子谱线放大，并辨认待测元素特征谱线是否存在，进行元素定性分析并采用类似光电比色计的黑度计（又称测微光度计）测量元素特征谱线的黑度，进行元素定量分析，这种原子光谱分析方法，称为摄谱法，相应的仪器称为摄谱仪。

（4）直读光谱仪　在分光系统的焦面上，设置一个可变波长的出光狭缝和一个光电倍增管，叫做单道光电直读仪。如果设置多个既定波长的出光狭缝和相应的光电倍增管来同时检测多个既定元素特征谱线的强度，从而进行多元素发射光谱同时定量分析的方法，称为多道光电直读仪。由于该方法的光电检测系统有多个，所以价格较贵。同时由于单色器的多个出光狭缝通常是固定不变的，一台直读光谱仪只能测若干种（目前已多至五十种）固定元素，所以一般只用在钢铁厂、合金厂等专业性较强的单位。

（5）全谱直读发射光谱仪　在单色器出光狭缝的焦面上放置CCD或CIS作为检测器，可以对试样的发射光谱进行数码照相记录，同时利用计算机技术处理电子图像的光谱特征，如谱线波长、谱线数目和强度，实现试样中众多元素特征波长和任一元素多个发射波长处的定性和定量分析，这样的光谱仪称之为全谱直读发射光谱仪，此类仪器一般采用ICP作为光源。

（6）ICP-MS　见第五篇。

第四节　原子发射光谱分析

发射光谱分析的方法，一般分为定性分析、半定量分析及定量分析三类，其主要区别是对分析结果的准确度要求不同。三种方法对准确度的要求，如表7-2所示。

表7-2　各类光谱分析方法的准确度要求

分析方法	相对误差(%)
定性分析	＞±300
半定量分析	±20～±300
定量分析	＜±20

一、原子发射光谱定性分析

1. 灵敏线、最后线、特征线组和分析线

在定性分析中所依据的谱线有灵敏线、最后线及特征线组。灵敏线是指各种元素谱线中最容易激发或激发电位较低的谱线，通常是该元素光谱中最强的谱线。最后线是指随着元素含量减小，最后才消失的谱线，一般而言，最后线常常是第一共振线，也是理论上的灵敏线（由第一激发态跃迁至基态时所辐射的谱线称为第一共振线）。特征线组是指为某种元素所特有的、最易辨认的多重线组。在光谱分析中，凡是用于鉴定元素的存在及测定元素含量的谱线称为分析线。在进行光谱定性分析时，并不需要找出元素的所有谱线，一般只要找出一根或几根灵敏线即可。

2. 自吸和自蚀

从光源中辐射出来的谱线，主要是从温度较高的发光区域的中心发射出来。在发光蒸气云的一定体积内，温度和原子密度分布不均匀，一般边缘部分温度较低，原子多处于较低能级，当由光源中心某元素发射出的特征光向外辐射通过温度较低的边缘部分时，就会被处于低能级的同种原子所吸收，使谱线中心发射强度减弱，这就是自吸收现象。

在原子发射光谱分析中应注意自吸和自蚀现象对光谱线的影响，当元素含量较高时，常因自吸效应而使谱线强度减弱，在自吸很严重的情况下，会使谱线中心强度减弱很多，使原来表现为一条的谱线变成双线形状，这种严重的自吸也称作自蚀。图 7-6 所示为发生自吸和自蚀时的谱线轮廓变化。因此，有时最后线不一定是实际的灵敏线，只有在元素含量较低时，自吸效应很小，最后线才是灵敏线。

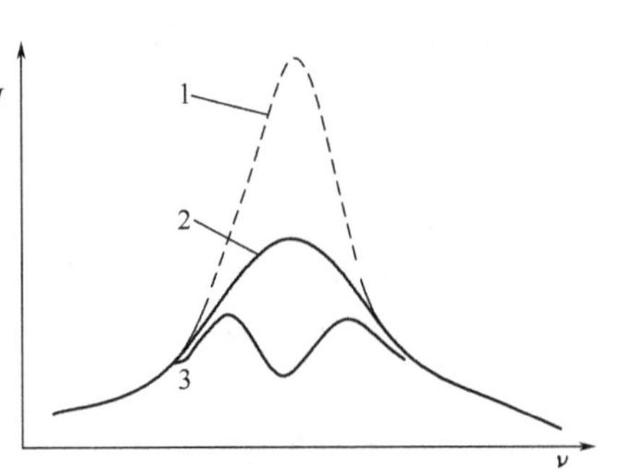

图 7-6　发生自吸和自蚀时的谱线轮廓变化

1—无自吸；2—自吸；3—自蚀

3. 鉴定元素的方法

通常辨认谱线的方法是以谱线的位置为依据，辨认波谱的波长，从而确定存在何种元素，常用方法有以下三种。

(1) 铁光谱比较法　此法是以铁的光谱图作为基准波长表，把各种元素的灵敏线波长标于此图中，从而构成一个标准图谱。当把样品与铁并列摄谱于同一感光板上后，把感光板上的铁谱与标准铁光谱图对准位置，根据标准图谱上标明的各元素灵敏线，可对照找出试样中存在的元素。

(2) 标样光谱比较法　若只需检定少数几种元素，且这几种元素的纯物质比较容易获得，可采用标样光谱比较法。将待查的纯物质、样品与铁一并摄谱于同一感光板上，用这些元素纯物质所出现的谱线与样品中所出现的谱线对比，如果样品中有谱线与元素纯物质光谱的谱线在同一波长位置，表明样品中存在此元素。

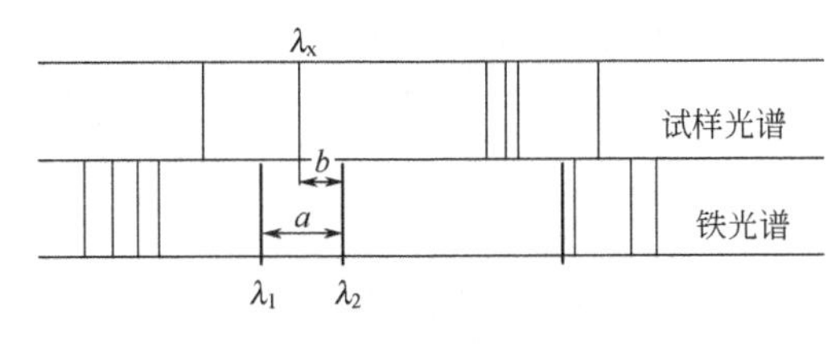

图 7-7　计算未知谱线波长示意

(3) 波长测定法　在有些样品光谱中，有时出现的谱线在铁标准图谱上没有标出，无法辨别是何种元素，此时可采用波长测定法，确定波长，再到谱线波长表上确定该波长的谱线属何种元素。但必须测定该元素两条以上的谱线，方能确定样品中含有这个元素。波长计算方法为：当未知波长谱线位于两已知波长铁谱线间时，先在测长仪上测定两条铁谱线间距离 a，再测定未知谱线到其中一条铁谱线间的距离 b，如图 7-7 所示，根据式(7-7) 计算未知谱线波长：

$$\frac{\lambda_2-\lambda_1}{a}=\frac{\lambda_2-\lambda_x}{b}$$

$$\lambda_x=\lambda_2-\frac{\lambda_2-\lambda_1}{a}b \tag{7-7}$$

二、原子发射光谱半定量分析

光谱半定量分析是一种粗略的定量方法，可以估计样品中元素大概含量，在样品数量较大时，剔除没有仔细定量测定的样品时有重大意义。这种方法在化学分析选方法，以及在冶金生产中用于金属、合金牌号的分类、配料等分析中起着很大的作用。所以，半定量是一种应用比较广泛的方法。常用方法有以下几种。

1. 显线法

显线法是基于被测元素的谱线数目随着样品中待测元素含量的增加而增多。当含量低时，仅有1～2条最灵敏线的谱线出现，随着样品中含量逐渐增高，一些次灵敏线也逐渐出现。因此，在固定的工作条件下，用含有不同含量待测元素的样品摄谱，把相应的谱线，编制成一个谱线呈现表，在测定时，按相同的条件，利用谱线呈现表，可以很快地估计出样品中几十种元素的半定量结果。用此方法不必摄取参比样品的光谱，简单快速，而且测定的含量范围高达几个数量级。但对测定条件的要求必须严格保持一致，否则误差较大。

2. 比较光谱法

依据样品中元素含量越高、谱线黑度越大的原理，将一系列不同含量的标准品与样品在相同条件下摄谱，比较谱线的黑度，与样品黑度相等的标准品的含量即为样品中元素含量。

3. 均称线对法

选用一条或数条分析线与一些内标线组成若干个均称线组，在一定分析条件下对样品摄谱，观察所得光谱中分析线和内标线的黑度，找出黑度相等的均称线对来确定样品中分析元素的含量。

三、原子发射光谱定量分析

1. 定量分析的基本原理

元素谱线强度 I 与样品浓度 c 之间的关系可由罗马金-赛伯经验公式表示：

$$I=ac^{b} \tag{7-8}$$

公式两边取对数得：

$$\lg I=b\lg c+\lg a \tag{7-9}$$

这就是光谱定量分析的基本关系式，式中，a 与样品组成、光源类型、工作条件和激发过程等因素有关，是一个常数。b 为自吸系数。当 $b=1$ 时，无自吸；$b<1$ 时，有自吸。元素含量越大，自吸越严重，b 值越小。在摄谱条件一定，被测元素在一定浓度范围内时，$\lg I$ 和 $\lg c$ 呈线性关系。

2. 内标法

内标法由盖拉赫提出，此方法克服了工作条件不稳定等因素的影响，使光谱分析可以进行比较准确的定量计算。方法原理是：首先在被测元素的谱线中选一条分析线，其强度为 I_1，然后在内标元素的谱线中选一条与分析线匀称的谱线作为内标线，其强度为 I_2，这两条谱线组成分析线对。在选择适当实验条件后，分析线与内标线的强度比不受工作条件变化的影响，只随样品中元素含量不同而变化。根据式(7-9)，分析线与内标线强度分别为

$$I_1=a_1c_1^{b_1} \tag{7-10}$$

$$I_2=a_2c_2^{b_2} \tag{7-11}$$

分析线对比值 R 为

$$R=\frac{I_1}{I_2}=\frac{a_1}{a_2}\times\frac{c_1^{b_1}}{c_2^{b_2}} \tag{7-12}$$

由于样品中内标元素浓度是一定的，所以 $c_2{}^{b_2}$ 可认为是常数，

令
$$A=\frac{a_1}{a_2}\times\frac{1}{c_2^{b_2}},$$
则
$$R=\frac{I_1}{I_2}=Ac_1^{b_1} \tag{7-13}$$
即
$$R=Ac^b \tag{7-14}$$
上式两边取对数
$$\lg R=b\lg c+\lg A \tag{7-15}$$

内标元素和分析线对的选择原则如下。

① 内标元素和被测元素有相近的物理化学等性质，如沸点、熔点相近，在激发光源中有相近的蒸发性。

② 内标元素和被测元素有相近的激发能，如果选用离子线组成分析线对时，则不仅要求两线对的激发电位相近，还要求内标元素的电离电位也相近。

③ 若内标元素是外加的，则样品中不应含有内标元素。

④ 内标元素的含量必须适量且固定。

⑤ 分析线和内标线无自吸或自吸很小，且不受其他谱线干扰。

⑥ 若用照相法测量谱线强度，则要求两条谱线的波长应尽量靠近。

3. 定量分析方法

（1）校准曲线法　在确定的分析条件下，用三个或三个以上含有不同浓度被测元素的标准样品与试样在相同的条件下激发光谱，以分析线对强度比 R 或 $\lg R$ 对浓度 c 或 $\lg c$ 作校准曲线，再由校准曲线求得试样被测元素含量。

① 摄谱法　将标准样品与试样在同一块感光板上摄谱，求出一系列黑度值，由乳剂特征曲线求出 $\lg I$，再将 $\lg R$ 对 $\lg c$ 做校准曲线，求出未知元素含量。

分析线与内标线的黑度都落在感光板正常曝光部分，可直接用分析线对黑度差 ΔS 与 $\lg c$ 建立校准曲线。选用的分析线对波长比较靠近，此分析线对所在的感光板部位乳剂特征相同。

若分析线黑度为 S_1，内标线黑度为 S_2，则
$$S_1=\gamma_1\lg H_1-i_1,\quad S_2=\gamma_2\lg H_2-i_2$$
因分析线对所在部位乳剂特征基本相同，故
$$\gamma_1=\gamma_2=\gamma,\quad i_1=i_2=i$$
由于曝光量与谱线强度成正比，因此
$$S_1=\gamma\lg I_1-i, S_2=\gamma\lg I_2-i$$
黑度差 $\Delta S=S_1-S_2=\gamma\lg I_1-\gamma\lg I_2=\gamma\lg I_1/I_2=\gamma\lg R$
$$\Delta S=\gamma b\lg c+\gamma\lg A$$
上式即为摄谱法定量分析内标法的基本关系式。

分析线对的黑度值都落在乳剂特征曲线直线部分，分析线与内标线黑度差 ΔS 与被测元素浓度的对数 $\lg c$ 呈线性关系。

② 光电直读法　ICP 光源稳定性好，一般可以不用内标法，但有时由于试液黏度等有差异而引起试样导入不稳定，也可采用内标法。ICP 光电直读光谱仪商品仪器上带有内标通道，可自动进行内标法测定。光电直读法中，在相同条件下激发试样与标样的光谱，测量标准样品的电压值 U 和 U_r，U 和 U_r 分别为分析线和内标线的电压值，再绘制 $\lg U$-$\lg c$ 或 $\lg(U/U_r)$-$\lg c$ 校准曲线；最后，求出试样中被测元素的含量。

（2）标准加入法　当测定低含量元素，且找不到合适的基体来配制标准试样时，一般采用标准加入法。设试样中被测元素含量为 c_x，在几份试样中分别加入不同浓度 c_1、c_2、c_3、…的被测元素；在同一实验条件下，激发光谱，然后测量试样与不同加入量样品分析线对的强度比 R。在被测元素浓度低时，自吸系数 $b=1$，分析线对强度 $R \propto c$，R-c 图为一直线，将直线外推，与横坐标相交截距的绝对值即为试样中待测元素含量 c_x。

四、发射光谱的应用

以电弧为光源、光谱感光板为检测器的发射光谱，在工业上至今仍用于定性分析。有些商品仪器，采用球状电弧和 PMT（光电倍增管）作检测器，用于测量如纯铜中痕量元素，其灵敏度比 X 射线荧光光谱法还要高。由于该系统能直接分析金属丝和粉末，简化了样品的制备。

火花 AES 广泛用于直接测定金属和合金，例如钢、不锈钢、镍和镍合金、铝和铝合金等。由于分析的速度和精度的优点，在钢铁工业中，AES 分析技术是相当出色的，但也有一定的局限性，需要每类样品建立一套校准曲线，这是由于样品的基体效应不同而引起的。

ICP-AES 法可用于分析任何能制成溶液的样品，其应用领域很广，包括金属与合金的地质样品、环境样品、生物和医学临床样品、农业和食品样品、电子材料及高纯化学试剂等。它的主要限制是需要将样品制成溶液。对固体样品，其制备样品手续烦琐且费时，故固体样品分析一般选择火花或激光把固体消融成悬浮液进样，或直接插入固体到等离子体中。

习　　题

1. 名词解释

（1）激发电位与共振电位；

（2）共振线；

（3）等离子体；

（4）谱线的自吸。

2. 阐明光谱项符号和能级图的意义。

3. 用光谱项符号写出 Mg2852Å（共振线）的跃迁。

4. 写出下列哪种跃迁不能产生，为什么？

（1）3^1S_0—3^1P_1；

（2）3^1S_0—3^1D_2；

（3）3^3P_0—3^3D_3；

（4）4^3S_1—4^3P_1。

5. 谱线自吸对光谱分析有什么影响？

6. 说明影响原子发射光谱分析中谱线强度的主要因素。

7. 阐明原子发射光谱定性分析的原理，怎样选择摄谱法定性分析时的主要工作条件？

8. 选择分析线应根据什么原则？

9. 说明选择内标元素及内标线的原则是什么？

10. 采用 K4047.20Å 作分析线时，受 Fe4045.82Å 和弱氰带的干扰，可采用何物质消除？

11. 说明乳剂特性曲线的制作及其在光谱定性和定量分析中的作用。

12. 简述 ICP 光源的特点及应用。

13. 绘出原子发射光谱仪的方框图，并指出各部件的具体名称及主要作用。

14. 试对棱镜光谱和光栅光谱进行比较。

15. 为什么在碳电极直流电弧光源中采用惰性气氛？

第八章　原子吸收光谱法

原子吸收光谱法（atomic absorption spectrometry，AAS）又称原子吸收分光光度法，是基于蒸气中被测元素基态原子对其原子共振辐射的吸收强度来测定样品中被测元素含量的一种方法。

原子吸收光谱法是利用原子吸收现象进行分析，而原子发射光谱分析是基于原子的发射现象进行分析，两者是相互联系的两种相反的过程。两种分析所使用的仪器和测定方法有相似之处，又有不同之处。原子吸收光谱分析需要能产生为被测元素吸收的特征谱线的光源，能产生原子蒸气的原子化器等。

原子吸收光谱法与紫外分光光度法在基本原理、仪器结构上有相似之处。在原理上两者都遵循朗伯-比尔吸收定律，但两者的吸收物质状态不同。紫外可见分光光度法是基于溶液分子、离子对光的吸收，属于宽带的分子吸收光谱，因此使用连续光源。而原子吸收光谱法是基于基态原子对其特征谱线的吸收，属于窄带原子吸收光谱，因此使用锐线光源。测量时必须将样品原子化，因而仪器必须有原子化器。

原子吸收光谱分析法的优点如下。

① 检出限低，灵敏度高。火焰原子吸收法的检出限可达 10^{-9}g，石墨炉原子吸收法的检出限可达 10^{-10}～10^{-12}g。

② 测量精度好。火焰原子吸收法测定中等和高含量元素的相对标准偏差可小于1%，测量精度已接近于经典化学方法。石墨炉原子吸收法的测量精度一般为3%～5%。

③ 选择性强，方法简便，分析速度快。由于采用锐线光源，样品不需经烦琐的分离，可在同一溶液中直接测定多种元素，测定一个元素只需数分钟，分析操作简便、迅速。

④ 应用范围广。既能用于微量分析又能用于超微量分析。目前用原子吸收法可以测定几乎所有金属元素和B、Si、As、Se、Te等一些半金属元素共约70多种，见图8-1。它已成为一种较为完善的现代常规分析法。

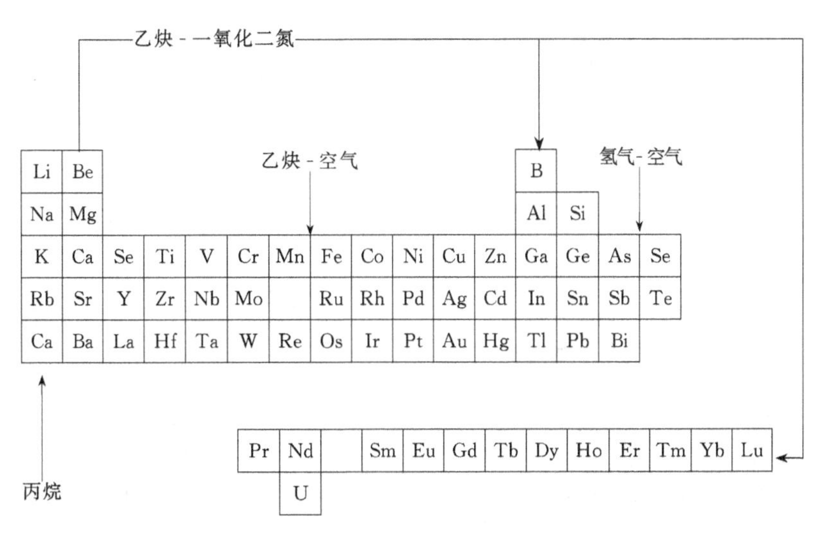

图8-1　原子吸收可以测定的元素

原子吸收光谱法也有一些不足之处，如测定某元素需要该元素的光源，不利于同时进行多种元素的测定；对一些难熔元素，测定灵敏度和精密度都不很高；非火焰原子化法虽然灵敏度高，但准确度和精密度不够理想，有待于进一步改进提高。

第一节 原子吸收光谱法的基本原理

一、基态原子数与原子化程度的关系

原子吸收光谱法中，原子化温度一般为2000～3000K，此时大多数化合物可离解为原子状态，其中包括被测元素的基态原子和激发态原子。在一定温度下，当体系处于热力学平衡时，两者之比符合玻尔兹曼分布规律。

$$\frac{N_i}{N_0}=\frac{g_i}{g_0}e^{-\frac{E_i}{KT}} \tag{8-1}$$

式中 N_i——单位体积内处于第 i 个激发态的原子数；

N_0——单位体积内处于基态的原子数；

g_i——第 i 激发态能级统计权重；

g_0——基态能级统计权重；

T——热力学温度；

E_i——由基态激发到第 i 激发态所需的能量；

K——玻尔兹曼常数，1.38×10^{-23}J/K。

对于一定波长的谱线，g_i/g_0 和 E_i 均为已知值，N_i/N_0 的值随 T 变化。当温度越高，N_i/N_0 的值越大，即激发态原子数随温度升高而增加。在相同温度下，E_i 越小，N_i/N_0 值越大。由于原子吸收光谱法的原子化温度一般小于3000K，因此 N_i/N_0 一般在 10^{-3} 以下，即激发态原子数远小于基态原子数。在原子化时，激发态原子数可忽略，认为基态原子数 N_0 可以代表吸收辐射的原子总数。

二、谱线轮廓与谱线展宽

当一束强度为 I_0 的入射光通过原子蒸气时，其透射光强度 I_t 与原子蒸气长度 l 的关系符合朗伯-比尔定律：

$$I_t=I_0e^{-K_\nu l} \tag{8-2}$$

式中，K_ν 为原子吸收系数。其吸收示意如图8-2所示。

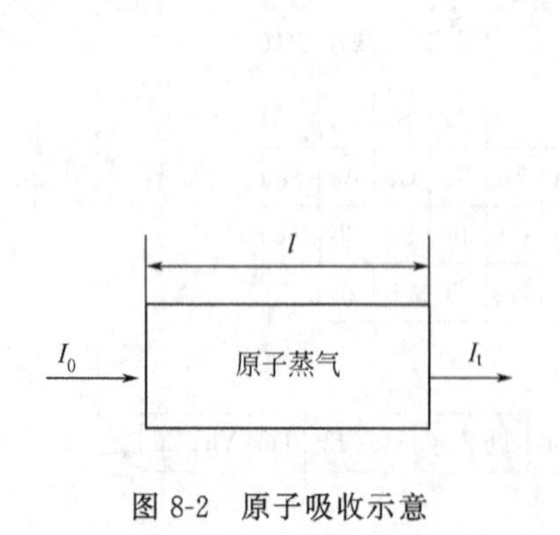

图8-2 原子吸收示意

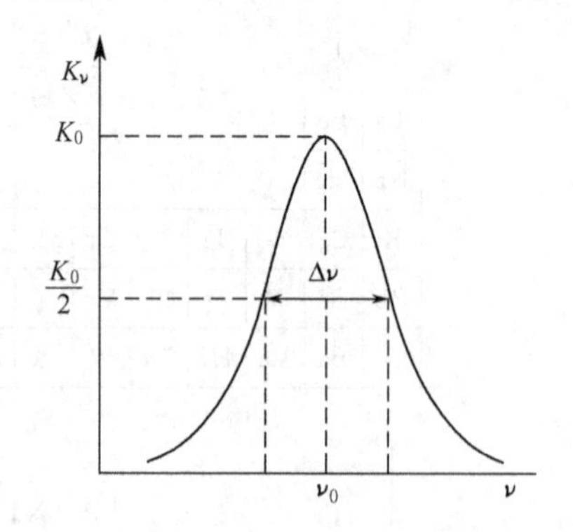

图8-3 谱线轮廓与半宽度

理论上原子发射或者原子吸收光谱线是很尖锐的，但实际上它们并不是严格的单色辐射。K_ν 不仅与元素的性质有关，而且还随光的辐射频率 ν 改变而改变。这是由于物质的原子对光的吸收具有选择性，对不同频率的光，原子对光的吸收也不同，因此透过光的强度 I_ν 随着光的频率而有所变化，其变化规律如图 8-3 所示。原子吸收光谱的谱线轮廓以原子吸收谱线的中心波长和半宽度来表征。中心波长由原子能级决定。半宽度是指在中心波长的地方，极大吸收系数的一半处，吸收光谱线轮廓上两点之间的频率或波长差，其数量级为 $10^{-3} \sim 10^{-2}$nm。原子吸收光谱的谱线轮廓与半宽度如图 8-3 所示。

影响吸收谱线宽度的因素有两个方面，一是由原子性质所决定，即谱线的自然宽度、同位素效应等；二是外界影响引起的，即热变宽、压变宽、场变宽、自吸变宽等。

1. 自然宽度

没有外界影响的谱线宽度（即半宽度）称为自然宽度。不同谱线有不同的自然宽度，它与周围环境无关。这是由于电子在原子内的振动受到阻尼引起的。不同的谱线具有不同的自然宽度，大多数情况下，自然宽度不超过 10^{-3}cm^{-1}。

2. 多普勒展宽

原子在空间做无规则热运动引起的谱线展宽为多普勒展宽，所以又称热展宽。多普勒展宽与 $T^{1/2}$ 成正比，所以在一定温度范围内，温度的微小变化对谱线宽度的影响不大。但被测元素的原子量越小，温度越高，谱线的波长越长，多普勒展宽越大。

3. 压力展宽

产生吸收的原子与蒸气中原子或分子相互碰撞而引起的谱线展宽为压力展宽，也称碰撞展宽。由于粒子间的相互碰撞，可使待测原子的能级发生微小的变化，使发射或吸收光量子的频率发生改变，从而引起谱线宽度和中心波长发生位移。根据碰撞粒子的不同，压力展宽可分为两类：洛伦兹展宽，是产生吸收的原子与其他粒子碰撞而引起的，随外界气体压力的升高，谱线展宽增加；共振展宽，是由同种原子之间发生碰撞而引起的谱线展宽，只在被测元素浓度较高时才有影响，导致工作曲线向浓度轴弯曲。

4. 自吸展宽

由于自吸收现象而引起的谱线展宽为自吸展宽。这种展宽常在原子吸收分光光度计的光源上发生。当灯发射一定强度的特征谱线时，其中一部分光强度被灯内未激发的同类基态原子所吸收而产生自吸收现象，从而使谱线的中心强度降低引起展宽。灯的电流越大，自吸展宽越严重。

三、原子吸收的测量

在原子吸收光谱法中，要准确测量原子所产生的吸收值，就必须包括原子蒸气所吸收的全部能量，即吸收曲线下面所包括的全部面积，这就是积分吸收，由式(8-3) 表示。

$$\int K_\nu \mathrm{d}\nu = \alpha N_0 \tag{8-3}$$

对一定元素，α 为常数。这一关系式表明积分吸收与原子蒸气中吸收辐射的基态原子数成简单正比关系。因此，如果能测得积分吸收值就可使原子吸收法成为一种绝对测量方法，而不需要与标准物比较。但是，要准确测量吸收线的面积，就必须用极高分辨率的光谱仪器。因此，目前原子吸收光谱法都是以峰值吸收法代替积分吸收测量的。

峰值吸收法是直接测量吸收轮廓中心频率所对应的峰值原子吸收系数 K_0 来确定蒸气中的原子浓度的。当有一束光通过原子蒸气吸收层时，在一定条件下，使用锐线光源发射线轮廓近乎处于吸收线轮廓的中心频率部分。这时有：

$$K_0 = b\,\frac{2}{\Delta\nu}\int K_\nu \mathrm{d}\nu \tag{8-4}$$

将式(8-3) 代入得：
$$K_0=b\frac{2}{\Delta\nu}\alpha N_0 \tag{8-5}$$

式中，b 为与谱线展宽过程有关的常数；$\Delta\nu$ 为吸收线半宽度。可见，K_0 与基态原子数成一定比例关系。

由吸光度的定义知：
$$A=\lg\frac{I_0}{I_t}=\lg e^{K_\nu l}=0.434K_\nu l \tag{8-6}$$

在峰值处 $K_\nu=K_0$，所以：
$$A=0.434K_0 l \tag{8-7}$$

将式(8-5) 代入式(8-7) 得到：
$$A=0.434b\frac{2}{\Delta\nu}\alpha N_0 l=K''N_0 l \tag{8-8}$$

由于在一定浓度范围内 N_0 与被测元素在样品中的含量成正比，即：
$$N_0=K'c \tag{8-9}$$

将式(8-9) 代入式(8-8)
$$A=K'K''lc$$

由于原子蒸气长度 l 在一定仪器中是确定的，所以：
$$A=Kc \tag{8-10}$$

式(8-10) 表明，原子吸收池内元素的浓度和温度不太高且变化不大的条件下，吸光度与浓度呈线性关系，这是原子吸收光谱法定量分析的基础。

第二节 原子吸收分光光度计

原子吸收分光光度计主要由光源、原子化器、单色器及检测器组成。如图 8-4 所示。

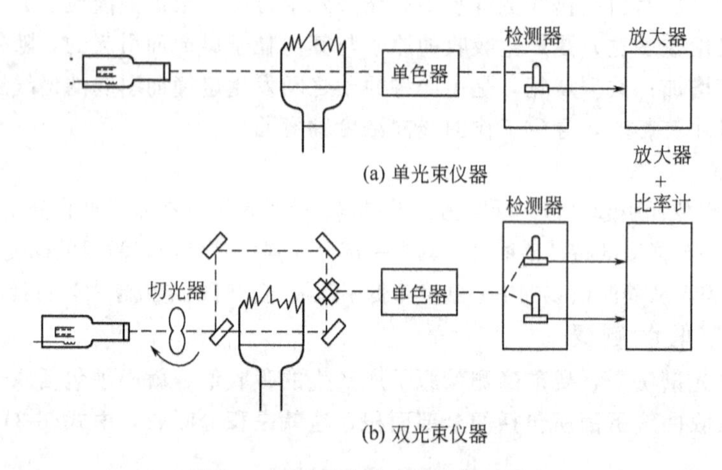

图 8-4 原子吸收分光光度计示意

图 8-4(a) 是单光束仪器，只有一条光路。此类仪器结构简单，操作方便，但会受到光源不稳定因素的影响产生基线漂移。图 8-4(b) 是双光束仪器，由光源发射出的光经调制后被切光器分成两束，一束为测量光束，一束为参比光束(不经过火焰)，两束光交替进入单色器和检测器。由于两束光来自于同一光源，光源的漂移通过参比光束的作用得到补偿，从而获得稳定的信号。

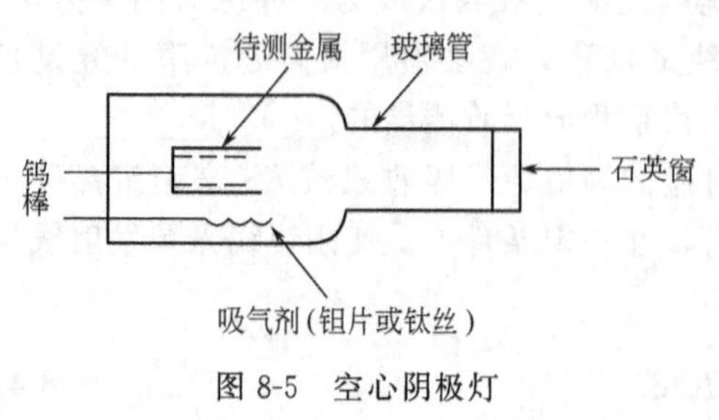

图 8-5 空心阴极灯

一、光源

光源的作用是辐射待测元素的特征光谱，供

测量使用。要求光源能发射出强度大、背景小、纯度高的稳定的锐线光谱。

目前原子吸收光谱法使用最多的光源是空心阴极灯，无极放电灯和蒸气放电灯也有使用。空心阴极灯的结构如图 8-5 所示。阴极为呈空心圆筒形的气体放电管，一般内径 2～5mm，长数十毫米。阴极内壁用待测元素或含有待测元素的合金制成。一般情况是用高纯金属制成阴极，光强度高。但对于低熔点、难加工、活性强的金属等就要用合金。灯的阳极为钨棒，装有钛丝或钽片作为吸气剂，吸收灯内的杂质气体。灯管由硬质玻璃制成，根据工作时的波长范围，选用石英玻璃或普通玻璃作为光用窗口。空心阴极灯内通常充入惰性气体，气体在放电时起能量传递、电流传递及使阴极溅射的作用。气体的种类、压力和纯度对灯的发射强度影响很大。一般为氖气或氩气，压力为几百帕。

在阴阳两极加数百伏的直流电压时，阴极发出的电子在电场的作用下向阳极运动。在运动过程中，与惰性气体碰撞，使气体原子电离。电离的气体正离子向阴极运动，撞击阴极，使阴极表面的金属原子溅射出来。这种由于正离子撞击阴极而使原子溅射的现象称为阴极溅射。大量聚集在空心阴极中的金属原子再与电子、惰性气体的原子、离子等碰撞而被激发，从而产生相应的特征共振线。

灯的发光强度与灯的电流有关，在一定的范围内提高灯电流可增强发光强度。但电流过大则由于自吸而使发射线变宽。空心阴极灯有单元素空心阴极灯、多元素空心阴极灯和高强度空心阴极灯等多种类型。

二、原子化器

原子化器的作用是使样品溶液中的待测元素转化为基态原子蒸气，并进入辐射光程产生共振吸收的装置中。它是原子吸收分析的关键部分。元素测定的灵敏度、准确性乃至干扰，在很大程度上取决于原子化状况。所以，要求原子化器要有尽可能高的原子化效率，且不受浓度的影响，稳定性、重现性好，背景和噪声小。原子化器主要有两大类：火焰原子化器和非火焰原子化器。

1. 火焰原子化器

它分为两种类型：全消耗型原子化器是将试样直接喷入火焰；预混合型原子化器是由雾化器将试样雾化，并在混合室内除去较大的雾滴，使试样均匀地喷雾进入火焰。预混合型雾化器应用十分普遍。它由雾化器、混合室、燃烧器组成。

（1）雾化器　其作用是利用压缩空气等将样品溶液变成高度分散状态的细小雾滴，生成的雾滴随气体流动并被加速，形成粒子直径为微米级的气溶胶。气溶胶粒子直径越小，火焰中生成的基态原子越多。

（2）混合室　其作用是使气溶胶粒度更小、更均匀，使燃气、助燃气充分混合。因此，在混合室中装有撞击球和扰流器。雾化器的记忆效应要小。记忆效应也称残留效应，是指将溶液喷雾后，立即用蒸馏水喷雾，仪器读数返回零点或基线的时间。记忆效应小，则仪器返回零点的时间短。

（3）燃烧器　其作用是通过火焰燃烧，使试样雾滴在火焰中经过干燥、蒸发、熔融和热解等过程，将待测元素原子化。在此过程中会产生大量的基态原子及部分激发态原子、离子与分子。原子吸收的灵敏度取决于光路中的基态原子数，所以要求燃烧器的原子化程度高、噪声小、火焰稳定、光路上原子数目多等。

燃烧器用不锈钢制成，可以旋转一定角度，高度和前后位置可调节，以选择合适的位置。常用燃烧器多为吸收光程较长的长缝型燃烧器，狭缝有单缝和三缝两类。火焰由燃气和助燃气燃烧而成。火焰按燃烧气和助燃气的比例（燃助比）不同，可分为化学计量焰、富燃焰和贫燃焰三种。

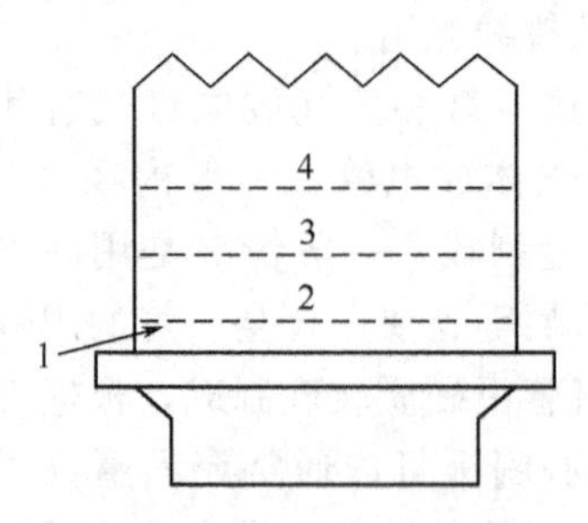

图 8-6 层流火焰结构
1—预热区；2—第一反应区；
3—原子化区；4—第二反应区

① 化学计量焰，也称中性焰。燃助比与化学计量关系接近。火焰的层次清晰、温度高、稳定、干扰少。许多元素可采用此种火焰。以乙炔-空气为例，燃助比为 1∶4。

② 富燃焰，燃助比超过化学计量焰。以乙炔-空气为例约 1∶3。此类火焰中有大量燃气未燃烧完全，含有较多的碳、—OH等，故温度略低于化学计量焰，有还原性。适于易形成难离解氧化物的元素测定。

③ 贫燃焰，燃助比小于化学计量焰。乙炔-空气比例约为 1∶6。燃烧完全，氧化性强。由于助燃气充分，冷的助燃气带走火焰中的热量，使火焰温度降低。适于易离解、易电离的元素。

下面以预混合型燃烧器，乙炔-空气焰为例，介绍层流火焰结构。如图 8-6 所示。

预热区，位于灯头上方附近，这是一层光亮不大、温度不高的蓝色焰，上升的燃气在这里被加热到着火，温度为 350℃；第一反应区，在预热区上方，是一条清晰蓝色光带，称为燃烧前沿或初步反应区，这里燃烧不充分，温度略低于 2300℃；原子化区，火焰温度最高，约 2300℃，且具有还原性气氛，在本层保持的自由原子浓度最大，是分析的主要工作区；第二反应区，位于火焰上半部，覆盖火焰外表，温度略低于 2300℃。由于本层处于外层，有充足的空气供应，所以燃烧完全。常用火焰的燃烧特性见表 8-1。

表 8-1 常用火焰的燃烧特性

燃　气	助燃气	燃烧速度/(cm/s)	火焰温度/K
乙炔	空气	160	2300
乙炔	氧气	1130	3060
乙炔	氧化亚氮	180	2955
氢气	空气	320	2050
氢气	氧气	900	2700
氢气	氧化亚氮	390	2610
丙烷	空气	82	1935
丙烷	氧气		2850

表 8-1 中燃烧速度是指火焰由着火点向可燃混合气体其他点的传播速度，它影响火焰的安全操作和燃烧的稳定性。通常可燃混合气体供气速度应稍大于燃烧速度，这样可以保证火焰的稳定，不产生回火。但供气速度不能过大，否则，火焰会离开燃烧器，不稳定。火焰温度的选择原则就是使待测元素恰能离解成基态自由原子。温度过高会使激发态原子数增加、基态原子数减少，使测量误差偏大。

2. 非火焰原子化器

非火焰原子化器又称无火焰原子化器，它利用电热阴极溅射等离子体或激光等方法使试样中待测元素形成基态自由原子。常用的非火焰原子化器是石墨炉原子化器，其结构如图 8-7 所示，主要由电源、炉体和石墨管三部分组成。电源提供较低电压（10～25V）和大电流（500A），电流通过石墨管时产生高热、高温，最高温度可达到 3000℃，从而使试样原子化。石墨管的内径约 8mm，长约 28mm，管中央有一小孔，用以加入试样。石墨炉炉体具有水冷外套，保护炉体。炉体内通惰性气体，如氩气或氮气，以防止石墨管在高温下燃烧和防止待测元素被氧化，同时排除灰化时产生的烟雾，降低噪声。

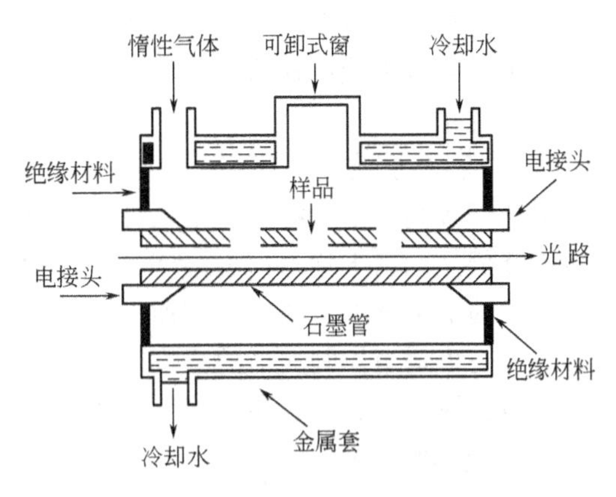

图 8-7　管式石墨炉原子化器

石墨炉工作时，要经过干燥、灰化、原子化和净化四个步骤。石墨炉原子化法的优点是，试样的原子化过程在惰性气体和强还原性介质中进行，这样有利于难熔氧化物的原子化；同火焰原子化法比较，自由原子在石墨炉吸收区内停留时间较长，大约为前者的 1000 倍，原子化效率高，测定的绝对检出限达 $10^{-12} \sim 10^{-14}$ g；而且石墨炉法中液体和固体均可直接进样。但石墨炉法的基体效应及化学干扰较大，测定的重现性比火焰原子化法差。

在原子吸收光谱分析中对一些特殊元素，如砷、硒、汞等，可以利用某些化学反应使其原子化，如氢化物原子化法和冷原子吸收法。

氢化物原子化法是一种低温原子化法。此方法利用 KI 及 $SnCl_2$ 还原试样中的待测元素为低价化合物，再在酸性环境中与强还原剂 $NaBH_4$ 或 KBH_4 作用生成低熔点、低沸点的共价分子型氢化物，从而有效地从样品基体中分离出来，并容易转变为自由原子蒸气。氢化物原子化法既是生成过程又是一个分离过程，可以克服试样中其他组分对被测元素的干扰。测量灵敏度比火焰原子化法高约 3 个数量级。但能够形成氢化物的元素只有九种（砷、锑、铋、锗、锡、硒、碲、铅和汞），因此应用范围不广。

冷原子吸收法是将试样中汞离子用 $SnCl_2$ 还原为金属汞，由于汞的蒸气压非常高，易于汽化，所以用空气流将汞蒸气带入气体吸收管中利用原子吸收进行测定。此种方法的灵敏度和准确度都很高，是测定痕量汞的好方法。

三、单色器

原子吸收光谱法使用的波长范围一般是紫外、可见光区。常用的色散元件为光栅。单色器由入射狭缝、出射狭缝和色散元件组成。单色器的作用主要是将灯发射的被测元素的共振线与其他波长的谱线分开。由于使用锐线光源，发射的光谱比较简单，所以对单色器的分辨率要求不高。

四、检测器及放大器读数装置

检测器的作用是将单色器分出的光信号进行光电转换。一般用光电倍增管作为检测器。光电倍增管的示意图和工作原理前面已经介绍。放大器的作用是将光电倍增管输出的电压信号放大。读数装置包括检流计表头读数、自动记录仪或数字显示直读装置。

第三节　原子吸收光谱中的干扰及其抑制

原子吸收光谱的谱线比发射光谱少得多，因此谱线干扰少。但干扰仍然存在，主要包括物理干扰、电离干扰、化学干扰和光谱干扰。

一、物理干扰

试样与标准样的黏度、表面张力、相对密度等物理性质不同时，将会使喷入火焰的速度和雾滴大小不同。由试样和标准样物理性质的差别所产生的干扰称为物理干扰。

消除物理干扰的有效方法是配制与试样溶液组成相似的标准溶液，或采用标准加入法可消除物理干扰。若溶液浓度高，可采用稀释试样溶液使其与标准溶液匹配，也可减少抑制消除物理干扰。若不知试样的确切组成或试样无法匹配时，可采用标准加入法来减少和消除物理干扰。

二、电离干扰

电离干扰是指由于很多元素在高温火焰中产生电离，使单位体积内的基态原子数减少，灵敏度降低。电离干扰与火焰温度、元素的电离电位和浓度有关。

元素的电离度随着温度升高而增加，随电离电位和浓度的增大而减少。为了克服电离干扰，一方面可适当控制火焰的温度，另一方面加入消电离剂可有效消除电离干扰，一般用易电离的碱金属如钾、钠、铷、铯等作为消电离剂。

三、化学干扰

化学干扰是指被测元素与共存的其他元素发生化学反应，生成一种稳定化合物而影响原子化效率。化学干扰与试样中各成分的化学性质、火焰类型及温度等因素有关。

影响化学干扰的因素很多，大致可分为以下几种情况。

1. 阳离子的干扰

在阳离子的干扰中，一部分被测元素与干扰离子形成难熔的混合晶体。如 Al 对 Ca 原子化的干扰，形成高晶格能、高熔点的类尖晶石化合物 $CaAlO_4$，使得在普通火焰中难以产生 Ca 自由原子，这就产生 Al 对 Ca 的干扰。阳离子的干扰比较复杂，共存元素的含量不同，干扰情况也不同。如少量 Al 存在能使 Fe、Co、Ni、Cr 等吸收值增加，而大量 Al 存在，则降低吸收值。

2. 阴离子的干扰

主要是 PO_4^{3-} 和 SO_4^{2-} 对碱金属的干扰，如磷酸对 Ca、Mg 测定的干扰。如 Ca 以 $CaCl_2$ 形式进入火焰，其反应为：

$$CaCl_2 + H_2O \xlongequal{} CaO + 2HCl$$

$$2CaO \xlongequal{} 2Ca + O_2$$

如有磷酸存在，反应为：

$$2CaCl_2 + 2H_3PO_4 \xlongequal{} Ca_2P_2O_7 + 4HCl + H_2O$$

$$Ca_2P_2O_7 \xlongequal{} 2CaO + P_2O_5$$

由于 $Ca_2P_2O_7$ 分解为 CaO 而降低了 Ca 的基态原子数，Ca 的测定受到干扰。

根据上述化学干扰情况，可采用以下消除化学干扰的方法。

(1) 加入释放剂　加入一种试剂，使被测元素从化合物中释放出来，加入的试剂称为释放剂。例如磷酸对 Ca、Mg 测定的干扰，是生成了 $Ca_2P_2O_7$ 的结果。如加入 La 或 Sr 进去，就可消除干扰，反应如下：

$$2CaCl_2 + 2H_3PO_4 \xlongequal{} Ca_2P_2O_7 + 4HCl + H_2O$$

加入 $LaCl_3$ 以后，发生如下反应：

$$CaCl_2 + H_3PO_4 + LaCl_3 \xlongequal{} LaPO_4 + 3HCl + CaCl_2$$

$LaPO_4$ 的热稳定性大于 $Ca_2P_2O_7$，当加入足够的 $LaCl_3$ 之后，就避免了 Ca 与 PO_4^{3-} 生成 $Ca_2P_2O_7$。这是 La 盐的作用，把 Ca 从 $Ca_2P_2O_7$ 中释放出来。La 盐被称为释放剂。

(2) 加入络合保护剂　加入一种试剂，把被测元素保护起来，使被测元素处于“保护层”的情况下进入火焰，在高温下保护剂先被破坏而释放出被测元素，或这种试剂与干扰元素生成稳定的化合物，将被测元素解离出来。加入的试剂称为保护剂。保护剂大多是配位剂，如 EDTA、8-羟基喹啉及卤化物等。

(3) 加入助熔剂　NH_4Cl 对很多元素具有消除干扰、提高灵敏度的作用，如抑制 Si、Al、PO_4^{3-}、SO_4^{2-} 等干扰，主要是因其熔点低，在火焰中很快熔融，对高熔点的待测物起到助熔的作用。另外，NH_4Cl 的蒸气压高，在高温下 NH_4Cl 蒸气将冲破雾滴，使雾滴更小而有利于蒸发。

(4) 利用适当高温火焰消除干扰　如在空气-乙炔火焰中，SO_4^{2-}、PO_4^{3-} 对 Ca 的干扰，在选用 N_2O-C_2H_2 火焰时，干扰消除。若加入碱金属，并且选择合适的火焰位置，也能消除阳离子的干扰。

(5) 采用标准加入法　在一定程度上也可以消除干扰。

以上方法均不能有效消除干扰时，则可采用沉淀、溶剂萃取、离子交换等化学分离方法，将待测物进行预分离。这些方法不仅可以消除干扰，而且还具有浓缩待测元素的作用。

四、光谱干扰

光谱干扰包括谱线干扰和背景吸收干扰。

1. 光谱干扰

原子吸收与发射光谱相比，吸收光谱的干扰要少得多，这种干扰是由于分析的谱线与邻近线不能完全分开而产生的光谱干扰，它使分析灵敏度下降，校准曲线弯曲，使分析结果产生误差。

另一种光谱干扰是发射共振线轮廓与火焰中非测定元素的吸收线轮廓互相重叠所造成的。这种干扰使吸光度增加，造成正误差。

采用适宜的狭缝宽度、降低灯电流或采用其他分析线可以消除干扰。

2. 背景干扰

背景干扰是一种特殊形式的光谱干扰。背景吸收都使吸收值增加而产生正误差。背景干扰包括分子吸收、光散射和火焰气体吸收。

分子吸收是指在原子化过程中生成的气体分子、氧化物、盐类和氢氧化物等分子对光的吸收引起的干扰。分子吸收与干扰元素的浓度成正比，浓度越大，分子吸收越强烈，它与火焰条件和火焰温度有关，某些分子吸收可以使用高温火焰来消除。

光散射是在原子化过程中产生的固体微粒对光的阻挡而发生的散射现象。

火焰气体对光谱产生吸收，波长越短，吸收越强烈，它随火焰燃气与助燃气的种类及配比不同而不同。为了尽量减少火焰气体的影响，保证较好的精度，可使用空气-氢或者氩气-氢火焰。

3. 背景校正技术

常用的背景校正技术有：邻近非共振线校正、氘灯自动背景校正或塞曼效应背景校正等方法消除干扰。

(1) 邻近非共振线校正　用分析线测量总吸光度 A_t，以空心阴极灯发射的与分析线邻近的非吸收线测量背景吸光度 A_b，若被测元素对邻近非吸收线无吸收，其波长与分析线波长之差不超过 10nm，或背景分布均匀时，用邻近非吸收线测得的背景吸收 A_b 近似相等，则被测元素的吸光度 A_x 为 A_t 与 A_b 之差。

(2) 氘灯自动背景校正　先用锐线光源测定分析线的原子吸收和背景吸收的总吸光度，再用连续光源发出的辐射在同一波长下测定背景吸收，计算两次测定吸光度之差，即可使背景吸收得到校正，如图 8-8 所示。

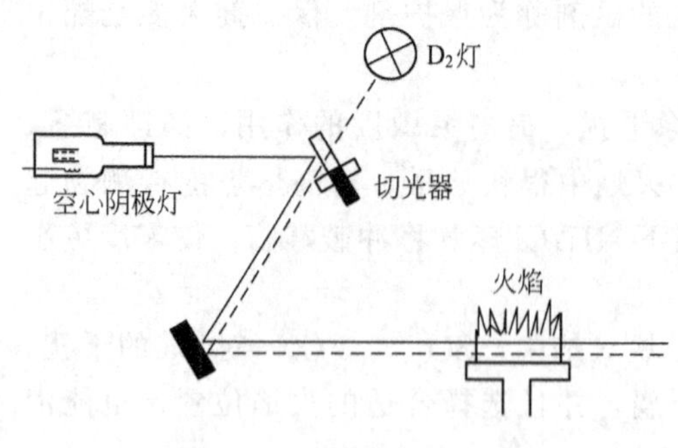

图 8-8 氘灯背景校正原理

用于背景校正的连续光源有氘灯或氢灯（紫外线区）和卤钨灯（可见光区）。商品仪器上多采用氘灯。这种方法适用于波长 190～350nm 的吸收线，而且要求氘灯和元素空心阴极灯发出的两光束必须严格重合，特别是石墨炉原子化器，其背景分布不均匀，且随时间而变化，导致背景校正过度或不足。由于氘灯的能量较弱，校正时不能用很窄的光谱通带，共存元素的吸收线有可能落入通带范围内，吸收氘灯辐射而造成干扰。该法要求连续光源与空心阴极灯光源的两束光重叠。

(3) 塞曼效应背景校正 塞曼效应是指谱线在磁场作用下发生分裂的现象。塞曼效应背景校正根据磁场将简并的谱线分裂成具有不同偏振特性的成分，由谱线的磁特性和偏振特性区别被测元素和背景吸收。塞曼效应背景校正可通过光源调制或吸收线调制方式来实现。光源调制是将强磁场加在光源上，而吸收线调制则将强磁场加在原子化器上，后者应用较广。调制吸收线的方式有恒定磁场和可变磁场调制两种。图 8-9 所示为通过恒定磁场调制的原子吸收塞曼背景校正示意。其原理是在原子化器上施加一永久磁场，由于塞曼效应，吸光原子的吸收线分裂为 π 和 $\sigma_{\pm}$ 成分，π 成分与磁场方向平行，波长不变；$\sigma_{\pm}$ 成分与磁场方向垂直，波长分别向长波和短波方向移动。

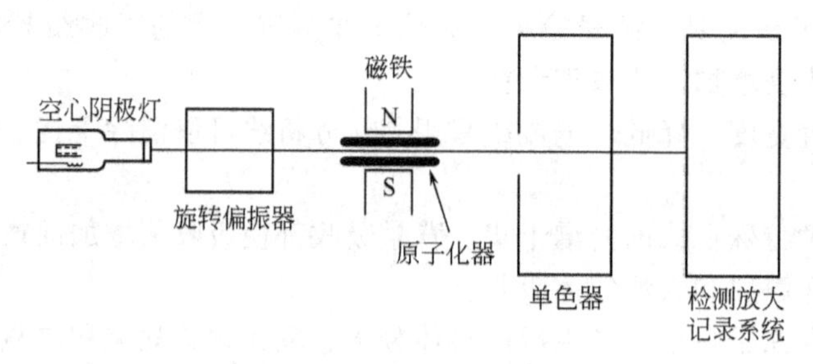

图 8-9 塞曼效应背景校正示意

由空心阴极灯发射的发射线通过旋转偏振器成为偏振光。由于偏振器的旋转，在某一时刻使它平行于磁场的偏振光 $P_{/\!/}$ 通过原子化器，吸收线 π 成分和背景产生吸收；另一时刻，则是垂直于磁场的偏振光 $P_{\perp}$ 通过原子化器，此时只有背景产生吸收，如图 8-10 所示。两次吸光度之差为背景校正后的被测元素的净吸光度。$\sigma_{\pm}$ 仅吸收 $P_{\perp}$，且很弱。

可变磁场调制方式是在原子化器上加一电磁铁，电磁铁只在原子化时激磁。偏振器固定不变，仅产生垂直于磁场方向的偏振光 $P_{\perp}$。激磁时，测得背景吸收偏振光 $P_{\perp}$ 的吸光度；零磁场时，测得的是背景和被测元素的总吸光度。两次吸光度差为背景校正后的被测元素的净吸光度。

塞曼效应背景校正比连续光源背景校正优越，可在各波长范围进行，背景校正的准确度高。与常规原子吸收光谱法相比，测定的灵敏度低，仪器的价格贵而且复杂。

(4) 自吸收背景校正 当以低电流脉冲供电时，空心阴极灯发射锐线光谱，测定的是原子吸收和背景吸收的总吸光度。接着以高电流脉冲供电，发射线产生自吸，这时测得的是背景吸收的吸光度。两种条件下测定的吸光度值之差，是校正了背景吸收的净原子吸收的吸光度。本法可用于全波段的背景校正，对在高电流脉冲下谱线产生自吸程度不够的元素，测定灵敏度有所降低。这种校正背景的方法适用于在高电流脉冲下共振线自吸严重的低温元素。

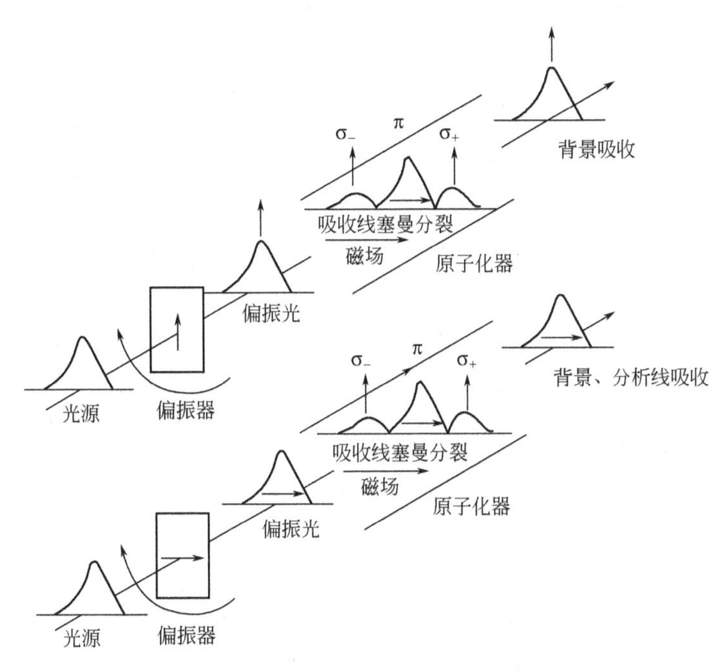

图 8-10　吸收线调制塞曼背景校正过程

第四节　测定条件的选择

一、分析线的选择

一般选用元素的共振线作分析线，因为这样可获得较高的灵敏度。但被测元素含量较高时，可选灵敏度较低的吸收线，以得到适度的吸光度值，改善标准曲线的线性范围。对于 As、Se 等元素，其共振线小于 200nm，火焰组分有吸收干扰，就不应该选择共振线作为分析线。

二、空心阴极电流

空心阴极灯的发射特性取决于工作灯电流，工作前要预热 30min。灯电流过小，则光谱输出不稳定且强度小；灯电流过大，发射谱线变宽，会使灵敏度下降、灯寿命缩短。一般以在保证有足够强度且稳定的光谱输出的前提下，尽量使用较低的工作电流为原则，通常用额定电流的 40%～60%为宜。最佳的灯电流要通过实验来选择。

三、狭缝宽度

狭缝宽度 W 与色散元件的导线色散率 D 以及光谱通带 S 之间关系由 $S=DW$ 表示。对于确定的仪器，导线色散率 D 是一定的，因此单色器光谱通带只决定于狭缝宽度。狭缝宽度影响光谱宽度和检测器接受的辐射能量，因此选择狭缝宽度时要兼顾这两个方面。由于原子吸收光谱的谱线重叠概率较小，因此在测定时可以使用较宽的狭缝，这样可以增加光强，使用较小的增益减少检测器的噪声，从而提高信噪比，改善检测极限。但在火焰背景发射较强、在吸收谱线附近有干扰线存在时，就应使用较窄的狭缝。

四、原子化条件

1. 火焰原子化法

（1）火焰类型的选择　对于分析线在 200nm 以下的元素，乙炔-空气火焰有吸收，应采用氢气-空气焰；易电离元素应用煤气-空气焰；中低温即可原子化的元素，可用乙炔-空气焰；易生成难离解化合物的元素，可用氧化亚氮-乙炔焰。氧化物熔点较高的元素用富燃焰，氧化物不稳定的元素用化学计量焰或贫燃焰。

(2) 燃烧器高度　不同元素的自由原子随火焰的高度分布不同。氧化物稳定性高的元素随火焰高度增加，形成氧化物的趋势增强。因此，吸收值相应地随之下降，如Cr。氧化物不稳定的元素吸收值随着火焰高度增加而增大，如Ag。氧化物稳定性中等的元素，吸收值先随火焰高度增加而增大，达到极大值后随火焰高度增加而下降，如Mg。如图8-11所示。

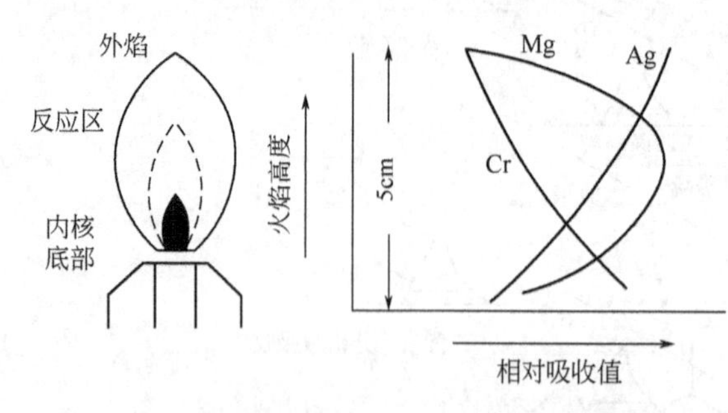

图8-11　不同元素吸收值随火焰高度变化曲线

2. 石墨炉原子化法

选择适宜的干燥、灰化、原子化及净化温度与时间，以获得更大的吸收值。干燥的目的是除去样品中的溶剂或水分。干燥温度一般稍高于溶剂的沸点，以免试样溶液飞溅造成损失。干燥时间根据样品体积确定，一般为20～60s。灰化的作用是为了在原子化之前除去易挥发的基体和有机物质。原子化温度随待测元素性质而定，通常以绘制吸收-原子化温度曲线来确定，即选择达到最大吸收信号的最低温度。通过吸收-原子化时间曲线可确定原子化时间，以保证被测元素完全原子化为准。净化是在样品测定完毕后，用比原子化阶段高的温度加热，除去试样残渣，净化石墨炉，以消除残留物产生的记忆效应。

五、进样量

进样量过小，吸收信号弱，不便测量；进样量过大，在火焰原子化法中，残留物记忆效应大。进量样可以通过实验，由吸光度与进样量的关系来选择。

第五节　原子吸收光谱定量分析法

一、标准曲线法

标准曲线法是原子吸收分析中的常规分析方法。首先配制一组适当浓度的被测元素的标准溶液，一般为4～7个不同含量的标准。在实验条件下，测定吸光度A。以吸光度A为纵坐标、被测元素的浓度c为横坐标，绘制A-c标准曲线。在相同实验条件下测定试样溶液，根据试样的吸光度在A-c标准曲线上查得试样溶液的浓度。

二、标准加入法

此方法又称增量法或直线外推法。这种方法可以消除基体效应的干扰。当很难配制与样品溶液相似的标准溶液或样品基体浓度很高，而且变化不定或样品中有固体物质对吸收的影响难以保持一定时，采用标准加入法可以克服这些困难。方法原理是：取相同体积的试样溶液两份，分别移入容量瓶A、B中。另取一定量的标准溶液加入B中，之后将两份溶液稀释定容。在相同的条件下，测出A、B两份溶液的吸光度值。设A瓶中待测元素浓度为c_x，B瓶中加入的标准溶液的浓度为c_s，A溶液吸光度为A_x，B溶液的吸光度为A_0，则可得

$$A_x=Kc_x, A_0=K(c_x+c_s)$$

两式之比为

$$\frac{A_x}{A_0}=\frac{c_x}{c_x+c_s}$$

则得 $$c_x=\frac{A_x}{A_0-A_x}c_s \quad (8\text{-}11)$$

在实际测定时，通常取4份体积相同的待测溶液，从第2份开始分别按比例加入不同量的被测元素的标准溶液。然后稀释定容至一定体积。其浓度为 c_x，c_x+c_s，c_x+2c_s，c_x+3c_s。分别测定吸光度为 A_x，A_1，A_2，A_3。以 A 对加入量作图，得到一条不通过坐标原点的直线，如图8-12所示。由图可见，直线在纵轴上的截距反映了试样中被测元素所引起的效应，将直线外延与横轴相交，则原点与交点的距离，即为所求试样中被测元素的浓度。

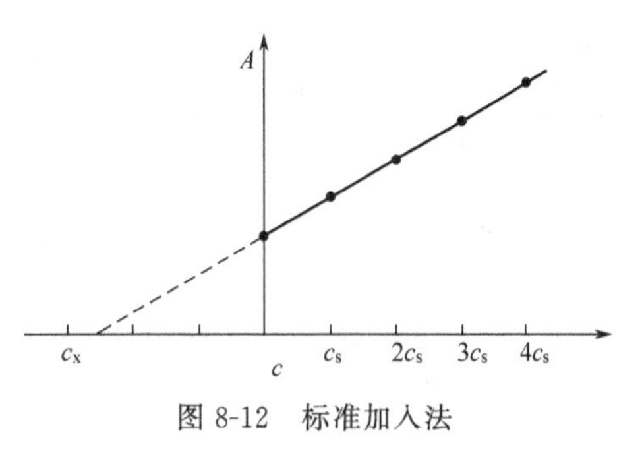

图8-12　标准加入法

第六节　原子吸收光谱的应用

原子吸收光谱分析法广泛应用于地质、冶金、机械、化工、农业、食品、轻工、生物医药、环境保护、材料科学等各个领域，是很有发展前途的近代仪器分析方法之一。

① 原子吸收光谱法在石油化工中，用于原油中催化剂毒物和蒸馏残留物的测定，如测定油槽中的镍、铜、铁，对于测定润滑油中的添加剂钡、钙、锌，汽油添加剂中的铅等已有较广泛的应用。

在生物样品中，经酸消解或溶剂浸提，用原子吸收可测定20多种元素。如头发中钙、铅、汞等测定，血液中锌、镁、铅金属的测定。

制药行业中，应用也较为广泛。原料药中原料的选取，对药品中有害重金属铅、汞的测定，含金属的盐或配合物通过测定金属的含量，可间接得出物质的纯度。

环境保护中对大气、水、土壤中污染物的环境监测，原子吸收也发挥了很大的作用。见表8-2。

表8-2　原子吸收法在大气分析中的应用

元素	样品	波长/nm	浓度	原子化	样品制备
Pb	空气	217.0	0.5mg/m³	空气-C_2H_2	用 HNO_3-H_2SO_4 湿法分解残渣
Ca、Cu、Fe、Mg	飘尘	Ca 422.7 Cu 324.7 Fe 248.3 Mg 285.2	1～6μg/m³ 0.16～1.5μg/m³ 0.9～4.5μg/m³ 0.6～2.4μg/m³	空气-C_2H_2	收集在纤维滤膜上，在铂坩埚中燃烧，在550℃灰化，用碳酸钠熔融，溶于HCl，测Ca、Mg时加1%的La
Pb	空气		有机Pb 0.1～4μg/m³ Pb 0.4～10μg/m³	空气-C_2H_2	用过滤器收集粒子，用酸浸取；用氯化碘溶液吸收有机Pb，用APDC-MIBK萃取
Cd	飘尘	228.8	2.5μg/m³	空气-C_2H_2	用玻璃纤维滤膜过滤，HF处理蒸发，溶于 HNO_3，稀释，过滤
痕量元素	飘尘		痕量	空气-C_2H_2	过滤，低温高频氧化处理，溶于酸，直接测定或用DDTC-MIBK萃取后测定
Pb	空气	283.3	大于5pg	石墨炉	用石墨坩埚过滤，将坩埚置于石墨炉中
Cd、Pb	空气		0～100μg/m³	石墨炉	收集在0.22μm微孔过滤上，加 H_3PO_4 溶液
Hg	空气	253.7	0～20ng/m³	冷蒸气	收集在金膜上，在氮气流中500℃原子化
Hg	空气	253.7	15ng/m³～10μg/m³	冷蒸气	收集在银纤维上，在载气流中400℃加热原子化
As	飘尘	193.7		氢化物	用玻璃过滤，溶于 HNO_3-H_2SO_4，加 $NaBH_4$，将生成的砷化氢通到加热石英管中

续表

元素	样品	波长/nm	浓度	原子化	样品制备
Be	空气粒子	234.8	2～20μg/m³	石墨炉	用多孔石墨杯过滤,在石墨管中原子化
Cd	空气粒子	228.8	大于0.2ng/m³	石墨炉	用玻璃纤维滤膜过滤,用HF处理蒸发,溶于HNO_3,注入石墨管中95℃干燥;330℃灰化,900℃原子化
Hg	空气	253.7	50～1500ng/m³	冷蒸气	样品通过活性炭,在氮气流中加热通过石英棉和银棉,加热银棉释放Hg蒸气到10cm池中

② 原子吸收除了测定金属元素的含量外，还可间接测定非金属的含量。如SO_4^{2-}的测定，先用已知过量的钡盐和SO_4^{2-}沉淀，再测定过量Ba^{2+}含量，从而间接得出SO_4^{2-}含量。

③ 测定金属化学形态。通过气相、液相色谱和原子吸收的联用技术，可分析同种金属元素的不同有机化合物。例如，汽油、大气中5种烷基铅、烷基锡的测定，均可通过不同类型的色谱-原子吸收联用技术加以分离和测定。

④ 在有机物分析中的应用。利用间接法可测定多种有机物。如8-羟基喹啉（Cu）、葡萄糖（Ca）、维生素（Ni）、氨基酸（Cu）。

习　题

1. 试比较原子吸收和分子吸收的异同。

2. 名词解释

(1) 多普勒变宽；

(2) 自然变宽；

(3) 光谱通带；

(4) 积分吸收。

3. 简述常用原子化器的类型及其特点。

4. 何为锐线光源？为什么原子吸收要使用锐线光源？

5. 用石墨炉原子化器进行测定时，为何通惰性气体？

6. 说明原子吸收光谱产生背景的主要原因及影响。

7. 如何用氘灯法校正背景？此法尚存在什么问题？

8. 什么是原子吸收中的化学干扰？用哪些方法可消除此类干扰？

9. 试从反应原理、仪器部件、光路结构以及应用上对原子吸收和原子发射进行比较。

10. 火焰的高度和气体的比例对被测元素有什么影响，试举例说明。

11. 欲测定下述物质，应选用哪一种原子光谱法，并说明其理由：

(1) 血清中的锌和镉（Zn2μg/mL，Cd 0.003μg/mL）；

(2) 鱼肉中汞的测定（x mg/kg）；

(3) 水中砷的测定（0.x mg/kg）；

(4) 矿石中La、Ce、Pr、Nd、Sm的测定（x～0.x%）；

(5) 废水中Fe、Mn、Al、Ni、Co、Cr的测定（mg/kg～0.x‰）。

12. 用原子吸收光谱法测定试液中的Pb，准确移取50mL试液2份，用铅空心阴极灯在波长283.3nm处，测得一份试液的吸光度为0.325。在另一份试液中加入浓度为50.0mg/L铅标准溶液300μL，测得吸光度为0.670。计算试液中铅的浓度（mg/L）为多少？

第九章　X射线荧光光谱法

第一节　X射线光谱法概述

一、X射线光谱法分类

X射线为波长0.001～10nm的电磁波。根据X射线与物质原子之间的相互作用所建立起来的分析方法，统称为X射线分析法。按X射线与物质原子之间相互作用的机理不同，可将X射线分析法分为X射线吸收法、X射线衍射分析法、X射线荧光光谱法（X-ray fluorescence spectrometry）及Auger电子能谱法等。

1. X射线吸收法

以测量物质对X射线的吸收程度为基础建立起来的分析方法叫X射线吸收法。其主要应用是根据朗伯-比尔定律进行定量分析。用于分析轻基体中的重元素，例如汽油或其他碳氢化合物中的磷、硫、氯、四乙基铅、溴丁烷及重金属添加物等。

2. X射线衍射分析法

X射线衍射分析法通过测定衍射X射线的强度以确定试样物相组成。该法主要用于各种催化剂的物相组成分析，此外，该法还广泛用于研究催化剂的微观结构，如结晶状态、结晶度、结晶分布、晶胞常数及平均晶粒大小等。

3. X射线荧光光谱法

当初级X射线照射物质时，除发生散射、衍射和吸收等现象外，原子内层电子还产生次级X射线，即荧光X射线。这种X射线的波长取决于物质中元素原子内层电子层的能级差。因此根据X射线荧光的波长，就可确定物质所含元素；根据其强度可确定所属元素的含量，这就是X射线荧光光谱法定性和定量的基础。

4. Auger（俄歇）电子能谱法

Auger电子能谱法是用具有一定能量的电子束X射线激发样品，记录二次电子能量分布，从中得到Auger电子信号。Auger电子能谱法可以分析除H和He以外的所有元素；可以直接测定来自样品单个能级光电发射电子的能量分布，且直接得到电子能级结构的信息。电子能谱提供的信息可称作“原子指纹”。它提供有关化学键方面的信息，而相邻元素同种能级的谱线相隔较远，相互干扰少，元素定性的标识性强。

二、X射线荧光光谱法特点

X射线荧光光谱法是基于测量荧光X射线的波长及强度以进行定性和定量分析的方法。X射线荧光光谱法有着广泛的应用，例如，可用于分析石油裂化催化剂中的铝、硅、铁、镍、钾、钙及轻稀土元素镧、镨等；测定水中的铬、镍、锌等污染元素；通过测定悬浮在润滑油中的金属颗粒铁、铜、锌，以研究机械磨损情况。X射线荧光光谱法还适合于大气粉尘的分析，只需将适当体积的大气样品过滤，然后将过滤器直接放在X射线荧光光谱仪上进行测定。X射线荧光光谱法具有以下特点。

① 可分析的元素范围广　从周期表中的5号元素硼到92号元素铀。

② 可分析的浓度范围宽　从ppm级的微量元素到90%的主体元素。

③ 谱线比较简单，干扰线少，易于识别。

④ 非破坏性分析，试样形式可多样化。试样可以是固体、糊状、液体或溶液；试样材料可以是金属、盐类、矿物、塑料、纤维等。

⑤ 自动化程度高，分析速度快，准确度及灵敏度也可与其他方法相比。

⑥ 分析轻元素较困难，仪器价格昂贵，对实验条件要求高，不利于推广应用。

第二节　X 射线和 X 射线谱

一、X 射线管和初级 X 射线的产生

X 射线是由 X 射线管产生的。X 射线管实际上是一种高真空二极管，它是由金属阳极和钨丝阴极密封在高真空的壳体中构成，如图 9-1 所示。管内抽真空到 1.3×10^{-4}Pa。在两极间施加 20～100kV 的高压，此高压由高压发生器产生热电子，在阴极上还施加 8～15V、4～5A 的低电压。阳极又称为靶，通常以铜块为底座，在其表面镀一层金属，如铬等。X 射线管就是以所镀金属来命名的，如镀铬时则称为铬靶 X 射线管。

阴极发射的热电子在高压电场的作用下，高速撞击金属靶，此时电子的能量大部分转变成热能，极少一部分转变成 X 射线。X 射线管产生的射线是初级 X 射线。初级 X 射线由两部分所组成：一部分为连续 X 射线，其波长连续不断，且具有一个与 X 射线管管电压有关的短波限；另一部分为特征 X 射线，它由数条波长分离的 X 射线所组成，其波长与靶金属的原子序数有关。图 9-2 所示为钼的初级 X 射线的光谱分布。

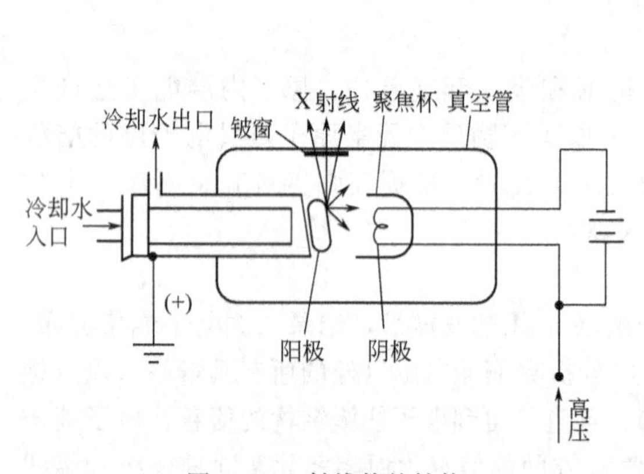

图 9-1　X 射线管的结构

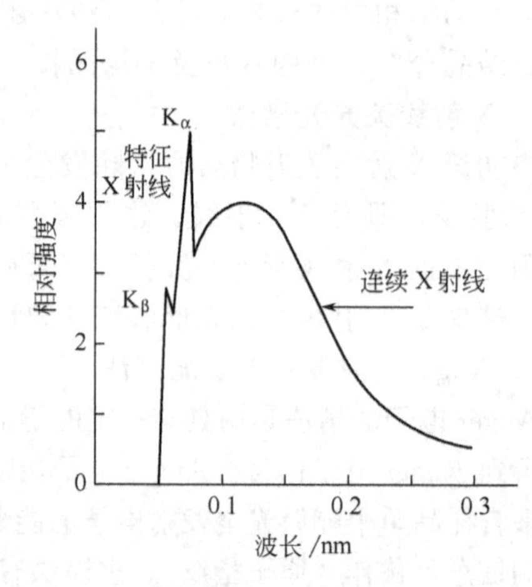

图 9-2　钼的初级 X 射线谱（25kV）

高速电子的动能转化为 X 射线的效率用 ε 表示，例如管电压为 100kV 时，钨靶（$Z=74$）的 ε 值为 1.0%。可见 X 射线管的效率很低，通常仅有 1% 的动能转变为 X 射线，其余转化为热能，致使靶面经常处于炙热状态，为防止温度过高而烧坏 X 射线管，必须通以 2～3.5L/min 的冷却水冷却靶面。

二、X 射线谱

1. 连续 X 射线光谱

连续 X 射线产生的机理可用量子理论解释。设 X 射线管的管电压为 U 伏（V），则电子由阴极飞向阳极时电场力对电子所作的功为 eU 电子伏特（eV），即电子的动能为 eU 电子伏特（eV）。当高速电子轰击靶面时，受到靶材料原子核的库仑力的作用而突然减速，使电子

周围的电磁场发生了急剧的变化。电子的动能部分或全部变成了X辐射能，产生了具有一定波长的电磁波。

为数很少的电子将全部动能转变为X射线的辐射能，则产生的X射线波长最短，于是在连续X射线谱中就有一个与X射线管管电压有关的短波限。

$$eU=\frac{hc}{\lambda_{短波限}} \tag{9-1}$$

$$\lambda_{短波限}=\frac{hc}{eU}=\frac{1239.5}{U(伏)}(\mathrm{nm}) \tag{9-2}$$

由于撞击到阳极上的电子并不都是以同样的方式受到原子核的库仑力作用而被减速的，其中有些电子在一次碰撞中被制止，立刻释放出所有的能量。另外大多数电子则需碰撞多次才逐次丧失其能量，直到完全耗尽为止。由于电子是以不规则的方向飞出的，各电子与管内残留气体碰撞的机会及消耗的能量也是不同的。所以对大量电子来说，其能量损失是一个随机量，从而得到的是具有各种不同能量（波长）的电磁波，组成了连续X射线谱。

电子在撞击金属靶时，大多数电子的动能仅有一部分转变为X射线，其余能量损失均转化为热能P，所以，X射线的波长为

$$\lambda=\frac{hc}{eU-P} \tag{9-3}$$

由于热能是非量子化的，它可由0到eU（电子伏特）连续变化，因此，连续X射线具有各种不同的波长，即波长连续不断。

连续X射线的总强度可用公式表示：

$$I=1.4\times10^{-9}iZV^2 \tag{9-4}$$

式中　I——连续X射线的总强度，对钼来说，即图9-2中连续X射线谱曲线下包围的总面积；

i——X射线管管电流，mA；

V——X射线管管电压，kV；

Z——靶金属的原子序数。

初级X射线通常作为X射线荧光光谱法的激发光源，这是因为它的强度存在连续分布的形式，适合于周期表上所有元素的各个谱系的激发。但其强度大小会直接影响测定灵敏度。由上式看出，为提高连续X射线的强度，除使用尽可能大的管电压及管电流外，还应采用重金属靶、较大的X射线管电流。

2. 特征X射线光谱

特征X射线是由于原子内层电子被激发而产生的。因为电子的动能随X射线管管压的增大而增大，当管电压达到某一临界值（激发电压）时，进入靶金属原子内部的电子能将内层电子(K、L、M等)击出原子之外，在内层轨道上就形成一个电子空位，此时原子便处于不稳定状态。由于原子具有使其处于最低能量的性质，于是外层电子于$10^{-7}\sim10^{-14}$s时间内跃迁到能量较低的内层轨道以填补电子空位并以X射线的形式释放出能量，此X射线即为特征X射线。特征X射线产生的机理如图9-3所示。

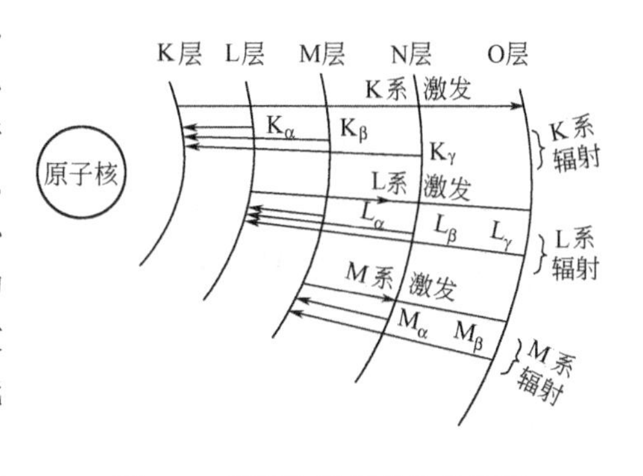

图9-3　特征X射线产生的机理

由图9-3可以看出，所有外层电子都有可能跃

迁到内层以填补内层电子被击出原子后形成的空位，同时辐射出以内层命名的系列特征 X 射线。例如，填补 K 层空位所辐射出的特征 X 射线称为 K 系特征 X 射线，其中由 L 层跃迁到 K 层而辐射的 X 射线叫 K_α 特征 X 射线，由 M 层跃迁到 K 层而辐射的 X 射线叫 K_β 特征 X 射线。

特征 X 射线的波长可由普朗克公式求得：

$$\lambda=\frac{hc}{E_j-E_i}=\frac{1239.5}{E_j-E_i}(\text{nm}) \tag{9-5}$$

式中 j——原子的某一外层；

i——原子的某一内层。

例如，L_α 射线的波长为

$$\lambda=\frac{hc}{E_M-E_L}(\text{nm}) \tag{9-6}$$

不同元素，由于其原子结构不同，即各电子层能级的能量不同，它们的特征 X 射线的波长就各不相同。

原子序数小于 20 的元素，一般只有 K 系谱线。由于跃迁都是发生在内层电子之间，与价电子关系不大，因此，对于较重的元素而言，不论它是单质还是化合物，其 K 系、L 系谱线波长不变。

特征 X 射线的强度 I_K 取决于 X 射线管的管电流及管电压，对 K 系辐射

$$I_K=ci(U-U_K)^n \tag{9-7}$$

式中 c——常数；

n——常数，为 1.5～1.7；

U_K——K 系激发电压，kV。

可见，为提高 K 系特征 X 射线的强度，管电压一般应为 U_K 的 3～5 倍。例如钼的 U_K 为 8.86kV，工作电压则应取 30～40kV。

3. X 射线荧光的产生

以初级 X 射线作为激发源来照射样品物质，使原子内层电子激发所产生的次级 X 射线叫荧光 X 射线或称 X 射线荧光。荧光 X 射线产生的机理与特征 X 射线完全相同，二者的根本区别是激发源不同，前者是用初级 X 射线作为激发源，而后者是用高速电子作为激发源。因此，荧光 X 射线也属于特征 X 射线，而没有连续谱线。在实际分析工作中，既可以用初级 X 射线中的连续 X 射线作为激发光源，也可以采用初级 X 射线中的特征 X 射线作为激发光源，两者相比后者的效率更高。例如可以采用金靶的 L 系谱线激发氯、硫元素，用铬靶的 K_α 线激发钛元素。

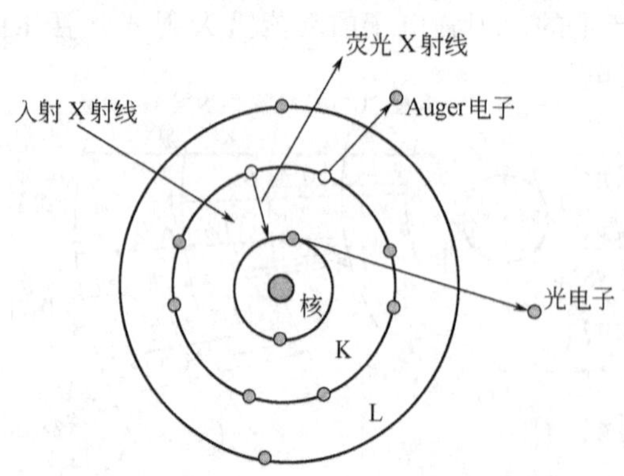

图 9-4 X 射线激发电子弛豫过程示意

原子中的内层（如 K 层）电子被电离后出现一个空穴，L 层电子向 K 层跃迁时所释放的能量，也可能被原子内部吸收后激发出较外层的另一电子成为自由电子，称此电子为次级光电子或 Auger 电子，这种现象即为 Auger 效应。各元素的 Auger 电子的能量都有固定值，在此基础上建立 Auger 电子能谱法。

原子在 X 射线激发的情况下，所发生的 Auger 效应和荧光辐射是两种互相竞争的过程。如图 9-4 所示，当入射 X 射线使 K 层电子

激发生成光电子后，L层电子落入K层空穴，这时能量$\Delta E = E_K - E_L$以辐射形式释放出来，产生K_α射线，这就是荧光X射线。

对一个原子来说，激发态原子在弛豫过程中释放的能量只能用于一种发射，或者发射荧光X射线，或者发射Auger电子。对于大量原子来说，两种过程就存在一个概率问题。对于原子序数小于11的元素，激发态原子在弛豫过程中主要是发射Auger电子，而重元素则主要发射荧光X射线。Auger电子产生的概率除与元素的原子序数有关外，还随对应的能级差的缩小而增加。一般对于较重的元素，最内层（K层）空穴的填充，以发射X射线荧光为主，Auger效应不显著；当空穴外移时，Auger效应愈来愈占优势。因此X射线荧光分析法多采用K系和L系荧光，其他系则较少采用。

三、X射线的吸收、散射及衍射

1. X射线的吸收

与其他电磁辐射一样，X射线也会被物质吸收。晶体对入射X射线的吸收可以有两种情况。一种是散射吸收，它主要是由非相干散射引起的；另一种是真吸收，是由于入射X射线引起物质原子内层电子的激发而产生的吸收，其吸收程度由物质的性质和量决定。大多数元素的吸收都是以真吸收为主，散射吸收较少或可以忽略。

（1）遵守朗伯-比尔定律　物质对X射线的吸收遵守朗伯-比尔定律：

$$I_t = I_0 e^{-\mu_1 b} \tag{9-8}$$

式中　μ_1——线吸收系数，它表示X射线穿过1cm厚的物质时强度比的自然对数；

　　b——物质的厚度，cm。

$$\mu_1 = (\ln \frac{I_0}{I_t})/b \quad (\mathrm{cm}^{-1}) \tag{9-9}$$

（2）质量吸收系数　质量吸收系数μ_m被定义为

$$\mu_m = \frac{\mu_1}{\rho} \quad (\mathrm{cm/g}) \tag{9-10}$$

式中　ρ——物质的密度，g/cm^3。

因此可得朗伯-比尔定律的另一种表示式

$$I_t = I_0 e^{-\rho\mu_m b} \tag{9-11}$$

多元素混合体的总质量吸收系数可由下式表示

$$\mu_m = \sum_{i=1}^{n} X_i \mu_{mi} \quad (\mathrm{cm^2/g}) \tag{9-12}$$

式中　X_i——为i元素占混合体的质量分数。

质量吸收系数与入射X射线波长λ及物质元素原子序数Z的近似关系式为

$$\mu_m = k\lambda^3 Z^3 \tag{9-13}$$

式中　k——常数。

由上式可知，当入射X射线波长一定时，元素的原子序数越小，对X射线的吸收能力也越小，则X射线的穿透能力越强，所以，常用轻元素作为透射X射线的窗口；当元素一定时，物质对长波长的X射线吸收能力强，即X射线的穿透力小，所以，把长波长X射线称为软X射线，相反把短波长X射线称为硬X射线。

质量吸收系数用得更广泛，因为它是化学元素的一种原子属性，与物质的化学状态及物理状态无关。例如，气体HBr与固体NaBr中的Br元素的μ_m值是相同的。

2. X射线的散射

对于X射线通过物质时的衰减现象来说，波长较长的X射线和原子序数较大的散射物质的散射作用与吸收作用相比，常常可以忽略不计。但是对于轻元素的散射体和波长很短的X射线，散射作用就显著了。X射线射到晶体上时，使晶体原子的电子和核也随X射线电磁波的振动周期而振动。由于原子核的质量比电子大得多，其振动可忽略不计，主要考虑电子的振动。根据X光子的能量大小和原子内电子结合能不同（即原子序数 Z 的大小），X射线散射可以分为相干散射和非相干散射。

（1）相干散射　相干散射也称Rayleigh散射或弹性散射，是由能量较小（波长较长）的X射线与原子中束缚较紧的电子弹性碰撞的结果，迫使电子随入射X射线电磁波的周期性变化的电磁波而振动，并成为辐射电磁波的波源。由于电子受迫振动的频率与入射线的频率一致，因此从这个电子辐射出来的散射X射线的频率、相位与入射X射线相同，只是方向有了改变。元素的原子序数越大，入射X射线在物质中遇到的电子越多，构成的相干散射X射线的强度就越大。这种相干散射现象，是X射线在晶体中产生衍射现象的物理基础。

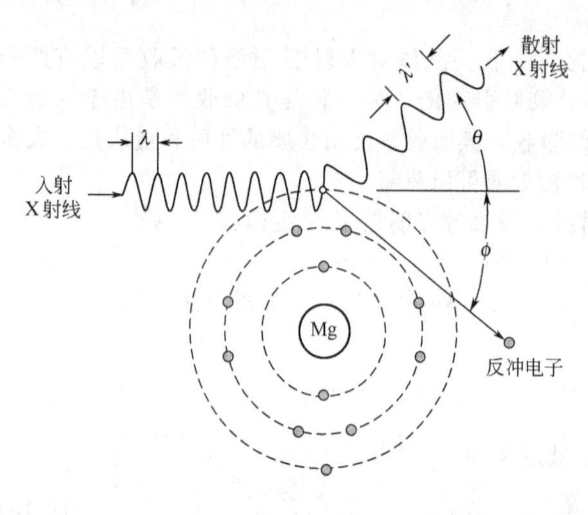

图 9-5　X射线的非相干散射

（2）非相干散射　也称Compton（康普顿）散射或非弹性散射，是能量较大的X射线或 γ 射线光子与结合能较小的电子或自由电子发生非弹性碰撞的结果。碰撞后，X光子把部分能量传给电子，变为电子的动能，电子从与入射X射线成 ϕ 角的方向射出（叫反冲电子），且X光子的波长变长，朝着与自己原来运动的方向成 θ 角的方向散射，如图 9-5 所示。由于散射波长各不相同，两个散射波的相位之间互相没有关系，因此不会引起干涉作用而发生衍射现象，称为非相干散射。实验表明，这种波长的改变 $\Delta\lambda$ 与散射角 θ 之间有下列关系

$$\Delta\lambda=\lambda'-\lambda=K(1-\cos\theta) \tag{9-14}$$

式中，λ 与 λ' 分别为初级入射线与非相干散射线的波长；K 为与散射物质的本质和入射线波长有关的常数。

元素的原子序数愈小，非相干散射愈大，结果在衍射图上形成连续背景。一些超轻元素，如N、C、O等元素的非相干散射是主要的，这也是轻元素不易分析的一个原因。

3．X射线的衍射

X射线的衍射现象起因于相干散射线的干涉作用。当两个波长相等、相位差固定、于同一平面内振动的相干散射波沿着同一方向传播时，则在不同的相位差条件下，这两种散射波或者相互加强（同相），或者相互减弱（异相）。因为晶体是由一系列平行的原子层所构成的，当入射X射线投射到晶体上时，各原子对入射X射线发生相干散射。相干散射X射线会向四周传播，但原子层好像一块平面反射镜，只有在符合镜面反射定律的方向上散射X射线的强度才最大。此二散射射线的波长及传播方向相同，能发生相互干涉。按照光的干涉原理，只有当光程差为波长的整数倍时，光波的振幅才能互相叠加使光的强度增强，这种由于大量原子散射波的叠加、互相干涉而使光的强度最大程度增强的光束叫X射线的衍射线。

在图 9-6 中，设有a、b两条平行的入射X射线分别射到晶面1和晶面2上，其散射X

射线分别为 e、f，并设晶面间距为 d，则光程差为 $DB+BF$。由图可知，$DB=BF=d\sin\theta$。

发生相长干涉，产生衍射 X 射线的条件是

$$n\lambda=2d\sin\theta \tag{9-15}$$

式中　n——衍射级次，可以是 0、1、2 等整数，分别称零级，一级，二级、…衍射等；

θ——掠射角（入射角的补角），即入射或衍射 X 射线与晶面间的夹角。

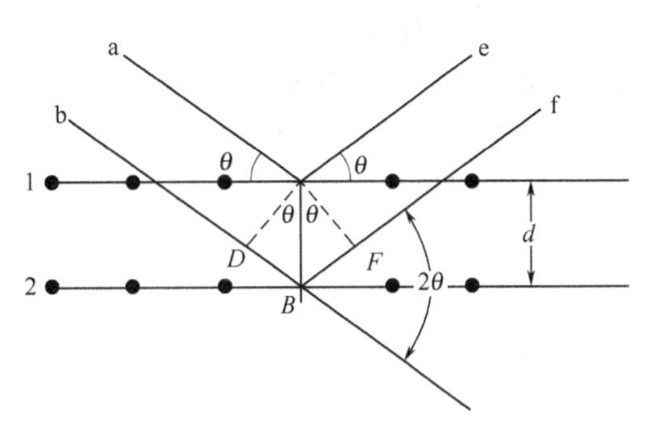

图 9-6　晶体对 X 射线的衍射

式(9-15) 就是著名的 Bragg（布拉格）方程。

因为 $|\sin\theta|\leqslant 1$，所以当 $n=1$ 时，$\lambda/2d=1\times|\sin\theta|\leqslant 1$，即 $\lambda\leqslant 2d$。这表明，只有当入射 X 射线波长 $\lambda\leqslant 2d$ 时，才能产生衍射。

由 Bragg 方程可知：

① 已知 X 射线波长 λ，从而计算晶面间距 d，这是 X 射线结构分析；

② 用已知 d 的晶体，测 θ 角，从而计算出特征辐射波长 λ，进一步查出样品中所含元素，这是 X 射线荧光的定性分析。

第三节　X 射线荧光光谱法的基本原理

当入射 X 射线使 K 层电子激发生成光电子后，L 层电子落入 K 层空穴，这时能量 $\Delta E=E_L-E_K$ 以辐射形式释放出来，产生 K_α 射线，这就是荧光 X 射线。只有当初级 X 射线的能量稍大于分析物质原子内层电子的能量时，才能击出相应的电子，因此 X 射线荧光波长总比相应的初级 X 射线的波长要长一些。由于荧光波长与被激发的元素性质相关，因此利用 X 射线荧光波长可以鉴别元素。根据谱线的强度可以进行元素定量分析，与紫外-可见区的分子荧光辐射一样，荧光强度与产生荧光的物质的浓度成比例。这就是 X 射线荧光分析法的基础。

一、定性分析

1. Moseley（莫塞莱）定律

荧光 X 射线的波长随着元素原子序数的增加有规律地向波长变短方向移动。Moseley 根据谱线移动规律，建立了 X 射线波长与元素原子序数关系的定律，即 Moseley 定律。其数学关系式为

$$(1/\lambda)^{1/2}=K(Z-s) \tag{9-16}$$

式中，K、s 为常数，随不同谱线系列（K、L）而定；Z 是原子序数。Moseley 定律是 X 射线荧光定性分析的基础，只要测出一系列 X 射线荧光谱线的波长，在排除了其他谱线的干扰以后，根据物质所辐射的特征谱线的波长 λ 即可确定元素的种类。现在除了超轻元素外，极大部分元素的特征波长都已测出。

2. X 射线荧光的定性分析方法

根据选用的分析晶体（d 已知）与实测的 2θ 角，用 Bragg 方程计算出波长，然后查谱线-2θ 表或 2θ-谱线表。这里谱线-2θ 表按原子序数的增加排列，2θ-谱线表按波长和 2θ 增加的顺序排列。可直接查出谱线名称及相应元素。

二、定量分析

1. 荧光强度的测量公式

设强度为 I_0 的初级 X 射线以与试样表面成 α 角度入射进入试样内部，在达到试样 dx 层时，入射 X 射线强度因基体元素的吸收效应被减弱到 I，如图 9-7 所示，则

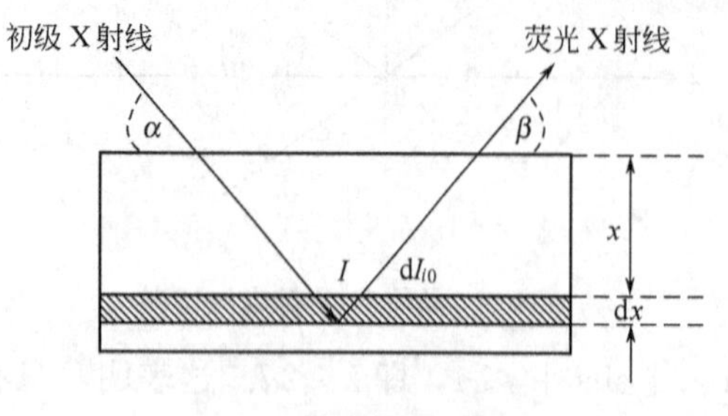

图 9-7 荧光强度的计算

$$I = I_0 e^{-\mu_m \rho x/\sin\alpha} \tag{9-17}$$

式中 μ_m——试样对入射 X 射线的质量吸收系数；

ρ——试样的密度。

在 dx 层被激发的 i 元素所发射的荧光 X 射线的强度 dI_{i0} 为

$$dI_{i0} = \omega_i I X_i dx \tag{9-18}$$

式中 ω_i——i 元素的总荧光产额；

X_i——i 元素在试样中的质量分数。

当荧光 X 射线从 dx 处向样品表面射出时，也会被基体元素吸收，使到达样品表面的荧光强度被减弱为 dI_i，则

$$dI_i = dI_{i0} e^{-\mu_i \rho x/\sin\beta} \tag{9-19}$$

合并以上三式得

$$dI_i = I_0 \omega_i X_i e^{-(\rho\mu_m/\sin\alpha + \rho\mu_i/\sin\beta)x} dx \tag{9-20}$$

即

$$I_i = I_0 \omega_i X_i / (\rho\mu_m/\sin\alpha + \rho\mu_i/\sin\beta) \tag{9-21}$$

可见，荧光 X 射线的强度不仅与被测元素的含量、性质及初级 X 射线的强度有关，而且与试样中的共存元素的含量及性质有关（影响质量吸收系数 μ_m、μ_i 及二次荧光 X 射线的强度等）。

2. 定量分析的影响因素

现代 X 射线荧光分析的误差主要不是来源于仪器，而是来自样品。

(1) 基体效应 样品中除分析元素外的主量元素为基体。基体效应是指样品的基本化学组成和物理、化学状态的变化对分析线强度的影响。X 荧光不仅由样品表面的原子所产生，也可由表面以下的原子所发射。因为无论从入射的初级 X 射线或者是试样发出的 X 荧光，都有一部分要通过一定厚度的样品层。这一过程将产生基体对入射 X 射线及 X 荧光的吸收，导致 X 射线荧光的减弱。反之，基体在入射 X 射线的照射下也可能产生 X 荧光，若其波长恰好在分析元素短波长吸收限时，将引起分析元素附加的 X 射线荧光的发射而使 X 荧光的强度增强。因此，基体效应一般表现为吸收和激发效应。

基体效应的克服方法有：①稀释法，以轻元素为稀释物可减少基体效应；②薄膜样品法，将样品做得很薄，则吸收、激发效应可忽略；③内标法，在一定程度上也能消除基体效应。

(2) 粒度效应 X 射线荧光强度与颗粒大小有关：大颗粒吸收大；颗粒越细，被照射的总面积大，荧光强。另外，表面均匀度也有影响。在分析时常需将样品磨细，粉末样品要压实，块状样品表面要抛光。

(3) 谱线干扰 在 K 系特征谱线中，元素 Z 的 K_β 线有时与 $Z+1$、$Z+2$、$Z+3$ 元素的 K_α 线靠近。例如，${}_{23}V$ 的 K_β 线与 ${}_{24}Cr$ 的 K_α 线、${}_{48}Cd$ 的 K_β 线与 ${}_{51}Sb$ 的 K_α 线之间部分重叠，As 的 K_α 线和 Pb 的 K_α 线重叠。另外，还有来自不同的衍射级次的衍射线之间的干扰。

克服谱线干扰的方法有以下几种：①选择无干扰的谱线；②降低电压至干扰元素激发电

压以下，防止产生干扰元素的谱线；③选择适当的分析晶体、计数管、准值器或脉冲分析器，提高分辨本领；④在分析晶体与检测器间放置滤光片，滤去干扰谱线等。

3. 定量分析方法

（1）校准曲线法　配制一套基体成分和物理性质与试样相近的标准样品，作分析线强度与含量关系的校准曲线，再在同样的工作条件下测定试样中待测元素的分析线强度，由校准曲线上查出待测元素的含量。

校准曲线法的特点是简便，但要求标准样品的主要成分与待测试样的成分一致。对于测定二元组分或杂质的含量，还能做到这一点。但对多组分试样中主要成分含量的测定，一般要用稀释法。即用与标准样稀释比例相同的稀释剂，得到新样品中稀释剂成为主要成分，分析元素成为杂质，就可以用校准曲线法进行测定。

（2）内标法　在分析样品和标准样品中分别加入一定量的内标元素，然后测定各样品中分析线与内标线的强度 I_L 和 I_I，以 I_L/I_I 对分析元素的含量作图，得到内标法校准曲线。由校准曲线求得分析样品中分析元素的含量。

内标法中内标元素是关键。内标元素的要求有：①试样中不含该内标元素；②内标元素与分析元素的激发、吸收等性质要尽量相似，它们的原子序数相近，一般在 $Z \pm 2$ 范围内选择，对于 $Z < 23$ 的轻元素，可在 $Z \pm 1$ 的范围内选择；③两种元素之间没有相互作用。

内标法适用于测定不同种试样中某一微量元素。此时若用校准曲线法，由于不同试样的主要成分相差甚大，基体效应各不相同，因此，对于每种试样都应配制一套标准样品，非常麻烦。内标法的优点是既可补偿各类样品中的基体效应，又可补偿因仪器性能漂移带来的影响。内标法的主要缺点是不适用于块状固体、薄膜等试样。

（3）增量法　增量法只适用于低含量样品（待测元素含量小于10%）的测定。其方法为先将试样分成若干份，其中一份不加待测元素，其他各份加入不同含量（1～3倍）的待测元素，然后分别测定分析线强度。以加入含量为横坐标、强度为纵坐标绘制校准曲线。当待测元素含量较小（待测元素含量小于10%）时，校准曲线近似为一直线。将直线外推与横坐标相交，交点坐标的绝对值即为待测元素的含量。作图时，应对分析线的强度做背景校正。

采用增量法时，若样品中的待测元素含量太高，可用稀释剂稀释，使待测元素含量降至3%左右再进行测定。

上述方法是X射线荧光分析中的常用方法。近年来，为了提高定量分析的精度，在定量分析方法中又发展了数学校正法，即用数学方法来校正基体效应。由于计算机的普及，这些复杂的数学处理方法已变得十分迅速而简便了。这类方法主要有经验系数法和基本参数法，此外还有多重回归法及有效波长法等。

第四节　X射线荧光光谱仪

样品受到初级X射线照射后，样品中各种元素的各个线系都可能被激发，得到的是混合荧光X射线，为了对各种元素进行定性分析及定量分析，就必须将混合荧光X射线按波长顺序或光子能量大小进行分离。根据分光原理可将X射线荧光光谱仪分为波长色散型和能量色散型两种基本类型；根据通道数目可将X射线荧光光谱仪分为单通道仪器、双通道仪器及多通道仪器。

一、波长色散型X射线荧光光谱仪

波长色散法是用分析晶体作为分光装置，按照波长顺次进行分离的，下面介绍该法的

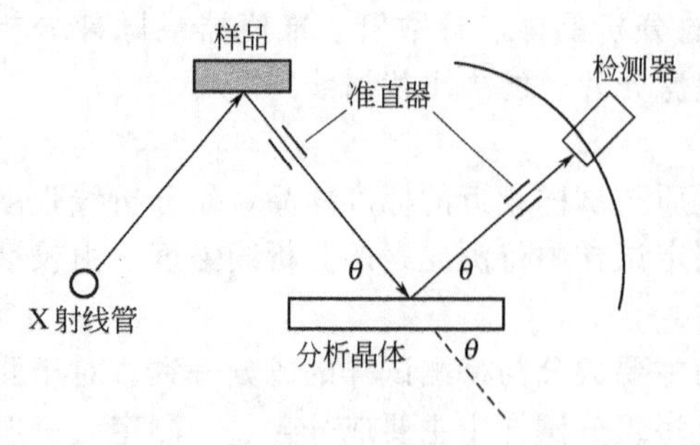

图 9-8 波长色散型 X 射线荧光光谱

原理。

将样品发射的，含有多种波长的荧光 X 射线经准直器准直后，以平行光束照射到一已知晶面间距 d 的分析晶体上，如图 9-8 所示。分析晶体为某些物质的单晶，如 NaCl、LiF、石英、硬脂酸铅等。根据 Bragg 方程 $n\lambda=2d\sin\theta$，在 n 一定时，一种波长只对应某一折射角，为使各种波长的荧光 X 射线分别以不同的掠射角衍射，以达到彼此分光的目的，则必须转动分析晶体来改变掠射角。如果 θ 角从 0°变到 90°，则不同波长的荧光 X 射线将按波长从小到大一次发生衍射，其衍射方向应在与入射线成 2θ 角的方向上。在此方向上安装一个检测器，即在分析晶体转动的同时，也使检测器以 2θ 角同步跟踪转动，则所有荧光 X 射线的衍射线依次被检测，把检测器信号放大后送入记录系统，便可得到以衍射线强度为纵坐标、以 2θ 角为横坐标的 X 射线荧光光谱图。

波长色散型仪器又根据分析晶体的聚焦方式分为非聚焦平面晶体式、半聚焦弯曲晶体式及全聚焦弯曲晶体式等类型。对于全聚焦式，分析晶体的曲率半径与聚焦圆半径相等，晶面与聚焦圆完全重合，聚焦完全；对于半聚焦式，聚焦圆半径为分析晶体曲率半径的一半，晶体中心与聚焦圆相切，聚焦不完全，结构原理如图 9-9 所示。

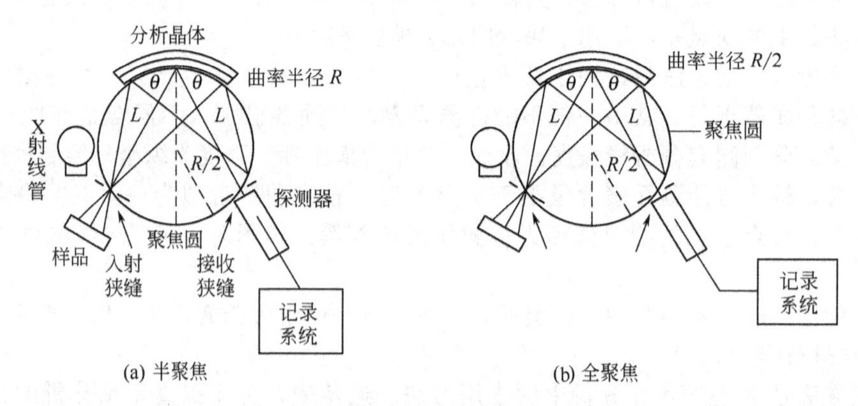

图 9-9 弯曲晶体 X 射线荧光光谱仪结构原理

非聚焦平面晶体式仪器的工作原理简述如下：X 射线管产生的初级 X 射线使样品原子内层电子激发而发射出含有多种波长的混合荧光 X 射线，此混合荧光 X 射线经样品准直器准直后以某一 θ 角照射到分析晶体上，并在分析晶体上发生衍射，将分析晶体从 0°到 90°逐渐转动（见图 9-10），则混合荧光 X 射线中各种波长的 X 射线将按 Bragg 方程以从小到大的波长顺序依次发生衍射，同时开动测角仪使探测器以 2θ 角同步转动，依次接收各个波长的衍射线，于是记录系统就绘出了强度对 2θ 角的 X 射线荧光光谱。

二、能量色散型 X 射线荧光光谱仪

能量色散法是以脉冲高度分析器作为分光装置，按照光子能量的大小进行分离的。能量色散型 X 射线荧光光谱仪不采用晶体分光系统，而是利用半导体检测器的高分辨率，并配以多道脉冲分析器，直接测量试样 X 射线荧光的能量，使仪器的结构小型化、轻便化。这是 20 世纪 60 年代末发展起来的一种新技术，其仪器结构如图 9-11 所示。

来自试样的 X 射线荧光依次被半导体检测器检测，得到一系列与光子能量成正比的脉

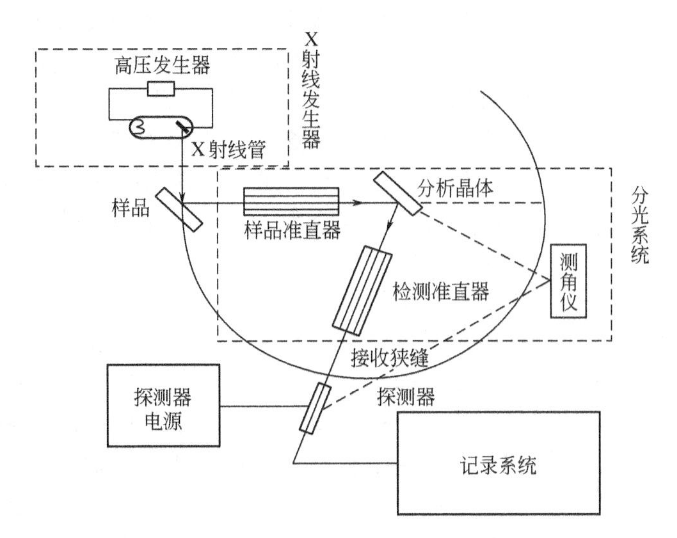

图 9-10　平面晶体 X 射线荧光光谱仪的结构原理

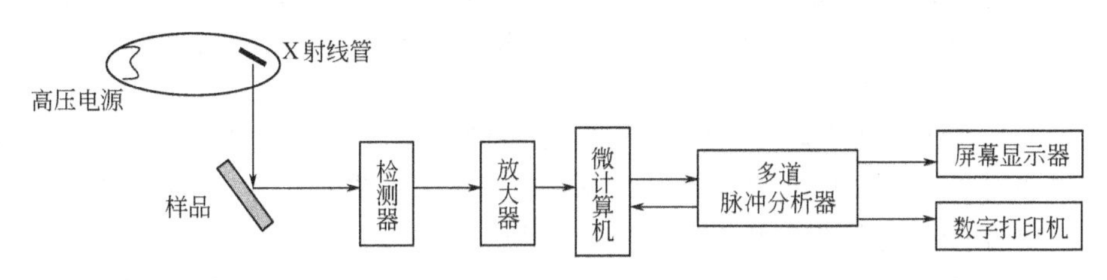

图 9-11　能量色散 X 射线荧光光谱仪原理

冲，经放大器放大后送到多道脉冲幅度分析器（1000 道以上）。按脉冲幅度的大小分别统计脉冲数，脉冲幅度可以用光子的能量来标度，从而得到强度随光子能量分布的曲线，即能谱图。

与波长色散法相比，能量色散法的主要优点是：由于无需分光系统，检测器的位置可靠近样品，检测灵敏度可提高 2～3 个数量级；也不存在高级衍射谱线的干扰。可以一次同时测定样品中几乎所有的元素，分析元素不受限制。仪器操作方便，分析速度快，适合现场分析。目前主要的不足之处是对轻元素还不能使相邻元素的 K_α 谱线完全分开，检测器必须在液氮低温下保存使用，连续光谱构成的背景较大。

三、X 射线荧光光谱仪主要组成部分

与一般的光谱仪器相似，X 射线荧光光谱仪是由 X 射线发生器、分光装置、样品室、检测器及记录系统五部分组成。此外，还有一个辅助系统——真空系统。

1. X 射线发生器

X 射线发生器由高压发生器及 X 射线管所组成。高压发生器为 X 射线管提供 20～100kV 稳定的直流高压，最大输出电流为 50～100mA，稳定度应大于±0.05%。X 射线管的结构如图 9-1 所示。

2. 检测器

X 射线检测器能将 X 射线光子的能量转化为电能，从而通过电子线路以脉冲形式测量并记录下来。常用的检测器有正比计数器、闪烁计数器和半导体计数器。前两者用于波长色散型仪器，后者则用于能量色散型仪器。

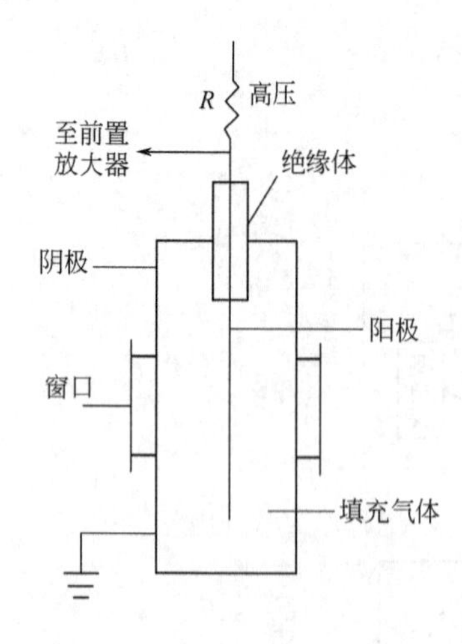

图 9-12 正比计数器的结构

(1) 正比计数器 正比计数器是由金属圆筒、金属丝和填充气体所组成，如图 9-12 所示。作为阳极的金属丝一般为极细的钨丝，它与金属圆筒阴极之间应有良好的绝缘。筒中充有填充气体，填充气体由探测气体氦、氖等和猝灭气体甲烷、丙烷、丁烷等所组成，常用的填充气体为 90％的氩气与 10％的甲烷气混合物。筒中的填充气体可以是密封的，也可以是流动的。

在一定的电压下，进入检测器的 X 射线光子轰击工作气体使之电离，产生的离子-电子对的数目与光子的能量成正比，与工作气体的电离电位成反比。作为工作气体的氩原子电离后，正离子被引向管壳，电子飞向中心阳极。电子在向阳极移动的过程中被高压加速，获得足够的能量，又可使其他氩原子电离。由初级电离的电子引起多级电离现象，在瞬间发生“雪崩”放大，一个电子可以引发 10^3～10^5 个电子。这种放电过程发生在 X 射线光子被吸收后大约 0.1～0.2μs 的时间内。在这样短的时间内，有大量的雪崩放电冲击中心阳极，使瞬间电流突然增大，高压降低而产生一个脉冲输出。脉冲高度与离子-电子对的数目成正比，与入射光子的能量成反比。

自脉冲开始至达到脉冲满幅度 90％所需的时间称为脉冲的“上升时间”。两次可探测脉冲之间的最小时间间隔称为“分辨时间”。分辨时间也可粗略地称为“死时间”。在死时间内进入的 X 光子不能被测出。正比计数器的死时间约为 0.2μs。

(2) 半导体计数器 由掺有锂的硅（或锗）半导体做成，在其两面真空喷镀一层约 20nm 厚的金膜构成电极，在 n、p 区之间有一个 Li 漂移区。因为锂的离子半径小，很容易漂移穿过半导体，而且锂的电离能也较低，当入射的 X 射线撞击锂漂移区（激活区）时，在其运动途径中形成电子-空穴对。电子-空穴对在电场的作用下，分别移向 n 层和 p 层，形成电脉冲。脉冲高度与 X 射线能量成正比。

3. 记录系统

记录系统由放大器，脉冲高度分析器和记录、显示装置所组成。其中脉冲高度（即脉冲幅度）分析器的作用是选取一定范围的脉冲幅度，将分析线脉冲从某些干扰线（如某些谱线的高次衍射线、杂质线）和散射线（本底）中分辨出来，以改善分析灵敏度和准确度。

第五节 X 射线荧光光谱法应用

X 射线荧光分析是一种元素分析方法，可用于原子序数大于 12 的金属和非金属元素的定性和定量分析，X 射线荧光强度与元素的化学状态无关，而且该方法是一种非破坏性方法。检测极限与样品性质、元素性质及实验条件紧密相关，其范围为 10^{-7}～10^{-2}。随着计算机技术的普及，X 射线荧光分析的应用范围不断扩大，已被定为国际标准（ISO）分析方法之一。其主要的优点如下。

① 与初级 X 射线发射法相比，不存在连续光谱，以散射线为主构成的本底强度小，峰底比（谱线与本底强度的对比）和分析灵敏度显著提高。适合于多种类型的固态和液态物质的测定，并易于实现分析过程的自动化。样品在激发过程中不受破坏，强度测量再现性好，以便于进行无损分析。

② 与其他光学光谱法相比，由于X射线光谱的产生来自原子内层电子的跃迁，所以除轻元素外，X射线光谱基本上不受化学键的影响，定量分析中的基体吸收和元素间激发（增强）效应较易校准或克服。元素谱线的波长不随原子序数呈周期性变化，而是服从Moseley定律，因而谱线简单，谱线干扰现象比较少，易于校准或排除。

X射线荧光分析可用来测定植物和食物中的痕量元素、农产品中的杀虫剂、肥料中的磷等。在医学上，X射线荧光法可直接测定蛋白质中的硫，血清中的氯、锶以及对组织、骨骼、体液进行元素分析。在采矿和冶金工业中，用于分析矿石、矿渣、岩心，连续测定矿浆中的硅，测定各种不同合金的组成及电镀液中的铂和金等。在空间技术中，用于分析新型合金——陶瓷。由于这种方法的非破坏性及不需要制备样品，因此也广泛用于文物和艺术品的鉴别。

金属样品制成合适尺寸的圆盘状后，直接置于仪器样品架上，它的表面应抛光。矿物、沉积物及冷冻干燥的生物材料可以研磨成细粉（直径小于50μm），然后压成小片，这适合于痕量与次要元素的分析。为了测定矿物中主要元素，如Ca、Fe、Si和Al等，可以将粉末样品与稀释剂（如$Na_2B_4O_7$）混合，并加热熔融物成型为具有光滑表面的珠状物。对液体样品中的痕量和次要元素可直接进行测定，如测定石油产品中的硫，水中的金属。对大气中尘埃及水中悬浮物，可通过滤纸采样获得一层薄膜后分析，因此这种方法很适合于环境污染物的分析。它也可用于动态的分析，测定某一体系在其物理化学作用过程中组成的变化情况，例如，相变产生的金属间的扩散固体从溶液中沉淀的速度、固体在固体中扩散和固体在溶液中溶解的速度等。

X射线荧光分析法的应用主要取决于仪器技术和理论方法的发展。随着激发源、色散方法和探测技术的改进，以及和计算机技术的联用，X射线光谱分析法将日益发展成为各个科研部门和生产部门广泛采用的一种极为重要的分析手段。

习　题

1. 解释并区分下列名词

(1) 连续X射线与X射线荧光；

(2) 吸收限与短波限；

(3) K_α 与 K_β 谱线；

(4) K系谱线与L系谱线。

2. 计算激发下列谱线所需的最低管电压。括弧中的数目是以nm表示的相应吸收限的波长。

(1) Ca的K谱线（0.3064）；

(2) As的 L_α 谱线（0.9370）；

(3) U的 L_β 谱线（0.0592）；

(4) Mg的K谱线（0.0496）。

3. 在75kV工作的带铬靶X射线管，所产生的连续发射的短波限是多少？

4. X射线荧光是怎样产生的？为什么能用X射线荧光进行元素的定性和定量分析？

5. 试从工作原理、仪器结构和应用三方面对色散型和能量型X射线荧光光谱仪进行比较。

6. 试对几种X射线检测器的作用原理和应用范围进行比较。

第十章 电子能谱法

电子能谱法（electron spectroscopy）是一种多技术集合的总称，这些彼此独立，但又相互依赖的各种技术组成开辟了一个以测量电子能量分布来研究表面的新领域。它的基本原理是用单色光源（如X射线、紫外线）或具有一定能量的电子束等去辐射样品，使原子或分子的内层电子或价电子受激而发射出来。这些被光子激发出来的电子称为光电子。测量光电子的能量，以电子动能为横坐标、相对强度（脉冲数/s）为纵坐标作出光电子能谱图，从而获得试样有关的信息。用X射线作激发源的称为X射线光电子能谱（X-ray photoelectron spectroscopy，XPS）；用紫外线作激发源的称为紫外光电子能谱（ultraviolet photoelectron spectroscopy，UPS）；若样品用电子束（或X射线）激发，测量的是样品发射的俄歇（Auger）电子的能量分布，则称为俄歇（Auger）电子能谱（Auger photoelectron spectroscopy，AES）。其中X射线光电子能谱法对化学分析最有用，被称为化学分析用电子能谱法（electron spectroscopy for chemical analysis，ESCA）。电子能谱法着重于研究光（或其他粒子）和物质相互作用后被激发出的电子的特性，而通常的光谱法是研究光和物质相互作用后光的特性的。

第一节 光电子能谱法的基本原理

光电子能谱的基本原理是光电离作用。物质受光的作用后，光子可以被分子（原子）内的电子所吸收或散射。内层电子容易吸收X光量子；价层电子容易吸收紫外光量子；而真空中的自由电子对光子只能散射，不能吸收。具有一定能量的入射光子同样品中的原子相互作用时，单个光子把它的全部能量交给原子中某壳层上的一个受束缚的电子，如果能量足以克服原子其余部分对此电子的作用，电子具有一定的动能发射出去，这种电子为光电子，这种现象称为光电离作用或光致发射。而原子本身变成一个激发态的离子。

$$A + h\nu \rightarrow A^{*+} + e^-$$

式中，A为原子；$h\nu$ 为入射光子的能量；A^{*+} 为激发态离子；e^- 为具有一定动能的电子。

此外，光电子离开原子时会使原子产生一个后退的反冲运动，而动量必须守恒，因此光电子还要有一部分能量传递给原子，这部分能量称为反冲动能。所以，当入射光的能量一定时，根据Einstein关系式，对于自由原子有如下关系

$$h\nu = E_b + E_k + E_r \tag{10-1}$$

式中，E_b 是原子能级中电子的电离能或结合能，其值等于把电子从所在的能级转移到真空能级时所需的能量；E_k 是出射光电子的动能；E_r 是发射光电子的反冲动能。反冲动能 E_r 与激发光源的能量和原子的质量有关。

$$E_r \approx (m/M)h\nu \tag{10-2}$$

式中，M 和 m 分别代表反冲原子和光电子的质量。反冲动能一般很小，在计算电子结合能时可以忽略不计，因此

$$h\nu = E_b + E_k \tag{10-3}$$

或
$$E_b = h\nu - E_k \tag{10-4}$$

这就是著名的爱因斯坦光电方程，也是 XPS 光谱分析中最基本的方程。当测得 E_k 后，按式(10-4) 即可求得 E_b 的值。光电离作用要求一个确定的最小的光子能量，称为临光子能量 $h\nu_0$。对气体样品，这个值就是分子电离势或第一电离能。研究固体样品时，通常还需进行功函数校准。一束高能量的光子，若它的 $h\nu$ 明显超过临光子能量 $h\nu_0$，它具有电离不同 E_b 值的各种电子的能力。一个光子可能激发出一个束缚得很松的电子，并传递给它高能量；而另一个同样能量的光子，也许能电离一个束缚得较紧的，并具有较低动能的光电子。因此光电离作用，即使使用固定能量的激发源，也会产生多色的光致发射。单色激发的 X 射线光电子能谱可产生一系列的峰，每一个峰对应着一个原子能级（s、p、d、f 等），这实际上反映了样品元素的壳层电子结构，如图 10-1 所示。

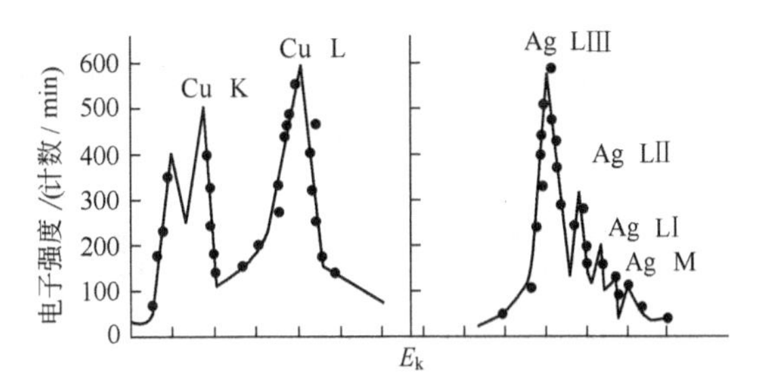

图 10-1　用 MoK_α 线激发 Cu 和 Ag 产生的 X 射线光电子能谱图

光电离作用的概率用“光电离截面” σ 表示，即一定能量的光子在与原子作用时从某个能级激发出一个电子的概率。σ 愈大，激发光电子的可能性也愈大。光电离截面与电子壳层平均半径、入射光子能量和受激发原子的原子序数等因素有关。一般说来，同一原子的 σ 值与轨道半径的平方成反比。所以对于轻原子，1s 电子比 2s 电子的激发概率要大 20 倍左右。对于重原子的内层电子，由于随着原子序数增大而轨道紧缩，使得半径的影响不太重要。同一个主量子数 n 随角量子数 L 的增大而增大；对于不同元素，同一壳层的 σ 值随原子序数的增加而增大。

只有处于表面的原子发射出的光电子才具有 $h\nu = E_b + E_k$ 的能量。光电子从产生处向固体表面逸出的过程中与定域束缚的电子会发生非弹性碰撞，其能量不断地按指数关系衰减。电子能谱法所能研究的信息深度取决于逸出电子的非弹性散射平均自由程，简称“电子逃逸深度”（或平均自由程），以 λ 表示。λ 随样品的性质而变，在金属中为 0.5～2nm，氧化物中为 1.5～4nm，对于有机和高分子化合物则为 4～10nm。通常认为 XPS 的取样深度 d 为电子平均自由程的 3 倍，即 $d \approx 3\lambda$。因此光电子能谱的取样深度很浅，是一种表面分析技术。

光电子能谱法具有以下特点。

① 可以分析除 H 和 He 以外的所有元素；可以直接测定来自样品单个能级光电发射电子的能量分布，且直接得到电子能级结构的信息。

② 从能量范围看，如果把红外光谱提供的信息称为“分子指纹”，那么电子能谱提供的信息可称作“原子指纹”。它提供有关化学键方面的信息，即直接测量价层电子及内层电子轨道能级。而相邻元素的同种能级的谱线相隔较远，相互干扰少，元素定性的标识性强。

③ 是一种无损分析。

④ 是一种高灵敏超微量表面分析技术。分析所需试样约 10^{-8}g 即可，绝对灵敏度高达 10^{-18}g，样品分析深度约 2nm。

按激发光源的不同，可分为 X 射线光电子能谱和紫外光电子能谱。两者的基本原理是相似的，下面分别介绍之。

第二节 X射线光电子能谱法

用元素的特征 X 射线作为激发源，常用的有 $AlK_{\alpha1,2}$ 线（能量为 1486.6eV）和 $MgK_{\alpha1,2}$线（能量为 1253.6eV）。

一、电子结合能

电子结合能 E_b 就是一个原子在光电离前后的能量差，即原子的始态 $E_{(1)}$ 和终态 $E_{(2)}$ 之间的能量差，所以电子的结合能也可表示为

$$E_b = E_{(2)} - E_{(1)}$$

对于气态样品，可近似地视为自由原子或分子。如果把真空能级（电子不受原子核吸引）选为参比能级，电子的结合能就是真空能级和电子能级的能量之差。在实验中测得的是电子的动能，也就是 Einstein 光电方程中的 E_k。如果入射光子的能量大于电子的结合能，根据式(10-4)，就可求得结合能 E_b。

对于固体样品，由于真空能级与表面状况有关，容易改变，所以必须选用 Fermi 能级为参比能级，即固体样品中某轨道电子的结合能，是跃迁到 Fermi 能级所需要的能量。所谓 Fermi 能级是指在绝对零度（0K）时，固体能带中充满电子的最高能级。那么，固体样品由 Fermi 能级变到真空静止电子还需要一定的能量，此能量称为样品的功函数 ϕ。所以 X 射线激发能将包括：①内层电子跃迁到 Fermi 能级所需要的能量 E_b；②电子由 Fermi 能级进入真空静止电子所需要的能量，即功函数 ϕ；③自由电子所具有的动能 E_k，即

$$h\nu = E_b + E_k + \phi \quad (10\text{-}5)$$

上述能量关系如图 10-2(a) 所示。

在实验中，样品是放在仪器架上，使样品与仪器处于同一电位，这时样品与真空能级之间就产生一个接触电位差 ΔV，其接触电位差 ΔV 为样品功函数 ϕ 与谱仪功函数 ϕ'（所谓谱仪功函数 ϕ'是由 Fermi 能级变到仪器架电位所需要的能量）之差，即

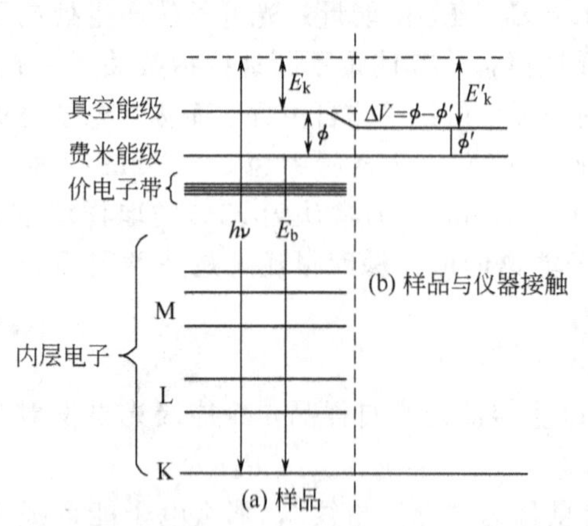

图 10-2 光电子能谱中各种能量的关系

$$\Delta V = \phi - \phi' \quad (10\text{-}6)$$

接触电位差 ΔV 的存在使自由电子的动能从 E_k 增加到 E_k'。即

$$E_k' = E_k + \Delta V = E_k + \phi - \phi'$$

或

$$E_k + \phi = E_k' + \phi' \quad (10\text{-}7)$$

将式(10-7) 代入式(10-5)，得

$$E_b = h\nu - E_k' - \phi' \quad (10\text{-}8)$$

式(10-8) 为固体样品的光电子能量公式。式(10-8) 中的 ϕ'可以通过测定一已知结合能的导电样品所得到的谱图来确定。对同一台仪器来说，ϕ'基本上是一个常数，与样品无关，其平均值为 3～4eV。E_k'可由能谱仪测得。所以知道了 $h\nu$，就可以测定样品的 E_b 了。各种原子、分子、轨道的电子结合能是一定的，据此可鉴别各种原子或分子，即进行定性分析。

二、X射线光电子能谱图

1. 元素的特征峰

样品中各元素的原子，在 X 射线的作用下，激发出各种轨道上的电子成为光电子。所

得到的光电子能谱图将会有多个电子谱峰，通常采用该元素被激发电子所在的能级来标记这些光电子。例如，从K层激发出来的光电子称为1s电子，从L层激发出来的分别标记为2s、$2p_{1/2}$、$2p_{3/2}$。依此类推。图10-3所示为Ag的X射线光电子能谱。横坐标表示电子的结合能（有时候以光电子的动能表示），纵坐标为光电子强度。由于采用MgK_{α}为激发源，Ag原子的第一、第二壳层（K层和L层）的电子结合能大于$MgK_{\alpha1,2}$的能量，故不能被激发，只能激发外面壳层（M和N层）的电子。它们被分别记为Ag3s、$Ag3p_{1/2}$、$Ag3p_{3/2}$、$Ag3d_{3/2}$、$Ag3d_{5/2}$、Ag4s、$Ag4p_{1/2}$、$Ag4p_{3/2}$、$Ag4d_{3/2}$、$Ag4d_{5/2}$。Ag的4f层无电子填充，因此就不存在Ag4f光电子。Ag的5s电子为价电子，元素状态Ag的价电子形成金属键，构成导带。由图10-3可以看出，采用MgK_{α}为激发源，$Ag3d_{3/2}$和$Ag3d_{5/2}$光电子是Ag的两个最强的特征峰，彼此相差为6eV。一般用元素的最强特征峰来鉴别元素，当发生峰的重叠时，可选用其他峰作为佐证。

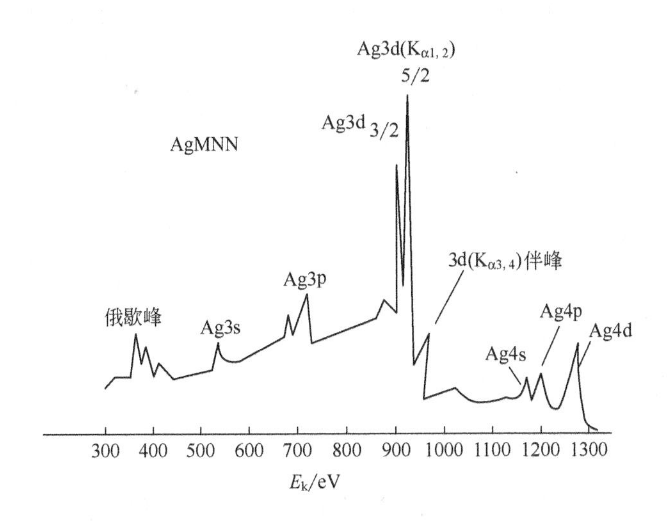

图10-3 Ag的X射线光电子能谱（MgK_{α}激发源）

2. 伴峰

元素的原子受X射线作用，除了激发各原子轨道发射光电子外，也伴随其他一些物理过程。这些过程所产生的光电子峰也将出现在光电子能谱图中，这类峰统称为伴峰。要正确地识别元素的特征电子峰，就要了解伴峰的性质及其产生的物理原因。伴峰可分为以下几种。

(1) X射线源的卫星线（伴线）产生的伴峰 采用Mg靶X射线或Al靶X射线作为激发源，X射线未经单色化处理，除了发射$K_{\alpha1,2}$主线外，还有其他X射线，它们是三个L支层之一和K层同时产生电子空穴，由L→K跃迁所产生的K_{α}卫星线，见表10-1。$K_{\alpha1,2}$是激发源的主要射线，它所激发的光电子在谱图上构成主峰，其他X射线的强度比$K_{\alpha1,2}$弱许多，所产生的光电子的强度也弱许多，构成主峰的伴峰，如图10-3的3d（$K_{\alpha3,4}$）伴峰，就是激发源中的$K_{\alpha3,4}$所引起的。由于$K_{\alpha3,4}$的能量比$K_{\alpha1,2}$大9～12eV，所以它所产生的光电子峰的能量相应地比主峰大9～12eV。其强度约为主峰的1/10。图10-3中$K_{\alpha3,4}$的强度是$K_{\alpha1,2}$强度的9.2%～7.8%。

(2) Auger电子峰 采用X射线作为激发源，原子吸收X射线的过程中，同时伴随Auger效应，产生Auger电子。这种Auger电子在光电子能谱图中也成为一种伴峰。图10-3中，在300～400eV之间出现两个Auger电子峰。轻元素的Auger效应严重，因此Auger电子峰既尖锐又多，而且出现在光电子峰的区域之中，常常影响对光电子峰的识别，光

表 10-1 Mg 靶及 Al 靶产生的特征 X 射线

X 射线	Mg		Al	
	能量/eV	相对强度	能量/eV	相对强度
$K_{\alpha1}$	1253.7	67 } 100	1486.7	67 } 100
$K_{\alpha2}$	1253.4	33	1486.3	33
$K_{\alpha'}$	1258.2	1.0	1492.3	1.0
$K_{\alpha3}$	1262.1	9.2	1496.3	7.8
$K_{\alpha4}$	1263.7	5.1	1498.2	3.3
$K_{\alpha5}$	1271.0	0.8	1506.5	0.42
$K_{\alpha6}$	1274.2	0.5	1510.1	0.28
K_{β}	1302	2	1557	2

电子峰和 Auger 电子峰的根本区别是：光电子的动能随激发源的 X 射线的能量而变化；而 Auger 电子的动能和激发的 X 射线的能量无关。因此，变换 X 射线激发源，就能判断出两不同的谱峰。图 10-4 所示为采用两种不同的 X 射线照射 Cu 样品所得到的电子能谱。从图中可以看到，随 X 射线的能量变化，Cu 的光电子峰发生了移动，而 Auger 电子峰的位置没有变化。

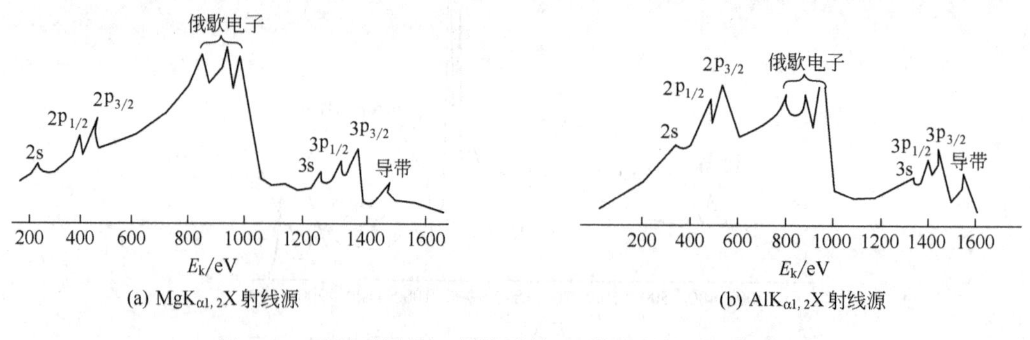

图 10-4 两种不同的 X 射线照射 Cu 样品所得到的电子能谱

（3）振激峰和振离峰 当 X 射线照射时，除了打出一个内层电子外，还会使另一个电子被激发到更高能级的束缚态（振激）或被激发到连续的非束缚态（振离），这两个过程都是光电子发射两电子的过程，都伴随有 X 射线的能量损失，使光电子的动能降低，但两过程的区别在于：振激过程是量子化的；振离过程是非量子化的，是连续的。由于光电子能量的降低，所以在能谱图的低能区域出现一系列伴峰，如图 10-5 所示。图 10-5(a) 为振激过程，它是量子化的，所以是锐峰；图 10-5(b) 为振离过程，它是非量子化的，所以本底曲线上出现"台阶"式的波峰。

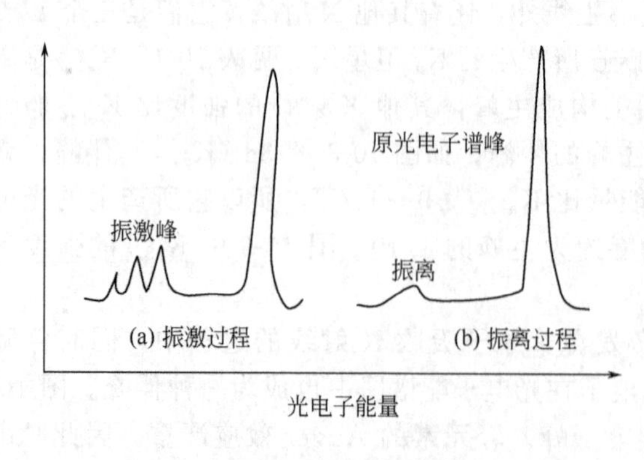

图 10-5 振激过程和振离过程示意

（4）峰的多重分裂 过渡元素的光电子能谱常常出现光电子的多重分裂。这是由于过渡元素的外壳的 d 或 f 支壳层有未填满的电子空位。当 X 射线作用于内层电子发射光电子时，内层又出现了未填满的电子空位。这时外层和内层未填满的轨道上的电子运动组态，要由 L-S 耦合来决定。这时的 L-S 耦合是多种结果，即发射光电子后的原子能级是多样的，致使所发射的光电子能量也是多样的。对内层 s 轨道来说，当其中一个电子被激发成光电子，留下的电子的自旋方向有两种取向，或者与支壳层非配对电子的自旋方向平行，或者和支壳层非配对电子的自旋方向相反。这两种运动组态具有不同的能级，相应地光电子则具有不同动能，在图谱上将出现相应的光电子峰。如果光电离不是发生在 s 轨道，那么角动量耦合将更为复杂，峰的分裂也随之复杂化。

3. 谱峰的化学位移

由于原子中的内层电子受核电荷的库仑引力和核外其他电子的屏蔽作用，任何外层价电子分布的变化都会影响内层电子的屏蔽作用。当外层电子密度减少时，屏蔽作用减弱，内层电子的结合能增加；反之，结合能减少。在光电子谱图上可以看到谱峰的位移，称为电子结合能位移 ΔE_b。由于原子处于不同的化学环境而引起的结合能位移称为化学位移。图10-6所示为铍的不同化合物的化学位移。由图可知，当 Be 被氧化成 BeO 后，Be 的 1s 电子结合能向高结合能方向移动 2.9eV，BeF_2 和 BeO 中的 Be 虽然具有相同的氧化数（2+），但由于氟的电负性比氧的电负性高，所以 Be 在 BeF_2 中比在 BeO 中具有更高的氧化态。XPS 的实验结果证实，在 BeF_2 中由氟引起的结合能变化，比 BeO 中由氧引起的变化大，说明内层电子结合能随氧化态增高而增加，化学位移愈大。

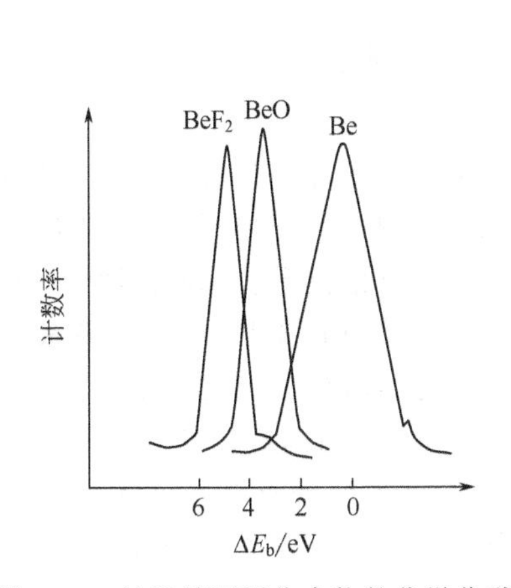

图 10-6 铍及其不同化合物的化学位移

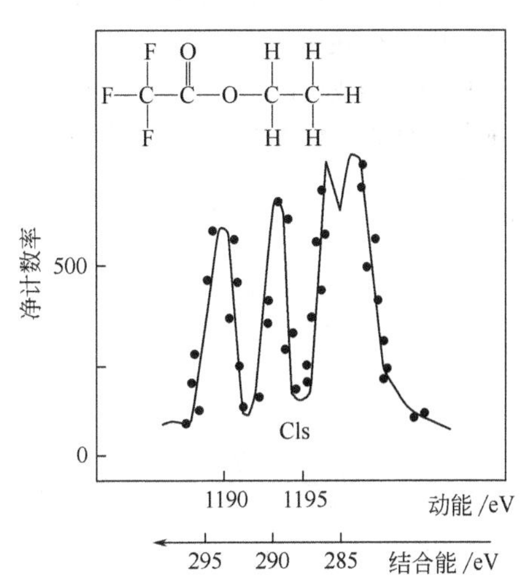

图 10-7 在 $AlK_{\alpha1,2}$ 照射下三氟乙酸乙酯 C 1s 光电子谱

注：从左到右四个谱峰对应着结构式中从左到右四个碳原子

原子氧化态的变化可以引起价电子密度的变化，从而改变了对内层电子的屏蔽效应，导致内层电子结合能的改变。几种元素不同氧化态的化学位移见表 10-2，可以清楚地看出化学位移随氧化态增加而增加。

表 10-2 几种元素不同氧化态的化学位移①

元素	氧化态									
	−2	−1	0	+1	+2	+3	+4	+5	+6	+7
N(1s)		0eV		+4.5eV		+5.1eV		+10.0eV		
S(1s)	−2.0eV		0eV				+4.5eV		+5.8eV	
Cl(2p)		0eV				+3.8eV		+7.1eV		+9.5eV
Cu(1s)			0eV	+0.7eV	+4.4eV					
I(4s)		0eV						+5.3eV		+6.5eV
Eu(4s)					0eV	+9.6eV				

① 表中数值为相对于 0 的位移值。

从图 10-6 可以看出，化学位移还与电负性有关。电负性是指分子内原子吸引电子的能力，它的大小与原子的电子密度有关，在分子内某一原子的内层电子结合能直接与相连原子或原子团的电负性有关。例如，三氟乙酸乙酯中 C 1s 的 XPS 谱如图 10-7 所示。由于分子中各元素的电负性不同，所以谱图上出现了 4 个位移值不同的 C 1s 峰，其面积之比为 1∶1∶1∶1，图中从左至右谱峰与结构式中碳原子有逐一对应的关系。

三、X 射线光电子能谱的应用

1. 元素定性分析

各种元素都有它的特征电子结合能，因此在能谱图中就出现特征谱线，可以根据这些谱线在能谱图中的位置来鉴定周期表中除 H 和 He 以外的所有元素。通过对样品进行全扫描，在一次测定中就可检出全部或大部分元素。图 10-8 是用 MgK_α 线照射的月球土壤的 X 射线光电子能谱图，土壤的主要成分可以清晰鉴别。

2. 元素定量分析

X 射线光电子能谱定量分析的依据是光电子谱线的强度（光电子峰的面积），它反映了原子的含量或相对浓度。在实际分析中，采用与标准样品相比较的方法对元素进行的定量分析，其分析精度达 1%～2%。

3. 固体表面分析

固体表面是指最外层的 1～10 个原子层，其厚度大概是几个纳米或更少。人们早已认识到在固体表面存在一个与固体内部的组成和性质不同的相。表面研究包括分析表面的元素组成和化学组成、原子价态、表面能态分布，测定表面原子的电子分布和能级结构等。X 射线光电子能谱是最常用的工具。在表面吸附、催化、金属的氧化和腐蚀、半导体、电极钝化、薄膜材料等方面都有应用。

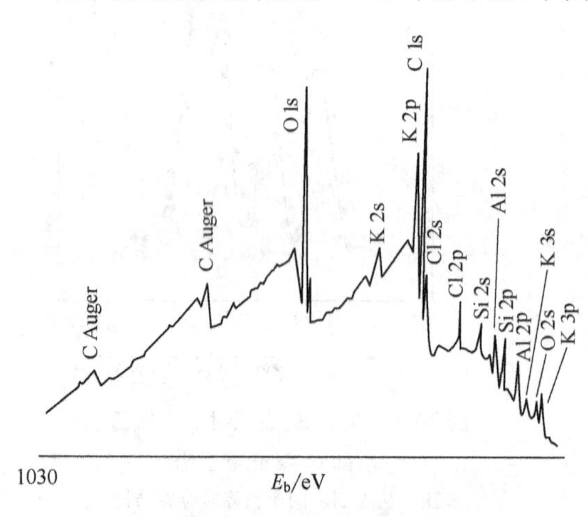

图 10-8　用 MgK_α 线照射的月球土壤的 X 射线光电子能谱图

例如，用 X 射线光电子能谱研究了木炭载体上的铑催化剂。金属铑薄片、Rh_2O_3 和铑的催化剂的 Rh3d 光电子能谱如图 10-9 所示。金属铑的能谱图上可以看出有一个肩峰，这是因为金属铑表面已部分氧化，Rh_2O_3 和 Rh 的 Rh3d 光电子谱线之间有 1.6eV 的化学位移。催化剂 A 和 B 具有高的活性，催化剂 C 呈现低的活性，主要是因为催化剂表面铑的氧化物的浓度不一样。从图 10-9 可以看出，催化剂 A 和 B 的谱线形状十分相似，3d 双线出现两种峰表明催化剂表面至少存在两种可区别的铑原子，一种是金属铑，一种是铑的氧化物，而其中铑的氧化物占优势。催化剂 C 的谱线与 A 和 B 有些不一样，它虽然也存在两种铑原子，但金属铑占优势。

4. 化合物结构鉴定

X 射线光电子能谱法对于内壳层电子结合能化学位移的精确测量，能提供化学键和电荷分布方面的信息。例如，图 10-10 是 1,2,4-三氟代苯和 1,3,5-三氟代苯的 C 1s 光电子能谱。苯的 C 1s 电子能谱只有 1 个峰，这说明苯分子中 6 个 C 原子的化学环境是相同的。在氟代苯中除六氟代苯外，其余都有两种不同化学环境的 C 原子，因此 C 1s 电子将出现 2 个峰。和氟相连的 C 1s 电子结合能比和 H 相连的 C 原子的结合能高 2～3eV。

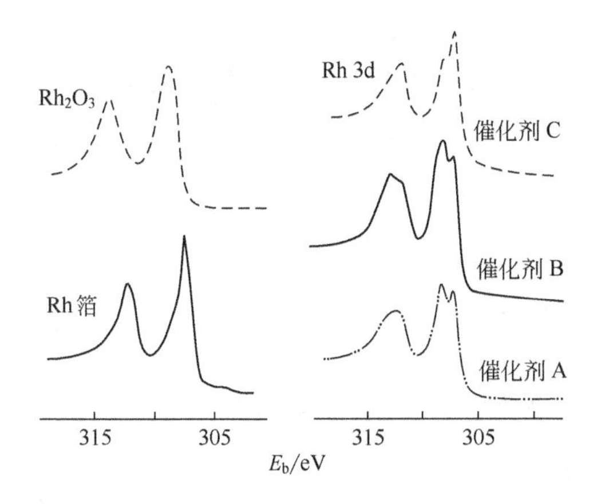

图 10-9　金属铑薄片、Rh_2O_3 和铑的催化剂的 Rh 3d 光电子能谱

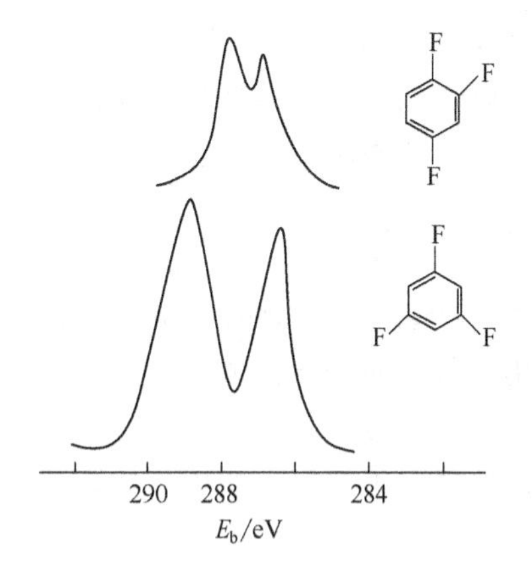

图 10-10　1,2,4-三氟代苯和 1,3,5-三氟代苯的 C 1s 光电子能谱

5. 分子生物学

X 射线光电子能谱应用于生物大分子研究方面也有不少例子。例如，维生素 B_{12} 是在 C、H、O、N 等 180 个原子中只有 1 个 Co 原子，因此在 10nm 的维生素 B_{12} 层中只有非常少的 Co 原子。可是从维生素 B_{12} 的 X 射线光电子能谱中仍能清晰地观察到 Co 的电子峰（见图 10-11）。

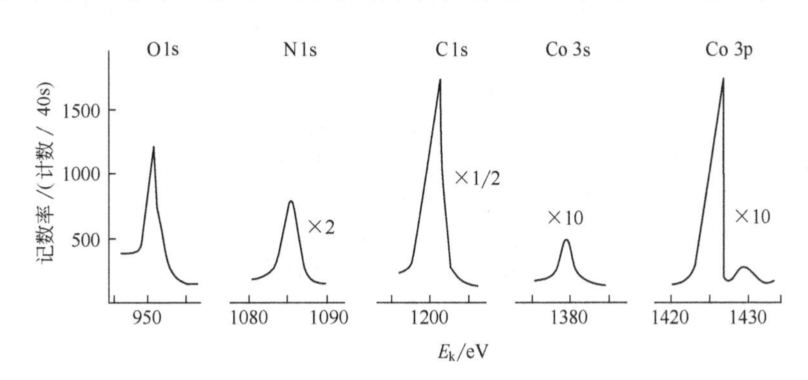

图 10-11　维生素 B_{12} 的 X 射线光电子能谱

第三节　紫外光电子能谱法

紫外光电子能谱和 X 射线光电子能谱的原理基本相同，只是采用真空紫外线作为激发源，通常使用稀有气体的共振线，如 He Ⅰ(21.2eV) He Ⅱ(40.8eV)。紫外线的单色性比 X 射线好得多，因此紫外光电子能谱的分辨率比 X 射线光电子能谱高得多。两者获得信息既有类似的方面，又有不同之处，因此可以互相补充。

紫外光电子能谱峰的位置和形状与分子轨道结构及成键情况密切相关。它可用于精确测量物质的电离电位，进行分子轨道和化学键性质的分析工作。

1. 测量电离能

紫外光电子能谱法能精确地测量物质的电离能。紫外光电子的能量减去光电子的动能便得到被测物质的电离能。对于气体样品来说，测得的电离能相应于分子轨道的能量。分子轨道的能量大小和顺序对于解释分子结构、研究化学反应、验证分子轨道理论计算的结果等，提供了有力的依据。

2. 研究化学键

观察谱图中各种谱带的形状可以得到有关分子轨道成键性质的某些信息。例如，出现尖锐的电子峰，表明可能有非键电子存在；带有振动精细结构的比较宽的峰，表明可能有 π 键存在等。

3. 定性分析

紫外光电子能谱也具有分子"指纹"性质。虽然这种方法不适合用于元素的定性分析，但可用于鉴定同分异构体，确定取代作用和配位作用的程度和性质。

4. 表面分析

紫外光电子能谱也能用于研究固体表面吸附、催化以及固体表面电子结构等。

习　题

1. 试计算 MgK_α 和 AlK_α 两种激发源下 N1s 光电子的动能。在计算光电子动能时，气体、固体样品有何区别？

2. 如何计算 Auger 电子的能量？Auger 电子的特点是什么？

3. 以 MgK_α（$\lambda=989.00$pm）为激发源，测得 ESCA 光电子动能为 977.5eV（已扣除了仪器的功函数），求此元素的电子结合能。

4. 若 Cl（2p）电子的结合能为 272.5eV，当 Cl 的价态为 −1、+3、+5、+7 时，其化学位移分别为 0eV、+3.8eV、+7.1eV、+9.5eV。根据 3 题的测定结果，判断氯应处于什么状态（Cl^-、ClO_2^-、ClO_3^-、ClO_4^-）。

5. 如何从紫外光电子能谱谱带的形状来探知分子轨道的键合性质？

6. 试比较 ESCA 光电子能谱、Auger 电子能谱和 X 射线光电子能谱的原理及特点。

7. 如何区别样品发射的电子是 ESCA 光电子还是 Auger 电子？

8. ESCA 光电子能谱的伴峰有哪几种类型，各有何特征？

9. 有一金属 Al 样品，清洁后立即进行测量，光电子能谱上存在两个明显的谱峰，其值分别是 72.3eV 和 7.3eV，其强度分别为 12.5 和 5.1 个单位。样品在空气中放置一周后，进行同样条件下测量，两谱峰依然存在，但其强度分别为 6.2 和 12.3 个单位。试解释之。

第二篇　色　谱　法

第十一章　色谱法基础

第一节　概　　述

一、色谱法概述

色谱法（chromatography）的创始人是俄国的植物学家茨维特（M. Tswett），1906年他将植物色素的石油醚浸取液倒入填充有碳酸钙的直立玻璃管中，浸取液中的色素被碳酸钙吸附，通过加入石油醚冲洗，色素中各组分互相分离，形成各种不同颜色的色带，“色谱”二字由此得名。这就是最初的色谱法。以后色谱法逐渐应用于无色物质的分离，“色谱”二字虽已失去原来的含义，但仍被沿用至今。

在色谱法中，固定在玻璃管内的填充物（固体或液体）称为固定相，沿固定相流动的流体（气体或液体）称为流动相，装有固定相的管子（玻璃或不锈钢制）称为色谱柱。当流动相中样品混合物经过固定相时，就会与固定相发生作用，由于各组分在性质和结构上的差异，与固定相相互作用的类型、强弱也有差异，因此在同一推动力的作用下，不同组分在固定相滞留时间长短不同，从而按先后不同的次序从固定相中流出。

这种在两相间进行多次分配而使混合物中各组分分离的方法，称为色谱法。

色谱法是各种分离技术（如蒸馏、精密分馏、萃取、升华、重结晶等）中效率最高和应用最广的一种方法之一。它目前已成为天然产物、石油化工、医药卫生、环境科学、生命科学、能源科学、有机和无机新型材料等各个研究领域中不可缺少的重要工具。

二、色谱法分类

1. 按两相状态分类

在色谱分离中固定不动，对样品产生保留的一相称为固定相（stationary phase），与固定相处于平衡状态，带动样品向前移动的另一相称为流动相（mobile phase）。可以根据流动相的状态将色谱法分成四大类，见表11-1。

表11-1　按流动相种类分类的色谱法

色谱类型	流动相	主要分析对象
气相色谱法	气体	挥发性有机物
液相色谱法	液体	可以溶于水或有机溶剂的各种物质
超临界流体色谱法	超临界流体	各种有机化合物
电色谱法	缓冲溶液、电场	离子和各种有机化合物

2. 按分离机理分类

利用组分在吸附剂（固定相）上的吸附能力强弱不同而得以分离的色谱法，称为吸附色谱法。利用组分在固定液（固定相）中溶解度不同进行分离的方法称为分配色谱法。利用组分在离子交换剂（固定相）上的亲和力大小不同进行分离的方法，称为离子交换色谱法。利用体积大小不同的分子在多孔固定相中的选择渗透而达到分离目的的方法，称为凝胶色谱法或尺寸排阻色谱法。利用不同组分与固定相（固定化分子）的高专属性亲和力进行分离的技术称为亲和色谱法，常用于生物分子的分离。

根据所使用的流动相和固定相的极性程度的不同，将其分为正相色谱和反相色谱。如果采用流动相的极性小于固定相的极性，称为正相色谱，它适用于大极性化合物的分离。如果采用流动相的极性大于固定相的极性，称为反相色谱，它适用于弱极性化合物的分离。

三、气相色谱分离机制

流动相为气体的色谱称为气相色谱，根据固定相的不同，又分为气固色谱和气液色谱。具体如下。

1. 气固色谱

气固色谱分析中，固定相是一种具有多孔性及较大表面积（内表面与外表面的总和）的固体颗粒吸附剂。

载气携带样品气体在色谱柱内被固定相吸附剂吸附，同时样品气体受到后边载气的推动作用，又被脱附出来，被脱附的组分随载气继续前进，又被前面的吸附剂吸附，继而又被脱附。随着载气的流动，被测组分在吸附剂上进行反复的物理吸附、脱附过程。由于被测物质中各个组分的性质不同，它们在吸附剂上的吸附能力也不一样，较难被吸附的组分就容易被脱附，较快地移向前面。容易被吸附的组分就不易被脱附，向前移动得慢些。经过一定时间，即通过一定量的载气后，试样中的各个组分就彼此分离而先后流出色谱柱，这就是气固色谱的分离原理。

2. 气液色谱

气液色谱的固定相是由两部分组成，即惰性固体颗粒（载体、支持剂）和固定液（高沸点有机化合物）。固定液是在载体上涂一层高沸点有机化合物液膜，此处的载体不与试样组分起任何物理的或化学作用，真正起分离作用的是固定液。

气液色谱的分离原理为：试样组分随载气进入色谱柱，组分溶解到固定液中，随着载气的连续流动，溶解的组分挥发到气相中，并如此反复进行溶解与挥发。因为试样中各组分在固定液中溶解度不同，溶解度大的组分难挥发，停留在柱中时间长，移动慢。溶解度小的组分易挥发，停留在柱中时间短，移动快。经过一段时间，各组分就彼此分离。

四、气相色谱与液相色谱比较

流动相为液体的色谱称为液相色谱。液相色谱法与气相色谱法相比，具有以下三方面的优点。

① 气相色谱分析采用的流动相是惰性气体，它对组分没有亲和力，不产生相互作用力，仅起运载作用。而液相色谱法中流动相可选用不同极性的液体，选择余地大，它对组分可产生一定的亲和力，并参与固定相对组分作用的激烈竞争。因此，流动相对分离起很大作用，相当于增加了一个控制和改进分离条件的参数，为选择最佳分离条件提供了极大方便。

② 气相色谱法一般都是在较高温度下进行的，而液相色谱法则经常可在室温下工作。

③ 气相色谱法分析对象只限于分析气相和沸点较低的化合物，它们仅占有机物总数的20%。对于占有机物总数近80%的那些高沸点、热稳定性差、摩尔质量大的物质，目前主要采用高效液相色谱法进行分离和分析。

第二节　色谱流出曲线及有关术语

一、色谱流出曲线

色谱图是以组分的浓度变化作纵坐标，以流出时间作横坐标，可获得色谱流出曲线——色谱图。曲线上突起部分就是色谱峰。一般地说，色谱流出曲线的形状与该组分等温分配曲线的形状有关。等温分配曲线是在等温条件下分配系数随组分浓度变化的规律。典型的等温分配曲线有三种——直线型、凸线型和凹线型，如图 11-1(a) 所示。相应的色谱流出曲线也有三种，如图 11-1(b) 所示。对称的流出曲线称为正常色谱峰，非对称的流出曲线称为不正常色谱峰，其中，前沿陡峭后沿拖尾的流出曲线称为拖尾峰，前沿平伸后沿陡峭的流出曲线，称为前伸峰。

如果进样量很小，浓度很低，在吸附等温线（气固吸附色谱）或分配等温线（气液分配色谱）的线性范围内，则色谱峰是对称的，可以用 Gauss 正态分布函数表示

$$c=\frac{c_0\sqrt{n}}{\sigma\sqrt{2\pi}}\exp\left[-\frac{1}{2}\left(\frac{t-t_R}{\sigma}\right)^2\right] \tag{11-1}$$

式中，c 为不同时间某物质在柱出口处的浓度；c_0 为进样浓度；t_R 对应于浓度峰值的保留时间；σ 为标准偏差。

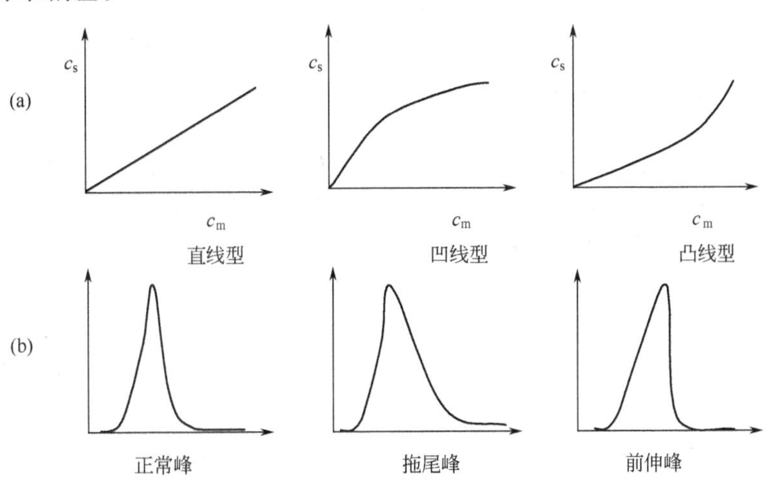

图 11-1　三种吸附等温曲线和对应的色谱峰形状

二、色谱曲线有关术语

1. 基线

基线（baseline）为只含有流动相而没有组分进入检测器时，检测器所给信号（噪声）随时间变化的线。

（1）稳定的基线　是一条直线，是测量基准，也是检查仪器工作是否正常的指标之一。

（2）基线噪声（baseline noise）　指由各种因素引起的基线起伏。

（3）基线漂移（baseline drift）　指基线随时间定向的缓慢变化。

2. 保留值

保留值（retention value）表示试样中各组分在色谱柱中的滞留时间的数值。可用时间或将组分带出色谱柱所需流动相的体积表示。

用时间表示的保留值反映被分离组分在色谱柱中的滞留时间，主要取决于各组分在两相

间的分配过程，因而保留值是由色谱分离过程中的热力学因素所控制的。任何一种物质在一定的固定相和操作条件下（如柱温、载气流速等），都有一个确定的保留值，这样就可用作定性参数。

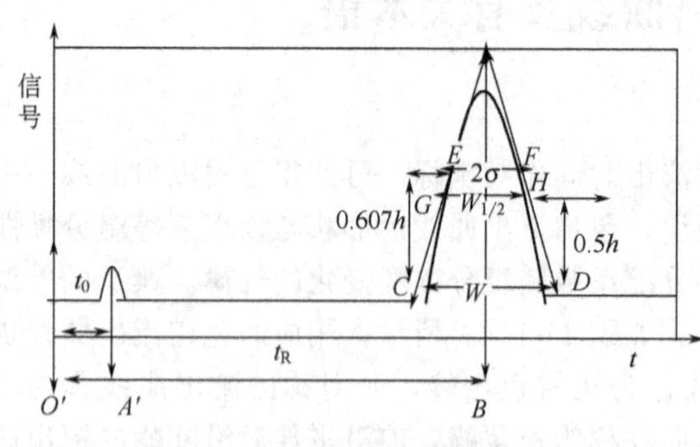

图 11-2　色谱参数示意

(1) 死时间（dead time）t_0　指不与固定相相互作用的物质，从进样开始到柱后出现最大值时所需的时间。如图 11-2 中 $O'A'$ 所示。死时间正比于色谱柱空隙体积（即流动相通过仪器各部件所需时间）。

(2) 保留时间（retention time）t_R　指被测组分从进样器开始到柱后出现浓度最大值时所需的时间，图 11-2 中 $O'B$（即组分流经色谱仪并与固定相起作用的时间总和）。

(3) 调整保留时间（adjusted retention time）t'_R　指扣除死时间后的保留时间。如图 11-2 中 $A'B$。

$$t'_R = t_R - t_0 \tag{11-2}$$

t'_R 即某组分由于溶解或吸附于固定相，比不溶解或不被吸附的组分在色谱柱中多滞留的时间。由于组分在色谱柱中的保留时间 t_R 包含了组分随流动相通过柱子所需的时间和组分在固定相中滞留所需的时间，所以 t_R 实际上是组分在固定相中保留的总时间。

保留时间是色谱法定性的基本依据，但同一情况下，同一组分的保留时间常受到流动相流速的影响，因此色谱工作者有时用保留体积来表示保留值。

(4) 死体积（dead volume）V_0　从进样器到检测器之间空隙体积的总和，包括色谱柱在填充后柱管内固定相颗粒间所剩留的空间、色谱仪中管路和连接头间的空间以及检测器的空间。当只考虑填充柱内的固体颗粒之间的空隙体积时，后两项很小而可以忽略不计。这时死体积可由死时间与色谱柱出口的载气体积流速来计算。

$$V_0 = t_0 F_0 \tag{11-3}$$

式中，F_0 为扣除饱和水蒸气压并经温度校正的流速，mL/min。

死体积只反映色谱柱和仪器系统的几何关系特性，与被测物性质无关。

(5) 保留体积（retention volume）V_R　指从进样开始到柱后被测组分出现浓度最大值时所通过的载气体积。由保留时间与柱出口载气体积流速的乘积来计算。

$$V_R = t_R F_0 \tag{11-4}$$

当载气流速 F_0 加大时，保留时间 t_R 相应降低，两者乘积仍为常数，因此 V_R 与载气流速无关。

(6) 调整保留体积（adjusted retention volume）V'_R

$$V'_R = V_R - V_0 \text{ 或 } V'_R = t'_R F_0 \tag{11-5}$$

V'_R 也与载气流速无关。保留体积中扣除了死体积后能更合理地反映被测组分的保留特性。

3. 相对保留值或选择因子 α

在同一色谱柱中某组分 2 的调整保留值与另一组分 1 的调整保留值之比，称为相对保留值（relative retention value），用 r_{21} 表示。因为 r_{21} 与固定相的性质有关，所以也可以用来表示色谱柱固定相的选择性，此时常用 α 表示，称为选择因子。

$$r_{21} = \frac{t'_{R(2)}}{t'_{R(1)}} = \frac{V'_{R(2)}}{V'_{R(1)}} = \alpha \neq \frac{t_{R(2)}}{t_{R(1)}} \neq \frac{V_{R(2)}}{V_{R(1)}} \tag{11-6}$$

当柱温、固定相性质不变，即使柱径、柱长、填充情况、流动相流速变化，r_{21} 不变是色谱定性分析的重要参数。r_{21}越大，表示柱选择性越好，相邻两组分 t'_R 相差越大，分离得越好，$r_{21}=1$ 时两组分不能被分离。

4. 色谱峰峰高 h

色谱峰顶点与基线之间的垂直距离，以 h 表示。

5. 峰宽

色谱峰区域宽度是色谱流出曲线中一个重要参数，在色谱定量分析中经常要用到这些参数值。通常度量色谱峰区域宽度有标准偏差、半峰宽度和峰底宽度三种表示方法。

(1) 标准偏差（standard deviation）σ　标准偏差是指 0.607 倍峰高处色谱峰宽度的一半，图 11-2 中，EF 的一半，$EF=2\sigma$，标准偏差表示组分流出柱子的先后离散程度。

$$\sigma=EF/2 \tag{11-7}$$

(2) 半峰宽度（peak width at half-height）$W_{1/2}$　半峰宽度又称半宽度、区域宽度，即一半峰高处的宽度，图 11-2 中 GH 所示，由于 $W_{1/2}$ 易于测量，使用方便，常用之表示区域宽度。

$$W_{1/2}=2\sigma\sqrt{2\times\ln 2}=2.354\sigma \tag{11-8}$$

(3) 峰底宽度（peak width at peak base）W　峰两侧的转折点所做切线在基线上的截距，图 11-2 中 W 所示，它与标准差的关系为

$$W=4\sigma \tag{11-9}$$

从色谱流出曲线中，可得许多重要信息：

① 根据色谱峰的个数，可以判断样品中所含组分的最少个数；

② 根据色谱峰的保留值，可以进行定性分析；

③ 根据色谱峰的面积或峰高，可以进行定量分析；

④ 色谱峰的保留值及其区域宽度，是评价色谱柱分离效能的依据；

⑤ 色谱峰两峰间的距离，是评价固定相（或流动相）选择是否合适的依据。

第三节　色谱法基本原理

色谱分析的目的是将样品中各组分彼此分离。组分要达到完全分离，两峰间的距离必须足够远。两峰间的距离是由组分在两相间的分配系数决定的，与色谱过程的热力学性质有关，但是两峰间虽有一定距离，如果每个峰都很宽，以致彼此重叠，还是不能分开。这些峰的宽或窄是由组分在色谱柱中传质和扩散行为决定的，与色谱过程的动力学性质有关。因此，要从热力学和动力学两方面来研究色谱行为。

一、分配系数 K 和分配比 k

1. 分配系数 K

分配色谱的分离是基于样品组分在固定相和流动相之间反复多次的分配过程（即溶解-挥发过程），而吸附色谱的分离是基于反复多次的吸附-脱附过程。这种分离过程经常用样品分子在两相间的分配来描述，而描述这种分配的参数称为分配系数 K。

它是指在一定温度和压力下，组分在固定相和流动相之间分配达平衡时浓度的比值，即

$$K=\frac{\text{组分在固定相中的浓度}}{\text{组分在流动相中的浓度}}=\frac{c_s}{c_m} \tag{11-10}$$

式中，c_s、c_m 分别为组分在固定相和流动相的浓度。

分配系数是由组分和固定相的热力学性质决定的，它是每一个溶质的特征值，它仅与固定相、流动相和温度有关，而与两相体积、柱管的特性以及所使用的仪器无关。

2. 分配比 k

分配比又称容量因子，它是指在一定温度和压力下，组分在两相间分配达平衡时，分配在固定相和流动相中的质量比。即

$$k=\frac{m_s}{m_m} \tag{11-11}$$

k 值越大，说明组分在固定相中的量越多，相当于柱的容量大，因此又称分配容量或容量因子。它是衡量色谱柱对被分离组分保留能力的重要参数。k 值也决定于组分及固定相的热力学性质。它不仅随柱温、柱压变化而变化，而且还与流动相及固定相的体积有关。

$$k=m_s/m_m=c_sV_s/c_mV_m \tag{11-12}$$

式中，V_m 为柱中流动相的体积，近似等于死体积；V_s 为柱中固定相的体积，在各种不同类型的色谱中有不同的含义。

例如：在分配色谱中，V_s 表示固定液的体积；在尺寸排阻色谱中，则表示固定相的孔体积。分配比 k 值可直接从色谱图中测得

$$k=(t_R-t_0)/t_0=t'_R/t_0=V'_R/V_0 \tag{11-13}$$

3. 分配系数 K 与分配比 k 的关系

$$K=\frac{c_s}{c_m}=\frac{m_s/V_s}{m_m/V_m}=k\frac{V_m}{V_s}=k\beta \tag{11-14}$$

式中 V_m——色谱柱中流动相体积，柱内固定相颗粒间空隙体积；

V_s——在色谱柱中固定相上体积（吸附剂表面容量或固定液体积）；

β——相比（phase ratio），β 大小与柱型及结构有关，它是反映各种色谱柱柱型特点的又一个参数，例如，对填充柱，其 β 值一般为 6～35；对毛细管柱，其 β 值为 60～600。

通过上述描述，可得出下述结论。

① 分配系数 K、分配比 k 与组分及固定相热力学性质有关，随柱温、柱压而变。

② 分配系数 K 与两相体积无关，只与组分和两相性质有关。分配比 k 不仅与组分和两相性质有关，还与相比 β 有关，组分的分配比随 V_s 而变。

③ 对于一给定色谱体系（分配体系），组分的分离最终决定于组分在每相中的相对量，而不是相对浓度，因此，分配比 k 是衡量色谱柱组分保留能力的重要参数。分配比 k 值越大，保留时间越长；当组分的 $k=0$ 时，$t_R=t_0$，即该组分的保留时间与死时间相同。

4. 分配系数 K 及分配比 k 与选择因子 α 的关系

对两组分的选择因子，用下式表示

$$\alpha=\frac{t'_{R(2)}}{t'_{R(1)}}=\frac{k_{(2)}}{k_{(1)}}=\frac{K_{(2)}}{K_{(1)}} \tag{11-15}$$

通过选择因子 α 把实验测量值 k 与热力学性质的分配系数 K 直接联系起来，α 对固定相的选择具有实际意义。如果两组分的 K 或 k 值相等，则 $\alpha=1$，两个组分的色谱峰必将重合，说明分不开。两组分的 K 或 k 值相差越大，则分离得越好。因此两组分具有不同的分配系数是色谱分离的先决条件。

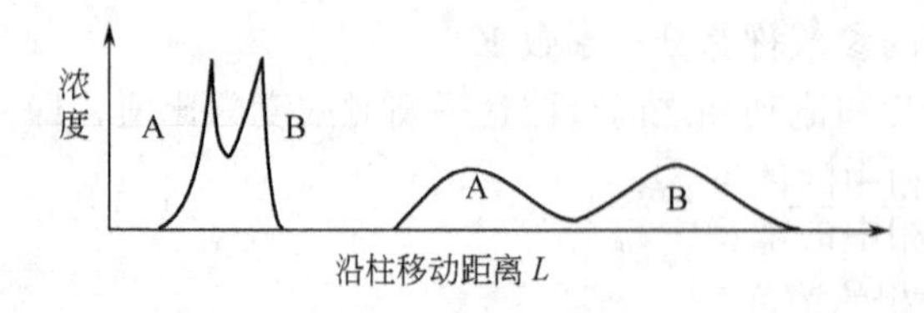

图 11-3 溶质 A 和 B 在沿柱移动时不同位置处的浓度轮廓

图 11-3 所示为 A、B 两组分沿色谱柱移动时，不同位置处的浓度轮廓。图中 $K_A>K_B$，因此，A 组分在移动过程中滞后。随着

两组分在色谱柱中移动距离的增加，两峰间的距离逐渐变大，同时，每一组分的浓度轮廓（即区域宽度）也慢慢变宽。显然，区域扩宽对分离是不利的，但又是不可避免的。

若要使 A、B 组分完全分离，必须满足三点：①两组分的分配系数必须有差异；②区域扩宽的速率应小于区域分离的速度；③在保证快速分离的前提下，提供足够长的色谱柱。①、②是完全分离的必要条件。作为一个色谱理论，它不仅应说明组分在色谱柱中移动的速率，而且应说明组分在移动过程中引起区域扩宽的各种因素。

二、塔板理论

塔板理论把色谱柱比作一个精馏塔，沿用精馏塔中塔板的概念来描述组分在两相间的分配行为，同时引入理论塔板数作为衡量柱效率的指标，即色谱柱是由一系列连续的、相等的水平塔板组成。每一块塔板的高度用 H 表示，称为塔板高度，简称板高，如图 11-4 所示。

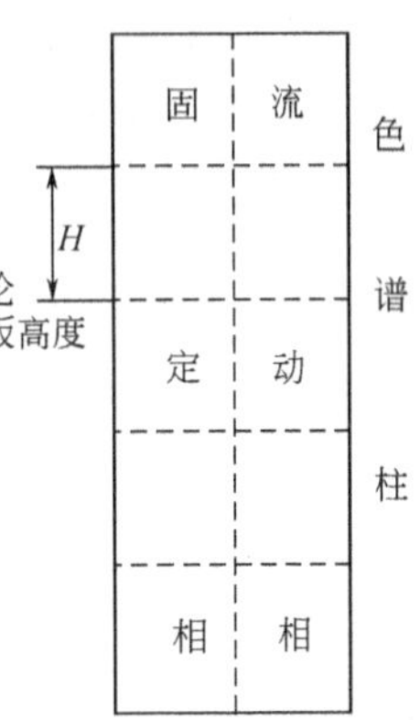

图 11-4　塔板理论高度示意

塔板理论假设：

① 在柱内一小段长度 H 内，组分可以在两相间迅速达到平衡，这一小段柱长称为理论塔板高度 H_0；

② 以气相色谱为例，载气进入色谱柱不是连续进行的，而是脉动式，每次进气为一个塔板体积（ΔV_m）；

③ 所有组分开始时存在于第 0 号塔板上，而且试样沿轴（纵）向扩散可忽略；

④ 分配系数在所有塔板上是常数，与组分在某一塔板上的量无关。

塔板理论认为在每一块塔板上，溶质在两相间很快达到分配平衡，然后随着流动相按一个一个塔板的方式向前移动。对于一根长为 L 的色谱柱，溶质平衡的次数应为

$$n=L/H \quad (\text{块})$$

其中，n 称为理论塔板数。与精馏塔一样，色谱柱的柱效随理论塔板数 n 的增加而增加，随板高 H 的增大而减小。

第一，当溶质在柱中的平衡次数，即理论塔板数 n 大于 50 时，可得到基本对称的峰形曲线。在色谱柱中，n 值一般很大，如气相色谱柱的 n 为 $10^3 \sim 10^6$ 块，因而这时的流出曲线可趋近于正态分布曲线。塔板理论的流出曲线方程（流出曲线上的浓度 c 与体积 V 的关系）如下：

$$c=\frac{\sqrt{n}m}{\sqrt{2\pi}V_R}\exp\left[-\frac{n}{2}\left(1-\frac{V}{V_R}\right)^2\right] \tag{11-16}$$

式中，m 为组分质量；V_R 为保留体积；n 为理论塔板数。

通过上式可知，当 $V=V_R$ 时，c 值最大，即

$$c_{max}=\frac{\sqrt{n}m}{\sqrt{2\pi}V_R} \tag{11-17}$$

当 $V-V_R=0.5W_{1/2}$ 时，有

$$c=c_{max}\exp\left[-\frac{n}{2}\left(\frac{W_{1/2}}{2V_R}\right)^2\right]$$

$$\frac{c}{c_{max}}=\exp\left[-\frac{n}{2}\left(\frac{W_{1/2}}{2V_R}\right)^2\right]=2$$

$$n=2\times\ln2\left(\frac{2V_R}{W_{1/2}}\right)^2=8\times\ln2\left(\frac{V_R}{W_{1/2}}\right)^2 \quad (块) \tag{11-18}$$

第二，当样品进入色谱柱后，只要各组分在两相间的分配系数有微小差异，经过反复多次的分配平衡后，仍可获得良好的分离。

第三，n 与半峰宽及峰底宽的关系式为

$$n=5.54\left(\frac{t_R}{W_{1/2}}\right)^2=16\left(\frac{t_R}{W}\right)^2 \quad (块) \tag{11-19}$$

式中，t_R 与 $W_{1/2}$（W）应采用同一单位（时间或距离）。从公式可以看出，在 t_R 一定时，如果色谱峰很窄，则说明 n 越大。

在实际工作中，由公式 $n=L/H$ 和式(11-19) 计算出来的 n 和 H 值有时并不能充分地反映色谱柱的分离效能，因为采用 t_R 计算时，没有扣除死时间 t_0，所以常用有效塔板数 $n_{有效}$ 表示柱效：

$$n_{有效}=5.54\left(\frac{t'_R}{W_{1/2}}\right)^2=16\left(\frac{t'_R}{W}\right)^2 \quad (块) \tag{11-20}$$

有效板高：

$$H_{有效}=L/n_{有效}$$

在相同的色谱条件下，对不同的物质计算的塔板数不一样，因此，在说明柱效时，除注明色谱条件外，还应指出用什么物质进行测量。

【例 1】 已知某组分峰的峰底宽为 40s，保留时间为 400s，计算此色谱柱的理论塔板数。

解： $n=16\ (t_R/W)^2=16\times(400/40)^2=1600$ 块

塔板理论是一种半经验性理论。它用热力学的观点定量说明了溶质在色谱柱中移动的速率，解释了流出曲线的形状，并提出了计算和评价柱效高低的参数。但是，色谱过程不仅受热力学因素的影响，而且还与分子的扩散、传质等动力学因素有关，因此塔板理论只能定性地给出板高的概念，却不能解释板高受哪些因素影响，也不能说明为什么在不同的流速下，可以测得不同的理论塔板数，因而限制了它的应用。

三、速率理论

1956 年荷兰学者 van Deemter（范第姆特）等在研究气液色谱时，提出了色谱过程动力学理论——速率理论。他们吸收了塔板理论中板高的概念，并充分考虑了组分在两相间的扩散和传质过程，从而在动力学基础上较好地解释了影响板高的各种因素。该理论模型对气相、液相色谱都适用。van Deemter 方程（范氏速率理论方程）的数学简化式为

$$H=A+B/u+Cu \tag{11-21}$$

式中，u 为流动相的线速度；A、B、C 为常数，分别代表涡流扩散系数、分子扩散项系数、传质阻力项系数。

1. 涡流扩散项 A

在填充色谱柱中，当组分随流动相向柱出口迁移时，流动相由于受到固定相颗粒障碍，不断改变流动方向，使组分分子在前进中形成紊乱的类似涡流的流动，故称涡流扩散。

由于填充物颗粒大小的不同及填充物的不均匀性，使组分在色谱柱中路径长短不一，因而同时进色谱柱的相同组分到达柱口时间并不一致，引起了色谱峰的变宽，如图 11-5 所示。色谱峰变宽的程度由式(11-22) 决定：

$$A=2\lambda d_p \tag{11-22}$$

上式表明，A 与填充物的平均直径 d_p 的大小和填充不规则因子 λ 有关，与流动相的性质、线速度和组分性质无关。为了减少涡流扩散，提高柱效，使用细而均匀的颗粒，并且填充均匀是十分必要的。对于空心毛细管，不存在涡流扩散。因此 $A=0$。

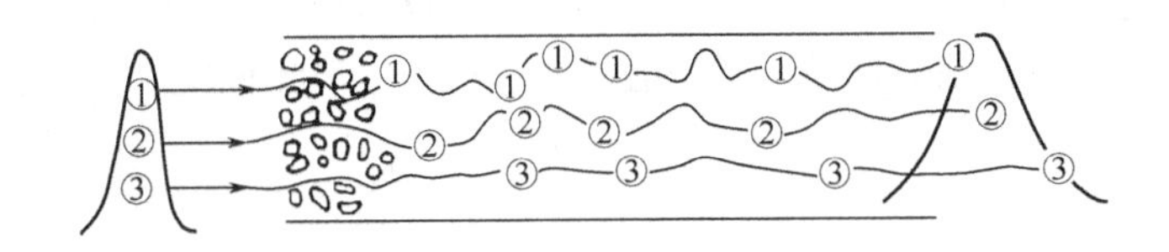

图 11-5　填充色谱柱装填情况及引起的谱带展宽

2. 分子扩散项 B/u（纵向扩散项）

纵向分子扩散是由浓度梯度造成的。组分从柱入口加入，其浓度分布的构型呈“塞子”状。它随着流动相向前推进，由于存在浓度梯度，“塞子”必然自发地向前和向后扩散，造成谱带展宽，如图 11-6 所示。

$$分子扩散项系数\qquad B=2\gamma D_g \tag{11-23}$$

式中，γ 是填充柱内流动相扩散路径弯曲的因素，也称弯曲因子，它反映了固定相颗粒的几何形状对自由分子扩散的阻碍情况；D_g 为组分在流动相中扩散系数，cm^3/s，分子扩散项与组分在流动相中扩散系数 D_g 成正比。

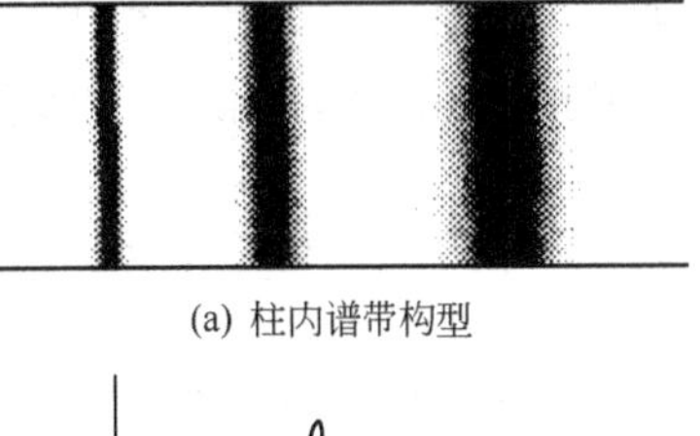

(a) 柱内谱带构型

(b) 相应的响应信号

图 11-6　纵向分子扩散使峰展宽

D_g 与流动相及组分性质有关：

① 相对分子质量大的组分 D_g 小，D_g 反比于流动相相对分子质量的平方根，所以采用相对分子质量较大的流动相，可使 B 项降低；

② D_g 随柱温增高而增加，但反比于柱压。

另外，纵向扩散与组分在色谱柱内停留时间有关，流动相流速小，组分停留时间长，纵向扩散就大。因此为降低纵向扩散影响，要加大流动相速度。对于液相色谱，组分在流动相中纵向扩散可以忽略。

3. 传质阻力项 Cu

由于气相色谱以气体为流动相，液相色谱以液体为流动相，它们的传质过程不完全相同。

(1) 气液色谱　传质阻力系数 C 包括气相传质阻力系数 C_g 和液相传质阻力系数 C_l 两项，即

$$C=C_g+C_l \tag{11-24}$$

气相传质过程是指试样组分从气相移动到固定相表面的过程。这一过程中试样组分将在两相间进行质量交换，即进行浓度分配。有的分子还来不及进入两相界面，就被气相带走；有的则进入两相界面又来不及返回气相。这样使得试样在两相界面上不能瞬间达到分配平衡，引起滞后现象，从而使色谱峰变宽。对于填充柱，气相传质阻力系数 C_g 为

$$C_g=\frac{0.01k^2}{(1+k)^2}\times\frac{d_p^2}{D_g} \tag{11-25}$$

式中，k 为容量因子。由式(11-25) 看出，气相传质阻力与填充物粒度 d_p 的平方成正比，与组分在载气流中的扩散系数 D_g 成反比。

因此，采用粒度小的填充物和相对分子质量小的气体（如氢气）做载气，可使 C_g 减小，提高柱效。

液相传质过程是指试样组分从固定相的气液界面移动到液相内部，并发生质量交换，达到

分配平衡，然后又返回气液界面的传质过程。这个过程也需要一定的时间，此时，气相中组分的其他分子仍随载气不断向柱口运动，于是造成峰形扩张。液相传质阻力系数 C_l 为

$$C_l=\frac{2}{3}\times\frac{k}{(1+k)^2}\times\frac{d_f^2}{D_l} \tag{11-26}$$

式中，d_f 为固定相的液膜厚度；D_l 为组分在液相的扩散系数。由上式看出，固定相的液膜厚度 d_f 越小，组分在液相的扩散系数 D_l 越大，则液相传质阻力就越小。降低固定液的含量，可以降低液膜厚度，但 k 值随之变小，又会使 C_l 增大。当固定液含量一定时，液膜厚度随载体的比表面积增加而降低，因此，一般采用比表面积较大的载体来降低液膜厚度。但比表面太大，由于吸附造成拖尾峰，也不利于分离。虽然提高柱温可增大 D_l，但会使 k 值减小，为了保持适当的 C_l 值，应控制适宜的柱温。

因此，van Deemter 的气液色谱板高方程

$$H=2\lambda d_p+\frac{2\gamma D_g}{\mu}+\left[\frac{0.01k^2}{(1+k)^2}\times\frac{d_p^2}{D_g}+\frac{2k}{3(1+k)^2}\times\frac{d_f^2}{D_l}\right]\mu \tag{11-27}$$

这一方程对色谱分离条件具有实际指导意义，它指出了色谱柱填充的均匀程度、填料的颗粒大小、流动相的种类及流速、固定相的液膜厚度等对柱效的影响。

（2）液液分配色谱　传质阻力系数（C）包含流动相传质阻力系数（C_m）和固定相传质阻力系数（C_s），即

$$C=C_m+C_s \tag{11-28}$$

其中 C_m 又包含流动的流动相中的传质阻力和滞留的流动相中的传质阻力，即

$$C_m=\frac{\omega_m d_p^2}{D_m}+\frac{\omega_{sm} d_p^2}{D_m} \tag{11-29}$$

式中，ω_m 是一常数，是由柱和填充物的性质决定的因子，它与颗粒微孔中被流动相所占据部分的分数及容量因子有关。

式(11-29) 中右边第一项为流动的流动相中的传质阻力。当流动相流过色谱柱内的填充物时，靠近填充物颗粒的流动相流速比在流路中间的稍慢一些，故柱内流动相的流速是不均匀的。这种传质阻力对板高的影响与固定相粒度 d_p 的平方成正比，与试样分子在流动相中的扩散系数 D_m 成反比。右边第二项为滞留的流动相中的传质阻力。这是由于固定相的多孔性，会造成某部分流动相滞留在一个局部，滞留在固定相微孔内的流动相一般是停滞不动的流动相中的试样分子，要与固定相进行质量交换，必须首先扩散到滞留区。如果固定相的微孔既小又深，传质速率就慢，对峰的扩展影响就大。显然，固定相的粒度愈小，微孔孔径愈大，传质速率就愈快，柱效就高。对高效液相色谱固定相的设计就是基于这一考虑。

液液色谱中固定相传质阻力系数 C_s 可用下式表示：

$$C_s=\frac{\omega_s d_f^2}{D_s} \tag{11-30}$$

式中，ω_s 是与容量因子 k 有关的系数。

式(11-30) 说明试样分子从流动相进入固定液内进行质量交换的传质过程与液膜厚度 d_f 平方成正比，与试样分子在固定液的扩散系数 D_s 成反比。

液相色谱的 van Deemter 板高方程展开式

$$H=2\lambda d_p+\frac{2\gamma D_m}{\mu}+\left(\frac{\omega_m d_p^2}{D_m}+\frac{\omega_{sm} d_p^2}{D_m}+\frac{\omega_s d_f^2}{D_s}\right)u \tag{11-31}$$

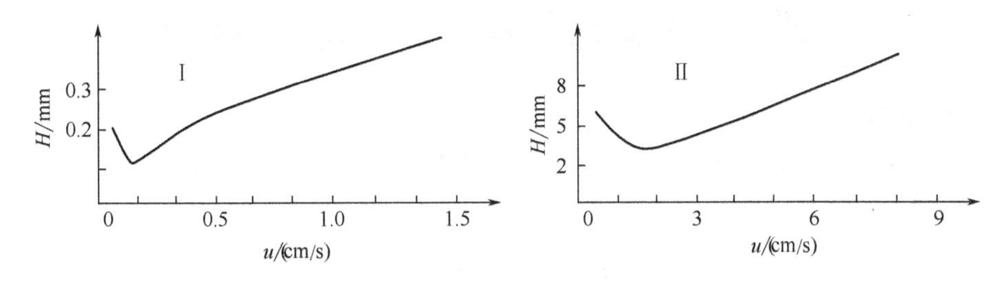

图 11-7 LC（Ⅰ）和 GC（Ⅱ）的 *H-u* 图

气相色谱速率方程和液相色谱速率方程的形式基本一致，主要区别在于液液色谱中纵向扩散项可忽略不计，影响柱效的主要因素是传质阻力项。

4. 流动相线速度对板高的影响

（1）LC 和 GC 的 *H-u* 图 根据 van Deemter 公式作 LC 和 GC 的 *H-u* 图，如图 11-7 所示，LC 和 GC 的 *H-u* 图十分相似，对应某一流速都有一个板高的极小值，这个极小值就是柱效最高点；LC 板高极小值比 GC 的极小值小一个数量级以上，说明液相色谱的柱效比气相色谱高得多；LC 的板高最低点相应流速比起 GC 的流速亦小一个数量级，说明对于 LC，为了取得良好的柱效，流速不一定要很高。

（2）分子扩散项和传质阻力项对板高的贡献 由图 11-8 可知，较低线速时，分子扩散项起主要作用；较高线速时，传质阻力项起主要作用；其中流动相传质阻力项对板高的贡献几乎是一个定值。在更高线速度时，固定相传质阻力项成为影响板高的主要因素，随着速度增高，板高值越来越大，柱效急剧下降。

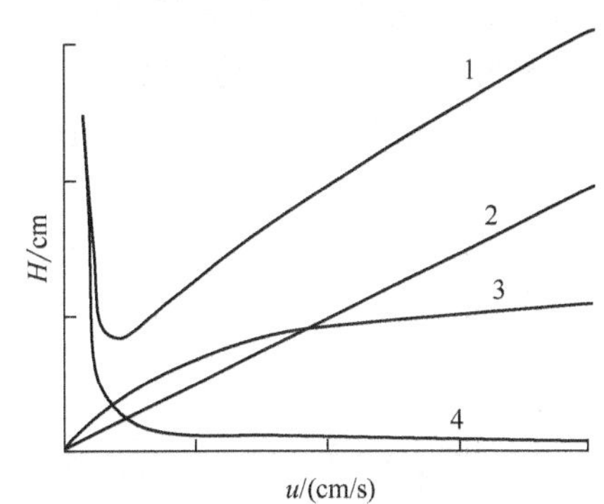

图 11-8 分子扩散项和传质阻力项对板高的贡献

1—*H-u* 关系曲线；2—固定相传质阻力项；3—流动相传质阻力项；4—分子扩散项

5. 固定相粒度大小对板高的影响

从图 11-9 可看出，装填固定相粒度越细，板高越小，受线速度影响亦小。这就是在 HPLC 中采用细颗粒作固定相的依据。当然，固定相颗粒愈细，流动阻力加大。因此只有采取高压技术，流动相流速才能符合实验要求。

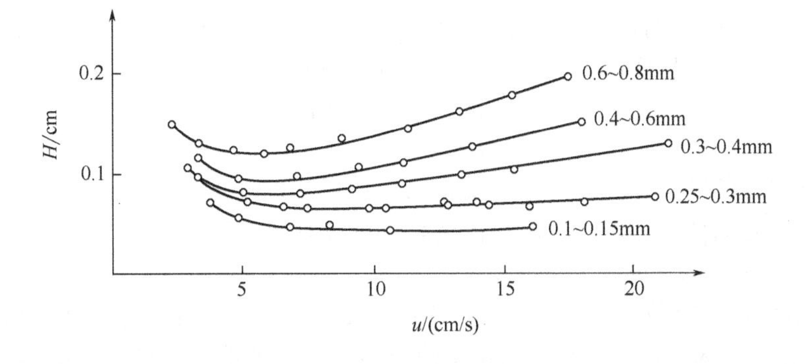

图 11-9 粒度尺寸对板高的影响

（曲线右边数字表示颗粒直径）

第四节 分离度与基本色谱分离方程式

一、分离度

分离度又叫分辨率，用 R 表示。它定义为相邻两组分色谱峰保留值之差与两组分色谱峰底宽总和之半的比值，即

$$R=\frac{t_{R(2)}-t_{R(1)}}{\frac{1}{2}(W_1+W_2)} \tag{11-32}$$

分离度 R 是一个综合性指标。它既能反映柱效率又能反映选择性的指标，称总分离效能指标。R 值越大，表明相邻两组分分离越好。一般说，当 $R<1$ 时，两峰有部分重叠；当 $R=1$ 时，分离程度可达 98%；当 $R=1.5$ 时，分离程度可达 99.7%。通常用 $R=1.5$ 作为相邻两组分已完全分离的标志。

二、基本色谱分离方程式

分离度受柱效 n、选择因子 α 和容量因子 k 三个参数的控制。对于难分离物质对，由于它们的分配比差别小，可合理地假设 $k_1\approx k_2=k$，$W_1\approx W_2=W$。由 $n=16\ (t_R/W)^2$ 得

$$\frac{1}{W}=\frac{\sqrt{n}}{4}\times\frac{1}{t_R} \tag{11-33}$$

分离度 R 为

$$R=\frac{\sqrt{n}}{4}\left(\frac{\alpha-1}{\alpha}\right)\left(\frac{k}{k+1}\right) \tag{11-34}$$

式(11-34) 即为基本色谱分离方程式。

在实际应用中，往往用有效理论塔板数 n_{eff} 代替 n。

$$n=n_{eff}\left(\frac{k+1}{k}\right)^2 \tag{11-35}$$

将式(11-35) 代入式(11-34)，可得到基本的色谱方程的表达式

$$R=\frac{\sqrt{n_{eff}}}{4}\left(\frac{\alpha-1}{\alpha}\right) \tag{11-36}$$

1. 分离度与柱效的关系

由式(11-36) 可以看出，具有一定相对保留值 α 的物质对，分离度直接和有效塔板数有关，说明有效塔板数能正确地代表柱效能。由式(11-34) 说明分离度与理论塔板数的关系还受热力学性质的影响。当固定相确定，被分离物质对的 α 确定后，分离度将取决于 n。这时，对于一定理论板高的柱子，分离度的平方与柱长成正比，即

$$\left(\frac{R_1}{R_2}\right)^2=\frac{n_1}{n_2}=\frac{L_1}{L_2} \tag{11-37}$$

说明用较长的色谱柱可以提高分离度，但延长了分析时间。因此，提高分离度的好方法是制备出一根性能优良的柱子，通过降低板高，以提高分离度。

2. 分离度与选择因子的关系

由基本色谱方程式判断，当 $\alpha=1$ 时，$R=0$。这时，无论怎样提高柱效也无法使两组分分离。显然，α 大，选择性好。研究证明 α 的微小变化，就能引起分离度的显著变化。一般通过改变固定相和流动相的性质和组成或降低柱温，可有效增大 α 值。

3. 分离度与容量因子的关系

如果设 Q 为式(11-38) 所示：

$$Q=\frac{\sqrt{n_{\text{eff}}}}{4}\left(\frac{\alpha-1}{\alpha}\right) \tag{11-38}$$

那么式(11-34) 可写成

$$R=Q\left(\frac{k}{k+1}\right) \tag{11-39}$$

根据式(11-39) 可知，当 $k>10$ 时，随容量因子增大，分离度的增长是微乎其微的。一般取 k 为 2～10 最宜。对于 GC，通过提高温度，可选择合适的 k 值，以改进分离度。而对于 LC，只要改变流动相的组成，就能有效地控制 k 值。它对 LC 的分离能起到立竿见影的效果。

【例 2】 已知物质 A 和 B 在一根 30.00cm 长的柱上的保留时间分别为 16.40min 和 17.63min。不被保留的组分通过该柱的时间为 1.30min。峰底宽度分别为 1.11min 和 1.21min，计算：

①柱的分离度；②柱的平均塔板数；③达到 1.5 分离度所需的柱长度。

解： ① 柱的分离度

$$R=\frac{t_{R(2)}-t_{R(1)}}{\frac{1}{2}(W_1+W_2)}=2\times(17.63-16.40)/(1.11+1.21)=1.06$$

② 柱的平均塔板数

$n=16(t_{R(1)}/W)^2=16\times(16.40/1.11)^2=3493$（块）

$n=16(t_{R(2)}/W)^2=16\times(17.63/1.21)^2=3397$（块）

$n_{平均}=(3493+3397)/2=3445$（块）

③ 达到 1.5 分离度所需的柱长度

由 $\left(\frac{R_1}{R_2}\right)^2=\frac{n_1}{n_2}$

得 $n_2=3445\times(1.5/1.06)^2=6898$（块）

$L_2=n_2H_1=6898\times(30.0/3445)=60\text{cm}$

第五节　色谱定性和定量分析

一、色谱的定性分析

色谱定性分析就是要确定各色谱峰所代表的化合物。由于各种物质在一定的色谱条件下均有确定的保留时间，因此保留值可作为一种定性指标。目前各种色谱定性方法都是基于保留值的。但是不同物质在同一色谱条件下，可能具有相似或相同的保留值，即保留值并非专属的。因此仅根据保留值对一个完全未知的样品定性是困难的。如果在了解样品的来源、性质、分析目的的基础上，对样品组成作初步的判断，再结合下列的方法则可确定色谱峰所代表的化合物。

1. 利用标准样品对照定性

在一定的色谱条件下，一个未知物只有一个确定的保留时间。因此将已知标准样品在相同的色谱条件下的保留时间与未知物的保留时间进行比较，就可以定性鉴定未知物。若二者相同，则未知物可能是已知的标准样品；不同，则未知物就不是该标准样品。

标准样品对照法定性只适用于对组分性质已有所了解，组成比较简单，且有未知物的标准样品。

2. 相对保留值法

相对保留值 α_{is} 是指组分 i 与基准物质 s 调整保留值的比值，它仅随固定液及柱温变化而变化，与其他操作条件无关。

相对保留值测定方法，是在相同条件，分别测出组分 i 和基准物质 s 的调整保留值，再计算即可。然后用已求出的相对保留值与文献相应值比较定性。

通常选容易得到纯品的，而且与被分析组分的保留行为相近的物质作基准物质，常用的如正丁烷、环已烷、正戊烷、苯、对二甲苯、环已醇、环已酮等。

这种方法同样需要对样品的性质有所了解，组成比较简单。

3. 利用加入已知纯物质增加峰高定性法

当相邻两组分的保留值接近，且操作条件不易控制稳定时，可以将纯物质加到试样中，如果发现有新峰或在未知峰上有不规则的形状（例如峰略有分叉等）出现，则表示两者并非同物质；如果混合后峰增高而半峰宽并不相应增加，则表示两者很可能是同一物质。图 11-10(b) 系统中添加纯组分 5 而使该峰高，比图(a) 中 5 明显增加。

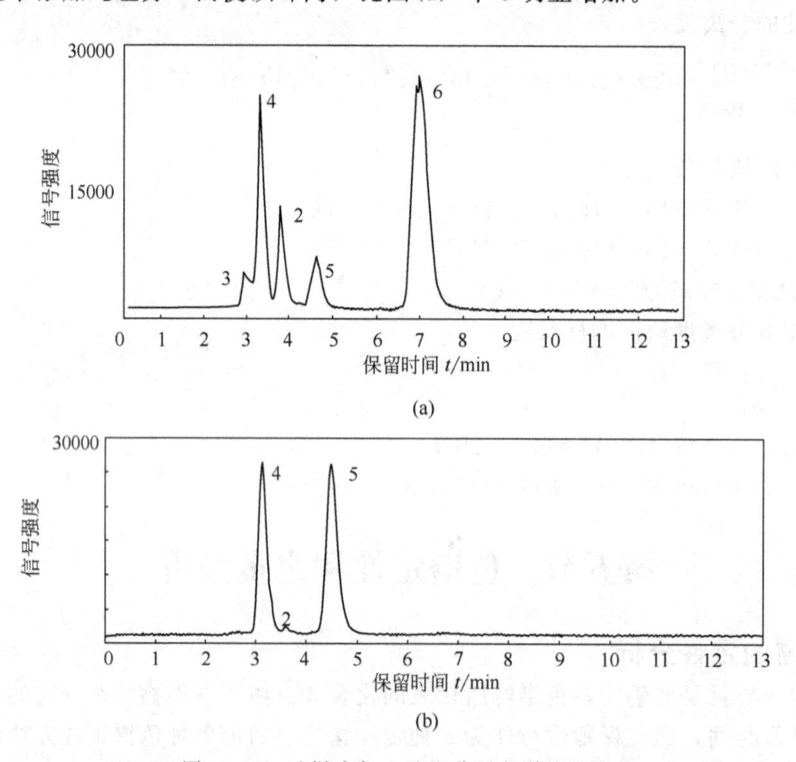

图 11-10 试样中加入纯组分后色谱峰的变化

4. 利用文献上保留指数

保留指数 (retention index)，又称 Kováts 指数，以“I”表示。保留指数是一种重现性和准确度较其他保留数据都好的定性参数，相对误差小于 1%。

保留指数 I，是人为地将正构烷烃的碳数 N 乘以 100 定为它的保留指数。例如正戊烷、正己烷、正庚烷的保留指数分别为 500、600、700。待测组分的保留指数是以正构烷烃为参考标准，即用两个紧靠近它的标准正构烷烃来标定，使待测组分的保留值正好在两个正构烷烃的保留值之间。因此，欲求某物质的保留指数，只要与相邻的正构烷烃混合在一起，在给定条件下进行色谱实验，然后按式(11-40) 计算其保留指数。

$$I=100\left(\frac{\lg X_i-\lg X_Z}{\lg X_{Z+1}-\lg X_Z}+N_Z\right) \tag{11-40}$$

式中　X——保留值，可以用调整保留时间 t'_R、调整保留体积 V'_R 或相应的记录纸的距离表示；

i——被测物质；

Z——Z 个碳原子数的正构烷烃；

$Z+1$——$Z+1$ 个碳原子数的正构烷烃；

N_Z——Z 个碳原子数正构烷烃的碳原子个数。

现以某未知物在阿皮松 L 柱上，柱温为 100℃时的保留指数为例来加以说明。选正庚烷、正辛烷两个正构烷烃，某未知物的峰在此两正构烷烃峰的中间，相关数据见表 11-2。

表 11-2　保留指数计算的相关数据

物　　质	X(记录纸距离)/mm	lgX
正庚烷 C_7	170.4	2.2406
某未知物	310.0	2.4914
正辛烷 C_8	374.4	2.5722

$N_Z=7$，将这些数据代入式(11-40) 得：

$$I=100\times\left(\frac{2.4914-2.2406}{2.5722-2.2406}+7\right)=775.63 \tag{11-41}$$

表示某未知物在该柱上的保留值相当于含 7.76 个碳原子的正构烷烃的保留值。根据计算 I 值查文献确定其为乙酸正丁酯。

5. 其他方法

(1) 与化学方法配合进行定性分析　带有某些官能团的化合物，经一些特殊试剂处理，发生物理变化或化学反应后，其色谱峰将会消失、提前或移后，比较处理前后色谱图的差异，就可初步辨认试样含有哪些官能团。使用这种方法时可直接在色谱系统中装上预处理柱。如果反应过程进行较慢或进行复杂的试探性分析，也可让试样与试剂在注射器内或者其他小容器内反应，再将反应后的试样注入色谱柱。

(2) 利用检测器的选择性进行定性分析　不同类型的检测器对各种组分的选择性和灵敏度是不相同的，例如热导池检测器对无机物和有机物都有响应，但灵敏度较低；氢焰检测器对有机物灵敏度高，而对无机气体、水分、二硫化碳等响应较小，甚至无响应；电子捕获检测器只对含有卤素、氧、氮等电负性强的组分有高的灵敏度。又如火焰光度检测器只对含硫、磷的物质有信号。碱盐氢焰电离检测器对含卤素、硫、磷、氮等杂原子的有机物特别灵敏。利用不同检测器具有不同的选择性和灵敏度，可以对未知物大致分类定性。

(3) 与其他仪器联用定性　单靠色谱法来定性存在一定局限性。近年来，利用色谱的强分离能力与质谱、红外光谱的强鉴定能力相结合，对于较复杂的混合物先经色谱柱分离为单组分，将具有定性能力的分析仪器如红外（IR）、核磁（NMR）、质谱（MS）、原子光谱（AAS、AES）等仪器作为色谱仪的检测器，可以获得比较准确的信息，进行定性鉴定，其中特别是色谱和质谱的联用，加上电子计算机对数据的快速处理及检索，是目前解决复杂未知物定性问题的最有效工具之一，为未知物的定性分析开创了广阔的前景。

二、定量分析

色谱定量分析的依据是，在一定操作条件下，被测物系中组分 i 的质量（m_i）或其在载气中的浓度与它在色谱图上的峰面积 A_i（或峰高 h_i）成正比，即与检测器的响应信号成正比。

$$m_i=f_iA_i \tag{11-42}$$

式中，m_i 的准确计算，要求准确测量峰面积 A_i，准确求出比例常数即定量校正因子 f_i 值。

1. 峰面积测量法

峰面积的测量直接关系到定量分析的准确度。常用简便的峰面积测量方法（根据峰形的不同）有如下几种。

（1）峰高乘半峰宽法　当色谱峰为对称峰时可采用此法。根据等腰三角形面积的计算方法，可以近似认为峰面积等于峰高乘以半峰宽

$$A=hW_{1/2} \tag{11-43}$$

这样测得的峰面积为实际峰面积的 0.94 倍，实际峰面积应为

$$A_{实}=A/0.94=hW_{1/2}/0.94=1.065hW_{1/2} \tag{11-44}$$

在作相对计算时，1.065 可约去。此法简单、快速，在实际工作中常采用；但对于不对称峰、很窄或很小的峰，由于 $W_{1/2}$ 测量误差较大，就不能应用此法。

（2）峰高乘平均峰宽法　对于不对称色谱峰，使用此法可得较准确的结果。在峰高 0.15 和 0.85 处分别测出峰宽，由下式计算峰面积

$$A=h\times\frac{1}{2}(W_{0.15}+W_{0.85}) \tag{11-45}$$

（3）峰高乘保留时间法　在一定操作条件下，同系物的半峰宽与保留时间成正比，即

$$W_{1/2}\propto t_{R};W_{1/2}=bt_{R}$$

$$A=hW_{1/2}=hbt_{R} \tag{11-46}$$

此法适用于狭窄的峰，是一种简便快速的测量方法，在作相对计算时，b 可约去。

（4）应用自动积分仪测量峰面积法　自动积分仪是测量峰面积最方便的工具，速度快，线性范围宽，精度一般可达 0.2%～2%，对小峰或不对称峰也能得出较准确的结果。数字电子积分仪能以数字的形式把峰面积和保留时间打印出来。现在色谱仪器大都配有微机，它不仅具有积分仪的所有功能，还能对仪器进行实时控制，对色谱输出信号进行自动数据采集和处理，选择分析方法和分析条件，报告定量、定性分析结果，使分析测定的精度、灵敏度、稳定性和自动化程度都大为提高。

2. 定量校正因子

色谱定量分析是基于被测物质的量与其峰面积的正比关系。但是由于同一检测器对不同的物质具有不同的响应值，所以两个相等量的不同物质的峰面积往往不相等，这样就不能用峰面积来直接计算物质的含量。为了使检测器产生的响应信号能真实地反映出物质的含量，就要对响应值进行校正，因此引入“定量校正因子”（quantitative calibration factor），以校正峰面积，使之能真实地反映组分的含量。

由式 $m_i=f_iA_i$ 可知

$$f_i=m_i/A_i \tag{11-47}$$

式中，f_i 为绝对校正因子，也就是单位峰面积所代表物质的量。但它不易准确测定，所以在定量分析中常用相对校正因子，即某物质与一标准物质的绝对校正因子的比值，平常所指的文献查得的校正因子都是相对校正因子。相对校正因子只与检测器类型有关，而与色谱操作条件、柱温、载气流速、固定液的性质等无关。

对不同的检测器常用不同的标准物质，如热导池检测器用苯，氢焰检测器用正庚烷作为标准物。

因被测组分使用的计量单位不同，相对校正因子又分为：质量校正因子、摩尔校正因子、体积校正因子（省去了相对二字）。

（1）质量校正因子 f'_{m}

$$f'_{\mathrm{m}}=\frac{f_{i\mathrm{m}}}{f_{\mathrm{sm}}}=\frac{m_i/A_i}{m_{\mathrm{s}}/A_{\mathrm{s}}}=\frac{A_{\mathrm{s}}}{A_i}\times\frac{m_i}{m_{\mathrm{s}}} \tag{11-48}$$

式中 i——被测物；

s——标准物。

（2）摩尔校正因子 f'_{M}

$$f'_{\mathrm{M}}=\frac{f_{i\mathrm{M}}}{f_{\mathrm{sM}}}=\frac{m_i/(M_iA_i)}{m_{\mathrm{s}}/(M_{\mathrm{s}}A_{\mathrm{s}})}=\frac{A_{\mathrm{s}}m_i}{A_im_{\mathrm{s}}}\times\frac{M_{\mathrm{s}}}{M_i}=f'_{\mathrm{m}}\times\frac{M_{\mathrm{s}}}{M_i} \tag{11-49}$$

式中 M_i——被测物相对分子质量；

M_{s}——标准物相对分子质量。

（3）体积校正因子 f'_{V} 气体试样往往以体积计量，因为 1mol 任何气体在标准状态下都是 22.4L，所以

$$f'_{\mathrm{V}}=\frac{f_{i\mathrm{V}}}{f_{\mathrm{sV}}}=\frac{A_{\mathrm{s}}m_iM_{\mathrm{s}}}{A_im_{\mathrm{s}}M_i}\times\frac{22.4}{22.4}=f'_{\mathrm{M}} \tag{11-50}$$

根据色谱图计算出 A_i，又通过查表得到 f_i（见表 11-3），就可计算出 m_i。

表 11-3 一些化合物的校正因子

化合物	沸点/℃	相对分子质量	热导池检测器		氢焰检测器
			f'_{M}	f'_{m}	f'_{m}
甲烷	−160	16	2.80	0.45	1.03
乙烷	−89	30	1.96	0.59	1.03
丙烷	−42	44	1.55	0.68	1.02
丁烷	−0.5	58	1.18	0.68	0.91
乙烯	−104	28	2.08	0.59	0.98
乙炔	−83.6	26			0.94
苯	80	78	1.00	0.78	0.89
甲苯	110	92	0.86	0.79	0.94
环己烷	81	84	0.88	0.74	0.99
甲醇	65	32	1.82	0.58	4.35
乙醇	78	46	1.39	0.64	2.18
丙酮	56	58	1.16	0.68	2.04
乙醛	21	44	1.54	0.68	
乙醚	35	74	0.91	0.67	
甲酸	100.7	46.03			1.00
乙酸	118.2	60.05			4.17
乙酸乙酯	77	88	0.9	0.79	2.64
氯仿		119	0.93	1.10	
吡啶	115	79	1.0	0.79	
氨气	33	17	2.38	0.42	
氮气		28	2.38	0.67	
氧气		32	2.5	0.80	
CO_2		44	2.08	0.92	
CCl_4		154	0.93	1.43	
水	100	18	3.03	0.55	

如果某些物质的校正因子查不到，需要自己测定，其方法是：准确称量被测组分和标准物质，混合后，在实验条件下进样分析（注意进样量应在线性范围之内），分别测量相应的峰面积，由相应公式计算质量校正因子、摩尔校正因子。如果数次测量数值接近，可取其平

均值。

(4) 相对响应值 S'（相对灵敏度） 相对响应值是物质 i 与标准物质 s 的响应值（灵敏度）之比。单位相同时，它与相对校正因子互为倒数，即

$$S'=S_i/S_s=1/f' \tag{11-51}$$

S'同 f'只与检测器类型有关，而与色谱条件无关。

3. 几种常用的定量计算方法

(1) 归一化法（normallization method） 当试样中所有组分都能流出色谱柱，并在色谱图上显示色谱峰时，可用此法计算组分含量。设试样中有 n 个组分，每个组分的质量分别为 m_1，m_2，…，m_n，各组分含量的总和 m 为 100%，其中组分 i 的质量分数 w_i 可按下式计算：

$$\begin{aligned} w_i &= \frac{m_i}{m}\times 100\% = \frac{m_i}{m_1+m_2+\cdots+m_i+\cdots+m_n}\times 100\% \\ &= \frac{A_i f'_i}{A_1 f'_1+A_2 f'_2+\cdots+A_i f'_i+\cdots+A_n f'_n}\times 100\% \end{aligned} \tag{11-52}$$

f'_m 为质量校正因子，得质量分数；如为摩尔校正因子，则得摩尔分数或体积分数（气体）。若各组分的质量校正因子接近或相同，例如同系物中沸点很接近的各组分，则可用下式计算：

$$w_i=\frac{A_i}{A_1+A_2+\cdots+A_i+\cdots+A_n}\times 100\% \tag{11-53}$$

对于狭窄的色谱峰，也有用峰高代替峰面积来进行定量测定。当各种操作条件保持严格不变时，在一定的进样量范围内，峰的半宽度是不变的，因此峰高就直接代表某一组分的量。这种方法快速简便，此时

$$w_i=\frac{h_i f''_i}{h_1 f''_1+h_2 f''_2+\cdots+h_i f''_i+\cdots+h_n f''_n}\times 100\% \tag{11-54}$$

式中，f''_i 为峰高校正因子，需自行测定，测定方法同峰面积校正因子，要用峰高代替峰面积。

归一化法是将所有组分的峰面积 A_i 分别乘以它们的相对校正因子后求和，即所谓“归一”，归一化法优点：简便、准确，当操作条件、进样量、流速等变化时，对计算结果影响小。缺点：所有组分都要出峰并分离良好才行。

(2) 内标法（internal standard method） 当试样中各组分含量相差悬殊，或只需测定试样中某个或某几个组分，而且试样中所有组分不能全部出峰时，可采用此法。

所谓内标法是将一定量的纯物质作为内标物，加入到准确称取的试样中，根据被测物和内标物的质量及其在色谱图上相应的峰面积比，计算某组分的含量。例如要测定试样中组分 i（质量 m_i）的质量分数 w_i，可于试样中加入质量为 m_s 的内标物，试样总质量为 m，则：

$$\frac{m_i}{m_s}=\frac{A_i f'_i}{A_s f'_s}$$

$$m_i=\frac{A_i f'_i}{A_s f'_s}\times m_s \tag{11-55}$$

$$w_i=\frac{m_i}{m}\times 100\%=\frac{A_i f'_i}{A_s f'_s}\times\frac{m_s}{m}\times 100\% \tag{11-56}$$

一般常以内标物为基准，则 $f'_s=1$，此时计算可简化为

$$w_i=\frac{m_i}{m}\times 100\%=\frac{A_i m_s}{A_s m}f'_i\times 100\% \tag{11-57}$$

由于标准物质和被测组分处在同一基体中，因此可以消除基体带来的干扰。而且当仪器参数和洗脱条件发生非人为的变化时，标准物质和样品组分都会受到同样影响，这样消除了系统误差。这是内标法的最大优点，因此得到广泛应用。

内标物的选择是重要的。它应该是试样中不存在的纯物质；在所给定的色谱条件下具有一定的化学稳定性；加入的量应接近于被测组分；同时要求内标物的色谱峰位于被测组分色谱峰附近，或几个被测组分色谱峰的中间，并与这些组分完全分离；还应注意内标物与欲测组分的物理及物理化学性质（如挥发度、化学结构、极性以及溶解度等）相近，这样当操作条件变化时，更有利于内标物及欲测组分作匀称的变化。

此法优点是定量较准确，而且不像归一化法有使用上的限制，但每次分析都要准确称取试样和内标物的质量，因而它不宜于作快速控制分析。

(3) 内标标准曲线法　为了减少称样和计算数据的麻烦，可用内标标准曲线法进行定量测定，这是一种简化的内标法。由式(11-56) 可见，若称量同样量的试样，加入恒定量的内标物，则此式中

$$\frac{f'_i}{f'_s}\times\frac{m_s}{m}\times 100\%=\text{常数}$$

此时

$$w_i=\frac{A_i}{A_s}\times\text{常数} \tag{11-58}$$

亦即被测物的质量分数与 A_i/A_s 成正比，以 A_i/A_s 对 w_i 作图将得一直线（见图11-11)。

制作标准曲线时，先将欲测组分的纯物质配成不同浓度的标准溶液。取固定量的标准溶液和内标物，混合后进样、分析，测 A_i 和 A_s，以 A_i/A_s 对标准溶液浓度作图。分析时，取和制作标准曲线时同样的试样和内标物，测出其峰面积比，从标准曲线上查出被测物的含量。若各组分相对密度比较接近，可用量取体积代替称量，则方法更为简便。此法不必测出校正因子，消除了某些操作条件的影响，适合于液体试样的常规分析。

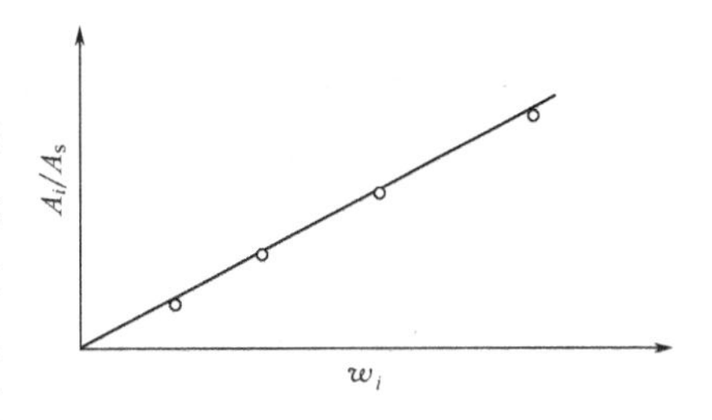

图 11-11　内标标准曲线

(4) 外标法 (external standard method) 又称定量进样-标准曲线法　所谓外标法就是应用欲测组分的纯物质来制作标准曲线，这与在分光光度分析中的标准曲线法是相同的。此时用欲测组分的纯物质加稀释剂（对液体试样用溶剂稀释，气体试样用载气或空气稀释）配成不同质量分数的标准溶液，取固定量标准溶液进样分析，从所得色谱图上测出响应信号（峰面积或峰高等），然后绘制响应信号（纵坐标）对质量分数（横坐标）的标准曲线。分析试样时，取和制作标准曲线时同样量的试样（固定量进样）测得该试样的响应信号，由标准曲线即可查出其质量分数。

此法的优点是操作简单，计算方便，但结果的准确度主要取决于进样量的重现性和操作条件的稳定性。

当被测试样中各组分浓度变化范围不大时（例如工厂控制分析往往是这样的)，可不必绘制标准曲线，而用单点校正法。即配制一个和被测组分含量十分接近的标准溶液，定量进样，由被测组分和外标组分峰面积比或峰高比来求被测组分的质量分数。

$$\frac{w_i}{w_s}=\frac{A_i}{A_s}$$

$$w_i=\frac{A_i}{A_s}w_s \tag{11-59}$$

由于 w_s 与 A_s 均已知，可令 $K_i=w_s/A_s$，即 $w_i=A_iK_i$。

式中，K_i 为组分 i 的单位面积质量分数校正值。这样，测得 A_i，乘以 K_i 即得被测组分的质量分数。此法假定标准曲线是通过坐标原点的直线，因此可由一点决定这条直线，K_i 即直线的斜率，因而称之为单点校正法。

习　题

1. 按照流动相和固定相的不同，色谱分析分哪几类？

2. 当下述参数改变时：①柱长缩短；②固定相改变；③流动相流速增加；④相比减小；是否会引起分配系数的变化？为什么？

3. 当下述参数改变时：①柱长增加；②固定相量增加；③流动相流速减小；④相比增大；是否会引起分配比的变化？为什么？

4. 试以塔板高度 H 做指标讨论气相色谱操作条件的选择。

5. 试述速率方程式中 A，B，C 三项的物理意义。H-u 曲线有何用途？曲线的形状变化受哪些主要因素影响？

6. 当下述参数改变时：①增大分配比；②流动相速度增加；③减小相比；④提高柱温；是否会使色谱峰变窄？为什么？

7. 为什么可用分离度 R 作为色谱柱的总分离效能指标？

8. 能否根据理论塔板数来判断分离的可能性？为什么？

9. 试述色谱分离基本方程式的含义，它对色谱分离有什么指导意义？

10. 色谱定性的依据是什么？主要有哪些定性方法？

11. 何谓保留指数？应用保留指数作定性指标有什么优点？如何计算化合物的保留指数？

12. 色谱定量分析中，为什么要用定量校正因子？在什么情况下可以不用校正因子？

13. 有哪些常用的色谱定量方法？试比较它们的优、缺点及适用情况。

14. 在一根 2m 长的硅油柱上，分析一个混合物，得下列数据：苯、甲苯及乙苯的保留时间分别为1′20″、2′2″及 3′1″；半峰宽为 0.211cm、0.291cm 及 0.409cm，已知记录纸速为 1200mm/h，求色谱柱对每种组分的理论塔板数及塔板高度。

15. 在一根 3m 长的色谱柱上，分离一试样，得如下的色谱图（图 11-12）及数据：

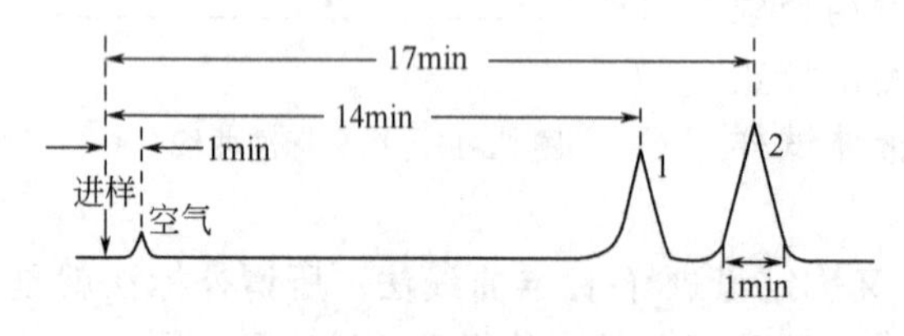

图 11-12　色谱图

① 用组分 2 计算色谱柱的理论塔板数；

② 求调整保留时间 t'_{R1} 及 t'_{R2}；

③ 若需达到分离度 $R=1.5$，所需的最短柱长为几米？

16. 分析某种试样时，两个组分的相对保留值 $r_{21}=1.11$，柱的有效塔板高度 $H=1$mm，需要多长的色谱柱才能分离完全（即 $R=1.5$）？

17. 丙烯和丁烯的混合物进入气相色谱柱得到如下数据（表 11-4）：

表 11-4　丙烯和丁烯的混合物色谱数据

组　分	保留时间/min	峰宽/min
空　气	0.5	0.2
丙　烯	3.5	0.8
丁　烯	4.8	1.0

计算：①丁烯在这个柱上的分配比是多少？②丙烯和丁烯的分离度是多少？

18. 在一色谱图上，测得各峰的保留时间见表 11-5：

表 11-5 各峰的保留时间

组 分	空 气	辛 烷	壬 烷	未 知 峰
t_R/min	0.6	13.9	17.9	15.4

求未知峰的保留指数。

19. 化合物 A 与正二十四烷及正二十六烷相混合注入色谱柱进行试验，得调整保留时间为：A，10.20min，n-$C_{24}H_{50}$，9.81min；n-$C_{26}H_{54}$，11.56min。计算化合物 A 的保留指数。

20. 测得石油裂解气的色谱图（前面四个组分为经过衰减至 1/4 而得到），经测定各组分的 f 值并从色谱图量出各组分峰面积见表 11-6。

表 11-6 各组分的 f 值和峰面积

出峰次序	空 气	甲 烷	二氧化碳	乙 烯	乙 烷	丙 烯	丙 烷
峰面积	34	214	4.5	278	77	250	47.3
校正因子 f	0.84	0.74	1.00	1.00	1.05	1.28	1.36

用归一法定量，求各组分的质量分数各为多少？

21. 有一试样含甲酸、乙酸、丙酸及水、苯等物质，称取此试样 1.055g。以环己酮作为内标物，称取 0.1907g 环己酮，加到试样中，混合均匀后，吸取此试液 3μL 进样，得到色谱图。从色谱图测得的各组分峰面积及已知的 S' 值如表 11-7 所示：

表 11-7 各组分峰面积及 S' 值

出峰次序	甲 酸	乙 酸	环己酮	丙 酸
峰面积	14.8	72.6	133	42.4
响应值 S'	0.261	0.562	1.00	0.938

求甲酸、乙酸、丙酸的质量分数。

22. 在测定苯、甲苯、乙苯、邻二甲苯的峰高校正因子时，称取的各组分的纯物质质量，以及在一定色谱条件下所得色谱图上各种组分色谱峰的峰高见表 11-8。

表 11-8 各组分质量及峰高

出峰次序	苯	甲 苯	乙 苯	邻二甲苯
质量/g	0.5967	0.5478	0.6120	0.6680
峰高/mm	180.1	84.4	45.2	49.0

求各组分的峰高校正因子，以苯为标准。

23. 已知在混合酚试样中仅含有苯酚、邻甲酚、间甲酚和对甲酚四种组分，经乙酰化处理后，用液晶柱测得色谱图，图上各组分色谱峰的峰高、半峰宽，以及已测得各组分的校正因子见表 11-9。求各组分的质量分数。

表 11-9 各组分的峰高、半峰宽及校正因子

出峰次序	苯 酚	邻 甲 酚	间 甲 酚	对 甲 酚
峰高/mm	64.0	104.1	89.2	70.0
半峰宽/mm	1.94	2.40	2.85	3.22
校正因子 f	0.85	0.95	1.03	1.00

第十二章 气相色谱法

用气体作为流动相的色谱法称为气相色谱法（gas chromatography，GC）。根据固定相的状态不同，又可将其分为气固色谱和气液色谱。气固色谱是采用多孔性固体为固定相，分离的主要对象是一些气体和低沸点的化合物。气液色谱多用高沸点的有机化合物涂渍在惰性载体上作为固定相，一般只要在450℃以下，有1.5～10kPa的蒸气压且热稳定性好的有机及无机化合物都可用气液色谱分离。由于在气液色谱中可供选择的固定液种类很多，容易得到好的选择性，所以气液色谱有广泛的实用价值。气固色谱可供选择的固定相种类甚少，分离的对象不多，且色谱峰容易产生拖尾，因此实际应用相对较少。

气相色谱分析是一种高效能、选择性好、灵敏度高、操作简单、应用广泛的分析、分离方法。例如用空心毛细管色谱柱，一次可以解决含有一百多个组分的烃类混合物的分离及分析，因此气相色谱法的分离效能高、选择性好。

在气相色谱分析中，由于使用了高灵敏度的检测器，可以检测10^{-11}～10^{-13}g/L物质。因此在痕量分析上，它可以检出超纯气体、高分子单体和高纯试剂等物质中质量分数为10^{-6}甚至10^{-10}数量级的杂质；在环境监测上可用来直接检测大气中的污染物，而污染物不需事先浓缩；农药残留量的分析中可测出农副产品、食品、水质中质量分数为10^{-6}～10^{-9}数量级的卤素、硫、磷化物等。气相色谱分析操作简单，分析快速，通常一个试样的分析可在几分钟到几十分钟内完成。某些快速分析，一秒钟可分析多个组分。

第一节 气相色谱仪

一、气相色谱流程

气相色谱法是采用气体作为流动相的色谱分析法。此分析法中，载气是不与被测物相互作用、用来载送试样的惰性气体，如氢气、氮气等。载气带着欲分离的试样通过色谱柱中固定相，使试样中各组分分开，然后分别进入检测器检测。其简单流程如图12-1所示。

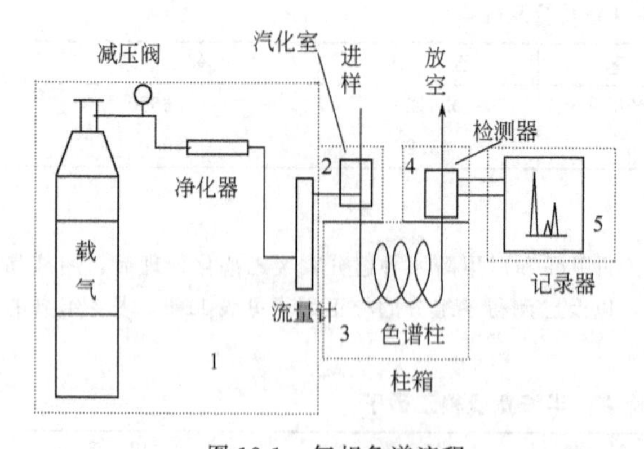

图12-1 气相色谱流程

1—气路系统，包括气源、气体净化、气体流速控制与测定；2—进样系统，包括进样器、汽化室；3—分离系统，即色谱柱；4—检测系统，包括检测器、检测器的电源及控制装置；5—记录系统，包括放大器、记录仪、数据处理器等

载气由高压钢瓶或气体发生器供给，经减压阀减压后，进入载气净化干燥管以除去载气中的水分。由针形阀控制载气的压力和流量。流量计和压力表用以指示载气的柱前流量和压力。再经过进样器（包括汽化室），试样在进样器注入（液体试样，经汽化室瞬间汽化为气体）。由不断流入的载气携带试样进入色谱柱，色谱柱装在可调控温度的柱箱里。经色谱柱，得到分离的各组分依次

进入检测器后放空。组分在检测器中，化学信号被转换成电信号传给记录器。记录器将各组分的浓度变化记录下来，得到色谱图。气相色谱仪由五大系统组成：气路系统、进样系统、分离系统、检测系统和记录系统（见图12-1中虚线范围）。

二、主要组成部分

1. 气路系统

载气是构成气相色谱过程中的重要一相——流动相，因此，正确选择载气，控制气体的流速，是气相色谱仪正常操作的重要条件。

（1）载气的选择　可作为载气的气体很多，原则上，只要没有腐蚀性，而且不与被分析组分起化学变化的气体都可以作为载气。常用的有氮气、氢气、氦气、氩气等。在实际应用中载气的选择主要是根据检测器的特性来决定，同时考虑色谱柱的分离效能和分析时间。例如以热导池作检测器时，几乎都是采用氢气或氦气作载气，因为它们分子量小，热导率大，黏度小，有利于提高检测器灵敏度和分析速度。

（2）载气要纯净　通过活性炭或分子筛净化器，除去载气中的水分、氧等杂质。

（3）载气流要稳定　采用稳流阀或双气路方式（见图12-2）：载气由压缩气体钢瓶或气体发生器供给，经减压阀、稳流阀，控制压强和流速，由压强计指示气体压强，然后进入色谱分离、检测系统。

2. 进样系统

进样系统包括进样装置和汽化室。进样通常采用微量进样器或进样阀将样品引入。液体样品引入后需要瞬间汽化。汽化在汽化室进行，汽化室示意如图12-3所示。

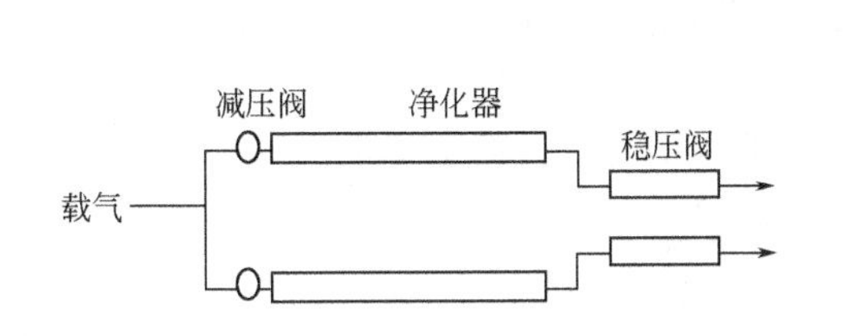

图12-2　载气流双气路方式示意

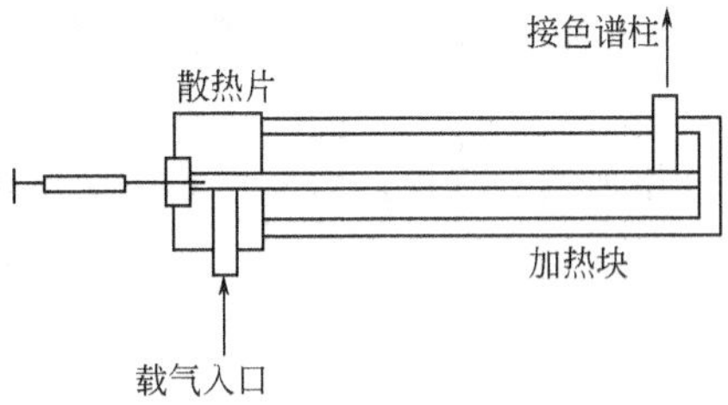

接色谱柱
散热片
加热块
载气入口

图12-3　汽化室示意

对汽化室的要求是：①体积小；②热容量大；③对样品无催化作用。

对高分子样品，汽化室采用裂解装置，如管式炉裂解器、热丝裂解器、居里点裂解器，如图12-4所示。

3. 分离系统

色谱柱是色谱仪的心脏，因为色谱柱性质的好坏决定了色谱分离的成败。色谱柱分为填充柱和毛细管柱两种。

① 填充柱由不锈钢或玻璃、尼龙、熔融石英等材料制成，内装固定相，一般内径为2～4mm，长1～3m。填充柱的形状有U形和螺旋形两种。

② 毛细管柱又叫空心柱，分为涂壁、多孔层和涂载体空心柱。

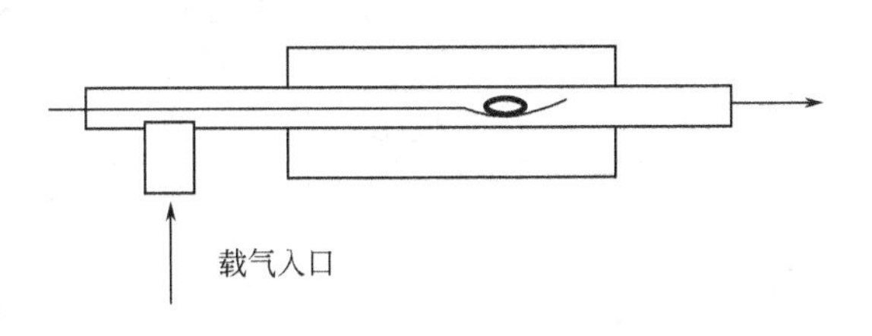

图12-4　居里点裂解器示意

空心毛细管柱材质为玻璃或石英。内径

一般为0.2～0.5mm，长度20～200m，呈螺旋形。

色谱柱的分离效果除与柱长、柱径和柱形有关外，还与所选用的固定相和柱填料的制备技术以及操作条件等许多因素有关。毛细管柱的情况参见本章第五节。

4. 检测系统

检测器是气相色谱仪的关键部件。它的作用是将经过色谱柱分离后的各组分的量转变成便于记录的电信号，然后对被分离物质的组成和含量进行鉴定和测量。原则上，被测组分和载气在性质上的任何差异都可以作为设计检测器的依据，但在实际中常采用的检测器只有几种，这些检测器结构简单，使用方便，具有通用性或选择性。详见本章第三节。

5. 记录系统

记录部分包括放大器、记录仪，先进的仪器还有数据处理器。目前多采用微机型色谱数据处理机和配备操作软件包的工作站，既可以对色谱数据进行自动处理，又可对色谱系统的参数进行自动控制。因此该系统又被称做数据处理系统。

此外，温度直接影响色谱柱的选择分离、检测器的灵敏度和稳定性。因此温度控制系统对GC来说是非常重要的。控制温度主要指对色谱柱箱、汽化室、检测器的温度进行控制。色谱柱的温度控制方式有恒温和程序升温两种。

对于沸点范围很宽的混合物，一般采用程序升温法进行。程序升温指在一个分析周期内柱温随时间由低温向高温作线性或非线性变化，以达到用最短时间获得最佳分离的目的。

第二节 气相色谱固定相

气相色谱分析中，固定相的选择是否适当直接关系到色谱柱的选择性。

固定相：
- 固体固定相：固体吸附剂
- 液体固定相：由载体和固定液组成

一、气固色谱固定相

气固色谱的固定相是一种具有多孔性及较大表面积的固体颗粒吸附剂。表12-1所列为气固色谱法常用的几种吸附剂及其性能，常用的有非极性的活性炭、弱极性的氧化铝、强极性的硅胶等。它们对各种气体吸附能力的强弱不同，因而可根据分析对象选用。由于吸附剂种类不多，不是同批制备的吸附剂的性能往往又不易重复，且进样量稍多时色谱峰就不对称，有拖尾现象等。近年来，通过对吸附剂表面进行物理化学改性，研制出表面结构均匀的吸附剂（例如石墨化炭黑、碳分子筛等），不但使极性化合物的色谱峰不致拖尾，而且可以成功地分离一些顺、反式空间异构体。

表12-1 气固色谱法常用的几种吸附剂及其性能

吸附剂	主要化学成分	最高使用温度/℃	性质	活化方法	分离特征	备注
活性炭	C	<300	非极性	商品色谱用活性炭，在105℃烘烤4h左右	分离永久性气体及低沸点烃类，不适于分离极性化合物	普通活性炭粉碎过筛，用苯浸泡几次，以除去其中的硫磺、焦油等杂质，然后在350℃下通入水蒸气，吹至乳白色物质消失为止，最后在180℃烘干备用

续表

吸附剂	主要化学成分	最高使用温度/℃	性质	活化方法	分离特征	备注
石墨化炭黑	C	>500	非极性	商品色谱用活性炭，在105℃烘烤4h左右	分离气体及烃类，对高沸点有机化合物也能获得较对称峰型	
硅胶	$SiO_2 \cdot xH_2O$	<400	氢键型	商品色谱用硅胶，只需在200℃下活化处理	常温下的一般性气体及低级烃	粉碎过筛后，用6mol/LHCl浸泡1～2h，然后用蒸馏水洗到没有氯离子为止。在180℃烘箱中烘6～8h，装柱后于使用前200℃下，通载气活化2h
氧化铝	Al_2O_3	<400	极性	粉碎过筛后，在500～700℃下活化4h	在低温下可分离氢的同位素（－196℃），常温下可分离低碳的烃类	
分子筛	$Na_2O \cdot CaO$，$Al_2O_3 \cdot 2SiO_2$，$Na_2O \cdot Al_2O_3 \cdot 3SiO_2$	<400	强极性	在500～600℃下活化2h，或在真空条件350℃下活化2h	永久性气体、惰性气体的分离	
GDX	高分子多孔微球	250～300	聚合时原料不同，极性不同	170～180℃烘去微量水分后，在H_2或N_2气中处理10～20h	一般性气体，低级醇，气相和液相中的水分	

高分子多孔微球（国产商品牌号为GDX）是以苯乙烯与二乙烯基苯作为单体，经悬浮共聚所得的交联多孔聚合物，是一种应用日益广泛的气固色谱固定相。例如有机物或气体中水的含量测定，若应用气液色谱柱，由于组分中含水会给固定液、载体的选择带来麻烦与限制；若采用气固色谱柱，由于水的吸附系数很大，以至于实际上无法进行分析；而采用高分子多孔微球固定相，由于多孔聚合物和羟基化合物的亲和力极小，且基本按相对分子质量顺序分离，故相对分子质量较小的水分子可在一般有机物之前出峰，峰形对称，特别适于分析试样中的痕量水含量，也可用于多元醇、脂肪酸、腈类等强极性物质的测定。由于这类多孔微球具有耐腐蚀和耐辐射性能，可用以分析如HCl、NH_3、Cl_2、SO_2等。高分子多孔微球随共聚体的化学组成和共聚后的物理性质不同，不同商品品牌有不同极性及应用范围。这种固定相既可用于气固色谱的载体也可用于气液色谱的载体。

二、气液色谱固定相

气液色谱的固定相包括惰性固体颗粒（载体、支持剂）和固定液（高沸点有机化合物）。

1. 载体

载体应是一种具有化学惰性、多孔的固体颗粒，能提供一个大的表面（内、外），承担固定液使之成薄膜状分布在载体上。对载体的具体要求如下。

① 多孔性，即表面积较大，使固定液与试样的接触面较大。

② 表面应是化学惰性的，即表面没有吸附性或吸附性很弱，更不能与被测物质起化学反应。

③ 热稳定性好，有一定的机械强度，不易破碎。

④ 对载体粒度的要求，一般希望均匀、细小，这样有利于提高柱效。但颗粒过细，使柱子压降增大，对操作不利。一般选用 40～60 目、60～80 目或 80～100 目等。

载体
- 硅藻土型
  - 红色（如 6201 红色载体、201 红色载体，C-22 保温砖等）
  - 白色（如 101 白色载体等）
- 非硅藻土型
  - 氟载体
  - 玻璃微球
  - 高分子多孔微球

红色载体是由天然硅藻土直接煅烧而成，表面孔穴密集，孔径较小，表面积大（比表面积为 $4.0m^2/g$），平均孔径为 $1\mu m$。由于表面积大，涂固定液量多，在同样大小柱中分离效率就比较高。结构紧密，力学性能好，但表面有许多吸附活性中心，造成极性固定液分布不均，适宜分析非极性或弱极性的样品。

白色载体是天然硅藻土在煅烧之前加入了助熔剂（碳酸钠），形成较大的疏松颗粒，表面孔径较大，为 $8\sim9\mu m$，表面积较小，比表面积只有 $1.0m^2/g$。机械强度不如红色载体，但表面极性中心显著减少，吸附性小，可用于分析极性物质。

硅藻土型载体表面含有相当数量的 —Si—OH、>Al—O— 等基团，具有细孔结构，并具有不同的 pH，故载体表面既有吸附活性，又有催化活性。如涂上极性固定液，会造成固定液分布不均匀。分析极性试样时，由于与活性中心的相互作用，会造成色谱峰的拖尾。而在分析萜烯、二烯、含氮杂环化物、氨基酸衍生物等化学性质活泼的试样时，都有可能发生化学变化和不可逆吸附。因此在分析这些试样时需加以钝化处理，以改进载体孔隙结构，屏蔽活性中心，提高柱效率。处理方法可以选用酸洗、碱洗、硅烷化（silanization）等。

酸洗、碱洗即用浓盐酸、氢氧化钾甲醇溶液分别浸泡，以除去铁等金属氧化物及氧化铝等杂质及酸性作用点。

硅烷化是用硅烷化试剂和载体表面的硅醇、硅醚基团起反应，消除表面氢键的结合能力，屏蔽活性中心，改进载体的性能。常用的硅烷化试剂有二甲基二氯硅烷和六甲基二硅烷胺。其反应为：

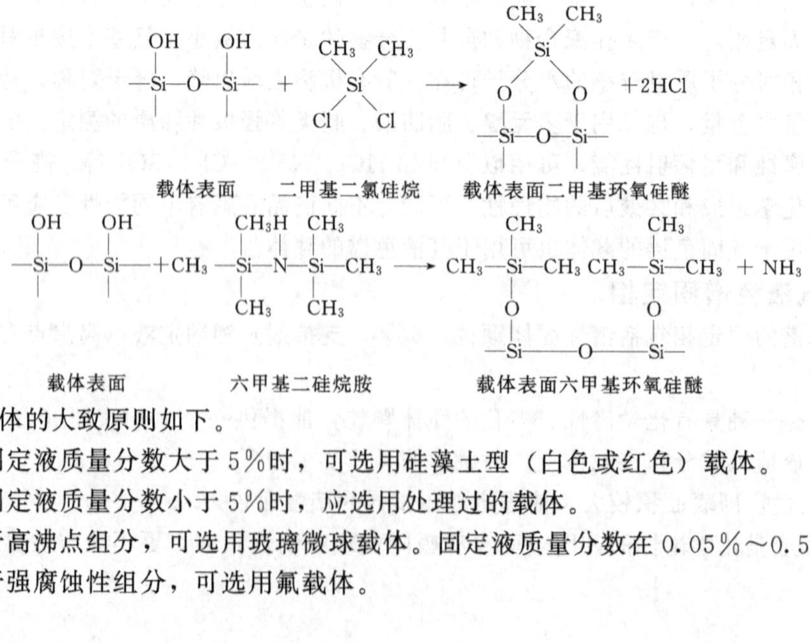

$$\text{—Si(OH)—O—Si(OH)—} + (CH_3)_2SiCl_2 \longrightarrow \text{—Si—O—Si—}\ (\text{两个 Si 各经 O 连接到 }Si(CH_3)_2) + 2HCl$$

载体表面　　二甲基二氯硅烷　　载体表面二甲基环氧硅醚

$$\text{—Si(OH)—O—Si(OH)—} + CH_3\text{—}Si(CH_3)_2\text{—NH—}Si(CH_3)_2\text{—}CH_3 \longrightarrow CH_3\text{—}Si(CH_3)(O\text{—})\text{—}CH_3\ \ CH_3\text{—}Si(CH_3)(O\text{—})\text{—}CH_3\ (\text{经 O 连接到 —Si—O—Si—}) + NH_3$$

载体表面　　六甲基二硅烷胺　　载体表面六甲基环氧硅醚

选择载体的大致原则如下。

① 当固定液质量分数大于 5%时，可选用硅藻土型（白色或红色）载体。

② 当固定液质量分数小于 5%时，应选用处理过的载体。

③ 对于高沸点组分，可选用玻璃微球载体。固定液质量分数在 0.05%～0.5%之间。

④ 对于强腐蚀性组分，可选用氟载体。

2. 固定液

固定液一般为高沸点有机化合物（有上千种）。不同品种固定液，有其特定的使用温度范围，特别是最高使用温度极限。必须针对被测物质的性质选择合适的固定液。

对固定液的要求如下。

① 化学稳定性好，不与被测物质起任何化学反应。

② 对试样各组分有适当的溶解能力，否则组分易被载气带走而起不到分配作用。

③ 挥发性小，在操作温度下有较低蒸气压，以免流失。

④ 具有较高的选择性，即对沸点相同或相近的不同物质有尽可能高的分离能力。

⑤ 热稳定性好，在操作温度下呈液体状态且不发生分解。

关于固定液的极性，麦克雷诺（W. O. McReynolds，麦氏）提出了固定液特征常数表示法。选用 10 种物质来表征固定液的分离特性。实际上通常采用麦氏的前 5 种探测物，即苯、丁醇、2-戊酮、硝基丙烷和吡啶测得的特征常数（麦氏常数）已能表征固定液的相对极性。麦氏常数以角鲨烷（异三十烷）固定液为基准，其计算方法为：

$$X'=I_{\mathrm{p}}^{苯}-I_{\mathrm{s}}^{苯}$$

$$Y'=I_{\mathrm{p}}^{丁醇}-I_{\mathrm{s}}^{丁醇}$$

$$Z'=I_{\mathrm{p}}^{2-戊酮}-I_{\mathrm{s}}^{2-戊酮}$$

$$U'=I_{\mathrm{p}}^{硝基丙烷}-I_{\mathrm{s}}^{硝基丙烷}$$

$$S'=I_{\mathrm{p}}^{吡啶}-I_{\mathrm{s}}^{吡啶}$$

式中，采用重现性好的保留指数 I 来代替调整保留值；下标 p 为待测固定液；s 为角鲨烷固定液；$I_{\mathrm{p}}^{苯}$ 为以苯作为探测物时在待测固定液上的保留指数；$I_{\mathrm{s}}^{苯}$ 为以苯作探测物时在角鲨烷固定液上的保留指数；其余类同。两者的差值表示以标准非极性固定液角鲨烷为基准时欲测固定液的相对极性——麦氏常数，以 X'，Y'，Z'，U'，S'符号表示各相应作用力的麦氏常数。将这 5 种探测物 ΔI 值之和 $\sum\Delta I$ 称为总极性，其平均值称为平均极性。固定液的总极性越大，则极性越强；不同固定液的麦氏常数相近，表明它们的极性基本相同；麦氏常数值越小，则固定液的极性越接近于非极性固定液的极性；麦氏常数中某特定值如 X'或 Y'值越大，则表明该固定液对相应的探测物（作用力）所表征的性质越强。因而利用麦氏常数将有助于固定液的评价、分类和选择。表 12-2 列出一些常用固定液的麦氏常数。较详细的麦氏常数表可从气相色谱手册查找。表 12-2 中固定液的极性随序号增大而增加。其中标有序号的 12 种是李拉（J. J. Leary）用其近邻技术（nearest neighbor technique）从品种繁多的固定液中选出分离效果好、热稳定性好、使用温度范围宽、有一定极性间距的典型固定液。

表 12-2 气相色谱常用的固定液

序号	固 定 液	型号	苯	丁醇	2-戊酮	硝基丙烷	吡啶	平均极性	总极性	最高使用
			X'	Y'	Z'	U'	S'		$\sum\Delta I$	温度/℃
1	角鲨烷	SQ	0	0	0	0	0	0	0	100
2	甲基硅橡胶	SE-30	15	53	44	64	41	43	217	300
3	苯基(10%)甲基聚硅氧烷	OV-3	44	86	81	124	88	85	423	350
4	苯基(20%)甲基聚硅氧烷	OV-7	69	113	111	171	128	118	592	350
5	苯基(50%)甲基聚硅氧烷	DC-710	107	149	153	228	190	165	827	225
6	苯基(60%)甲基聚硅氧烷	OV-22	160	188	191	283	253	219	1075	350
7	苯二甲酸二癸酯	DDP	136	255	213	320	235	232	1159	175
8	三氟丙基(50%)甲基聚硅氧烷	QF-1	144	233	355	463	305	300	1500	250
9	聚乙二醇十八醚	ON-270	202	396	251	395	345	318	1589	200

续表

序号	固定液	型号	苯	丁醇	2-戊酮	硝基丙烷	吡啶	平均极性	总极性	最高使用
			X'	Y'	Z'	U'	S'		$\Sigma\Delta I$	温度/℃
10	氰乙基(25%)甲基硅橡胶	XE-60	204	381	340	493	367	357	1785	250
11	聚乙二醇-20000	PEG-20M	322	536	368	572	510	462	2308	225
12	己二酸二乙二醇聚酯	DEGA	378	603	460	665	658	553	2764	200
13	丁二酸二乙二醇聚酯	DEGS	492	733	581	833	791	686	3504	200
14	三(2-氰乙氧基)丙烷	TCEP	593	857	752	1028	915	829	4145	175

3. 固定液与组分分子间的作用力

固定液与组分分子间的作用力包括：静电力、诱导力、色散力、氢键力。

(1) 静电力（定向力） 是极性分子间的作用力。是由于极性分子的永久偶极间存在的静电作用引起的。在极性固定液柱上分离极性试样时，分子间的作用力主要是静电力。被分离组分的极性越大，与固定液作用力越大，在柱内滞留时间越长。静电力的大小与温度成反比，升高柱温对分离不利，使选择性下降。

(2) 诱导力 是极性分子与非极性分子之间的作用力，一般很小。极性分子和非极性分子共存时，由于在极性分子永久偶极的电场作用下，非极性分子被极化而产生诱导偶极，两分子间相互吸引产生诱导力。在分离非极性分子和可极化分子的混合物时，可以利用极性固定液的诱导效应来分离这些混合物。例如，苯和环己烷的沸点很相近（80.10℃和80.81℃）。若用非极性固定液（例如液体石蜡）是很难将它们分离的。但苯比环己烷容易极化，所以用一个中等极性的邻苯二甲酸二辛酯固定液，使苯产生诱导偶极，苯的保留时间是环己烷的1.5倍；若选用强极性的β, β'-氧二丙腈固定液，则苯的保留时间是环己烷的6.3倍，这样就很易分离了。

(3) 色散力 非极性分子和弱极性分子之间的作用力，主要是色散力。因为这些分子之间没有静电力和诱导力，只具有瞬间的周期变化的偶极矩（由于电子运动、原子核在零点间的振动而形成的），只是这种瞬间偶极矩的平均值等于零，在宏观上显示不出偶极矩而已。瞬间偶极矩带有一个同步电场，能使周围的分子极化，被极化的分子又反过来加剧瞬间偶极矩变化的幅度，产生所谓色散力。

色散力与组分的沸点成正比，组分基本按沸点顺序分离，沸点低的组分由于色散力小，先流出色谱柱。

(4) 氢键力 当分子中一个H原子和一个电负性很大的原子（以X表示，如F、O、N等）构成共价键时，电子对偏离H原子，它能和另一个电负性很大且已获得电子的原子（以Y表示）形成一种强有力的、有方向性的静电吸引力，即氢键。这种相互作用关系表示为“X—H┈Y”，X、H之间的实线表示共价键，H、Y之间的点线表示氢键。X、Y的电负性愈大，也即吸引电子的能力愈强，氢键作用力就愈强。同时，氢键的强弱还与Y的半径有关，半径愈小，愈易靠近X—H，因而氢键愈强。氢键的类型和强弱次序为：

F—H┈F—H ＞ O—H┈O—H ＞ O—H┈N—H ＞ N—H┈N—H ＞ N≡C—H┈N—H

因为—CH_2—中的碳原子电负性很小，因而C—H键不能形成氢键，即饱和烃之间没有氢键作用力存在。固定液分子中含有—OH、—COOH、—COOR、—NH_2、═NH官能团时，对含氟、含氧、含氮化合物常有显著的氢键作用力，作用力强的在柱内保留时间长。

固定液与组分分子间的作用力可用表12-3来表示。

表 12-3　固定液与组分分子间的作用力

被分离组分	固定相极性	分子间作用力	先　流　出　物
都是非极性	非极性	色散力	低沸点物
都是极性	极性	静电力	极性小的
极性＋非极性	极性	诱导力	极性小的
能成氢键	极性或氢键型	氢键力	不易成氢键的

4. 固定液的选择

固定液的选择一般根据“相似相溶”的原理进行选择。当组分与固定液分子极性相似时，固定液和被测组分两种分子间的作用力就强，被测组分在固定液中的溶解度就大，分配系数就大，也就是说，被测组分在固定液中溶解度或分配系数的大小与被测组分和固定液两种分子之间相互作用力的大小有关。

固定液的选择大致可分为以下五种情况。

① 分离非极性物质，一般选用非极性固定液，这时试样中各组分按沸点次序先后流出色谱柱，沸点低的先出峰，沸点高的后出峰。例如用角鲨烷做固定液分离甲烷（沸点－161.5℃）、乙烷（沸点－88.6℃）、丙烷（沸点－47℃）时，沸点较低的甲烷先出峰，沸点较高的丙烷则最后出峰。

② 分离极性物质，选用极性固定液，这时试样中各组分主要按极性顺序分离，极性小的先流出色谱柱，极性大的后流出色谱柱。

③ 分离非极性和极性（或易被极化的组分）混合物时，一般选用极性固定液，这时非极性组分先出峰，极性组分（或易被极化的组分）后出峰。

④ 对于能形成氢键的试样，如醇、酚、胺和水等的分离。一般选择极性的或是氢键型的固定液，这时试样中各组分按与固定液分子间形成氢键的能力大小先后流出，不易形成氢键的先流出，最易形成氢键的最后流出。

⑤ 对于复杂的难分离的组分，采用一种简单的固定液不能使多个性质接近的组分逐个分开，只好采用特殊的固定液或两种甚至两种以上的固定液，配成混合固定液，才能取得满意效果。

第三节　气相色谱检测器

气相色谱仪中另一个主要组成部分是检测器，它的作用是将经过色谱柱分离后的各组分按其物理、化学特性转换成相应可以测量的电信号。信号的大小在一定范围内与进入检测器的物质的质量 m（或浓度）成正比。

检测器按原理分成浓度型检测器（concentration sensitive detector）和质量型检测器（mass flow rate sensitive detector）两种类型。

浓度型检测器的响应值与进入检测器组分的浓度成正比，检测的是载气中组分浓度的瞬间变化。如热导池、电子捕获检测器。质量型检测器的响应值与组分在单位时间内进入检测器的质量成正比，检测的是载气中组分的质量流速的变化。如氢火焰离子化检测器、火焰光度检测器等。

对检测器的要求是结构简单、灵敏度高、线性范围宽、响应速度快、通用性强、稳定性好、检测限低等。

常用检测器：热导检测器、氢火焰离子化检测器、电子俘获检测器、火焰光度检测器等。

一、热导检测器

热导检测器（thermal conductivity detector，TCD）是应用时间最早、应用范围最广的一种检测器。它结构简单，灵敏度适宜（一般为10^{-4}级），稳定性好，线性范围宽，对所有可挥发的物质都有响应值。属于浓度型检测器。

1. 热导检测器的结构

热导池由池体和热敏元件组成。池体由不锈钢块制成，有两个或四个大小相同、形状完全对称的孔道，孔道内装有热敏元件。热敏元件是电阻率高、电阻温度系数大的金属丝或半导体热敏电阻。电阻温度系数是指，温度每变化1℃，导体电阻的变化值。

目前使用最广泛的金属丝是采用铼钨合金制成的热丝铼钨丝，具有较高的电阻温度系数和电阻率，抗氧化性好，机械强度、化学稳定性及灵敏度都高。各孔道内的金属丝要求长短、粗细、电阻值都一样。

热导池 {双臂——参比池、测量池各一个，有两根钨丝（采用220V，40W白炽灯钨丝）
四臂——参比池、测量池各两个，有四根钨丝（采用220V，5W白炽灯钨丝）}

2. 热导检测器的基本原理

热导检测器的工作原理是基于不同的物质具有不同的热导率。某些气体和蒸气的热导率见表12-4。

表12-4 某些气体和蒸气的热导率 单位：$\times 10^{-4}$J/(cm·s·℃)

气体	0℃	100℃	气体	0℃	100℃	气体	0℃	100℃
H_2	17.41	22.4	CO_2	1.47	2.22	丙烷	1.51	2.64
He	14.57	17.41	甲烷	3.01	4.56	正丁烷	1.34	2.34
N_2	2.43	3.14	乙烷	1.80	3.06	甲醇	1.42	2.30
空气	2.17	3.14						

当电流传给铼钨丝时，铼钨丝被加热到一定温度，电阻值升到一定值（一般金属丝的电阻值随温度升高而增加）。

热导池体两端有气体进口和出口，未进样时，载气同时通过两个池孔，载气有热传导作用，使钨丝的温度下降、电阻下降，两池中的温度下降及电阻下降值相等，$\Delta T_1=\Delta T_2$，$\Delta R_1=\Delta R_2$。

当有试样组分时，载气自己流经参比池，载气带着组分的混合气体流经测量池，此时载气与混合气体的热导率不一样，使铼钨丝散热情况发生变化，两池铼钨丝电阻值的变化不一样了，$\Delta R_1\neq\Delta R_2$。这个差异由惠斯登电桥测量出来。由电位差计记录出色谱峰。

气相色谱仪热导池电桥桥路，如图12-5所示。R_1和R_2分别为参比池和测量池的钨丝的电阻，分别连于电桥中作为两臂。在安装仪器时，挑选配对的钨丝，使$R_1=R_2$。

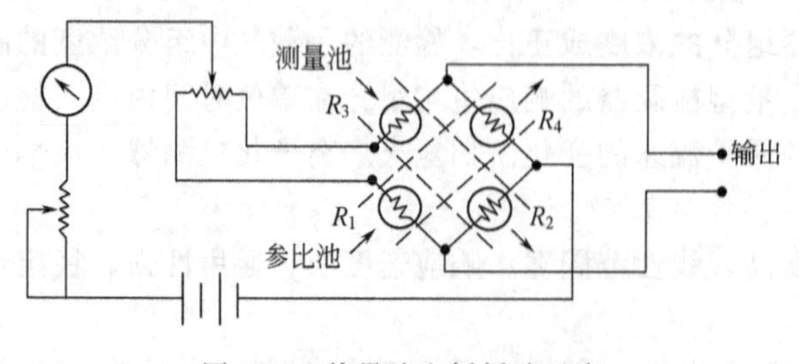

图12-5 热导池电桥桥路示意

从物理学中知道，电桥平衡时，$R_1R_4=R_2R_3$。当两个池都通过载气时，两池中的温度下降及电阻下降值相等，$\Delta R_1=\Delta R_2$，电桥处于平衡状态，能满足$(R_1+\Delta R_1)R_4=(R_2+\Delta R_2)R_3$，此时两端电位相等，$\Delta E=0$，没有信号输出，记录纸上是一条零位直线，称为基线。当有样品通过时，两池钨丝电阻值的变化不一样了，$\Delta R_1 \neq \Delta R_2$，所以 $(R_1+\Delta R_1)R_4 \neq (R_2+\Delta R_2)R_3$。电桥失去平衡，两端产生电位差，就有信号输出，记录纸上记录出色谱峰的变化。

当热导池检测器处于一定操作条件下，即桥电流、池体温度、载气组成及流速等恒定时，检测器处于平衡状态，电桥无信号输出。

3. 影响热导检测器灵敏度的因素

（1）桥路工作电流的影响　电流增加，使铼钨丝温度提高，铼钨丝和热导池体的温差加大，气体就容易将热量传出去，温度变化大，产生的电阻变化大，灵敏度就提高。热导池检测器灵敏度与桥路电流的三次方成正比，即 $S \propto I^3$。所以增加桥路电流可以迅速提高灵敏度。但是电流也不能过高，电流太大使钨丝处于灼热状态，引起基线不稳，呈不规则抖动，甚至会将钨丝烧坏。一般桥路电流控制条件（N_2 作载气时为 100～150mA，H_2 作载气时为 150～200mA）。

（2）热导池体温度的影响　当桥路电流一定时，钨丝温度一定。若适当降低池体温度，可以使钨丝与池体的温差加大，使灵敏度提高，但池体温度不能低于柱温，否则将使被测组分在检测器中冷凝。

（3）载气的影响　载气与试样的热导率相差越大，则灵敏度越高。一般物质的热导率都比较小，所以选择热导率大的气体（如 H_2 或 He），灵敏度就比较高。另外，载气的热导率大，允许的桥路电流就可升高，从而使热导池的灵敏度大为提高，因此通常采用氢作载气。如果用氮作载气，除了由于氮和被测组分热导率差别小、灵敏度低以外，还常常由于二元混合气体与其组成呈非线性，以及因热导性能差，而使对流作用在热导池中影响增大等原因，有时会出现不正常的色谱峰（如倒峰、W 峰等）。另外，载气流速对输出信号也有影响，因此载气流速要稳定。

（4）热敏元件阻值的影响　选择阻值高、电阻温度系数较大的热敏元件（钨丝），当温度稍有一些变化时，就能引起电阻明显变化，灵敏度就高。

热导池工作时注意事项：开机时要先通载气，后开电源；关机时要先断电源，再关气源。因为高温后要继续通入载气，否则空气扩散入池，使钨丝氧化、烧断。

二、氢火焰离子化检测器

氢火焰离子化检测器（flame ionization detector，FID）简称氢焰检测器，适于痕量的有机物分析，对有机物灵敏度很高，是热导池的 1000 倍，能够检测出 10^{-12} 级。其结构简单，响应快，稳定性好，死体积小，线性范围宽，也是一种较理想的检测器。响应值与单位时间内进入火焰组分的质量成正比，是典型的质量型检测器。

1. 氢焰检测器的结构

氢焰检测器主要由离子室、离子头两部分组成，如图 12-6 所示。气体进、出口的作用是防止外界气流使火焰扰动，避免灰尘进入，并作为电的屏蔽。离子头是检测器的主要部件，由极化极（又称发射极）、收集极和喷嘴组成。极化极一般用铂丝做成圆环，收集极用铂、其他金属或不锈钢制成圆筒，位于极化极的上方，两极间距可调，一般为 10mm。当给两极间加一定的直流电压（100～300V），收集极作正极，极化极作负极，构成一个外加电场。在喷嘴附近安有点火装置，使在喷嘴上

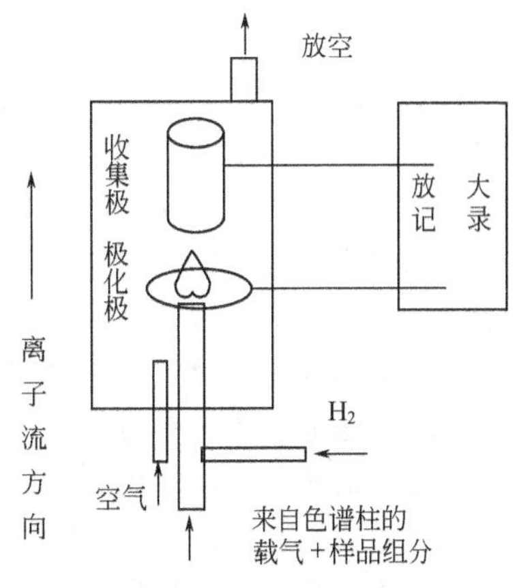

图 12-6　氢焰检测器示意

方产生氢火焰作为能源。

2. 氢焰检测器的工作原理

被测组分被载气携带，从色谱柱流出后，与氢气混合一起进入离子室，由毛细管喷嘴喷出。氢气在空气的助燃下经引燃后进行燃烧，以产生的高温（约 2100℃）为能源，使被测有机物组分电离成正、负离子。产生的离子在收集极和极化极的外电场作用下定向运动而形成电流。电离的程度与被测组分的性质有关，一般在氢火焰中电离效率很低，大约每 50 万个碳原子中有一个碳原子被电离，因此产生的电流很微弱，需经放大器放大后，才能在记录仪上得到色谱峰。产生的微电流大小与进入离子室的被测组分的含量成正比，含量越高，产生的微电流就越大，两者存在定量关系。

对于氢焰检测器离子化的作用机理，目前一般认为火焰中的电离属化学电离，即有机物在火焰中热裂解，发生自由基反应，其反应过程如下。

有机物 C_nH_m 裂解产生含碳自由基，$C_nH_m \longrightarrow \cdot CH$（自由基），含碳自由基与外面扩散进来的激发态氧原子或分子发生反应，$\cdot CHO^* \longrightarrow 2CHO^+ + e$，形成的 CHO^+ 与火焰中大量水蒸气碰撞发生反应，$CHO^+ + H_2O \longrightarrow H_3O^+ + CO$，化学电离产生的正离子 CHO^+、H_3O^+ 和电子 e 在外加直流电场作用下向两极移动而产生微电流。经放大后，记录下色谱峰。

在火焰中同时也存在与离子化反应相反的复合过程，即 $H_3O^+ + e \longrightarrow H_2O + H$，如果适当降低火焰温度，减少电子与正离子的接触机会，可抑制该反应的发生。另外选氮气作载气可避免这一反应发生。

氢焰检测器只对绝大多数有机物产生响应，不能检测惰性气体、空气、水、CO、CO_2、NO、SO_2 等气体。

3. 氢焰检测器的主要操作条件

(1) 气体流速　载气流速：一般用 N_2 作载气，载气流速的选择主要考虑分离效能。对一定的色谱柱和试样，要找到一个最佳的载气流速，使柱的分离效果最好。

氢气流速：氢气流速主要影响氢火焰的温度及灵敏度。氢气流速过低，氢焰温度太低，组分分子电离数目少，产生电流信号就小，灵敏度就低，而且易熄火。氢气流速太高，热噪声就大，基线不稳。故对氢气必须维持适宜流速。当氮气作载气时，一般氢气与氮气流量之比是 (1∶1)～(1∶1.5)。

空气流速：空气是助燃气，并为生成 CHO^+ 提供 O_2。空气流量在一定范围内对响应值有影响。当空气流量较小时，对响应值影响较大，流量很小时，灵敏度较低。空气流量高于某一数值（例如 400mL/min），此时对响应值几乎没有影响。一般氢气与空气流量之比为1∶10。

(2) 气体纯度　气体中的机械杂质或载气中含有微量有机杂质时，对基线的稳定性影响很大，因此要保证管路的干净。三种气体都要经干燥、净化才能进入仪器，气路密闭性要好，流量必须稳定，否则基线漂移、噪声显著。

(3) 极化电压　氢火焰中生成的离子只有在电场作用下向两极定向移动，才能产生电流。因此极化电压的大小直接影响响应值。实践证明，在极化电压较低时，响应值随极化电压的增加成正比增加，然后趋于一个饱和值，极化电压高于饱和值时与检测器的响应值几乎无关。一般选 100～300V 之间。

(4) 使用温度　与热导池检测器不同，氢焰检测器的温度不是主要影响因素，从 80～200℃，灵敏度几乎相同。80℃以下，灵敏度显著下降，这是由于水蒸气冷凝造成的影响，所以，点火前应控制检测器温度升到 80℃以上。

三、电子俘获检测器

电子俘获检测器（electron capture detector，ECD）是应用广泛的一种具有选择性、高灵敏度的浓度型检测器。它的选择性是指它只对具有电负性的物质（如含有卤素、硫、磷、氮、氧的物质）有响应，电负性愈强，灵敏度愈高。高灵敏度表现在能测出 10^{-14} g/mL 的电负性物质。如食品中农药残留量的检测，大气、水中污染物的分析。

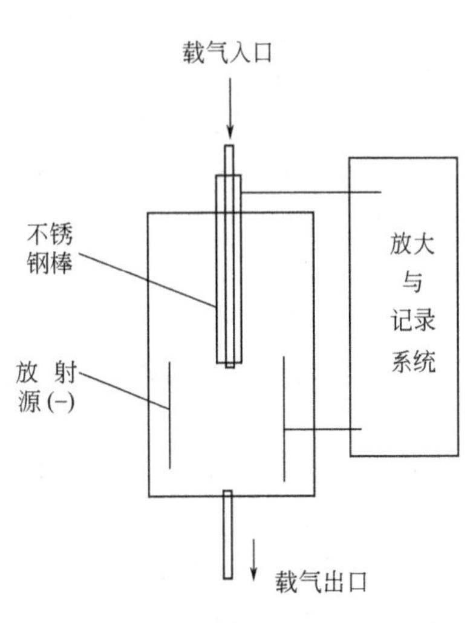

图 12-7 电子俘获检测器构造示意

电子俘获检测器的构造如图 12-7 所示。在检测器池体内有一圆筒状 β 放射源（^{63}Ni 或 ^{3}H）作为负极，一个不锈钢棒作为正极。在此两极间施加一直流或脉冲电压。当载气（一般采用高纯氮）进入检测器时，在放射源发射的 β 射线作用下发生电离：$N_2 \longrightarrow N_2^+ + e$，生成的正离子和慢速低能量的电子，在恒定电场作用下向极性相反的电极运动，形成恒定的电流即基流。当具有电负性的组分进入检测器时，它俘获了检测器中的电子而产生带负电荷的离子并放出能量：$AB + e \longrightarrow AB^- + E$，带负电荷的离子和载气电离产生的正离子复合成中性化合物，被载气携出检测器外：$AB^- + N_2^+ \longrightarrow N_2 + AB$。

由于被测组分俘获电子，其结果使基流降低，产生负信号而形成倒峰。组分浓度愈高，倒峰愈大。

该检测器要求载气纯度>99.99%，流速要稳。由于线性范围窄，进样量不可太大。

四、火焰光度检测器

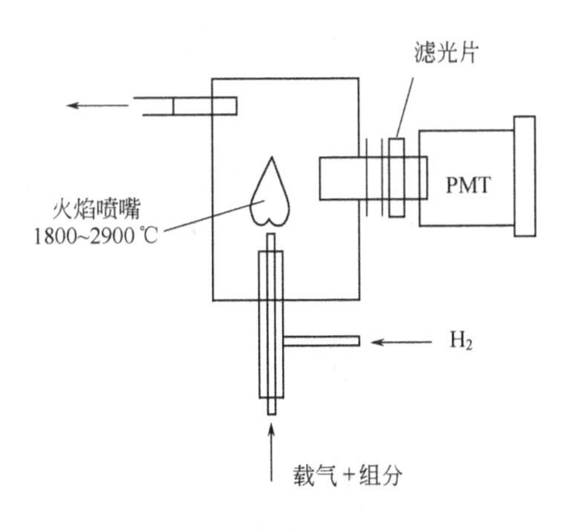

图 12-8 火焰光度检测器示意

火焰光度检测器（flame photometric detector，FPD）是一种对硫、磷选择性的检测器，这两种元素在燃烧中被激发，从而发射特征的光信号。这种检测器主要由火焰喷嘴、滤光片、光电倍增管（PMT）三部分组成，如图 12-8 所示。

当含有硫（或磷）的试样进入氢焰离子室，在富氢-空气焰中燃烧时，有下述反应：

$$RS + 空气 + O_2 \longrightarrow SO_2 + CO_2$$

$$2SO_2 + 8H \longrightarrow 2S + 4H_2O$$

亦即有机硫化物首先被氧化成 SO_2，然后被氢还原成 S 原子，S 原子在适当温度下生成激发态的 S_2^* 分子，当其跃迁回基态时，发射出 350～430nm 的特征分子光谱。

$$S_2^* \longrightarrow S_2 + h\nu$$

式中 h——普朗克常数，6.625×10^{-34} J·s；

ν——所发射电磁波的频率。

含磷试样主要以 HPO（氢氧磷）碎片的形式发射出 526nm 波长的特征光。这些发射光通过滤光片而照射到光电倍增管上，将光转变为光电流，经放大后在记录器上记录下硫或磷化合物的色谱图。至于含碳有机物，在火焰光度检测器、氢焰检测器联用时，氢焰高温下进行电离而产生微电流，经收集极收集，放大后可同时记录下来。因此火焰光度检测器可以同时测定硫、磷和含碳有机物。

五、其他检测器

1. 特殊检测器

热离子检测器（thermal ion detector，TID）是其中一种。热离子检测器用于含N和P的化合物的专属性高灵敏度的检测，对这两种元素的灵敏度高于对C元素灵敏度的约10000倍。TID是采用无水、不可燃的气体混合物的火焰检测器。含铷的玻璃珠悬在铂丝上，置于火焰喷口和收集极之间。等离子体在玻璃珠周围形成，含N、P的化合物在等离子体中产生自由基，如：

$$-\overset{|}{\underset{|}{C}}-N\lessgtr \longrightarrow \cdot C\equiv N$$

自由基与玻璃珠周围的铷蒸气作用，得

$$\cdot C\equiv N + Rb\cdot \longrightarrow C\equiv N^{\ominus} + Rb^{\oplus}$$

在生成的碱金属离子再次被负电的玻璃珠俘获的同时，氰离子或直接到达收集极，或释放时被电子消耗掉。热离子检测器在检测P时起作用的自由基为 $\cdot P{=}O$ 和 $\cdot O{=}P{=}O$ 。

2. 原子发射检测器

原子发射检测器（AED）也是利用原子在激发状态下发射特征波长的光的原理工作的。它是基于元素如N、P、S、C、Si、Hg、Br、Cl、H、D、F或O原子发射的元素专属性检测器。原子化和激发发生在氦微波等离子体中，用二极管阵列光度计在170～780nm波长范围检测发射光。

AED尚未达到元素分析仪的精度，原因是相对偏差大，在2%～20%之间。尽管如此，AED可用以得出关于元素关系的推论。这种检测器对C、P和S有特别高的灵敏度，动态范围明显小于FID。

3. 质谱检测器

由于毛细管GC的载气流速小，将质谱与色谱柱直接联用就成为可能。用填充柱时，载气流必须经喷口分离器分流。有关质谱检测器（MSD）详细情况请查阅第二十章。

六、检测器的性能指标

1. 灵敏度

指样品量变化引起信号变化的程度，程度越大，灵敏度（sensitivity）越高。即单位浓度（或质量）的物质通过检测器时所产生信号的大小。

检测器的灵敏度，亦称响应值或应答值。当一定浓度或一定质量的试样进入检测器后，就产生一定的响应信号 R。如果以进样量 Q 对检测器响应信号作图，就可得到一直线，如图12-9所示。图中直线的斜率就是检测器的灵敏度，以 S 表示。因此灵敏度就是响应信号对进样量的变化率：

$$S=\frac{\Delta R}{\Delta Q} \tag{12-1}$$

图12-9中 Q_L 为最大允许进样量，超过此量时进样量与响应信号将不呈线性关系。由于各种检测器作用机理不同，灵敏度的计算式和量纲也不同。

对于浓度型检测器，其响应信号正比于载气中组分的浓度 c：

$$R\propto c$$

故可写作：

$$R=S_c c \tag{12-2}$$

式中，S_c 为浓度型检测器的灵敏度。式(12-2) 即浓度型检测器的灵敏度计算式。

为了导出实际测定 S_c 的计算式，图 12-10 表示了检测器和记录仪的信号关系。图 12-10(a) 所示为进入检测器的载气体积 V 和载气中组分浓度的关系，若进样量为 m (mg)，则

$$m=\int_0^{\infty} c\mathrm{d}V \tag{12-3}$$

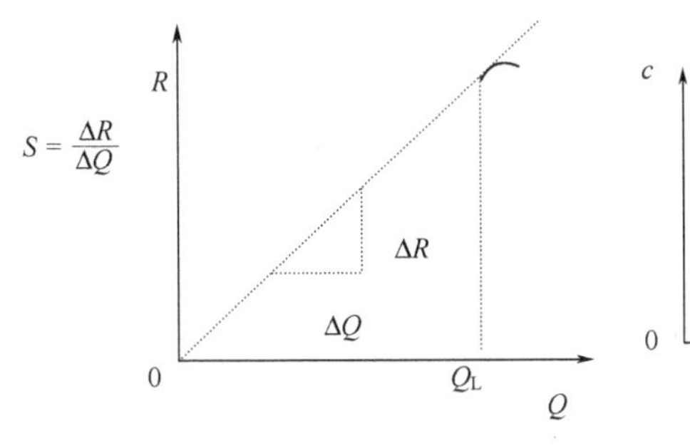

图 12-9 检测器 R-Q 关系

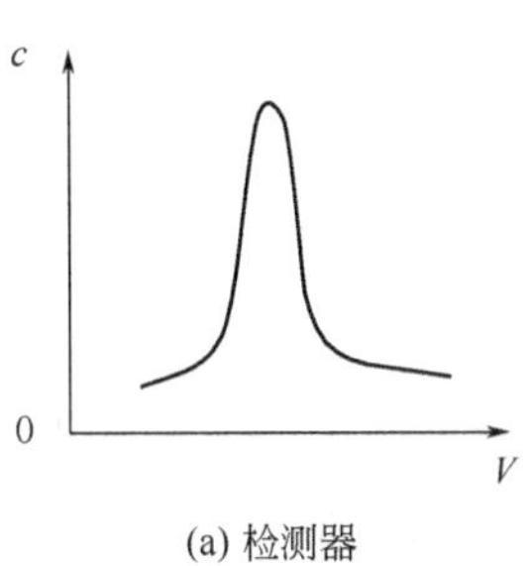

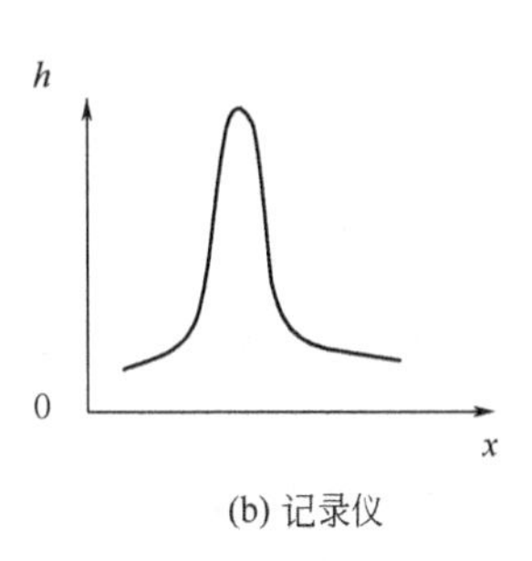

图 12-10 检测器与记录仪的信号关系

图 12-10(b) 所示为与此相对应的在记录仪上的色谱流出曲线，显然，此曲线所包的面积为：

$$A=\int_0^{\infty} h\mathrm{d}x \tag{12-4}$$

式中，x 为载气流过体积 V 时，记录纸移动的距离，cm；h 为流出曲线的高度，cm。若记录仪的灵敏度为 C_1 (单位为 mV/cm)，则：

$$C_1 h=R$$

与式(12-2) 相比，有：

$$S_c c=C_1 h$$

$$c=C_1 h/S_c$$

由载气流速的定义：$F_0=V/t$，有：

$$V=F_0 t=F_0 C_2 x$$

式中，C_2 为记录纸速的倒数，min/cm，则：

$$\mathrm{d}V=C_2 F_0 \mathrm{d}x \tag{12-5}$$

将式(12-4)、式(12-5) 代入式(12-3) 得：

$$m=\int_0^{\infty} c\mathrm{d}V=\int_0^{\infty}\frac{C_1 h C_2 F_0}{S_c}\mathrm{d}x=\frac{C_1 C_2 F_0 A}{S_c} \tag{12-6}$$

$$S_c=\frac{C_1 C_2 F_0 A}{m} \tag{12-7}$$

式(12-7) 为浓度型检测器灵敏度的计算式。如果进样为液体，则灵敏度的单位是 mV/(mg/mL) 即 mV·mL/mg，即每毫升载气中有 1mg 试样时在检测器所能产生的响应信号(单位为 mV)。同理，若试样为气体，灵敏度的单位是 mV·mL/mL。

由式(12-7) 可见，进样量与峰面积成正比，这是色谱定量的基础；当进样量一定时，峰面积与流速成反比，所以要求定量时要保持载气流速恒定。

对于质量型检测器 (如氢焰检测器)，其响应值取决于单位时间内进入检测器某组分的量，对载气没有响应。因此

$$R \propto \frac{dm}{dt}$$

$$R = \frac{S_m dm}{dt} \tag{12-8}$$

式中，S_m 为质量型检测器的灵敏度，mV·s/g。此时在检测器中其信号的关系为速度对时间作图，即 dm/dt 对 t，故

$$m = \int_0^\infty \frac{dm}{dt} dt \tag{12-9}$$

$$S_m \frac{dm}{dt} = C_1 h$$

$$\frac{dm}{dt} = \frac{C_1 h}{S_m} \tag{12-10}$$

由于时间 t 以秒为单位，故

$$t = 60C_2 x$$

$$dt = 60C_2 dx \tag{12-11}$$

将式(12-11)、式(12-10) 代入式(12-9) 得

$$m = \int_0^\infty \frac{dm}{dt} dt = \int_0^\infty \frac{C_1 h}{S_m} 60C_2 dx$$

$$m = \frac{60C_2 AC_1}{S_m}$$

$$S_m = \frac{60C_2 AC_1}{m} \tag{12-12}$$

上式为质量型检测器的灵敏度计算式，可见峰面积与进样量成正比；进样量一定时，峰面积与流速无关。

2. 检出限

检出限（detection limit）是指检测器恰能产生和噪声相鉴别的信号时，在单位体积或时间需进入检测器的物质质量（单位 g）。通常认为三倍噪声所相当的物质的量称为检测限，即恰能鉴别的响应信号至少等于检测器噪声的 3 倍，如图 12-11 所示。检出限：

$$D = \frac{3N}{S} \tag{12-13}$$

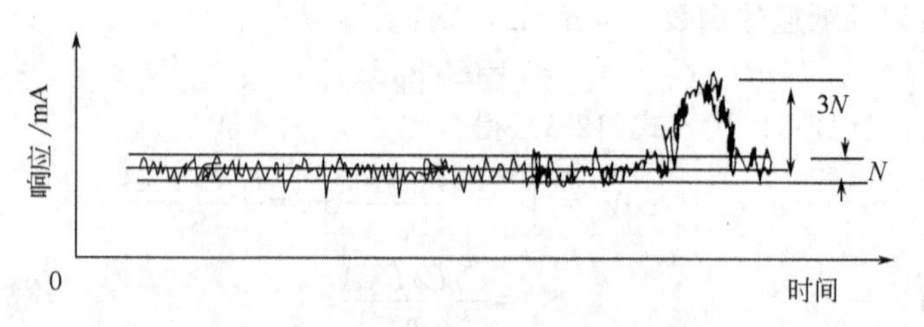

图 12-11　检测器检出限与噪声的关系

式中，N 为检测器的噪声，mV，指由于各种因素所引起的基线在短时间内左右偏差的响应数值；S 为检测器的灵敏度。一般说来，D 值越小，说明仪器越敏感。

3. 最小检出量

最小检出量（minimum detectable quantity）指检测器恰能产生和噪声相鉴别的信号时所需进入色谱柱的最小物质量（或最小浓度），以 Q_0 表示。

因为 $A = 1.065W_{1/2}h$，h 为峰高（单位 cm），所以：

$$m=\frac{60\times 1.065C_2C_1W_{1/2}h}{S_m} \tag{12-14}$$

因为 $C_1h=3N$（单位 mV），并以时间表示色谱峰的半宽度 $W_{1/2}$，所以质量型检测器最小检出量 Q_0 为：

$$Q_0=1.065W_{1/2}D \tag{12-15}$$

对于浓度型检测器的最小检出量：

$$Q_0=1.065W_{1/2}DF_0 \tag{12-16}$$

由式(12-15) 及式(12-16) 可见，Q_0 与检测器的检出限 D 成正比；但与检出限不同，Q_0 不仅与检测器的性能有关，还与柱效率及操作条件有关。所得色谱峰的半宽度 $W_{1/2}$ 越窄，Q_0 就越小。

4. 响应时间

对于响应时间（response time），要求检测器能迅速和真实地反映通过它的物质的浓度变化情况，即要求响应速度快。为此，检测器的死体积要小，电路系统的滞后现象尽可能小，一般都小于 1s。同时记录仪的全行程时间要小（1s）。

5. 线性范围

线性范围（linear range）是指试样量与信号之间保持线性关系的范围，用最大进样量与最小检出量的比值来表示，这个范围愈大，愈有利于准确定量。

气相色谱各检测器性能参见表 12-5。

表 12-5　气相色谱各检测器一览

检测器	被测物种类	检出限/(g/mL)	线性范围	检测器	被测物种类	检出限/(g/mL)	线性范围
TCD	非专属性	10^{-8}	10^4	FPD	N	10^{-14}	10^5
FID	含 CH 化合物	10^{-13}	10^7		P	3×10^{-13}	
ECD	电负性基团	5×10^{-14}	5×10^4		S	2×10^{-11}	
TID	P	10^{-15}	10^5				

第四节　色谱分离条件的选择

一、载气及其流速的选择

对一定的色谱柱和试样，有一个最佳的载气流速，此时柱效最高，根据式

$$H=A+B/u+Cu \tag{12-17}$$

用塔板高度 H 对流速 u 作图，得 H-u 曲线（见图 12-12)。在曲线的最低点，塔板高度 H 最小（$H_{最小}$）。此时柱效最高。该点所对应的流速即为最佳流速 $u_{最佳}$，$u_{最佳}$ 及 $H_{最小}$ 可由式(12-17) 微分求得：

$$\frac{dH}{du}=-\frac{B}{u^2}+C=0$$

$$u_{最佳}=\sqrt{B/C} \tag{12-18}$$

将式(12-18) 代入式(12-17) 得

$$H_{最小}=A+2\sqrt{BC} \tag{12-19}$$

在实际工作中，为了缩短分析时间，往往使流速稍高于最佳流速。

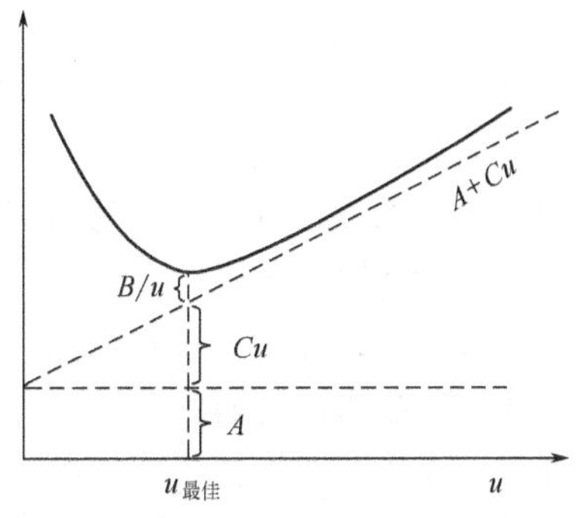

图 12-12　塔板高度与载气流速（线速）的关系

从式(12-19)及图12-12可见，当流速较小时，分子扩散项（*B*项）就成为色谱峰扩张的主要因素，此时应采用相对分子质量较大的载气（N_2、Ar)，使组分在载气中有较小的扩散系数。

而当流速较大时，传质项（*C*项）为控制因素，宜采用相对分子质量较小的载气（H_2、He)，使组分在载气中有较大的扩散系数，以减小气体传质阻力，提高柱效。但是还应考虑不同的检测器对载气的种类另有要求。

载气的流速习惯上用柱前的体积流速（mL/min）来表示，对于填充柱，若内径为3mm，N_2 的流速一般为40～60mL/min，H_2 的流速为60～90mL/min。

二、柱温的选择

柱温是影响分离效能与分析速度的重要操作参数。首先要考虑到每种固定液都有一定的使用温度。柱温不能高于固定液的最高使用温度，否则固定液挥发流失。

柱温对组分分离的效果影响较大，提高柱温使各组分的挥发度靠拢，保留时间的差值减小，不利于分离，所以，从分离的角度考虑，宜采用较低的柱温。但柱温太低，被测组分在两相中的扩散速率大为减小，分配不能迅速达到平衡，峰形变宽，柱效下降，并延长了分析时间。

柱温的选择原则：在使最难分离的组分能尽可能好地达到预期分离效果的前提下，尽可能采取较低的柱温，但以保留时间适宜，峰形正常，又不太延长分析时间为度。应根据不同的实际情况，具体选择柱温条件。

对于高沸点混合物（300～400℃），在低于其沸点100～200℃下分析。

对于沸点不太高的混合物（200～300℃），可在中等柱温下操作，柱温比其平均沸点低100℃。

对于沸点在100～200℃的混合物，柱温可选在其平均沸点2/3左右。

对于气体、气态烃等低沸点混合物，柱温选在其沸点或沸点以上，以便能在室温或50℃以下分析。

当然，这些柱温的选择还要配合其他条件，如固定液质量分数、进样量及检测器的类型等。

对于沸程范围较宽的试样，宜采用程序升温（programmed temperature），即柱温按预定的加热速度，随时间作线性或非线性的增加。升温的速度一般常是呈线性的，即单位时间内温度上升的速度是恒定的，例如每分钟2℃、4℃、6℃等。开始时柱温较低，沸点较低的组分，即最早流出的峰可以得到良好的分离。随着柱温逐渐增加，较高沸点的组分也能较快地流出，并和低沸点组分一样也能得到分离良好的尖峰。图12-13所示为正构烷烃（宽沸程试样）在恒定柱温及程序升温时的色谱分离结果比较。图12-13(a)所示为柱温恒定于150℃时的分离结果，95min后只有 C_9～C_{15} 组分流出色谱柱；而图12-13(b)所示为程序升温时的分离情况，从50℃起始，升温速度为8℃/min，升温至250℃，C_6～C_{20} 的低沸点及高沸点组分都能在各自适宜的温度下得到良好的分离，而消耗的时间只有32min。

三、载体的选择

由范氏速率理论方程式可知，载体的粒度直接影响涡流扩散和气相传质阻力，间接地影响液相传质阻力。随着载体粒度的减小，柱效将明显提高，但粒度过细，阻力将明显增加，使柱压降增大，对操作带来不便。因此，一般根据柱径选择载体的粒度，保持载体的直径为柱内径的1/20～1/25为宜。范氏速率理论方程式 *A* 项中的 λ 是反映载体填充不均匀性参数，降低 λ，即载体粒度均匀，形状规则，有利于提高柱效。

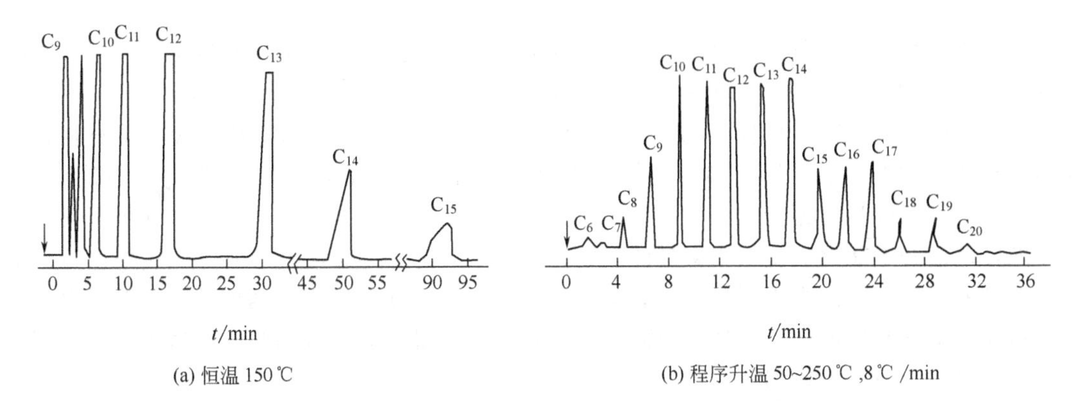

图 12-13 正构烷烃在恒温及程序升温时的色谱分离结果比较

四、固定液的用量

固定液的用量要根据具体情况决定，一般来说，载体的表面积越大，固定液用量越高，允许的进样量也就越多。但是为了改善液相传质效率，应使液膜薄一些。目前填充色谱柱中盛行低固定液含量的色谱柱。固定液液膜薄，柱效能提高，并可缩短分析时间。但固定液用量越低，液膜越薄，允许的进样量也就越少。

固定液的用量可以用固定液的配比（指固定液与载体的质量比）来描述，一般用（5∶100)～(25∶100)，也有低于 5∶100 的。不同的载体为要达到较高的柱效能，其固定液的配比往往是不同的。

五、进样时间和进样量

进样速度必须很快，使试样进入色谱柱后仅占柱端一小段，以“塞子”形式进样，以有利于分离。若进样时间过长，试样原始宽度变大，半峰宽必将变宽，甚至使峰变形。一般要求 1s 之内完成，用微量进样器或进样阀进样。

最大允许的进样量，应控制在峰面积或峰高与进样量呈线性关系的范围内。进样量一般是比较少的。液体试样一般进样为 0.1～5μL，气体试样为 0.1～10mL，进样量太多，会使几个峰叠在一起，分离不好。但进样量太少，又会使含量少的组分因检测器灵敏度不够而不出峰。具体进样多少，应根据试样种类、检测器的灵敏度等条件，通过试验确定。

六、汽化温度

进样后要有足够的汽化温度，使液体试样迅速汽化后被载气带入柱中。在保证试样不分解的情况下，适当提高温度对分离及定量有利，尤其当进样量大时更是如此。一般选择汽化温度比柱温高 30～70℃，而与试样的平均沸点接近。对热稳定性差的试样，汽化温度不宜过高，以防试样分解。

七、柱长和内径的选择

由于分离度正比于柱长的平方根，所以增加柱长对分离是有利的。但增加柱长会使各组分的保留时间增加，延长分析时间。因此，在满足一定分离度的条件下，应尽可能使用较短的柱子。增加色谱柱的内径，可以增加分离的样品量，但由于纵向扩散路径的增加，会使柱效降低。

第五节　毛细管柱气相色谱法

毛细管（柱）气相色谱法（capillary column gas chromatography）是用毛细管（柱）作为气相色谱柱的一种高效、快速、高灵敏的分离分析方法，是1957年由戈雷（Golay M. J. E.）首先提出的。他用内壁涂渍一层极薄而均匀的固定液膜的毛细管代替填充柱，解决组分在填充柱中由于受到大小不均匀载体颗粒的阻碍而造成色谱峰扩展、柱效降低的问题。由于毛细管柱具有相比大、渗透性好、分析速度快、总柱效高等优点，因此可以解决原来填充柱色谱法不能解决或很难解决的问题。20世纪70年代是我国毛细管柱气相色谱从低谷向前发展的转折点。由于制柱技术有了新的突破，使气相色谱更迅速地发展，如手提式气相色谱仪的出现及更灵敏、选择性更高的检测器的应用等（脉冲火焰光度、远紫外、微型氩离子化和表面声波压电检测器）。

目前，毛细管柱气相色谱在国内外都已发展成熟，应用面涉及各领域。

一、毛细管色谱柱分类

1. 按材质分

有不锈钢、玻璃、石英。不锈钢毛细管柱由于惰性差，有一定的催化活性，加上不透明，不易涂渍固定液，现已很少使用。玻璃毛细管柱表面惰性较好，表面易观察，因此长期在使用，但易折断，安装较困难。熔融石英制成的色谱柱具有化学惰性、热稳定性、机械强度好并具有弹性，因此它占有主要地位。

2. 按内径分

小内径毛细管的内径一般小于100μm，为弹性石英毛细管柱，多用来进行快速分析；大内径毛细管的内径一般为320μm和530μm，为了用这种色谱柱代替填充柱，常做成厚液膜柱，液膜厚度为5～8μm。

3. 按使用方式分

单束毛细管柱如同一般色谱法，毛细管柱单根使用；集束毛细管柱由许多支很小内径的毛细管柱组成毛细管束，具有容量高、分析速度快的特点，适合于工业分析。

4. 按填充方式分

可分为填充型和开管型两大类。

(1) 填充型　分为填充毛细管柱（先在玻璃管内松散地装入载体，拉成毛细管后再涂固定液，但拉制时常常需要复杂的设备和熟练的操作）和微型填充柱（与一般填充柱相同，只是径细，载体颗粒在几十微米到几百微米）。填充法一般采用匀浆法，利用高压或真空进行填充，由于毛细管内径较细（通常为50～320μm），所以需要很高的压力（一般达3×10^{7}～6×10^{7}Pa）。

(2) 开管型　开管型毛细管柱按其固定液的涂渍方法可分为如下几种。

① 壁涂开管柱（wall coated open tubular，WCOT）　将固定液直接涂在毛细管内壁上，这是戈雷最早提出的毛细管柱。由于管壁的表面光滑，润湿性差，对表面接触角大的固定液，直接涂渍制柱，重现性差，柱寿命短，现在的WCOT柱，其内壁通常都先经过表面处理，以增加表面的润湿性，减小表面接触角，再涂固定液。

② 多孔层开管柱（porous layer open tubular，PLOT）　在管壁上涂一层多孔性吸附剂固体微粒，不再涂固定液，实际上是使用开管柱的气固色谱。

③ 载体涂渍开管柱（support coated open tubular，SCOT）　为了增大开管柱内固定液

的涂渍量，先在毛细管内壁上涂一层很细的（$<2\mu m$）多孔颗粒，然后再在多孔层上涂渍固定液，这种毛细管柱，液膜较厚，因此柱容量较 WCOT 柱高。

④ 化学键合相毛细管柱　将固定相用化学键合的方法键合到硅胶涂敷的柱表面或经表面处理的毛细管内壁上。经过化学键合，大大提高了柱的热稳定性。

⑤ 交联毛细管柱　由交联引发剂将固定相交联到毛细管管壁上。这类柱子具有耐高温、抗溶剂抽提、液膜稳定、柱效高、柱寿命长等特点，因此得到迅速发展。交联引发剂为能在线性结构分子缩聚时起架桥作用而使其分子中的基团互相键合成为不溶、不熔的网状体的物质，如图 12-14 所示。

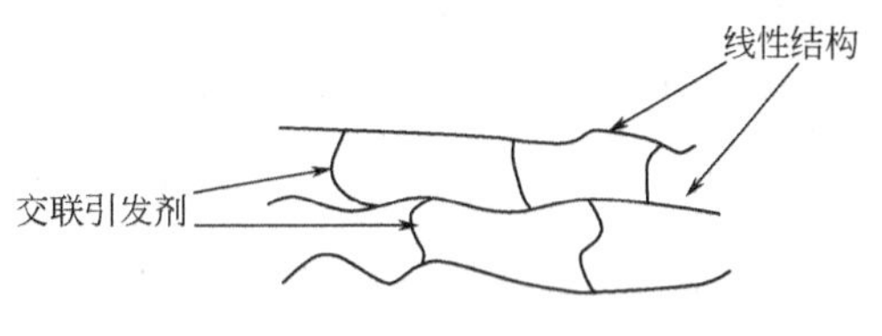

图 12-14　交联引发剂作用

二、毛细管色谱柱的特点

1. 柱渗透性好

柱渗透性好指载气流动阻力小，可使用较长色谱柱。柱渗透性一般用比渗透率 B_0 表示：

$$B_0=\frac{L\eta\bar{u}}{j\Delta p} \tag{12-20}$$

式中　L——色谱柱长；

η——载气黏度；

$\bar{u}$——载气平均线速；

Δp——柱压降；

j——压力校正因子。

毛细管色谱柱的比渗透率约为填充柱的 100 倍，这样就有可能在同样的柱压降下，使用 100m 以上的柱子，甚至 200m 长的，而载气线速仍可保持不变。

2. 相比大，有利于实现快速分析

相比（β）反映了柱子对组分保留作用的能力。样品汽化进入柱头后，固定相就产生保留作用，柱保留能力、柱容量、进样口聚集组分能力随着相比的提高而降低。相比对选择一根成功分离样品的柱子非常实用。保留和聚集低沸点化合物要用相比较低的柱子，相比太低分析时间长，柱效低。通用型毛细管柱的相比大约为 250。

由于

$$n=16R^2\left(\frac{\alpha}{\alpha-1}\right)^2\left(\frac{k+1}{k}\right)^2=16R^2\left(\frac{\alpha}{\alpha-1}\right)^2\left(1+\frac{1}{k}\right)^2$$

由式(11-14) 知 $K=k\beta$，所以

$$n=16R^2\left(\frac{\alpha}{\alpha-1}\right)^2\left(1+\frac{\beta}{K}\right)^2 \tag{12-21}$$

β 值大（固定液液膜厚度小），有利于提高柱效。可是毛细管柱的 k 值比填充柱小，加上由于渗透性大可使用很高的载气流速，从而使分析时间变得很短。为了弥补由于上述两因素所损失的柱效，通过增加柱长来解决很方便，这样既可有高的柱效，又可实现快速分析。

3. 柱容量小，允许进样量小

进样量取决于柱内固定液的含量。毛细管柱涂渍的固定液仅几十毫克，液膜厚度为 0.35～1.50μm，柱容量小，因此进样量不能大，否则将导致过载而使柱效率降低，色谱峰扩展、拖尾。对液体试样，进样量通常为 $10^{-3}\sim10^{-2}\mu L$。

因此毛细管柱气相色谱在进样时需要采用分流进样技术。

4. 总柱效高，分离复杂混合物能力强

从单位柱长的柱效看，毛细管柱的柱效优于填充柱，但两者仍处于同一数量级，由于毛细管柱的长度比填充柱大1～2个数量级，所以总的柱效远高于填充柱，可解决很多极复杂混合物的分离分析问题。

毛细管柱与填充柱的比较见表12-6。

表12-6 毛细管柱与填充柱的比较

项　目	填充柱	毛细管柱
内径/mm	2～6	0.1～0.5
长度/m	0.5～6	20～200
比渗透率 B_0	1～20	约 10^2
相比 β	6～35	50～1500
总塔板数 n	约 10^3	约 10^6
进样量/mL	0.1～10	0.01～0.2
进样器	直接进样	附加分流装置
检测器	TCD,FID等	常用FID
柱制备	简单	复杂
定量结果	重现性	与分流器设计性能有关
方程式	$H=A+B/u+(C_g+C_l)u$	$H=B/u+(C_g+C_l)u$
涡流扩散项	$A=2\lambda d_p$	$A=0$
分子扩散项	$B=2\gamma D_g;\gamma=0.5\sim0.7$	$B=2D_g;\gamma=1$
气相传质项	$C_g=0.01k^2/(1+k)^2\times d_p^2/D_g$	$C_g=(1+6k+11k^2)/24(1+k)^2\times r^2/D_g$
液相传质项	$C_l=2k/3(1+k)^2\times d_f^2/D_l$	$C_l=2k/3(1+k)^2\times d_f^2/D_l$

注：TCD—热导检测器；FID—火焰离子检测器。

三、毛细管柱色谱仪

毛细管柱的色谱系统与填充柱的基本相同，但由于内径小，有以下几点不同。

1. 采用尾吹气辅助气路

毛细管柱要求仪器各部分死体积要小，避免组分扩散而影响分离和柱外效应，在柱后加一个尾吹气辅助气路，减少检测器前的死体积影响。又由于毛细管柱系统的载气 N_2 流速低(1～5mL/min)，使氢焰电离检测器所需N/H值过小而影响灵敏度，因此尾吹 N_2 还能增加N/H值而提高检测器的灵敏度。

2. 进样采用分流进样装置

将液体样注入进样器，使其汽化，与载气均匀混合后，少量样品进入色谱柱，大部分放空，分流比放空量：入柱量=(50∶1)～(500∶1)。毛细管柱与填充柱色谱仪主要部件比较如图12-15所示。

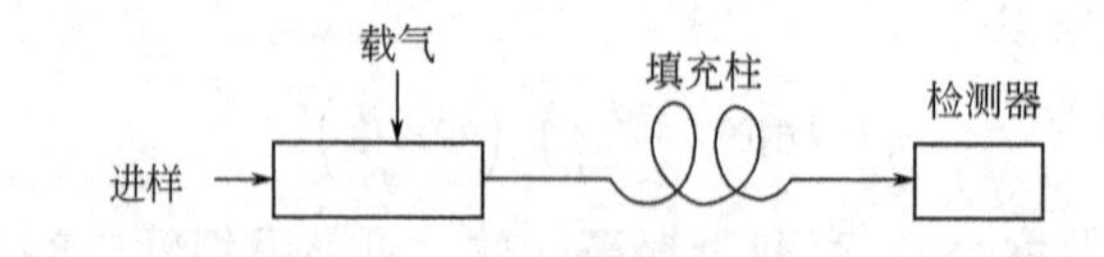

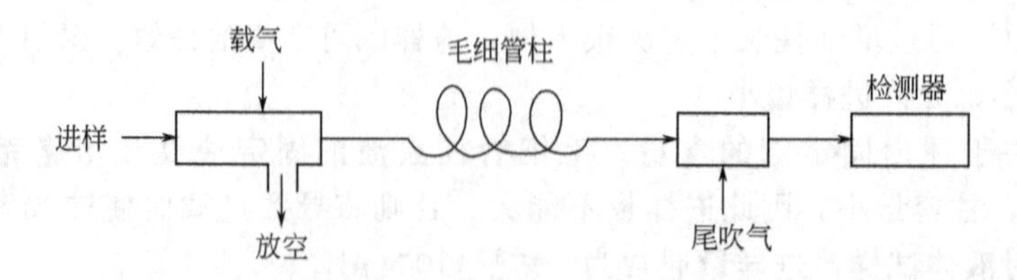

图12-15 毛细管柱与填充柱色谱仪主要部件比较

采用分流进样的原因是，由于毛细管柱的柱容量很小，用微量进样器很难准确地将小于0.01μL的液体试样直接送入汽化室。为了更好地适用于痕量组分的定量分析以及定量要求高的分析，已发展了多种进样技术，如不分流进样、冷柱头进样等。

3. 毛细管气相色谱柱评价

因毛细管柱液膜较薄，柱容量小，故质量指标要求很严格。对毛细管气相色谱柱的评价主要从柱的分离效率、吸附活性、酸碱性、保留指数和热稳定性五个方面。从柱制备角度，还要评价柱的涂敷效率；如果制备交联柱，还要计算交联效率。用于评价柱的多是标准试验样品，一次试验便可同时得出几项结果。因为毛细管柱样品容量小，试验混合物的浓度要很低才能看出效果。

四、毛细管气相色谱的进样方法和条件

为了获得最佳的色谱行为，准确和重现分析结果，每一次分析都要仔细选择进样方法。由于毛细管柱比填充柱的柱效高、柱容量小，要想得到准确的结果，进样方法和进样技术的选择比填充柱系统要重要。将液体样品引入柱中的方法有汽化进样和冷柱头进样。所有的毛细管进样包括柱头直接进样都是汽化进样，只有冷柱头进样是将液态样品直接进到柱头。

为了得到最佳分析结果，依据要分析的样品、所使用的柱型和分析目的选择了进样方法后，要精确设定所有的进样口变量。完全可以在第一针样品之前得到最佳进样条件。在设定下列相关变量时，分析类型和样品的组成是应考虑的重要因素：进样技术，进样体积，进样口温度；柱型选择；柱温；衬管选择。例如，影响汽化进样的一个因素是进样口温度，汽化进样的缺点之一是它可能会引起样品分解，在热的或有催化性的表面，不稳定的样品就会分解。抑制样品分解的常用技术有降低进样口温度或冷柱头进样、进样衬管脱活及高分流比等。

第六节　气相色谱法应用

气相色谱法的定性和定量方法请参见第十二章。

气相色谱法可以应用于分析气体试样，也可分析易挥发或可转化为易挥发的液体和固体，不仅可分析有机物，也可分析部分无机物。一般地说，只要沸点在500℃以下、热稳定性良好、相对分子质量在400以下的物质，原则上都可采用气相色谱法。目前气相色谱法所能分析的有机物，约占全部有机物的15%～20%，而这些有机物恰是目前应用很广的那一部分，因而气相色谱法的应用十分广泛。见表12-7。

表12-7　气相色谱应用

应用领域	分析对象举例
环境	水样中芳香烃，杀虫剂，除草剂，水中锑形态
石油	原油成分、汽油中各种烷烃和芳香烃
化工	喷气发动机燃料中烃类，石蜡中高分子烃
食品、水果、蔬菜	植物精炼油中各种烯烃、醇和酯，亚硝胺，香料中香味成分，人造黄油中的不饱和十八酸，牛奶中饱和和不饱和脂肪酸，农药残留量
生物	植物中萜类，微生物中胺类、脂肪酸类、脂肪酸酯类
医药	血液中汞形态、中药中挥发油
法医学	血液中酒精，尿中可卡因、安非他命、奎宁及其代谢物，火药成分，纵火样品中的汽油

对于难挥发和热不稳定的物质，气相色谱法是不适用的，但由于新技术的发现大大

拓宽了气相色谱法的应用。裂解气相色谱法是将相对分子质量较大的物质在高温下裂解后进行分离检定，已应用于聚合物的分析。

反应气相色谱法是利用适当的化学反应将难挥发试样转化为易挥发的物质，然后以气相色谱法分析的方法。

顶空气相色谱分析法是对液体或固体中的挥发性成分进行气相色谱分析，是一种间接测定方法，它是在热力学平衡的蒸气相与被分析样品同时存在于一个密闭系统中将蒸气相引入气相色谱进行分析的方法。严格说是一种顶空进样系统，如药典中残留溶剂的测定采用顶空气相色谱法。此外，世界各国也竞相制定了有关顶空气相色谱分析的标准，用于分析蔬菜、瓜果农药残留，工业废水中的挥发性有机物等。大大扩展了气相色谱法的适用范围。

习　题

1. 简要说明气相色谱分析的分离原理。
2. 气相色谱仪的基本设备包括哪几部分？各有什么作用？
3. 对载体和固定液的要求分别是什么？
4. 试比较红色载体和白色载体的性能。何谓硅烷化载体？它有什么优点？
5. 试述“相似相溶”原理应用于固定液选择的合理性及其存在问题。
6. 试述热导池检测器的工作原理。有哪些因素影响热导池检测器的灵敏度？
7. 试述氢焰电离检测器的工作原理。如何考虑其操作条件？
8. 已知记录仪的灵敏度为 0.658mV/cm，记录纸速为 2cm/min，载气流速 F_0 为 68mL/min，进样量 12℃时 0.5mL 饱和苯蒸气，其质量经计算为 0.11mg，得到的色谱峰的实测面积为 3.84cm^2。求该热导池检测器的灵敏度。
9. 记录仪灵敏度及记录纸速同前题，载气流速 60mL/min，放大器灵敏度 1×10^3，进样量 12℃时 50μL 苯蒸气，所得苯色谱峰的峰面积为 173cm^2，$Y_{1/2}$ 为 0.6cm，检测器噪声为 0.1mV，求该氢火焰电离检测器的灵敏度及最小检出量。

第十三章　液相色谱法

第一节　液相色谱概述

液体作流动相的色谱称作液相色谱。

液相色谱法（liquid chromatography，LC）虽是最早发明的色谱法，但其发展并不是最快的，在液相色谱法普及之前，纸色谱法（1944 年）、气相色谱法（1952 年）和薄层色谱法（1956 年）是色谱分析法的主流。到了 20 世纪 60 年代后期，业已比较成熟的气相色谱法（gas chromatography，GC）的理论与技术被广泛应用到液相色谱法上来，使液相色谱法得到了迅速发展。填料制备技术的发展使人们能够得到具有高分离效率的粒径小而均匀的球形颗粒填料，而化学键合型等新型固定相的出现、柱填充技术的进步以及高压输液泵的不断改进等，使液相色谱分析实现了高速化。具有这些优良性能的液相色谱仪于 1969 年商品化。从此，这种分离效率高、分析速度快的液相色谱就被称为高效液相色谱法（high performance liquid chromatography，HPLC）。

高效液相色谱法的最大优点在于高速、高效、高灵敏、高自动化。高速是指在分析速度上比经典液相色谱法快数百倍。由于经典色谱是重力加料，流出速度极慢，而高效液相色谱法配备了高压输液设备，流速最高可达 $10cm^3/min$。例如分离苯的羟基化合物，7 个组分只需 1min 就可完成。又如对一段氨基酸分离，用经典色谱法，柱长约 170cm，柱径 0.9cm，流动速度为 $30m^3/min$，需用 20 多小时才能分离出 20 种氨基酸；而用高效液相色谱法，只需 1h 之内即可完成。又如用 25cm×0.46cm 的 Lichrosorb-ODS（5μm）柱，采用梯度洗脱，可在不到 0.5h 内分离出尿中 104 个组分。高效是由于高效液相色谱应用了颗粒极细（约 5μm）、规则均匀的固定相，传质阻力小，分离效率高。因此在经典色谱法中难分离的物质，一般在高效液相色谱法中能得到满意的结果。高灵敏度是由于现代高效液相色谱仪普遍配有高灵敏度检测器，使其分析灵敏度比经典色谱有较大提高。例如，紫外检测器最小检测限可达 $10^{-9}g$，而荧光检测器则可达 $10^{-11}g$。由于高效液相色谱具有以上优点，又称作高速液相色谱或高压液相色谱。

超高效液相色谱（ultra performance liquid chromatography，UPLC）是指一种采用小粒径填料色谱柱（<2μm）和超高压系统（>105kPa）的新型液相色谱技术，可显著改善色谱峰的分离度和检测灵敏度，同时大大缩短分析周期，特别适用于微量复杂混合物的分离和高通量研究。2004 年 Waters 公司率先推出了第一台商品化的 ACQUITY UPLC™仪器，使色谱分离的分离度达到新的高度。

超高分离度是由于小粒径填料颗粒（<2μm）提高了分析能力，能分离出更多的色谱峰，对样品能获得更丰富的样品信息，得到更窄的色谱峰宽和更高的峰高。超高速度是由于柱长可比通常缩短而保持柱效不变，且可在高倍的流速下进行，极大地缩短了开发方法所需的时间。超高灵敏度是因为被检测化合物的浓度可以更低，检测器检测限更低，灵敏度变得更高。与传统的 HPLC 相比，Waters ACQUITY UPLC™的速度、灵敏度及分离度分别是 HPLC 的 9 倍、3 倍及 1.7 倍。

图 13-1 显示的是分别采用 HPLC 和 UPLC 对物种磺胺类药物的分析，结果显示 UPLC

的主要优势在于缩短了分析时间，同时减少了溶剂用量，降低了分析成分。

利用 UPLC，有助于解决传统 HPLC 遇到的分离组分愈多，耗时、耗能愈大的技术问题，有效地提高工作效率，并可进一步拓宽液相色谱的应用范围，特别是对于基质复杂的混合痕量组分的分析。

HPLC 与 UPLC 测定条件比较

项　目	HPLC	UPLC
色谱柱(C_{18})	4.6mm×250mm，5μm	2.1mm×50mm，17μm
流动相(体积比)	甲醇-乙腈-水-乙酸(2∶2∶9∶0.2)	50%甲醇乙腈溶液-2%乙酸水溶液(23∶77)
流速/(mL/min)	1.0	0.5
柱温/℃	30	30
进样量/μL	20	2
波长/nm	270	270
分析时间/min	25	3
溶剂用量/(mL/样)	25	1.5

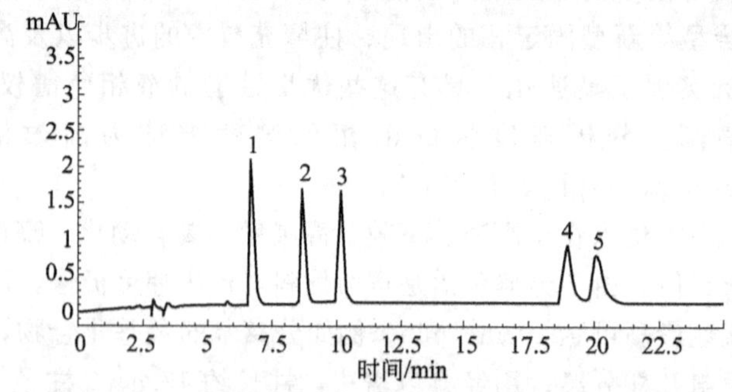

(a) HPLC测定5种磺胺类药物(250ng/mL)色谱图

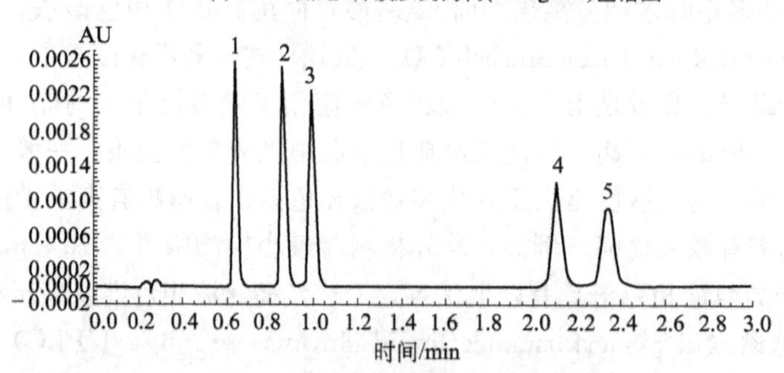

(b) UPLC测定5种磺胺类药物(250ng/mL)色谱图

图 13-1　对磺胺类药物的分析

1—SM；2—SMM；3—SMZ；4—SDM；5—SQ

目前液相色谱法已被广泛应用于分析对生物学和医药上有重大意义的大分子物质，例如蛋白质、核酸、氨基酸、多糖类、高聚物、染料及药物等物质的分离和分析。现在，HPLC 的应用范围已经远远超过 GC，位居色谱法之首。下面重点介绍高效液相色谱法。

第二节　液相色谱仪

液相色谱法根据分离机制不同，可分为以下几种类型：液-液分配色谱法、液-固吸附色谱法、离子色谱法、尺寸排阻色谱法与亲和色谱法等。HPLC 分离机理、分类及其主要应用可用表 13-1 示意。

表 13-1　液相色谱分离机理、分类及其主要应用

类　型	主要分离机理	主要分析对象或应用领域
吸附色谱	吸附能、氢键	异构体分离、族分离、制备
分配色谱	疏水作用	各种有机化合物的分离、分析与制备
凝胶色谱	溶质分子大小	高分子分离、分子量及分子量分布测定
离子交换色谱	库仑力	无机阴阳离子、环境与食品分析
离子排斥色谱	Donnan 膜平衡	有机离子、弱电解质
离子对色谱	疏水作用	离子性物质
离子抑制色谱	疏水作用	有机弱酸、弱碱
配位体交换色谱	配合作用	氨基酸、几何异构体
手性色谱	立体效应	手性异构体
亲和色谱	特异亲和力	蛋白质、酶、抗体分离、生物和医药分析

一、高效液相色谱仪

高效液相色谱仪一般可分为 4 个主要部分：高压输液系统（储液器、高压泵、脱气器）、进样系统、分离系统和检测系统。此外还配有辅助装置：如梯度淋洗、自动进样及数据处理等。结构示意如图 13-2 所示，其工作过程如下。首先高压泵将储液器中流动相溶剂经过进样器送入色谱柱，然后从控制器的出口流出。当注入欲分离的样品时，流经进样器的流动相将样品同时带入色谱柱进行分离，然后依先后顺序进入检测器，记录仪将检测器送出的信号记录下来，由此得到液相色谱图。

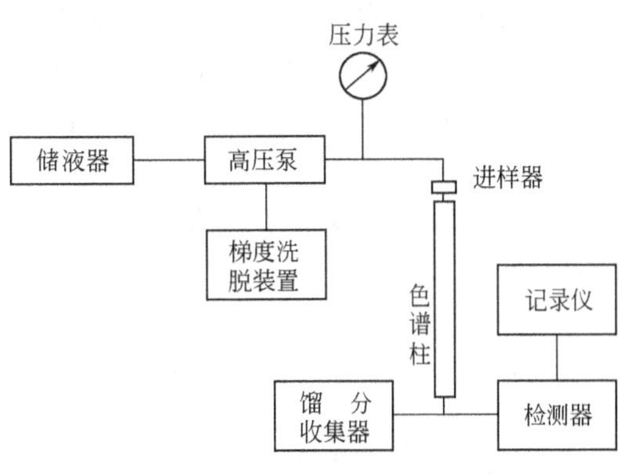

图 13-2　高效液相色谱仪结构示意

1. 高压输液系统

由于高效液相色谱所用固定相颗粒极细，因此对流动相阻力很大，为使流动相较快流动，必须配备有高压输液系统。它是高效液相色谱仪最重要的部件，一般由储液器、高压泵、脱气（梯度洗脱 ）装置等组成，其中高压（输液）泵是核心部件。

储液器用于存放溶剂。储液器材料要耐腐蚀，对溶剂呈惰性，一般采用玻璃或不锈钢。储液器内应配有过滤器，以防止流动相中的颗粒进入泵内。溶剂过滤器一般用耐腐蚀的镍合金制成，孔隙大小一般为 2μm。

脱气装置是为了防止流动相从高压柱内流出时，释放出的气泡进入检测器而使噪声剧增，甚至不能正常检测。通常用氦气鼓泡来驱除流动相中溶解的气体。因为氦气在各种液体中的溶解度极低，先用氦气快速清扫溶剂数分钟，然后以极小流量不断流过此溶剂。

高压泵用于输送流动相，其压力一般为几兆帕至数十兆帕，这是因为液体的黏度比气体大 10^2 倍，同时固定相的颗粒极细，柱内压降大，为保证一定的流速，必须借助高压迫使流动相通过柱子。高压泵应无脉动或脉动极小，以保证输出的流动相具有恒定的流速。采用脉动阻尼装置可将产生的脉动除去，使流动相的流量变动范围不宜超过 2%～3%。泵应耐压、耐腐蚀、密封性好。

常用的输液泵分为恒流泵和恒压泵两种。恒流泵的特点是在一定操作条件下，输出流量保持恒定而与色谱柱引起阻力变化无关；恒压泵是指能保持输出压力恒定，但其流量则随色谱系统阻力而变化，故保留时间的重现性差，它们各有优缺点。目前恒流泵正逐渐取代恒压泵。恒流泵又称机械往复泵。对于一个好的高压输液泵，应符合密封性好、输出流量稳定、压力平稳、范围宽、便于迅速更换溶剂及耐腐蚀等要求。

2. 进样系统

高效液相色谱柱比气相色谱柱短得多（5～30cm），所以柱外展宽（又称柱外效应）较突出。柱外展宽是指色谱柱外的因素所引起的峰展宽，主要包括进样系统、连接管道及检测器中存在死体积引起的峰展宽。柱外展宽可分柱前和柱后展宽。进样系统是引起柱前展宽的主要因素，因此高效液相色谱法中对进样技术要求较严格。进样装置一般有如下两类。

（1）隔膜注射进样器　这种进样方式与气相色谱类似。它是在色谱柱顶端装一耐压弹性隔膜，进样时用微量注射器刺穿隔膜将试样注入色谱柱。其优点是装置简单、价廉、死体积小，缺点是允许进样量小，重复性差。

（2）高压进样阀　目前多采用六通阀。其结构和作用原理与气相色谱中所用的六通阀完全相同。由于进样可由定量管的体积严格控制，因此进样准确，重复性好，适于作定量分析，更换不同体积的定量管，可调整进样量。

3. 分离系统——色谱柱

色谱柱是液相色谱的心脏部件，它的质量优劣直接影响分离效果。色谱柱包括柱管与固定相两部分。柱管材料有玻璃、不锈钢、铝、铜及内衬光滑的聚合材料的其他金属。玻璃管耐压有限，故金属管用得较多。柱内壁要求平滑光洁。一般色谱柱长 10～30cm，内径为 4～5mm；凝胶色谱柱内径通常大于 5mm。

4. 检测系统

高效液相色谱仪中的检测器是三大关键部件（高压输液泵、色谱柱、检测器）之一，主要用于检测经色谱柱分离后的组分的变化，并由记录仪绘出谱图来进行定性、定量分析。一个理想的液相色谱检测器应具备以下特征：灵敏度高；对所有的溶质都有快速响应；响应对流动相流量和温度变化都不敏感；不引起柱外谱带扩展；线性范围宽；适用的范围广；但至今没有一种检测器能完全具备这些特征。常用的检测器有紫外检测器（ultra violet detector，UVD）、示差折光检测器（refractive index detector，RID）、电导检测器（electronic conductance detector，ECD）、荧光检测器（fluorescence detector，FD）和蒸发光散射检测器等（见表 13-2）。

表 13-2　几种主要检测器的基本特性对照

检测器	检测下限	线性范围	选择性	梯度淋洗
紫外检测器	10^{-10}	10^3～10^4	有	可
示差折光检测器	10^{-2}	10^4	无	不可
荧光检测器	10^{-12}～10^{-11}	10^3	有	可
化学发光检测器	10^{-13}～10^{-12}	10^3	有	困难
电导检测器	10^{-8}	10^3～10^4	有	不可
电化学检测器	10^{-10}	10^4	有	困难
ELSD		10^4	无	可

UVD、RID、ECD、FD 四种检测器皆属于非破坏性检测器，样品流出检测器后可进行馏分收集，并可与其他检测器串联使用；荧光检测器因测定中加入荧光试剂，对样品产生玷污，当串联使用时，应将它放在最后检测。

（1）紫外吸收检测器　紫外吸收检测器是应用最广泛的一种检测器，它是一种选择性检测器，仅适用于对紫外线（或可见光）有吸收的样品的检测。紫外吸收检测器可分为固定波长型、可调波长型和光电二极管阵列检测器。据统计，在高效液相色谱分析中，约有 70%多的样品可以使用这种检测器。

固定波长紫外吸收检测器（见图 13-3），由低压汞灯提供固定波长 254nm（或 280nm）的紫外线。由低压汞灯发出的紫外线经入射石英棱镜准直，经遮光板分为一对平行光束分别进入流通池的测量臂和参比臂。经流通池吸收后的出射光，经过遮光板、出射石英棱镜及紫外滤光片，只让 254nm 的紫外线被双光电池接收。双光电池检测的光强度经对数放大器转化成吸光度后，经放大器放大后输送至记录仪。

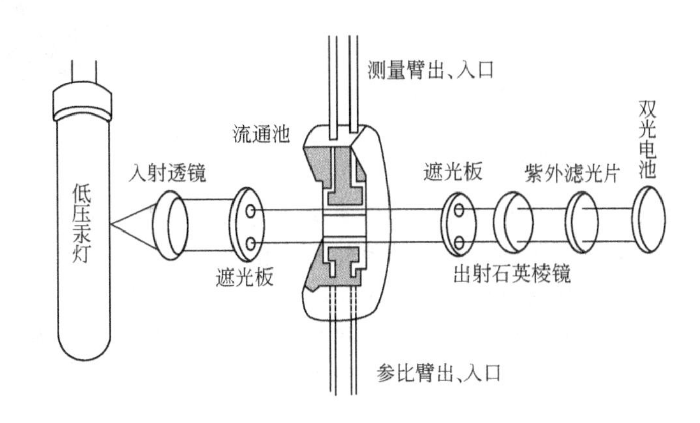

图 13-3　固定波长紫外吸收检测器

可调波长紫外吸收检测器（见图 13-4）采用氘灯作光源，波长在 190～600nm 范围内可连续调节。可变波长紫外吸收检测器在某一时刻只能采集某一特定的单色波长的吸收信号。

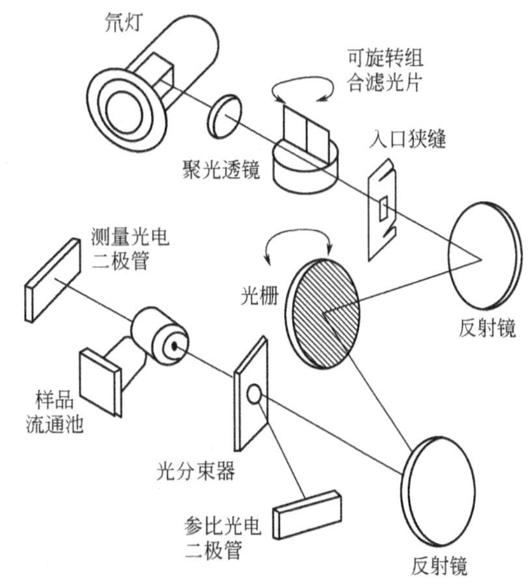

图 13-4　可调波长紫外吸收检测器

光电二极管阵列的紫外吸收检测器（见图 13-5），由于采用计算机快速扫描采集数据，可得三维的色谱-光谱图像。所得信息为吸收随保留时间和波长变化的三维图或轮廓图。从轮廓图可很容易地选择测定各个分析物的最佳波长，如图 13-6 所示。紫外检测器灵敏度较高，通用型也较好，它要求试样必须有紫外吸收，但溶剂必须能透过所选波长的光，选择的波长不能低于溶剂的最低使用波长。

（2）荧光检测器　荧光检测器（fluorescence detector，FD）属于选择性浓度型检测器。它是利用某些溶质在受紫外线激发后，能发射荧光的性质来进行检测的。它是一种具有高灵敏度和高选择性的检测器。对不产生荧光的物质，可使其与荧光试剂反应，生成可发生荧光的衍生物再进行测定。它适合于稠环芳烃、甾族化合物、酶、氨基酸、维生素、色素、蛋白质等物质的测定。在一定条件下，荧光强度与物质浓度成正比。荧光检测器灵敏度高，检出限可达$10^{-12}\sim10^{-13}$ g/cm^3，比紫外检测器高出 2～3 个数量级，也可用以梯度淋洗，缺点是仅适用于发荧光的物质。

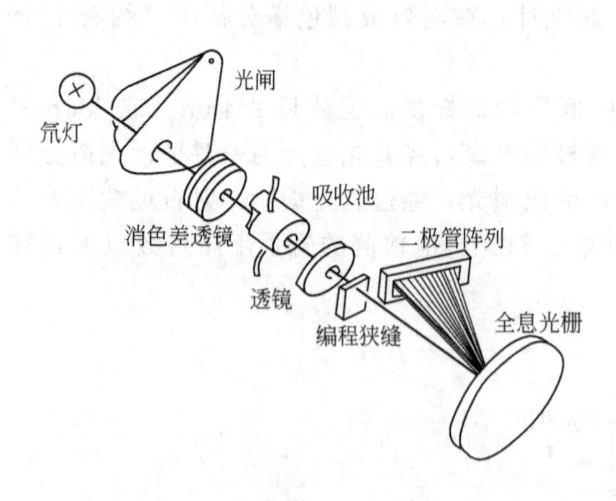

图 13-5 光电二极管阵列检测器光路示意

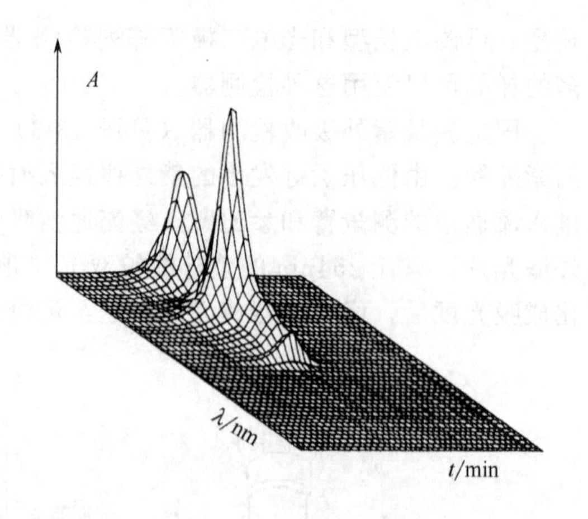

图 13-6 菲的三维图谱

（3）示差折光检测器 它是通过连续检测参比池和测量池中溶液的折射率之差来测定试样浓度的检测器。由于每种物质都具有与其他物质不相同的折射率，因此示差折光检测器是一种通用型检测器。可以检测的化合物范围广，特别是在尺寸排阻色谱中用得较多。溶液的折射率等于溶剂及其中所含各组分溶质的折射率与其各自的摩尔分数的乘积之和。当样品浓度低时，由样品在流动相中流经测量池时的折射率与纯流动相流经参比池时的折射率之差，指示出样品在流动相中的浓度。此类检测器一般不能用于梯度洗脱，因为它对流动相组成的任何变化都有明显的响应，会干扰被测样品的检测。示差折光检测器按工作原理分为反射式、偏转式和干涉式三种。

示差折光检测器灵敏度可达 10^{-7}g/cm^3，主要缺点是折射率对温度变化敏感，并且不能用于梯度淋洗。

（4）电导检测器 电导检测器是一种选择性检测器，是在离子色谱仪中应用最多的检测器。其作用原理是基于物质在某些介质中电离后产生电导变化来测定电离物质的含量的。它的主要部件是电导池。电导检测器的响应受温度的影响较大，因此要求放在恒温箱中。电导检测器的缺点是 pH>7 时不够灵敏。

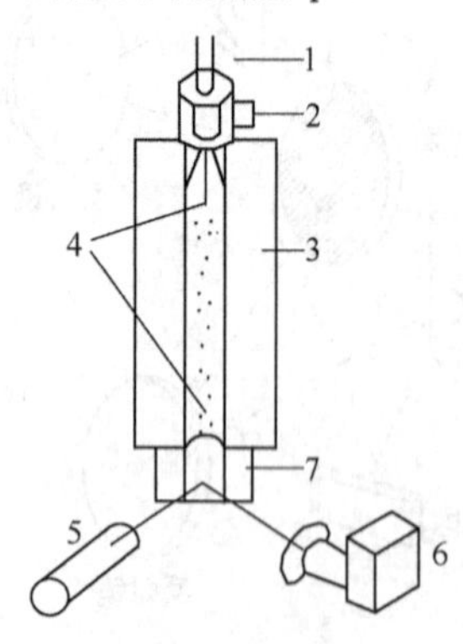

图 13-7 蒸发激光散射检测器工作原理示意
1—HPLC 柱；2—喷雾气体；3—蒸发漂移管；4—样品滴液；5—激光光源；6—光二极管检测器；7—散射室

（5）蒸发激光散射检测器 蒸发激光散射检测器工作原理示意如图 13-7 所示。色谱柱后流出物在通向检测器途中，被高速载气（N_2）喷成雾状液滴。在受温度控制的蒸发漂移管中，流动相不断蒸发，溶质形成不挥发的微小颗粒，被载气携带通过检测系统。检测系统由一个激光光源和一个光二极管检测器构成。在散射室中，光被散射的程度取决于散射室中溶质颗粒的大小和数量。粒子的数量取决于流动相的性质及喷雾气体和流动相的流速。当流动相和喷雾气体的流速固定时，散射光的强度仅取决于溶质的浓度。此检测器可用于梯度洗脱且响应值仅与光束中溶质颗粒的大小和数量有关，而与溶质的化学组成无关。

与 RID 和 UVD 比较，蒸发激光散射检测器消除了溶剂的干扰和因温度变化引起的基线漂移，即使用梯度洗脱也不会产生基线漂移，它还具有喷雾器、漂移管易于清洗；死体积小；灵敏度高；喷雾气消耗少等优点。

5. 梯度淋洗装置

所谓梯度淋洗，指在分离过程中使流动相的组成随时间改变而改变。通过连续改变色谱柱中流动相的极性、离子强度或 pH 等因素，使被测组分的相对保留值得以改变，提高分离效率。梯度淋洗对于一些组分复杂及容量因子值范围很宽的样品分离尤为必要。高压液相中梯度淋洗作用十分类似于气相色谱中的程序升温。两者目的都是为了使样品的组分在最佳容量因子值范围流出柱子，使保留时间过短而拥挤不堪峰形重叠的组分或保留时间过长而峰形扁平宽大的组分，都能获得良好的分离。它可分为低压梯度和高压梯度两种方式淋洗。

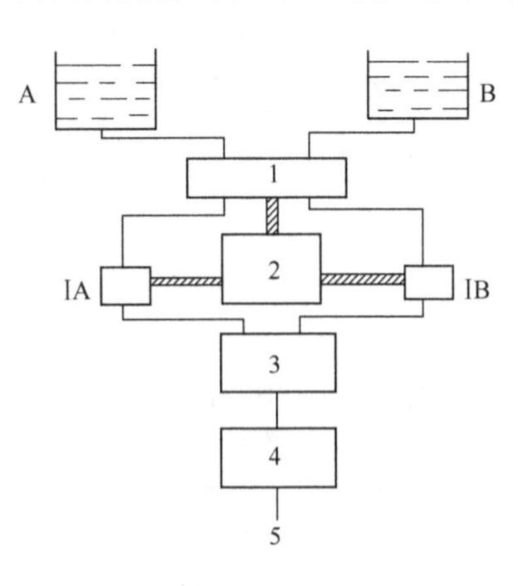

图 13-8　低压梯度装置示意
1—低压计量泵；2—微处理机；3—混合器；4—高压输液泵；5—至色谱柱；ⅠA，ⅠB—时间比例电磁阀

低压梯度（外梯度）是在常压下将两种溶剂（或多元溶剂）输至混合器中混合，然后用高压输液泵将流动相输入到色谱柱中，其装置如图 13-8 所示。此法的主要优点是仅需使用一个高压输液泵。如对二元混合溶剂体系，操作时先将弱极性溶剂 A 通过由微处理机控制的低压计量泵和时间比例电磁阀，直接流入混合器；另一种强极性溶剂 B，也通过低压计量泵，并由微处理机控制另一时间比例电磁阀的开关时间，来调节流入混合器的 B 溶剂的体积分数，以控制输出混合溶剂的组成。溶剂 A 和 B 在混合器内充分混合后，再用高压输液泵输至色谱柱。通过预先设定开启溶剂 A、B 时间比例电磁阀的运行程序，就可控制二元混合溶剂流动相的组成，并连续输出具有不同极性的流动相。此种梯度洗脱方式可以减小溶剂可压缩性的影响，并能完全消除由溶剂混合引起的热力学体积变化所带来的误差。HP1100 高效液相色谱仪用一台双柱塞往复式串联泵和一个高速比例阀构成的四元低压梯度系统，如图13-9 所示。

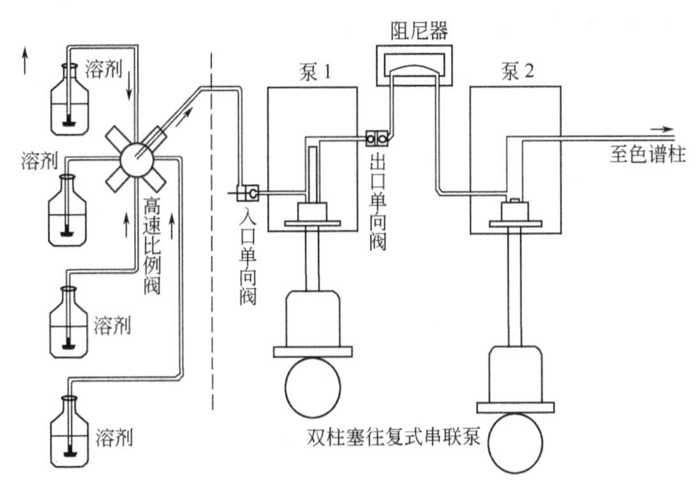

图 13-9　HP1100 型 HPLC 四元低压梯度系统

目前，大多数高效液相色谱仪皆配有高压梯度（内梯度）装置，它是用两台高压输液泵将强度不同的两种溶剂 A、B 输入混合室，进行混合后再进入色谱柱。两种溶剂进入混合室的比例可由溶剂程序控制器或计算机来调节。此类装置如图 13-10 所示，它的主要优点是两台高压输液泵的流量皆可独立控制，可获得任何形式的梯度程序，且易于实现自动化。由于高压梯度装置中，每种溶剂分别由泵输送，进入混合器后溶剂的可压缩性和溶剂混合时热力

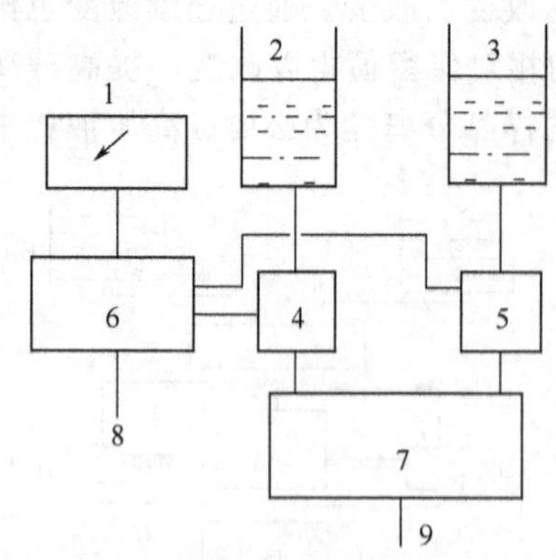

图 13-10 用两台高压泵组成的高压梯度装置示意

1—程序控制器；2—溶剂 A；3—溶剂 B；4—高压泵 A；5—高压泵 B；6—反馈控制器；7—混合室；8—流量计信号；9—混合溶剂出口

学体积的变化，影响输入到色谱柱中的流动相的组成。在梯度洗脱中为保证流速稳定必须使用恒流泵，否则很难获得重复性结果。

在梯度淋洗方式中，洗脱液的组成根据特定的程序连续变化。例如，在甲醇-水洗脱液中，为了改变极性的大小，甲醇的比例线性或其他模式由 30%（体积分数）增加到 70%（体积分数），参见图 13-11。

图 13-12 所示为分段洗脱与梯度洗脱的比较。图 13-12(a) 说明，以某一固定组成 A 做流动相洗脱样品时，各组分的容量因子值 k 相差较大，并且 k 值大的组分其峰宽而矮，所需分析时间长。图 13-12(b) 所示为以溶解力较强的固定组成 B 做流动相洗脱时，样品各组分很快被洗脱下来，但 k 值小的组分得不到分离。若将 A、B 两种流动相以适当比例混合，其组成可随时间而改变，找出合适的梯度淋洗条件，就可使样品各组分在适宜 k 值下全部流出，既获得良好的峰形又缩短分析时间，如图 13-12(c) 所示。

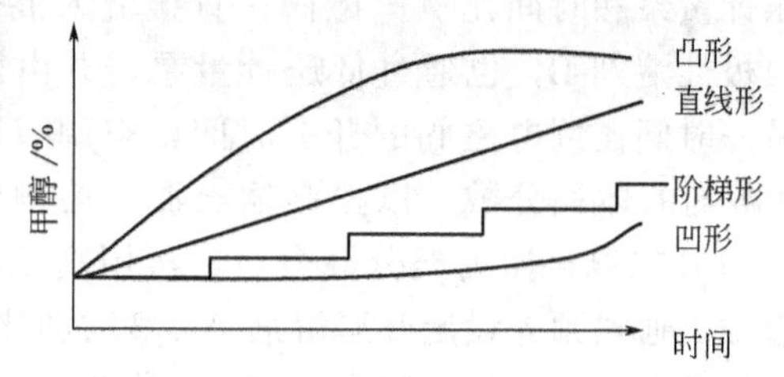

图 13-11 甲醇-水二元梯度淋洗的梯度形式

梯度淋洗的优点是显而易见的。它可改进复杂样品分离，改善峰形，减少拖尾并缩短分析时间。另外，由于滞留组分全部流出柱子，可保持柱性能长期良好。梯度淋洗更换流动相时，要注意流动相的极性与平衡时间。由于不同溶剂的紫外吸收程度有差异，可能引起基线漂移。

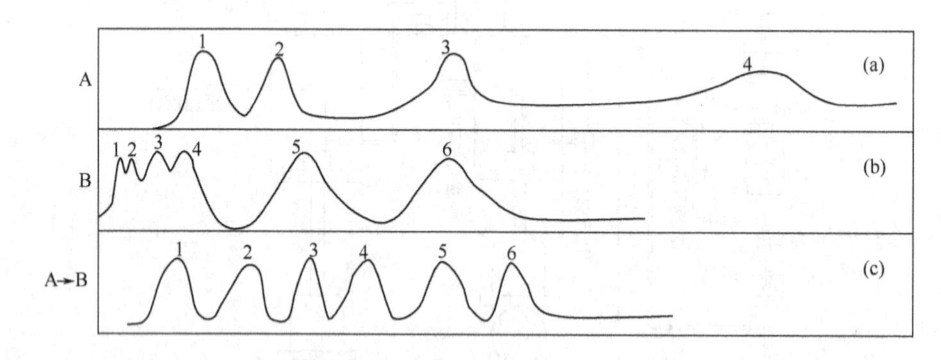

图 13-12 分段洗脱和梯度洗脱的比较

二、超高效液相色谱仪

超高效液相色谱仪同 HPLC 一样，主要由进样系统、输液系统、分离系统、检测系统和数据处理系统构成。

如 Waters ACQUITY UPLC™ 1.7μm 采用粒径 1.7μm 的色谱柱固定相、高压溶剂输液单元、低死体积的色谱系统、高频检测器、自动进样器以及高速数据采集和控制系统等，完善的系统整体性能设计，才促成 UPLC 的实现。

减小色谱柱填料的粒径只是 UPLC 的一个方面，而且这种填料还必须具备高度的稳定性和耐压性，另外需要与之匹配的耐高压色谱溶剂管理系统、能够缩短进样时间的快速进样装置、能够检测极窄色谱峰的高速检测器，以及经过优化能够显著减少柱外效应的系统体积、更快的检测速度等诸多条件的支持与保障，才能充分发挥小颗粒技术的优势。

随着 UPLC 的开发及应用，必将推动更优越性能的 UPLC 仪器的进一步发展。

第三节　液相色谱固定相和流动相的选择

一、固定相

高效液相色谱固定相以承受高压能力来分类，可分为刚性固体和硬胶两大类。刚性固体以二氧化硅为基质，可承受 $7.0\times10^{8}\sim1.0\times10^{9}$ Pa 的高压，可制成直径、形状、孔隙度不同的颗粒。如果在二氧化硅表面键合各种官能团，就是键合固定相，可扩大应用范围，它是目前最广泛使用的一种固定相。硬胶主要用于离子交换和尺寸排阻色谱中，它由聚苯乙烯与二乙烯苯基交联而成。可承受压力上限为 3.5×10^{8} Pa。固定相按孔隙深度分类，可分为表面多孔微粒型和全多孔微粒型固定相两类，如图 13-13 所示。

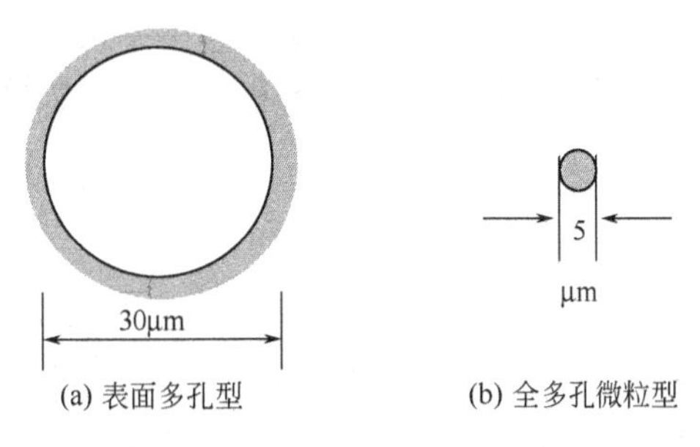

图 13-13　高效液相色谱固定相类型

1. 表面多孔型固定相

表面多孔型是在实心玻璃珠外面覆盖一层多孔活性材料，如硅胶、氧化铝、离子交换剂、分子筛、聚酰胺等，以形成无数向外开放的浅孔。表面活性材料为硅胶的固定相，如国外的 Zipax、Corasil Ⅰ和Ⅱ Vydac、Pellosil 以及上海试剂一厂的薄壳玻璃珠等；表面活性材料为氧化铝的固定相，如 Pellumina；表面活性材料为聚酰胺的，如 Pellion。这类固定相的多孔层厚度小，孔浅，相对死体积小，出峰迅速，柱效高；颗粒较大，渗透性好，装柱容易，梯度淋洗时迅速达平衡，较适合做常规分析。由于多孔层厚度薄，最大允许量受限制。

2. 全多孔微粒型固定相

它由硅胶微粒凝聚而成。如国外的 Porasil、Zorbel4、Lichrosorb 系列，上海试剂一厂的堆积硅珠，青岛海洋化工厂的 YWG 系列，天津试剂二厂的 DG 系列等。也可由氧化铝微粒凝聚成多孔型固定相，如国外的 Lichrosorb ALO14T。这类固定相由于颗粒很细（5～10μm），孔仍然较浅，传质速率快，易实现高效、高速，特别适合复杂混合物分离及痕量分析。

根据分离模式的不同而采用不同性质的固定相，如活性吸附剂、键合有不同极性分子官能团的化学键合相、离子交换剂和具有一定孔径范围的多孔材料，从而分别用作吸附色谱、键合色谱、离子交换色谱及尺寸排阻色谱固定相，两类固定相性能比较见表 13-3。

表 13-3　两类固定相性能比较

性　能	表面多孔型	全多孔型	性　能	表面多孔型	全多孔型
平均粒度/μm	30～40	5～10	样品容量/(mg/g)	0.05～0.1	1～5
最佳 HETP①/mm	0.2～0.4	0.01～0.03	表面积(液固色谱)/(m²/g)	10～15	400～600
典型柱长/cm	50～100	10～30	键合相覆盖率(质量分数)/%	0.5～1.5	5～25
典型柱径/mm	2～3	2～5	离子交换容量/(μmol/g)	10～40	2000～5000
压降②/(Pa/cm)	1.4×10^{5}	1.4×10^{6}	装柱方式	干装法	匀浆法

① 指理论塔板高。

② 系指柱径为 2.1mm，流动相速度 $1cm^{3}/min$，以及流动相黏度为 3×10^{-4} Pa·s 时的压降。

二、流动相

1. 流动相的选择原则

液相色谱和气相色谱不同之处，在于流动相参与实际的分配过程，所以液相色谱中，流动相有比较丰富的研究内容。在研究制定液相色谱方法时，选择适宜的流动相也是很重要的内容。图 13-14 所示为在液相色谱中溶剂选择示意。从图 13-14 可以看出，在选择流动相溶剂时，首先要考虑的是溶剂的物理性质，如沸点、黏度、紫外线吸收的波长范围等；其次要考虑的是溶剂对所要分离样品的容量因子 k。这样又把可使用的溶剂范围缩小了许多；最后要考虑所使用的溶剂要有分离能力，当然分离能力主要是由色谱柱起主要作用，但是在液相色谱中流动相也起着不可忽视的作用。影响分离能力的因素如式(13-1) 所示。

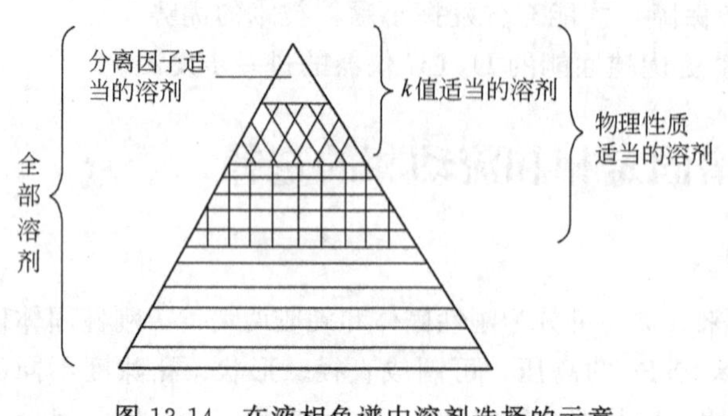

图 13-14 在液相色谱中溶剂选择的示意

$$R=\frac{\sqrt{n}}{4}\left(\frac{\alpha-1}{\alpha}\right)\left(\frac{k}{1-k}\right) \tag{13-1}$$

(a) (b) (c)

式中，(a) 为柱效项，影响色谱峰的宽度，主要由色谱柱的性能所决定；(b) 为柱选择性项，影响色谱峰间的距离；(c) 为容量因子项，影响组分的保留时间。提高分离度有效的途径是在高效色谱柱上通过改变 α 和 k 值来改善 R 值，流动相的种类和配比、pH 值及添加剂均影响溶质的 α 和 k 值。一般，样品组分的 k 在 1～10 范围内，以 2～5 最佳。对复杂混合物，k 值可扩展至 0.5～20；k 值过大，不仅分析时间延长，而且使峰形平坦，影响分离度和检测灵敏度。大多数分离工作可选在选定样品 k 值处于 1～5 的流动相后，再经柱效最佳化完成。但对某些两个或多个色谱峰重叠严重时，须通过改变 α 值，即通过改变流动相来解决。

2. 液相色谱流动相溶剂的选择

用作液相色谱流动相溶剂，首先要满足以下几点基本要求：①容易得到；②适合于所用的检测器；③纯净、有一定的惰性；④无毒、使用安全；⑤对所分离的样品有一定的溶解性能。

一般来说选择较低沸点和较低黏度的溶剂是有利的，应选用纯净、便宜又容易得到的溶剂。能够满足这些要求的溶剂，选最重要的列于表 13-4 中。

表 13-4 用于液相色谱流动相的溶剂

溶剂①	紫外截止波长/nm	折射率(25℃)	沸点/℃	黏度(25℃)/mPa·s	P'②	$\varepsilon^0$③	介电常数 ε(20℃)	选择性分组
异辛烷(2,2,2-三甲基戊烷)	197	1.389	99	0.47	0.1	0.01	1.94	
正庚烷	195	1.385	98	0.40	0.2	0.01	1.92	
正已烷	190	1.372	69	0.30	0.1	0.01	1.88	
环戊烷	200	1.404	49	0.42	−0.2	0.05	1.97	
1-氯丁烷	220	1.400	78	0.42	1.0	0.26	7.4	Ⅵa
溴乙烷		1.421	38	0.38	2.0	0.35	9.4	Ⅵa
四氢呋喃	212	1.405	66	0.46	4.0	0.57	7.6	Ⅲ
丙胺		1.385	48	0.36	4.2		5.3	Ⅰ
乙酸乙酯	256	1.370	77	0.43	4.4	0.53	6.0	Ⅵa
氯仿	245	1.443	61	0.53	4.1	0.40	4.8	Ⅷ
甲乙酮	329	1.376	80	0.38	4.7	0.51	18.5	Ⅵa

续表

溶　　剂①	紫外截止波长/nm	折射率(25℃)	沸点/℃	黏度(25℃)/mPa·s	P'②	$\varepsilon^0$③	介电常数ε(20℃)	选择性分组
丙酮	330	1.356	56	0.3	5.1	0.56		Ⅵa
乙腈	190	1.341	82	0.34	5.8	0.65	37.8	Ⅵb
甲醇	205	1.326	65	0.54	5.1	0.95	32.7	Ⅱ
水		1.333	100	0.89	10.2		80	Ⅷ

① 本表选择黏度≤0.5mPa·s、沸点>45℃的溶剂，水除外。

② P'为极性参数。

③ ε^0 为在氧化铝上液固色谱的溶剂强度参数。

(1) 溶剂的选择性和溶剂的分类　选择流动相的极性能使被分离样品的分配因子在1～5之间，这时如果有两个或几个色谱峰重叠，可以通过调节溶剂的选择性来解决，调节溶剂的选择性要考察溶剂的类别，对溶剂的分类，也是按照 Rohrschneider 的数据分为八类。图13-15所示为溶剂选择性分组的三角形坐标示意，把每一个溶剂的三种作用力数据交汇标识在三角形的某一位置上。这种作用力为静电力（由偶极矩决定）(x_n)、给质子力（x_d）和受质子力（x_e）。同类型的溶剂分在一组，如Ⅰ类是纯质子受体（如醚类和胺类），Ⅷ类是纯质子给予体（如氯仿），Ⅴ类是偶极矩大的溶剂（如1,2-二氯乙烷）。选择方法类似于气相色谱固定液的选择原则。

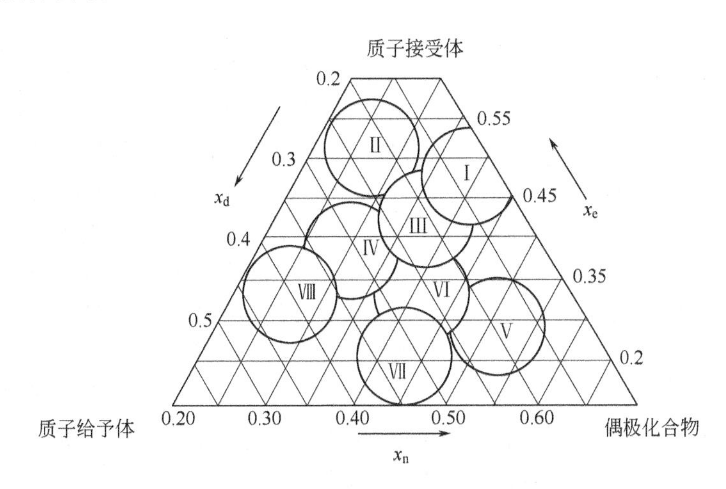

图 13-15　溶剂选择性分组的三角形坐标示意

由溶剂选择性分组的三角形坐标图可知，常用溶剂可分为八个选择性不同的特征组，处于同一组中的溶剂具有相似的特性。因此对某一指定的分离，若某种溶剂不能给出良好的分离选择性，就可用另一种其他组的溶剂来替代，从而可明显地改善分离选择性。

为了便于选择溶剂，将甲醇、乙腈、四氢呋喃、乙醚、氯仿、二氯甲烷、水等常用溶剂各处于第几选择性组，列于表13-5中，以供参考。

表 13-5　溶剂的选择性分组

组　　别	溶　剂　名　称
Ⅰ	脂肪族醚、二级烷胺、四甲基胍、六甲基膦酰胺
Ⅱ	脂肪醇
Ⅲ	吡啶衍生物、四氢呋喃、酰胺(除甲酰胺外)、乙二醇醚、亚砜
Ⅳ	乙二醇、苯甲醇、甲酰胺、乙酸
Ⅴ	二氯甲烷、二氯乙烷

续表

组别	溶剂名称
Ⅵa	磷酸二甲苯酯、脂肪族酮和酯、聚醚、二氧六环
Ⅵb	腈、砜、碳酸丙烯酯
Ⅶ	硝基化合物、芳香醚、芳烃、卤代芳烃
Ⅷ	氟烷醇、间甲苯酚、氯仿、水

(2) 溶剂对检测器的适应性　高效液相色谱使用紫外检测器时，必须考虑所用溶剂在紫外波段的吸收情况。如果要用间接紫外波长进行检测，则应选用吸收强烈的溶剂或添加剂。如使用示差折光检测器，自然要考虑溶剂的折射率。因为示差折光检测器的灵敏度与流动相和样品折射率的差值成正比。在表 13-4 中列出的紫外线截止波长是对高纯溶剂的数据，在溶剂中如含有紫外吸收的微量杂质，就能使该值增大 50～100nm。

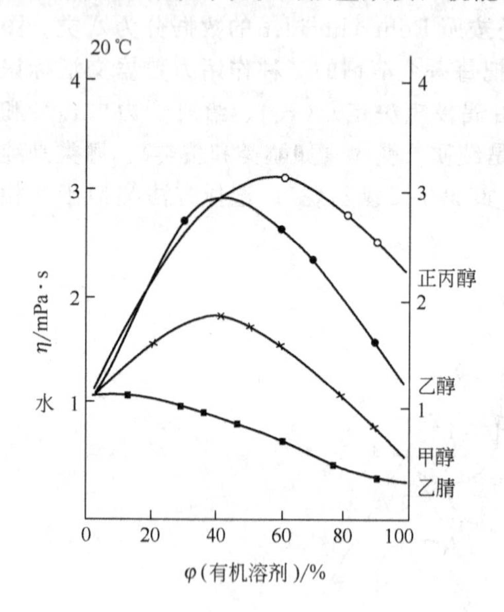

图 13-16　几种含水溶剂流动相的黏度

(3) 溶剂的沸点和黏度　液相色谱中，溶剂的黏度（动力黏度）是影响色谱分离的重要参数。当溶剂的黏度大时，会降低溶质在流动相中的扩散系数及在两相间的传质速度，并降低柱子的渗透性，导致柱效的下降和分析时间的延长。

通常溶剂的黏度应保持在 0.4～0.5mPa·s 以下。对黏度为 0.2～0.3mPa·s 的溶剂，可与黏度大的溶剂混合，组成溶剂强度范围宽、黏度适中的混合溶剂。对黏度小于 0.2 mPa·s的溶剂，由于沸点太低，在高压泵输液过程中会在检测器中形成气泡而不宜单独使用。

当两种黏度不同的溶剂混合时，其黏度变化不呈现线性。例如在反相液液色谱中水与乙腈、甲醇、乙醇、正丙醇混合时，在 20℃时，其黏度变化如图 13-16 所示。由图中可看到，当水中含 40%（体积分数）甲醇时，其黏度最大（达 1.84mPa·s）；当水中含 62%(体积分数) 正丙醇时，其黏度达 3.2mPa·s，显然这两种高黏度二元溶剂混合溶液不适于作液相色谱的流动相。

溶剂的沸点和黏度密切相关，低沸点的溶剂通常黏度也低。一般选用沸点高于柱温20～50℃、黏度不大于 0.5mPa·s的流动相。低沸点的溶剂难以使用往复泵，因为它在泵中容易形成气泡而影响泵的精度，甚至使泵吸入的溶剂减少。此外由低沸点溶剂组成的混合流动相又会因蒸发而改变其组成。

在其他因素相同的情况下，使用高沸点溶剂会因它的黏度而降低柱效。如要使用黏度较大的溶剂，可以加入稀释剂，因为混合溶剂的黏度往往在很大程度上决定于低黏度溶剂的黏度。

(4) 高效液相色谱流动相溶剂的极性　在高效液相色谱中常用 Rohrschneider 的溶解度数据来描述溶剂的极性（即极性参数），以 P' 表示，P' 又可称作极性指数，它是由斯奈德（L. R. Snyder）使用罗胥那德（J. Rohrschneider）的溶解度数据推导出来的，它表示每种溶剂与乙醇（e）、二氧六环（d）和硝基甲烷（n）三种极性物质相互作用的量度，并将 Rohrschneider 提供的极性分配系数 K_g'' 以对数形式表示（忽略了色散力的影响而导出的）。

$$P' = \lg(K_g'')_e + \lg(K_g'')_d + \lg(K_g'')_n \tag{13-2}$$

式中，用乙醇、二氧六环、硝基甲烷三种标准物质来表达每种溶剂的接受质子、给出质子和偶极相互作用的能力，它比较全面地反映了溶剂的性质。P'既表示了每种溶剂的洗脱强度的大小，又能反映每种溶剂的选择性，为此 Snyder 规定了每种溶剂的选择性参数为

$$x_e=\frac{\lg(K''_g)_e}{P'},x_d=\frac{\lg(K''_g)_d}{P'},x_n=\frac{\lg(K''_g)_n}{P'}$$

式中，x_e 指溶剂作为质子接受体的能力；x_d 指溶剂作为质子给予体的能力；x_n 指溶剂作为偶极子之间相互作用的能力。

在分配色谱和吸附色谱中，溶剂的极性（强度）是用混合溶剂的比例来调节的，一个极性强的溶剂和一个极性弱的溶剂经过适当的混合可以得到一定极性 P'的混合溶剂。在液液分配色谱中，样品组分在固定相和流动相中的溶解度是决定其容量因子 k 值的关键因素。极性参数 P'可作为判定溶剂洗脱强度的依据。在正相液液色谱中，溶剂的 P'值愈大，其洗脱强度也愈大，被洗脱溶质的 k 值愈小；在反相液液色谱中，溶剂的 P'值愈大，其洗脱强度愈小，被洗脱溶质的 k 值愈大。因此通过改变洗脱溶剂的 P'值，就可改变被分离样品组分的选择性。表 13-4 列出了常用溶剂的 P'值，从 2～10.2（强极性溶剂水）。一般粗略地说 P'值改变 2 个单位，容量因子就改变 10 倍。

第四节　液相色谱法的主要类型及选择

一、液固吸附色谱法

液固吸附色谱法是依据试样组分在固定相的吸附作用不同来进行分离的色谱法。

1. 固定相

液固吸附色谱固定相是固体吸附剂，通常是些多孔固体微粒，在它们的表面存在吸附中心。固体吸附剂可分为极性和非极性两大类，极性固体吸附剂包括各种无机氧化物，如硅胶、氧化铝、氧化镁、分子筛等；非极性吸附剂最常见的如活性炭等。目前，聚乙烯微粒等有机吸附剂的应用实例也渐渐多起来了。硅胶是一种多孔性物质，因—O—Si(—O—)—O—Si(—O—)—O—结合具有三维结构，表面具有硅羟基（≡Si—OH），此硅羟基呈微酸性，易与氢结合，是吸附的活性点。在吸附色谱中，样品主要靠氢键结合力吸附到硅羟基上，由于流动相的流动而在柱中向前移动。因为不同的待测分子在固定相的吸附能力不同，因而吸附-解吸的速度不同，各组分被洗出的时间（保留时间）也就不同，使得各组分彼此分离。吸附色谱在早期的 HPLC 中应用得最多。现在，很多以前用吸附色谱分离的物质被更方便和更有效的化学键合相分配色谱所代替。由于硅羟基活性点在硅胶表面常按一定几何规律排列，因此吸附色谱用于结构异构体分离和族分离仍是最有效的方法，如农药异构体分离、石油中烷、烯、芳烃的分离。

2. 流动相

一般把吸附色谱中的流动相称作洗脱剂。

在液固色谱中常用由斯奈德（L. R. Snyder）提出的溶剂强度参数 ε^0 表示溶剂的洗脱强度。洗脱剂的极性强弱可用溶剂强度参数（ε^0）来衡量。它定义为溶剂分子在单位吸附剂表面积 A 上的吸附自由能（E_a），表征了溶剂分子对吸附剂的亲和程度。

对 Al_2O_3 吸附剂，$\varepsilon^0_{Al_2O_3}=\dfrac{E_a}{A}$，并规定戊烷在 Al_2O_3 吸附剂上的 $\varepsilon^0_{Al_2O_3}=0$。

对硅胶吸附剂，$\varepsilon^0_{SiO_2}=0.77\varepsilon^0_{Al_2O_3}$。　　(13-3)

ε^0 数值愈大，表明溶剂与吸附剂的亲和能力愈强，则愈易从吸附剂上将被吸附的溶质洗脱下来，即对溶质的洗脱能力愈强，从而使溶质在固定相上的容量因子 k 愈小。依据各种溶剂在 Al_2O_3 吸附剂上的 ε^0 数值的大小，可判别其洗脱能力的差别，从而得出溶剂的洗脱顺序。各种溶剂 $\varepsilon^0_{Al_2O_3}$ 数值可参见表 13-6。在液固吸附色谱法中，对复杂混合物的分离难以用纯溶剂洗脱来实现，此时需采用二元混合溶剂体系来提高分离的选择性。在二元混合溶剂中，其洗脱强度随其组成的改变而连续变化，从而可找到其有适用的 ε^0 值的混合物。在确定了混合溶剂洗脱强度 ε^0 的前提下，还应选用黏度低的溶剂体系，以降低柱压并提高柱效。

表 13-6 常用溶剂的溶剂强度参数

溶 剂	ε^0	溶 剂	ε^0	溶 剂	ε^0
氟烷	−0.25	苯	0.32	乙腈	0.65
正戊烷	0.00	氯仿	0.40	吡啶	0.71
石油醚	0.01	甲乙酮	0.51	正丙醇	0.82
环己烷	0.04	丙酮	0.56	乙醇	0.88
四氯化碳	0.18	二乙胺	0.63	甲醇	0.95

溶剂强度参数分别为 ε^0_A 和 ε^0_B 的两种溶剂，若 $\varepsilon^0_B > \varepsilon^0_A$，则由 A、B 构成的二元混合溶剂的溶剂强度参数 ε^0_{AB} 可按下式计算：

$$\varepsilon^0_{AB}=\varepsilon^0_A+\frac{\lg[N_B 10^{\beta n_B(\varepsilon^0_B-\varepsilon^0_A)}+(1-N_B)]}{\beta n_B} \tag{13-4}$$

式中，N_B 为溶剂 B 的摩尔分数；n_B 为吸附剂一个 B 分子所占的面积（为 4～6），并假设 $n_A=n_B$；β 为吸附剂的活性，随含水量而变化，数值为 $0.6\leqslant\beta\leqslant1.0$，表示吸附剂（硅胶）表面未被水分子覆盖的（硅）羟基的多少。

在二元混合溶剂中，当极性强的溶剂在混合物中的体积分数小于 5%或大于 50%时，会引起分离因子值的较大变化。当样品中的组分与溶剂分子形成氢键时，更会引起分离因子的巨大变化。使用二元混合溶剂的不足之处，是非极性溶剂（如戊烷）和极性溶剂（如甲醇）有时不能以任意比例混合，而发生溶剂的分层现象。为此可加入分别能与这两种溶剂混溶的具有中等极性的第三种溶剂（如异丙醇、二氯甲烷、二氯乙烷、乙酸乙酯等），构成三元混合溶剂系统，而使混合溶剂强度发生改变，并可使用梯度洗脱操作。

以硅胶为固定相的液固色谱法，当欲分离不同类型的有机化合物时，作为流动相的溶剂，应具有适当的溶剂强度参数。表 13-7 所列的溶剂强度参数可供参考。

表 13-7 在硅胶吸附剂上分离各种有机化合物适用的溶剂强度参数

有机化合物的类型	最佳的 ε^0 值		有机化合物的类型	最佳的 ε^0 值	
	无水溶剂	50%水饱和溶剂		无水溶剂	50%水饱和溶剂
芳烃	0.05～0.25	−0.2～0.25	酮类①	0.3	0.1
卤代烷烃或芳烃	0～0.3	−0.2～0.1	醛类①	0.2	0.1
硫醇类，二硫化物	0	−0.2	砜类①	0.3～0.4	0.2
硫化物	0.1	−0.1	醇类①	0.3	0.2
醚类	0.1	0	酚类①	0.3	0.2
硝基化合物①	0.02～0.3	0.1	胺类②	0.2～0.6	0～0.4
酯类①	0.2	0.1	酸类①	0.4	0.3
腈类①	0.2～0.3	0.1	酰胺类	0.4～0.6	0.3～0.5

① 指单官能团化合物，对多官能团化合物需较大的 ε^0 值。

② 叔胺需较小的 ε^0 值，对伯和仲胺需较大的 ε^0 值。

液固色谱中，某溶质在极性吸附剂硅胶色谱柱上进行分离时，变更不同洗脱强度的溶剂作流动相时，溶质的容量因子 k 依据式(13-5) 发生改变：

$$\lg \frac{k_1}{k_2}=\beta A_s(\varepsilon_2^0-\varepsilon_1^0) \tag{13-5}$$

式中，k_1、k_2 分别为溶质被两种具有不同溶剂强度参数 ε_1^0 和 ε_2^0 溶剂洗脱时获得的容量因子；β 为吸附剂的活性；A_s 为溶质分子的表面积。

式(13-5) 表明 k 值商的对数与两种溶剂 ε^0 数值之差成正比。因此可近似认为，ε^0 值变化 0.05，就可使溶质的 k 值变化 2～4，若采用的起始溶剂的洗脱强度太强（k 值太小），则可再选用另一种洗脱强度较弱的溶剂，以使溶质的 k 值达到最佳值（$1\leqslant k\leqslant 10$），反之，若起始溶剂的洗脱强度太弱（k 值太大），就要选用另一个洗脱强度较强的溶剂来取代，通过试差法总可以找到洗脱强度适当的溶剂。

在液固色谱法中，若使用硅胶、氧化铝等极性固定相，应以弱极性的戊烷、己烷、庚烷作流动相的主体，再适当加入二氯甲烷、氯仿、乙醚、异丙醇、乙酸乙酯、甲基叔丁基醚等中等极性溶剂，或四氢呋喃、乙腈、异丙醇、甲醇、水等极性溶剂作为改性剂，以调节流动相的洗脱强度，实现样品中不同组分的良好分离。若使用苯乙烯、二乙烯基苯基共聚物微球、石墨化炭黑微球等非极性固定相，应以水、甲醇、乙醇作为流动相的主体，可加入乙腈、四氢呋喃等改性剂，以调节流动相的洗脱强度。

二、液液分配色谱法

液液分配色谱法（LLPC）能适用于各种样品类型的分离和分析，无论是极性的和非极性的、水溶性的和油溶性的、离子型的和非离子型的化合物。

1. 分离原理

液液分配色谱的分离原理基本与液液萃取相同，都是根据物质在两种互不相溶的液体中溶解度的不同，具有不同的分配系数。所不同的是液液色谱的分配是在柱中进行的，使这种分配平衡可反复多次进行，造成各组分的差速迁移，提高了分离效率，从而能分离各种复杂组分。

2. 固定相

液液色谱固定相由两部分组成，一部分是惰性载体，另一部分是涂渍在惰性载体上的固定液。在液固色谱中使用的固体吸附剂皆可作为液液色谱的惰性载体。要求惰性载体比表面积为 50～250m^2/g，平均孔径为 10～50nm。载体的比表面积太大，会引起不可忽视的吸附效应，从而引起色谱峰峰形拖尾。液液分配色谱中使用的固定液见表 13-8。

表 13-8　液液分配色谱中使用的固定液

正相液液分配色谱的固定液		反相液液分配色谱的固定液
β,β-氧二丙腈	乙二醇	甲基聚硅氧烷
1,2,3-三(2-氰乙氧基)丙烷	乙二胺	氰丙基聚硅氧烷
聚乙二醇(400,600)	二甲基亚砜	角鲨烷
甘油,丙二醇	硝基甲烷	正庚烷
冰醋酸,2-氯乙醇	二甲基甲酰胺	聚烯烃

3. 流动相

在液液色谱中常用海德布瑞第（Hildebrand I. H.）提出的溶解度参数 δ 表示溶剂的极性，它是从分子间作用力角度来考虑的，表示 1mol 理想气体冷却转变成液体时所释放的凝聚能 E_c 与液体摩尔体积 V_m 比值的平方根。

$$\delta=\sqrt{\frac{E_c}{V_m}} \tag{13-6}$$

式中，δ 单位为 $J^{\frac{1}{2}} \cdot m^{-\frac{3}{2}}$。

对非极性化合物，由于凝聚能 E_c 很低，δ 值比较小，而对极性化合物即极性溶剂，由于凝聚能 E_c 较高，δ 值较大，因此溶解度参数 δ 可在液液分配色谱中作为衡量溶剂极性强度的指标。

溶解度参数 δ 是溶剂与溶质分子间作用力的总量度，它是分子间存在的四种分子间作用力的总和：

$$\delta=\delta_d+\delta_o+\delta_a+\delta_h \tag{13-7}$$

式中 δ_d——色散溶解度参数，是溶剂和溶质分子间色散力相互作用能力的量度；

δ_o——偶极取向溶解度参数，是溶剂和溶质分子间偶极取向相互作用能力的量度；

δ_a——接受质子溶解度参数，是溶剂作为质子接受体与溶质相互作用能力的量度；

δ_h——给予质子溶解度参数，是溶剂作为质子给予体与溶质相互作用能力的量度。

在正相液液色谱中，溶剂的 δ 值愈大，其洗脱强度愈大，溶质在固定相的容量因子 k 值愈小；在反相液液色谱中，溶剂的 δ 值愈大，其洗脱强度愈小，溶质在固定相的容量因子 k 值愈大。

由上述可知，溶剂的洗脱强度是由溶解度参数 δ 决定的，而溶剂对色谱分离的选择性则由 δ 中的色散力相互作用 δ_d、偶极相互作用 δ_o、接受质子的相互作用 δ_a 和给予质子相互作用 δ_h 四个部分的数值所决定的。色谱分析中在确定了所选用溶剂的 δ 值，使溶质的容量因子 k 保持在最佳范围（$1\leqslant k\leqslant 10$）之后，可通过选用 δ 值相近，但 δ_d、δ_o、δ_a 和 δ_h 不同的另一种溶剂来改善色谱分离的选择性。对于混合溶剂，其 δ_d、δ_o、δ_a 和 δ_h 的数值是组成混合溶剂的各种纯溶剂对应的 δ 值的平均值 δ_{mix}，可用式(13-8) 表示

$$\delta_{mix}=\sum_{i=1}^{n}\varphi_i\delta_i \tag{13-8}$$

式中，φ_i 和 δ_i 分别为每种纯溶剂的体积分数和溶解度参数。

图 13-17 所示为液相色谱溶剂极性参数之间的关系。图中虚线为 P' 与 ε^0 的关系曲线，实线为 P' 与 δ 的关系曲线。

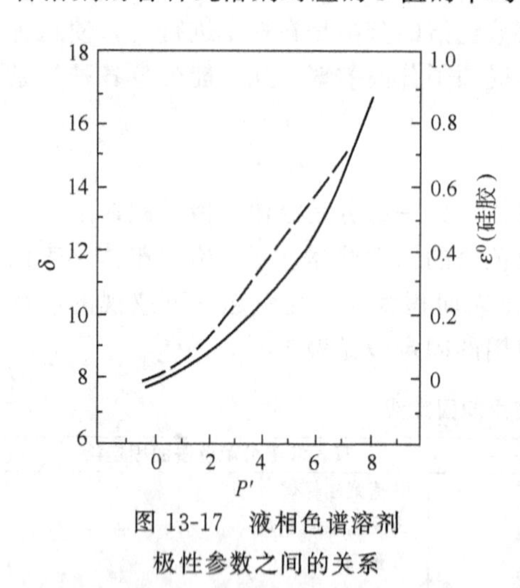

图 13-17 液相色谱溶剂极性参数之间的关系

在正相液液分配色谱中，使用的流动相类似于液固色谱法中使用极性吸附剂时所用的流动相。此时流动相主体为已烷、庚烷，可加入$<20\%$的极性改性剂，如 1-氯丁烷、异丙醚、二氯甲烷、四氢呋喃、氯仿、乙酸乙酯、乙醇、甲醇、乙腈等，这样溶质的容量因子 k 会随改性剂的加入而减小，表明混合溶剂的洗脱强度增强。

在液液色谱中为了避免固定液的流失，对流动相的一个基本要求是流动相尽可能不与固定相互溶，而且流动相与固定相的极性差别越显著越好。

三、化学键合色谱法

采用化学键合相的液相色谱称为化学键合色谱法，简称键合相色谱。化学键合相是通过化学反应将有机分子键合在载体表面所形成的柱填充剂，更好地解决了固定液在载体上流失的问题。它代替了固定液的机械涂渍，因此化学键合相的产生对液相色谱法的迅速发展起着重大作用，可以认为它的出现是液相色谱法的一个重大突破。化学键合相是目前应用最广泛

的一种固定相。据统计，约有75%以上的分离问题是在化学键合固定相上进行的。

这种固定相的分离机理既不是单一的吸附作用，也不是单一的液液分配机理。一般认为吸附和分配两种机理兼有，键合相的表面覆盖率大小决定何种机理起主导作用。对多数键合相来说，分配机理为主。由于键合固定相非常稳定，在使用中不易流失，适用于梯度淋洗，特别适用于分离容量因子 k 值范围宽的样品。由于键合到载体表面的官能团可以是各种极性的，因此它适用于种类繁多样品的分离。

1. 键合固定相类型

用来制备键合固定相的载体，几乎都用硅胶表面的硅羟基（Si—OH）与有机分子之间成键，即可得到各种性能的固定相。键合基团一般可分三类。

（1）疏水基团　如不同链长的烷烃（C_8 和 C_{18}）和苯基等。

（2）极性基团　如氨丙基、氰乙基、醚和醇等。

（3）离子交换基团　如作为阴离子交换基团的氨基、季铵盐；作为阳离子交换基团的磺酸等。

2. 键合固定相的制备

（1）硅酸酯键合固定相　它是最先用于液相色谱的键合固定相。用醇与硅羟基发生酯化反应。

$$-\overset{|}{\underset{|}{Si}}-OH + ROH \longrightarrow -\overset{|}{\underset{|}{Si}}-OR + H_2O$$

由于这类键合固定相的有机表面是一些单体，具有良好的传质特性。但这些酯化过的硅胶填料易水解且热不稳定，因此仅适用于不含水或醇的流动相。

（2）$\gt Si-C$ 或 $\gt Si-N$ 共价键键合固定相　制备反应为

$$\gt Si-OH + SOCl_2 \longrightarrow \gt Si-Cl \begin{cases} \xrightarrow{C_6H_5HgBr} -\overset{|}{\underset{|}{Si}}-C_6H_5 \\ \xrightarrow[H_2NCH_2CH_2NH_2]{} -\overset{|}{\underset{|}{Si}}-NHCH_2CH_2NH_2 \end{cases}$$

共价键键合固定相不易水解，并且热稳定较硅酸酯好。缺点是格氏反应较困难；当使用水溶液时，必须限制pH在4～8范围内。

（3）硅烷化 $\gt Si-O-\overset{|}{\underset{|}{Si}}-C$ 键合固定相的制备

$$\gt Si-OH + ClSiR_3(\text{或}\ ROSiR_3) \longrightarrow \gt Si-O-SiR_3 + HCl$$

这类键合固定相具有热稳定好、不易吸水、耐有机溶剂的优点。能在70℃以下、pH＝2～8范围内正常工作，应用较广泛。

3. 正相键合相色谱法

正相键合相色谱法流动相极性小于固定相极性，它往往是一种混合溶剂，以非极性或极性小的溶剂（如烃类）中加入适量的极性溶剂（氯仿、醇、乙腈等）为流动相。以极性的有机基团，如—CN、$-NH_2$、—OH等键合在硅胶表面，作为固定相。正相键合相色谱法适用于分离中等极性化合物、异构体等，如脂溶性维生素、甾体、芳香醇、芳香胺、酯、有机氯农药等。

正相键合相色谱法中使用的是极性键合固定相。它是将全多孔（或薄壳）微粒硅胶载体，经酸活化处理制成表面含有大量硅羟基的载体后，再与含有氨基（$—NH_2$）、氰基（—CN）、醚基（—O—）的硅烷化试剂反应，生成表面具有氨基、氰基、醚基的极性固定相。

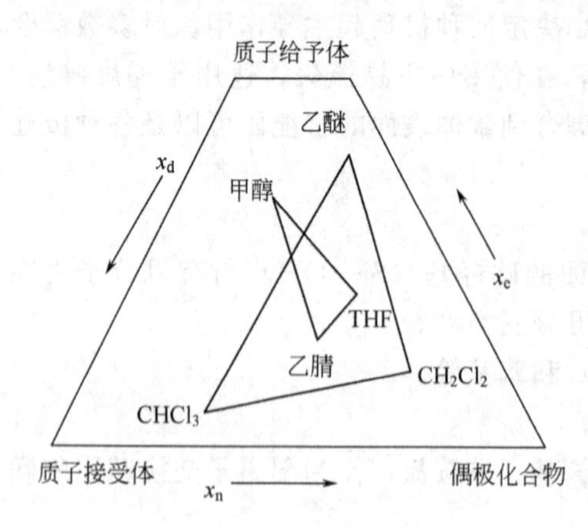

图 13-18 正相和反相色谱中选择性三角形优选的溶剂

乙醚-$CHCl_3$-CH_2Cl_2 三角形为正相色谱优选的溶剂；甲醇-乙腈-THF 三角形为反相色谱优选的溶剂

正相键合相色谱中，采用和正相液液色谱相似的流动相，即流动相的主体成分为己烷（或庚烷），为改善分离的选择性，常加入的优选溶剂为质子接受体乙醚或甲基叔丁基醚（第Ⅰ组）；质子给予体氯仿（第Ⅷ组）；偶极溶剂二氯甲烷（第Ⅴ组）。

4. 反相键合相色谱法

反相键合相色谱法中使用的是非极性键合固定相。它是将全多孔（或薄壳）微粒硅胶载体，经酸活化处理后与含烷基链（C_4、C_8、C_{10}）或苯基的硅烷化试剂反应，生成表面具有烷基（或苯基）的非极性固定相。

反相键合相色谱中，采用和反相液液色谱相似的流动相，即流动相的主体成分为水。为改善分离的选择性，常加入的优选溶剂为质子接受体甲醇（第Ⅱ组）；质子给予体乙腈（第Ⅵb 组）；偶极溶剂四氢呋喃（第Ⅲ组）。

5. 流动相选取

在正相和反相色谱中常用的优选溶剂在选择性三角形坐标中的位置如图 13-18 所示。

表 13-9 和表 13-10 分别列出在正相色谱和反相色谱中使用的某些混合溶剂的特性，表达了当向己烷（或庚烷）、水中加入强洗脱溶剂前后溶质容量因子 k 的比值。

表 13-9 正相色谱使用的某些混合溶剂的特性

溶剂	P'	于己烷中加入 20%体积分数的强洗脱溶剂前后 k 的比值
己烷(或庚烷)	0.1	
1-氯丁烷	1.0	1.2
乙醚①	2.8	1.6
二氯甲烷①	3.1	1.7
四氢呋喃	4.0	2.0
氯仿①	4.1	2.2
乙酸乙酯	4.4	2.0
乙醇	4.3	2.0
乙腈	5.6	0
甲醇	5.1	2.2

① 优选溶剂。

表 13-10 反相色谱使用的某些混合溶剂的特性

溶剂	P'	于水中加入 10%体积分数的强洗脱溶剂前后 k 的比值
水	10.2	
二甲亚砜	7.2	1.5
乙二醇	6.9	1.5
乙腈①	5.8	2.0
甲醇①	5.1	2.0
丙酮	5.1	2.2
二氧六环	4.8	2.2
乙醇	4.3	2.3
四氢呋喃①	4.0	2.8
异丙醇	3.9	3.0

① 优选溶剂。

（1）调节流动相的极性　在高效液相色谱分析中，为使溶质获得良好的分离，通常希望溶质的容量因子 k 保持在 1～10 范围内，若溶质的 k 值大于 10 或小于 1 时，可通过调节流动相的极性，来获得使用的 k 值。由于正己烷和水皆为非选择性溶剂强度调节溶剂，如若改变流动相的极性，必须加入具有选择性溶剂强度调节功能的适用溶剂，见表 13-9 和表 13-10。

（2）向流动相中加入改性剂　向流动相中加入改性剂主要有两种方法。

① 离子抑制法　在反相色谱中常向含水流动相中加入酸、碱或缓冲溶液，使流动相的 pH 值控制在一定范围内，抑制溶质的离子化，减少谱带拖尾，改善峰形，提高分离的选择

性。例如在分析有机弱酸时，常向甲醇-水流动相中加入 1%的甲酸（或乙酸、二氯乙酸、H_3PO_4、H_2SO_4），就可抑制溶质的离子化，获得对称的色谱峰。对于弱碱性样品，向流动相中加入 1%的三乙胺，也可达到相同的效果。

② 离子强度调节法 在反相色谱中，在分析易离解的碱性有机物时，随流动相 pH 值的增加，键合相表面残存的硅羟基与碱的阴离子的亲和能力增强，会引起峰形拖尾并干扰分离，此时若向流动相中加入 0.1%～1%的乙酸盐、硫酸盐或硼酸盐，就可利用盐效应减弱残存硅羟基的干扰作用，抑制峰形拖尾并改善分离效果。但应注意经常用磷酸盐或卤代物会引起硅烷化固定相的降解。

显然，向含水流动相中加入无机盐后，会使流动相的表面张力增大，对非离子型溶质，会引起 k 值增加，对离子型溶质，会随盐效应的增加，引起 k 值的减小。

6. 溶质保留值随溶剂极性变化的一般保留规律

前面提到的使用极性吸附剂的液固色谱、正相液液分配色谱、正相键合相色谱皆可称为正相色谱，即固定相极性大于流动相极性的色谱。使用非极性吸附剂的液固色谱、反相液液分配色谱、反相键合相色谱皆可称为反相色谱，即流动相极性大于固定相极性的色谱。

图 13-19 所示为在正相色谱和反相色谱中，选择不同极性溶剂作流动相时，引起不同极性溶质（A>B）的保留值变化的一般规律。

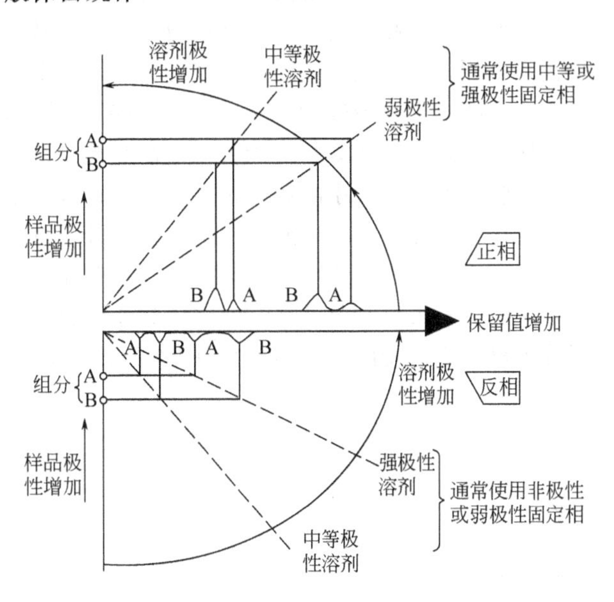

图 13-19 溶质保留值随它和溶剂极性变化的一般规律

在正相色谱（图 13-19 上半部）中，使用弱极性溶剂作流动相，则极性弱的 B 组分先流出，A 组分后流出。当更换中等极性溶剂作流动相时，两者流出顺序不变，但它们的保留值都进一步减小。

在反相色谱（图 13-19 下半部）中，使用中等极性溶剂作流动相，则极性强的 A 组分先流出，B 组分后流出。当更换强极性溶剂作流动相时，两者流出顺序不变，但它们的保留值会进一步增大。

四、尺寸排阻色谱法

尺寸排阻色谱法（SEC）又称凝胶色谱法，它是基于试样分子的尺寸和形状不同来实现分离的，主要用于较大分子的分离。以水溶液作流动相的尺寸排阻色谱法称为凝胶过滤色谱法；以有机溶剂作流动相的尺寸排阻色谱法称为凝胶渗透色谱法。目前已经被生物化学、分子生物学、生物工程学、分子免疫学以及医学等有关领域广泛采用，不但应用于科学实验研究，而且已经大规模地用于工业生产。

1. 分离原理——分子筛效应

一个含有各种分子的样品溶液缓慢地流经凝胶色谱柱时，各分子在柱内同时进行着两种不同的运动：垂直向下的移动和无定向的扩散运动。大分子物质由于直径较大，不易进入凝胶颗粒的微孔，而只能分布在颗粒之间，所以在洗脱时向下移动的速度较快。小分子物质除了可在凝胶颗粒间隙中扩散外，还可以进入凝胶颗粒的微孔中，即进入凝胶相内，在向下移动的过程中，从一个凝胶内扩散到颗粒间隙后再进入另一凝胶颗粒，如此不断地进入和扩散，小分子物质的下移速度落后于大分子物质，从而使样品中分子大的先流出色谱柱，中等分子的后流出，分子最小的最后流出，这种现象叫分子筛效应。具有多孔的凝胶就是分子筛。各种分子筛的孔隙大小分布有一定范围，有最大极限和最小极限。分子直径比凝胶最大孔隙直径大的，就会全部被排阻在凝胶颗粒之外，这种情况叫全排阻。两种全排阻的分子即使大小不同，也不能有分离效果。直径比凝胶最小孔直径小的分子能进入凝胶的全部孔隙。如果两种分子都能全部进入凝胶孔隙，即使它们的大小有差别，也不会有好的分离效果。因此，一定的分子筛有它一定的使用范围。综上所述，在凝胶色谱中会有三种情况，一是分子很小，能进入分子筛全部的内孔隙；二是分子很大，完全不能进入凝胶的任何内孔隙；三是分子大小适中，能进入凝胶的内孔隙中孔径大小相应的部分。大、中、小三类分子彼此间较易分开，但每种凝胶分离范围之外的分子，在不改变凝胶种类的情况下是很难分离的。对于分子大小不同，但同属于凝胶分离范围内的各种分子，在凝胶柱中的分布情况是不同的：分子较大的只能进入孔径较大的那一部分凝胶孔隙内，而分子较小的可进入较多的凝胶颗粒内，这样分子较大的在凝胶柱内移动距离较短，分子较小的移动距离较长。于是分子较大的先通过凝胶柱而分子较小的后通过凝胶柱，这样就利用分子筛可将分子量不同的物质分离。其渗透过程模型如图 13-20 所示。在尺寸排阻色谱分离中，试样相对分子质量与洗脱体积的关系如图 13-21 所示。另外，凝胶本身具有三维网状结构，大的分子在通过这种网状结构上的孔隙时阻力较大，小分子通过时阻力较小。分子量大小不同的多种成分在通过凝胶柱时，按照分子量大小“排队”，凝胶表现的作用类似于分子筛效应。

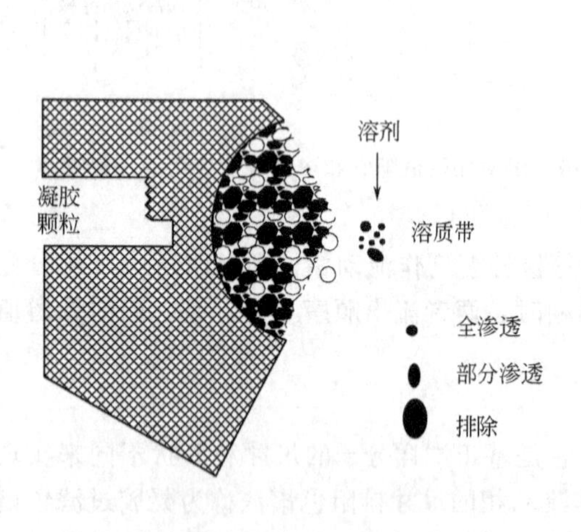

图 13-20 渗透过程模型

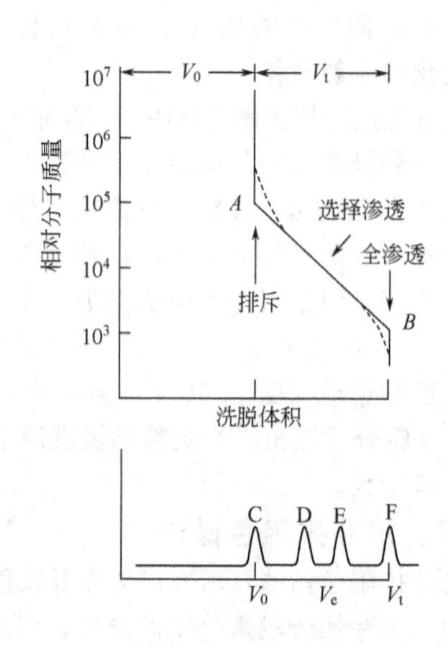

图 13-21 尺寸排阻色谱分离示意

图 13-21 的上部分表示洗脱体积和聚合物分子大小之间的关系，下部分为各有关聚合物的洗脱曲线。上图中 A 表示比 A 点相应的相对分子质量大的分子，均被排斥在所有的凝胶孔之外，称作排斥极限点。这些物质将以一个单一的谱带 C 出现，在保留体积 V_0 时一起被洗脱。很明显，V_0 表示柱中凝胶颗粒之间的体积。另外，凝胶还有一个全渗透极限点(B)，凡比 B 点相应的相对分子质量小的分子都可以完全渗入凝胶孔穴中。当然，这些化合

物也将以一个单一的谱带 F 在保留体积 V_t 被洗脱。对于相对分子质量介于上述两个极限点之间的化合物，将根据分子尺寸部分进入孔穴，部分被排斥在孔穴外，进行选择渗透。这样，试样物质将按相对分子质量降低的次序被洗脱。

2. 固定相

尺寸排阻色谱固定相种类很多，一般可分为软性、半刚性和刚性凝胶三类。表 13-11 所列为常用的尺寸排阻色谱固定相。

表 13-11 常用的尺寸排阻色谱固定相

类　型	材　料	型　号	流　动　相
软性凝胶	葡聚糖	Sephadax	水
	聚苯乙烯	Bio-Bead-S	有机溶剂
半刚性凝胶	聚苯乙烯	Styragel	有机溶剂(丙酮和醇除外)
	交联聚乙烯醋酸酯	EMgel type OR	有机溶剂
刚性凝胶	玻璃珠	CPG-10	有机溶剂和水
	硅胶	Porasil	有机溶剂和水

所谓凝胶，指含有大量液体（一般是水）的柔软而富于弹性的物质，它是一种经过交联而具有立体网状结构的多聚体。

(1) 软性凝胶　如葡聚糖凝胶、琼脂糖凝胶等都具有较小的交联结构，其微孔能吸入大量的溶剂，并能溶胀到它们干体的许多倍。它们适用以水溶性溶剂作流动相，一般用于小分子量物质的分析。

(2) 半刚性凝胶　如高交联度的聚苯乙烯（styragel)，比软性凝胶稍耐压，溶胀性不如软性凝胶。常以有机溶剂作流动相。用于高效液相色谱时，流速不宜过大。

(3) 刚性凝胶　如多孔硅胶、多孔玻璃等，它们既可用水溶性溶剂，又可用有机溶剂作流动相，可在较高压强和较高流速下操作。一般控制压强小于 7MPa，流速≤$1cm^3/s$；否则将影响凝胶孔径，造成不良分离。

3. 流动相

尺寸排阻色谱所选用的流动相必须能溶解样品，沸点比柱温高 25～50℃，黏度低，与样品折射率相差大。当采用软性凝胶时，溶剂也必须能溶胀凝胶。另外，溶剂的黏度要小，因为高黏度溶剂往往限制分子扩散作用而影响分离效果。这对于具有低扩散系数的大分子物质的分离尤需注意。选择溶剂还必须与检测器相匹配。常用的流动相有四氢呋喃、甲苯、氯仿、二甲基甲酰胺和水等。以水溶液为流动相的凝胶色谱适用于水溶性样品，以有机溶剂为流动相的凝胶色谱适用于非水溶性样品。

4. 尺寸排阻色谱法特点

尺寸排阻色谱被广泛应用于大分子的分级，即用来分析大分子物质相对分子质量的分布。它具有其他液相色谱所没有的特点。

① 保留时间是分子尺寸的函数，有可能提供分子结构的某些信息。

② 保留时间短，谱峰窄，易检测，可采用灵敏度较低的检测器。

③ 固定相与分子间作用力极弱，趋于零。由于柱子不能很强保留分子，因此柱寿命长。

④ 不能分辨分子大小相近的化合物，相对分子质量差别必须大于 10%才能得以分离。

五、亲和色谱法

亲和色谱法（AC）作为液相色谱法的一个分支，在 20 世纪 60 年代以后获得了迅速的发展，它可在实验室和工业制备规模上，用于分离、纯化具有不同分子量的生物活性物质，如氨基酸、肽、蛋白质、核碱、核苷、核苷酸、核糖核酸和脱氧核糖核酸等。

亲和色谱法与其他液相色谱法比较，其突出优点是可对天然生物活性物质进行高效性的分离和纯化，具有高的浓缩效应，可从大量样品基体中分离、纯化出所希望获取的少量生物活性物质。这种特效性产生的原因，是由于在亲和色谱固定相基体上，键合连接了具有锚式结构特征的配位体。此配位体的官能团与被分离的结构相似的生物分子之间，存在特殊的、可逆的分子间相互作用，依据生物识别原理，可以运用简单的步骤，实现生物样品组分的高纯度、高产率的分离。

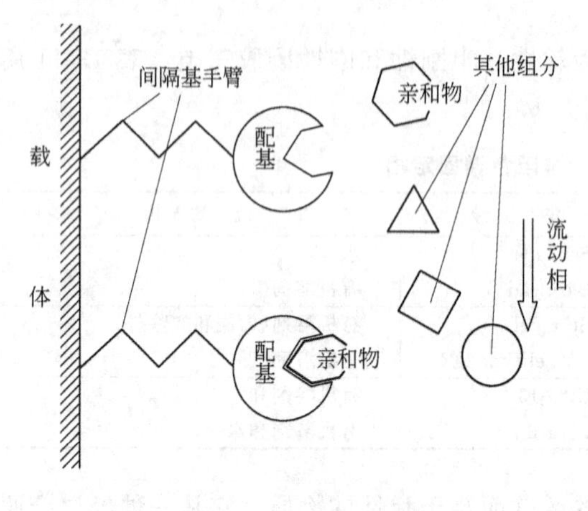

图 13-22 亲和色谱法示意

依据具体分离机制的不同，可将亲和色谱分为六类，详见表 13-12。亲和色谱通常是在载体（无机或有机填料）表面先键合一种具有一般反应性能的所谓间隔基手臂（如环氧、联氨等），随后，再连接上配基（如酶、抗原或激素等）。这种固载化的配基将只能和具有亲和力特性吸附的生物分子相互作用而被保留，没有这种作用的分子不被保留。图13-22所示为亲和色谱法示意。

表 13-12 亲和色谱法分类

方法名称	分离机理	应用对象
生物特效亲和色谱法	利用可形成锁匙结构的不同生物分子间的生物特效识别功能	生物活性物质，包括抗体、抗原、病毒、细胞碎片
染料配位亲和色谱法	利用生物分子与三嗪和三苯甲烷染料间的特效性相互亲和作用	核碱、核苷、核苷酸、核酸、核酸键合的蛋白质、生物酶（脱氢酶、激酶、脂酶、肽酶等）
定位金属离子亲和色谱法	利用生物分子与金属离子-有机试剂螯合物之间的特效性相互亲和作用	肽、蛋白质、核酸、生物酶
包合配合物亲和色谱法	利用生物分子与环糊精（或冠醚、杯环芳烃）及其衍生物之间的特效性包合作用	手性氨基酸、多肽、生物酶、纤维细胞生长因子、凝固因子、脂蛋白及多种手性药物
电荷转移亲和色谱法	利用生物分子与卟啉（酞菁）衍生物之间的电子给予和电子接受基团间的特殊静电吸引亲和作用	氨基酸、蛋白质、核碱、核苷酸
共价亲和色谱法	利用含巯基的生物分子与含二硫桥键配位体（2-吡啶二硫化物） 间存在的特效亲和作用	含硫多肽和蛋白质、含汞多聚核苷酸

生物中许多大分子化合物具有这种亲和特性。例如酶与底物、抗原与抗体、激素与受体、RNA 与和它互补的 DNA 等。当含有亲和底物的复杂混合试样随流动相流经固定相时，亲和物就与配基结合而与其他组分分离。其他组分先流出色谱柱，然后改变流动相 pH 值或组成，以降低亲和物与配基的结合力，将保留在柱上的大分子以纯品形态洗脱下来。亲和色谱法也可以认为是一种选择性过滤，它选择性强，纯化效率高，往往可以一步获得纯品，是当前解决生物大分子分离和分析的重要手段。

六、离子色谱法

1. 离子色谱法的分类

按分离机理可以将离子色谱法分为离子交换色谱法（ion exchange chromatography,

IEC)、离子排斥色谱法（ion chromatography exclusion，ICE)、离子对色谱法（ion pair chromatography，IPC）和离子抑制色谱法（ion suppression chromatography，ISC)。

离子交换色谱法是基于流动相中溶质离子（样品离子）和固定相表面离子交换基团之间的离子交换过程的色谱方法。分离机理主要是电场相互作用，其次是非离子性的吸附过程。离子排斥色谱的分离机理主要源于 Donnan 膜平衡、体积排阻和分配过程。固定相是具有较高交换容量的全磺化交联聚苯乙烯阳离子交换树脂，这种阳离子交换树脂一般不能用于阳离子的离子交换色谱分离。离子排斥色谱对于从强酸中分离弱酸以及弱酸的相互分离是非常有用的。如果选择适当的检测方法，离子排斥色谱还可以用于氨基酸、醛及醇的分析。

离子对色谱的主要分离机理是吸附与分配。固定相则是普通 HPLC 体系中最常用的低极性的十八烷基或八烷基键合硅胶。固定相的选择性主要靠改变流动相来调节，通过在流动相中加入一种与溶质离子带相反电荷的离子对试剂，使之与溶质离子形成中性的疏水性化合物。离子对色谱基本上可以采用通常的反相 HPLC 的分离体系。离子对色谱在生物医药样品中离子性有机物的分析、工业样品中离子性表面活性剂以及环境与农业样品中过渡金属离子配合物的分析方面非常有用。

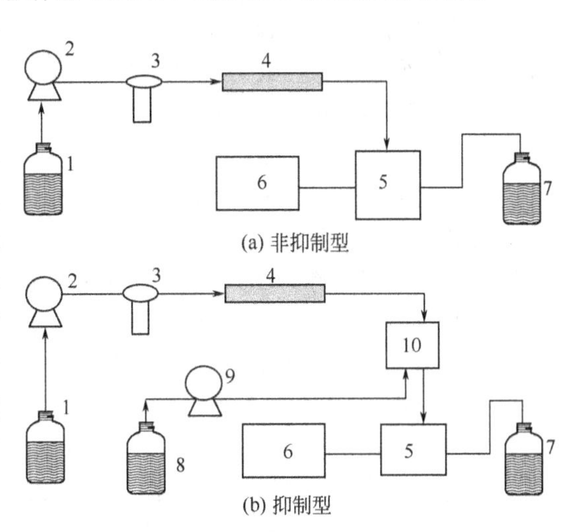

图 13-23　离子色谱仪最常见的两种配置的构造示意

1—流动相容器；2—流动相输液泵；3—进样器；4—色谱柱；5—电导检测器；6—工作站；7—废液瓶；8—再生液容器；9—再生输液泵；10—抑制器

2. 离子色谱仪的基本构成

和一般的 HPLC 仪器一样，现在的离子色谱仪一般也是先做成一个个单元组件，然后根据分析要求将各所需单元组件组合起来。最基本的组件是高压输液泵、进样器、色谱柱、检测器和数据系统（记录仪、积分仪或化学工作站）。此外，还可根据需要配置流动相在线脱气装置、梯度装置、自动进样系统、流动相抑制系统、柱后反应系统和全自动控制系统等。图 13-23 所示为离子色谱仪最常见的两种配置的构造示意。图 13-23(a) 所示为没有流动相的抑制系统，即通常所说的非抑制型离子色谱仪；图 13-23(b) 所示为带流动相的抑制系统，即通常所说的抑制型离子色谱仪。离子色谱仪的基本构成及工作原理与液相色谱相同，所不同的是离子色谱仪通常配置的检测器不是紫外检测器，而是电导检测器，通常所用的分离柱不是液相色谱所用的吸附型硅胶柱或分配型 ODS 柱，而是离子交换剂填充柱。另外，在离子色谱中，特别是在抑制型离子色谱中往往用强酸性或强碱性物质作流动相，因此，仪器的流路系统耐酸、耐碱的要求更高一些。

离子色谱仪的工作过程是：输液泵将流动相以稳定的流速（或压力）输送至分析体系，在色谱柱之前通过进样器将样品导入，流动相将样品带入色谱柱，在色谱柱中各组分被分离，并依次随流动相流至检测器，抑制型离子色谱则在电导检测器之前增加一个抑制系统，即用另一个高压输液泵将再生液输送到抑制器，在抑制器中，流动相的背景电导被降低，然后将流出物导入电导检测池，检测到的信号送至数据系统记录、处理或保存。

七、手性色谱

手性色谱通常有两种类型，一是手性流动相法，即在流动相中加入手性添加剂，利用非手性固定相进行色谱拆分分离；二是手性固定相法（chiral stationary phase，简称 CSP）。其色谱柱，称为手性色谱柱（chiral HPLC column），是由具有光学活性的单体，固定在硅胶或其他聚合物上制成手性固定相。通过引入手性环境使对映异构体间呈现物理特征的差异，从而达到光学异构体拆分的目的。要实现手性识别，手性化合物分子与手性固定相之间至少存在三种相互作用。这种相互作用包括氢键、偶极-偶极作用、π-π 作用、静电作用、疏水作用或空间作用。手性分离效果是多种相互作用共同作用的结果。这些相互作用通过影响包埋复合物的形成、特殊位点与分析物的键合等而改变手性分离结果。由于这种作用力较微弱，因此需要仔细调节、优化流动相和温度以达到最佳分离效果。

根据固定相的化学结构的不同，将手性色谱柱分为以下几种：刷（brush）型或称为Prikle 型、纤维素（cellulose）型、环糊精（cyclodextrin）型、大环抗生素（macrocyclic antibiotics）型、蛋白质（protein）型、配位交换（ligand exchange）型、冠醚（crown ethers）型。

刷型手性色谱柱要求被分析物具有 π 电子接受基团，例如二硝基苯甲酰基。醇类、羧酸类、胺类等，可以用氯化二硝基苯甲酰、异腈酸盐或二硝基苯胺等进行衍生化后，用 π 电子供给型固定相达到手性分离。刷型手性色谱使用的流动相基本是极性弱的有机溶剂。

纤维素型手性色谱柱的分离作用包括相互吸引的作用及形成包埋复合物。手性色谱柱为微晶三醋酸基、三安息香酸基、三苯基氨基酸盐纤维素固定相。流动相使用低极性溶剂，典型的流动相为乙醇-己烷混合物。

环糊精型手性色谱柱是通过 *bacillus macerans* 淀粉酶或环糊精糖基转移酶水解淀粉得到的环形低聚糖。磷酸三乙胺盐、乙酸三乙胺盐证明对 β-环糊精色谱柱来说是很好的缓冲液。通常缓冲液是 0.1%三乙胺溶液，用磷酸或醋酸调节到合适的 pH 值。

手性配位交换色谱是通过形成光学活性的金属配合物而达到手性分离的，主要用于分离氨基酸类。由于此类固定相是由手性氨基酸-铜离子配合物键合到硅胶或聚合物上形成的，因此流动相中必须含有铜离子以保证手性固定相上的铜离子不致流失。

大环抗生素型手性色谱柱是通过将大环抗生素键合到硅胶上制成的新型手性色谱柱。此类色谱柱常用的大环抗生素主要有三种：利福霉素（rifamycin），万古霉素（vancomycin），替考拉宁（ticoplanin）。利福霉素作为手性添加剂在毛细管电泳分离手性化合物方面得到了成功运用。万古霉素和替考拉宁分子结构中存在“杯”状结构区和糖“平面”结构区。此类色谱柱性质稳定，可用于多种分离模式。手性分离基于氢键、π-π 作用、形成包合物、离子作用和肽键等。万古霉素手性色谱柱载样量可以很大，非常适用于制备色谱。

蛋白质型手性色谱柱分离依赖于疏水相互作用和极性相互作用。目前使用较多的是 α-酸性糖蛋白（α-acid glycoprotein，AGP）、人血清白蛋白（human serum albumin，HSA）、牛血清白蛋白（bovine serum albumin，BSA）和卵类黏蛋白（ovomucoid，OV）。α-酸性糖蛋白分子由 181 个氨基酸残基和 40 个唾液酸（sialic acid）残基构成。α-酸性糖蛋白分子偏酸性，等电点为 2.7。含有两个二硫键，性质很稳定。α-酸性糖蛋白分子可以共价键键合到硅胶上，制成手性色谱柱，可以分离许多化合物。α-酸性糖蛋白手性色谱柱使用的流动相通常为 pH 4～7 的磷酸盐缓冲液和很小比例的有机相。有机相首选异丙醇，如达不到分离要求，可以尝试乙腈、乙醇、甲醇或四氢呋喃。

迄今为止，尚没有一种类似十八烷基键合硅胶（ODS）柱的普遍适用的手性柱。不同化学性质的异构体不得不采用不同类型的手性柱，因此如何根据化合物的分子结构选择适用的手性色谱柱是非常重要的。

八、高效液相色谱法分离类型的选择

高效液相色谱法的各种方法都有其自身特点和应用范围，一种方法不可能是万能的，它们往往互相补充。应根据分离分析目的、试样的性质和量多少、现有设备条件等选择最合适的方法。一般可根据试样的相对分子质量大小、溶解度及分子结构等进行分离方法初步选择。

1. 根据相对分子质量选择

相对分子质量十分低的样品，其挥发性好，适用于气相色谱。标准液相色谱类型（液固吸附色谱、液液分配色谱及离子交换色谱）最适合的相对分子质量范围是 200～2000。对于相对分子质量大于 2000 的样品，则用尺寸排阻色谱为最佳。

2. 根据溶解度选择

掌握样品在水、异辛烷、苯、四氯化碳、异丙醇中的溶解度是很有用的。如果样品可溶于水并属于能离解物质，以采用离子交换色谱为佳；如样品可溶于烃类（如苯或异辛烷），则可采用液固吸附色谱；如样品溶解于四氯化碳，则采用常规的分配和吸附色谱分离；如样品既溶于水又溶于异丙醇时，常用水和异丙醇的混合液作液液分配色谱的流动相，以憎水性化合物作固定相。

3. 根据分子结构选择

对于异构体的分离，可采用液固吸附色谱法；具有不同官能团的化合物、同系物的分离，可采用液液分配色谱法；对于离子型化合物或能与其相互作用的化合物（如配位体及有机螯合剂），首先考虑采用离子交换色谱法，其次也可采用液液分配色谱法；对于高分子聚合物，可采用尺寸排阻色谱法。

用红外光谱法，可预先简单地判断样品中存在什么官能团。然后，确定采用什么方法合适。例如，酸、碱化合物用离子交换色谱；脂肪族或芳香族用液液分配色谱、液固吸附色谱；异构体用液固吸附色谱；同系物、不同官能团及强氢键的样品用液液分配色谱分离。

现列出图 13-24 作为选择液相色谱分离类型的参考。

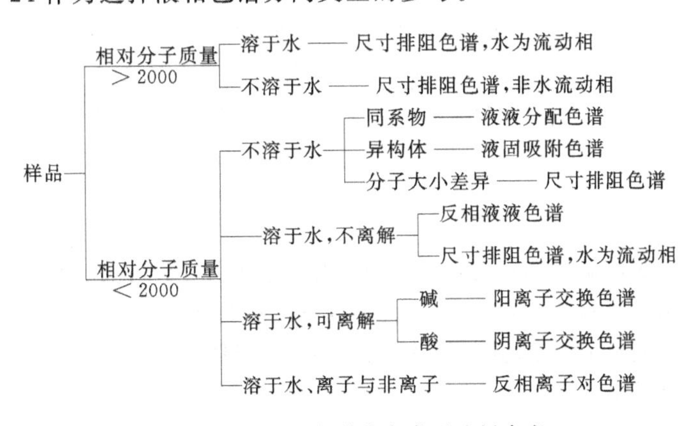

图 13-24 液相色谱分离类型选择参考

第五节 超临界流体色谱法简介

超临界流体色谱法（SFC）是流动相为超临界流体的一种色谱法。所谓超临界流体，既不是气体也不是液体，它的物理性质介于气体和液体之间。超临界流体色谱技术是 20 世纪 80 年代发展起来的一种色谱技术。由于它具有气相和液相色谱所没有的优点，并能分离和

分析气相和液相色谱不能解决的一些难分离的对象，因此发展十分迅速。据 Chester 估计，至今约有全部分离的 25%涉及难以分离的物质，通过超临界流体色谱能取得较为满意的结果。

一、超临界流体色谱特性

物质在超临界温度下，其气相和液相具有相同的密度。随温度、压力的升降，流体的密度会变化。但此时物质既不是气体也不是液体，却始终保持为流体。临界温度通常高于物质的沸点和三相点（见图 13-25）。超临界流体具有对于分离极其有利的物理性质。它们的这些性质恰好介于气体和液体之间（见表 13-13）。从表中可看出，超临界流体的扩散系数和黏度接近于气相色谱，因此溶质的传质阻力小，可以获得快速高效分离。另一方面，其密度与液相色谱类似，便于在较低温度下分离和分析热不稳定性、相对分子质量大的物质。另外，超临界流体的物理性质和化学性质，如扩散、黏度和溶剂力等，都是密度的函数。因此，只要改变流体的密度，就可改变流体的性质，从类似气体到类似液体，无需通过气液平衡曲线。超临界流体色谱中的程序升密度相当于气相色谱中程序升温和液相色谱中的梯度洗脱。作为通常超临界流体色谱流动相的一些物质，其物理性质列在表 13-14 中。

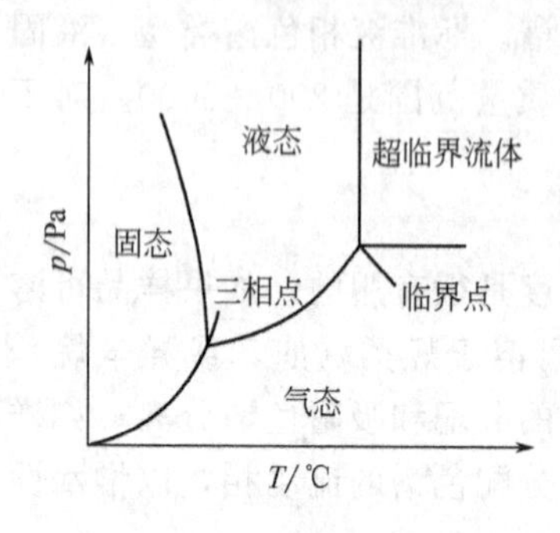

图 13-25 纯物质的相图

表 13-13 超临界流体与气体、液体的物理性质比较

项 目	气 体	超临界流体	液 体
密度/(g/cm³)	$(0.6\sim2)\times10^{-3}$	$0.2\sim0.5$	$0.6\sim2$
扩散系数/(cm²/s)	$(1\sim4)\times10^{-1}$	$10^{-3}\sim10^{-4}$	$(0.2\sim2)\times10^{-5}$
黏度/[g/(cm·s)]	$(1\sim3)\times10^{-4}$	$(1\sim3)\times10^{-4}$	$(0.2\sim3)\times10^{-2}$

注：全部数据仅以数量级表示。

表 13-14 一些超临界流体的物理性质

流体	超临界温度/℃	超临界压力/$\times10^6$Pa	超临界点的密度/(g/cm³)	在 4×10^7Pa 下的密度/(g/cm³)
CO_2	31.1	72.9	0.47	0.96
N_2O	36.5	71.7	0.45	0.94
NH_3	132.5	112.5	0.24	0.40
n-C_4H_{10}	152.0	37.5	0.23	0.50

表 13-14 中提供的数据表明：这四种流体的临界温度和压力，在通常的实验室中很容易实现；另外，这些流体的高密度特性，使它们具有足够的能力溶解大量非挥发性分子。其中 CO_2 流体在超临界流体色谱中的应用尤为普遍。CO_2 流体能很好溶解含 5～30 个碳原子的正烷烃和各种多环芳烃。

二、超临界流体色谱仪

1985 年出现第一台商品型的超临界流体色谱仪。图 13-26 所示为超临界流体色谱仪流程，类似于高效液相色谱仪，但有如下三点重要差别。

(1) 色谱柱及其恒温控制　为了精确地控制流动相流体的温度，色谱柱安装在恒温控制的柱炉内。用于超临界流体色谱的色谱柱可以是填充柱或毛细管柱，其中，毛细管超临界流体具有特别高的分离效率。

(2) 限流器（或称反压装置）　超临界流体色谱仪带有一个限流器，用以对柱维持一个合

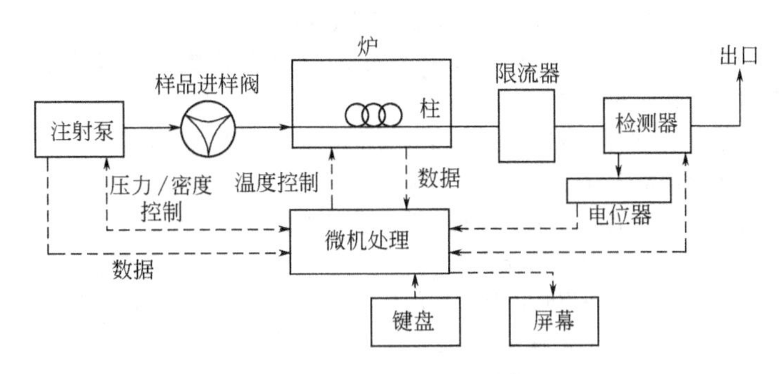

图 13-26　超临界流体色谱仪流程

适的压力，并且通过它流体转换为气体后，进入检测器进行测量。限流器可看作是柱末端延伸部分。

（3）超临界流体作流动相　由于以超临界流体作为流动相，它的密度随压力增加而增加，而密度的增加引起流动相溶剂效率的提高，同时可缩短淋洗时间。例如，采用 CO_2 流体作流动相，当压力由 7.0×10^6Pa 增加到 9.0×10^6Pa 时，对于十六碳烷烃的淋洗时间可由 25min 缩短到 5min。在 SFC 中，通过程序升压实现了流体的程序升密，达到改善分离的目的。

在 SFC 中，最广泛使用的流动相要算是 CO_2 流体，它无色、无味、无毒、易获取并且价廉，对各类有机分子都是一种极好的溶剂。它在近紫外区无吸收；临界温度 31℃，临界压力 7.29×10^6Pa；在色谱分离中，CO_2 流体允许对温度、压力有宽的选择范围。有时在流体中加入 1%～5%甲醇，以改进分离的选择因子 α 值。除 CO_2 流体外，可作流动相的还有乙烷、戊烷、氨、氧化亚氮、二氯二氟甲烷、二乙基醚和四氢呋喃等。

三、超临界流体色谱法特点

① 与高效液相色谱法相比，由于流体的低黏度使其流动速度比在 HPLC 仪中快，因此 SFC 的柱效一般比 HPLC 法的柱效高，分离时间短。

② 与气相色谱法比较，由于流体的扩散系数与黏度介于气体和液体之间，因此 SFC 的谱带展宽比 GC 要小；其次，SFC 中流动相的作用类似 LC 中流动相，流体作流动相不仅载带溶质移动，而且与溶质会产生相互作用力，参与选择竞争；另外，大分子物质在超临界流体中的分压很大，因此可实现在低温下对大分子物质、热不稳定性化合物、高聚物等的分离。SFC 法比 GC 法测定相对分子质量的范围要大出好几个数量级，基本与 LC 相当。

③ 超临界流体色谱法被广泛应用于天然物、药物、表面活性剂、高聚物、农药、炸药和火箭推进剂等物质的分离和分析。

习　题

1. 高效液相色谱与经典液相色谱有何异同？
2. 现需分离分析一氨基酸试样，拟采用哪种色谱？
3. 提高液相色谱柱效的最有效途径是什么？
4. 薄层色谱与高效液相色谱相比，两者在分离方法上各有哪些优、缺点？
5. 何谓反相液相色谱？何谓正相液相色谱？分别适合于分析什么样的样品？
6. 在液相色谱法中，梯度淋洗适用于分离何种试样？
7. 在液相色谱中，van Deemter 方程（范氏速率理论方程）中的哪一项对柱效能的影响可以忽略不计？
8. 对下列试样，用液相色谱分析，应采用何种检测器：

(1) 长链饱和烷烃的混合物；(2) 水源中多环芳烃化合物。

9. 对聚苯乙烯相对分子质量进行分级分析，应采用哪一种液相色谱法？为什么？

10. 什么是化学键合色谱？它的突出优点是什么？

11. 什么叫梯度洗脱？它与气相色谱中的程序升温有何异同？举例说明。

12. 指出下列各种色谱法最适宜分离的物质对象。

气液色谱：正相色谱；反相色谱；离子交换色谱；离子对色谱；

气固色谱：凝胶色谱；液固色谱；薄层色谱。

13. 在硅胶柱上，用甲苯为流动相时，某溶质的保留时间为28min。若改用四氯化碳或三氯甲烷为流动相，试指出哪一种溶剂能减少该溶质的保留时间？

14. 指出下列物质在正相色谱和反相色谱中的洗脱顺序：

(1) 正已烷，正已醇，苯；(2) 乙酸乙酯，乙醚，硝基丁烷。

15. 分离下列物质，宜采用何种液相色谱？

(1) CH_3CH_2OH 和 $CH_3CH_2CH_2OH$；(2) 高相对分子质量的葡萄糖苷；

(3) $CH_3CH_2CH_2COOH$ 和 $CH_3CH_2CH_2CH_2COOH$；(4) Ba^{2+} 和 Sr^{2+}。

16. 与 GC 和 HPLC 仪器相比，SFC 仪器有何不同？

17. 解释在 SFC 中压力的重要性。

18. 超临界流体的性质对它作为色谱流动相很重要，请叙述这些性质。

第十四章　毛细管电泳和毛细管电色谱

1981 年 Jorgenson 和 Lukcas 提出在 75μm 内径的石英毛细管柱内利用高电压对带电荷的待测物进行电泳分离，电迁移进样，以灵敏的荧光检测器进行柱上检测，使丹酰花氨基酸高效、快速分离，峰形对称，达到 4×10^5 块理论塔板数的高效率，Jorgenson 并进一步研究了影响区带加宽的因素。Jorgenson 等人的开创性工作，使普通电泳这一技术发生了根本性变革，从此跨入高效毛细管电泳（high performance capillary electrophoresis，HPCE）的新时代。高效毛细管电泳又简称毛细管电泳（CE）。毛细管电泳技术的重要发展历程见表 14-1。1988～1989 年出现了第一批毛细管电泳仪器。由于 CE 符合以生物工程为代表的生命科学各领域中对多肽、蛋白质（包括酶和抗体）、核苷酸乃至脱氧核糖核酸（DNA）的分离分析要求，因此得到了迅速的发展。CE 和普通电泳相比，由于采用高电场，因此分离速度要快得多；可供 CE 选择的检测器也很多，如紫外-可见吸收检测器、二极管阵列检测器、激光诱导荧光检测器、电化学检测器、质谱检测器等；一般电泳的定量精度差，而 CE 则和 HPLC 相近；CE 操作的自动化程度也比普通电泳要高得多。

表 14-1　毛细管电泳技术的重要发展历程

年份	取得的成就
1967	最早证明可以把高电场用于细内径(3mm,i. d.)的毛细管电泳
1974	阐明电渗流就像泵一样可驱动液体流过毛细管
1974	说明使用更细内径(50～200μm,i. d.)的毛细管做毛细管电泳的优点
1979	使用细内径(200μm,i. d.)聚四氟乙烯毛细管,进行毛细管电泳,获得小于 10μm 理论塔板高度的柱效
1981	进一步使用细内径(75μm,i. d.)的毛细管和高电场进行毛细管电泳,首次获得了很高的柱效,大大推动了毛细管电泳的发展
1984	提出了胶束毛细管电动色谱,使毛细管电泳可以分离中性物质
1987	阐明用小内径毛细管可以进行毛细管凝胶电泳
1989	商品毛细管电泳问世

注：i. d. 表示内(直)径。

CE 是近年来发展最快的分析方法之一，它是经典电泳技术和现代微柱分离相结合的产物。与 HPLC 相比，两者均为液相分离技术，都有多种分离模式，且仪器操作可自动化；但两者又遵循不同的分离机理。CE 的检出灵敏度和精密度不及 HPLC。CE 仅能实现微量制备，而 HPLC 可用作常量制备。在很大程度上，CE 和 HPLC 互为补充，但 CE 更具有如下优点。

（1）高效　从理论上推得 CE 的理论塔板高度和溶质的扩散系数成正比，对扩散系数小的生物大分子而言，其柱效就要比 HPLC 高得多；每米理论塔板数为几十万，高者可达几百万乃至几千万，而 HPLC 一般为几千到几万。

（2）高速　CE 用迁移时间取代 HPLC 中的保留时间，CE 的分析时间通常不超过 30min，比 HPLC 所需的时间短；最快可在 60s 内完成分离，例如有在 250s 内分离 10 种蛋白质，1.7min 内分离 19 种阳离子及 3min 内分离 30 种阴离子的报道。

（3）微量　CE 所需要样品量为纳升（10^{-9} L）量级，而 HPLC 所需样品量为微升

(μL) 量级，仅为 HPLC 的千分之一。

(4) 操作模式多，分析方法开发容易 CE 只需更换毛细管内填充溶液的种类、浓度、酸度或添加剂等，就可用同一台仪器实现多种分离模式。

(5) 低消耗 CE 流动相用量一般一个工作日只需几毫升，而 HPLC 流动相则需几百毫升乃至更多。

由于以上优点以及分离生物大分子的能力，使 CE 成为近年来发展最迅速的分离分析方法之一。

第一节 毛细管电泳原理

一、电色谱中的电动现象

1. 电泳

带电荷粒子在外电场作用下的定向移动的泳动现象称为电泳。

球形粒子在电场中的迁移速度

$$v=\frac{q}{6\pi\eta r}E \tag{14-1}$$

棒状粒子在电场中的迁移速度

$$v=\frac{q}{4\pi\eta r}E \tag{14-2}$$

式中 q——溶质粒子所带的有效电荷；

E——电场强度；

η——电泳介质的黏度；

v——溶质粒子在电场中的迁移速度；

r——溶质粒子的表观液态动力学半径。

可见，荷电粒子的电泳速度除与电场强度成正比外，还与其有效电荷、形状、大小以及介质黏度有关。不同物质在同一电场中，因它们的有效电荷、形状、大小的差异，它们的电泳速度也不同，所以可能分离开。也就是说，物质粒子在电场中差速迁移是电泳分离的基础。

2. 双电层和 zeta 电势

双电层是所有表面的基本特征，在典型的硅胶、键合碳链硅胶和石墨碳表面都存在负电荷，浸入液体中由于静电作用在硅胶表面会形成稍微过量相反电荷的薄层。这一电荷薄层一般被分成两部分，与表面非常接近的过量电荷和在表面有效地固定化的离子称为 Helmhotz 和 Stern 层（吸附层和紧密层），这一部分过量电荷和离子不会对电动力学产生影响。另一部分过量电荷可以与溶液中的离子自由交换，称为双电层中的扩散层或 Gouy-Chapman 层。与平衡离子相关的过量电荷密度随着与固体表面距离的增加而迅速降低，降低到 ε/e 的距离时称为双电层的厚度（δ），通常以 $1/\kappa$ 表示，其中 κ 是 Debye 长度。图 14-1 所示为在固体表面形成双电层的示意。

表面电势 Ψ_0 在 Stern 层线性降至 Ψ_d，剪切面位于 Stern 面外侧很近的地方，其上的电位称为 zeta 电位 ζ，$\zeta\approx\Psi_d$，如图 14-2 所示。zeta 电位在扩散层按指数函数衰减：

$$\zeta=\frac{4\pi\delta e}{\varepsilon} \tag{14-3}$$

式中，ε 为缓冲液的介电常数；e 为 Gouy-Chapman 层中过量离子的电荷密度。zeta 电（位）势与固体表面以及溶液中离子状态（如 pH 值和离子强度）的性质相关。当溶液为极性溶剂（如水）时，在极性（如硅胶和玻璃）或非极性（如石墨炭）表面的 zeta 电势可达 10～100mV；非极性溶剂（如正己烷）与极性或非极性表面接触时，通常不会产生 zeta 电势，但如在非极性溶剂中加入少量（10^{-5} mol/L）的可以解离的物质如二异丙基水杨酸钙，则在固体表面可以产生与极性溶剂相同量级的电位。

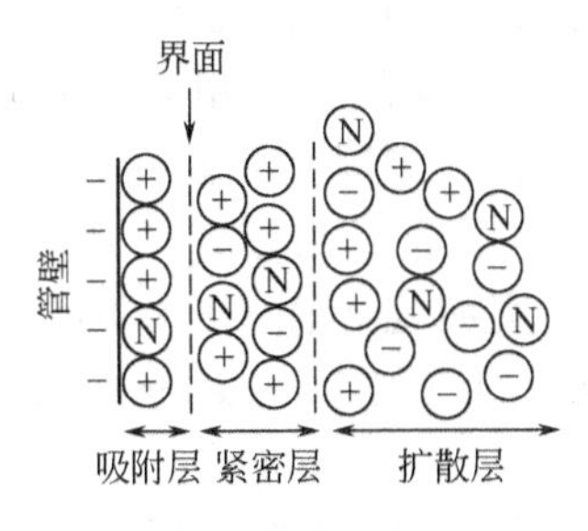

图 14-1　双电层示意

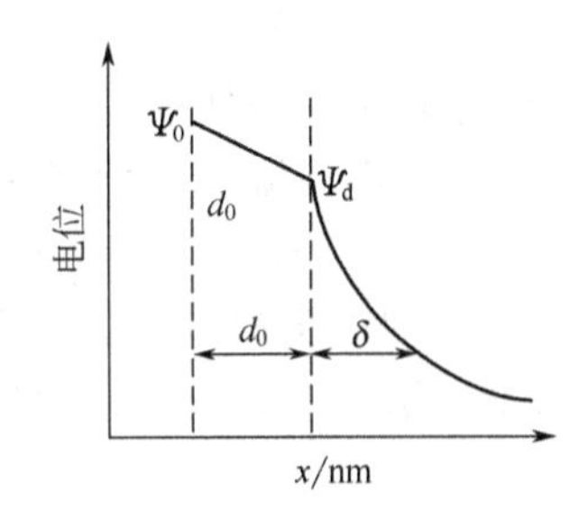

图 14-2　zeta 电势与距离的关系

3. 电渗流

(1) 电渗流的产生　固体与液体相接触时，如果固体表面因某种原因带一种电荷，则因静电引力使其周围液体带另一种电荷，在固液界面形成双电层。当液体两端施加电压时，就会发生液体相对于固体表面的移动。这种液体相对于固体表面移动的现象即电渗流（EOF）现象。电渗流现象中液体的整体流动叫电渗流（见图 14-3）。

电渗流的方向决定于毛细管内壁表面电荷的性质。一般情况下，石英毛细管内壁表面带负电荷，电渗流方向为由阳极到阴极。但是如果将毛细管壁表面改性，比如在壁表面涂渍或键合一层阳离子表面活性剂，或者在内充液中加入大量的阳离子表面活性剂，将使石英毛细管壁表面带正电荷。壁表面正电荷因静电引力吸引溶液中的阴离子，使溶液表面带负电荷，在外电场力的作用下，液体整个向阳极流动，即电渗流的方向由阴极流向阳极。电渗流是 CE 中非常重要的物理现象，其大小直接影响分离情况和分析结果的精密度、准确度。

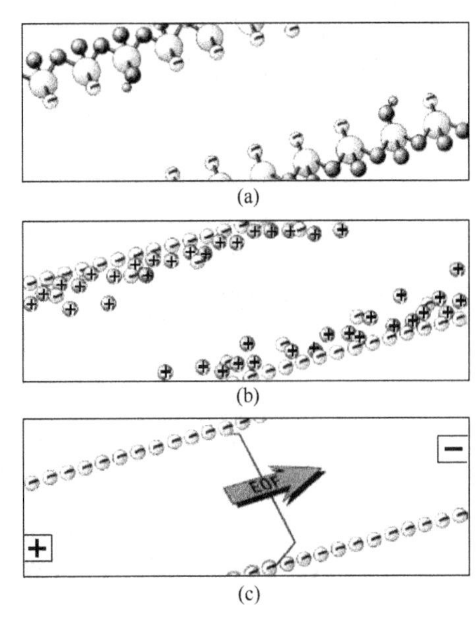

图 14-3　电渗流示意

(2) 电渗流的大小　电渗流的大小用电渗流速度 v_{eo} 表示，其大小决定于电渗淌度 μ_{eo} 和电场强度 E。即

$$v_{eo}=\mu_{eo}E \qquad (14\text{-}4)$$

电渗淌度 μ_{eo} 决定于电泳介质及双电层的 zeta 电势，即

$$\mu_{eo}=(\varepsilon_0\varepsilon\zeta)/\eta$$

因此

$$v_{eo}=\frac{\varepsilon_0\varepsilon\zeta}{\eta}E \qquad (14\text{-}5)$$

式中　ε_0——真空介电常数；

ε——电泳介质的介电常数；

ζ——毛细管壁的 zeta 电势，它近似等于扩散层与吸附层界面上的电位。

在实际电泳分析中，电渗流速度 v_{eo} 可以通过实验测定，按下式计算

$$v_{eo}=L_{ef}/t_{eo} \tag{14-6}$$

式中 L_{ef}——毛细管的有效长度，即从毛细管的进样端到检测器的距离；

t_{eo}——电渗流标记物（中性物质）的迁移时间。

(3) EOF 流型 由于毛细管内壁表面扩散层的过剩阳离子均匀分布，所以在外电场力驱动下产生的电渗流为平流，即塞式流动。液体流动速度除在管壁附近因摩擦力迅速减小到零以外，其余部分几乎处处相等。这一点和 HPLC 中靠泵驱动的流动相的流型完全不同，图 14-4 所示为 CE 电渗流与 HPLC 流动相的流型及其对样品区带展宽的影响。

从图 14-4 看出，HPLC 流动相的流型是抛物线形的层流，在管壁的速度为零，管中心的速度为平均速度的 2 倍。所以层流引起的区带展宽明显；而 CE 中的电渗流是平流流型，几乎不引起样品的区带展宽。电渗流呈平流是 CE 能获得高分离效率的重要原因。

(4) 影响 EOF 的因素 从电渗流速度的公式(14-4) 和公式(14-5) 可知电渗流速度和电场强度、管壁 zeta 电势、电泳介质的组成及性质有关。而管壁 zeta 电势又和毛细管材料、表面特性、电泳介质的组成及性质有关。

① 电场强度 由电渗流速度的公式可知，电渗流速度和电场强度呈正比。当毛细管长度一定时，电渗流速度正比于电泳时的工作电压。

② 毛细管材料 不同材料的毛细管的表面电荷特性不同，所以在其他条件相同的情况下，在不同材料的毛细管中产生的电渗流大小也不同。图 14-5 所示为不同材料毛细管的电渗流及其和内充液 pH 值的关系。

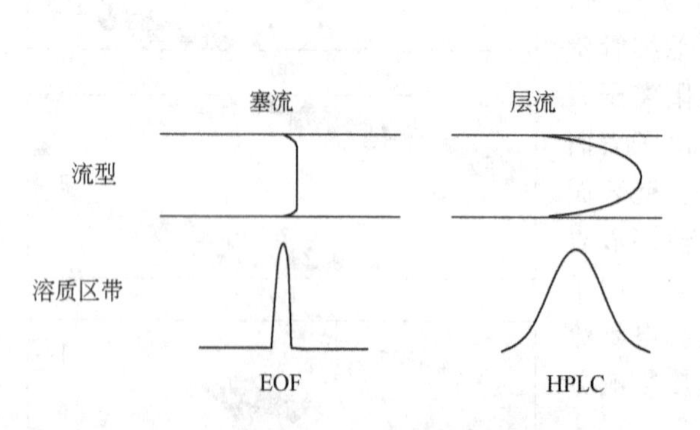

图 14-4 CE 电渗流与 HPLC 流动相的流型以及其对样品的区带展宽的影响

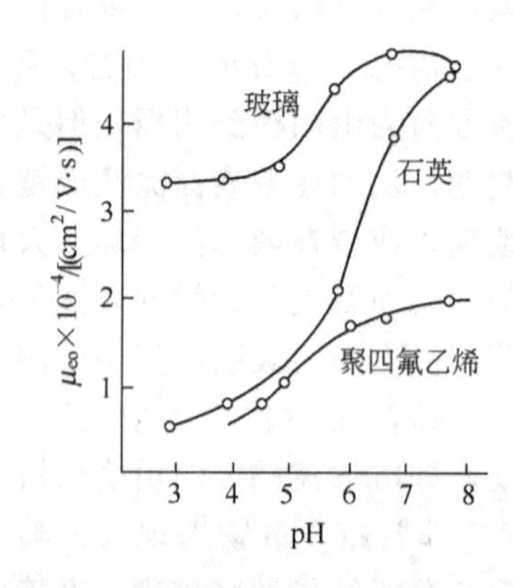

图 14-5 不同材料毛细管的电渗流及其和内充液 pH 值的关系

③ 溶液 pH 电渗流正比毛细管内壁的 zeta 电势。对于相同材料毛细管而言，当内充液的 pH 值不同时，它们的表面电荷特性不同，毛细管壁的 zeta 电势不同，其电渗流的大小也不同，如图 14-5 所示。内充液的 pH 值对电渗流大小的影响很显著。控制溶液 pH 值稳定，对于保持电渗流稳定、保证电泳分离分析结果的重现性极为重要。所以，CE 操作必须在适当的缓冲溶液中进行。

④ 电解质溶液成分与浓度 由于不同阴离子的形状、大小、带电荷多少不同，它们的电导也不同。由不同阴离子构成的相同浓度的缓冲溶液，在相同工作电压下毛细管中的电流会有很大差别，使毛细管中的焦耳热不同。毛细管中缓冲溶液温度不同，黏度不同，导致电渗流的大小也不同。

⑤ 温度 毛细管内温度升高，使溶液黏度下降，电渗流增大。

4. 淌度

淌度（mobility）是指荷电粒子在单位电场强度下的迁移速度。物质粒子在电场中的迁移速度取决于粒子淌度和电场强度的乘积，所以淌度不同是电泳分离的内因。物质所处的环境不同，其形状、大小及所带电荷多少都可能有差别，则淌度也可能不同。电泳分离的基础是各分离组分有效淌度的差异。

（1）绝对淌度（absolute mobility） 是指无限稀释溶液中荷电粒子在单位电场强度下的平均迁移速度，简称淌度，用 μ_{ab} 表示。绝对淌度表示一种离子在没有其他离子影响下的电泳能力，是该离子在无限稀释溶液中的特征物理量。各种离子的绝对淌度可以在物理化学手册中查到。

（2）有效淌度（effective mobility） 在实际工作中，人们不可能在无限稀释溶液中进行电泳，某种离子在溶液中不是孤立存在的，必然会受到其他离子的影响，其形状、大小及所带电荷多少都可能发生变化。把物质在实际溶液中的淌度叫做有效淌度。所以，有效淌度是指实验中测得的离子淌度，用 μ_{ef} 表示。有效淌度和离子形状、离子半径、溶剂化作用、介质的介电常数、溶剂的黏度、离子的电荷数、离子的解离度以及溶液酸度、温度等因素有关，其大小可以用下述公式表示

$$\mu_{ef}=\sum a_i\mu_i \tag{14-7}$$

式中 a_i——物质 i 在所处条件下某解离状态的解离度；

μ_i——物质 i 在所处条件下某解离状态的绝对淌度。

物质的解离常数和溶液的 pH 值有关，溶液 pH 值对不同物质的解离常数的影响不同，不同物质的解离程度对溶液 pH 值的依赖程度也不同。从因绝对淌度 μ_{ab} 相同看似不能电泳分离的两种物质，通过调节溶液的 pH 值就有可能被分离的许多例子，可以看出绝对淌度和有效淌度之间有联系也有差别，也看出溶液 pH 值对于电泳分离效果有着重大影响。

（3）表观淌度 在 CE 中，离子在电场中的迁移速度不仅决定于离子的有效淌度和电场强度，而且还与电渗流速度有关。把离子在实际电泳中的迁移速度叫做表观迁移速度，用 v_{ap} 表示

$$v_{ap}=\mu_{ap}E \tag{14-8}$$

式中 μ_{ap}——离子的表观淌度。其大小等于离子的有效淌度和电渗淌度的矢量和，即

$$\mu_{ap}=\mu_{ef}\pm\mu_{eo} \tag{14-9}$$

不同物质在电泳中的表观淌度不同，则它们的表观迁移速度不同，因而得以分离。所以，在 CE 中溶质的表观淌度的差别对分离的好坏是至关重要的。

二、毛细管电泳中组分的分离原理

在电解质溶液中，带电粒子在电场作用下，以不同速度向其所带电荷相反方向迁移，产生电泳流。CE 通常采用的是石英毛细管柱，在一般情况下（pH＞3），内表面带负电，和溶液接触时形成了一双电层。在高电压作用下，双电层中的水合阳离子整体地朝负极方向移动，产生电渗流。在很多情况下，电渗流的速度是电泳流速度的 5～7 倍。

既然同时存在着泳流和渗流，那么，在不考虑相互作用的前提下，粒子在毛细管内电解质中的运动速度应当是电泳速度（v_{ef}）和电渗流速度（v_{eo}）的矢量和，即

$$v=v_{eo}\pm v_{ef}=(\mu_{eo}\pm\mu_{ef})E \tag{14-10}$$

式中，E 为电场强度；μ 为淌度。

一般情况下，毛细管管壁带负电，电渗流流向阴极，电渗流速度约等于一般离子电泳速

度的 5～7 倍。所以，各种电性物质在毛细管中的迁移速度如下。

阳离子迁移速度 $$v^{+}=v_{eo}+v_{ef} \tag{14-11}$$

式中，v_{ef}为电泳速度。

阴离子迁移速度 $$v^{-}=v_{eo}-v_{ef} \tag{14-12}$$

中性物质迁移速度 $$v_0=v_{eo} \tag{14-13}$$

正离子的运动方向和电渗流一致，因此应最先流出；中性粒子的电泳流速度为“零”，其移动速度相当于电渗流速度；而负离子的运动方向和电渗流方向相反，但因电渗流速度一般都大于电泳流速度，故它将在中性粒子之后流出，从而因各种粒子移动速度不同实现了分离，如图 14-6 所示。

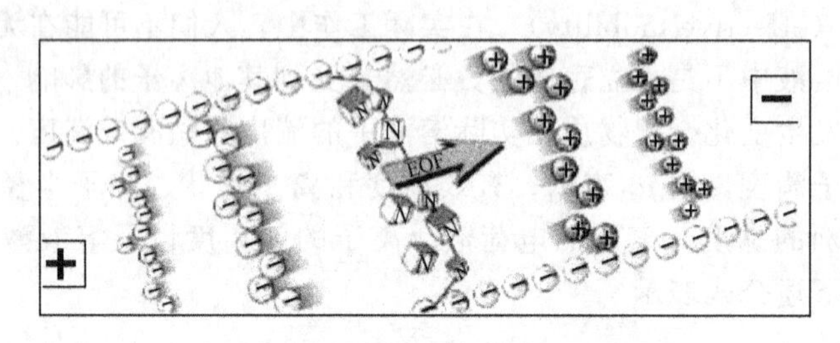

图 14-6　CE 中各种电荷粒子分离示意

可见，在一般情况下电渗流可以带动阳离子、阴离子和中性物质以不同的速度从阴极端流出毛细管。所以说，电渗流在 CE 的分离中起着极其重要的作用。其作用表现为：①电渗流在毛细管电泳中起到像 HPLC 中泵一样的作用，在一次电泳操作中可以同时完成阳离子、阴离子的分离；②改变电渗流的大小或方向，可以改变 CE 的分离效率和选择性，这是 CE 中优化分离的重要因素；③电渗流明显影响各种电性物质在毛细管中的迁移速度，电渗流的微小变化就会影响 CE 分离测定结果的重现性。而电泳中影响电渗流的因素很多，所以控制电渗流恒定是电泳分析中极其重要的任务。

三、毛细管电泳的分析参数

1. 迁移时间

从加电压开始电泳到溶质到检测器所需的时间称为该溶质的迁移时间或保留时间，用 t 表示，其表达式如下

$$t=\frac{L_{ef}}{v_{ap}}=\frac{L_{ef}}{\mu_{ap}E}=\frac{L_{ef}L}{\mu_{ap}V} \tag{14-14}$$

式中，V 为外加电压；L 为毛细管总长度；v_{ap}为溶质实际的迁移速度；μ_{ap}为溶质的表观淌度。

2. 毛细管电泳柱效率

CE 中柱效率用理论塔板数 N 表示。

$$N=\left(\frac{L_{ef}}{\sigma}\right)^2 \tag{14-15}$$

式中，L_{ef}为溶质的迁移距离即毛细管的有效长度；σ 为标准偏差，它表示溶质的峰宽度，描述了溶质带在柱中展宽的程度。溶质的峰宽度也可用基线峰宽 W 或半峰宽 $W_{1/2}$ 表示。

像在色谱中那样，柱效率也可以直接由电泳图求出，即

$$N=5.54\times\left(\frac{t}{W_{1/2}}\right)^2=16\times\left(\frac{t}{W}\right)^2 \tag{14-16}$$

式中，t 为溶质迁移时间；$W_{1/2}$ 为半峰宽；W 为溶质基线峰宽。组分峰越窄，理论塔板数越高，塔板高度越小，表示毛细管电泳柱效率越高。

3. 分离度

CE 中的分离度用 R_s 表示，它是指表观淌度相近的两组分分开的程度，如图 14-7 所示。

$$R_s=\frac{\Delta L}{W}=\frac{\Delta L}{4\sigma} \quad (14\text{-}17)$$

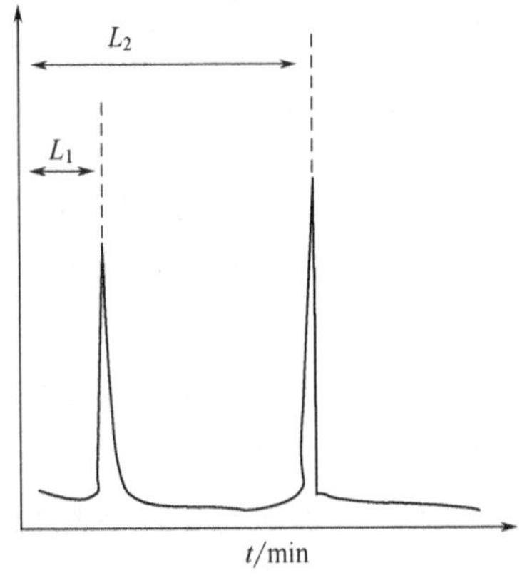

图 14-7　电泳分离示意

式中，ΔL 为两峰中心之间的距离，$\Delta L=L_2-L_1$；W 为两峰峰底宽度平均值；σ 为两峰的标准差的平均值。

因为两峰中心之间的距离正比于两组分的迁移速度之差 Δv，所以两峰中心之间的距离与两组分迁移距离的平均值（即毛细管的有效长度 L_{ef}）之比等于两组分的迁移速度之差与两组分迁移速度的平均值 $\bar{v}$ 之比，即

$$\frac{\Delta L}{L_{ef}}=\frac{\Delta v}{\bar{v}} \quad (14\text{-}18)$$

故分离度可以写作

$$R_s=\frac{L_{ef}}{4\sigma}\times\frac{\Delta v}{\bar{v}}=\frac{\sqrt{N}}{4}\times\frac{\Delta v}{\bar{v}} \quad (14\text{-}19)$$

由于

$$\frac{\Delta\mu}{\bar{\mu}}=\frac{\Delta v}{\bar{v}}$$

所以

$$R_s=\frac{\sqrt{N}}{4}\times\frac{\Delta\mu}{\bar{\mu}} \quad (14\text{-}20)$$

其中

$$\Delta\mu=\mu_{ap1}-\mu_{ap2}=\mu_{ef1}-\mu_{ef2}$$

$$\bar{\mu}=\frac{\mu_{ap1}+\mu_{ap2}}{2}$$

理想 CE 中的理论塔板公式 $N=\frac{\mu_{ap}VL_{ef}}{2DL}=\frac{\mu_{ap}EL_{ef}}{2D}$，带入公式（14-20），整理后得（在此不作推导）

$$R_s=0.177\frac{\Delta\mu}{\bar{\mu}}\sqrt{\frac{\mu_{ap}VL_{ef}}{DL}} \quad (14\text{-}21)$$

当把组分的表观淌度看成近似等于两组分的平均淌度时，即

$$\mu_{ap}=\mu_{ef}+\mu_{eo}=\bar{\mu}$$

将其带入公式（14-20），整理后得

$$R_s=0.177\Delta\mu\sqrt{\frac{VL_{ef}}{DL(\mu_{ef}+\mu_{eo})}} \quad (14\text{-}22)$$

该公式表明，影响分离度的主要因素有工作电压 V、毛细管有效长度与总长度之比、组分的有效淌度差和电渗淌度。

在实际电泳中，分离度常由电泳图直接用式（14-23）求得。

$$R_s=\frac{2(t_2-t_1)}{W_2+W_1} \quad (14\text{-}23)$$

四、毛细管电泳中影响柱效率的因素

在毛细管电泳中一般也按理论塔板数的多少衡量柱效，柱效是反映毛细管电泳过程中溶

质区带加宽的程度。在实际电泳过程中，除了溶质的纵向扩散外还存在着很多引起峰加宽的因素，如焦耳热引起的温度梯度、进样塞长度、溶质与毛细管壁间的吸附作用、溶质与缓冲溶液间的电导不匹配引起的电分散等。考虑到各种因素的影响，用总方差表示系统中各因素对峰加宽的影响。

$$\sigma_{T}^{2}=\sigma_{inj}^{2}+\sigma_{dif}^{2}+\sigma_{tem}^{2}+\sigma_{ads}^{2}+\sigma_{elec}^{2}+\sigma_{oth}^{2}$$

式中 σ_{T}^{2}——各因素对峰加宽的总方差；

σ_{inj}^{2}——由进样引起峰加宽的方差；

σ_{dif}^{2}——组分纵向扩散引起峰加宽的方差；

σ_{tem}^{2}——由焦耳热引起峰加宽的方差；

σ_{ads}^{2}——由毛细管壁间的吸附作用引起峰加宽的方差；

σ_{elec}^{2}——溶质与缓冲溶液间的电导不匹配引起的电分散的方差；

σ_{oth}^{2}——由其他因素引起峰加宽的方差。

第二节 毛细管电泳仪

一般的毛细管电泳仪包括高压电源、毛细管、两个供毛细管插入而又可和高压电源相连的缓冲溶液储瓶、检测器及数据处理装置。图 14-8 所为毛细管电泳仪示意。一般通过加压到电解质缓冲溶液储瓶中或在毛细管出口减压，迫使溶液通过毛细管。两端缓冲溶液必须定期更换，这是由于在实验过程中，离子不断地被消耗，阴极和阳极缓冲液的 pH 值升高或降低。缓冲溶液池必须化学惰性，机械稳定性好。

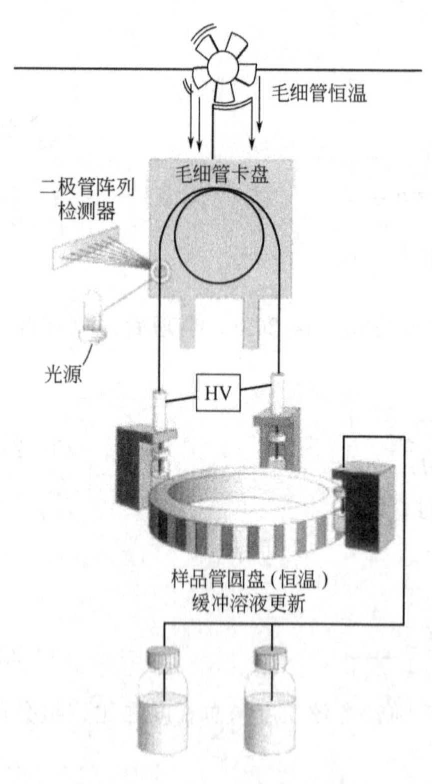

图 14-8 毛细管电泳仪示意

HV—高压电源

毛细管电泳仪在结构上比高效液相色谱仪要简单，而且易于实现自动化。一般的商品仪器都设有十几个，甚至高达几十个进、出口位置，可以根据预先安排好的程序对毛细管进行清洗、平衡，并连续对样品进行自动分析。

一、高压电源

在毛细管电泳中常用的高压电源一般为 5～30kV，电流 200～300μA。为保持迁移时间具有足够好的重现性，要求电压的稳定性在±0.1%以内。一般要求高压电源能以恒压、恒流或恒功率等模式供电，最常用的是恒压电源。恒电流或恒功率模式对等速电泳或对毛细管温度难以控制的实验是有用的。

二、毛细管及其温度控制

毛细管是 CE 的核心部件之一，毛细管电泳的分离和检测过程均在毛细管内完成。采用细柱可减小电流及自热，而且能加快散热，以保持高效分离；但会造成进样、检测及清洗上的困难，也不利于对吸附的抑制，故一般采用 25～100μm 内径的毛细管。增加柱的长度，会使电流减小，分析时间增加，而短柱则易造成热过载，一般常用 10～100cm 的长度。常用的毛细管均为圆形，也有采用矩形或扁方形毛细管。矩形管的优点是可以加长检测的光径，散热好，比圆柱有较高的分离效率；扁管可在不降低电泳效率的同时，增大进样量和光径。毛细管的材料有聚丙烯空心纤维、聚四氟乙烯、玻璃及石英等。最常用的是石英毛细管，这是因为其具有良好的光学性质（能透过紫外线），石英表面有硅醇基团，能产生吸附和形成电渗流。电渗流在CE分离中起重要作用，需要根据不同的分离要求而加以控制。毛细管的恒温控制分空气浴和液体浴两种，液体恒温的效果更好一些。

三、毛细管电泳的进样方法

毛细管电泳常采用电动进样和流体力学进样两种进样方式，如图 14-9 所示。流体力学进样又可分为进样端加压进样［见图 14-9(a)压力进样］、毛细管差出口端抽真空进样［见图 14-9(b)真空压差进样］和高差进样［见图 14-9(c)］。进样端加压进样方式是在将毛细管的进样端插入样品池液面以下，密闭样品池加压的进样方式；毛细管差出口端抽真空进样是在将毛细管的出口端插入样品池液面以下，密闭抽真空使样品进入毛细管的进样方式。高差进样是利用虹吸现象，将毛细管的一端浸没在样品溶液中，将此溶液提升，超过另一端缓冲溶液液面约 10cm，使样品进入毛细管。电动进样，即在数秒钟内，加 5kV 的短脉冲，由于电渗流的作用，使 5～50μL 的样品进入毛细管［见图 14-9(d)］。

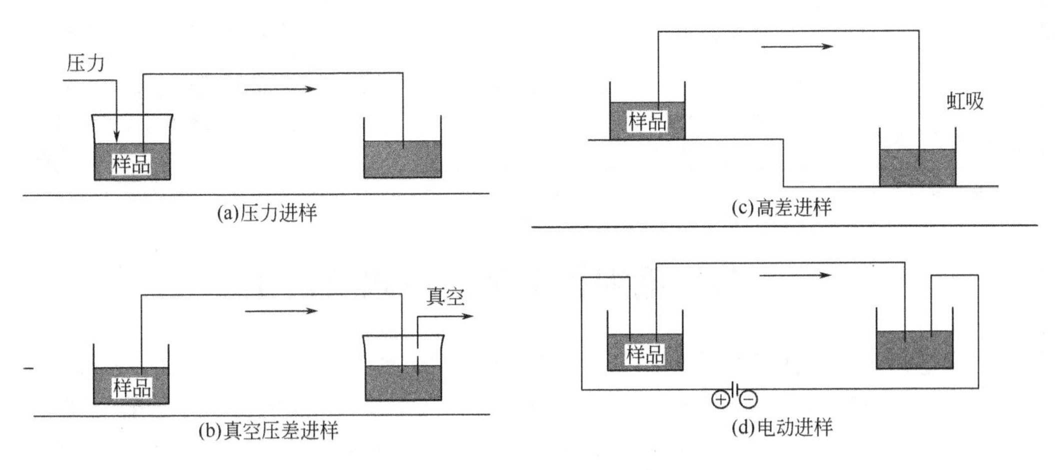

图 14-9 进样的方式示意

电动进样的进样量 Q 为

$$Q=\frac{(\mu_{eo}+\mu_{ef})V_i\pi r^2 ct_i}{L} \tag{14-24}$$

式中，μ_{ef}为溶质的电泳淌度；μ_{eo}为电渗流淌度；L 为毛细管总长度；V_i 为进样电压；r 为毛细管内半径；c 为样品浓度；t_i 为进样时间。

压差进样的进样量 Q 为

$$Q=\frac{\Delta p\pi r^4 ct_i}{128\eta L} \tag{14-25}$$

式中，Δp 为毛细管两端的压力差；η 为溶液的黏度；L 为毛细管总长度；r 为毛细管内半径；c 为样品浓度；t_i 为进样时间。

四、毛细管电泳的检测器

检测器是毛细管电泳仪的一个关键构件，特别是光学类的检测器，由于采用柱上检测技术导致光程极短，而且圆柱形毛细管作为光学表面也不够理想，因此对检测器灵敏度要求相当高。当然，在 CE 中也有有利于检测的因素，如在 HPLC 中，因稀释的缘故，溶质到达检测器的浓度一般是其进样端原始浓度的 1%，但在 CE 中，经优化实验条件后，可使溶质区带到达检测器时的浓度和在进样端开始分离前的浓度相同。而且 CE 中还可采用电堆积等技术使样品达到柱上浓缩效果，使初始进样体积浓缩为原体积的 10%～1%，这对检测十分有利。因此从检测灵敏度来说，HPLC 具有良好的浓度灵敏度，而 CE 则具有较高的质量灵敏度。

毛细管电泳的检测技术与毛细管电色谱（capillary electrochromatography）的检测技术完全相同。Blanc 等人给出了应用于毛细管电泳检测的各种方法及其特点，这一结果也完全适用于毛细管电色谱（表 14-2）。

表 14-2　毛细管电泳与毛细管电色谱的检测方法及其特点

检测方法	质量检测限/mol	浓度检测限①/(mol/L)	优点和缺点
紫外线检测	10^{-13}～10^{-16}	10^{-5}～10^{-8}	通用性好，二极管阵列可提供光谱信息
荧光检测	10^{-15}～10^{-17}	10^{-7}～10^{-9}	灵敏度高，通常需衍生化
激光诱导荧光	10^{-18}～10^{-20}	10^{-14}～10^{-16}	灵敏度非常高，通常需衍生化
安培检测	10^{-18}～10^{-19}	10^{-10}～10^{-11}	灵敏度高，只适用于电活性物质；需要特殊的电化学和毛细管柱改性
电导检测	10^{-15}～10^{-16}	10^{-7}～10^{-8}	通用性好，但需对样品进行电改性和色谱柱改性
质谱检测	10^{-16}～10^{-17}	10^{-8}～10^{-9}	灵敏度高，而且能提供结构信息
间接紫外、荧光和安培检测	比相应的直接检测方法低 10～100 倍		主要应用于无机离子和没有生色团的化合物，灵敏度低于直接检测方法

① 假定进样体积 10μL。

第三节　毛细管电泳的模式及应用

毛细管电泳按照电泳模式的不同分为毛细管区带电泳（capillary zone electrophoresis，CZE）、毛细管凝胶电泳（capillary gel electrophoresis，CGE）、胶束电动毛细管色谱（micellar electrokinetic capillary chromatography，MECC）、毛细管等电聚焦（capillary isoelectric focusing，CIEF）和毛细管等速电泳（capillary isotachor-phoresis，CITP）。

不同的电泳模式具有不同的分离机制和应用范围。

一、毛细管区带电泳

毛细管区带电泳（capillary zone electrophoresis，CZE）是指溶质在毛细管内的背景电解质溶液中以不同速度迁移而形成一个一个独立的溶质带的电泳模式。毛细管区带电泳突出的特点是简单，但因中性物质的淌度差为零，所以不能分离中性物质。CZE 是 CE 中最简单、应用最广泛的一种操作模式，是其他操作模式的基础，如图 14-10(a) 所示。

毛细管区带电泳是利用待测组分电泳淌度的差异将其分离的。不同组分的迁移时间不同是利用进行毛细管区带电泳定性的依据；其定量分析也类似于 HPLC，根据电泳峰的峰面积或峰高进行定量分析。从公式(14-14) 可知在 CZE 模式中，溶质的迁移时间 t 为：

$$t=\frac{L_{ef}L}{(\mu_{eo}+\mu_{ef})V}$$

当 $L_{ef}\approx L$ 时，理论塔板数 N 为

$$N=\frac{(\mu_{eo}+\mu_{ef})V}{2D} \tag{14-26}$$

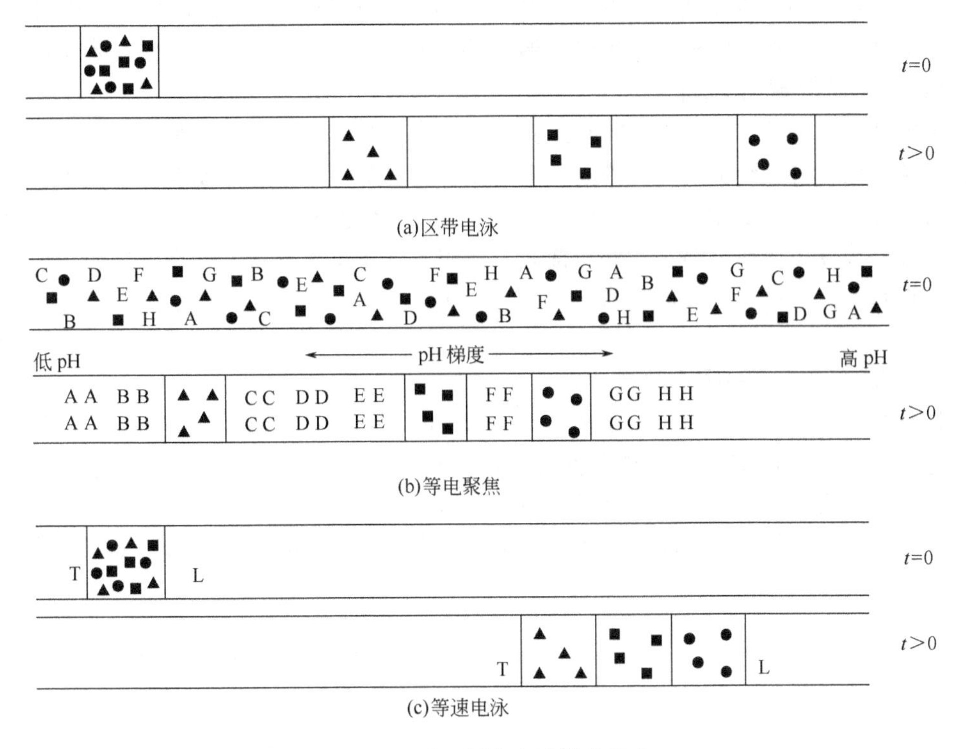

图 14-10　几种不同的电泳模式示意

式中，D 为扩散系数。溶质 1 和溶质 2 的分离度 R 为

$$R=0.177(\mu_1-\mu_2)\sqrt{\frac{V}{D(\mu_{eo}+\bar{\mu}_{ef})}} \tag{14-27}$$

式中，μ_1 和 μ_2 分别为溶质 1 和溶质 2 的淌度；$\bar{\mu}_{ef}$ 为两溶质的平均淌度。毛细管区带电泳是 CE 中最基本、应用最普遍的一种模式。

二、毛细管凝胶电泳

毛细管凝胶电泳（capillary gel electrophoresis，CGE）是在毛细管中装入凝胶作支持物进行的电泳。凝胶具有多孔性，起类似分子筛的作用，使溶质按分子大小逐一分离。而且凝胶的黏度大，可减少溶质的扩散，使被分离组分峰形尖锐，能达到 CE 中最高的柱效。

CGE 的关键是毛细管凝胶柱的制备，常用聚丙烯酰胺在毛细管内交联制成凝胶柱，可分离分析蛋白质和 DNA 的分子量或碱基数，但制备麻烦，使用寿命短。若采用黏度低的线性聚合物，如甲基纤维素代替聚丙烯酰胺，可形成无凝胶但有筛分作用的无胶筛分（nongel sieving）介质。可避免空泡形成，比凝胶柱制备简单，寿命长，但分离效能较凝胶柱略差。

三、毛细管等电聚焦

毛细管等电聚焦（capillary isoelectric focusing，CIEF）是在毛细管里进行的等电聚焦的过程，其分离的基本原理是基于两性电介质在分离介质中的迁移造成的 pH 梯度，由此可以使物质根据它们不同的等电点达到分离的目的。具有一定等电点的物质顺着这一梯度迁移到相当于其等电点的那个位置，并在此停下，产生非常窄的聚焦带，并使不同等电点的蛋白聚焦在不同位置上，如图 14-10（b）所示。CIEF 有极高的分辨率，例如可以分离等电点差异小于 0.01pH 单位的两种蛋白质。

为了在毛细管内实现等电聚焦过程，必须减小电渗流，使已聚焦的区带移动，接受检测而又不引起很大的区带展宽。一般认为将亲水聚合物质键合到毛细管管壁表面可减小电渗流，以防吸附及破坏稳定的聚焦区带；通过调节两性电介质溶液可使聚焦区带移动。

四、毛细管等速电泳

毛细管等速电泳（capillary isotachor-phoresis，CITP）是一种较早采用的模式。选用淌度比样品中任何待测组分的淌度都高的电解质作为先导电解质，用淌度比样品中任何待测组分的淌度都低的电解质作为尾随电解质，夹在先导电解质和尾随电解质之间的样品组分根据各自的有效淌度不同而分离，达到平衡时，各组分区带上电场强度的自调节作用使各组分区带具有相同的迁移速率，故而得名，如图 14-10(c) 所示。毛细管等速电泳常用于分离离子型物质。

五、胶束电动毛细管色谱

胶束电动毛细管色谱（micellar electrokinetic capillary chromatography，MECC）又称电动色谱，是采用 CZE 技术并结合色谱原理而形成的。它将电化合物或带电分子聚集体溶解于缓冲液以充当载体。其原理可以认为是溶质在载体（不固定于柱的准固定相）与周围介质（流动相）之间的分配，同时两相在高压电场中具有不同的迁移，如图 14-11 所示。

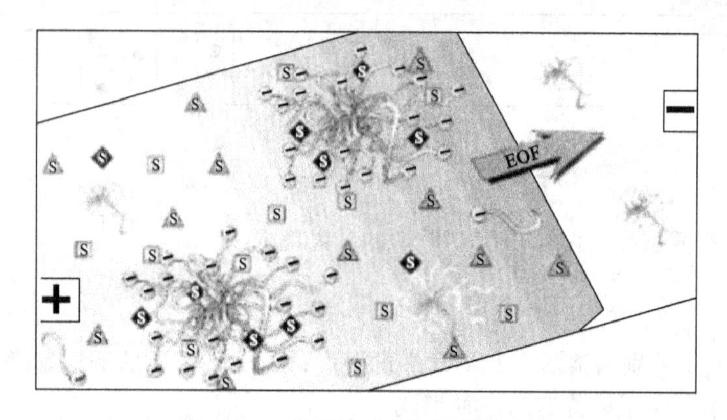

图 14-11 胶束电动毛细管色谱示意

缓冲液中加入溶质后，一部分溶质分子按分配机理与载体结合并随载体迁移，另一部分溶质分子不与载体结合。非结合型溶质分子随着整个缓冲液以电渗流形式迁移，其方向取决于缓冲液与毛细管内壁间的双电层电势。当毛细管内带负电（即硅胶毛细管在 pH 中性条件下），电渗流就向负极迁移。结合型溶质分子与整个分子数的比率取决于溶质与载体的结合能力，支配着各溶质组分的相对迁移率，从而分离各溶质组分。胶束电动毛细管色谱的分配原理与常规色谱相同，然而胶束电动毛细管色谱的载体与常规色谱的固定相不同，它并不固定于柱，也不形成与流动相性质截然不同的一相，而是在缓冲液中均匀分布。需要说明的是 MEKC 的载体同周围介质的迁移速度不同。

电动色谱中以含有载体（准固定相）的缓冲液代替了 CZE 的电泳缓冲液。根据载体类型的不同，MECC 可分为：①胶束电动色谱（miccellar electrokinetic chromatography，MEKC)；②环糊精电动色谱（cyclodextrins electrokinetic chromatography，CDEKC)；③离子交换电动色谱（ion exchange electrokinetic chromatography，IEEKC)；④微滴乳状液电动色谱（microemulsion electrokinetic chromatography，MEEKC)。在胶束电动色谱和环糊精电动色谱的基础上，环糊精修饰的胶束电动色谱（CD-MEKC）也逐渐发展，构成电动色谱很重要的一个分支。

第四节　毛细管电色谱简介

毛细管电色谱（capillary electrochromatography，CEC）是在毛细管中填充或在毛细管壁涂布、键合色谱固定相，依靠电渗流（EOF）推动流动相，使中性和带电荷的样品分子根据它们在色谱固定相和流动相间的吸附、分配平衡常数的不同和电泳速度的不同而达到分离目的的一种分离模式。毛细管电色谱是 HPLC 和 CE 的有机结合。

CEC 是在高效毛细管电泳技术不断发展与 HPLC 理论、技术进一步完善的基础上，不仅将 HPLC 中众多高选择性固定相引入毛细管，克服毛细管区带电泳选择性不够高、不能分离中性化合物的局限性，而且以电渗流代替压力流，克服了 HPLC 中压力流（是层流）引起的峰扩展，使柱内无压降，获得了接近于 CE 水平的高柱效。

CEC 的突出特点是：

① 分离效率比 HPLC 高 5～10 倍；

② 选择性比毛细管电泳高；

③ 分析速度快，分析结果重复性好；

④ 能实现样品的富集和预浓缩。

随着 CEC 理论、技术的不断完善，毛细管电色谱将成为毛细管电泳和 HPLC 的完美结合，将是非常有发展前途的，它将成为高效、高速、高选择性和富集、预浓缩样品集于一身的新型分离分析技术。

按毛细管柱的类型，毛细管电色谱可以分为填充柱毛细管电色谱和开管柱毛细管电色谱。

按照流动相的驱动力，毛细管电色谱分为电渗流驱动的毛细管电色谱和电渗流与压力联合驱动的毛细管电色谱。

一、毛细管电色谱原理

毛细管电色谱（capillary electrochromatography，CEC）是毛细管电泳与毛细管液相色谱结合的一种分离技术。它的分离机制包含有电泳迁移和色谱固定相的保留机理。

1. 电渗流

在毛细管电色谱中，电渗流对分离结果及分析的重现性有重大影响。当毛细管开管柱中背景电解质溶液的 pH 值等于或大于 3 时，毛细管内表面的硅羟基开始解离，解离的硅羟基因静电引力吸引背景电解质溶液中的阳离子在毛细管内壁形成双电层。当毛细管两端施加高电压时，产生流向阴极的电渗流。

Pretorius 的研究表明，填充毛细管中的电渗流速度大小为

$$v_{eo}=\frac{\gamma\varepsilon\zeta}{4\pi\eta}E=\frac{V\varepsilon\zeta}{4L\pi\eta} \tag{14-28}$$

式中　γ——无量纲的因数，根据填充床的弯曲度和疏松程度不同，其数值为 0.4～0.7；

E，V——电泳操作时的电场强度和电压；

L——毛细管的长度；

η——背景电解质溶液的黏度；

ζ——填料颗粒表面与电解质溶液界面双电层的 zeta 电势，其大小为 $\zeta=\frac{4\pi\delta e}{\varepsilon}$；

δ——填料颗粒表面与电解质溶液界面双电层的厚度；

e——毛细管内壁扩散层单位面积的过剩电荷数。

对于二元电解质溶液，其双电层的厚度

$$\delta=\sqrt{\frac{\varepsilon\varepsilon_0 RT}{2cF^2}}$$

式中，ε、ε_0 分别为真空介电常数和背景电解质溶液的介电常数；R 为气体常数；T 为实验时的热力学温度；c、F 分别为背景电解质溶液的浓度和法拉第常数。

Knox 的研究表明，只要填料颗粒表面的双电层不重叠（填料粒径≥0.5μm），电渗流速度就与填料大小无关。对于既定的背景电解质溶液，在操作电压一定的情况下，填充毛细管中的电渗流为一定值，流动相的线速度一定，不像 HPLC 的流动相线速度明显受填料粒度大小的影响。所以，CEC 中作为流动相的背景电解质溶液线速度不受填料粒度、填充均匀程度等的影响，因而分离效率高，重复性好。

同毛细管电泳一样，毛细管电色谱中的电渗流淌度大于大多数溶质离子的电泳淌度。因而，电渗流带动溶质离子一起向阴极移动。

2. 保留机制

溶质在电色谱中的迁移速度和电渗流速度、溶质的电泳速度以及溶质在流动相、固定相之间的分配情况有关。其大小可用下式表示 。

$$v=\frac{1}{k+1}(v_{ef}+v_{eo}) \tag{14-29}$$

$$k=\frac{n_s}{n_m}=K_d\frac{V_s}{V_m} \tag{14-30}$$

式中，v_{eo}、v_{ef}分别为系统的电渗流速度和溶质的电泳速度；k 为溶质在毛细管系统中柱容量因子，其大小决定于溶质在固定相与流动相间的分配系数；V_s、V_m 分别为固定相、流动相的体积；n_s、n_m 分别为溶质在固定相、流动相间达到分配平衡时，溶质分配到固定相、流动相中的量；K_d 为溶质在两相间的分配系数。

中性物质在 CEC 中的迁移速度为

$$v=\frac{v_{eo}}{k+1} \tag{14-31}$$

上述公式说明，溶质在 CEC 中的保留性能与它在系统的固定相与流动相间的分配系数有关。所以，在 CEC 中，离子型化合物的保留机制既有电泳机制，也有色谱的分配机制；而对于中性化合物溶质，只有色谱分配机制了。

3. 分离效率

在 CEC 中，分离效率仍用理论塔板数 N 或理论塔板高度 H 表示。影响分离效率的因素可用 van Deemter 方程描述。

$$H=Ad_p+\frac{BD_m}{v}+\frac{Cvd_p^2}{D_s} \tag{14-32}$$

式中　D_s，D_m——溶质在流动相和填充颗粒内部的扩散系数；

v，d_p——流动相的线速度和填充颗粒的粒度；

A，B，C——van Deemter 方程常数。

对于开管柱毛细管电色谱，涡流扩散项 Ad_p 等于零。对于填充毛细管电色谱，由于流动相是塞式平流，填料颗粒直径一般仅在 1.5～3.0μm，所以涡流扩散项 Ad_p 和在 HPLC 中的相比很小，可以忽略。式中的第三项为传质阻力项，其大小主要由溶质在填充颗粒内部的扩散系数决定。在 CEC 的一般操作条件下，传质阻力引起的区带展宽很小，对塔板高度的贡献可以忽略。

所以，在理想情况下影响 CEC 分离效率的因素就只有纵向扩散项。这是 CEC 分离效率大大高于 HPLC 的根本原因。再者，CEC 采用柱上检测和电动进样，死体积和进样量都比 HPLC 小得多，也是 CEC 分离效率高的重要原因。

二、毛细管电色谱实验条件的选择

像 CE、HPLC 一样，毛细管电色谱的实验条件选择主要有以下几方面。

1. 操作电压

由填充柱毛细管电色谱中电渗流速度大小公式可知，增加操作电压可以增大电渗流速度，缩短分析时间。由于填充柱毛细管电色谱中的电渗流比开管柱毛细管电色谱的电渗流低很多（仅是开管柱毛细管电色谱的 40%～60%），工作电流很小，柱中的热效应小，焦耳热可以忽略。所以，从提高电渗流速度、缩短分析时间考虑，可以选用很高的工作电压。但是，过高的工作电压，比如在 1000V/cm 以上时，柱内易产生气泡，使实验中断，严重时可能使柱子报废。

2. 缓冲溶液 pH 值

缓冲溶液 pH 值明显影响电渗流。一般而言，随着缓冲溶液 pH 值增大，系统的电渗流增大，溶质表观迁移速度加快，而柱容量因子基本不变。因此，通过提高缓冲溶液 pH 值，可以达到提高分析速度的目的。

3. 背景电解质浓度

背景电解质浓度增加，使双电层压缩、变薄，并且使电解质离子间形成离子对的概率增大，溶质表面有效电荷减小。所以，提高背景电解质浓度，可使电渗流速度下降。另一方面，背景电解质浓度增加，使工作电流增大，热效应增大，过高的焦耳热极易使填充柱电色谱系统产生气泡。所以，填充柱电色谱中背景电解质浓度一般不超过 6mmol/L，一般以 2mmol/L 为宜。如果采用低电导的电解质体系，工作电流比同浓度下的高电导电解质体系要低得多，热效应引起的气泡问题就小得多，此时可以采用高浓度的背景电解质体系。

4. 有机溶剂

往缓冲溶液中加入有机溶剂时，会引起溶液黏度、介电常数变化，必然引起电渗流速度和溶质迁移时间变化。在毛细管电泳中，一般来说，加入乙腈和增加乙腈在缓冲溶液中的比例，使电渗流减小。但是在毛细管电色谱的实验中发现却与之相反：随着加入乙腈浓度的增加，电渗流线性增大。所以，提高乙腈浓度，电渗流速度增加，可以提高冲洗能力；降低乙腈浓度，电渗流速度减小，可以提高 CEC 的分离度。

5. 采用分步梯度洗脱

对于难分离的物质，可以像 HPLC 那样采用梯度洗脱的方法，即在分析过程中采用适当方法，按一定程序更换盛有不同浓度缓冲溶液和有机溶剂的样品瓶来实现 CEC 的梯度洗脱，从而改善分离。图 14-12 所示为在其他条件不变的情况下，仅流动相的乙腈（ACN）浓度在 12min 内从 30%变到 45%，CEC 分离 10 种甾类化合物的电色谱图。图 14-12 表明，采用梯度洗脱的办法，可以明显改善 CEC 的分离情况。

三、毛细管电色谱的分离模式及应用

沿用常规的高效液相色谱中的概念，根据所采用的固定相和流动相性质的差别，毛细管电色谱可分为反相、正相、离子交换和体积排阻等多种分离模式。

正相毛细管电色谱是指流动相的极性低于固定相的极性的一种分离模式，其分离机理主

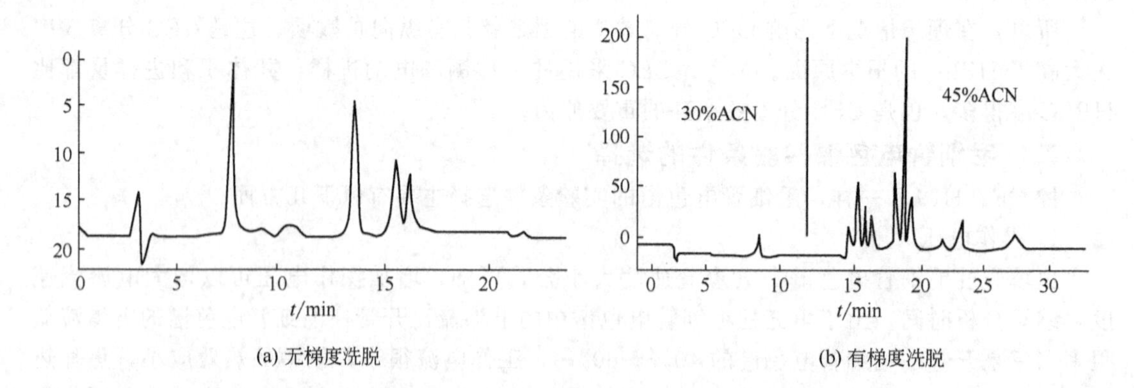

图 14-12 CEC 分离 10 种甾类化合物的电色谱图

缓冲溶液—25mmol/L Tris 水溶液加入一定量的乙腈（ACN），离子强度及缓冲溶液浓度保持不变；
毛细管柱—25mm×0.1mm i.d. 毛细管，填 3μm 苯基 ODS 固定相；进样—10kV，5s；
检测—UV 200nm；电泳—30℃，25kV

要基于溶质与固定相极性基团的极性作用力的差别。溶质的极性越大，则其保留值也越大。反相毛细管电色谱是基于溶质与极性流动相和非极性固定相表面间的疏水效应而建立的一种电色谱模式。任何一种有机分子的结构中都有非极性的疏水部分，这一疏水部分越大，则在反相电色谱中的保留值越大。与高效液相色谱技术中的情况相似，反相毛细管电色谱是研究和应用最广泛的一种分离模式。

离子交换毛细管电色谱是基于溶质与离子交换固定相静电相互作用和其本身的电泳作用达到分离目的的一种分离模式。这一分离模式主要应用于离子型化合物的分离分析。值得指出的是，离子交换毛细管电色谱在分离离子型化合物时，除了需注意在常规离子或离子交换色谱中所存在的溶质与固定相的静电作用力以外，还必须考虑电泳过程对分离的影响。

电驱动体积排阻色谱是一种按照溶质分子在流动相溶液中的体积大小分离的色谱方法。填料具有一定范围的孔径尺寸，大分子进不去而先流出色谱柱，小分子后流出。中性的高分子化合物在电驱动体积排阻色谱中的分离主要基于分子尺寸的大小，但对于离子型的高分子化合物，其分离过程必须考虑到电泳过程的影响。

目前，毛细管电色谱的应用主要是反相毛细管电色谱，其次是离子交换电色谱；而正相和体积排阻电色谱方面的工作很少。

尽管毛细管电色谱的发展历史并不长，但它无论在理论、技术还是应用方面都取得了很大的发展。作为一个新兴的分离技术，其研究和发展的生命力最终必将体现在解决一些实际样品分离分析所具有的优越性上（见表 14-3）。目前 CEC 已应用到环境、食品、生物等各个领域。毛细管电色谱的另外一个主要应用是分离手性化合物。用毛细管电色谱柱或将手性选择剂加到 CEC 流动相中，可以实现手性化合物的分离。自从 Mayer 和 Schurig 将 Chirasil-Dex 热交联，制得了毛细管电色谱手性柱并分离了 1-苯基乙醇等手性化合物，第一次实现了毛细管电色谱的手性分离以来，许多研究者在 CEC 的手性分离理论、手性选择剂及实验研究中做了大量工作，表明 CEC 不仅能高效、高速分离带电荷的旋光异构体，而且可以分离中性及疏水性光活性物质。例如 teicoplanin（替考拉宁）键合硅胶固定相填充柱 CEC 拆分色氨酸和 DNB-亮氨酸的典型图谱，如图 14-13 所示。

表 14-3 CEC 分析多环芳烃及药物中间体

分析物	色谱柱	测定条件
丙酮、苯乙醇、苯乙酮、酞酸二甲酯、苯甲醚、苯甲酸甲酯、甲苯、苯甲酸苯酯	50cm×50μm i. d.，填充 C_{18}-Exsil 填料，1.5μm	流动相为 1mmol/L 硼酸盐缓冲溶液，水+乙腈=3+7；电场强度为 50kV/cm
丙酸氟替卡松（fluticatione propionate）及其相关的杂质	60cm×50μm i. d.，Spherisorb ODS 填料，3μm	流动相为 1mmol/L 硼酸盐缓冲溶液，水+乙腈=1+4；电场强度为 40kV/cm
苯甲醇、苯乙醇和苯丙醇及杂质	28.1cm×100μm i. d.，ODS 填料，3μm，填充长度 16.5cm	流动相为 7.13mmol/L 硼酸盐缓冲溶液，水+乙腈=11+9；操作电压为 13kV
苯胺、联苯胺、间硝基苯胺、对硝基苯胺	28.1cm×100μm i. d.，ODS 填料，3μm，填充长度 16.5cm	流动相为 7.13mmol/L 硼酸盐缓冲溶液，水+乙腈=1+9；操作电压为 13kV
硫脲、苯甲醛，苯乙醇	27cm×75μm i. d.，ODS 填料，3μm，填充长度 20cm	流动相为 5mmol/L 磷酸盐缓冲溶液，水+乙腈=1+4；操作电压为 10kV
间苯二酚、萘、芴、蒽、芘、䓛	35.3cm×10μm i. d.，Nucleosil 100-3-C_{18} 填料，3μm，填充长度 30.5cm	流动相为乙腈、硼酸盐缓冲溶液，水+乙腈=1+9；操作电压为 30kV

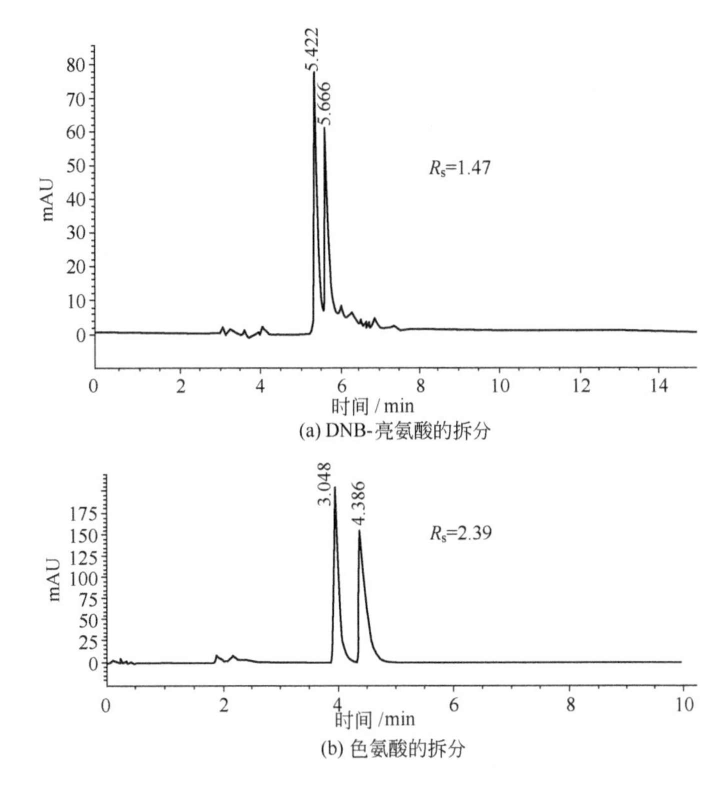

图 14-13 teicoplanin 键合硅胶固定相填充柱 CEC 拆分色氨酸和 DNB-亮氨酸的典型图谱

实验条件：30cm×199μm i. d.，5μm teicoplanin 键合硅胶固定相填充柱

(a) 流动相乙腈 (5mmol/L)-pH2.3 磷酸盐缓冲溶液 (70/30，体积比)；检测波长 254nm，施加电压 30kV，电动进样 19kV×5s，样品浓度 2mg/mL 乙腈水溶液 (50/50)；(b) 除 pH4.0 磷酸盐缓冲溶液和波长 214nm 检测外，其他条件同 (a)

毛细管电色谱拆分手性化合物具有 HPLC 和 CE 拆分手性化合物的特点，它可以把手性选择试剂固载到填料或毛细管柱表面，也可以把手性选择试剂加入到流动相中。相对于 CE 而言，CEC 分离手性化合物具有更多的选择性可供调节，且可用于中性和离子性化合物的

拆分；相对于 HPLC 而言，有望获得更高的分离效率，有望成为手性药物拆分和质量控制非常有效的技术。

习 题

1. 与 HPLC 相比，CE 更具有什么优点？
2. 高效毛细管电泳分离的原理是什么？
3. 高效毛细管电泳的几种模式的分离机理和应用对象有何不同？
4. 简述毛细管电色谱的分离原理，与 HPLC 和 CE 相比，毛细管电色谱有何特点？
5. 毛细管电色谱的色谱图与 HPLC 色谱图相比，有何差异？
6. 试分析毛细管电色谱方法分离手性化合物的原理。

第三篇　电分析化学法

第十五章　电分析化学导论

第一节　电分析化学法的分类及特点

电分析化学（electroanalytical chemistry）是仪器分析的一个重要分支，它是利用物质的电学及电化学性质来进行分析的一类方法。通常是将待测溶液构成一化学电池（电解池或原电池），通过研究或测量化学电池的电学性质（如电极电位、电流、电导及电量等）或电学性质的突变及电解产物的量与电解质溶液组成之间的内在联系来进行测定的。

一、分类

按照IUPAC分类，电分析化学法可分为三类：①不涉及双电层及电极反应，如电导分析及高频测定；②涉及双电层，不涉及电极反应，如表面张力及非Faraday阻抗测定；③涉及电极反应，如电位分析、电解分析、库仑分析和伏安分析。

按照测定的参数不同，电分析化学法可分为电位分析法、电导分析法、库仑分析法与伏安分析法等，详见表15-1。

表 15-1　电分析化学法分类

方法名称	测定的电参量	特点及用途
电位分析法	半电池电位	①适用于微量组分的测定，一价离子测定误差为4%，二价离子测定误差为8% ②选择性好，适用于测定 H^+、F^-、Cl^-、K^+ 等数十种离子
电导分析法	电导	①适用于测定水的纯度（电解质总量）、钢铁中C、S的测定，酸碱、沉淀、配位、氧化还原滴定 ②选择性较差
库仑分析法	电量	①不需要标准物质，准确度高 ②适用于测定许多金属、非金属离子及一些有机化合物
伏安分析法	电流-电压特性	①选择性好，可用于多种金属离子和有机化合物的测定 ②适用于微量和痕量组分的测定

二、特点

各种电分析化学法的准确度和灵敏度都很高，且重现性和稳定性较好。除电导分析法和某些电解分析法外，都具有较高的选择性。可测定组分浓度的范围宽，且适用于常量组分的测定。例如电导分析法、电位分析法和电解分析法都可用于常量组分的测定；而各类伏安分析法和某些电位分析法与库仑分析法则可用于微量和痕量组分的分析。

电分析化学法不仅用于成分分析，也可用作结构分析，如进行价态和形态分析；离子选择性电极分析法可以测定某些特定离子的活度而不只是浓度，在生理学研究中，Ca^{2+} 或 K^+

的活度大小比其浓度大小更有意义。

电分析化学法的仪器设备较其他仪器分析法简单、小型化，价格比较便宜，并易于实现自动化和连续分析，适用于生产过程中的在线分析。

电分析化学法可得到许多有用的信息：界面电荷转移的化学计量学和速率；传质速率；吸附或化学吸附特性；化学反应的速率常数和平衡常数测定等。可作为科学研究的工具，如研究电极过程动力学、氧化还原过程、催化过程、有机电极过程、吸附现象等。

近年来，电分析化学在方法、技术和应用方面得到长足发展，并呈蓬勃上升的趋势。在方法上，追求超高灵敏度和超高选择性的倾向导致由宏观向介观到微观尺度迈进，出现了不少新型的电极体系；在技术上，随着表面科学、纳米技术和物理谱学等的兴起与发展，利用交叉学科方法将声、光、电、磁等功能有机地结合到电化学界面，从而达到实时、现场和活体监测的目的以及分子和原子水平；在应用上，侧重生命科学领域中有关问题研究，如生物、医学、药物、人口与健康等，为解决生命现象中的某些基本过程和分子识别作用显示出潜在的应用价值，已引起生物学界的关注。

第二节 电化学基础

一、化学电池

化学电池是化学能与电能互相转换的装置，它在任何一种电分析化学方法中都必不可少。组成化学电池的条件：①电极之间以导线相连；②电解质溶液间以一定方式保持接触使离子可从一方迁移到另一方；③发生电极反应或电极上发生电子转移。

根据电极与电解质的接触方式不同，化学电池可分为两类：液接电池和非液接电池。液接电池的两电极在同一种电解质溶液中；非液接电池的两电极分别与不同电解质溶液接触，电解质溶液用烧结玻璃隔开或是用盐桥连接，烧结玻璃或盐桥能避免两种电解质溶液很快地混合，同时离子又能通过，如图 15-1 和图 15-2 所示。

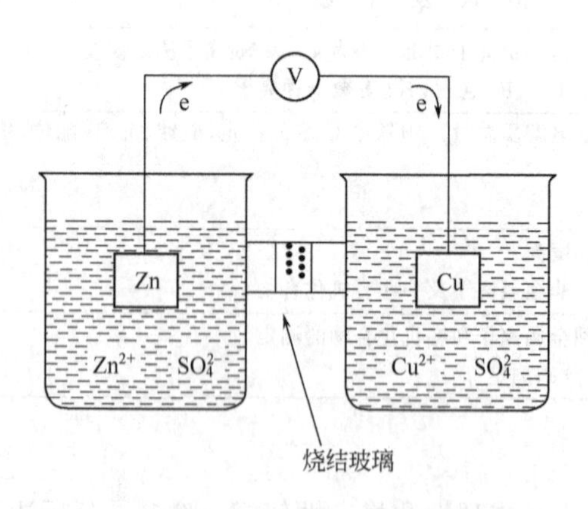

图 15-1 锌-铜原电池

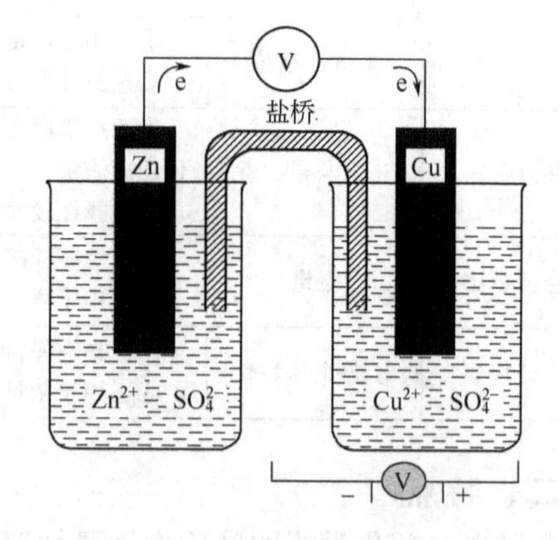

图 15-2 用盐桥构成的原电池

化学电池根据化学能与电能能量转换方式亦可分为两类：原电池和电解池。原电池（galvanic cell 或 voltaic cell）是化学能转化为电能的装置，在外电路接通的情况下，反应可自发进行并向外电路供给电能。而需要从外部电源提供电能迫使电流通过，使电池内部发生电极反应的装置为电解池（electrolytic cell），如图 15-3 所示，它将电能转化为了化学能。

当电池工作时，电流必须在电池内部和外部流通，构成回路。外部电路是金属导体，移动的是带负电的电子。电池内部是电解质溶液，移动的分别是正、负离子。为使电流能在整个回路中通过，必须在两个电极/溶液界面处发生有电子迁移的电极反应，即离子从电极上取得电子，或将电子交给电极。不管是原电池还是电解池，通常将发生氧化反应的电极（失去电子）称为阳极，发生还原反应的电极（得到电子）称为阴极。

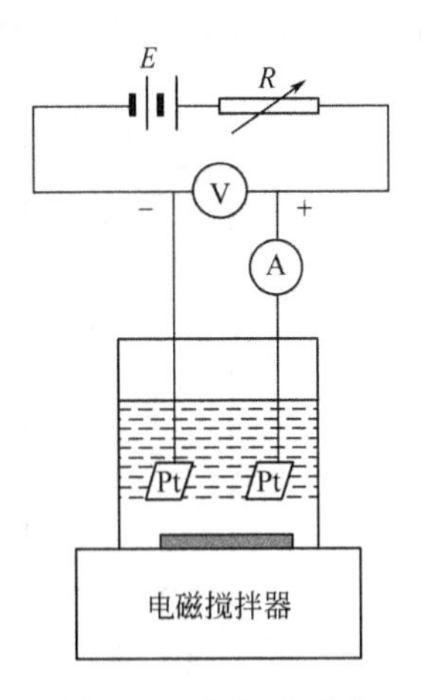

图 15-3　电解池示意

图 15-2 所示的电池是把金属锌插入 $ZnSO_4$ 水溶液中，金属铜插入 $CuSO_4$ 水溶液中，两者用盐桥连接。它可表示为

$$(-)Zn|ZnSO_4(a_1)\|CuSO_4(a_2)|Cu(+)$$

以｜表示金属和溶液的两相界面，以‖表示盐桥。由于 Zn 比 Cu 的标准电位要负，因此 Zn 较 Cu 活泼，Zn 原子易失去电子，氧化成 Zn^{2+} 进入溶液相。Zn 原子将失去的电子留在锌电极上，通过外电路流到铜电极上。Cu^{2+} 接受流来的电子还原为金属铜沉积在铜电极上。因此 Zn 电极上发生的是氧化反应，是阳极（anodic）。

$$Zn \rightleftharpoons Zn^{2+} + 2e^-$$

Cu 电极上发生的是还原反应，是阴极（cathode）。

$$Cu^{2+} + 2e^- \rightleftharpoons Cu$$

电池的总反应方程式为

$$Zn + Cu^{2+} \rightleftharpoons Zn^{2+} + Cu$$

外电路电子流动的方向是，电子由 Zn 电极流向 Cu 电极。内电路电流的方向与此相反，由 Cu 电极流向 Zn 电极。电位高的一端为正极，电位低的一端为负极。所以 Cu 电极的电位较高为正极，Zn 电极的电位较低为负极。

习惯地将阳极写在左边，阴极写在右边，电池的电动势 E_{cell} 为右边的电极电位（$\varphi_{右}$）与左边的电极电位（$\varphi_{左}$）的电位差与液接电位（$\varphi_{液接}$）的代数和。

即

$$\underbrace{(-)电极\ a|溶液(a_1)}_{阳极}\ \|\ \underbrace{溶液(a_2)|电极\ b(+)}_{阴极}$$

$$E$$

$$E_{cell} = \varphi_c - \varphi_a = (\varphi_{右} - \varphi_{左}) + \varphi_{液接} \qquad (15\text{-}1)$$

式中，φ_c、φ_a 分别代表阴极和阳极的电位。根据上式，当电池电动势 E 大于 0V 时，该化学电池为原电池，电极反应能自发地进行，向外界提供电源；当电池电动势 E 小于 0V 时，要使其电极反应进行，必须外加一个大于该电池电动势的外加电压，该化学电池为电解电池。

二、液接电位及其消除

1. 液接电位的形成

当两个不同种类或不同浓度的溶液直接接触时，由于浓度梯度或离子扩散使离子在相界面上产生迁移。当这种迁移速率不同时，会产生电位差或称产生了液接电位（见图 15-4）。它会影响电池电动势的测定，实际工作中应消除。

2. 液接电位的消除——盐桥

液接电位会影响电池电动势的真实测量结果，实际工作中必须消除，或尽量减小到最低限度。通常的方法是在两个溶液之间设置盐桥（salt bridge）（见图 15-5）。

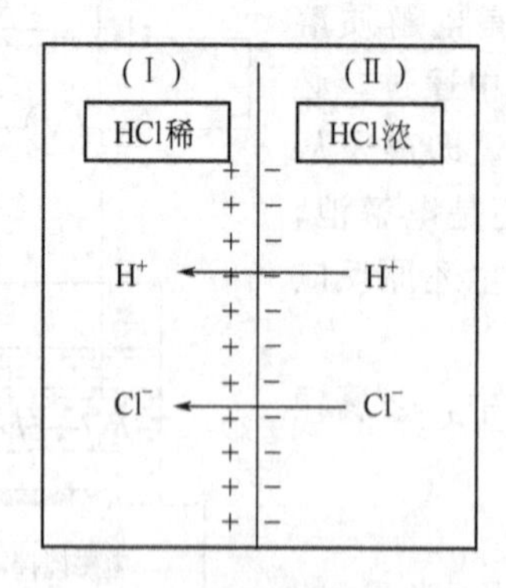

图 15-4　液接电位的形成

c（Ⅰ）＜c（Ⅱ）

φ（Ⅰ）－φ（Ⅱ）＞0

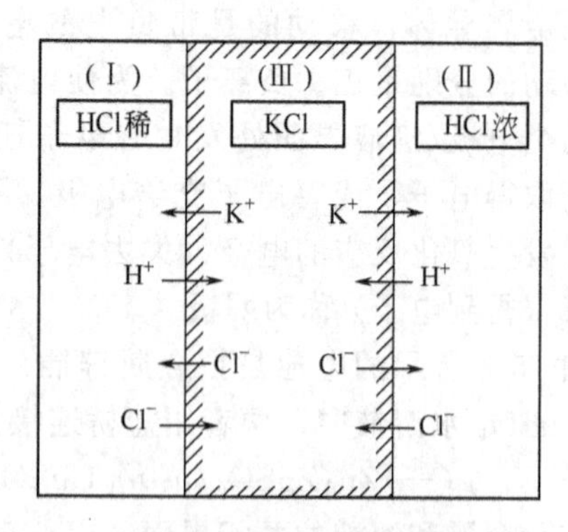

图 15-5　液接电位的消除

φ（Ⅰ）－φ（Ⅲ）≈0

φ（Ⅲ）－φ（Ⅱ）≈0

第三节　电 极 电 位

一、平衡电极电位的产生

以(－)Zn|$ZnSO_4(a_1)$‖$CuSO_4(a_2)$|Cu(＋)化学电池为例，金属可看成由离子和自由电子组成。金属离子以点阵结构排列，电子在其中运动。锌片与 $ZnSO_4$ 溶液接触时，金属中 Zn^{2+} 的化学势大于溶液中 Zn^{2+} 的化学势，锌不断溶解下来到溶液中。Zn^{2+} 到溶液中，电子被留在金属片上，其结果金属带负电，溶液就带正电，固液两相间形成了双电层。双电层的形成，破坏了原来金属和溶液两相间的电中性，建立了电位差，这种电位差将排斥 Zn^{2+} 继续进入溶液，金属表面的负电荷对溶液中的 Zn^{2+} 又有吸引。以上两种倾向平衡的结果，形成了平衡相间电位，也就是平衡电极电位。

二、标准电极电位及其测量

当用测量仪器来测量电极的电位时，测量仪器的一个接头与待测电极的金属相连，而另一个接头必须经过另一种导体才能与电解质溶液接触。这后一个接头就必然形成一个固/液界面，构成第二个电极。这样电极电位的测量就变成对一个电池电动势的测量。电池电动势的数据一定与第二个电极密切相关，电极电位仅仅是一个相对值。绝对的电极电位是无法测量的。

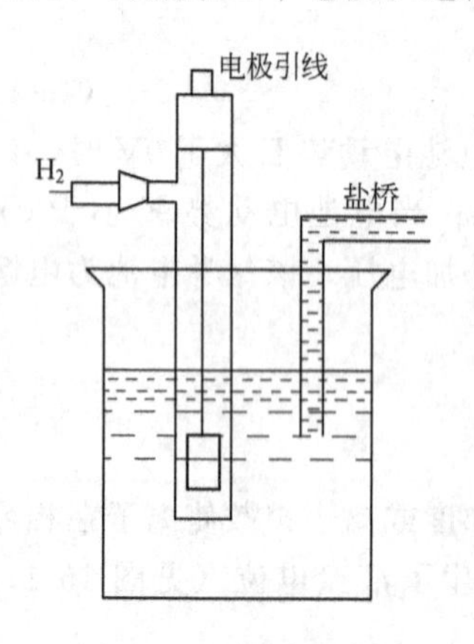

图 15-6　标准氢电极

$p(H_2)=101325Pa$；

$a(H_2)=1mol/L$

为了计算或考虑问题的方便，各种电极测量得到的电极电位具有可比性，第二个电极应是共同的参比电极。这种参比电极在给定的实验条件下能得到稳定而可重现的电位值。标准氢电极已被用做基本的参比电极。

(1) 标准氢电极　常用的标准氢电极如图 15-6 所示。它是一片在表面涂有薄层铂黑的铂片，浸在氢离子活度等于 1mol/L 的溶液中。在玻管中通入压力为 101325Pa(1atm) 的氢气，让铂电极表面上不断有氢气泡通过。电极反应为

$$2H^+ + 2e^- \rightleftharpoons H_2\ (气)$$

人为规定在任何温度下，标准氢电极电位 $\varphi_{H^+/H_2}=0$。

(2) 电极电位　IUPAC 规定任何电极的电位是它与标准

氢电极构成原电池，所测得的电动势作为该电极的电极电位。电子通过外电路，由标准氢电极流向该电极，电极电位定为正值；电子通过外电路由该电极流向标准氢电极，电极电位定为负值。

在 298.15K 时，以水为溶剂，活度均为 1mol/L 的氧化态和还原态构成的电极电位称为该电极的标准电极电位。标准电极电位用 $\varphi^{\ominus}$ 表示。

如下述电池

$$\mathrm{Pt|H_2(101325Pa),H^+(1mol/L)\|Zn^{2+}(1mol/L)|Zn}$$

该电池的电动势为 0.763V，所以 Zn 标准电极电位 $\varphi^{\ominus}_{Zn^{2+}/Zn}=-0.763V$。

一个电池由两个电极组成，每个电极可以看作半个电池，称为半电池。一个发生氧化反应，另一个发生还原反应。按以上惯例，电极电位的符号适用于写成还原反应的半电池。

三、Nernst 方程式

对于任一电极反应

$$\mathrm{Ox}+ne^- \rightleftharpoons \mathrm{Red}$$

电极电位为

$$\varphi=\varphi^{\ominus}+\frac{RT}{nF}\ln\frac{a_{\mathrm{Ox}}}{a_{\mathrm{Red}}} \tag{15-2}$$

式中，$\varphi^{\ominus}$ 为标准电极电位；R 为摩尔气体常数，8.3145J/(mol·K)；T 为热力学温度；F 为 Faraday 常数，96485C/mol；n 为电子转移数；a 为活度。

在常温（25℃）下，Nernst 方程为

$$\varphi=\varphi^{\ominus}+\frac{0.0592}{n}\lg\frac{a_{\mathrm{Ox}}}{a_{\mathrm{Red}}} \tag{15-3}$$

上述方程式称为电极反应的 Nernst 方程。

若电池的总反应为

$$a\mathrm{A}+b\mathrm{B}\rightleftharpoons c\mathrm{C}+d\mathrm{D} \tag{15-4}$$

电池电动势为

$$E=E^{\ominus}-\frac{0.0592}{n}\lg\frac{(a_{\mathrm{C}})^c(a_{\mathrm{D}})^d}{(a_{\mathrm{A}})^a(a_{\mathrm{B}})^b} \tag{15-5}$$

该式称为电池反应的 Nernst 方程。其中 $E^{\ominus}$ 为所有参加反应的组分都处于标准状态时的电动势。当电池反应达到平衡时，$E=0$，此时

$$E^{\ominus}=\frac{0.0592}{n}\lg\frac{(a_{\mathrm{C}})^c(a_{\mathrm{D}})^d}{(a_{\mathrm{A}})^a(a_{\mathrm{B}})^b}=\frac{0.0592}{n}\lg K \tag{15-6}$$

利用此式可求得反应的平衡常数 K。

在此需要注意的是：①若反应物或产物是纯固体或纯液体时，其活度定义为 1mol/L；②在测量中多要测量待测物浓度 c_i，其与活度 a_i 的关系为

$$a_i=\gamma_i c_i \tag{15-7}$$

式中，γ_i 为 i 离子的活度系数，与离子电荷 z_i、离子大小 r（单位 Å，1Å$=10^{-10}$m）和离子强度 I（$I=\frac{1}{2}\sum c_i z_i^2$）有关。

$$\lg\gamma_{\pm}=-0.512z_i^2\left(\frac{\sqrt{I}}{1+B\mathring{a}\sqrt{I}}\right) \tag{15-8}$$

式中，$B=0.328$（25℃）；$\mathring{a}$ 是离子大小的参数，单位为 10^{-10}m，其数值可从有关的手册中查到。

四、条件电极电位 $\varphi^{\ominus'}$

由上文可知，由于电极电位受溶液离子强度、配位效应、酸效应等因素的影响，因此使

用标准电极电位 $\varphi^{\ominus}$ 有其局限性。实际工作中，常采用条件电极电位 $\varphi^{\ominus\prime}$ 代替标准电极电位 $\varphi^{\ominus}$。

如电动势 E 若用电位差 φ 代替，标准电动势用标准电位差 $\varphi^{\ominus}$ 代替，将式(15-7) 带入式(15-5) 可以写为

$$\varphi=\varphi^{\ominus}-\frac{0.0592}{n}\lg\frac{(\gamma_{C}c_{C})^{c}(\gamma_{D}c_{D})^{d}}{(\gamma_{A}c_{A})^{a}(\gamma_{B}c_{B})^{b}}$$

或

$$\varphi=\varphi^{\ominus}-\frac{0.0592}{n}\lg\frac{(\gamma_{C})^{c}(\gamma_{D})^{d}}{(\gamma_{A})^{a}(\gamma_{B})^{b}}-\frac{0.0592}{n}\lg\frac{(c_{C})^{c}(c_{D})^{d}}{(c_{A})^{a}(c_{B})^{b}} \tag{15-9}$$

式中，前两项合并，并用条件电极电位 $\varphi^{0\prime}$ 表示，可得

$$\varphi=\varphi^{\ominus\prime}-\frac{0.0592}{n}\lg\frac{(c_{C})^{c}(c_{D})^{d}}{(c_{A})^{a}(c_{B})^{b}} \tag{15-10}$$

条件电极电位 $\varphi^{\ominus\prime}$ 校正了离子强度、水解效应、配位效应以及 pH 值等因素的影响。在浓度测量中，通过加入总离子强度调节剂使待测液与标准液的离子强度相同（基体效应相同），这时可用浓度 c 代替活度 a。

五、电极极化与超电位

由于电池有电流通过时，需克服电池内阻 R，因此，实际电池电动势应为：

$$E=\varphi_{c}-\varphi_{a}-iR \tag{15-11}$$

式中，φ_{c}、φ_{a} 分别代表阴极和阳极的电位；iR 称为 iR 降（voltage drop)，它使原电池电动势降低，使电解池外加电压增加。当电流 i 很小时，电极可视为可逆，阴极电位 φ_{c} 和阳极电位 φ_{a} 可以使用电极的可逆电位。

1. 电极的极化

当有较大电流通过电池时，电极电位完全随外加电压而变化，或者当电极电位改变较大而电流改变较小时的现象称为极化。电池的两个电极都可发生极化现象。电极的极化与电极大小和形状、电解质溶液组成、搅拌情况、温度、电流密度、电池中反应物与生成物的物理状态、电极成分等诸多影响因素有关。

极化通常可分为两类：浓差极化和电化学极化。发生电极反应时，电极表面附近溶液浓度与主体溶液浓度不同所产生的现象称为浓差极化。可通过增大电极面积、减小电流密度、提高溶液温度、加速搅拌来减小浓差极化。电化学极化主要由电极反应动力学因素决定。

2. 超电位

由于极化，使实际电位和可逆电位之间存在差异，此差异即为超电位，用符号 η 表示。电流密度越大，超电位越大；溶液温度越高，超电位越小；电极化学成分不同，超电位不同；产物是气体的电极，其超电位大，其中 Hg 的超电位最大。

六、法拉第过程和非法拉第过程

电极上发生两种类型的过程，一种是电荷（例如电子）转移通过电极-溶液界面的过程，在这些过程中发生了实际的氧化或还原作用，它们受法拉第定律所制约，因此称为法拉第过程。

在某些条件下，由于电荷转移反应在热力学或动力学上是不利的，电极可能处于不发生电荷转移的潜在区。然而，却可能发生诸如吸附之类的过程，并且电极-溶液界面的结构也可能发生变化，这将引起电流或电位的瞬时变化。这种过程称为非法拉第过程。非法拉第过程的一个重要实例是电极充电过程。

对于一个理想极化电极，只有非法拉第过程发生，而没有电荷穿过界面，也没有连续电

流流动。在某一特定的电位差时，随着能被氧化或还原的物质的加入，便可产生电流；电极被去极化，所加入的物质则称为去极化剂。

法拉第过程可在广阔的速率范围内以各种不同的速率进行。如果该过程进行得非常迅速，以至于物质的氧化态与还原态始终处于平衡状态，那么反应称为可逆反应。能斯特方程适用于此种过程。

习　题

1. 如何用能斯特方程式来表示电极电位和电池电动势？

2. 电极极化的含义是什么？

3. 基于电子交换反应的金属电极有几种？各举一例说明，并写出电极、电极反应表达式和能斯特方程式。

4. 试述超电位及其含义。

5. 试述法拉第过程和非法拉第过程。

6. 298K 时电池 $Cu|Cu^{2+}$ (0.0200mol/L) ‖ Fe^{2+} (0.200mol/L)，Fe^{3+} (0.0100mol/L)，H^{+} (1.00mol/L) |Pt。

(1) 写出该电池的电极反应和总反应。

(2) 标出电极的极性并说明电子和电流流动的方向。

(3) 计算电池的电动势并说明该电池是原电池还是电解池。

(4) 计算平衡常数。

7. 将下列几种物质构成一个电池：银电极，未知 Ag^{+} 溶液，盐桥，饱和 KCl 溶液，Hg_2Cl_2，Hg。

(1) 写出电池的表示形式。

(2) 哪一个电极是参比电极？另一个电极是指示电极还是工作电极？

(3) 盐桥内通常应充什么电解质？在该电池中应充何种电解质？盐桥的作用是什么？

(4) 若该电池的银电极的电位较正，在 298K 测得该电池的电动势为 0.323V，试计算未知 Ag^{+} 溶液的浓度。

8. 电池 (298K) Ag|AgAc|$Cu(Ac)_2$(0.100mol/L)|Cu 的电动势为 −0.372V，写出电池的电极反应和总反应。

9. 电池 (298K) $Zn|Zn^{2+}$ (0.0100mol/L) ‖ Ag^{+} (0.300mol/L)|Ag，试计算该电池的电动势为多少？当没有电子流过时，Ag^{+} 的浓度为多少？

第十六章　电位分析法

电位分析法（potentiometry）通常是利用电极电位与化学电池电解质溶液中某种组分浓度的对应关系，而实现定量测定的电分析化学方法。这一方法的实质是在通过零电流条件下，直接测量由指示电极、参比电极和待测溶液构成原电池的电池电动势，并利用能斯特（Nernst）方程式来确定物质含量的方法。

电位分析法可分为两大类：直接电位法和电位滴定法。

直接电位法即离子选择性电极法，它是利用膜电极把被测离子的活度表现为电池的电动势或电极的电极电位，测定原电池的电动势或电极电位，利用 Nernst 方程式直接求出待测物质含量的方法的。

电位滴定法是一种以电位法确定终点的滴定分析方法。在待测试样中插入一只指示电极，并与一参比电极组成一个工作电池。根据滴定试剂的消耗量来计算待测物质含量的方法，是电位分析方法在滴定分析中的应用。

第一节　参比电极

电位分析法实质上是通过测量处于待测体系中的指示电极的电极电位，来实现对物质含量的测定的。由于目前对单个电极的绝对电位值无法测定，只能通过让其与另外一个与被测物质无关、电位值已知且稳定的电极，即参比电极，组成电池，依据测量该电池电动势来实现物质含量的测定。

前述标准氢电极可用作测量标准电极电位的参比电极。但由于该种电极制作麻烦、使用过程中要使用氢气，因此，在实际测量中，常用其他参比电极来代替。对参比电极的主要要求是：电极应具有已知、稳定、重现性好的电极电位；电极对测试溶液的液接电位应小到可以忽略的程度；当有小电流（约 10^{-8} A 或更小）通过时，电极的电位不应有明显变化；电极的电阻不应太大。

常用的有甘汞电极和银-氯化银电极。

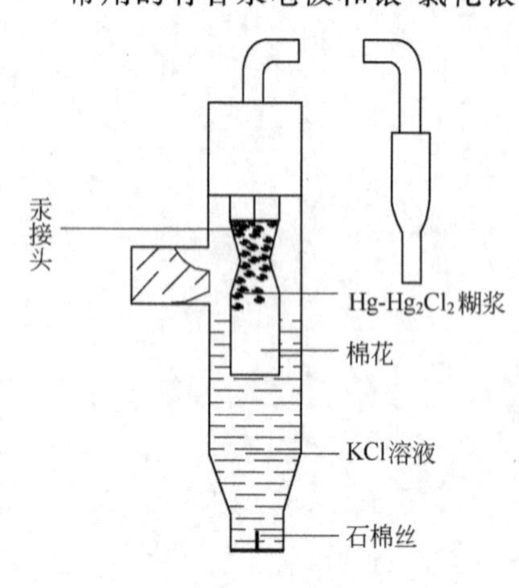

图 16-1　甘汞电极

一、甘汞电极

甘汞电极（calomel electrode）属于金属-金属难溶盐电极。甘汞电极在电化学测量中是应用最广泛的参比电极。这种电极将一根铂丝插入 Hg、$Hg\text{-}Hg_2Cl_2$（甘汞）的糊浆中，并将糊浆浸在适当浓度的 KCl 溶液（通常是 0.1mol/L、1mol/L 及饱和溶液）中，即组成甘汞电极（见图 16-1）。

其电极的半电池可表示为

$$Hg|Hg_2Cl_2, KCl(x\ mol/L)$$

电极反应为

$$Hg_2Cl_2(固)+2e^- \rightleftharpoons 2Hg(液)+2Cl^-$$

25℃时电极电位的能斯特方程式

$$\varphi_{Hg_2Cl_2/Hg}=\varphi^{\ominus}_{Hg_2Cl_2/Hg}-\frac{RT}{F}\ln a_{Cl^-} \tag{16-1}$$

可见甘汞电极的电极电位在一定温度下与 Cl^- 的活度或浓度有关。当 Cl^- 浓度不同时，可得到具有不同电极电位的参比电极。实验室常应用饱和 KCl 溶液而制得饱和甘汞电极。甘汞电极制作简单，因此得到广泛应用。但是它也存在一些缺陷，如使用温度较低受温度影响较大（当 T 在 20～25℃时，饱和甘汞电极电位为 0.2479～0.2444V，ΔE=0.0035V）；温度改变时，电极电位平衡时间较长。

二、Ag/AgCl 电极

该参比电极也属于金属-金属难溶盐电极。将表面镀有 AgCl 层的金属丝浸入用 AgCl 饱和了的一定浓度（3.5mol/L 或饱和 KCl 溶液）的氯化钾溶液中即构成 Ag/AgCl 电极。

其电极的半反应可表示为 Ag｜AgCl(固)，KCl（x mol/L 溶液），电极反应为

$$AgCl(固)+e^- \rightleftharpoons Ag(固)+Cl^-(溶液)$$

电极电位能斯特方程式

$$\varphi_{AgCl/Ag}=\varphi^{\ominus}_{AgCl/Ag}-\frac{RT}{F}\ln a_{Cl^-} \tag{16-2}$$

银-氯化银电极均应预先以 AgCl 沉淀饱和，否则由于在较浓的 Cl^- 溶液中，附着在银丝上的 AgCl 溶解，暴露出纯银表面，使电极不稳定。银-氯化银电极适用的温度范围较宽，275℃以下的电极电位数据都是已知的；较少与其他离子反应（如可与蛋白质作用导致与待测物界面的堵塞）；在非水溶液里进行测定时，Ag/AgCl 电极比甘汞电极要优越。

三、参比电极使用注意事项

电极内部溶液的液面应始终高于试样溶液液面，防止试样对内部溶液的污染或因外部溶液与 Ag^+、Hg^{2+} 发生反应而造成液接面的堵塞，尤其是后者，可能是测量误差的主要来源。

上述试液污染有时是不可避免的，但通常对测定影响较小。但如果用此类参比电极测量 K^+、Cl^-、Ag^+、Hg^{2+} 时，其测量误差可能会较大。这时可用盐桥（不含干扰离子的 Li_2CO_3 或 Na_2SO_4）来克服。

温度不同，参比电极的电位不同，表 16-1 所列为参比电极在不同温度时的电位值。

表 16-1　参比电极在不同温度时的电位值　　单位：V

温度/℃	0.1mol/L KCl 甘汞电极	饱和 KCl 甘汞电极	1.0mol/L KCl Ag/AgCl 电极
10	0.3362	0.25387	0.23142
15	0.3361	0.2511	0.22857
20	0.3358	0.24775	0.22557
25	0.3356	0.2453	0.22234
30	0.3354	0.24118	0.21904
35	0.3351	0.2376	0.21565

第二节　金属指示电极

指示电极是电极电位随被测电活性物质活度变化的电极。金属指示电极共同的特点是以金属为基体，基于电极上有电子交换反应的电极。此类电极的电极电位随被测电活性物质活度的改变而变化。可按其组成和作用机理的不同，分为以下四类。

一、第一类电极（活性金属电极）

这类电极是指金属与该金属离子溶液所组成的电极体系，其电极的半电池可表示为 $M|M^{n+}(x\ mol/L)$，电极反应为

$$M^{n+}+ne^- \rightleftharpoons M$$

电极电位的能斯特方程式（25℃）：

$$\varphi=\varphi^{\ominus}_{M^{n+}/M}+\frac{0.0592}{n}\lg a_{M^{n+}} \tag{16-3}$$

对这类电极的要求是金属的标准电极电位 $\varphi^{\ominus}_{M^{n+}/M}>0$，在溶液中金属离子以一种形态存在，如Cu，Ag，Hg能满足上述要求。Zn、Cd、In、Tl、Sn虽然电极电位较负，因氢在这些电极上的超电位较大，仍可做一些金属离子的指示电极。

因下述原因，此类电极用作指示电极并不广泛：

① 选择性差，既对本身阳离子响应，亦对其他阳离子响应；

② 许多这类电极只能在碱性或中性溶液中使用，因为酸可使其溶解；

③ 电极易被氧化，使用时必须同时对溶液作脱气处理；

④ 一些“硬”金属，如Fe、Cr、Co、Ni，其电极电位的重现性差；

⑤ pM-$a_{M^{n+}}$。作图，所得斜率与理论值（$-0.059/n$）相差很大且难以预测。

较常用的金属基电极有：Ag/Ag^+、Hg/Hg_2^{2+}（中性溶液）、Cu/Cu^{2+}、Zn/Zn^{2+}、Cd/Cd^{2+}、Bi/Bi^{3+}、Tl/Tl^+、Pb/Pb^{2+}（溶液要作脱气处理）。

二、第二类电极（金属-难溶盐电极）

这类电极是在金属上覆盖它的难溶化合物，并浸在含该难溶化合物的阴离子溶液中构成，亦称金属-难溶盐电极。以 $M|MX_n$ 表示其半电池，电极反应为

$$MX_n+ne^- \rightleftharpoons M+nX^-$$

25℃时，电极电位的能斯特方程式

$$\varphi=\varphi^{\ominus}+\frac{0.0592}{n}\lg\frac{a_{M^{n+}}}{a_M}=\varphi^{\ominus}+\frac{0.0592}{n}\lg a_{M^{n+}}=\varphi^{\ominus}+\frac{0.0592}{n}\lg\frac{K_{sp,MX_n}}{(a_X)^n} \tag{16-4}$$

此类电极可作为一些与电极离子产生难溶盐或稳定配合物的阴离子的指示电极；如对 Cl^- 响应的 Ag/AgCl 和 Hg/Hg_2Cl_2 电极。

三、第三类电极

金属与含共同阴离子的两种难溶盐或难离解的配合物构成的电极体系，称为第三类电极。其电极半电池可表示为：$M|(MX, NX, N^+)$，其中MX，NX是难溶化合物或难离解配合物。例如

$$Ag|(Ag_2C_2O_4, CaC_2O_4, Ca^{2+})$$

因为

$$a_{Ag^+}=\sqrt{\frac{K_{sp,Ag_2C_2O_4}}{a_{C_2O_4^{2-}}}},\quad a_{C_2O_4^{2-}}=\frac{K_{sp,CaC_2O_4}}{a_{Ca^{2+}}}$$

所以，25℃时电极电位的能斯特方程式可写为

$$\varphi_{Ag^+/Ag}=\varphi^{\ominus}_{Ag^+/Ag}+\frac{0.0592}{2}\lg\frac{K_{sp,Ag_2C_2O_4}}{K_{sp,CaC_2O_4}}+\frac{0.0592}{2}\lg a_{Ca^{2+}} \tag{16-5}$$

将式(16-5)中常数项用条件电位代替，得

$$\varphi_{Ag^+/Ag}=\varphi^{\ominus\prime}_{Ag^+/Ag}+\frac{0.0592}{2}\lg a_{Ca^{2+}} \tag{16-6}$$

$$\varphi^{\ominus'}_{Ag^+/Ag}=\varphi^{\ominus}_{Ag^+/Ag}+\frac{0.0592}{2}\lg\frac{K_{sp,Ag_2C_2O_4}}{K_{sp,CaC_2O_4}} \tag{16-7}$$

可见该电极可指示 Ca^{2+} 活度的变化。

对于难离解的配合物，如 Hg/HgY，CaY，Ca^{2+} 电极，电极反应为

$$HgY^{2-}+2e^- \rightleftharpoons Hg+Y^{4-}$$

电极电位的能斯特方程式为

$$\varphi_{Hg^{2+}/Hg}=\varphi^{\ominus'}_{Hg^{2+}/Hg}+\frac{0.0592}{2}\lg\frac{K_{f,CaY}}{K_{f,HgY}}+\frac{0.0592}{2}\lg\frac{a_{HgY}}{a_{CaY}}+\frac{0.0592}{2}\lg a_{Ca^{2+}}$$

式中，K_f 为配合物的解离常数。比值 a_{HgY}/a_{CaY} 可视为常数，因此得到

$$\varphi_{Hg^{2+}/Hg}=\varphi^{\ominus'}_{Hg^{2+}/Hg}+\frac{0.0592}{2}\lg a_{Ca^{2+}} \tag{16-8}$$

同上例，该电极可用于指示 Ca^{2+} 活度的变化（测定时，可在试液中加入适量 HgY^{2-}）。

四、零类电极

该类电极本身不发生氧化还原反应，只提供电子交换场所。物质的氧化态和还原态都溶于溶液，在其溶液中插入惰性金属丝（如铂丝）构成的电极，称为零类电极。如 Pt/Fe^{3+}，Fe^{2+} 电极，Pt/Ce^{4+}，Ce^{3+} 电极等。对于前者，其电极反应为

$$Fe^{3+}+e^- \rightleftharpoons Fe^{2+}$$

电极电位的能斯特方程式

$$\varphi=\varphi^{\ominus}+0.0592\lg\frac{a_{Fe^{3+}}}{a_{Fe^{2+}}} \tag{16-9}$$

可见 Pt 未参加电极反应，只提供 Fe^{3+} 及 Fe^{2+} 之间电子交换的场所。

第三节 离子选择性电极与膜电位

一、离子选择性电极的概念和分类

1906 年莱姆（M. Cremer）发现当玻璃膜置于两种不同的水溶液之间，会产生一个电位差，这个电位差值受溶液中氢离子浓度的影响。其后，许多学者对此相继进行了研究。1929 年麦克英斯（D. A. McInnes）等人制成了有实用价值的 pH 玻璃电极。这是直接电位分析法历史性的第一次突破。

20 世纪 50 年代末，制成了测定碱金属离子的玻璃电极。此后，测定卤素离子的电极也相继研制成功。到目前为止，用商品电极能直接测定的离子约 30 余种。同时，基于配合反应、沉淀反应或生物化学反应，还能间接测定许多种离子。

1976 年，IUPAC 建议将这类电极称为离子选择性电极（ion selective electrode，ISE），并定义为：离子选择性电极是一类电化学传感器，它的电极电位与溶液中相应离子的活度的对数值呈线性关系；离子选择性电极是一种指示电极，它所指示的电极电位值与相应离子活度的关系符合能斯特方程。

同时，IUPAC 还建议将离子选择性电极按敏感膜组成和结构分为两大类，如图 16-2 所示。从分类可见到所有膜电极的共性。

(1) 低溶解性 膜材料在溶液介质（通常是水）中的溶解度极小，因此，膜材料多为玻璃、高分子树脂、低溶性的无机晶体等。

（2）导电性　通常以荷电离子在膜内的迁移形式传导。

（3）选择性　膜或膜内的物质能选择性地和待测离子“结合”。通常所见到的“结合”方式有：离子交换、结晶、配合等。

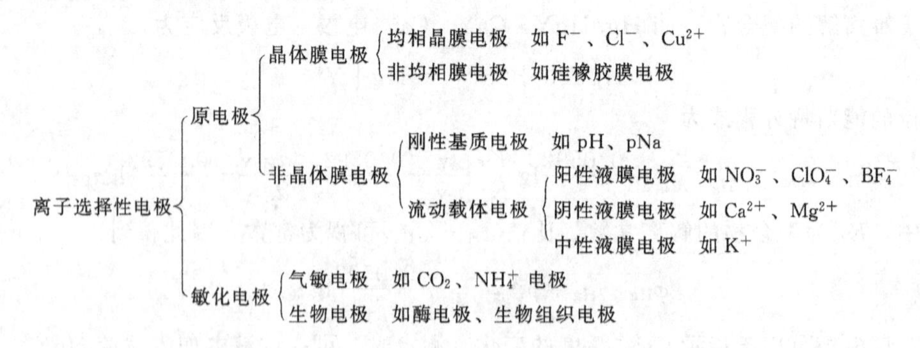

图 16-2　离子选择性电极按敏感膜组成和结构分类

二、膜电位及其产生

离子选择性电极的膜电位是膜相中的膜内扩散电位和膜与溶液之间的 Donnan 电位的代数和。

（1）扩散电位　液液界面或固体膜内，因不同离子之间或离子相同浓度不同而发生扩散即扩散电位。其中，液液界面之间产生的扩散电位也叫液接电位。这类扩散是自由扩散，正、负离子可自由通过界面，没有强制性和选择性。

（2）Donnan 电位　选择性渗透膜或离子交换膜至少阻止一种离子从一个液相扩散至另一液相或与溶液中的离子发生交换。这样将使两相界面之间电荷分布不均匀——形成双电层——产生电位差，即 Donnan 电位。

三、离子选择性电极

1. pH 玻璃膜电极

玻璃电极是最早使用的膜电极，属于非晶体固定基体电极。1906 年，M. Cremer 首先发现玻璃电极可用于测定溶液中氢离子的浓度；1909 年，F. Haber 对其进行了系统的实验研究；20 世纪 30 年代，玻璃电极测定 pH 的方法成为最为方便的方法（通过测定分隔开的玻璃电极和参比电极之间的电位差）；20 世纪 50 年代由于真空管的发明，很容易测量阻抗为 100MΩ 以上的电极电位，因此其应用更加普及；20 世纪 60 年代，对 pH 敏感膜进行了大量而系统的研究，发展了许多对 K^+、Na^+、Ca^{2+}、F^-、NO_3^- 响应的膜电极并市场化。

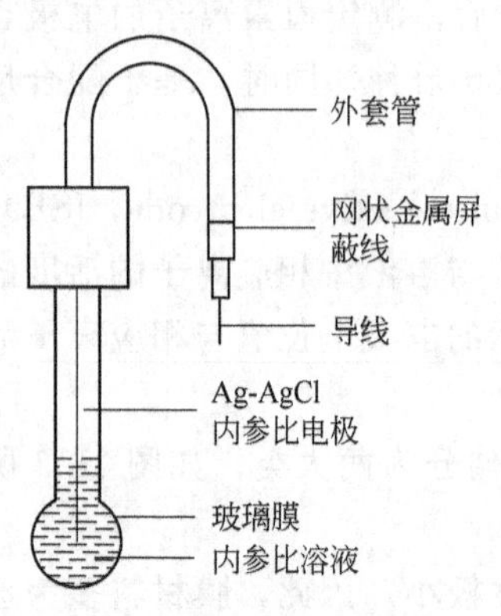

图 16-3　玻璃电极结构示意

（1）pH 玻璃电极构造及膜电位产生机理　实验室所广泛使用的 pH 玻璃电极，其结构如图 16-3 所示。

pH 玻璃电极的基本结构是由特殊玻璃制成的薄膜球（Na_2SiO_3，0.1mm 厚），球内储以 0.1mol/L HCl，作为恒定 pH 值的内参比溶液，并插入镀有 AgCl 的 Ag 丝，构成 Ag/AgCl内参比电极。

当内外玻璃膜与水溶液接触时，Na_2SiO_3 晶体骨架中的 Na^+ 与水中的 H^+ 发生交换：$G^-Na^+ + H^+ \rightleftharpoons G^-H^+ + Na^+$。因为平衡常数很大，玻璃膜内外表层中的 Na^+ 的位置几乎全部被 H^+ 所占据，从而形成所谓的“水化层”。

从图 16-4 可见：

① 玻璃膜＝水化层＋干玻璃层＋水化层；

② 电极的相＝内参比液相＋内水化层＋干玻璃相＋外水化层＋试液相；

③ 膜电位 $\varphi_M=\varphi_{外}$（外部试液与外水化层之间）$+\varphi_{玻}$（外水化层与干玻璃之间）$-\varphi_{玻}'$（干玻璃与内水化层之间）$-\varphi_{内}$（内水化层与内部试液之间）。

设膜内外表面结构相同（$\varphi_g=\varphi_g'$），即

$$\varphi_M=\varphi_{外}-\varphi_{内}$$

$$\varphi_M=\left(K_1+0.059\lg\frac{a_{H^+,外}}{a_{H^+,表}}\right)-\left(K_2+0.059\lg\frac{a_{H^+,内}}{a_{H^+,表}}\right)$$

$$\varphi_M=K+0.059\lg a_{H^+}=K-0.059\text{pH} \qquad (16\text{-}10)$$

上式为 pH 电极的膜电位表达式或采用玻璃电极进行 pH 测定的理论依据。式(16-10) 中的 K 项，在一定条件下是个固定值，但无法通过理论计算来求得，所以应用 pH 玻璃电极测定某一体系的 pH 值时，需采用相对比较的方法。pH 测定的电池组成为

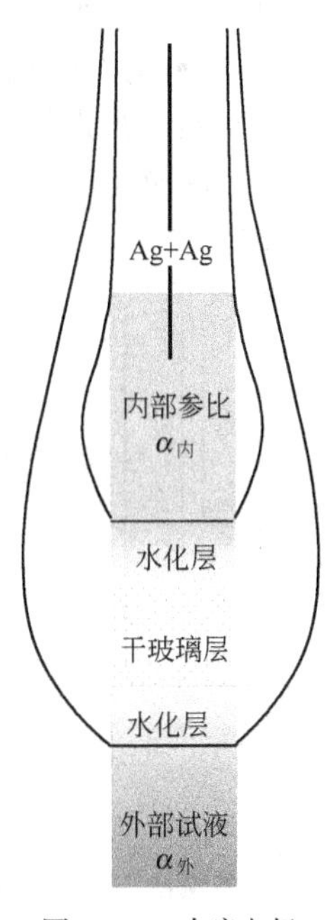

图 16-4　玻璃电极膜电位示意

$$\text{Ag,AgCl}\,|\,\text{pH 溶液(已知浓度)}\,|\,\text{玻璃膜}\,|\,\text{pH 试液}\,\|\,\text{KCl(饱和)}\,|\,\text{Hg}_2\text{Cl}_2\text{,Hg}$$

（2）玻璃电极特点

① 不对称电位　当玻璃膜内外溶液 H^+ 浓度或 pH 值相等时，从上述公式可知，$\varphi_M=0$，但实际上 φ_M 不为 0，这说明玻璃膜内外表面性质是有差异的，如表面的几何形状不同、结构上的微小差异、水化作用的不同等。由此引起的电位差称为不对称电位。其对 pH 测定的影响可通过充分浸泡电极和用标准 pH 缓冲溶液校正的方法加以消除。

② 酸差　当用 pH 玻璃电极测定 pH＜1 的强酸性溶液或高盐度溶液时，电极电位与 pH 之间不呈线性关系，所测定的值比实际的偏高：因为 H^+ 浓度或盐分高，即溶液离子强度增加，导致 H_2O 分子活度下降，即 H_3O^+ 活度下降，从而使 pH 测定值增加。

③ 碱差或钠差　当测定较强碱性溶液 pH 值时，玻璃膜除对 H^+ 响应，也同时对其他离子如 Na^+ 响应。因此 pH 测定结果偏低。当用 Li 玻璃代替 Na 玻璃吹制玻璃膜时，pH 测定范围可在 1～14 之间。

④ 对 H^+ 有高度选择性的指示电极　使用范围广，不受氧化剂，还原剂，有色、浑浊或胶态溶液的影响；响应快（达到平衡快）、不沾污试液。

⑤ 膜薄　膜太薄，易破损，且不能用于含 F^- 的溶液；电极阻抗高，须配用高阻抗的测量仪表。

除上述特点外，还可通过改变玻璃膜的结构及组成制成对 K^+、Na^+、Ag^+、Li^+ 等响应的电极。

2. 晶体膜电极

此类电极可分为单晶（均相）膜和多晶（非均相）膜电极。前者多由一种或几种晶体化合物均匀混合而成，后者为晶体电活性物质外，还加入某种惰性材料，如硅橡胶、PVC、聚苯乙烯、石蜡等。

典型的单晶膜是 LaF_3 晶体膜（对 F^- 响应）和 Ag_2S 晶体膜（对 S^{2-} 响应）。其中由 LaF_3 晶体膜构成的氟离子选择性电极是最典型、性能最好、已得到了广泛的应用、在电极性能的研究上报道较丰富的电极。

(1) 氟离子选择性电极的结构　氟离子选择性电极的敏感膜是由 LaF_3 单晶（或掺有 Eu^{2+}）切片制成的。其电极结构如图 16-5 所示，该电极是将 LaF_3 单晶片（或掺有 Eu^{2+} 增加其导电性）封在塑料管的一端，管内装 Ag/AgCl 参比电极和（NaCl，NaF）内参比溶液。

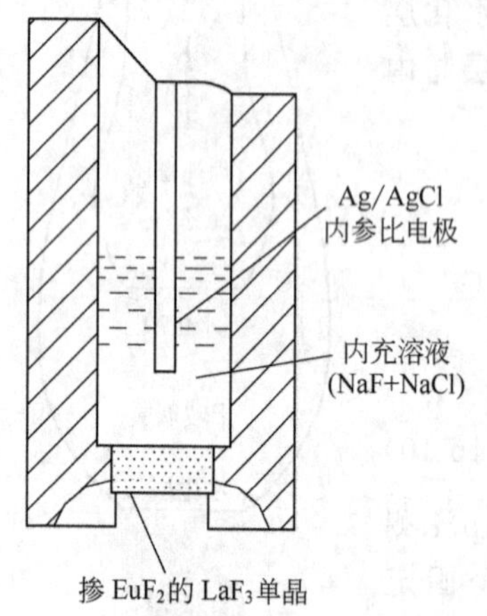

图 16-5　氟离子选择性电极结构
内充液为 0.1mol/L NaF＋0.1mol/L NaCl

(2) 氟离子选择性电极的干扰及消除

① 酸度影响　OH^- 与 LaF_3 反应释放 F^-，使测定结果偏高；H^+ 与 F^- 反应生成 HF 或 HF_2^- 降低 F^- 活度，使测定结果偏低。因此测定时需控制试液酸度在 pH5～7 之间，以减小这种干扰。

② 阳离子干扰　由于 Be^{2+}、Al^{3+}、Fe^{3+}、Th^{4+}、Zr^{4+} 等可与 F^- 配合，使测定结果偏低，可通过加配合掩蔽剂（如柠檬酸钠、EDTA、钛铁试剂、磺基水杨酸等）消除其干扰。

③ 基体干扰（以活度代替浓度）消除　标准和待测样品中同时加入惰性电解质。通常加入的是总离子强度调节剂（total ion strength adjustment buffer，TISAB），可同时控制 pH、消除阳离子干扰、控制离子强度。如通常使用的 TISAB 组成为：KNO_3 ＋ NaAc-HAc＋柠檬酸钾。

3. 流动载体电极（液膜电极）

流动载体电极又叫液体薄膜电极（简称液膜电极）。这类电极的敏感膜不是固体而是液体。它由固定膜（活性物质＋溶剂＋微孔支持体）、液体离子交换剂和内参比溶液组成，其电极结构如图 16-6 所示。

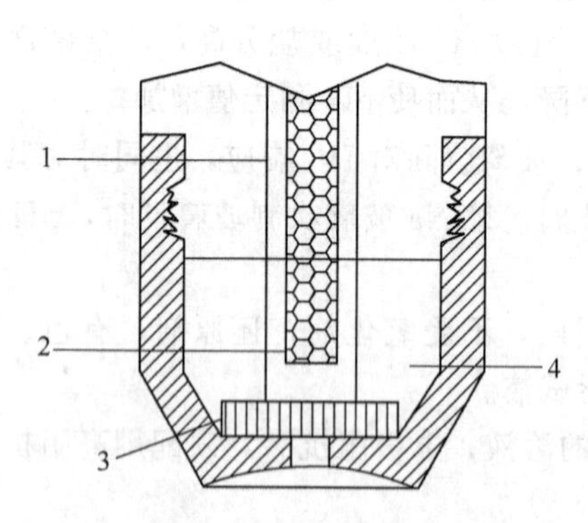

图 16-6　流动载体电极结构
1—内参比溶液；2—内参比电极；3—多孔电极膜；4—离子载体溶液

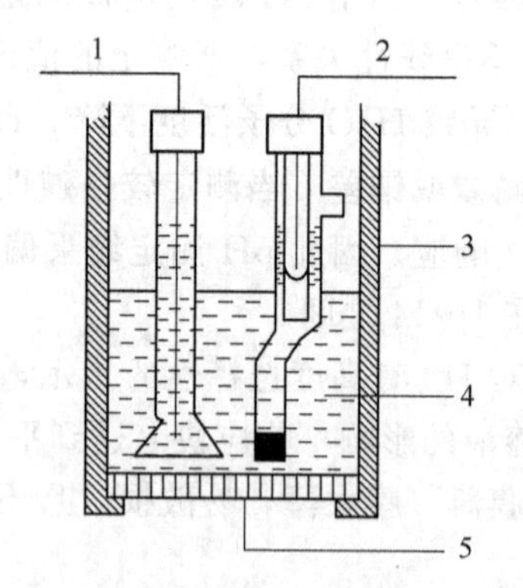

图 16-7　气敏电极的结构示意
1—指示电极；2—参比电极；3—电极管；4—内充液；5—透气膜

这种膜的机理为膜内活性物质（液体离子交换剂）与待测离子发生离子交换，但其本身不离开膜。这种离子之间的交换将引起相界面电荷分布不均匀，从而形成膜电位。

几种常见流动载体电极如下。

(1) NO_3^- 离子电极　它的电活性物质是带正电荷的载体，如季铵类硝酸盐。将它溶于邻硝基苯十二烷醚中，再与含有 5%PVC 的四氢呋喃溶液以 1∶5 混合，在平板玻璃上制成薄膜，构成电极，25℃时其电极电位 φ 为

$$\varphi = 常数 - 0.059\lg a_{NO_3^-} \tag{16-11}$$

(2) Ca^{2+} 离子电极　它的电活性物质是带负电荷的载体，如二癸基磷酸钙。用苯基磷酸二辛酯作溶剂，放入微孔膜中，构成电极，25℃时其电极电位 φ 为

$$\varphi = 常数 + \frac{0.059}{2}\lg a_{Ca^{2+}} \tag{16-12}$$

(3) K^+ 离子电极　它利用大环冠醚化合物作中性载体，K^+ 被螯合在中间。将它们溶解在邻苯二甲酸二戊酯中，再与含有 PVC 的环己酮混合，铺在玻璃上制成薄膜，构成中性载体电极。25℃时其电极电位 φ 为

$$\varphi = 常数 + 0.059\lg a_{K^+} \tag{16-13}$$

4. 气敏电极

该类电极其实是一种复合电极，它将 pH 玻璃电极和指示电极插入中介液中，待测气体通过气体渗透膜与中介液反应，并改变其 pH 值，从而可测得诸如 CO_2（中介液为 $NaHCO_3$）或 NH_4^+（中介液为 NH_4Cl）的浓度。气敏电极的结构如图 16-7 所示。

5. 生物电极

生物电极包括酶电极和生物组织电极等。它是将生物化学与电化学结合而研制的电极。

酶电极是在离子选择性电极的表面覆盖一个涂层，内储有一种酶，酶是具有特殊生物活性的催化剂，可与待测物反应生成可被电极反应的物质。

如脲在尿素酶的催化下发生的反应。

$$NH_2CONH_2 + H_2O \xrightarrow{尿素酶} 2NH_4^+ + HCO_3^-$$

氨基酸在氨基酸氧化酶的催化下发生的反应。

$$RCH(NH_2)COOH + O_2 + H_2O \xrightarrow{氨基酸氧化酶} RCOCOO^- + NH_4^+ + H_2O_2$$

上述反应产生的 NH_4^+ 可由铵离子电极测定。

生物组织电极类似于酶电极，由于生物组织中存在某种酶，因此可将一些生物组织紧贴于电极上，构成类似的电极。

第四节　离子选择性电极性能参数

一、Nernst 响应、线性范围、检测下限

以离子选择性电极的电位 φ 对响应离子活度的对数 $\lg a_i$ 作图，所得曲线为标准校正曲线。如图 16-8 所示。

如果该电极对待测物活度的响应符合 Nernst 方程式，则称之为 Nernst 响应。Nernst 响应区的直线所对应的浓度范围为线性范围。该直线的斜率称为级差。

图 16-8 中校正曲线的延长线与非 Nernst 响应区（弯曲）和"恒定"响应区交点的切线的交点所对应的活度为离子选择性电极的检测下限。

二、选择性系数

离子选择性电极并没有绝对的选择专一性，有些离子仍可能有干扰。即离子选择性电极

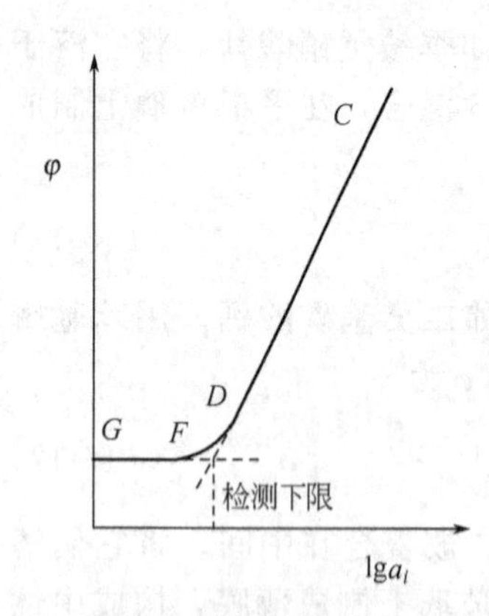

图 16-8 标准校正曲线

除对特定待测离子有响应外，共存（干扰）离子亦会响应，此时电极电位为

$$\varphi = K \pm \frac{2.303RT}{z_iF}\lg\left(a_i + \sum_j K_{ij} a_j^{z_i/z_j}\right) \tag{16-14}$$

式中，K 为常数；i 为待测离子；j 为共存离子；z_i 为 i 离子电荷数；z_j 为 j 离子电荷数；K_{ij} 为离子选择性系数（selectivity coefficient），其值越小，则表示该电极对 i 离子的选择性越好，抗 j 离子的干扰能力越强。

离子选择性电极的 K_{ij} 受各种实验条件的影响，目前还没有理论计算值，是在一定条件下的实测值。它的测定方法主要有如下几种。

（1）分别溶液法　分别溶液法包括等活度法和等电位法，下面以等活度法为例介绍。分别配制相同活度的响应离子 i 和干扰离子 j，然后分别测定其电位值。以 25℃温度条件下为例，可按照下列公式的推导过程计算。

$$\varphi_i = K + \frac{0.059}{z_i}\lg a_i$$

$$\varphi_j = K + \frac{0.059}{z_j}\lg(K_{ij} a_j)$$

$a_i = a_j = a$，二式相减，得

$$\lg K_{ij} = \frac{z_j}{0.059}(\varphi_j - \varphi_i) + \frac{\lg a}{z_i}(z_j - z_i)$$

（2）混合溶液法　混合溶液法是在对被测离子与干扰离子共存时，求出选择性系数。它包括固定干扰法和固定主响应离子法。

固定干扰法是先配制一系列含固定活度的干扰离子和不同活度的主响应离子 i 的标准溶合溶液，再分别测定电位值，然后将电位值 φ 对 pa_i 作图（见图 16-9）。由于 $a_i \gg a_j$，j 的影响可忽略。φ-pa_i 曲线成为直线 CD 段。

$$\varphi_i = 常数 + \frac{RT}{z_iF}\ln a_i$$

当 a_i 降到 $a_i \ll a_j$ 时，a_i 可忽略，这时电位由 a_j 决定，φ-pa_i 曲线成为直线 AB。

$$\varphi = 常数 + \frac{RT}{z_iF}\ln K_{ij} a_j^{z_i/z_j}$$

AB、CD 延长交点 M 处 $\varphi_i = \varphi_j$；可得

$$a_i = K_{ij} a_j^{z_i/z_j} \tag{16-15}$$

$$K_{ij} = \frac{a_i}{a_j^{z_i/z_j}}$$

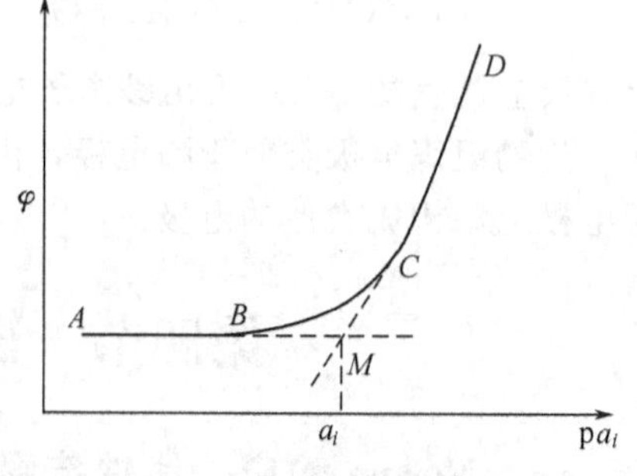

图 16-9 混合溶液法测定选择性系数的图解

必须注意，可通过下式求得干扰离子所带来的相对误差

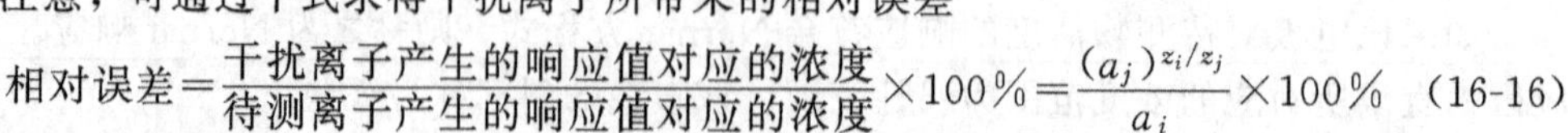

$$相对误差 = \frac{干扰离子产生的响应值对应的浓度}{待测离子产生的响应值对应的浓度} \times 100\% = \frac{(a_j)^{z_i/z_j}}{a_i} \times 100\% \tag{16-16}$$

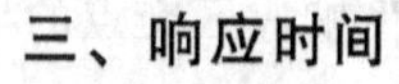

三、响应时间

电极的响应时间是指离子指示电极（工作电极）与参比电极从接触试液开始到电极电位变化稳定（±1mV）所需要的时间。影响因素包括电极电位建立平衡的快慢、参比电极的稳定性和溶液的搅拌程度。常常通过搅拌溶液来缩短响应时间。

四、内阻

电极的内阻决定测量仪器的输入阻抗（即两者要匹配，否则会带来较大测量误差），包括膜内阻、内参比液和内参比电极的内阻。通常玻璃膜比晶体膜有更大的内阻。需要注意的是，内阻与总阻抗之比等于测试仪器（读数）所带来的相对误差。

第五节 直接电位法

将指示电极与参比电极构成原电池，通过测量电池电动势，进而求出指示电极电位，然后据 Nernst 公式计算待测物浓度 c。但由于有不对称电位和液接电位

$$\varphi = K + \frac{2.303RT}{zF}\lg c \tag{16-17}$$

因 $K \neq 0$，故不可从上式直接求出 c。被测离子的含量还需通过以下几种方法来测定。

一、标准曲线法

标准曲线法也称为工作曲线法或校正曲线法。此法的依据是电位 φ 与 $\lg c$ 呈线性关系。绘制标准曲线的具体步骤如下：

① 配制一系列待测物标准浓度 c_s；

② 使用 TISAB 分别调节标准液和待测液的离子强度和酸度，以及掩蔽干扰离子；

③ 用同一电极体系测定各标准和待测液的电池电动势 E；

④ 以测得的各标准液电动势 E 对相应的 $\lg c_s$ 作图，得校正曲线；

⑤ 通过测得的待测物的电动势，从标准曲线上查找待测物浓度。

二、标准加入法

待测试液的成分比较复杂，难以使其与标准溶液相近，标准加入法可克服这方面的困难。

先测体积为 V_x、浓度为 c_x 的待测试液的电池电动势 E_x：

$$E_x = K + \frac{RT}{zF}\ln\gamma_x c_x \tag{16-18}$$

于待测试液中加入体积为 V_s（约 1% V_x）、浓度为 c_s（约 $100c_x$）的标准溶液。再测其电动势 E'：

$$E' = K' + \frac{0.059}{z}\lg\gamma'_x c'_x \tag{16-19}$$

其中

$$c'_x = \frac{c_x V_x + c_s V_s}{V_x + V_s} \approx c_x + \frac{c_s V_s}{V_x} = c_x + \Delta c \tag{16-20}$$

因加入少量标准溶液，离子强度基本不变（$\gamma_x = \gamma'_x$），常数 K 亦基本不变，故两式相减并作整理求得 c_x。

$$c_x = \frac{\Delta c}{(10^{\frac{z\Delta E}{0.059}} - 1)} \tag{16-21}$$

三、测量误差

电动势测定的准确性将直接决定待测物浓度测定的准确性，对式 $E = K + \frac{RT}{zF}\ln c$ 求导得

$$dE=\frac{RT}{zF}\times\frac{dc}{c}\text{或}\ \Delta E=\frac{RT}{zF}\times\frac{\Delta c}{c} \quad (16\text{-}22)$$

25℃时相对误差为

$$TE=\frac{\Delta c}{c}=\frac{z}{RT/F}\Delta E\approx 3900z\Delta E \quad (16\text{-}23)$$

即对一价离子，$\Delta E=\pm 1\text{mV}$，则浓度相对误差可达$\pm 4\%$，对于二价离子，$\Delta E=\pm 1\text{mV}$，则浓度相对误差可达$\pm 8\%$。

四、pH 值的测定

采用 pH 计测量溶液的 pH 值，通常是以 pH 玻璃电极为指示电极、SCE 电极为参比电极组成测量电池。

pH 玻璃电极|待测液或标准缓冲液‖SCE 电极

分别测定 pH 值已知的缓冲液和待测液的电动势。

$$E=\text{常数}-\frac{RT}{F}\ln a_{H^+} \quad (16\text{-}24)$$

由于 pH 理论定义为

$$pH=-\lg a_{H^+} \quad (16\text{-}25)$$

$$E=\text{常数}+2.303\frac{RT}{F}pH \quad (16\text{-}26)$$

实际操作时，为了消去常数项的影响，而采用同已知 pH 值的标准缓冲溶液相比较，即

$$E_s=K+2.303\frac{RT}{F}pH_s$$

$$E_x=K+2.303\frac{RT}{F}pH_x$$

二式相减并整理

$$pH_x=pH_s+\frac{E_x-E_s}{2.303RT/F} \quad (16\text{-}27)$$

该式其实是标准曲线 pH 对 $\Delta E(E_x-E_s)$ 作图的一种，即两点校正方法。由上所述可知，测定未知溶液的 pH 值一般包括如下几步。

① 定位，用 pH 值已知的标准缓冲液（pH_s）校准校正曲线的截距。

② 温度校正，调整标准曲线的斜率。

③ 测定未知溶液 pH 值。

因此影响测定准确度的因素主要是标准缓冲溶液 pH_s 的准确性和缓冲液与待测液基体接近的程度。

标准缓冲溶液的 pH_s 值可从相关手册中找到。

第六节 电位滴定法

一、直接电位滴定法

在进行有色或浑浊液的滴定时，使用指示剂确定滴定终点会比较困难。此时可采用电位滴定法。酸碱滴定以玻璃电极为指示电极；氧化还原滴定以 Pt 为指示电极；沉淀滴定如采用 $AgNO_3$ 滴定卤素离子时，可采用银电极作指示电极；配位滴定以第三类电极为指示

电极。

在滴定液中插入指示电极和参比电极，如图16-10所示，组成测量电池，通过测量电池电动势在滴定过程中 pH 或电位的变化来确定终点。

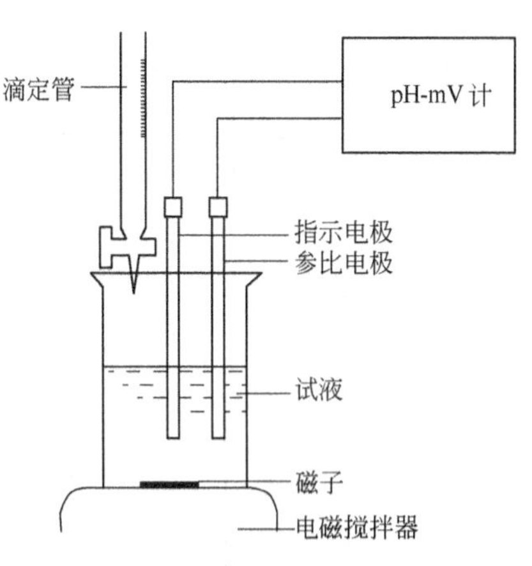

图 16-10 电位滴定基本装置

确定滴定终点的方法，可依据滴定曲线或微分曲线得到。

以电池的电动势对滴定剂体积作图所绘制的曲线，称为滴定曲线［见图 16-11(a)］。发生电位突变时所对应的体积即为终点时所消耗的滴定剂体积。

对上述滴定曲线微分或以 $\Delta E/\Delta V$ 对滴定剂体积作图所绘制的曲线，称为微分曲线［见图 16-11(b)］。终点时出现的尖峰所对应的体积为所消耗的滴定剂体积。滴定曲线可进行多次微分而得到不同阶次的微分曲线，这些曲线均可用于滴定终点的指示，如 16-11(c) 中所示为二阶微分曲线。

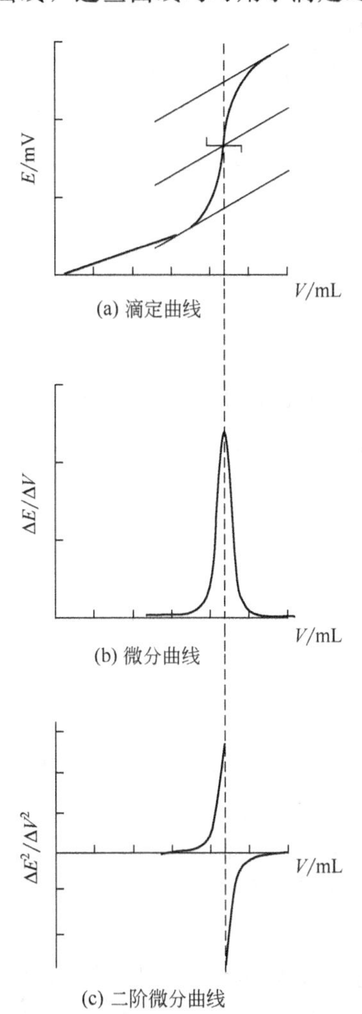

图 16-11 确定电位滴定终点的图解法

二、Gran 作图法确定终点

该作图法是 1952 年由 Gran 提出的，他采用该法能快速地确定电位滴定的终点。电池的电动势与离子浓度（更确切的是活度）是对数关系，即

$$E=k+S\lg c \tag{16-28}$$

式中，k 为常数。若将 E 直接对 $\lg c$ 作图，可得一不通过原点的校正曲线，如图 16-12(a) 所示。若将 $E=k+S\lg c$ 改写为 $c=10^{-k/S}\times10^{E/S}=K\times10^{E/S}$（令 $10^{-k/S}=K$），以 $10^{E/S}$对 c 作图，可得一通过原点的直线，如图 16-12(b) 所示。根据这种变换关系，设计了特殊的 Gran 坐标纸。Gran 作图法具有如下优点：首先不需做出整个滴定曲线，只要作四五个点即可通过外推法确定终点；而且可以克服当溶度积常数大或配合物稳定常数差时，滴定终点不明显、测量误差大的缺点。

Gran 作图法应用到离子选择性电位分析中，相当于采用了多次标准加入法。设待测试液的浓度为 c_x，体积为 V_x，加入标准溶液的浓度和体积分别为 c_s 和 V_s。由于标准溶液的浓度较大，因而加入体积较小。它的加入不会引起试液其他组成较大的变化。活度系数的变化也不大。电池的电动势可表示为

$$E=E^{\ominus}+S\lg\frac{c_xV_x+c_sV_s}{V_x+V_s} \tag{16-29}$$

式中，S 为斜率。若以 ΔE-$\lg(1+\Delta c/c_x)$ 作图，为 Nernst 式标准加入法，如图 16-12(c) 所示。如果以 $(V_x+V_s)10^{E/S}$-V_s 作图，得到一条直线，为 Gran 作图法，如图 16-12(d) 所示。

$$(V_x+V_s)\times10^{E/S}=(c_xV_x+c_sV_s)\times10^{E^{\ominus}/S} \tag{16-30}$$

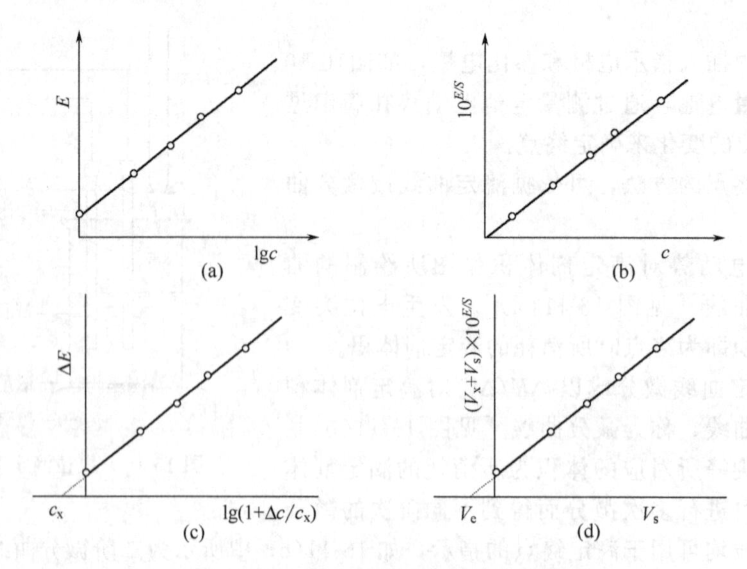

图 16-12　Gran 作图法确定终点示意

于浓度为 c_x 的试液中加入浓度为 c_s 的待测物 x。随滴定剂的加入，x 的浓度渐渐降低，这相当于在标准加入法中，在样品中加入了一系列不同体积 V_s 的滴定剂。以滴定剂体积对 $(V_s+V_x)\times10^{E/S}$ 作图，并将直线外延至与 V_s 相交于一点，该点即为滴定终点所对应的体积。将直线外推，在 x 轴相交于 V_e。这时

$$(V_x+V_s)\times10^{E/S}=0$$

则

$$c_xV_x+c_sV_s=0$$

所以

$$c_x=-\frac{c_sV_s}{V_x} \tag{16-31}$$

Gran 作图纸是一种半反对数坐标纸，纵坐标表示实测电位值，横坐标表示实际加入的标准溶液的体积，并带 10%稀释体积矫正（V_x 取 100cm^3，横坐标一格为 1cm^3）。可见，使用 Gran 作图纸很方便，不需进行繁杂的指数计算，既适用于标准加入法，也适用于电位滴定法。

第七节　电位分析法的应用

电位分析的应用较广，它可用于环保、生物化学、临床医学和工农业生产领域中的成分分析，也可用于平衡常数的测定和动力学的研究等。

用离子选择性电极测定法有许多优点：测量的线性范围较宽，一般有 4～6 个数量级，而且在有色或浑浊的试液中也能测定，响应快，平衡时间较短（约 1min），适用于流动分析和在线分析，且仪器设备简便。采用电位法时，对样品是非破坏性的，而且能用于小体积试液的测定。它还可用作色谱分析的检测器。离子选择性电极的检测下限与膜材料有关，通常为 10^{-6}mol/L。

通常，在分析化学中测定的是浓度而不是活度。离子性选择电极在一定 pH 范围内响应自由离子的活度，所以必须在试液中加入 TISAB。测定电位时应注意控制搅拌速度和选择合适的参比电极。溶液搅拌速度的快慢会影响电极的平衡时间，测定低浓度试液时搅拌速度应快一些，但不能使溶液中的气泡吸着在电极膜上。选择参比电极时应注意参比电极的内参

比溶液是否干扰测定，若有干扰，应采用双液接型参比电极或使用盐桥。常见的电位分析法的应用见表 16-2。

表 16-2 常见的电位分析法的应用

被测物质	离子性选择电极	线性范围/(mol/L)	适用的 pH 范围	应用举例
F^-	氟	$10^0 \sim 5\times10^{-7}$	5～8	水，牙膏，生物体液，矿物
Cl^-	氯	$10^{-2} \sim 5\times10^{-5}$	2～11	水，碱液，催化剂
CN^-	氰	$10^{-2} \sim 10^{-6}$	11～13	废水，废渣
NO_3^-	硝酸根	$10^{-1} \sim 10^{-5}$	3～10	天然水
H^+	pH 玻璃电极	$10^{-1} \sim 10^{-14}$	1～14	溶液酸度
Na^+	pNa 玻璃电极	$10^{-1} \sim 10^{-7}$	9～10	锅炉水，天然水
NH_3	气敏氨电极	$10^0 \sim 10^{-6}$	11～13	废气，土壤，废水
脲	气敏氨电极			生物化学
氨基酸	气敏氨电极			生物化学
K^+	钾微电极	$10^{-1} \sim 10^{-4}$	3～10	血清
Na^+	钠微电极	$10^{-1} \sim 10^{-3}$	4～9	血清
Ca^{2+}	钙微电极	$10^{-1} \sim 10^{-7}$	4～10	血清

电位滴定法能用于酸碱滴定、氧化还原滴定、配合滴定和沉淀滴定分析。它的灵敏度高于用指示剂指示终点的滴定分析，而且还能在有色和浑浊的试液中进行滴定。

酸碱滴定中指示电极用 pH 玻璃电极，参比电极用饱和甘汞电极。用化学指示剂指示终点的弱酸滴定中，通常用 $cK_a \geqslant 10^{-8}$ 以及 $K_{a_1}/K_{a_2} > 10^5$ 作为弱酸能否准确滴定和分步滴定（多元酸）的界限，而在电位滴定中，可用 $cK_a \geqslant 10^{-10}$ 以及 $K_{a_1}/K_{a_2} > 4$ 来判断。用电位滴定法来确定非水滴定的终点较合适。滴定时使用 pH 计的毫伏标度比 pH 标度更好些。

对于氧化还原反应，将被滴定试样作为一个电化学电池的一半，就可对氧化剂或还原剂进行电位滴定。一般指示电极是“惰性”电极，如用于监测溶液电位的铂片或铂丝，外加一个适当的参比电极如 SCE 就可组成电池。这样，在用氧化剂如 MnO_4^- 或 Ce^{4+} 的标准溶液滴定还原剂如 Fe^{2+} 时，通过滴定剂电对的克式电位和它的氧化态和还原态的活度之比，或者通过被滴定物质电对的克式电位和它的氧化态与还原态的活度之比，即可给出溶液平衡电位。对于凡是分析上有用的滴定反应而言，滴定剂与被滴定物质一定要迅速反应，而且至少两个电极电对中的一对在指示电极上是可逆的。典型的应用实例包括用高锰酸根离子滴定亚铁离子；用溴酸盐滴定砷（Ⅲ）；用碘测定维生素 C（抗坏血酸）；用亚铬离子测定诸如偶氮、硝基、亚硝基等化合物以及醌之类的有机化合物。

对于沉淀反应和配合反应，由于有着各种各样商品离子选择性电极供应，同时可以制作许多更特殊的电极，所以涉及离子的沉淀反应和配合作用的滴定就得到了广泛应用。使用适当的硫化银基质电极，可用硝酸银滴定卤化物、硫氰酸盐、硫化物、铬酸盐和硫醇；可用碘化钠滴定银离子。使用适当的电极，则可用 EDTA 标准溶液滴定许多金属离子。钼酸盐、硒化物、硫酸盐、碲化物、钨酸盐可用高氯酸铅和铅电极滴定。铝离子、锂离子、磷酸盐、各种稀土元素离子和锆酸盐可用氟化物滴定。一般测定的下限在 $10^{-3} \sim 10^{-4}$ mol/L 之间。

习 题

1. 根据氟离子选择性电极的结构，写出测定 F^- 的电池组成。
2. pH 测定前，为什么 pH 玻璃电极要在蒸馏水中充分浸泡？
3. 电位分析法可分为几类？各有何特点？
4. 用钠离子性选择电极测得 1.25×10^{-3} mol/L Na^+ 溶液的电位值为 -0.203V。若 K_{Na^+,K^+} 为 0.24，

计算钠离子性选择电极在 1.50×10^{-3} mol/L Na^{+} 和 1.20×10^{-3} mol/L K^{+} 溶液中的电位值。

5. 用氟离子性选择电极测定牙膏中 F^{-} 含量。称取 0.200g 牙膏并加入 50mL TISAB 试剂，搅拌微沸冷却后移入 100mL 容量瓶中，用蒸馏水稀释至刻度。移取其中 25.00mL 于烧杯中测得其电位值为 0.155V，加入 0.10mL 0.50mg/mL F^{-} 标准溶液，测得电位值为 0.134V，该离子性选择电极的斜率 59.0mV/pF^{-}，试计算牙膏中氟的质量分数。

6. 用氟离子性选择电极测定自来水中 F^{-} 含量。取水样 25.00mL 并用 TISAB 稀释至 50.00mL，测得电位值为 328.0mV。若加入 5.000×10^{-4} mol/L 氟标准溶液 0.50mL，测得电位值为 309.0mV。该氟离子性选择电极的实际斜率为 58.0mV/pF^{-}。计算自来水中氟离子的含量。

7. 用氟离子性选择电极测定水样中 F^{-} 的含量。取水样 25.00mL，用 TISAB 稀释至 50.00mL 并转移至一只干净烧杯中，加入 2.000×10^{-4} mol/L 氟标准溶液 0.50mL，测定其电位。然后再分别四次加入 F^{-} 标准溶液各 0.50mL 并测定其电位。再按上述步骤用蒸馏水代替水样进行空白试验。两者测定结果见表 16-3。

表 16-3 测定结果

项 目	电位值/mV				
	1	2	3	4	5
水 样	261.0	253.0	246.5	241.5	237.2
空白试验	271.0	259.0	250.0	244.0	238.8

(1) 用 Gran 作图法求水样中的氟的含量；

(2) 使用 Gran 作图时，进行空白试验的目的是什么？

8. 准确移取 50.00mL 含 NH_4^+ 试液，经碱化后用气敏氨电极测得其电位值为 −80.1mV。若加入 1.00×10^{-3} mol/L 的 NH_4^+ 标准溶液 0.50mL，测得其电位值为 −96.1mV。然后在此试液中加入离子强度调节剂 50.00mL，测得其电位值为 −78.3mV。计算试样中 NH_4^+ 的浓度为多少？

9. 用氰离子性选择电极测定 CN^{-} 和 I^{-} 混合试液中的 CN^{-}，该电极适用的 pH 范围为 11～12，准确移取试液 100mL，在 pH 值为 12 时测得电位值为 −250mV。然后用固体邻苯二甲酸氢钾调节，使 pH=4，此时 CN^{-} 以 HCN 形式存在，测得电位值为 −235mV。若在 pH 值为 4 的该试液中再加入 1.00mL 9.00×10^{-4} mol/L 的 I^{-} 标准溶液，测得电位值为 −291mV。如果该氰离子性选择电极的斜率为 56.0mV/pCN^{-}，对 I^{-} 的电位选择系数为 1.2，试计算混合试液中 CN^{-} 的含量。

第十七章　电解和库仑分析法

电解和库仑分析法（electrolysis and coulometry）是化学电池中有较大电流流过的电分析化学法。当电流通过化学电池时，就必须在电极表面发生氧化-还原反应，即产生电解。因此本章所讨论的方法是建立在一般电解基础上的方法。按进行电解后所采用的计量方式的不同，可将这类方法区分为电解分析法（electrolysis）和库仑分析法（coulometry）。电解分析和库仑分析所用的化学电池是将电能转变为化学能的电解池。其测量过程是在电解池的两个电极上，外加一定的直流电压，使电解池中的电化学反应向着非自发的方向进行，电解质溶液在两个电极上分别发生氧化、还原反应，此时电解池中有电流通过。

电解分析法是通过称量在电解过程中，沉积于电极表面的待测物质量为基础的电分析方法。它是一种较古老的方法，又称电重量法。此法有时可作为一种离子分离的手段。实现电解分析的方式有三种：控制外加电压电解、控制阴极电位电解和恒电流电解。

库仑分析法的基本原理与电解分析法是相似的。它是通过测量在电解过程中，待测物发生氧化还原反应所消耗的电量为基础的电分析方法。该法不一定要求待测物在电极上沉积，但要求电流效率为100%。实现库仑分析的方式有恒电位库仑分析和恒电流库仑分析。

电解分析与库仑分析还有一个共同的特点，在分析工作中无须应用基准物质和标准溶液。

第一节　电解分析基本原理

一、电解分析基本装置

在电解池的两个电极上，加一直流电压，使电解池中有电流通过，在两个电极上便发生电极反应，而引起物质的分解。阳极使用螺旋状 Pt 并旋转（使生成的气体尽量扩散出来），阴极使用网状 Pt（大的表面），电极通过导线分别与直流电源的正、负两极相连接，构成如图 17-1 所示的电解分析的基本装置。

为使电极反应向非自发方向进行，外加电压应足够大，以克服电池的反电动势。通常将两电极上产生迅速的连续不断的电极反应所需的最小电压称为理论分解电压，因此理论分解电压即电池的反电动势。由于电池回路的电压降和阴、阳极的极化所产生的超电位 η，使得实际上的分解电压要比理论分解电压大。使电解反应按一定速度进行所需的实际电压称为实际分解电压。

以 0.2mol/L H_2SO_4 介质中 0.1mol/L $CuSO_4$ 的电解为例。

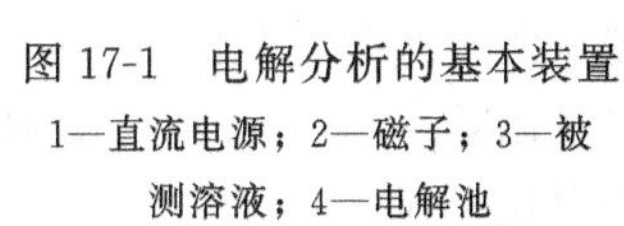

图 17-1　电解分析的基本装置
1—直流电源；2—磁子；3—被测溶液；4—电解池

阴极反应　　$Cu^{2+}+2e^{-}\rightleftharpoons Cu$　　(17-1)

阴极电位

$$\varphi_c=\varphi^{\ominus}+\frac{0.0592}{2}\lg a_{Cu^{2+}}=0.337+\frac{0.0592}{2}\times\lg 0.1=0.307V \tag{17-2}$$

阳极反应

$$\frac{1}{2}O_2+2H^++2e^-\rightleftharpoons H_2O \tag{17-3}$$

阳极电位

$$\varphi_a=\varphi^{\ominus}+\frac{0.0592}{2}\lg\{[p(O_2)]^{1/2}[a_{H^+}]^2\}=1.23+\frac{0.0592}{2}\times\lg(1^{1/2}\times0.2^2)=1.189V \tag{17-4}$$

电池电动势

$$E=\varphi_c-\varphi_a=0.307-1.189=-0.882V \tag{17-5}$$

因此

$$理论分解电压值=电池电动势值=0.882V \tag{17-6}$$

设 Pt 阴极面积为 $100cm^2$，电流为 0.1A，O_2 在 Pt 阴极上的超电位为 0.72V，电解池内阻 R 为 0.5Ω，可见实际分解电压要远高于理论分解电压。

$$实际分解电压=(\varphi_c+\eta_c)-(\varphi_a+\eta_a)+iR=-[(0.307+0)-(1.189+0.72)+0.1\times0.5]=1.55V \tag{17-7}$$

二、电解分析法

电解分析法可采用恒电流电解分析法和控制电位电解分析法。

1. 恒电流电解分析法

恒电流电解分析法也简称为恒电流电解法，它是在恒定的电流条件下进行电解，然后称量电极上析出物质的质量来进行分析测定的一种电重量方法。

电解时，通过电解池的电流是恒定的。在实际工作中，一般控制电流为 0.5～2A。随着电解的进行，被电解的测定组分不断析出，在电解液中该物质的浓度逐渐减小，电解电流也随之降低，此时可增大外加电压以保持电流恒定。

恒电流电解法的主要优点是仪器装置简单，测定速度快，准确度较高，方法的相对误差小。该方法的准确度在很大程度上取决于沉积物的物理性质。电解析出的沉积物必须牢固地吸附于电极的表面，以防在洗涤、烘干和称量等操作中脱落散失。电解时电极表面的电流密度越小，沉积物的物理性质越好。电流密度越大，沉积速度越快。为能得到物理性能好的沉积物，不能使用太大的电流，并应充分搅拌电解液，或使电解物质处于配合状态，以便控制适当的电解速度，改善电解沉积物的物理性能。

恒电流电解法的主要缺点是选择性差，只能分离电动序中氢以上与氢以下的金属。电解时氢以下的金属先在阴极上析出，当这类金属完全被分离析出后，再继续电解就析出氢气，所以在酸性溶液中电动序在氢以上的金属就不能析出。加入去极化剂可以克服恒电流电解选择性差的问题。如在电解 Cu^{2+} 时，为防止 Pb^{2+} 同时析出，可加入 NO_3^- 作去极化剂。因为 NO_3^- 可先于 Pb^{2+} 析出。

2. 控制电位电解分析法

在实际电解分析工作中，阴极和阳极的电位都会发生变化。当试样中存在两种以上离子时，随着电解反应的进行，离子浓度将逐渐下降，电池电流也逐渐减小，此时第二种离子亦可能被还原，从而干扰测定。应用控制外加电压的方式往往达不到好的分离效果。较好的方法是控制工作电极（阴极或阳极）电位为一恒定值的方式进行电解。

控制阴极电位电解装置如图 17-2 所示。它与恒电流电解不同之处，在于它具有测量和控制阴极电位的装置。在电解过程中，阴极电位可用电位计或电子毫伏计准确测量，并且通过变阻器 R 来调节加于电解池的电压，使阴极电位保持为一定值，或使之保持在某一特定的电位范围之内。

在控制电位电解过程中，被电解的只有一种物质，随着电解的进行，该物质在电解液中的浓度逐渐减小，因此电解电流也随之越来越小。当该物质被电解完全后，电流就趋近于零，可以此作为完成电解的标志。

控制电位电解法的主要特点是选择性高，可用于分离并测定 Ag（与 Cu 分离）、Cu（与 Bi、Pb、Ag、Ni 等分离）、Bi（与 Pb、Sn、Sb 等分离）、Cd（与 Zn 分离）等。

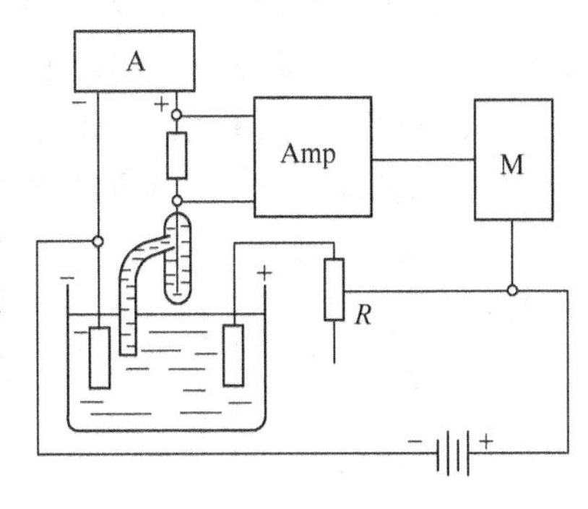

图 17-2 控制阴极电位电解装置
A—辅助电压；Amp—放大；
M—可逆电机

3. 汞阴极电解法

上述电解分析的阴极都是以 Pt 作阴极，如果以 Hg 作阴极即构成所谓的 Hg 阴极电解法。因 Hg 密度大，用量多，不易称量、干燥和洗涤，因此只用于电解分离，而不用于电解分析。汞阴极电解法与通常以铂电极为阴极的电解法相比较，主要有以下特点。

① 可以与沉积在 Hg 上的金属形成汞齐，更易于分离。

② H_2 在 Hg 上的超电位较大，扩大了电解分析的电压范围。

③ Hg 相对密度大，易挥发除去。这些特点使得该法特别适用于分离。

三、电解分析实验条件

（1）电流密度　电流密度过小，析出物紧密，但电解时间长；电流密度过大，浓差极化大，可能析出 H_2，而且析出物结构疏松。通常采用大面积的电极（如网状 Pt 电极）。

（2）酸度和配合剂　酸度过高，金属水解，可能析出待测物的氧化物；酸度过低，可能有 H_2 析出。当要在碱性条件下电解时，可加入配合剂，使待测离子保留在溶液中。如电解沉积 Ni^{2+}，在酸性或中性条件下都不能使其定量析出，但加入氨水后，可防止 H_2 析出，形成$Ni(NH_3)_4^{2+}$可防止 $Ni(OH)_2$ 沉淀。

（3）消除阳极干扰反应　加入去极化剂是消除阳极干扰反应的常用方法。改变电极材料或电解质溶液组成也是常用的消除阳极干扰反应的方法。

（4）外部因素——搅拌及加热　搅拌及加热能增大离子向电极的扩散速度，在使用较大电流密度时仍能保持沉积物均匀而致密，并缩短分析时间。一般加热温度为 60～80℃。

第二节　库仑分析法

根据被测物质在电解过程中所消耗的电量来求物质含量的方法，叫库仑分析法。与电解分析法相对应，库仑分析法也可分为：恒电流库仑分析法和控制电位库仑分析法两类。前者是建立在控制电流电解的基础上，后者是建立在控制电位电解过程的基础上。不论哪种库仑分析法，都要求电极反应单一，电流效率 100%（电量全部消耗在待测物上），这是库仑分析法的先决条件。库仑分析法的定量依据是 Faraday 定律。

Faraday 定律是指在电解过程中电极上所析出物质的量与通过电解池的电量成正比关系。其数学表达式为

$$m=\frac{M}{nF}Q=\frac{M}{nF}it \tag{17-8}$$

式中，m 为电解析出物质的质量，g；M 为电解析出物质的摩尔质量，g/mol；n 为电

极反应中的电子转移数；F 为法拉第常数，96487C/mol，为 1mol 元电荷的电量；Q 为电解消耗的电量；i 为通过电解池的电流强度，A；t 为电解进行的时间，s。

一、控制电位库仑分析法

控制电位库仑分析的电池组成与控制电位电解分析一样，只是需要测量电极反应消耗的电量。不仅要求工作电极电位恒定，而且要求电流效率 100%，当 i 变为 0 时，电解完成。电量大小用库仑计、积分仪和作图等方法测量，具体方法如下。

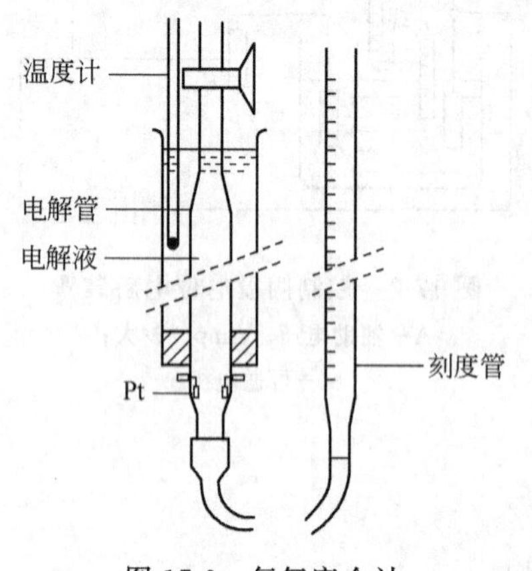

图 17-3　氢氧库仑计

（1）库仑计测量　在电路中串联一个用于测量电解中所消耗电量的库仑计。常用氢氧库仑计，其构造如图 17-3 所示。

标准状态下，1F 电量产生 11200mL H_2 及 5600mL O_2，共 16800mL 混合气。即每库仑电量相当于 0.1741mL 氢氧混合气体，设得到 V mL 混合气体，则电量 $Q=V/0.1741$，由 Faraday 定律得待测物的质量

$$m=\frac{MV}{0.1741\times 96485n} \tag{17-9}$$

（2）电子积分仪测量　采用电子线路积分总电量 Q，并直接由表头指示。

$$Q=\int_0^t i_t\,\mathrm{d}t \tag{17-10}$$

（3）作图法　在控制电位库仑分析中，电流随时间而衰减，即

$$i_t=i_0\times 10^{-kt} \tag{17-11}$$

式中，i_0 为初始电流值；k 为与电极面积、离子扩散系数、电解液体积和扩散层厚度有关的常数。

电解消耗的电量 Q 可通过积分式（17-11）得到

$$Q=\int_0^t i_0\times 10^{-kt}\,\mathrm{d}t=\frac{i_0}{2.303}(1-10^{-kt}) \tag{17-12}$$

当时间增加时，10^{-kt} 减小。当 $kt>3$ 时，上式近似为

$$Q=\frac{i_0}{2.303k} \tag{17-13}$$

式中，i_0 及 k 可通过作图法求得。

对 $i_t=i_0\times 10^{-kt}$ 取对数，得

$$\lg i_t=\lg i_0-kt \tag{17-14}$$

以 $\lg i_t$ 对 t 作图得一直线，由截距求得 i_0，由斜率求得 k，代入 $Q=\frac{i_0}{2.303k}$ 可求得电量 Q。

二、恒电流库仑分析法

恒电流库仑分析亦简称为库仑滴定法，它是建立在控制电流电解过程上的库仑分析法。强度一定的电流通过电解池，在 100%的电流效率下，在工作电极附近由于电极反应而产生一种滴定试剂与被测物质发生有定量关系的化学反应，当被测定物质与之作用完全后，由指示终点的物质或仪器发出信号，立即停止电解。按照法拉第定律，从电解进行的时间 t 及电流强度 i 就可计算出被测定物质的质量 m。

1. 仪器装置

恒电流库仑滴定的装置如图 17-4 所示。实际就是一个恒电流电解的装置。最简单的恒

流电源是由几个串联的蓄电池组成。R_s 为标准电阻，通过电解池的电流可用精密电位计测量标准电阻上的 iR_s 降求得。

2. 指示终点的方法

指示终点的方法共有三种：化学指示剂法、电位法、永（死）停法（或双铂电极电流指示法）。

（1）化学指示剂法　以电解 As^{3+} 为例，电解时加入较大量 KI，以产生的 I_2 滴定 As^{3+}，当到达终点时，过量的 I_2 可以淀粉为指示剂指示时间的到达。

（2）电位法指示终点　同电位滴定法，以电位的突跃指示时间的到达。

（3）双铂电极电流指示法　该法又称为永停法，它是在电解体系中插入一对铂电极作指示电极，加上一个微小直流电压，一般为几十毫伏至 200mV（见图 17-5）。当达到滴定终点时，由于试液中存在有一对可逆电对或原来可逆电对中的一种物质消失，此时铂指示电极的电流迅速发生变化或变化立即停止。通过观察此对电极上电流的突变指示终点。例如库仑滴定法测定砷，试液中加有 0.1mol/L H_2SO_4 和 0.2mol/L KBr，指示电极对和电解电极对均为铂，辅助电极置于微孔底板的隔膜套筒中，通电电解后

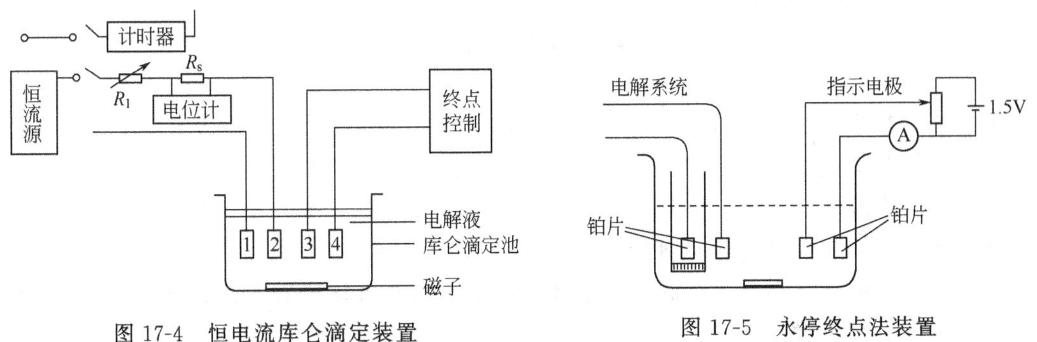

图 17-4　恒电流库仑滴定装置

1，2—发生电极对；3，4—指示电极对

图 17-5　永停终点法装置

工作阳极　　$2Br^- \rightleftharpoons Br_2 + 2e^-$

辅助阴极　　$2H^+ + 2e^- \rightleftharpoons H_2$

电解产生的 Br_2 与试液中的待测组分 AsO_3^{3-} 发生下列定量化学反应。

$$Br_2 + AsO_3^{3-} + H_2O \rightleftharpoons 2Br^- + AsO_4^{3-} + 2H^+ \tag{17-15}$$

当 AsO_3^{3-} 定量氧化为 AsO_4^{3-} 后，微微过量的 Br_2 借永停终点法指示之，根据氧化 AsO_3^{3-} 消耗的电量可计算出试液中砷的含量。

永停终点法的原理在于在两个铂指示电极上加的电压很小，只有当试液中有可逆电对 Br_2/Br^- 存在时，氧化型 Br_2 在阴极上还原，还原型 Br^- 在阳极上氧化，电路中就有电流通过。当试液中只有氧化型 Br_2 或还原型 Br^- 时，因两极上加的电压很小，除可逆电对以外，没有其他物质能够在这样小的外加电压下有物质在阳极氧化和在阴极上还原，因此电路中就无电流通过。上例库仑滴定中，当试液中 AsO_3^{3-} 未氧化完以前（即滴定终点前），溶液中只有 Br^- 而无 Br_2 存在，即只有可逆电对的一种状态，指示电极上无反应发生，无电流通过，检流计的光点死停在零位。此时溶液中虽然也有三价砷和五价砷，但 As^{3+}/As^{5+} 为不可逆电对，其电极反应速度很慢，在此条件下不会在指示电极上起反应。当电解产生的 Br_2 将 AsO_3^{3-} 氧化完并微有过量以后，溶液中出现了 $Br_2/2Br^-$ 可逆电对，在很小的外加电压下有下列反应发生。

指示阴极 $Br_2+2e^- \rightleftharpoons 2Br^-$

指示阳极 $2Br^- \rightleftharpoons Br_2+2e^-$

于是外电路有电流通过，检流计的光点突然有较大的偏转。根据检流计开始发生移动，指示电解终点已经到达。

永停终点法常用于氧化还原反应滴定体系，特别在以电生卤素为滴定剂的库仑滴定中用得最广。在沉淀反应的滴定中也有不少用此法来指示终点的。由于该法装置简单、快速、灵敏，而且准确度较高，因此应用范围在不断扩大。

3. 电流效率问题

100%电流效率是进行库仑分析的先决条件。在设计方法时，首先要考虑这个问题。

可用加入合适试剂的办法来保证100%的电流效率。以滴定 Fe^{3+} 为例，如采用 Pt 电极为阴极，Ag 电极为阳极，含有 Fe^{3+} 及 KBr 的酸性溶液为电解液。测定时在阳极上 Ag 氧化为 AgBr，在阴极上既有 Fe^{3+} 的还原，又可能有氢的还原，电流效率不是100%。为保证电流效率100%，在电解液中加入 Ti^{4+}，Ti^{4+} 比 H^+ 易还原，生成 Ti^{3+}，后者又能还原 Fe^{3+}。不论 Ti^{4+} 在阴极还原，还是 Fe^{3+} 在阴极还原，其结果都是 Fe^{3+} 的还原。所以 Ti^{4+} 的存在保证了100%的电流效率。

也可用选择合适电极的办法，解决电流效率问题。

4. 库仑滴定法的特点

库仑滴定法不是一种滴定分析法，而是一种电分析化学法。它具有以下一些特点。

(1) 既准确又灵敏　它是目前最准确的常量分析方法，又是高度灵敏的痕量组分分析方法之一。它具有准确、灵敏、快速以及不需要昂贵的仪器设备等优点。特别适合于组分单纯的样品的测定，例如，半导体材料和试剂等。

(2) 操作简便　它不需要配制标准溶液，使用的试样量比一般常量方法少1～2个数量级。易实现自动化测量。

(3) 适用面广　常用的滴定试剂，如 H^+、OH^-、I_2、Ce^{4+}、Ti^{3+}、Fe^{2+}、Mn^{3+}、$Fe(CN)_6^{3-}$、$Fe(CN)_6^{4-}$、Sn^{2+} 等，都能在电极上产生，可用来测定很多有机和无机物质。

习　题

1. 电解分析（电重量法）和库仑分析的共同点是什么？不同点是什么？

2. 在电解分析中，一般使用的工作电极面积较大，且需搅拌，这是为什么？有时还要加入惰性电解质、pH 剂、缓冲液和配合剂，这又是为什么？

3. 库仑分析的基本原理是什么？基本要求又是什么？控制电位和控制电流的库仑分析是如何达到基本要求的？

4. 为什么恒电流库仑分析法又称为库仑滴定法？

5. 如果要用电解的方法从组成 1×10^{-2} mol/L Ag^+、2.00mol/L Cu^{2+} 的溶液中，使 Ag^+ 完全析出（浓度达到 10^{-6} mol/L）而与 Cu^{2+} 完全分离。铂阴极的电位应控制在什么数值上？（与 SCE 比较，不考虑超电位）

6. 为电解 0.200mol/L 的 Pb^{2+} 溶液，需将此溶液缓冲至 pH=5.00。若通过这个电解池的电流为 0.50A，铂电极的面积为 $10cm^2$，在阳极上放出氧气（101325Pa），氧的超电压为0.77V。在阴极上析出铅。假定电解池的电阻为 0.80Ω，试计算：

(1) 电池的理论电动势（零电流时）；

(2) iR 降；

(3) 开始电解时所需的外加电压；

（4）若电解液体积为 $100cm^3$，电流维持在 0.500A，问需电解多长时间铅离子浓度才减小到 0.01mol/L?

（5）当 Pb^{2+} 浓度为 0.01mol/L 时，电解所需的外加电压为多少?

7. 用库仑分析法测定某炼焦厂下游河水中的含酚量，为此，取 $100cm^3$ 水样，酸化并加入过量 KBr，电解产生的 Br_2 与酚发生如下反应

$$C_6H_5OH + 3Br_2 \rightleftharpoons Br_3C_6H_2OH + 3HBr$$

电解电流为 0.0208A，电解时间为 580s。问水样中含酚量（mg/L）为多少?

8. 用库仑法测定某有机酸的 $m(mol)/z$ 值。溶解 0.0231g 纯净试样于乙醇-水混合溶剂中，以电解产生的 OH^- 进行滴定，通过 0.0427A 的恒定电流，经 402s 到达终点，计算此有机酸的 $m(mol)/z$ 值。

第十八章　伏安法与极谱法

伏安分析法（voltammetry）是一种特殊的电解方法，通过测量电解过程中所得的电流-电压（或电位-时间）曲线来确定电解液中被测组分的浓度，从而实现分析测定的。之所以说其为特殊的电解过程，是在于电解池中的两个电极的性质。其中一个为小面积、易极化的电极，做工作电极；另一个以大面积、不易极化的电极为参比电极。

1922 年捷克斯洛伐克人 Jaroslav Heyrovsky 以滴汞电极为工作电极首先发现了极谱现象，并因此而获 Nobel 奖。随后，伏安法作为一种分析方法，主要用于各种介质中的氧化还原过程、表面吸附过程以及化学修饰电极表面电子转移机制。有时，该法亦用于水相中无机离子或某些有机物的测定。20 世纪 50 年代末至 60 年代初，光学分析迅速发展，该法变得不像原来那样重要了。20 世纪 60 年代中期，经典伏安法得到很大改进，方法选择性和灵敏度提高，而且低成本的电子放大装置出现，伏安法开始大量用于医药、生物和环境分析中。此外伏安法与 HPLC 联用使该法更具生机。目前，该法仍广泛用于氧化还原过程和吸附过程的研究。

第一节　极谱分析与极谱图

一、极谱分析基本装置

极谱法（polarography）的基本装置（双电极系统）如图 18-1 所示。

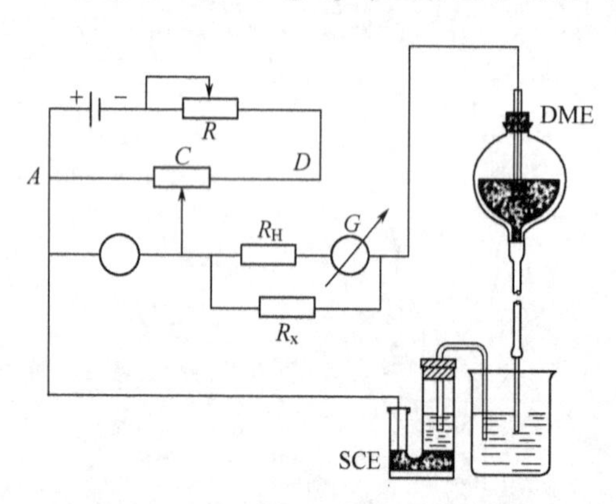

图 18-1　双电极系统极谱法装置示意

由图 18-1 可见，一般的极谱分析装置主要有三个部分：提供可变外加电压的装置，指示电解过程中电解电流变化的装置，以及由两个电极和待测电解液组成的电解池。其中一个为饱和甘汞电极（SCE）作参比电极（阳极）；另一个是面积很小的滴汞电极（dropping mercury electrode，DME）作为工作电极（阴极）。对于 SCE，其电极电位如式(18-1) 所示。

$$\varphi_{Hg_2Cl_2/Hg}=\varphi^{\ominus}_{Hg_2Cl_2/Hg}-0.059\lg[Cl^-] \tag{18-1}$$

只要［Cl^-］保持不变，电位便可恒定。严格讲，电解过程中［Cl^-］是有微小变化的，因为有电流通过，必会发生电极反应。但如果电极表面的电流密度很小，单位面积上［Cl^-］的变化就很小，可认为其电位是恒定的（因此使用大面积的、去极化的 SCE 电极是必要的）；对于 DME，由于面积很小，电解时电流密度很大，很容易发生浓差极化，其电极电位与外加电压的关系为

$$U_{外}=\varphi_{SCE}-\varphi_{DME}+iR \tag{18-2}$$

由于极谱分析的电流很小（微安数量级），故 iR 项可忽略不计；参比电极电位 φ_{SCE} 恒定，故滴汞电极电位 φ_{DME} 就完全随着外加电压的改变而变化。

除滴汞电极外，还有旋汞电极、圆盘电极等。

前面讨论的双电极系统中，将 iR 降忽略了。实际工作中，当回路电流较大或内阻较高时，iR 降不能忽略，即不可用外加电压代替 φ_{DME}。此时要准确测定滴汞电极电位，必须想办法克服 iR 降。通常的做法是使用三电极系统，如图 18-2 所示。

极谱电流 i 容易从回路 WC 中测得，滴汞工作电极电位可由高阻抗回路 WR 中获得（阻抗高，因而此回路无明显电流通过），即可通过此监测回路显示。

二、极谱曲线——极谱图

通过连续改变加在工作和参比电极上的电压，并记录电流的变化，绘制 i-V 曲线。所得的这条 i-V 曲线称为极谱波或极谱图，亦简称极谱。

当以 100～200mV/min 的速度对盛有 0.5mol/L $CdCl_2$ 溶液施加电压时，记录电压 V 对电流 i 的变化曲线，如图 18-3 所示。

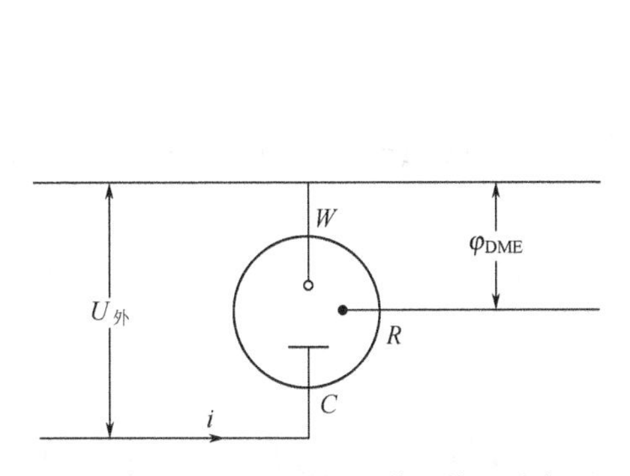

图 18-2　三电极系统极谱法装置示意

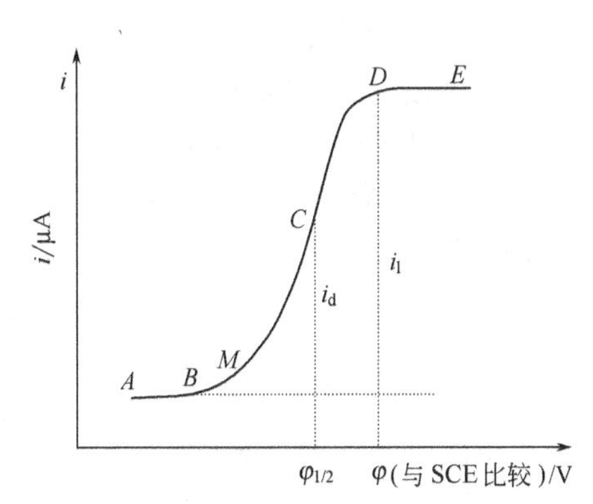

图 18-3　Cd 的极谱波

AB 段：未达分解电压 $V_{分}$，滴汞电极上还没有 Cd^{2+} 被还原，此时应该没有电流通过电解池。但实际上仍有极微小的电流通过电解池，称为残余电流。

BM 段：当外加电压继续增加，达到 Cd^{2+} 的分解电压后，电解作用开始，两电极上分别发生如下反应。

滴汞阴极　　$Cd^{2+}+2e^-+Hg \rightleftharpoons Cd(Hg)$

甘汞阳极　　$2Hg+2Cl^- \rightleftharpoons Hg_2Cl_2+2e^-$

滴汞电极电位（25℃）

$$\varphi_{DME}=\varphi^{\ominus}+\frac{0.059}{2}\lg\frac{c^{s}_{Cd^{2+}}}{c_{Cd(Hg)}} \tag{18-3}$$

式中，$c^{s}_{Cd^{2+}}$ 为 Cd^{2+} 在滴汞表面的浓度。

BC 段：继续增加电压，或 φ_{DME} 更负。从上式可知，$c^{s}_{Cd^{2+}}$ 将减小，即滴汞电极表面的 Cd^{2+} 迅速获得电子而还原，电解电流急剧增加。由于此时溶液本体的 Cd^{2+} 来不及到达滴汞表面，因此，滴汞表面浓度 c^s 低于溶液本体浓度 c，即 $c^s<c$，产生所谓“浓差极化”。电解电流 i 与离子扩散速度成正比，而扩散速度又与浓度差（$c-c^s$）成正比，与扩散层厚度 δ 成反比，即 $i=K(c-c^s)/\delta$。

DE 段：最后当外加电压增加到一定数值时，c^s 趋近于 0，（$c-c^s$）趋近于 c 时，这时电流不再增加，达到一个极限值。极谱波出现了一个平台 DE 段，此时的电流称为极限电流，以 i_l 表示。极限电流与残余电流之差称为极限扩散电流 i_d，也叫波高。由前面讨论可知：

$$i_d=Kc \tag{18-4}$$

这就是极谱分析法的定量分析基础。

当电流等于极限扩散电流 i_d 的一半时所对应的电位称为半波电位（$\varphi_{1/2}$），由于不同物质其半波电位不同，因此半波电位可作为极谱定性分析的依据。

三、扩散电流方程式——极谱定量分析基础

由前述可知 $i_d=Kc$，但极限扩散电流大小到底与哪些因素有关？根据 Fick 第一、第二定律可得到最大扩散电流（μA）：

$$i_d=708nD^{1/2}m^{2/3}t^{1/6}c \tag{18-5}$$

式中 i_d——最大扩散电流，μA；

n——电子转移数；

D——扩散系数，cm^2/s；

m——汞滴流量，mg/s；

t——测量时汞滴周期时间，s；

c——待测物浓度，mmol/L。

该式反映了汞滴寿命最后时刻的电流，实际上记录仪记录的是平均电流附近的锯齿形小摆动。平均电流为

$$\overline{i_d}=607nD^{1/2}m^{2/3}t^{1/6}c=Kc \tag{18-6}$$

式中 $\overline{i_d}$——平均极限扩散电流，μA。

式(18-6) 亦称为 Ilkoviĉ 公式。

从 Ilkoviĉ 公式可知，在极谱分析过程中只有保持系数所包含的各项为一定值，才能确保极限扩散电流与被测物质的浓度成正比。而 K 值是由 D、m 和 t 等各种因素决定的。

(1) 溶液组分的影响　组分不同，溶液黏度不同，因而扩散系数 D 不同。分析时应使标准液与待测液组分基本一致。

(2) 毛细管特性的影响　汞滴流速 m、滴汞周期 t 是毛细管的特性，将影响平均扩散电流大小。通常将 $m^{2/3}t^{1/6}$ 称为毛细管特性常数。

设汞柱高度为 h，因 $m=k'h$，$t=k''/h$，则毛细管特性常数 $m^{2/3}t^{1/6}=kh^{1/2}$（k，k'，k''为比例系数），即$\overline{i_d}$与 $h^{1/2}$ 成正比。因此，实验中汞柱高度必须保持一致。该条件常用于验证极谱波是否为扩散波。

(3) 温度的影响　除 n 外，温度影响公式中的各项，尤其是扩散系数 D，室温下，温度每增加 1℃，扩散电流增加约 1.3%。故控温精度必须控制在±0.5℃范围之内。

在极谱电解过程中，除上述讨论的用于测定的扩散电流外，还会夹杂产生一些其他电流。这些电流与被测组分无关，但对分析工作有影响，故统称为干扰电流。在极谱分析中应根据它们产生的原因设法扣除。

极谱分析干扰电流包括：残余电流、迁移电流、极谱极大现象和氧波等。

第二节　现代极谱分析法

经典极谱经改进和发展，形成了下述几种现代极谱分析法。

一、单扫描极谱法

单扫描极谱法是指在一个汞滴成长的最后时刻，在其上迅速只加一次锯齿波脉冲扫描的极谱分析法。我国则通称为示波极谱法，其相应的仪器称为示波极谱仪。单扫描极谱的电压

扫描速率为 250mV/s；为经典直流极谱的 50～80 倍。

单扫描极谱出现峰电流，因而分辨率比经典极谱高。由于扫描速率加快，电极表面离子迅速还原，产生瞬时极谱电流，电极周围离子来不及扩散，扩散层厚度增加，导致极谱电流迅速下降，形成峰形电流（见图 18-4）。

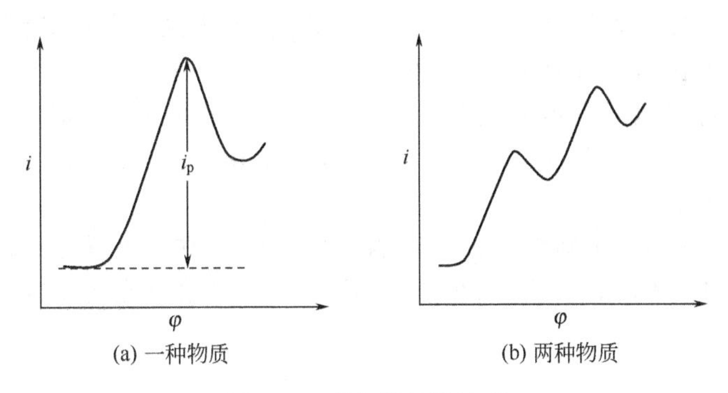

图 18-4　单扫描极谱波形

单扫描极谱的可逆波的峰电位 φ_p 与普通极谱波半波电位 $\varphi_{1/2}$（25℃时）之间的关系为

$$\varphi_p=\varphi_{1/2}-1.1\frac{RT}{nF}=\varphi_{1/2}-0.028/n \tag{18-7}$$

即可通过峰电位求得半波电位，并进行定性分析。

二、方波极谱法

方波极谱法是交流极谱法的一种，它是从经典极谱发展起来的。在方波极谱中，如经典极谱法那样，向电解池均匀而缓慢地加入直流电压时，同时又叠加一低频率（50～250Hz）、小振幅（10～30mV）的交流方形波电压。因此通过电解池的电流，除直流成分外，还有交流成分。通过测量不同外加直流电压时交变电流的大小，得到交变电流-直流电压曲线，可以进行定量分析。

图 18-5 所示为方波极谱法消除电容电流原理。图 18-5(a) 所示为所叠加的方波交流电压，当方波电压叠加在缓慢变化的直流电压上时，通过电解池的电流既有直流成分又有交流成分。当两者分开后，进行放大，利用仪器中特殊的时间开关，在每一次加入方波电压之后，等待一段时间，直到充电电流减至很小数值时，记录电解电流，从而达到消除充电电流的目的。因为充电电流在方波升起的初期虽然较大，但衰减很快。当它衰减接近于零时，电解电流还有相当大的数值。这时所测量的电流则几乎全为电解电流。如图 18-5(c) 所示，阴影部分代表消除充电电流之后的电解电流。

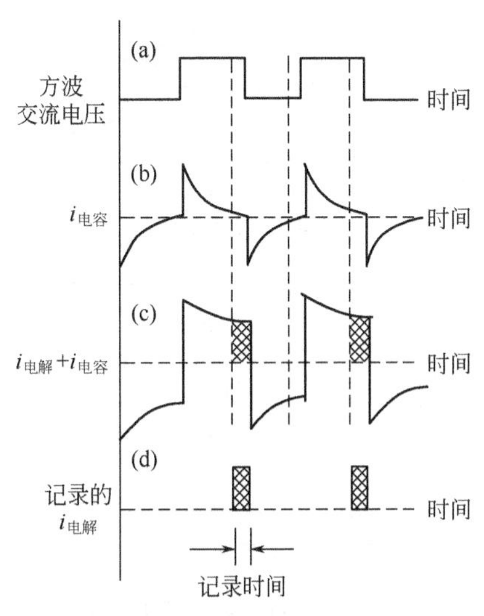

图 18-5　方波极谱法消除电容电流原理

在进行方波极谱分析时，如果采用连续方波电压作为极化电压，而且在每一个方波电压改变方向前记录讯号，则可以得到连续方波极谱曲线。如果采用断续方波电压作极化电压，即在每滴汞生长到一预定时间后，才加上方波电压，并记录讯号，则得到台阶状断续方波极谱曲线，这样可以避免由于汞滴表面积变化而带来的锯齿状振荡的影响，使极谱图形更便于测量。

三、脉冲极谱法

脉冲极谱法也是在直流电压上叠加方波，但方波频率较低，且叠加方式不同。在方波极谱法中，方波是连续的；而脉冲极谱法是在每一滴汞生长末期，在给定的直流电压或线性增加的直流电压上叠加振幅逐渐增加或等振幅的脉冲电压，并在每个脉冲后期记录电解电流。按施加脉冲电压和记录电解电流方式的不同，脉冲极谱法可分为常规脉冲极谱法（normal pulse polarography）和微分脉冲极谱法（differential pulse polarography）。

1. 常规脉冲极谱法

常规脉冲极谱是在每一汞滴生长到一定时间（2～4s），在一个恒定的直流电压 U_i 上叠加一个振幅随时间作线性增长的矩形脉冲电压（见图 18-6）。当加入脉冲电压后，使电压突然跃

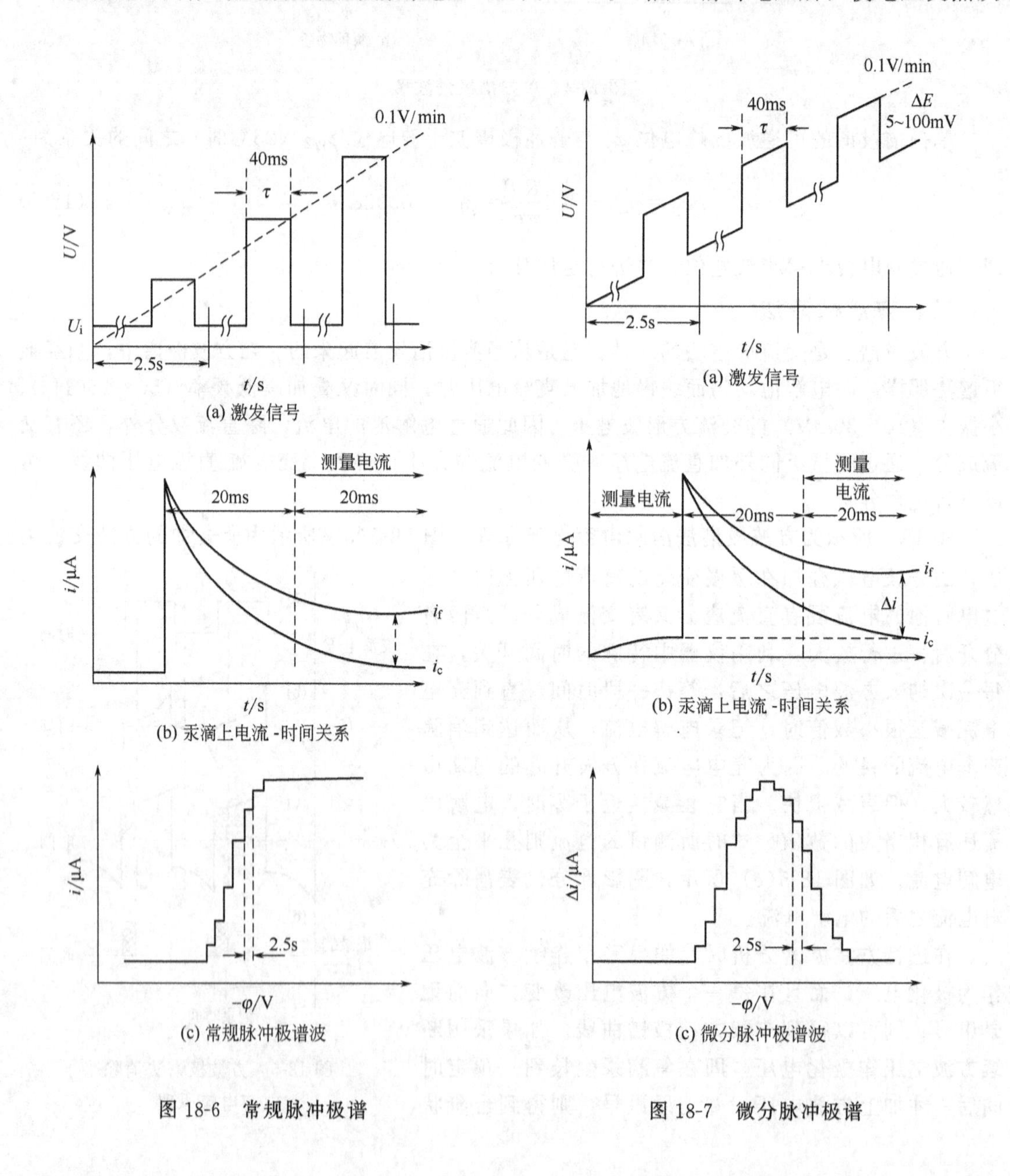

图 18-6　常规脉冲极谱

图 18-7　微分脉冲极谱

至U，并持续一个短暂时间（一般为40～80ms），由于U值已达到能使被测物质发生电极反应，产生电解电流，同时也有电容电流和毛细管噪声等背景电流的存在。在脉冲末期某一时刻，各种背景电流都已衰减趋近于零（一般在脉冲电压结束前20ms），这时开始测量电解电流，于是可以尽量减少或消除电容电流等的干扰。常规脉冲极谱的灵敏度是直流极谱的7倍。

脉冲结束后，外加电压又恢复到U_i，开始下一个周期。每个周期外加电压保持在U_i的时间、加脉冲电压的时间、测量电流的时间以及汞滴的滴落时间都完全相同，仅脉冲电压较前一周期的振幅随时间有线性的增长（约数，mV），如图18-6(a)所示。汞滴上电流-时间曲线如图18-6(b)所示

采用这种形式的脉冲电压，每一个脉冲提供的电解电流都是受扩散过程所控制的扩散电流。因此，脉冲极谱波得到与直流极谱类似的台阶形曲线［见图18-6(c)］。通过测量平台的波高可进行定量分析。

2. 微分脉冲极谱法

微分脉冲极谱是在滴汞电极每一汞滴生长到一定时刻（一般为1s或2s），在线性变化的直流电压上叠加一个恒定振幅的脉冲电压（脉冲电压的振幅可选择范围为2～100mV），脉冲持续时间与常规脉冲极谱法相似（一般为40～80ms），如图18-7(a)所示。

微分脉冲极谱记录电流的方法是在每滴汞生长期间记录两次电流，一次是在施加脉冲前的20ms（只有电容电流i_c）和脉冲结束前20ms的瞬间（电容电流i_c+电解电流），取两次记录电流值的差值（Δi）作为所得的电流数据，如图18-7(b)所示。

在未达分解电流之前和达极限电流之后，脉冲电压的叠加不会使电解电流发生显著变化，即Δi都很小。而在直流极谱曲线陡峭部分（$\varphi_{1/2}$附近）时，Δi很大，最终形成峰形曲线，如图18-7(c)所示。

由于微分脉冲极谱消除了电容电流，并在毛细管噪声衰减最大时测量，因而该法的灵敏度很高，检出限可达10^{-8}mol/L。

四、交流极谱法

交流极谱法是在经典直流极谱线性扫描电压上叠加一小振幅、低频正弦交流电压，然后通过测量电解池的交流电流信号。此混合信号经电容滤掉直流成分后被放大、整流、滤波，并直接记录下来得到交流极谱波。

交流极谱波的峰电位φ_p与经典极谱波的半波电位$\varphi_{1/2}$相同，峰电流i_p为

$$i_p=\frac{z^2F^2}{4RT}D^{1/2}A\omega^{1/2}c\Delta U$$

式中 A——电极面积，cm^2；

ΔU——交流电压振幅，mV；

ω——所加交流电的角频率。

交流极谱波的特点是极谱波呈峰形，分辨率高，可分辨电位相差40mV的两个极谱波；交流极谱波可克服氧波干扰（交流极谱对可逆波灵敏，而氧波为不可逆波）；电容电流较大（交流电压使汞滴表面和溶液间的双电层迅速充放电），与单扫描极谱比，检出限未获改善；交流极谱波采用相敏交流极谱，可完全克服电容电流干扰，检出限大大降低。

表18-1所列为几种极谱分析法和伏安分析法的比较。

表 18-1 几种极谱分析法和伏安分析法的比较

项　目	经典极谱	单扫描极谱	循环伏安极谱	交流极谱	方波极谱	常规脉冲极谱	微分脉冲极谱
扫描方式	线性电压	线性扫描	线性正反向扫描	线性＋交流(正反向)	线性＋方波(正反向)	恒压＋递增矩形脉冲	线性＋恒定距形脉冲
扫描速度	200mV/min	250mV/s	±250mV/s	200mV/min±30mV	200mV/min±30mV	0.1V/min	0.1V/min
扫描频率	—	—	—	50Hz	225～250Hz		
振幅	—	—	—	10～30mV	10～30mV	0～2000mV	5～100mV
持续时间					几毫秒	40～60ms	40～80ms
开始电流记录	每滴汞生长期	汞滴生长末期	汞滴生长末期	每滴汞生长期	每滴汞生长期 电流方向变化瞬间	汞滴生长末期 加脉冲后 20ms	汞滴生长末期 脉冲加入前 20ms 及加入后 20ms
记录时间	几分钟	几秒钟	几秒钟	几分钟	几分钟	几分钟	几分钟
消耗汞量	几十滴汞	几滴汞	几滴汞	几十滴汞	几十滴汞	几十滴汞	几十滴汞
电容电流	有	有	有	有逐渐减小	减小或无	无	无
毛细管噪声	有	有	有	有	有	无	无
分辨率	差	较好	较好	好(40mV)	好	一般	很高(25mV)
灵敏度	低(200mV)	较高	较高	高	高	很高($7i_d$)	最高
检出限	10^{-5}mol/L	10^{-6}mol/L	10^{-6}mol/L	略高	10^{-7}mol/L	低	10^{-8}mol/L
应用	定性定量 稳定常数 配位数 扩散系数 判断可逆性	定量 可不加极大抑制剂	电极可逆性判断 电极吸附研究 电化学-化学耦联反应过程研究	定量 电极过程研究 无氧波干扰	定量	定量 电极可逆性判断	定量

第三节　循环伏安法和几种新的伏安法

一、循环伏安法

在线性扫描伏安法（linear sweep voltammetry）中，工作电极的电位随时间变化而发生线性变化，如图 18-8(a) 所示。当电解池中有电活性物质存在时，得到的电流-电位曲线呈峰形。如图 18-8(b) 所示，其峰电流（i_p）与峰电位（φ_p）是两个重要的参数。

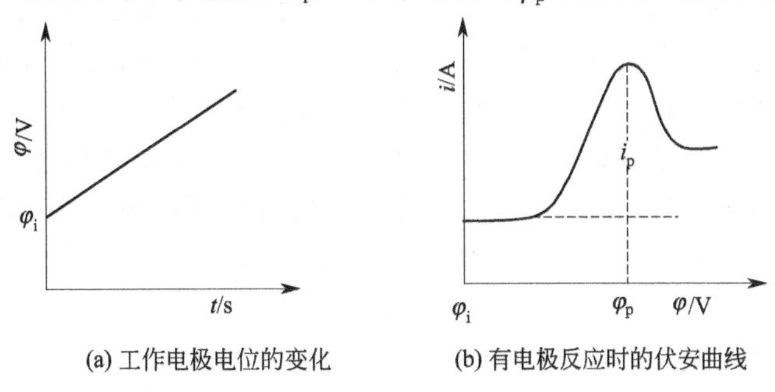

图 18-8　线性扫描伏安法原理图

循环伏安极谱法的电压扫描方式与单扫描相似，以快速线性扫描的方式施加电压，单扫描极谱法施加的是锯齿波电压，而循环伏安施加的是三角波电压，如图 18-9 所示。当线性扫描由起始电压 U_i 开始，随时间按一定方向作线性扫描，达到一定电压 U_s 后，将扫描反向，以相同的扫描速度返回到原来的起始扫描电压 U_i，构成等腰三角形脉冲。如果在扫描电压范围内，开始扫描的方向使工作电极电位不断变负时，当电解液中某物质在电极上发生了被还原的阴极过程，而反向扫描时，在电极上发生使还原产物重新氧化的阳极过程。即

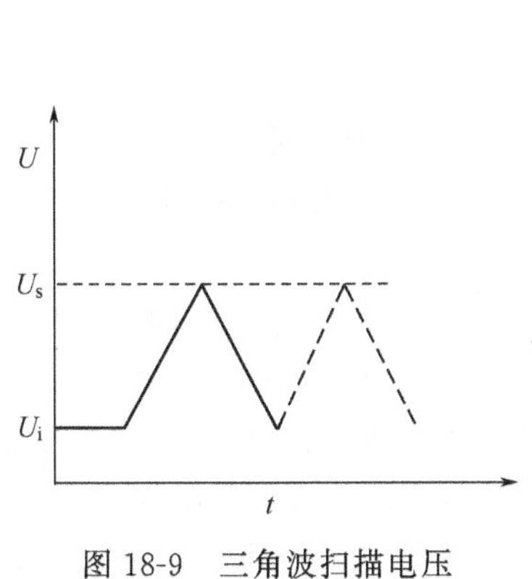

图 18-9　三角波扫描电压

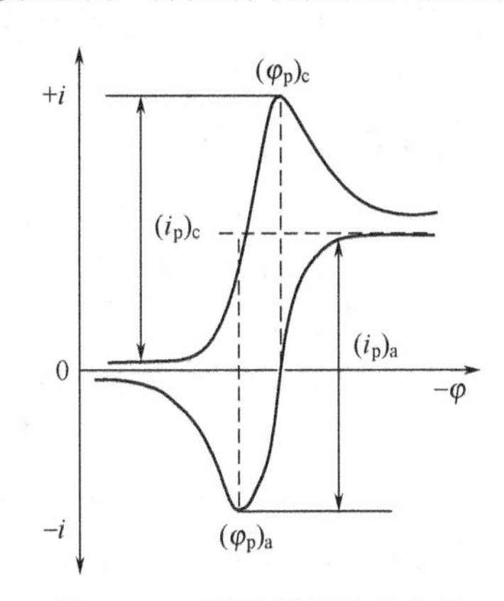

图 18-10　可逆循环伏安曲线

正向扫描时　　　　$Ox + ne^- \rightleftharpoons Red$

反向扫描时　　　　$Red \rightleftharpoons Ox + ne^-$

于是一次三角波扫描，完成了一个还原-氧化过程的循环，故此法称为循环伏安法。

循环伏安极谱法所使用的工作电极为表面固定的微电极（如悬汞电极、汞膜电极）和固体电极（如 Pt 圆盘电极、玻璃碳电极、碳糊电极）等。

可逆循环伏安曲线如图 18-10 所示。

从循环伏安图中可测得阴极峰电流 $(i_p)_c$ 和峰电位 $(\varphi_p)_c$，阳极峰电流 $(i_p)_a$ 和峰电位 $(\varphi_p)_a$。

对于可逆反应，则曲线上下对称，此时上下峰电流的比值及峰电位的差值分别为

$$\frac{(i_p)_a}{(i_p)_c}\approx 1$$

$$\Delta\varphi=\varphi_a-\varphi_c=\frac{2.2RT}{nF}=\frac{56}{n}(\text{mV},25℃)$$

从峰电流比可以推断反应是否可逆；峰电位差与扫描速率无关，且可以求得条件电极电位 $[(\varphi_p)_a+(\varphi_p)_c]/2$。此外，循环伏安法可用于研究电极反应过程。

从循环伏安法（cyclic voltammetry）实验中，可以得到很多信息，它在电化学和电分析化学研究中，是应用最广泛的方法之一。它可用于测定电极电位，检测电极反应的前行和后行化学反应以及估算电极反应的动力学参数等。通过循环伏安实验，可有助于了解物质氧化还原过程和反应机理。循环伏安法还可以用来推测某些物质的界面行为。采用悬汞滴电极，获得一系列循环伏安图。若阴、阳极峰电流随时间逐渐增加，则表明该物质在电极上吸附积累，阴、阳峰电位十分接近表明它是一个表面过程，吸附物产生的电量（峰面积）可以用来计算表面覆盖度。

二、微电极伏安法

常规电极的直径或尺寸一般为毫米级，而微电极是指其大小在微米至纳米级的一类电极，微电极伏安法常用的微电极有微盘、微环、微柱、微球以及组合式等类型，由于微电极的电极表面极小，其电化学性质具有许多常规电极所没有的独特优点。

微电极具有极高的传质速率。在线性伏安扫描法和循环伏安法中，微电极显示了特殊的伏安曲线。微电极的时间常数很小，即在微电极上双电层电容充电电流衰减很快。这对提高电化学分析方法的信噪比和电化学研究中的暂态测量是十分有利的。与常规电极相比，微电极电阻较大，但是电极面积较小，通过的电流很小，在一般测量中可以不考虑补偿，并可采用二电极体系，减小测量噪声，简化实验装置。微电极的这个特性在高阻溶液和有机、生物体系分析中获得了重要应用。

三、固体电极伏安法

进行电分析时，除了使用汞电极外，还可采用各种固体电极。常用的有各种碳电极、铂电极和金电极，它们具备很宽的阳极使用范围。这些固体电极十分适用于测定易氧化的有机化合物和生物活性物质。

固体电极脉冲伏安法具有较高的灵敏度，可用于微、痕量物质分析。固体电极脉冲伏安法的检测下限一般为 $10^{-7}\sim10^{-6}$ mol/L。在实际应用中，金属电极的噪声较高，在条件允许时最好采用碳电极，特别是碳糊电极。在各种固体电极中，碳糊电极是背景电流最低的电极之一。采用固体电极的线性扫描伏安法（solid electrode linear scan voltammetry），可在阳极电位范围中检测 $10^{-5}\sim10^{-3}$ mol/L 浓度的化合物。所用的电极可以是静止的，也可以是旋转的。

采用合适的固体电极，可以大大提高伏安分析的灵敏度和选择性。例如，利用碳糊电极的吸附-萃取特性，将有机、生化物质选择性富集在电极表面进行测定。值得提出的是，大部分固体电极都有令人十分感兴趣的表面结构，这些特殊的表面结构常常对分析物在电极上的氧化还原行为产生显著的影响。对电极表面进行化学修饰，可以提高电极灵敏度、选择性和重现性。

四、溶出分析法

溶出分析（stripping analysis）是一种非常灵敏的电化学分析技术，是一类预先在电极

上进行富集的电化学分析方法，根据不同的富集和测定方式，又分为溶出伏安法、吸附溶出伏安法和溶出电位法等。该技术将有效的富集手段和先进的测量方法结合在一起，获得了很高的信噪比，因而具有极高的灵敏度。该方法可以同时测定 4～6 种浓度低至 10^{-10} mol/L 的痕量元素。

第四节　双指示电极安培滴定

伏安滴定法（voltammetric titration）是应用伏安曲线的原理来确定等当点的容量分析方法。如果在滴定时观察电流的变化来确定终点，就称为安培滴定（amperometric 或电流滴定）；若观察滴定过程中电位的变化来确定终点，则称为电位滴定。

安培滴定根据电极的性质可分为两类：单指示电极法及双指示电极法。本节讨论双指示电极安培滴定的原理。仪器装置如图 18-11 所示，在试液中浸入两个相同的铂微电极，电极间施加一个恒定的低电压（一般为 10～100mV），滴定时观察检流计上电流的变化来确定终点。

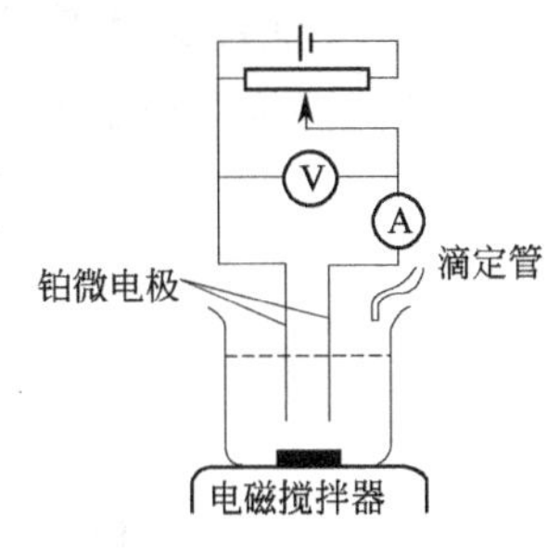

图 18-11　双指示电极安培滴定装置

双指示电极安培滴定分为不可逆体系滴定可逆体系、可逆体系滴定不可逆体系、可逆体系滴定可逆体系三类情况，现分别对其滴定原理进行说明。

一、不可逆体系滴定可逆体系

对于不可逆电对滴定可逆电对情况，以 $Na_2S_2O_3$ 滴定 I_2 为例来说明。

若在图 18-11 的烧杯中加入含有和 I_2 和 I^- 的溶液，接上电池，调节两电极间的电压为数十毫伏，就可在检流计上读出一定数值的电流。不同浓度比的 I_2 和 I^-，产生不同强度的电流。

电流的产生是由于 I^- 趋向于放出电子：

$$2I^- + 2e^- \longrightarrow I_2$$

而 I_2 则趋向于吸收电子：

$$I_2 + 2e^- \longrightarrow 2I^-$$

因此，在同一溶液中，一个电极上放出电子，另一个电极上吸收电子，就构成了一条通路。

由此可见，在两个相同的电极间，只有可逆体系的电对才能有电流通过，至于不可逆体系，如 $S_2O_3^{2-}/S_4O_6^{2-}$ 电对，就不可能有电流通过，因为反应

$$S_2O_3^{2-} - 2e^- \longrightarrow S_4O_6^{2-}$$

只能从左向右，此时阳极上接受 $S_2O_3^{2-}$ 放出的电子，转到阴极上无法送出，因此就不可能有电流通过。

在化学计量点前，溶液中存在 I_2 及 I^-，有电流通过两极，随着滴定的进行，I_2 浓度降低，通过两极的电流逐渐减小。化学计量点后，溶液中只有 $S_4O_6^{2-} - 2e^-/S_2O_3^{2-}$ 及 I^-，无电解反应发生，电流降到最低点并停滞不动，因此称为永停法。滴定过程中的电流变化如图 18-12 所示。

二、可逆体系滴定不可逆体系

对于可逆电对滴定不可逆电对情况，以 I_2 滴定 $Na_2S_2O_3$ 来进行说明。

在化学计量点前，溶液中只有 $S_4O_6^{2-} - 2e^-/S_2O_3^{2-}$ 不可逆电对，虽然有外加电压，电极上也不能发生电解反应，此时检流计上无电流通过。达到化学计量点并稍过量一点 I_2 后，

因溶液中存在 I_2/I^- 可逆电对的两者，电极上发生电解反应，有电流通过电极，电流计发生偏转，说明达到终点。过化学计量点后随着 I_2 浓度的逐渐增加，电解电流也逐渐增大。滴定过程中的电流变化情况如图 18-13 所示。

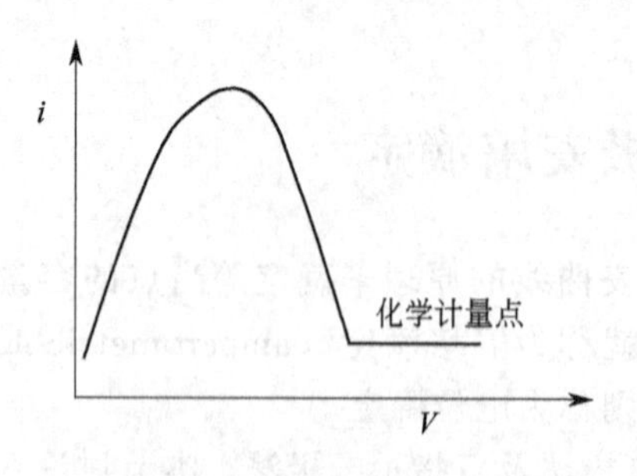

图 18-12 $Na_2S_2O_3$ 滴定 I_2 的滴定

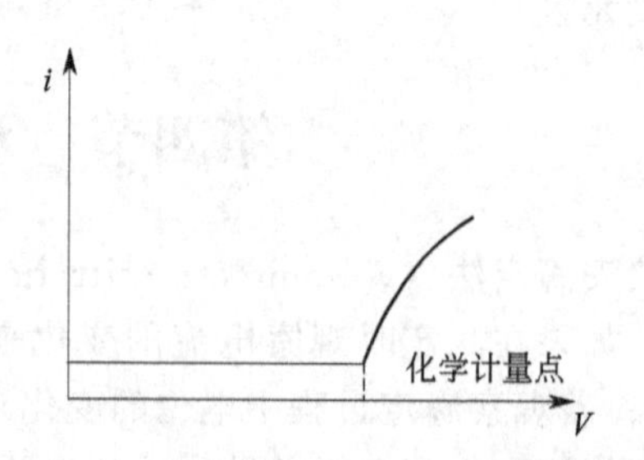

图 18-13 I_2 滴定 $Na_2S_2O_3$ 的滴定曲线

三、可逆体系滴定可逆体系

对于可逆电对滴定可逆电对情况，以 Ce^{4+} 滴定 Fe^{2+} 来进行说明。

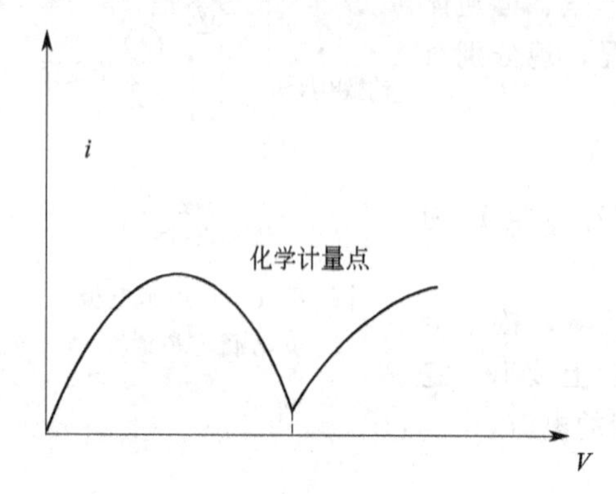

图 18-14 Ce^{4+} 滴定 Fe^{2+} 的滴定曲线

开始滴定前溶液中只有 Fe^{2+}，因无 Fe^{3+} 存在，阴极上不可能有还原反应发生，所以无电解反应发生，无电流通过。当 Ce^{4+} 不断滴入时，Fe^{3+} 不断增加，因 Fe^{3+}/Fe^{2+} 可逆，电流不断增加。当 $c(Fe^{2+})=c(Fe^{3+})$ 时，电流达最大值。继续加入 Ce^{4+}，Fe^{2+} 浓度逐渐下降，电流也逐渐下降，达到终点时电流降至最低点。加入过量的 Ce^{4+} 时，由于溶液中共存有 Ce^{4+} 和 Ce^{3+} 这一可逆电对，电流又开始上升。Ce^{4+} 滴定 Fe^{2+} 的过程的电流变化曲线如图 18-14 所示。

双指示电极安培滴定装置简单，终点可直接根据电流的突然偏转而确定，方法快速而准确，因此应用广泛。

习　题

1. 极谱分析是特殊情况下的电解，请问这特殊性是什么？
2. Ilkovič方程式中各符号的意义是什么？
3. 什么是极谱分析的底液？它的组成是什么？各自的作用是什么？
4. 平均极限扩散电流公式，可在实验中测定溶液的一些什么特性？
5. $\varphi_{1/2}$ 是什么？它有什么特点和作用？
6. 如何通过配合物极谱波方程求配合物的 n、F、K？
7. 经典极谱的局限性是什么？单扫描极谱、交流极谱、方波极谱和脉冲极谱在这方面有什么改进？
8. 脉冲极谱的原理和特点是什么？
9. 在 0.1mol/L KCl 溶液中 Pb^{2+} 的浓度为 2.0×10^{-3} mol/L；极谱分析时得到 Pb^{2+} 的扩散电流为 20.0μA，所用毛细管的 $m^{2/3}t^{1/6}$ 为 2.50$mg^{2/3}\cdot s^{1/6}$。若铅离子还原成金属状态，计算离子在此介质中的扩散系数。
10. 线性扫描伏安法用于定性、定量分析的依据是什么？
11. 可逆体系、准可逆体系与不可逆体系的循环伏安图有何区别？画出示意图，并解释之。
12. 永停法滴定的原理是什么？

第四篇　热 分 析 法

第十九章　热 分 析 法

第一节　热分析法基本原理及其应用

热分析法（thermal analysis methods）是基于热力学原理和物质的热学性质而建立的分析方法。它研究物质的热学性质与温度之间的相互关系，利用这种关系来分析物质的组成。

热分析是仪器分析的分支，至今已有近百年的历史。国际热分析和量热协会（ICTAC）定义热分析为："在指定的气氛中，程序控制样品的温度，检测样品性质与时间或温度关系的一类技术。程序控温是指以固定的速率升温、降温、恒温，或以上几种情况的任意组合。"

表 19-1 列出了主要的热分析技术，并给出了它们经 ICTAC 批准的名称和缩写，以及所检测的随时间或温度变化的样品性质。

表 19-1　主要的热分析技术

测定的性质	技　术	英文名称及其缩写
质量	热重分析法	thermogravimetry, TG
	微分热重法	differential thermogravimetry, DTG
挥发物	逸出气体分析法	evolved gas analysis, EGA
温度	差热分析法	differential thermal analysis, DTA
热或热辐射	差示扫描量热法	differential scanning calorimetry, DSC
机械性质	热力学分析法	thermomechanical analysis, TMA
	动力学分析法	dynamic mechanical analysis, DMA
尺寸	热膨胀计测定法	
声学性质	热声分析法	
	热声测量法	
电性质	热量电法	
磁性质	热磁测量法	
光学性质	热光测量法	
放射性衰变	射气热分析法	

第二节　热重分析法

一、方法基础

热重分析法（TG）涉及在各种不同的温度下连续测量试样的质量，是基本热分析方法之一。记录质量随温度变化关系得到的曲线称作热重曲线（或 TG 曲线）。

适于进行热重分析的试样是参与下列两大类反应之一的固体：

$$反应物(固体) \longrightarrow 产物(固体)+气体 \tag{19-1}$$

$$气体+反应物(固体) \longrightarrow 产物(固体) \tag{19-2}$$

第一个反应涉及质量减少，第二个反应涉及质量增加。不发生质量变化的过程（例如试样的熔化）显然不能用 TG 加以研究，这是 TG 研究对象的重要特点之一。

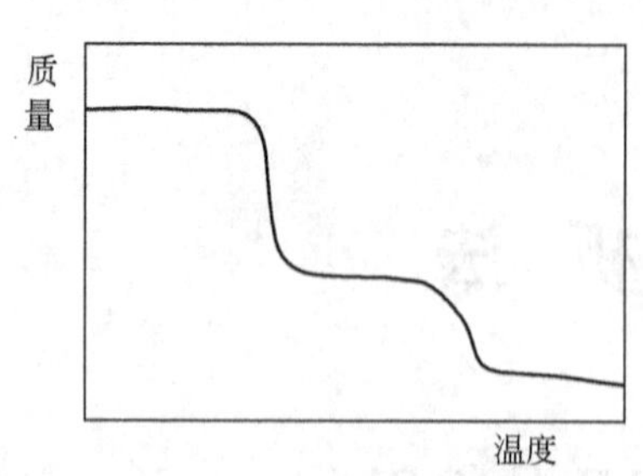

图 19-1　典型的热重曲线

TG 的第二个主要特点是不同的样品组成，观察到的质量变化大小不同。如图 19-1 所示曲线是一条典型的热重曲线，实际上在较多的热重分析中，都是检测温度升高时的质量变化情况。热重分析的主要应用是精确测定几个相继反应的质量变化。质量变化的大小与直接所进行反应的特定化学计量关系有关。因此，可以对已知样品组成的试样进行精确的定量分析，此外通过热重曲线还能推断样品的磁性转变（居里点）、热稳定性、抗热氧化性、吸附水、结晶水、水合及脱水速率、吸附量、干燥条件、吸湿性、热分解及生成产物等质量相关信息。

二、热重分析仪

热重分析仪仪器中心为一个加热炉，其中样品以机械方式与一个分析天平相连接，故称其为 TG 仪器的热天平。热天平最早是由本田（K. Honda）在 1915 年发明的，自此以后，仪器在灵敏度、自动记录 Δm-T 曲线以及包括加热速率、气氛等仪器控制方面进行了极大的改进。

现代热量分析仪的必不可少的部件是天平、加热炉和仪器控制部分及数据处理系统，核心是热天平，此外热重分析仪还有盛放样品的容器。仪器控制部分包括温度测量和控制、自动记录质量和温度变化的装置和控制试样周围气氛的设备。

热天平应在过高或过低的温度或极端条件下都必须一直能保持精密和准确，并能传送适于连续记录的信号。典型的热天平示意如图 19-2 所示。

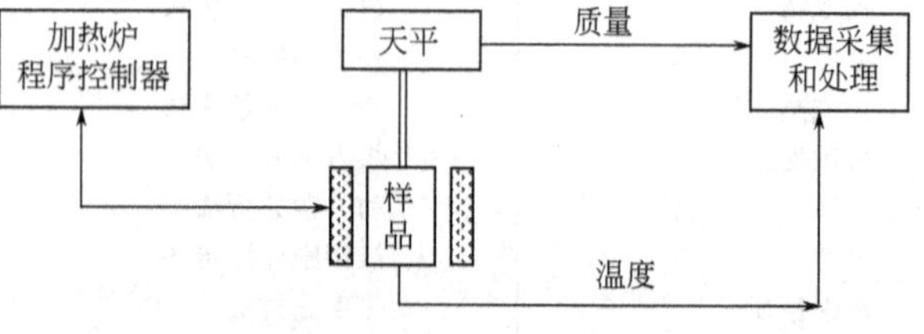

图 19-2　典型的热天平示意

加热装置可以用电阻加热器、红外或微波辐射加热器、热液体或热气体换热器进行加热。电阻加热器是最常用的加热装置。加热装置的温度范围取决于其构造材料。若该温度范围扩展至 1000～1100℃，可以使用熔融石英管与铬铝钴耐热型加热元件；但当温度高至 1500～1700℃时，就要求使用其他陶瓷耐熔物，比如刚玉或莫来石。大多数热天平制造商提供的仪器可达到 1500℃，但由于包括加热元件、炉构造以及用于温度测定的热电偶等的制造材料问题，只有少数厂商能制造可在高温（>1500℃）使用的仪器。

温度敏感元件、测量和控制器件通常采用热电偶，将其放在尽可能靠近样品的地方。要求热电偶对温度变化的影响有良好的线性关系。也可采用铂电阻温度计。

盛放试样容器的材料首先要求在研究的温度范围内不会发生物理的或化学的变化，不捕集或吸附某些产生的气体。

试样周围气氛的组成对 TG 曲线会有较大影响，大多数热重分析仪都提供某些改变试样周围气氛的装置，如提供静态或流动气氛，或提供富含反应物的气氛，可使分解推迟到更高的温度。反之，在惰性气氛或真空中，反应将在较低的温度下进行。如果几个反应同时释放出不同的气体，那么可以通过选择试样周围的气氛将它们分开。试样周围气氛除了改变分解温度外，也能够改变所发生的反应。

TG 曲线的一阶导数，称为微分热重曲线（DTG 曲线）。通过分辨叠加的热反应，DTG 曲线对解释 TG 曲线大有帮助。另一种分辨反应和达到热力学平衡的方式是使用等温加热或慢速加热。在准等温 TG（也称为高分辨或控制速率 TG）中，当质量开始改变时，加热速率就减慢。这样可提高分辨率，但另一方面一次 TG 运行需要更长的时间。

表 19-2　在热重分析中影响记录质量（m）和温度（T）的主要因素

浮　力	气　流
冷凝和反应	样品池
静电作用	反应焓
加热速率	样品量和装填状态

试样的物理性能、加热速率、试样量、试样颗粒大小和试样的装填情况等都会影响到 TG 曲线（见表 19-2）。根据所研究的过程，必须对某些可变因素进行非常有效的控制，才能保证热重量曲线的重现性，从而获得准确可靠的信息。如不同几何形状的样品池装填碳酸钙的热分解 TG 曲线是不同的（见图 19-3），其中，开口的样品池 1 允许所产生的 CO_2 被流动气体有效地吹扫掉。另一方面，右边的迷宫式坩埚 4 在 CO_2 的分压超过大气压（$1atm=1.01\times10^5 Pa$）之前阻止 CO_2 逃逸，所以在 900℃开始分解。中间的两个样品池 2、3 比迷宫式坩埚更开放，但与第一个托盘式池的开放构造相比较，产生的气体对分解温度有明显的影响。

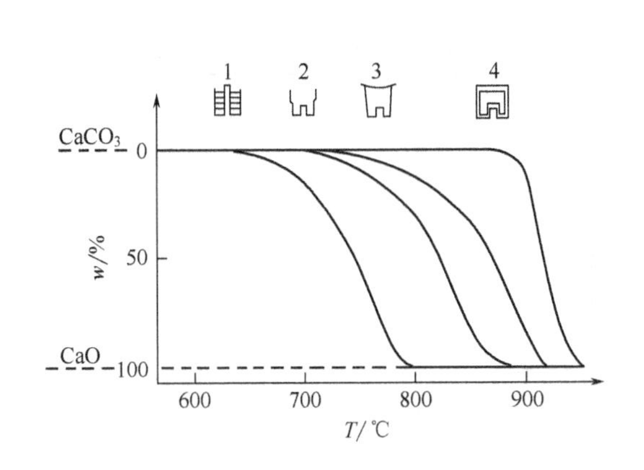

图 19-3　样品池的几何形状对碳酸钙热分解的影响

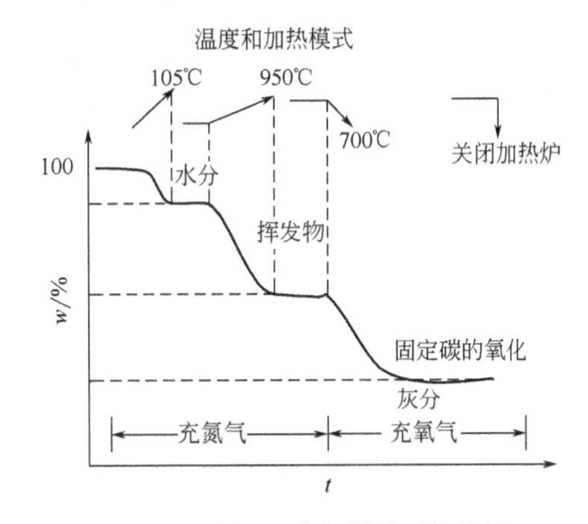

图 19-4　用 TG 进行煤的近似分析

三、应用

TG 分析法的主要应用对象是在温度变化的情况下涉及质量变化的样品。

如用 TG 进行煤的近似分析（见图 19-4）。若首先在惰性气氛 N_2 中加热，可从热重分析图上读出水分和挥发物的含量，然后在一个固定温度下，热天平自动将气氛切换至碳可燃烧的氧化气氛，这样就可从 TG 曲线读出碳的含量以及灰分含量。用 TG 仪器所得结果的准确性与需要更多人工操作的标准批料方法所得结果具有可比性。

第三节 差热分析法

一、基本原理

差热分析法（DTA）是以试样和参比物间的温度差与温度的关系而建立的分析方法。热重分析法（TG）中，加热的同时检测试样的质量，差热分析法（DTA）中，加热的同时测量的是试样和参比物间的温度差，如样品发生吸热效应时，其温度 T_s 将滞后于参比物的温度 T_R。记录温度差 ΔT（$=T_s-T_R$）与温度的关系，从而得到 DTA 曲线。

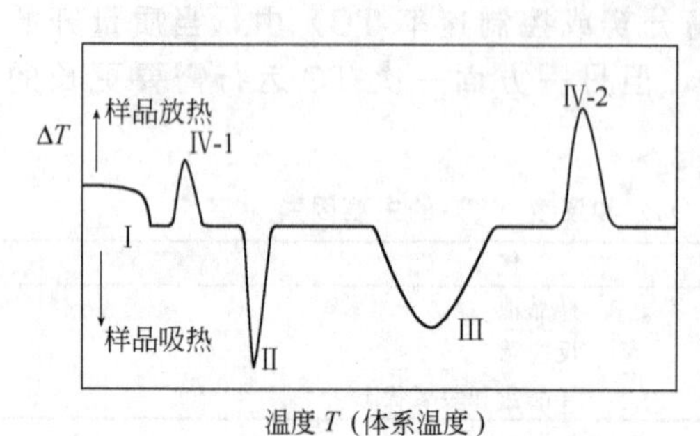

图 19-5 典型的 DTA 曲线

Ⅰ—玻璃化转变（温度 T_g）；Ⅱ—熔融、沸腾、升华、蒸发的相转变，也叫一级转变；Ⅲ—降解、分解；Ⅳ-1—结晶；Ⅳ-2—氧化分解

例如熔化过程，它是一吸热反应，样品不断从外界吸收热量，但样品温度保持恒定，直至样品全部熔化。当温度恒定时，其变化速率则为零。失水、CO_2 的逸出、晶体结构的变化以及有些分解都是吸热反应。相变可以是吸热，也可以是放热过程。对于吸热反应，则试样温度将低于参比物温度。放热反应则试样温度将高于参比物温度。如图 19-5 所示曲线是典型的 DTA 曲线。吸热反应需吸收热量，在差热图上出现负信号；放热反应则出现正信号。这种信号的测量方法是在程序控制温度的条件下，记录样品与参比物之间的温度差，而参比物则是一种在所测量的温度范围内不发生任何热效应的物质。表 19-3 列举了用差热分析法可观察到的过程和特征的反应热。

表 19-3 用差热分析法可观察到的过程和特征的反应热

现象	反应热		现象	反应热	
	放热	吸热		放热	吸热
物理现象			化学现象		
晶型转变	×	×	化学吸附	×	—
熔融	—	×	去溶剂化	—	×
蒸发	—	×	脱水	—	×
升华	—	×	分解	×	×
吸附	×	—	氧化降解	×	—
解吸	—	×	气体气氛中的氧化	×	—
吸收	—	×	气体气氛中的还原	—	×
			氧化还原反应	×	×
			固态反应	×	×

注：×表示可检测；—表示观察不到。

二、差热分析仪

差热分析仪的主要组成为：①测量温度差的电路；②加热装置和温度控制装置；③样品架和样品池；④气氛控制装置；⑤记录输出系统。

差热分析仪示意如图 19-6 所示。两个小坩埚（样品池）置于金属块（如钢）中相匹配的空穴内，坩埚内分别放置样品和参比物，参比物（如 Al_2O_3）的量与样品量相等。在盖板的中间空穴和左右两个空穴中分别插入热电偶，以测量金属块和样品、参比物温度。金属块通过电加热而慢慢升温。由于两坩埚中热电偶产生的电信号方向相反，因此可以记录两者的温差。若两者温度虽然呈线性增加，但温差为零，两者电信号正好相抵消，其输出信号亦为零。只要样品发生物理变化，就伴随热量的吸收和放出。例如碳酸钙分解时逸出 CO_2，它就从坩埚中吸收热量，其温度显然低于参比物，它们之间的温差给出负信号。反之，若由于相变或失重导致热量的释放，样品温度高于参比物，直到反应停止，此时两者温差给出正信号。

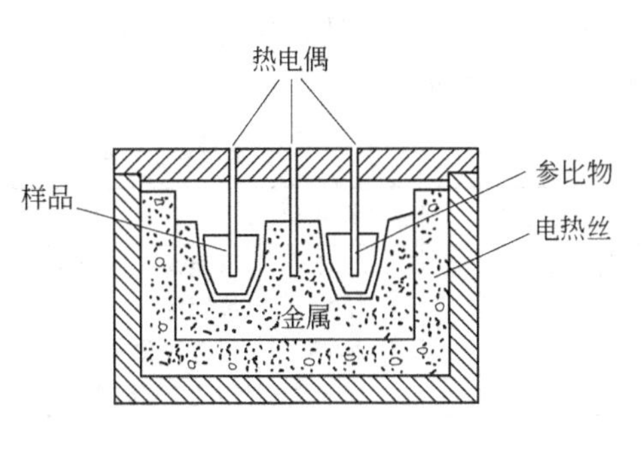

图 19-6 差热分析仪示意

热电偶是差热分析法中检测温度的常用装置。差热分析法的主要问题之一是方便而能再现地取得试样和参比物的实际温度的正确读数。和热重分析法一样，其热平衡非常重要。试样的内部和外部之间总有一定的温度差；实际上，反应往往发生在试样的表面，而内部仍然未反应，因此试样用量要尽可能少，并且颗粒大小和装填尽可能要均匀，这样就可以将上述效应减少到最低程度。根据使用仪器的不同，热电偶可以插入试样中，或者简化成与试样架直接接触。在任何情况下，热电偶对于每次实验都必须精确定位。参比物热电偶和试样热电偶对温度的影响应该相匹配，并且试样热电偶和参比物热电偶在炉内的位置应该完全对称。

加热和温度控制装置非常类似于热重分析中使用的装置。炉子的结构应该使热电偶不受干扰。为进一步减少这干扰的可能性，大部分仪器都有试样和参比物的内金属室，以使电屏蔽和热波动减少到最低程度。

试样表面和内部的温度差的大小与两个因素有关：加热速率以及试样和试样架的热导率。因此，即便在加热速率较大时，具有高热导率的金属试样表面和内部也接近恒温。对热平衡问题的解决办法显然是增大试样的热导率（例如将它与高热导率的稀释剂相混合）。然而，这种方法也有缺点，反应产生或吸收的热量将部分或完全流向环境或被来自环境的热量所补偿。最好的办法是使用热导率比试样热导率低的差示分析池。

表 19-4 所列为影响差热分析曲线的常见因素。试样周围气氛的影响和热重分析中的情况完全相同，它可能是一个严重的问题，也可能是一个有利于分析的手段。

表 19-4 影响差热分析曲线的一些因素

因 素	影 响	校正或控制
加热速率	改变峰大小和位置	用低加热速率
试样量	改变峰大小和位置	减少试样量或降低加热速率
热电偶位置	不再现的曲线	每一次操作都用相同的位置
试样颗粒大小	不再现的曲线	用均匀的小颗粒
试样的热导率	峰位置变化	与热导稀释剂混合或降低加热速率
差热分析池的热导率	峰面积变化	减少热导率以增大峰面积
与气氛的反应	改变峰大小和位置	小心控制(可能是有利的)
试样装填	不再现的曲线	小心控制(影响热导率)
稀释剂	热容和热导率变化	小心选择(可能是有利的)

三、参比物质和稀释剂

参比物质是很重要的，但往往被忽略。对参比物质的主要要求是，参比物质在分析的温度范围内应该是惰性的，它不应该与试样架或热电偶反应，它的热导率应该与试样的热导率相匹配，以避免 DTA 曲线的基线漂移或弯曲。表 19-5 列举了一些用于差热分析的常见参比物质。对于无机样品，氧化铝、碳化硅常用作参比物，而对于有机样品，则可使用有机聚合物，例如硅油。

表 19-5 用于差热分析的常见参比物质和稀释剂

化合物	温度极限/℃	反应性	化合物	温度极限/℃	反应性
碳化硅	2000	可能是一种催化剂	铁(Ⅲ)氧化物	1000	680℃时晶型变化
玻璃粉	1500	惰性的	硅油	1000	惰性的
氧化铝	2000	与卤代化合物反应	石墨	3500	在无 O_2 气氛中是惰性的
铁	1500	约 700℃时晶型变化			

表 19-5 所列的物质也可用作稀释剂。当然，试样存在时稀释剂必须是惰性的。如前所述，使用稀释剂的目的之一在于它能使试样和参比物的热导率相匹配。此外，当反应组分的量改变时，可用它来使试样量维持恒定。减少列举于表 19-4 中的因素影响，试样太少以致不方便直接称量时，也可使用稀释剂。

四、应用

差热分析加热曲线既可用于定性分析，也可用于定量分析。峰的位置和形状可用来测定试样组成（Sadler 出版了类似光谱表的差热分析曲线索引）。峰的面积与反应热和存在物质的量成正比，所以也可以用于定量分析。此外，在小心控制的条件下加热曲线的形状可用来研究反应热、动力学、相变、热稳定性、试样组成和纯度、临界点和相图。

用差热分析法还可以测定热容。在参比物和试样的热容相同的理想体系中，测得仪器的“真正”基线。用不同热容的参比物和试样时，基线会不同。用未知试样时的基线位移和用已知热容的试样时的基线位移相比较，可以测定未知试样的热容。由于试样热容的变化，在差热分析峰后面几乎总是观察到基线位移。此外，聚合物的玻璃态化之类的某些反应实际上不产生差热分析峰，但在玻璃态化温度时有比较明显的基线位移。

差热分析最常见的应用大概是聚合物分析，图 19-7 所示为非晶型和晶型高聚物的差热分析曲线。在小心控制的条件下，加热曲线的形状表明了聚合物的类型和制备方法。聚合物的结晶度在很大程度上决定其物理性质。在差热分析中，通常有两个峰，一个峰对应于试样结晶部分的反应；另一个峰对应于非结晶部分的反应。可以用这些峰的大小计算结晶度百分数。差热分析法在这种应用中的显著优点在于可以研究未处理的聚合物，因为避免了由于试样处理（如溶解或研磨）所引起的可能变化。用差热分析法可以迅速地评价燃料（如煤）以确定其来源和特性。像热重分析法一样，用差热分析法可以分析黏土和土壤。

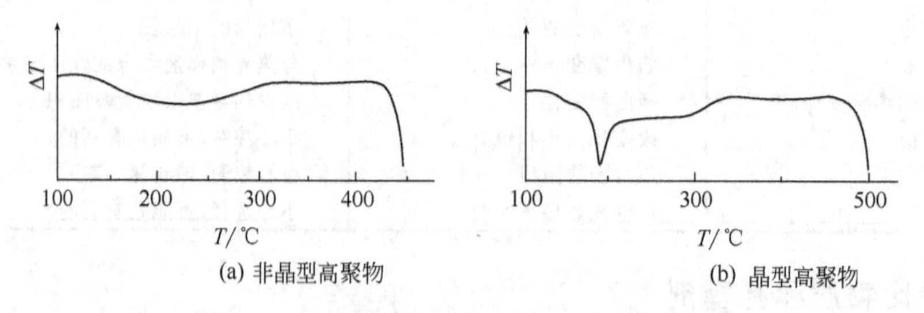

图 19-7 非晶型和晶型高聚物的差热分析曲线

另外，差热分析在化工、冶金、地质、建筑、机电、医药、食品、纺织、农林、环境保护等领域也有着广泛、深入、迅猛的应用前景。

第四节 差示扫描量热法

一、一般原理

差示扫描量热法（DSC）的基础是样品和参比物各自独立加热，保持试样与参比物的温度相同，并测量热量（维持两者温度恒定所必需的）流向试样或参比物的功率与温度的关系。当参比物的温度以恒定速率上升时，若在发生物理和化学变化之前，样品温度也以同样速率上升，两者之间不存在温差。当样品发生相变或失重时，它与参比物之间产生温差，从而在温差测量系统中产生电流。此电流又启动一继电器，使温度较低的样品（或参比）得到功率补偿，两者的温度又处于相等。为维持样品和参比物的温度相等所要补偿的功率，相当于样品热量的变化。差示扫描量热曲线是差示加热速率与温度的关系曲线，如图 19-8 所示。由差示扫描量热法得到的分析曲线与差热分析相同，只是更准确、更可靠。当补偿热量输入样品时，记录的是吸热变化；反之，补偿热量输入参比物时，记录的是放热变化。峰下面的面积正比于反应释放或吸收的热量，曲线高度则正比于反应速率。

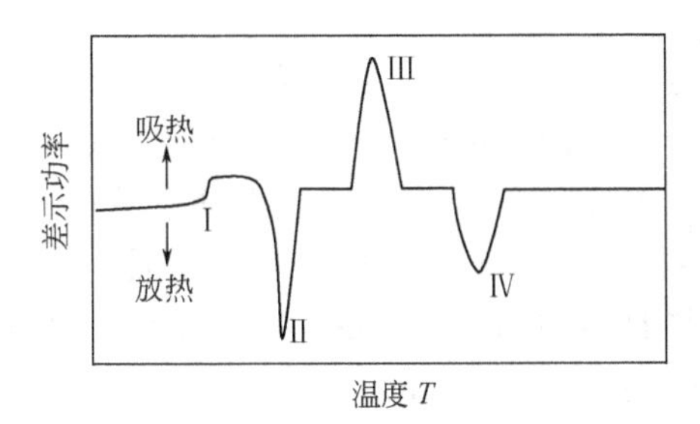

图 19-8 典型的 DSC 曲线

Ⅰ—玻璃化转变（温度 T_g）；Ⅱ—冷结晶；Ⅲ—熔融、升华、蒸发的相转变；Ⅳ—氧化分解

热重分析法测定加热或冷却时样品质量的变化。而差热分析法（DTA）和差示扫描量热法（DSC）技术则是涉及能量变化的测定，这两种方法紧密相关，产生同一种信息。从实用角度看，区别在于仪器的操作及构造原理：DTA 技术测定样品和参比物间的温度差异，而 DSC 技术则保持样品与参比物的温度一致，测定保持温度一致所需热能的差别。DTA 和 DSC 能够测定一个样品加热或冷却时的能量变化，检测的现象可以是物理性质或化学性质。

若已知参比物的热容，那么可以在较宽的范围内测试试样的热容。例如，很多聚合物的结构的变化只有很小的 ΔH，用差热分析法实际上不能检测，但用差示扫描量热法可以定量测量 Δc_p。

表 19-4 所列的因素对差热分析曲线有不利的影响，但对差示扫描量热曲线的影响却非常小。特别是，由曲线下的总面积所得的测量结果（ΔH 和试样质量的计算）不受影响。然而，这些因素可能对反应速率及其相关的计算值有影响，尤其当试样与参比物中出现较大的热梯度时，影响更为严重。

在差示扫描量热法中必须考虑放热反应的放热速率。即使关闭平均加热器和差示加热器，迅速的放热反应也可能使试样温度升高速率超过程序加热速率。吸热过程中有时也存在类似的问题，这时迅速的吸热反应可能严重地冷却试样，以致整个加热器最大程度地联合供热也不能维持线性加热速率和等温条件。调整加热速率或试样量，可以将上述两种情况予以校正。

二、应用

由于差示扫描量热法和差热分析法非常类似，所以前面描述和提及的差热分析都适用于差示扫描量热法。同样，差示扫描量热法也可测定热容（比热容），如前所述，差示功率（cal/s）除以加热速率（℃/s）等于试样和参比物间的热容差（cal/℃，仅在基线区）。由基线位移可看到热容的变化。基线的明显升高是聚合物玻璃态化转变的特征。比较试样的热容

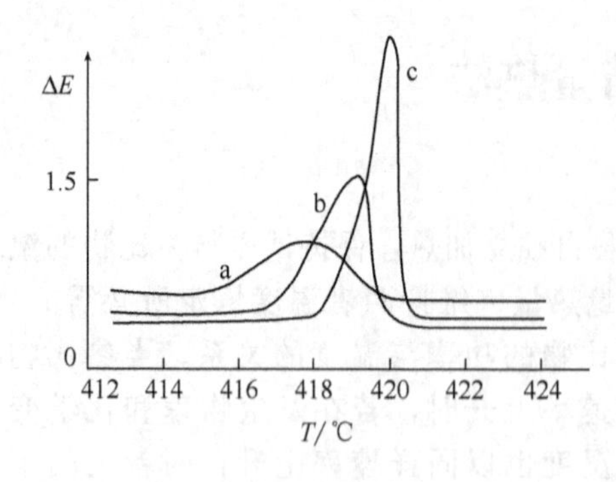

图 19-9 不同纯度优霉唑的 DSC 曲线
a—纯度为 91.37%；b—纯度为 98.71%；
c—纯度为 99.39%

与标准物的已知热容，可以计算试样的绝对热容，然后将试样的绝对热容除以试样的质量，就计算出比热容。

差示扫描量热法还可以测定反应焓。若通过差示扫描量热曲线观察到熔点降低，还可以测定高纯有机物中的杂质。

例如，测定药物纯度的方法有多种，如紫外光谱、红外光谱、高效液相色谱等，而热分析方法则由于样品用量少、操作简便等优点，应用越来越广泛。当物质含有杂质时 DSC 峰会变宽、熔点降低。从图 19-9 所示的不同纯度的优霉唑 DSC 曲线可清楚地看到这一点。样品纯度在 99%左右，用 DSC 测定纯度的准确性可在±0.1%以内。纯度分析是根据 Van't Hoff 公式推导而得，其计算公式为：

$$X=\frac{(T_0-T_m)\Delta H_f}{RT_0^2} \tag{19-3}$$

式中，X 为杂质摩尔浓度；T_0 为纯样品的熔点；T_m 为样品的熔点；ΔH_f 为纯物质的摩尔熔化热焓，J/mol；R 为气体常数，8.341J/mol。利用热分析数据工作站和纯度计算软件可快速、方便、准确计算纯度值。

药品的配方涉及很多内容，在处方设计过程中，DSC 法可用来检测因 pH、离子强度或稳定剂等的改变而引起转化温度和焓值的变化。DTA 和 DSC 可有效地检测到药品与赋形剂之间是否发生化学反应或物理作用。根据实验数据，可以借此筛选出更佳的处方。

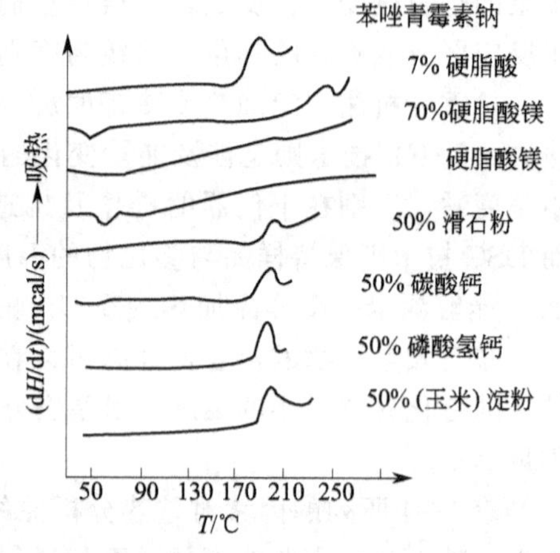

图 19-10 苯唑青霉素钠及它与各种赋形剂混合的 DSC 曲线图

如从苯唑青霉素钠及它与各种赋形剂混合物的 DSC 曲线图（图 19-10）看到，除了与硬脂酸镁混合的曲线图中，使苯唑青霉素钠的 DSC 峰变化了（即变小和消失）以外，碳酸钙、淀粉、磷酸氢钙等都保持不变，这说明除硬脂酸镁不能使用外，其他可用。

联用技术能够多侧面、多角度反映物质的同一个变化过程，因此更利于分析和判断。由于 TG 和 DTA（或 DSC）一起能提供互补的信息，因此对同一样品进行同时测定的优点是显而易见的。同一个样品能同时完成 TG、DTA（或 DSC）两个试验，这对于只有量很少的样品，或者是十分罕见、难得的样品，也是很重要的。

对于一台组合仪器来说，其影响因素应当考虑独立曲线的同样的因素，因此，了解和正确地报告实验条件是非常重要的。ICTAC 和 IUPAC 为 TG、DTA、DSC、EGA 记录推荐的数据报告的要点如下：①样品信息（名称、分子式、组成）；②样品的来源和历史（预处理等）；③气氛（组成，压力，静态、动态或自产生）；④样品池的几何形状和材料；⑤样品的质量和装填情况；⑥所用仪器型号、加热速率和温度程序。

近年来，人们将差示扫描量热法与微机数据库系统相连，建立起 DSC 图谱库检索系统。

由于每一物质有其特定的熔化、分解等热行为，因此在一定条件下，每个物质的DSC图谱具有其一定特征性。例如将一些药物制剂中的常用辅料［如淀粉、乳糖、硬脂酸镁、聚维酮（聚乙烯吡咯烷酮，PVP）等］和有关药物的DSC曲线按一定形式存入数据库，对药物制剂的分析带来很大方便，对分析制剂中的组分，研究制剂的稳定性以及药物之间、药物辅料之间的相互作用有较好的研究价值。例如Botha等用DSC考察在胶囊剂中对乙酰氨基酚、苯海拉明、去氧肾上腺素、维生素C及硬脂酸镁的配伍变化，测试结果表示除对乙酰氨基酚与硬脂酸镁的物理混合物的DSC曲线仍保留各自的特征峰外，其他如对乙酰氨基酚与维生素C、维生素C与苯海拉明、盐酸苯海拉明与对乙酰氨基酚等混合后其DSC曲线都有显著变化，属于配伍禁忌。这说明热分析方法在制药配方的筛选研究上为一种简便有效的好方法。

习　题

1. 哪些参数影响TG曲线，如何影响？
2. 说出用于提高TG数据分辨率的方法。
3. 哪些物理和化学变化可以用DTA/DSC检测而不能用TG检测？
4. 在DTA/DSC中选择什么参数可以获得最大的分辨率？
5. 为了便于解释TG或DTA/DSC曲线，推荐应当提供的信息是什么？
6. 在TG、DTA和DSC运行中如何校准温度？
7. 列出TG、DTA和DSC的某些应用领域（在这些领域，上述热分析方法优于其他分析技术，可与其他分析技术相竞争），并试解释其原因。
8. 热分析技术常用的同时组合是什么，与单一技术相比，联用技术有什么优点？
9. TD、TMA和DMA技术在原理上有什么不同？
10. 如果原始样品是：①无机盐、②有机聚合物，如何对TG分析得到的最终残留物进行更多的定性和定量分析？
11. 一混合样由$CaC_2O_4 \cdot H_2O$与SiO_2组成，质量为7.020g，当加热至700℃时，混合物质量降低至6.560g，求原样品中$CaC_2O_4 \cdot H_2O$的含量。

第五篇　质谱法与联用技术

第二十章　质　谱　法

第一节　质谱法的产生机理

一、质谱分析概述

质谱分析（mass spectrometry）是现代物理与化学领域内使用的一种极为重要的工具。早期的质谱仪器主要用于测定原子质量、同位素的相对丰度，以及研究电子碰撞过程等物理领域。第二次世界大战时期，为了适应原子能工业和石油化学工业的需要，质谱法在化学分析中的应用受到了重视。以后由于出现了高分辨率质谱仪，这种仪器对复杂有机分子所得的谱图，分辨率高，重现性好，因而成为测定有机化合物结构的一种重要手段。20 世纪 60 年代末，色谱-质谱联用技术出现，且日趋完善，使气相色谱法的高效能分离混合物的特点，与质谱法的高分辨率鉴定化合物的特点相结合，加上电子计算机的应用，大大提高了质谱仪器的效能，为分析组成复杂的有机化合物混合物提供了有力手段。20 世纪 80 年代以来，有机质谱分析技术获得迅速发展，相继发明了快原子轰击、电喷雾电离和基质辅助激光解吸电离等软电离技术，使得质谱的应用扩大到生物大分子的研究领域，并形成一个新的分支学科生长点——生物质谱学。目前质谱法已广泛地应用于原子能、石油、化工、电子、冶金、医药、食品、陶瓷等工农业生产研究部门，以及核物理、电子与离子物理、同位素地质学、有机化学、生物化学、地球化学、无机化学、临床化学、考古、环境监测、空间探索等科学技术领域。

二、质谱法的产生机理及基本过程

质谱法（mass spectrometry，MS）是将样品分子置于高真空中（$<10^{-3}$Pa），并受到高速电子流或强电场等作用，失去外层电子而生成分子离子，或化学键断裂生成各种碎片离子，然后将分子离子和碎片离子引入到一个强的正电场中，使之加速，加速电位通常用到 6～8kV，此时所有带单位正电荷的离子获得的动能都一样，即

$$eU=\frac{mv^2}{2} \tag{20-1}$$

由于动能达数千电子伏，可以认为此时各种带单位正电荷的离子都有近似相同的动能。但是，不同质荷比的离子具有不同的速度，利用离子不同质荷比及其速度差异，质量分析器可将其分离，然后由检测器测量其强度。记录后获得一张以质荷比（m/z）为横坐标，以相对强度为纵坐标的质谱图。

由上述质谱法的产生机理可看出，质谱分析的基本过程可以分为四个环节：①通过合适的进样装置将样品引入并进行汽化；②汽化后的样品引入到离子源进行电离，即离子化过程；③电离后的离子经过适当的加速后进入质量分析器，按不同的质荷比（m/z）进行分

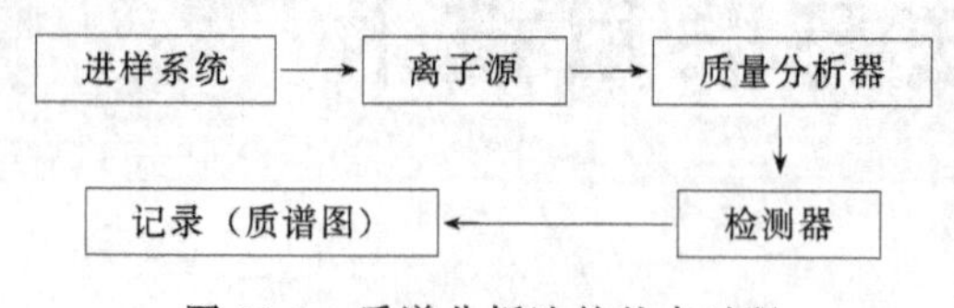

图 20-1 质谱分析法的基本过程

离；④经检测、记录，获得一张谱图。根据质谱图提供的信息，可以进行无机物和有机物定性与定量分析、复杂化合物的结构分析、样品中同位素比的测定以及固体表面的结构和组成的分析等。

上述过程可归纳为图 20-1。质谱分析的四个环节中核心是实现样品离子化。不同的离子化过程，降解反应的产物也不同，因而所获得的质谱图也随之不同，而质谱图是质谱分析的依据。

第二节 质 谱 仪

质谱仪按其用途可分为：同位素质谱仪（测定同位素）、无机质谱仪（测定无机化合物）、有机质谱仪（测定有机化合物）等。根据质量分析器的工作原理，质谱仪可分为动态仪器和静态仪器两大类型。在静态仪器中，质量分析器采用稳定磁场，按空间位置将不同质荷比（m/z）的离子分开，如单聚焦和双聚焦质谱仪；在动态仪器中，质量分析器采用变化的电磁场，按时空来区分不同质荷比的离子，如飞行时间和四极滤质器式质谱仪。

典型的质谱仪一般由进样系统、离子源、质量分析器、检测器和记录系统等部分组成，此外，还包括真空系统和自动控制数据处理等辅助设备。图 20-2 所示为单聚焦质谱仪的示意。

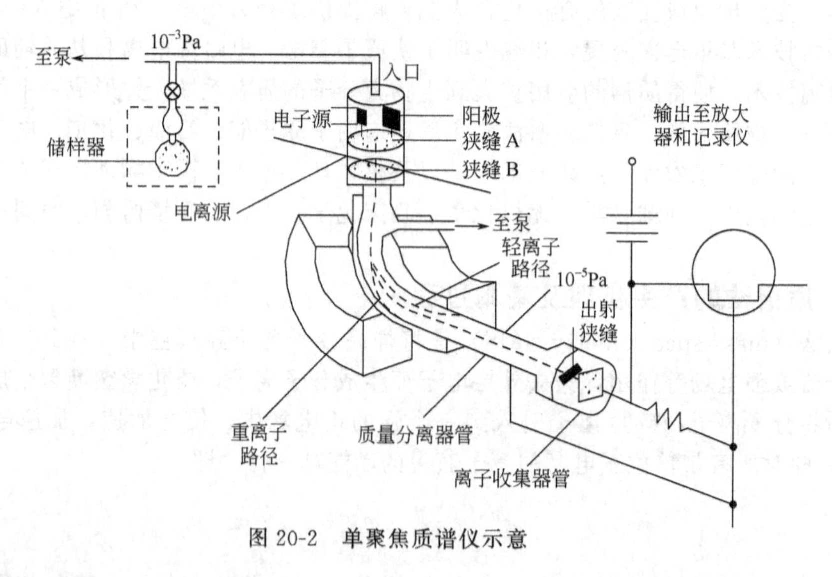

图 20-2 单聚焦质谱仪示意

一、真空系统

质谱仪的离子产生及经过系统必须处于高真空状态（离子源的真空度达 1.3×10^{-4}～1.3×10^{-5} Pa，质量分析器的真空度达 1.3×10^{-6} Pa)。若真空度过低，则：

① 大量氧会烧坏离子源的灯丝；

② 会使本底增高，干扰质谱图；

③ 引起额外的离子-分子反应，改变裂解模型，使质谱解释复杂化；

④ 干扰离子源中电子束的正常调节；

⑤ 用作加速离子的几千伏高压会引起放电等。

质谱仪的高真空系统一般是由机械泵和油扩散泵或涡轮分子泵串联组成。机械泵作为前级泵将真空系统抽到 $10^{-1}\sim10^{-2}$ Pa，然后再由油扩散泵或涡轮分子泵继续抽到高真空。

目前两种泵在质谱仪上都有使用，但是越来越多的用户选用涡轮分子泵。

二、进样系统

进样系统将样品引入离子源时，既要重复性非常好，还要不引起离子源真空度的降低。目前常用的进样装置有间歇式进样系统、直接探针进样及色谱进样系统。一般质谱仪都配有前两种进样系统，以适应不同样品的进样要求。

1. 间歇式进样系统

对于气体及沸点不高、易于挥发的液体，可以用图 20-3 中上方的进样装置。储样器由玻璃或上釉不锈钢制成，抽低真空（1Pa），并加热至 150℃，试样以微量注射器注入，在储样器内立即汽化为蒸气分子，然后由于压力梯度，通过漏孔以分子流形式渗透入高真空的离子源中。

2. 直接探针进样

对于高沸点的液体、固体，可以用探针（probe）杆直接进样（见图 20-3 下方）。调节加热温度，使试样汽化为蒸气。此方法可将微克量级甚至更少试样送入电离室。探针杆中试样的温度可冷却至约－100℃，或在数秒钟内加热到较高温度（如 300℃左右）。

对于有机化合物的分析，目前较多采用色谱-质谱联用，此时试样经色谱柱分离后，经分子分离器进入质谱仪的离子源。

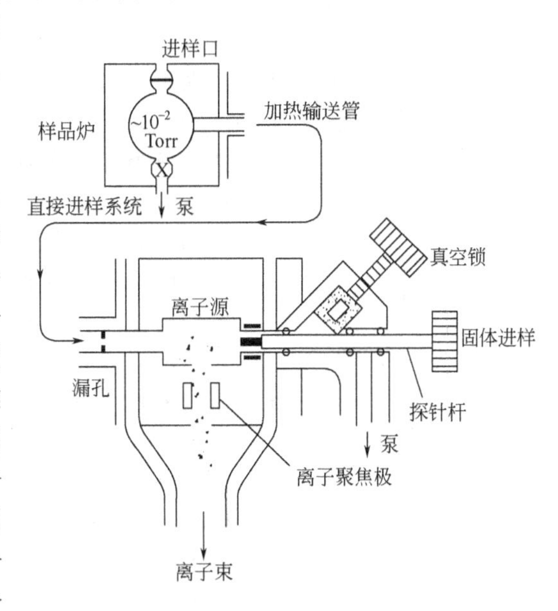

图 20-3 两种进样系统

上图用加热的储样器及漏孔；下图右方用插入真空锁的试样探针杆；1Torr＝133.322Pa，下同

三、离子源

离子源的作用是将被分析的样品分子电离成带电的离子，并使这些离子在离子光学系统的作用下，会聚成有一定几何形状和一定能量的离子束，然后进入质量分析器被分离。离子源的结构和性能与质谱仪的灵敏度和分辨率有密切的关系。样品分子电离的难易与其分子组成和结构有关。为了研究被测样品分子的组成和结构，就应使该样品的分子在被电离前不分解，这样电离时可以得到该样品的分子离子峰——这是研究该样品分子组成和结构的基本信息。如果被测样品分子在电离前就分解了，就不能得到该样品分子的分子离子峰，就无法得知该样品分子的分子量，也就无法进一步研究该样品分子的组成和结构。为了使稳定性不同的样品分子在电离时都能得到分子离子的信息，就需采用不同的电离方法，质谱仪也就有了不同的电离源。所以我们在使用质谱分析法时，应根据所分析样品分子的热稳定性和电离的难易程度来选择适宜的离子源，以期得到该样品分子的分子离子峰。目前质谱仪常用的离子源有：电子轰击电离源（electron impact ionization source，EI）；化学电离源（chemical ionization source，CI）和解吸化学电离源（desorption chemical ionization source，DCI）；场致电离源（field ionization source，FI）和场解吸电离源（field desorption source，FD)；快原子轰击电离源（fast atom bombardment source，FAB）和离子轰击电离源（ion bombardment source；IB)；激光解吸电离源（laser desorption source，LD)，以及锎等离子解吸电离源（^{252}Cf-plasma desorption，^{252}Cf-PD)。液相色谱-质谱联用仪中的热喷雾接口（thermospray interface，TSI）和电喷雾接口（electrospray interface，ESI）也可单独作为离子源，使分子电离。在上述电离源中以电子轰击电离源、化学电离源和电喷雾电离源应用最广泛。

1. 电子轰击电离源

电子轰击法是通用的电离法。它是用高能电子流轰击样品分子，产生分子离子和碎片离子。首先，高能电子轰击样品分子，使之电离：

$$M+e^- \longrightarrow M^+ +2e^-$$

式中，M 为待测分子；M^+ 为分子离子或母体离子。高能电子束所产生的分子离子 M^+ 的能态较高的那些分子，将进一步裂解，释放出部分能量，产生质量较小的碎片离子和中性自由基：

$$M^+ \begin{cases} \nearrow M_1^+ + N_1\cdot \\ \searrow M_2^+ + N_2\cdot \end{cases}$$

式中，$N_1\cdot$，$N_2\cdot$ 为自由基；M_1^+，$M_2{}^+$ 为较低质量的离子。如果 M_1^+ 或 M_2^+ 仍然具有较高的内能，它们将进一步裂解，直至离子的能量低于化学键的裂解能。

图 20-4 所示为电子轰击离子化示意。灯丝发射的热电子经灯丝和阳极之间 70V 电压加速，成为轰击能为 70eV 的电子束，它进入离子化室，轰击由进样系统引入离子化室的样品分子，一般分子中的共价键的电离电位约 10eV。样品分子被具有 70eV 的能量的电子轰击，产生裂解反应，生成分子离子和碎片离子。接着这些离子在电场的作用下，被加速之后进入质量分析器。

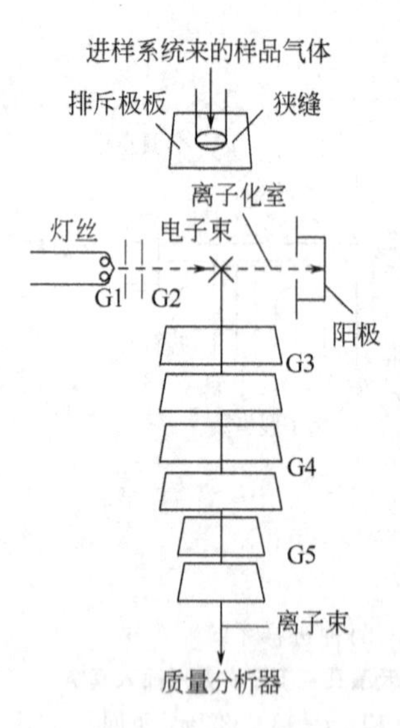

图 20-4　电子轰击离子化示意

电子轰击离子化使用最广泛。文献中已积累了大量这方面的质谱图和数据，可以作为鉴定物质的依据。这种离子化的效率高，电子电离源的结构简单，这个方法的缺点是分子中各种化学键的键能最大为几十电子伏特，电子轰击的能量远远超过普通化学键的键能，过剩的能量将引起分子多个键的断裂，生成许多碎片离子，由此提供分子结构的一些重要的官能团信息。但对有机物中相对分子质量较大，或极性大、难汽化、热稳定性差的化合物，在加热和电子轰击下，分子易破碎，难于给出完整的分子离子信息，增大了质谱图的解析难度。

2. 化学电离源

质谱分析的基本任务之一是获取样品分子的相对质量。电子轰击离子化过于激烈，使分子离子的谱峰很弱，不利于相对分子质量测定。化学电离源是比较温和的电离方法，它是样品分子在承受电子（能量约达 300eV）轰击之前，先被一种反应气（常用的是甲烷）稀释，稀释比约为 10^4 ：1，因此，样品分子与电子之间的碰撞概率极小，所生成的离子主要来自反应气分子。除甲烷外，异丁烷、NH_3、He 和 Ar 也可用作反应气。以甲烷为例，发生的反应可以表示如下：

$$CH_4^- + e \longrightarrow CH_4^+ \cdot + 2e^-$$

$$CH_4^+ \cdot \longrightarrow CH_3^+ + H \cdot$$

$CH_4^+ \cdot$，CH_3^+ 很快与大量存在的 CH_4 中性分子再反应：

$$CH_4^+ \cdot + CH_4 \longrightarrow CH_5^+ + CH_3 \cdot$$

$$CH_3^+ + CH_4 \longrightarrow C_2H_5^+ + H_2$$

CH_5^+ 和 $C_2H_5^+$ 不与中性甲烷进一步反应，而与进入电离室的样品分子（R—CH_3）碰撞，产生（M+1）$^+$ 离子：

$$R—CH_3 + CH_5^+ \longrightarrow R—CH_4^+ + CH_4$$

$$R—CH_3 + C_2H_5^+ \longrightarrow R—CH_4^+ + C_2H_4$$

采用化学电离源的优点是：①图谱简单，因为电离样品分子的不是高能电子流，而是能量较低的二次离子，样品分子的裂解可能性大为减少，使质谱峰的数目随之减少；②准分子离子峰，即（M+1）$^+$ 峰很强，仍可提供样品分子的相对质量这一重要信息。图 20-5 所示为化学电离源（CI）和电子轰击电离源（EI）所获得的质谱图的比较。

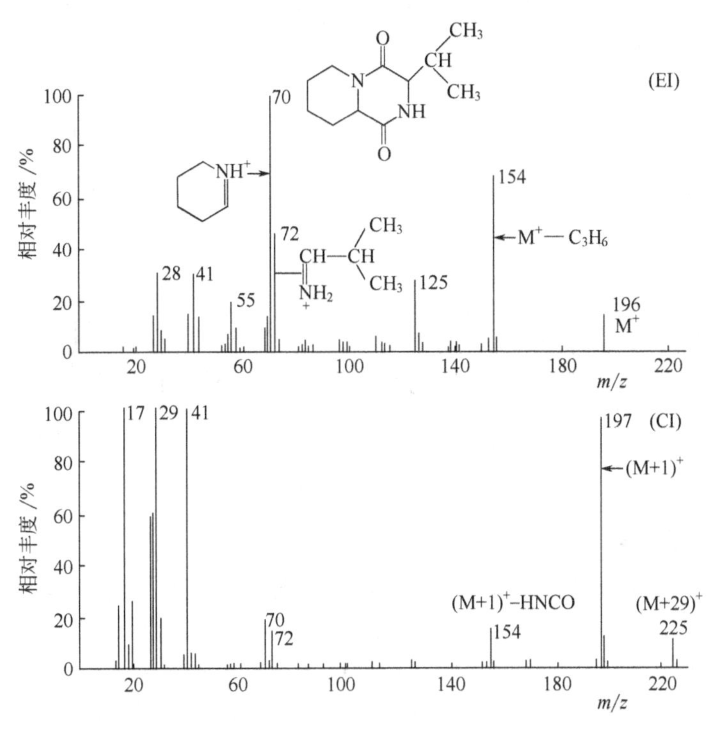

图 20-5 电子轰击（EI）和化学电离源（CI）的比较

3. 场致电离源

场致电离源如图 20-6 所示。在相距很近（d<1mm）的阳极和阴极之间，施加 7000～10000V 的稳定直流电压，在阳极的尖端（曲率半径 r=2.5μm）附近产生 10^7～10^8V/cm 的强电场，依靠这个电场把尖端附近纳米处的分子中的电子拉出来，使之形成正离子，然后通过一系列静电透镜聚集成束，并加速到质量分析器中去。

图 20-7 所示为 3,3-二甲基戊烷的质谱图。在场致电离的质谱图上，分子离子峰很清楚，碎片峰则较弱，这对相对分子质量测定是很有利的，但缺乏分子结构信息。为了弥补这个缺点，可以使用复合离子源，例如，电子轰击-场致电离复合源、电子轰击-化学电离复合

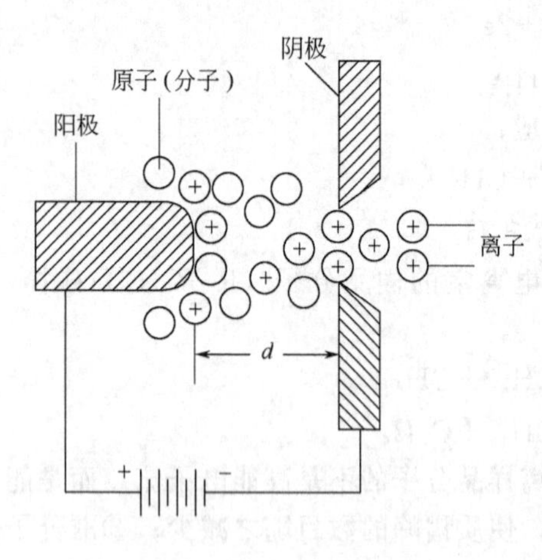

图 20-6 场致电离示意

源等。

4. 快原子和快离子轰击电离源

快原子轰击电离技术是让稀有气体，如氙或氩电离，通过电场加速，获得高动能，成为快原子。然后让快速运动的原子撞击涂有样品的金属板，通过能量的转移，使金属板上的样品分子电离，成为二次离子。在电场的作用下，这些离子被加速后，通过狭缝进入质量分析器，如图 20-8（a）所示。金属板上面布满尖锐的探针，可以提高电离效率。采用快速原子轰击电离技术的优点是：①分子离子和准分子离子峰强；②碎片离子峰也很丰富；③适合热不稳、难挥发性样品分析。它的缺点是样品涂在金属板上的溶剂也被电离，使质谱图复杂化。但是，这对谱图解析来说是可以克服的困难。图 20-8（b）所示为快原子轰击质谱图。后来，由于快原子能量弱，又发展了快离子轰击电离源。

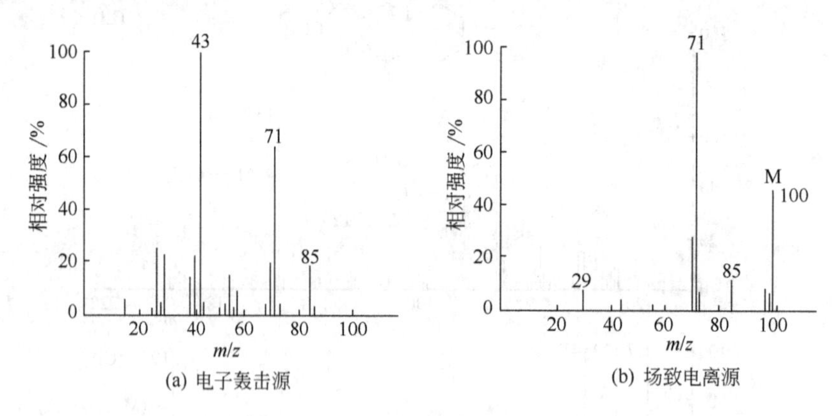

图 20-7 3,3-二甲基戊烷的质谱图

5. 场解析电离源

将液体或固体试样溶解在适当的溶剂中，并滴加在特制的 FD 发射丝上，发射丝由直径约 10μm 的钨丝及在丝上用真空活化的方法制成的微针形碳刷组成。发射丝通电加热使其上的试样分子解吸下来并在发射丝附近的高压静电场（电场梯度为 10^7～10^8V/cm）的作用下被电离形成分子离子，其电离原理与场致电离相同。解吸所需能量远低于汽化所需能量，故有机化合物不会发生热分解，因为试样不需汽化而可直接得到分子离子，因此即使是热稳定性差的试样仍可得到很好的分子离子峰，在 FD 源中分子中的 C—C 键一般不断裂，因而很少生成碎片离子。

6. 电喷雾电离源

在电喷雾电离源（electrospray ionization，ESI）中，一小股样品溶液（1～10μL/min）从毛细管尖口喷出。在毛细管末端与围绕毛细管的圆筒状电极之间加以 3～6kV 电压。此时离开毛细管的液体不呈液滴状，而是喷雾状。这些极微小的雾滴是在大气压条件下形成的，其表面的电荷密度较高。当溶剂（一般为水-甲醇混合物）被干燥的气体携带穿过喷雾而蒸发后，液滴表面的电荷密度增加。当电荷密度增加到一个临界点（称为瑞利稳定限）时，由于静电场的排斥力大于表面张力，使液滴变得更细小。这一静电排斥过程不断重复，液滴变

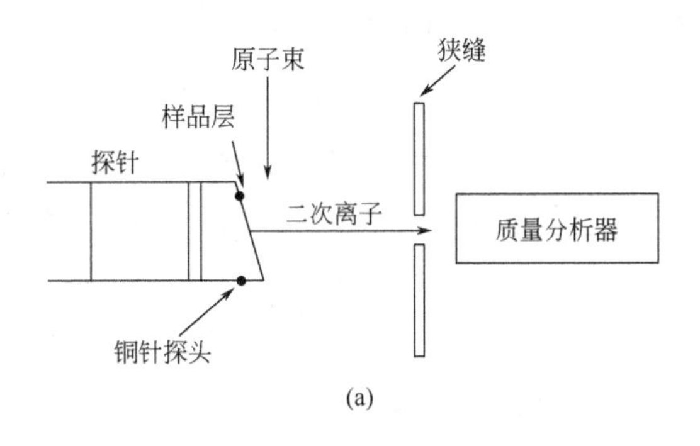

(a)

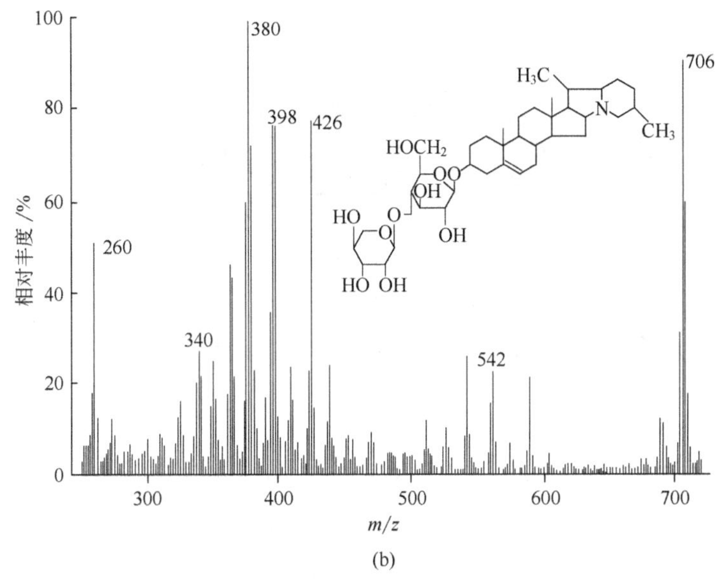

(b)

图 20-8 快原子轰击及质谱图

得越来越细微，带电荷的样品离子就被静电力喷入气相而进入质量分析器见图 20-9(a)。电喷雾电离源通常与四极质量分析器或与傅里叶变换离子回旋共振仪联用。

电喷雾电离源可以采用正离子或负离子模式，这取决于被分析离子的极性。在 pH 不同的溶液中，酸分子可形成负离子，而碱分子可形成正离子。因此为了分析正离子，毛细管尖口可带正电荷；反之，则带负电荷。被分析的离子还包括加合离子，如分析聚亚乙基乙二醇，可以制备成含乙酸铵的溶液，由于 NH_4^+ 与氧原子之间形成加合物就产生新的带电荷离子。样品离子所带电荷数目决定于被分析物的结构和溶剂。

电喷雾电离源的最大优点是样品分子不发生裂解，故称采用这种电离源的质谱为无碎片质谱。这特别适合于热不稳定的生物大分子，如肌红蛋白等分析。它的另一突出优点是可以获得一组分子离子电荷呈正态分布的质谱图。用合适软件计算后可标出电荷数，计算出分子量。由于在电喷雾质谱图中存在多电荷离子，使离子的 m/z 值减小，从而使 m 值很大的离子出现在质谱图中。因此它容易测定生物大分子的分子量。若将电喷雾电离源与傅里叶变换离子回旋共振仪结合，可以分析蛋白质细胞色素 C。它不仅可以获得电荷状态的分布[见图 20-10(a)]，而且可以将其中任意一个峰在高分辨率下展开，就可以将与 ^{13}C 同位素的各种结合而产生的峰都分离开来[见图 20-10(b)]。此法的灵敏度很高，若用来测定蛋白质分子量，只需消耗约 20×10^{-15} mol 的样品。它还可以与高效液相色谱柱直接联用，这是因为电喷雾电离源可直接在大气压条件下，使样品溶液中分子离子化。

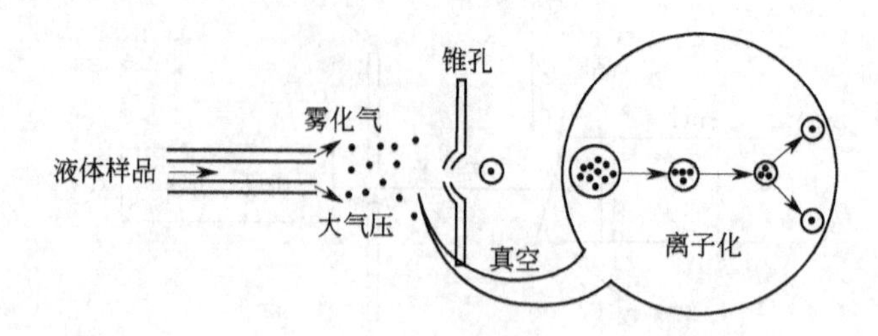

(a) 电喷雾电离示意图

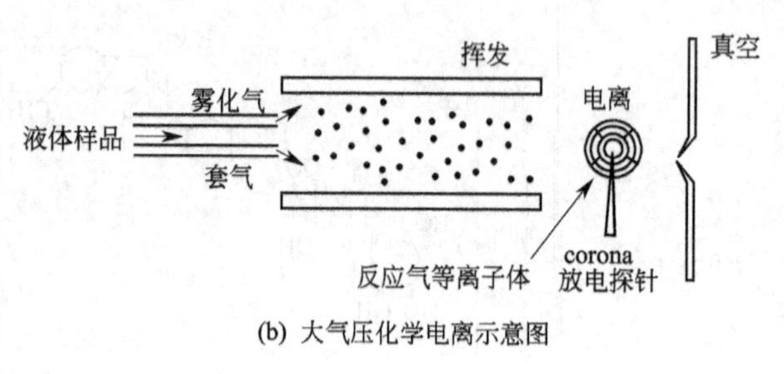

(b) 大气压化学电离示意图

图 20-9 ESI 和 APCI 电离示意

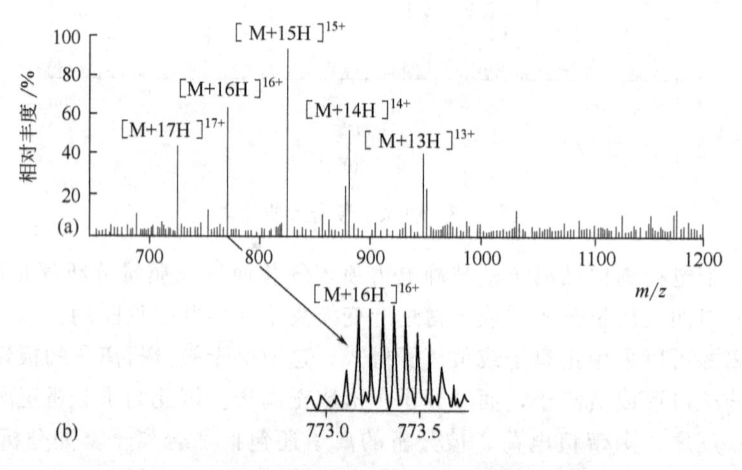

图 20-10 蛋白质细胞色素 C 的电喷雾源质谱图

7. 大气压化学电离

在气体辅助下，溶液中样品流出毛细管后由惰性气体流吹扫雾化到加热管中，样品在加热管挥发，通过加热管末端放电针电晕（corona）放电，使溶剂分子电离，溶剂离子再与样品分子发生分子-离子反应，使样品分子得到电离。这个过程和传统的化学电离很类似，所不同的是传统的化学电离是在真空下电子轰击溶剂使之电离，而大气压化学电离是在常压下靠放电针电晕放电使溶剂电离。大气压化学电离也是软电离方法，只产生单电荷离子峰，主要用于分析热稳定性好、弱极性的小分子化合物，与电喷雾相比，它的优点是流动相的适用范围更广。见图 20-9(b) 示意。

8. 激光解吸源

样品被短周期、强脉冲激光轰击，产生共振吸收而使能量转移至样品。通常激光脉冲所加时间在 1～100μs。若将低浓度样品分散在液体或固体基质中（摩尔比约 1/50000～1/100），而该基质可以强烈地吸收激光，从而使能量间接转移到样品分子上，避免了样品的分解。利用这种技术，可以分析生物大分子，如长链肽、蛋白质、低聚核苷酸、低聚多糖，它是测定生物大分子分子量的有力手段。这种源又称为基质辅助激光解吸源。图 20-11 所示为 1×10^{-12} mol 马的细胞色素质谱图，其基质为 2,5-二羟苯甲酸。

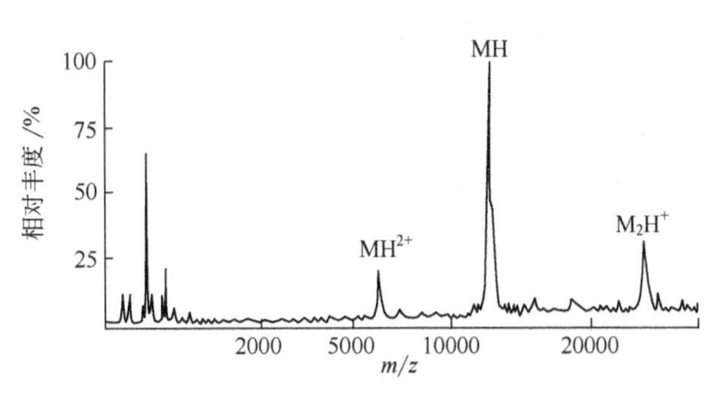

图 20-11 用基质辅助激光解吸源质谱法分析马细胞色素

四、质量分析器

质量分析器是质谱仪的重要组成部分，位于离子源和检测器之间，其作用是将离子源产生的并经过高压电场加速后的样品离子，按质荷比（m/z）的不同将其分开。质量分析器的类型很多，大约有 20 余种，本书只介绍其中应用较广泛的六种：单聚焦分析器、双聚焦分析器、四极滤质器、离子阱质量分析器、飞行时间分析器和离子回旋共振质量分析器。

1. 单聚焦分析器

单聚焦分析器是依据离子在磁场的运动行为，将不同质量的离子分开。常见的单聚焦分析器采用 180°、90°或 60°三种圆形离子束通路，图 20-2 所示为 90°圆形离子束通路。具有相同质量和不同发散角的离子束经过磁场发生偏转之后，又可以重新聚在一起，所以磁场具有方向聚焦作用。设离子质量为 m、电荷为 z 的正离子进入分析器之前，在离子源受到电压为 V 的电场加速，若忽略裂解反应产生正离子的初始能量，则该离子在进入分析器之前的动能为

$$\frac{1}{2}mv^2=zV \tag{20-2}$$

式中，v 为离子的运动速度。进入分析器后，由于磁场 H 的作用，使其运动方向发生偏转，改作圆周运动。只有离子的离心力$\frac{mv^2}{r}$与离子在磁场中所需要的向心力 Hzv 相等时，离子才能飞出弯曲区，即

$$Hzv=\frac{mv^2}{r} \tag{20-3}$$

式中，r 为离子圆周运动的轨道半径。由式（20-2）和式（20-3）中消去 v，整理得到

$$\frac{m}{z}=\frac{H^2r^2}{2V} \tag{20-4}$$

从式（20-4）可以看出，若磁场 H 和加速电场的电压 V 不变，离子运动的圆周半径仅取决于离子本身的质荷比（m/z）。因此具有不同质荷比的离子，由于运动半径的不同而被分析器分开。为使具有不同质荷比的离子依次通过分析器出口狭缝，到达检测器，可采用固定加速电压 V 而连续改变磁场强度 H（称为磁场扫描）的方法，或采用固定磁场强度 H 而连续改变加速电压（称为电扫描）的方法。

单聚焦分析器的缺点是分辨率较低，设计良好的单聚焦分析器的分辨率可达 5000。它只适合于离子能量分散较小的离子源，如电子轰击源、化学电离源。

2. 双聚焦分析器

在单聚焦分析器中，离子源产生的离子在进入加速电场之前，其初始能量并不为零，且各不相同。具有相同的质荷比（m/z）的离子，其初始能量存在差异，因此，通过分析器之后，也不能完全聚焦在一起。为了解决离子能量分散的问题，提高分辨率，可采用双聚焦分析器。

所谓双聚焦，是指同时实现方向聚焦和能量聚焦。在磁场前面加一个静电分析器。静电分析器由两个扇形圆筒组成，在外电极上加正电压，内电极加上负电压（见图 20-12）。

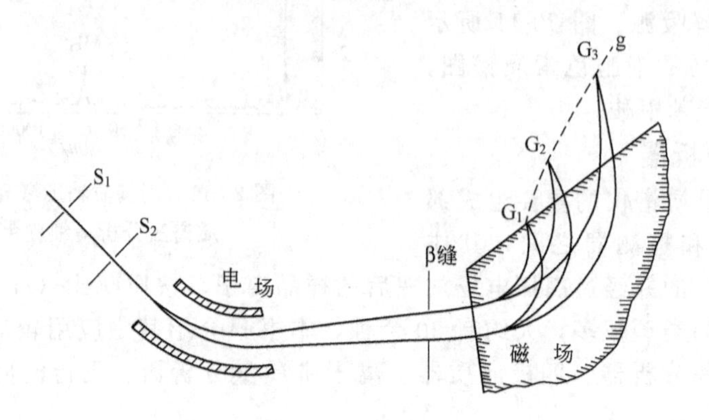

图 20-12 双聚焦分析器

在某一恒定的电压条件下，加速的离子束进入静电场，不同动能的离子具有的运动曲率半径不同，只有运动曲率半径适合的离子才能通过狭缝 β，进入磁分析器。更准确地说，静电分析器将具有相同速度（或能量）的离子分成一类。进入磁分析器之后，再将具有相同的质荷比（m/z）而能量不同的离子束进行再一次分离。双聚焦分析器的分辨率可达 150 000，相对灵敏度可达 10^{-10}。能准确地测量原子的质量，广泛应用于有机质谱仪中。

3. 四极滤质器

四极滤质器又称四极质谱仪，仪器由四根截面为双曲面或圆形的棒状电极组成，两组电极间施加一定的直流电压和频率为射频范围的交流电压（见图 20-13）。

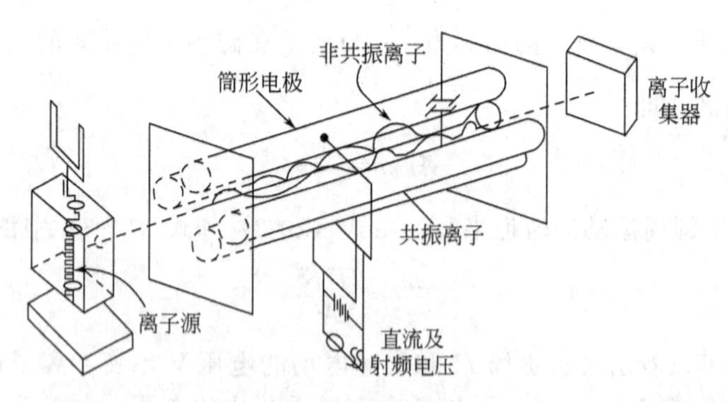

图 20-13 四极质谱仪

当离子束进入筒形电极所包围的空间后，离子作横向摆动，在一定的直流电压、交流电压和频率，以及一定的尺寸等条件下，只有某一种（或一定范围）质荷比的离子能够到达收集器并发出信号（这些离子称共振离子），其他离子在运动的过程中撞击在筒形电极上而被“过滤”掉，最后被真空泵抽走（称为非共振离子）。

如果使交流电压的频率不变而连续地改变直流和交流电压的大小（但要保持它们的比例

不变，电压扫描)，或保持电压不变而连续地改变交流电压的频率（频率扫描），就可使不同质荷比的离子依次到达收集器（检测器）而得到质谱图。

四极滤质器的优点是：①分辨率较高；②分析速度极快，最适合与气相色谱仪和高效液相色谱仪联用，但是准确度和精密度低于磁偏转型质量分析器。

4. 离子阱质量分析器

离子阱质量分析器的结构如图 20-14 所示，环形电极和上下两个端盖电极都是绕 z 轴旋转的双曲线，并满足 $r_0^2=2Z_0^2$（r_0 为环形电极的最小半径；Z_0 为两个端盖电极间的最短距离）。在环形电极和端盖电极之间加上 $\pm(U+V\cos 2\pi ft)$ 的高频电压（U 为直流电压；f 为高频电压频率），两端盖电极皆处于低电位。与四极质量分析器类似，当高频电压的 V 和 f 固定为某一值时，只能使某一质荷比的离子成为阱内的稳定离子，轨道振幅保持一定大小，可长时间留在阱内。这时其他质荷比的离子为阱内的不稳定离子，轨道振幅会很快增加，直到撞击电击网消失。当在引出电极上加负电压脉冲，就可将阱中的稳定离子引出，再由检测器检测。离子阱质量分析器的扫描方式和四极质量分析器相似，即在恒定的直交比下，扫描高频电压 V，这样就可获得质谱图。

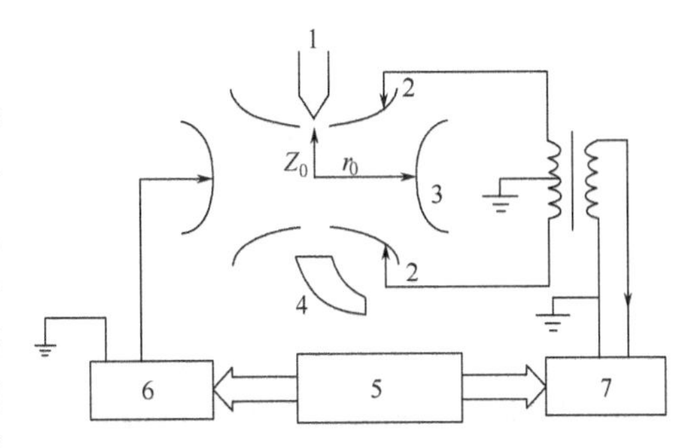

图 20-14　离子阱质量分析器示意

1—灯丝；2—端帽；3—环形电极；4—电子倍增器；5—计算机；6—放大器和射频发生器（基本射频电压）；7—放大器和射频发生器

离子阱质量分析器的特点是：结构小巧（环形电极的最小半径 r_0 仅为 2cm 左右），重量轻，能在极低压强下长时间储存离子。但早期的离子阱质量分析器的质量分辨率很低，仅有 100 左右，而且在储存离子的过程中所发生的物理与化学过程十分复杂，所得到的质谱图与标准质谱图相差较大，给质谱图的解析造成很大困难，所以在 20 世纪 80 年代以前使用离子阱的质谱仪很少。

20 世纪 80 年代，实验发现离子阱内存在高压强（10^{-1}Pa）的氦气时，其质量分辨率可大大提高，最高可达 1000 以上。由于气相色谱-质谱联用仪中的气相色谱一般都以氦气作载气，这样气相色谱-质谱联用仪中的质谱仪就可采用离子阱质量分析器了。近几年来随着对离子阱质量分析的进一步改进，由离子阱质量分析器得到的质谱图与用其他质量分析器得到的标准质谱图已能很好地符合，完全可以用计算机利用现有的标准质谱图库进行检索和定性。因此，近年来在气相色谱-质谱联用仪中越来越多地使用了离子阱质量分析器，这就大大减小了色谱-质谱联用仪的体积，降低了价格。

利用离子阱质量分析器可以储存离子的能力和扫描技术，向离子阱内有意引入一些离子，使其与储存在阱内的离子碰撞，可以进行化学电离质谱分析和质谱-质谱分析。改变引出极电压的极性，离子阱质量分析器也可以进行负离子的分析。

5. 飞行时间分析器

飞行时间分析器的工作原理很简单，在图 20-15 所示的仪器中，由阴极 F 发射的电子，受到电离室 A 上正电位的加速，进入并通过 A 而到达电子收集极 P，电子在运动过程中撞击 A 中的气体分子并使之电离。在栅极 G_1 上加上一个不大的负脉冲（－270V），把正离子引出电离室 A，然后在栅极 G_2 上施加直流负高压 V（－2.8kV），使离子加速而获得动能，以速度 v 飞越长度为 L 的无电场又无磁场的漂移空间，最后到达离子接收器。同样，当脉冲电压为一定值时，离子向前运动的速度与离子的 m/z 有关，因此在漂移空间里，离子以各种不同的速度运动，质量越小的离子，就越先落到接收器中。

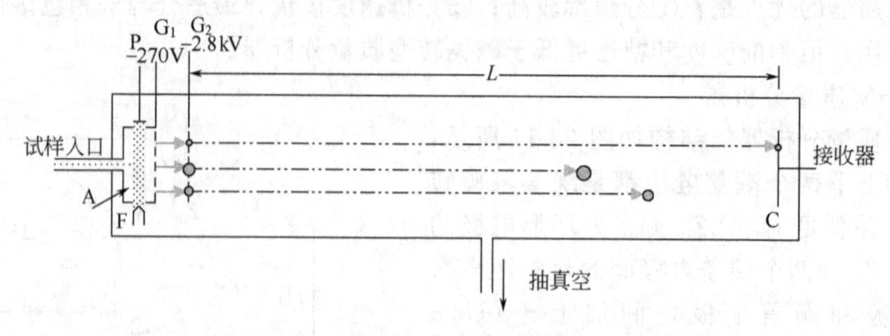

图 20-15 飞行时间质谱计

若忽略离子（质量为 m）的初始能量，根据式（20-2）可以认为离子动能为

$$\frac{mv^2}{2}=zV \tag{20-5}$$

由此可写出离子速度

$$v=\sqrt{\frac{2zV}{m}} \tag{20-6}$$

离子飞行长度为 L 的漂移空间所需时间 $t=\frac{L}{v}$，故可得

$$t=L\sqrt{\frac{m}{2zV}} \tag{20-7}$$

由此可见，在 L 和 V 等参数不变的条件下，离子由离子源到达接收器的飞行时间 t 与质荷比的平方根成正比。

飞行时间分析器的特点如下。

① 质量分析器既不需要磁场，又不需要电场，只需要直线漂移空间。因此，仪器的机械结构较简单。由于受飞行距离的限制，早期的仪器分辨率较低。但是近年来采用一些延长离子飞行距离的新离子光学系统，如各种离子反射透镜等，可随意改变飞行距离，使质量分辨率达到几千到上万。

② 扫描速度快，可在 $10^{-5}\sim10^{-6}$ s 时间内观察、记录整段质谱，使此类分析器可用于研究快速反应及与色谱联用等。

③ 不存在聚焦狭缝，因此灵敏度很高。

④ 测定的质量范围仅决定于飞行时间，可达到几十万质量单位。

上述优点为生命科学中对生化大分子的分析，提供了诱人的前景。因此飞行时间分析技术近年来发展十分迅速。

6. 离子回旋共振质量分析器

采用离子回旋共振质量分析器的质谱仪是一种新型的质谱仪，又称傅里叶变换质谱仪。它的基本原理完全不同于磁偏转与四极质谱仪，而是建立在离子回旋共振技术的基础上。它的核心部件——离子回旋共振室的结构如图 20-16 所示。

在一个边长为几厘米的矩形小室内，样品在恒定磁场 B_0 中电离成质量为 m、电荷为 z、运动速度为 v 的离子。这些离子在磁场中被迫作随意的圆周运动[见图 20-17(a)]，其回旋角频率可表示为

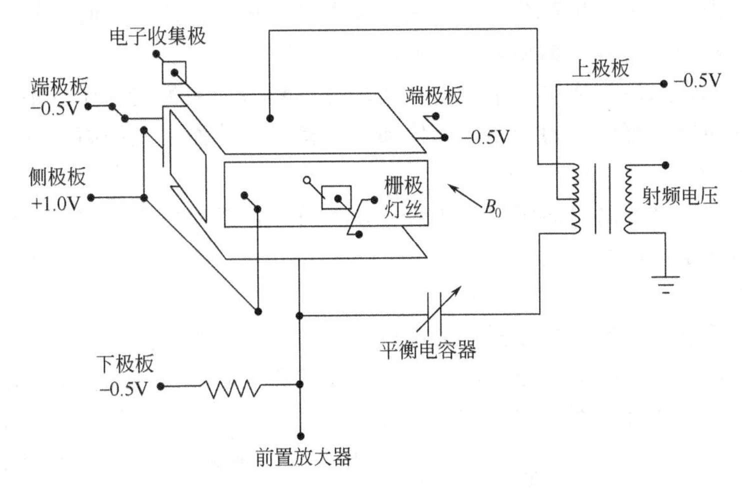

图 20-16　离子回旋共振室结构

$$\omega=\frac{v}{r}=\frac{z}{m}B_0 \tag{20-8}$$

式中，ω 为离子回旋频率，rad/s；B_0 为磁场强度。显然，离子回旋频率决定于质荷比。为了使离子在磁场中滞留足够的时间（约零点几秒），可以使侧极板带正电位（+1.0V），上、下极板和前、后极板都带负电位（−0.5V）。为了区分不同质量，在上下极板之间加上可变射频场。若调制射频场频率（ω_1）与离子回旋频率相同，即 $\omega_1=\omega$，则离子吸收射频能量使其回旋速度及轨道都增大[见图 20-17(b)]。对于质荷比一定的所有离子来说，随着受射频的激发而同相环行。如果有大量不同质量的离子存在，只有能与射频产生共振的离子才给出响应信号。在 1ms 内，在整个所需的射频频率范围（20kHz～1MHz）扫描，造成在相应质量范围内的所有离子都以同相环行。但必须是在射频激发消除之后，才出现图 20-17（c）的情况。这种环行离子使上下极板之间感应出电流，并被前置放大器感知，从而得到一个由所有离子贡献的复合信号。它包括了在此质谱仪上提供的样品离子的所有频率的信息。要将这类信息转变成通常的质谱信息，需要进行傅里叶变换。

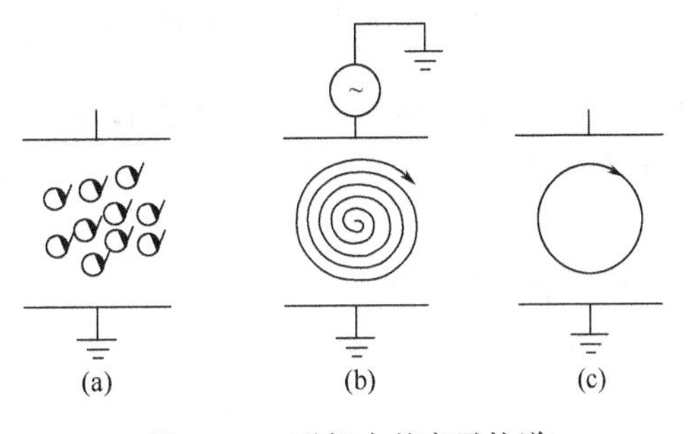

图 20-17　磁场中的离子轨道

离子回旋共振质谱仪的优点是：①分辨率高，容易区分相同标称相对分子质量的离子，如 N_2、C_2H_4 和 CO，分辨率高达 250000，对推断精确的经验式极有价值；②可检测的离子的质量范围宽，可达 10^3；③可用于研究气相离子反应。因为离子在分析器中停留时间长，增加了分子-离子碰撞概率，导致离子-分子反应的发生。缺点是对真空度要求严格，仪器费用昂贵。

五、检测器

质谱仪常用的检测器有电子倍增器、闪烁检测器、法拉第杯和照相底板等。

1. 电子倍增器

一定能量的离子轰击阴极产生二次电子，二次电子在电场作用下，依次轰击下一级电极而被倍增放大。电子倍增器有 10～20 级，放大倍数为 10^5～10^8。电子通过倍增器的时间很短，利用它可实现高灵敏、快速测定。但是，随着电子倍增器使用时间增长，放大增益逐步减小，这种现象称为电子倍增器质量歧视效应。

近代质谱仪中常采用隧道电子倍增器，倍增原理相似。因为它的体积小，多个隧道电子倍增器可以串联使用，可同时检测多个不同质荷比离子，从而大大提高了分析效率。

2. 闪烁检测器

由质量分析器出来的高速离子打击闪烁体使其发光，然后用光电倍增管检测闪烁体发出的光，这样可将离子束信号放大。

3. 法拉第杯

法拉第杯是质谱仪常用的检测器中最简单的一种，其结构如图 20-18 所示。法拉第杯与质谱仪其他部分保持一定的电位差，以捕获离子。当离子通过一个或多个抑制栅极进入杯中时，将在高电阻 R 上产生大的压降，并经放大记录。法拉第的入口狭缝是用来控制进入杯中离子的种类，阻止不需要的离子进入杯中。调节入口狭缝的宽度，可以在一定程度上改变质谱仪的分辨率。进入法拉第杯的离子可能打出二次电子，二次电子飞出杯外会引起质谱峰畸形。为抑止二次电子飞出杯外，在法拉第杯上加一个负电压的抑制栅极。

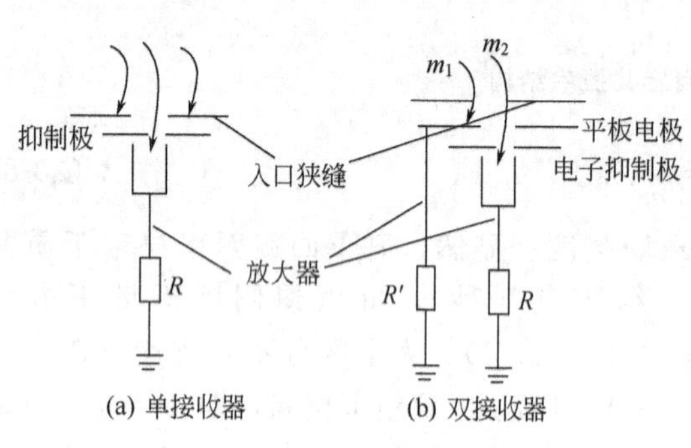

图 20-18 法拉第杯的结构原理

用于同位素测定的质谱仪常用双接收器，如图 20-18(b) 所示，借以提高测量的精度。双接收器是由法拉第杯和接收板组成，m_1 由平板电极接收，m_2 由法拉第杯接收。这种双接收器可检测含量为 10^{-5}～10^{-6} 的低丰度同位素。法拉第杯的优点是简单可靠，配以适当的放大器，可以检测约 10^{-15} A 的离子流。

4. 照相检测

照相检测是无机质谱仪中应用最早的检测方式。主要用于火花源双聚焦质谱仪。其优点是无需测量总离子流强度，也不需要整套电子线路，且灵敏度可以满足一般要求。但操作麻烦，效率低。

六、数据处理及输出系统

现代质谱仪都配有完善的计算机系统，它不仅能快速准确地采集数据和处理数据，而且能监控质谱仪各单元的工作状态，实现质谱仪的全自动操作，并能代替人工进行化合物的定性和定量分析。下面简单介绍质谱仪的计算机系统的功能。

1. 数据的采集和简化

一个被测的化合物可能有数百个质谱峰，若每个峰采数 15～20 次，则每次扫描采数的总量在 2000 次以上，这些数据是在 1s 到数秒内采集到的，必须在很短的时间内把这些数据收集起来，并进行运算和简化，最后变成峰位（时间）和峰强数据存储起来。经过简化后每个峰由两个数据——峰位（时间）和峰强表示。

2. 质量数的转换

质量数的转换就是把获得的峰位（时间）谱转换为质量谱（即质量数-峰强关系图）。对于低分辨质谱仪，先用参考样（根据所需质量范围选用全氟异丁胺、全氟煤油、碘化铯等物质作为参考样）作出质量内标，而后用指数内插及外推法，将峰位（时间）转换成质量数

(质荷比 m/z，当 $z=1$ 即单电荷离子，质荷比即为质量数)。在作高分辨质谱图时，未知样和参考样同时进样，未知样的谱峰夹在参考样的谱峰中间，并能很好地分开。按内插和外推法用参考样的精确质量数计算出未知样的精确质量数。

3. 谱峰强度归一化

把谱图中所有峰的强度对最强峰（基峰）的相对百分数列成数据表或给出棒图（质谱图），也可将全部离子强度之和作为 100，每一谱峰强度用总离子强度的百分数表示。归一化后，有利于和标准谱图进行比较，便于谱图解析。

4. 扣除本底或相邻组分的干扰

利用“差谱”技术将样品谱图中本底谱图或干扰组分的谱图扣除，得到所需组分的纯质谱图，以便于解析。

5. 标出高分辨质谱的元素组成

对于含碳、氢、氧、氮、硫和卤素的有机化合物，计算机可以给出：①高分辨质谱的精确质量测量值；②按该精确质量计算得到的差值最小的元素组成；③测量值与元素组成计算值之差。

6. 谱图的累加、平均

使用直接进样或场解析电离时，有机化合物的混合物样品蒸发会有先后的差别，样品的蒸发量也在变化。为观察杂质的存在情况，有时需要给出量的估计。计算机系统可按选定的扫描次数把多次扫描的质谱图累加，并按扫描次数平均。这样可以有效地提高仪器的信噪比，也就提高了仪器的灵敏度。同时从杂质谱峰的离子强度也可估计杂质的量。

7. 谱图检索

计算机能够存储大量已知化合物的标准谱图，这些标准谱图绝大多数是用电子轰击电离源，70eV 电子束轰击已知纯化合物样品，在双聚焦磁质谱仪上作出的。因此，为了能利用这些标准谱图去检索待测样品，待测样品也必须用电子轰击电离源在 70eV 电子束下轰击电离，这时得到的质谱图才能与已知标准谱图对比；计算机可按一定程序对比两张谱图（待测样品谱图与标准谱图），并根据峰位和峰强度对比结果计算出相似性指数，最后根据对比结果给出相似性指数排在前列（即较为相似）的几个化合物的名称、分子量、分子式、结构式和相似性指数。可以根据样品的其他已知信息（物理的和化学的）从检索给出的这些化合物中最后确定待测样品的分子式和结构式。

第三节　主要离子峰和质谱图解析

一、离子的断裂类型

当气体或蒸气分子（原子）进入离子源（例如电子轰击离子源）时，受到电子轰击而形成各种类型的离子。以 A、B、C、D 四种原子组成的有机化合物为例，它在离子源中可能发生下列过程：

$$ABCD + e \longrightarrow ABCD^{+} + 2e^{-} \qquad (20\text{-}9)$$

$ABCD^{+} \longrightarrow BCD\cdot + A^{+}$

- $\longrightarrow CD\cdot + AB^{+}$
  - $\longrightarrow B\cdot + A^{+}$
  - $\longrightarrow A\cdot + B^{+}$
- $\longrightarrow AB\cdot + CD^{+}$
  - $\longrightarrow D\cdot + C^{+}$
  - $\longrightarrow C\cdot + D^{+}$
- $\longrightarrow ABC\cdot + D^{+}$

（以上各碎片过程：裂分为碎片离子）　(20-10)

$$ABCD^{+} \longrightarrow ADCB^{+} \begin{cases} \rightarrow BC\cdot + AD^{+} \\ \rightarrow AD\cdot + BC^{+} \end{cases} \quad \text{重排后裂分} \qquad (20\text{-}11)$$

$$ABCD^{+} + ABCD \longrightarrow (ABCD)_2^{+} \longrightarrow BCD\cdot + ABCDA^{+} \quad \text{络合反应} \qquad (20\text{-}12)$$

因而在离子源中可能发生下述断裂形式。

1. 简单开裂

一般只有一个共价键发生断裂，如式(20-10) 所示。

简单裂解的引发机制有三种：自由基引发（α 裂解），发生均裂或半异裂，反应的动力是自由基强烈的配对倾向；电荷引发的裂解（诱导裂解，I 裂解），发生异裂，其重要性小于 α 裂解；没有杂原子或不饱和键时，发生 C—C 键之间的 σ 键断裂，第三周期以后的杂原子（X）与碳之间的 C—X 键也可以发生 σ 键断裂。图 20-19 所示为丁烷的简单开裂示例。图 20-20 为丁烷质谱图示例。

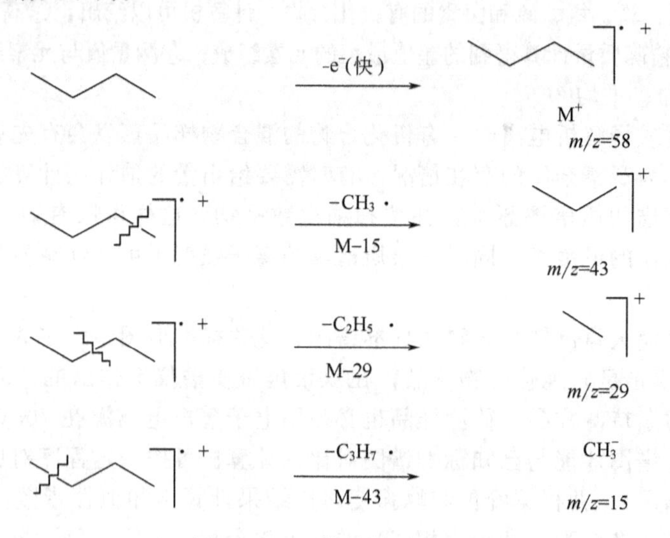

图 20-19 丁烷简单开裂示意

2. 重排开裂

重排开裂在共价键断裂的同时，发生氢原子的转移。一般有两个键发生断裂，少数情况下发生碳骨架重排。一般重排开裂前后离子电子奇偶性不发生变化（并不完全都是这样）。这样，由于离子的质量数的奇偶性与该离子所含电子数的奇偶性有一定的对应关系，可以从质谱中母离子与子离子的质荷比奇偶性的变化中得知该裂解是简单开裂还是重排开裂。重排裂解是质谱反应中的重要部分，由它们产生的离子，对于推断结构是很有价值的。

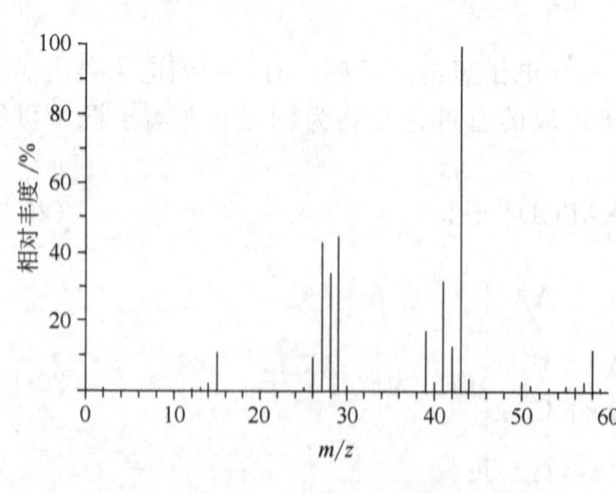

图 20-20 丁烷质谱图

3. 随机裂解

有机化合物在离子源中受到电子流的轰击，会按照一定的规律将有机化合物进行裂解，类似的化合物具有类似的裂解离子碎片，这是质谱分析的基础。然而，在电子流轰击有机化合物的分子时，也会发生随机性的裂解，这也给图谱解析带来一定的困难，对质谱图中的每一个峰都未必能解析得清楚。

4. 环裂解——多中心断裂

在复杂的分子中各种官能团的相互作用能给出复杂的断裂反应，这些反应涉及一个以上键的断裂，叫做多中心断裂。

一般一个环的单键断裂只产生一个异构离子，为了产生一个碎片离子，必须断裂两个键，这样得到的裂解产物一定是一个奇电子离子，在反应过程中未成对电子与邻近碳原子形成一个新键，同时该 α-碳原子的另一个键断裂，如图 20-21 中环己烯的开裂，图 20-22 所示为环己烯的质谱图。

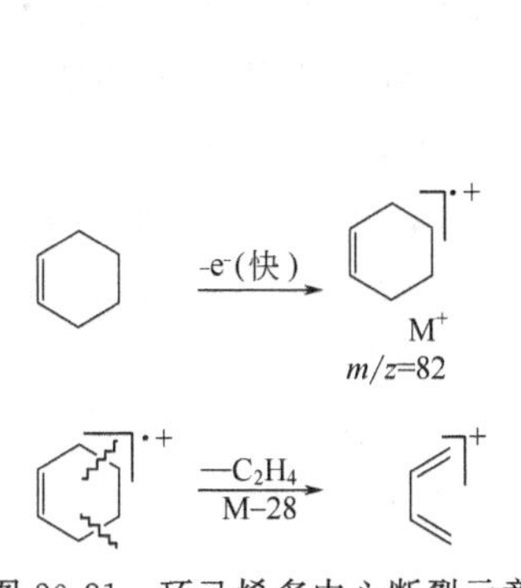

图 20-21 环己烯多中心断裂示意

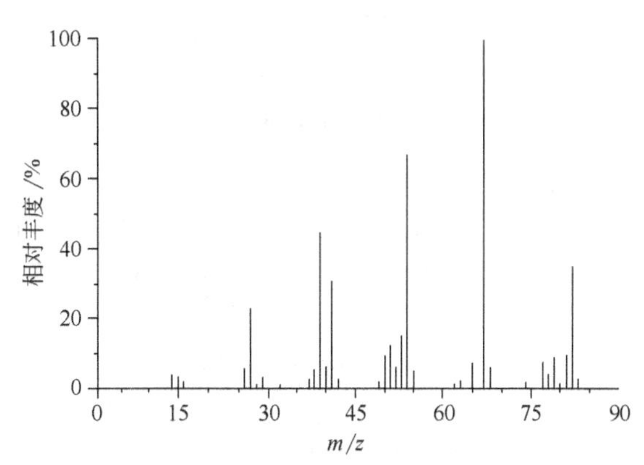

图 20-22 环己烯的质谱图

二、质谱中常见的几种离子

样品分子在离子源内电离，产生各种各样的离子，这些离子经过质量分析器按其质荷比 (m/z) 分离，分离后的离子依次被检测器检测，并记录下来，形成一个按离子质荷比大小排列的谱图，称为质谱图，如图 20-22 所示。质谱图中出现的离子峰，归纳起来有下面几种类型：分子离子峰、同位素离子峰、碎片离子峰、重排离子峰、亚稳离子峰及多电荷离子峰等。

下面对质谱图解析的一些基本知识作一简单介绍。

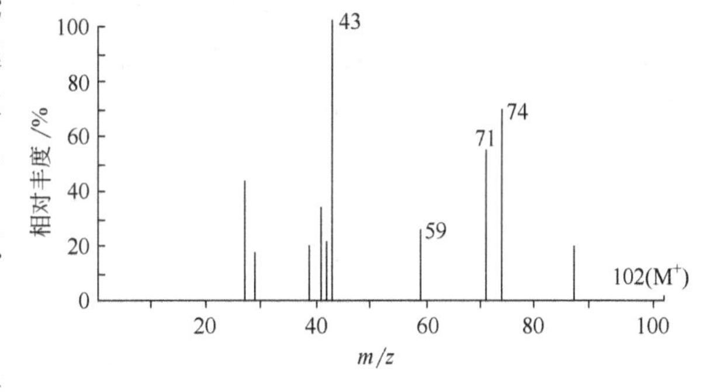

图 20-23 正丁酸甲酯的质谱图

1. 分子离子峰

分子失去了一个电子而生成的离子称为“分子离子”或“母离子”，相应的质谱峰称为分子离子峰或母峰。图 20-23 所示的正丁酸甲酯的质谱图中 $m/z=102$ 处的质谱峰为分子离子峰。

分子离子峰具有以下特点。

① 分子离子峰通常出现在质荷比最高的位置，存在同位素峰时例外。分子离子峰的稳定性决定于分子结构。芳香族、共轭烯烃及环状化合物等分子离子峰强；脂肪醇、胺、硝基化合物及多侧链等很弱，甚至不出现。

② 分子离子峰左边 3～14 原子质量差单位范围内一般不可能出现峰，因为同时使一个分子失去三个氢原子几乎不可能，而能失去的最小基团通常是甲基，即 $(M-15)^+$ 峰。在 M−3 至 M−14，M−21 至 M−24 范围内出现的峰不是分子离子峰。

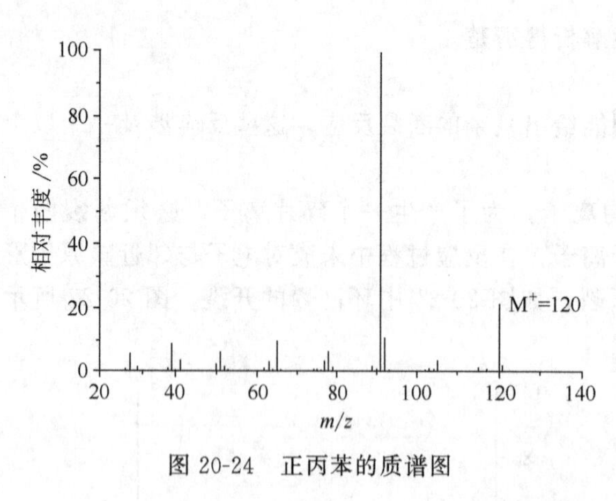

图 20-24 正丙苯的质谱图

③ 凡是分子离子峰应符合“氮规则”。氮规则表明相对分子质量为偶数的有机化合物一定含有偶数个氮原子或不含氮原子；相对分子质量为奇数的，则只能含奇数个氮原子。

分子离子峰的主要用途是确定化合物的相对分子质量，利用高分辨率质谱仪给出精确的分子离子峰质量数，是测定有机化合物相对分子质量的最快速、可靠的方法之一。

当分子离子峰不出现时，可以采用如下办法：①降低电子轰击的能量，可以减少分子离子进一步裂解的可能性，从而增强分子离子峰，同时，还可使某些不重要碎片峰消失，使图谱清晰，图谱解析难度减少；②更换其他离子源；③采用化学衍生化的方法，使化合物（如醇）转变成稳定的衍生物（如酯）。

分子离子峰的相对强度直接与分子离子的稳定性有关（见图 20-23 和图 20-24 分子离子峰的相对强度），其顺序大致为：芳香环＞共轭烯＞烯＞脂环化合物＞羰基化合物＞直链碳氢化合物＞醚＞脂＞胺＞酸＞醇＞支链烃。

在同系物中，相对分子质量越大，其分子离子峰相对强度应越小。

2. 同位素离子峰

除 P、F、I 外，组成有机化合物的常见的十几种元素，如 C、H、O、N、S、Cl、Br 等都有同位素，它们的天然丰度见表 20-1，因而在质谱中会出现由不同质量的同位素形成的峰，称为同位素离子峰。同位素峰的强度比与同位素的丰度比是相当的。从表 20-1 可见，S、Cl、Br 等元素的同位素丰度高，因此含 S、Cl、Br 的化合物的分子离子或碎片离子，其 M+2 峰强度较大，所以根据 M 和 M+2 两个峰的强度比易于判断化合物中是否含有这些元素。

表 20-1 几种常见元素的精确质量、天然丰度及丰度比

元 素	同位素	精确质量	天然丰度/%	丰度比/%
H	^{1}H	1.007 825	99.985	$^{2}H/^{1}H=0.015$
	^{2}H	2.014 102	0.015	
C	^{12}C	12.000 000	98.893	$^{13}C/^{12}C=1.11$
	^{13}C	13.003 355	1.107	
N	^{14}N	14.003 074	99.634	$^{15}N/^{14}N=0.37$
	^{15}N	15.000 109	0.366	
O	^{16}O	15.994 915	99.759	$^{17}O/^{16}O=0.04$
	^{17}O	16.999 131	0.037	$^{18}O/^{16}O=0.20$
	^{18}O	17.999 159	0.204	
F	^{19}F	18.998 403	100.0	
S	^{32}S	31.972 072	95.02	$^{33}S/^{32}S=0.8$
	^{33}S	32.971 459	0.78	$^{34}S/^{32}S=4.4$
	^{34}S	33.967 868	4.22	
Cl	^{35}Cl	34.968 853	75.77	$^{37}Cl/^{35}Cl=32.5$
	^{37}Cl	36.965 903	24.23	
Br	^{79}Br	78.918 M336	50.537	$^{81}Br/^{79}Br=97.9$
	^{81}Br	80.916 290	49.463	
I	^{127}I	126.904 477	100.0	

3. 碎片离子

电离后有过剩内能的分子离子能以多种方式裂解生成碎片离子，碎片离子还可能进一步裂解成更小质量的碎片离子。这些碎片离子是解析质谱图、推断物质分子结构的重要信息。

4. 重排离子峰

分子离子裂解为碎片离子时，有些碎片离子不仅仅通过简单的键的断裂，还要通过分子内原子或基团的重排后裂分而形成，这种特殊的碎片离子称为重排离子。重排远比简单断裂复杂，其中麦氏（McLafferly）重排是重排反应的一种常见而重要的方式。产生麦氏重排的条件是，与化合物中 C ═X（如 C ═O）基团相连的链上需要有三个以上的碳原子，而且在 γ 碳上要有 H，即 γ 氢。此 γ 位的氢向缺电子的原子转移，然后引起一系列的一个电子的转移，并脱离一个中性分子，如图 20-25 所示。在酮、醛、链烯、酰胺、腈、酯、芳香族化合物、磷酸酯和亚硫酸酯等的质谱上，都可找到由这种重排产生的离子峰。如图 20-26 所示为正己醛的断裂示意和质谱图，可很容易找到相应的麦氏重排离子峰。有时环氧化合物也会产生这种重排。

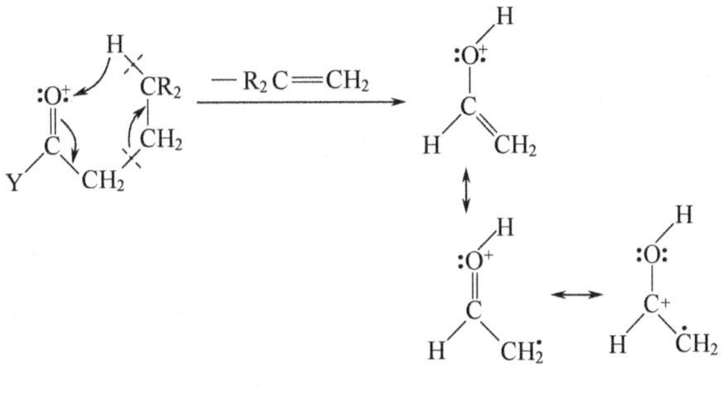

图 20-25 McLafferly 重排示意

在离子源压强较高的条件下，正离子可能与中性碎片进行碰撞而发生离子分子反应，形成大于原来分子的离子。但离子源处于高真空时，此反应可忽略。

5. 亚稳离子峰

离子在离开电离室到达收集器之前的飞行过程中，发生分解而形成低质量的离子所产生的峰，称为亚稳离子峰或亚稳峰（见图 20-27）。

质量为 m_1 的母离子，不仅可以在电离室中进一步裂解生成质量为 m_2 的子离子和中性碎片，而且也可以在离开电离室后的自由场区裂解为质量等于 m_2 的子离子，由于此时该离子具有 m_2 的质量，具有 m_1 的速度 v_1，故它的动能为 $m_2 v_1^2/2$，所以这种离子在质谱图上将不出现在 m_2 处，而是出现 m_2 低的 m^* 处，它们三者的关系可以用下式计算：

$$m^* = (m_2)^2/m_1$$

由于在自由场区分解的离子不能聚焦于一点，故在质谱图上，亚稳离子峰比较容易识别。它的峰形宽而矮小，且通常 m/z 为非整数。亚稳峰的出现，可以确定 $m_1^+ \rightarrow m_2^+$ 开裂过程的存在。

6. 多电荷离子峰

分子失去一个电子后，成为高激发态的分子离子，为单电荷离子。有时，某些非常稳定的分子，能失去两个或两个以上的电子，这时在质量数为 $m/(nz)$（n 为失去的电子数）的位置上，出现多电荷离子峰。应该指出，多电荷离子峰的质荷比，可能是整数，也可能不是整数，如为后者，则在质谱图上容易发现。

多电荷离子峰的出现，表明被分析的样品异常得稳定。例如，芳香族化合物和含有共轭体系的分子，容易出现双电荷离子峰。

7. 络合离子

在离子源中分子离子与未电离的分子互相碰撞发生二级反应形成络合离子。络合离子可能是分子离子夺取中性分子中一个氢原子形成（M+1）峰；也可能是碎片离子与整个分子

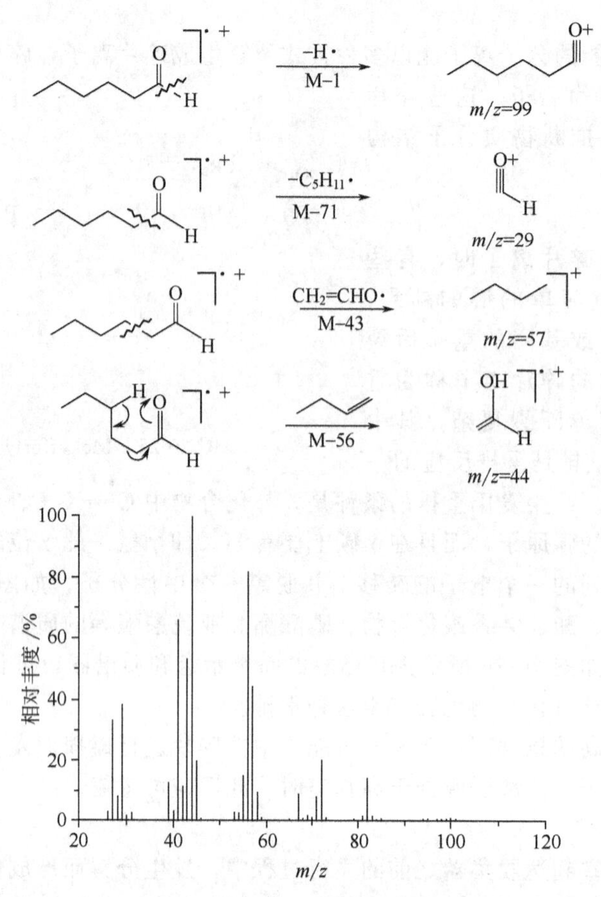

图 20-26 正己醛的断裂示意和质谱图

形成（M+F）峰（F表示碎片离子质量数）。在解析质谱时要注意，不要将络合离子峰误当作离子峰。

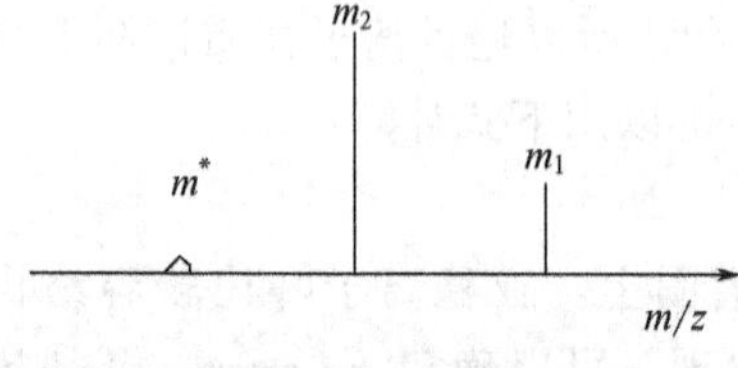

图 20-27 亚稳离子峰示意

能产生络合离子的化合物是醇、醚、酯、脂肪胺、腈和硫醚。离子源中压力越高，中性分子与离子碰撞机会就越多，产生络合离子的概率也就越高。所以这种络合离子峰的强度随离子源中的压力改变而改变，而且也随离子源中推斥电压改变而改变。因为若离子推斥电压低，则离子在离子室中停留时间长，形成络合离子的概率就高；若推斥电压高，则离子很快被推出离子室，与中性分子碰撞机会少，形成络合离子的概率就小。可利用这一特征来辨别分子离子峰和络合离子峰。

三、质谱谱图解析的一般程序

现今的质谱仪都带有计算机检索功能，这为质谱图的解析提供了极大的方便。但是，仅靠计算机的检索来解析质谱图是远远不够的，只有根据所能得到的样品的各种信息（如样品来源、样品的理化性能等）和对质谱理论的理解，对计算机检索得到的结果进行分析，才能得到正确的结论。有时还要配合其他分析手段，如红外光谱分析、核磁共振波谱分析、元素分析等，才能得出最终的结论。下面仅对质谱图解析的一般程序作一简单介绍。

① 详细了解被分析样品的有关信息，包括样品的来源和样品的理化性能（如熔点、沸点、形态、颜色、溶解性、酸碱性、可燃性、气味等）。

② 确认所得质谱图是否是纯物质的质谱图。直接进样的样品要了解样品是否经过纯化；色谱-质谱联用时可利用峰前沿、峰顶和峰后沿处的三张质谱图是否一致来判断峰的纯度。

③ 利用“差谱”技术扣除本底和杂质的干扰，得到一张“干净”的质谱图，用此图作下一步解析。

④ 根据前面提到的分子离子峰确证分子离子峰。

⑤ 利用同位素峰信息确定化学式。

应用同位素丰度数据，可以确定化学式，这可查阅 Beynon“质量和同位素丰度表”。此表按化学式标称相对分子质量顺序，列出了含 C、H、O 和 N 的各种组合。使用此表时应注意两点：a. 同位素的相对丰度是以分子离子峰为 100；b. 只适用于含 C、H、O 和 N 的化合物。

⑥ 利用化学式计算不饱和度。

⑦ 充分利用主要碎片离子的信息，推断未知物结构。

⑧ 综合以上信息或联合使用其他手段最后确证结构式。

根据已获得的质谱图，可以利用文献提供的图谱进行比较、检索。从测得的质谱图的信息中，提取出几个（一般为 8 个）最重要峰的信息，并与标准图谱进行比较后由操作者作出鉴定。当然，由不同电离源得到的同一化合物的图谱不相同，因此所谓的“通用”图谱是不存在的。由于电子电离源质谱图的重现性好，且这种源的图谱库内存丰富，因此利用在线的计算机检索成了结构阐述的强有力的工具。

第四节　质谱分析与应用

一、质谱定性分析

质谱是纯物质鉴定的有力工具之一，其中包括相对分子质量的测定、化学式的确定及结构鉴定等。

1. 相对分子质量的测定

从分子离子峰可以准确地测定该物质的相对分子质量，这是质谱分析的独特优点，它比经典的相对分子质量测定方法（如冰点下降法、沸点上升法、渗透压力测定等）快而准确，且所需试样量少（一般 0.1mg）。关键是分子离子峰的判断，因为在质谱中最高质荷比的离子峰不一定是分子离子峰，这是由于存在同位素等原因，可能出现 M+1、M+2 峰；另一方面，若分子离子不稳定，有时甚至不出现分子离子峰。有关分子离子峰的知识详见第三节中的“分子离子峰”部分。

2. 化学式的确定

确认了分子离子峰后，若知道化合物的相对分子质量，就能确定化合物的部分或整个分子的化学式。其质谱分析方法有两种：用高分辨率的质谱仪确定化学式和利用同位素比求化学式。

(1) 用高分辨率的质谱仪确定分子式　高分辨质谱仪可精确地测定分子离子或碎片离子的质荷比（误差可小于 10^{-5}），故可利用元素的精确质量及丰度比（见表 20-1）求算其元素组成。例如 CO、C_2H_4、N_2 的质量数都是 28，但它们的精确值是不同的。因而可通过精确值测定来进行推断。对于复杂分子的分子式同样可计算求得。这种计算虽麻烦，但易由计算机完成，即在测定其精确质量值后由计算机计算给出化合物的分子式。这是目前最为方便、迅速、准确的方法。现在的高分辨质谱仪都具有这种功能。

(2) 由同位素比求化学式 对于相对分子质量较小、分子离子峰较强的化合物，在低分辨的质谱仪上，可通过同位素相对丰度法推导其分子式。

各元素具有一定的同位素天然丰度（见表 20-1），因此不同的分子式，其（M+1)/M 和（M+2)/M 的百分比都将不同。若以质谱法测定分子离子峰及其分子离子的同位素峰（M+1，M+2）的相对强度，就能根据（M+1)/M 和（M+2)/M 的百分比来确定分子式。为此，Beynon 计算了相对分子质量为 500 以下的只含 C、H、O 和 N 的化合物的 M+1 和 M+2 同位素峰与分子离子峰的相对强度，并编制为表格，表 20-2 列出 Beynon 表中 M=102 的部分内容。求化学式时，只要质谱图中的分子离子峰足够强，能准确测定分子离子峰和M+1、M+2同位素峰，计算出 M+1、M+2 峰相对于 M 峰的百分数，就能根据 Beynon 表确定可能的经验化学式。例如，若在质量数为 102 有分子离子峰，且 M+1 和 M+2 同位素峰的相对强度分别为 7.81%和 0.35%，据表 20-2，可以认为化合物的可能化学式为 $C_6H_2N_2$、C_7H_2O、C_7H_4N，因为相对分子质量为偶数，依据氮律，可以排除 C_7H_4N 的可能。然后再依据碎片离子峰，或其他信息如红外光谱、核磁共振谱的数据，即可确定化合物的化学式。

表 20-2 Beynon 表中 M=102 部分数据

分子式	M+1	M+2	分子式	M+1	M+2
$C_5H_{10}O_2$	5.64	0.53	$C_6H_{14}O$	6.75	0.39
$C_5H_{12}NO$	6.02	0.35	C_7H_2O	7.64	0.45
$C_5H_{14}N_2$	6.39	0.17	C_7H_4N	8.01	0.28
$C_6H_2N_2$	7.28	0.23	C_8H_6	8.74	0.34

对含 Cl、Br、S 等元素的化合物的离子峰相对强度，可由 $(a+b)^n$ 展开式计算，式中 a、b 分别为元素轻、重同位素相对丰度；n 为分子中该元素的原子数。例如，在 CH_2Cl_2 中，对元素 Cl 来说，^{35}Cl 和 ^{37}Cl 的丰度比约为 3∶1（见表 20-1），可近似地看为 $a=3$，$b=1$，$n=2$，所以，分子离子峰与同位素峰的相对强度之比为 9∶6∶1，若有多个元素存在，则以 $(a+b)^n$ $(a'+b')^{n'}$，…计算。

对于含有 Cl、Br、S 等元素的化合物，其质谱图的（M+2)/M 的值明显较大。例如，有机化合物的质量数 M 为 104，质谱图中 $I_{M+1}/I_M=6.45\%$，$I_{M+2}/I_M=4.77\%$。M+2 同位素峰相对强度较大，表明有 Cl、Br、S 等存在。但 $32.5\%>I_{M+2}/I_M>4.44\%$（见表 20-1），说明未知物分子中不含 Cl、Br，只含有一个 S 原子。但是拜诺表中只列出有关 C、H、O、N 的有机物的数据。所以实验数据中应扣除 S 的贡献：

$$I_{M+1}/I_M=6.45\%-0.78\%=5.67\%$$

$$I_{M+2}/I_M=4.77\%-4.44\%=0.33\%$$

剩余质量 M=104−32=72

查拜诺表中 M=72 有关化学式，共有 15 个元素组合，与上述计算值最接近的为 C_5H_{12}（M+1 峰为 5.6%，M+2 峰为 0.13%），所以化学式可能为 $C_5H_{12}S$。

3. 结构式的确定

若实验条件恒定，每个分子都有自己的特征裂解模式。根据质谱图所提供的分子离子峰、同位素峰以及碎片质量的信息，可以推断出化合物的结构。如果从单一质谱提供的信息不能推断或需要进一步确证，则可借助于红外光谱和核磁共振波谱等手段得到最后的证实。

从未知化合物的质谱图进行推断化合物的结构的步骤可参考“质谱谱图解析的一般程序”。从未知化合物的质谱图进行推断化合物的结构的另一种方法是在相同实验条件下获得已知物质的标准图谱，通过图谱比较来确认样品分子结构。

二、质谱定量分析

质谱检出的离子流强度与离子数目成正比，因此通过离子流强度可进行定量分析。

用电子倍增器来检测离子是极其灵敏的，少至20个离子仍能得到有用信号。为了提高灵敏度，可以通过只监测丰度最高的一种离子或几种离子来改进信噪比。前者称为单离子监测，后者称为多离子监测。单离子监测的最大优点是可以通过重复扫描来改进信噪比，但信息量减少；多离子监测可对来自每个组分中几个丰度较高的特征离子的信息，记录在多通道记录器中的各自通道中。这种监测技术专一、灵敏，可以检测至10^{-12}g数量级。定量分析方法一般采用内标方法，以消除样品预处理及操作条件改变而引起离子化产率的波动。内标的物理化学性质应类似于被测物，且不存在于样品中，这只有用同位素标记的化合物才能满足这种要求。质谱法能区分天然的与标记的化合物。在色谱-质谱联用时，若化合物中有甲基，则内标物可以变成氘代甲基，这种氘代的内标物，其保留时间一般较短。从它们的相对信号大小可进行定量。

习　题

1. 以单聚焦质谱仪为例，说明组成仪器各个主要部分的作用及原理。

2. 双聚焦质谱仪为什么能提高仪器的分辨率？

3. 试述飞行时间质谱计、离子阱质量分析器的工作原理，它们各自具有什么特点？

4. 比较电子轰击离子源、场致电离源及场解析电离源的特点。

5. 试述化学电离源、激光解吸源和无机物质谱电离源的工作原理。

6. 电喷雾电离源有哪些优点？

7. 质谱仪常用的检测器有哪些？各有什么特点？

8. 有机化合物在电子轰击离子源中有可能产生哪些类型的离子？从这些离子的质谱峰中可以得到一些什么信息？

9. 如何利用质谱信息来判断化合物的相对分子质量？判断分子式？

10. 某化合物的M为114，(M+1)/M峰强度之比为7.7，(M+2)/M峰强度之比为0.46，查拜诺表M为114的化学式如表20-3所示，并列出相应的峰强的比例。

表 20-3　Beynon表中M=114部分数据

分子式	M+1	M+2	分子式	M+1	M+2
$C_6H_{12}NO$	7.01	0.42	$C_7H_{14}O$	7.83	0.47
$C_6H_{14}N_2$	7.47	0.24	$C_7H_{16}N$	8.20	0.29
$C_7H_2O_2$	8.26	0.21			

试问该化合物最可能的化学式是哪一种，为什么？

11. 某化合物的分子离子峰的m/z为32，其(M+1)/M峰强度比例为0.85，试指出该化合物是CH_4O还是N_2H_4？

12. 氯化硝基酚获得的化合物的同位素的峰强度比例为M∶(M+1)∶(M+2)=9∶6∶1，问化合物分子中含有多少个氯原子？

13. 下述开裂过程中形成的亚稳离子峰将出现在多大的m/z位置？

$$C_6H_5—C\equiv O \longrightarrow C_6H_5^+ + CO$$

14. 试简述质谱图解析的一般程序和应用。

第二十一章 联用技术

第一节 概 况

由两种（或多种）分析仪器组合成统一完整的新型仪器，具有单一仪器不具备的卓越性能，它能吸收各种分析技术之特长，弥补彼此间的不足，及时利用各有关学科与技术的最新成就。因此，联用（分析）技术（hyphenated techniques）是极富生命力的一个分析领域。当今计算机的迅速发展和广泛应用，对分析仪器联用起着非常重要的作用，它承担着综合控制的任务，如优化分析条件、设定参数、采集数据、处理数据、存储、检索及报告分析结果等。

联用技术指两种或两种以上的分析技术结合起来，重新组合成一种以实现更快速、更有效的分离和分析的技术。目前常用的联用技术是将分离能力最强的色谱技术与质谱或光谱检测技术相结合。色谱法具有高分离能力、高灵敏度和高分析速度的优点。质谱法、红外光谱法、核磁共振波谱法等对未知化合物结构有很强的鉴别能力。色谱法和光谱法联用可综合色谱法分离技术和光谱法优异的鉴定能力，成为分析复杂混合物的有效方法。色谱联用技术的后一级仪器实质上是前级色谱仪的一种特殊的检测器，就此意义而言，带有紫外-可见分光光度检测器（包括：二极管阵列检测器，扫描型紫外-可见分光光度检测器）的高效液相色谱仪或毛细管电泳仪就可以被认为是高效液相色谱仪或毛细管电泳仪与紫外-可见分光光度计联用的联用仪。而目前发展迅速的小型台式质谱仪（四极或离子阱质谱仪）已成为气相色谱仪的一种专用检测器——质谱检测器（MSD）。而原子发射检测器（AED）也已成为气相色谱的一种专用检测器。

联用技术的优点是增加了获得数据的维数，数据的多维性提供了比单独一种分离技术或光谱技术更多的信息。

表 21-1 所列为各种可能的联用方法及其现状。

表 21-1 联用方法及其现状

项 目	质谱	红外	发射光谱	原子吸收	核磁共振	荧光	紫外-可见
气相色谱	* * *	* * *	* *	*		* *	*
液相色谱	* * *	* *	*	* *	* *	* *	* * *
超临界流体色谱	*	*	*				
薄层色谱	*	* *				* * *	* * *
毛细管电泳	* *	*				* * *	* * *

注：1. 选自 Hirschfeld T. Anal Chem，1980，52：297A。

2. 表中 * 表示无市售产品，正在研制；* * 表示有市售产品，但使用较少；* * * 表示有市售产品，且广泛应用。

接口是色谱联用技术中的关键装置，它要协调前后两种仪器的输出和输入间的差异。接口的存在既要不影响前一级色谱仪对组分的分离性能，又要同时满足后一级仪器对样品进样的要求和仪器的工作条件，将两种分析仪器的分析方法结合起来，协同作用，取长补短，获得了两种仪器单独使用时所不具备的功能。从某种意义上讲，通过“接口”连接起来的联用仪器已是一种新的仪器。

色谱与各种其他技术的联用系统中，色谱仪相当于将纯物质输入各种其他仪器的进样装置。联用技术的关键是要设计一个性能优良的接口，对接口的一般要求是：

① 可进行有效的样品传递，通过接口进入下一级仪器的样品应不少于全部样品的30%，以保持整个联用仪器的灵敏度；

② 样品通过接口的传递应具有良好的重现性，以保证整个分析的重现性良好；

③ 接口应当容易满足前级色谱仪器和后一级仪器任意选用操作模式和操作条件；

④ 样品在通过接口时一般应不发生任何化学变化，如发生化学变化，则要遵循一定规律，通过后一级仪器分析结果，可推断出发生化学变化前的组成和结构（如HPLC-MS的电喷雾电离接口和大气压化学电离接口）；

⑤ 接口应保证前级色谱分离产生的色谱峰的完整，并不使色谱峰加宽（即不影响前级色谱的分离柱效）；

⑥ 接口本身的操作应简单、方便、可靠，样品通过接口的速度要尽可能得快，因此要求接口尽可能得短。

除上述的一般要求外，根据联用仪器的不同特点，对接口还会有不同的要求，这将在不同的联用技术中专门进行讨论。

第二节　气相色谱-质谱联用技术

气相色谱-质谱联用仪（gas chromatography-mass spectrometry，GC-MS）是分析仪器中较早实现联用技术的仪器。自 1957 年霍姆斯（J. C. Holmes）和莫雷尔（P. A. Morrell）首次实现气相色谱和质谱联用以后，这一技术得到长足的发展。在所有联用技术中气质联用（即GC-MS）发展最完善，应用最广泛。目前从事有机物分析的实验室几乎都把GC-MS作为主要的定性确认手段之一，在很多情况下又用GC-MS进行定量分析。另一方面，目前市售的有机质谱仪，不论是磁质谱、四极杆质谱、离子阱质谱、飞行时间质谱（TOF）还是傅里叶变换质谱（FTMS）等均能和气相色谱联用。还有一些其他的气相色谱和质谱连接的方式，如气相色谱-燃烧炉-同位素质谱等。GC-MS逐步成为分析复杂混合物最为有效的手段之一。

一、GC-MS的基本构成

GC-MS由气相色谱仪-接口-质谱仪组成。

气相色谱仪由进样器、色谱柱、检测器（GC-MS联用，质谱仪就是检测器）及控制色谱条件的微处理机组成。

与气相色谱联用的质谱仪类型多种多样，主要体现在分析器的不同，有四极杆质谱仪、磁质谱仪、离子阱质谱仪及飞行时间质谱仪等。

GC-MS联用的主要困难是两者工作压力的差异，众所周知，气相色谱的柱出口压力一般为大气压（约 1.01×10^5 Pa），而质谱仪是在高真空下（一般低于 10^{-3} Pa）工作。由于压差达到 10^8 倍以上，所以必须有一个接口，使两者压力基本匹配，才能达到联用的要求。这种接口通常称分子分离器，常用的分子分离器有隙透型、半透膜型、喷射型等，近年又发展一种称为开口分流型。

另外，还必须配备数据处理、控制系统及谱库等。图 21-1 所示为GC-MS联用仪的组成框图。

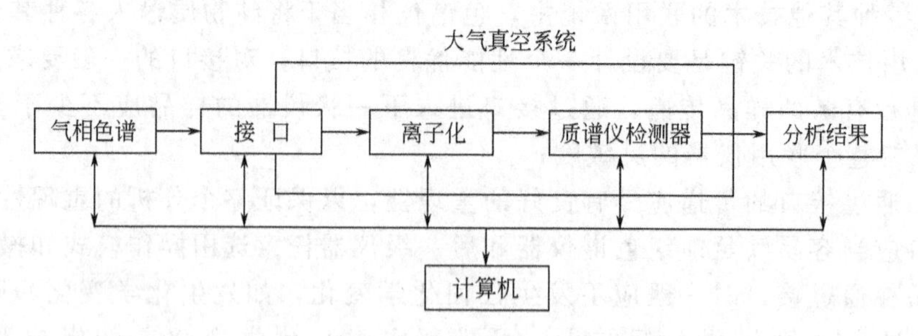

图 21-1 GC-MS 联用仪组成框图

二、GC-MS 的工作原理

GC-MS 的工作原理如图 21-2 所示。当一个混合样品用微量注射器注入气相色谱仪的进样器后，样品在进样器中被加热汽化。由载气载着样品气通过色谱柱，色谱柱内填有某种固定相，不同分析对象应选择不同的固定相。色谱柱可分为两类，一类是填充柱，另一类是毛细管柱。由于气相色谱仪独特的分离能力，在一定的操作条件下（柱温、载气流量和柱前压等），每种组分离开色谱柱出口的时间不同。从进样时算起至某组分的区域中心离开色谱柱出口的时间是这个组分的保留时间。

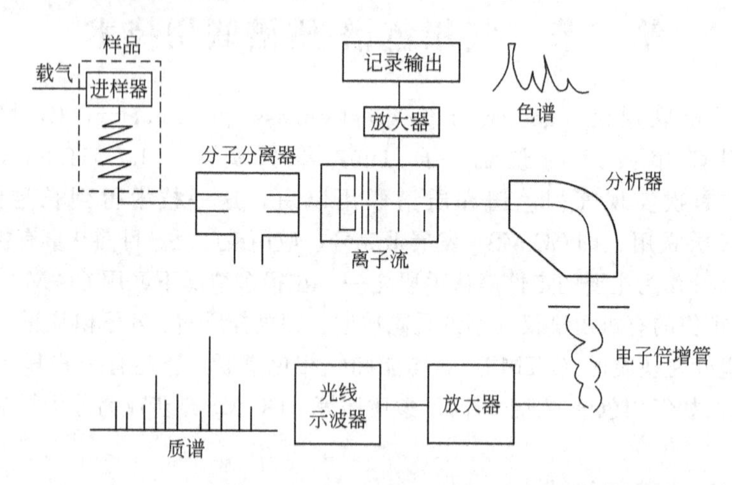

图 21-2 GC-MS 的工作原理

如果有某种器件装在色谱柱出口，能使到达柱出口的某组分转化为电信号。这个信号经放大器放大后可在记录仪上得到色谱峰的图形。上述器件在色谱仪中称为检测器，如热导池、氢火焰和电子俘获检测器等。在 GC-MS 中不使用这些检测器，而是用离子源中的一个总离子检测极（TIC）代替它。在色谱仪出口，载气已完成它的历史使命，需设法筛去，保留组分的分子进入质谱仪的离子源中。分子分离器的作用就是尽可能地把载气筛去，只让组分的分子通过。因为这时组分的量甚微，进入质谱仪时，不至于严重破坏质谱仪的真空。

样品的中性分子进入质谱仪的离子源后，被电离为带电离子，还会有一部分载气进入离子源（GC-MS 操作中常用氦气作载气）。这部分载气和质谱仪内残余气体分子一起被电离为离子并构成本底。样品离子和本底离子一起被离子源的加速电压加速，射向质谱仪的分析器中，在进入分析器前，设计好的总离子检测极（TIC），收集总离子流的一部分。总离子检测极收集的离子流经过放大器放大并记录下来，在记录纸上得到的图形实际上就是该组分的色谱峰。总离子色谱峰由底到峰顶再下降的过程，就是某组分出现在离子源的过程。目前，绝大多数质谱仪都与数据系统连接，得到的质谱信号可通过计算机接口，输入计算机。在进行 GC-MS 操作时，从进样起，质谱仪开始在预定的质谱范围内，磁场作自动循环扫描，每次扫描给出一组质谱，存入计算机，计算机算出每组质谱的全部峰强总和，作为再现色谱峰的纵坐标。每次扫描的起始时间 t_1，t_2，t_3，…作为横坐标。这样每一次扫描给出一个点，这些点连线给出一个再现的色谱峰。它和总离子色谱峰相似。数据系统可给出每个再现色谱峰峰顶所对应的时间——保留时间。

再现的色谱峰可以计算峰面积进行定量分析。

利用再现的色谱峰，可任意调出色谱上任何一点所对应的一组质谱。色谱峰顶处可获得无畸变的质谱。

三、GC-MS 联用仪的样品导入和接口

GC 柱上的流出物通过接口逐一进入质谱仪并被鉴定。用于 GC-MS 联用的色谱柱在柱流失方面有较高的要求，这是因为质谱仪对柱流出物有较大的响应。选用低流失的色谱柱对 GC-MS 联用至关重要。

GC 仪的出口处的压力为常压，而进入质谱仪的离子源要求真空，更重要的是 GC 的载气有一定的流速，如果使全部进入离子流，即使质谱仪有高性能的真空系统，也难以维持所要求高真空。因此，实现 GC-MS 联用，需要解决的一个重要问题是气相色谱仪的出口大气压工作条件和质谱仪的真空操作条件相匹配。质谱仪必须在高真空（10^{-5}～10^{-6} Pa）条件下工作，否则，电子能量将大部分消耗在大量的氮气和氧气分子的电离上。离子源的适宜真空度约为 10^{-3} Pa，而色谱柱出口压力约为 10^5 Pa，这高达 8 个数量级的压差是联用时必须考虑的问题。也就是说，要有一个适当的方法来解决两者间压差较大的问题。接口的作用一是降低压力，以满足质谱仪的要求；二是减少流量，排除过量的载气。经数十年的发展，目前最常用的接口有三种：用于毛细管柱的开口分流接口、直接连接接口和用于填充柱的分子分离器。

四、GC-MS 联用仪的分类

GC-MS 联用仪的分类有多种方法，按照仪器的机械尺寸，可以粗略地分为大型、中型、小型三类气质联用仪；按照仪器的性能，粗略地分为高档、中档、低档三类气质联用仪或研究级和常规检测级两类。按照质谱技术，GC-MS 通常是指气相色谱-四极杆质谱或磁质谱，GC-ITMS 通常是指气相色谱-离子阱质谱，GC-TOFMS 是指气相色谱-飞行时间质谱等。按照质谱仪的分辨率，又可以分为高分辨（通常分辨率高于 5000）、中分辨（通常分辨率在 1000～5000 之间）、低分辨（通常分辨率低于 1000）气质联用仪。小型台式四极杆质谱检测器（MSD）的质量范围一般低于 10000。四级杆质谱由于其本身固有的限制，一般 GC-MS 分辨率在 2000 以下。和气相色谱联用的高分辨磁质谱一般最高分辨率可达 60000 以上，和气相色谱联用的飞行时间质谱（TOFMS），其分辨率可达 5000 左右。

五、GC-MS 操作条件的优化

1. 色谱操作条件的选择

① 在 GC-MS 中，气相色谱单元的功能是将混合物的多组分化合物分离成单组分化合物。从原理上讲，凡是能进行气相色谱分析的样品，都可以进行 GC-MS 检测。但是由于和质谱仪相联用，因此在兼顾色谱系统的某些要求后，对被分析物质的相对分子质量都有了限制。例如小型台式四极杆质谱检测器，其质量范围为 10～1000 原子质量单位。在柱型的选择上，应根据具体的分析情况决定。若分离效率是次要的，且样品中大部分为溶剂，则可选用内径为 2mm 的填充柱；若样品组成十分复杂，或样品总量不足几微克，则采用毛细管柱

是合适的。对于常用的 MS，都采用毛细管柱。由于受质谱仪离子源真空度的限制，最常用的是内径为 0.25mm、0.32mm 的色谱柱。只有使用能除去溶剂的开口分流接口装置，才能使用内径为 0.53mm 的色谱柱。对于固定液，除了考虑色谱分离效率外，还必须兼顾其流失问题，否则会造成复杂的质谱本底。交联柱的耐温能力比普通柱高，且耐溶剂冲洗，柱效率高，柱寿命长，很适合 GC-MS 分析。

② 用于 GC-MS 的载气，主要考虑其相对分子质量和电离电位。气相色谱常用的载气为氮气、氢气和氦气，由于氮气的相对分子质量较大（28.14），会干扰低相对分子质量组分的质谱图，不宜采用；而氦气的电离电位（24.6eV）比氢气（15.4eV）的大，不易被电离形成大量的本底电流，利于质谱检测。因此，氦气是最理想的、最常用的载气。

③ 除了选择好色谱柱型、载气等条件外，还要选择好影响气相色谱分离的各种条件。载气流量和线速度应选取在 GC-MS 仪接口允许的范围内。为减少载气总量，常采用较低的流量和较高的柱温（但要防止固定液的流失）。对于内径为 0.25mm、0.5mm 的毛细管柱，实用体积流量应分别为 1mL/min、5mL/min 左右。载气的线速度应等于或略高于最佳线速度。

④ 最大样品量应以不使色谱柱分离度严重下降为宜，但是在进行痕量组分分析时，要使用超过极限的最大样品量。假若按最小色谱峰估算，样品总量仍不足时，则应进行样品预富集。

2. 合理设置气相色谱-质谱联用仪各温度带区的温度

必须维持色谱柱、分离器和质谱仪入口整个通路的温度恒定，或者自一端至另一端的温度逐渐下降幅度很小。务必避免通路中有冷却点存在，否则会使一些高沸点流出物在中途冷凝而影响质谱定量结果。例如，接口的温度过高或过低，常引起联机分析失败。一般来说，其温度可略低于柱温。如每 100℃柱温，接口温度可低 15～20℃。任何时候均应避免在接口（包括连接管线）的任何部分出现冷却点。

3. 防止离子源的污染和退化

首先，色谱柱老化时不能接质谱仪（离子源），老化温度应高于使用温度。另外，所有的注射口（如隔垫、内衬管、界面）都必须保持干净，不能使手指汗渍、外来污染物沾污它们，否则会引起新的质量碎片峰。

4. 综合考虑质谱仪的操作参数

按分析要求和仪器能达到的性能来综合考虑质量色谱图的质量范围、分辨率和扫描速度。在选定气相色谱柱型和分离条件下，可知气相色谱峰的宽度，然后以 1/10 气相色谱峰宽来初定扫描周期。由所需谱图的质量范围、分辨率和扫描周期初定扫描速度，再实际测定，直至仪器性能满足要求为止。

总之，一次成功的联机分析要求色谱、接口及质谱部分均工作在良好状态。为此，常应在联机分析前先进行色谱单机实验，以了解样品量、溶剂以及是否需对所有色谱峰进行质谱分析等情况，从而选取最佳的联机条件。

六、GC-MS 提供的信息

1. 色谱保留值

任何一种定性分析方法都可能有一定的不可靠性，因此只要有可能就应再使用一种分析方法作为佐证。色谱保留值常可作为质谱定性的一个辅助信息。这可通过把色谱流出物在进入接口前部分地分流到一种色谱检测器中来实现。

2. 总离子流色谱图

在一般 GC-MS 分析中，样品连续进入离子源并被连续电离。分析器每扫描一次（比如 1s），检测器就得到一个完整的质谱并送入计算机存储。由于样品浓度随时间变化，得到的质谱图也随时间变化。一个组分从色谱柱开始流出到完全流出大约需要 10s 左右。计算机就会得到这个组分 10 个不同浓度下的质谱图。同时，计算机还可以把每个质谱的所有离子相加得到总离子流强度。这些随时间变化的总离子流强度所描绘的曲线就是样品总离子流色谱图（TIC）或由质谱重建而成的重建离子色谱图，如图 21-3 所示。总离子流色谱图是由一个个质谱得到的，所以它包含了样品所有组分的质谱。它的外形和由一般色谱仪得到的色谱图是一样的。只要所用色谱柱相同，样品出峰顺序就相同，其差别在于，重建离子色谱所用的检测器是质谱仪，而一般色谱仪所用检测器是氢焰、热导等，两种色谱图中各成分的校正因子不同。

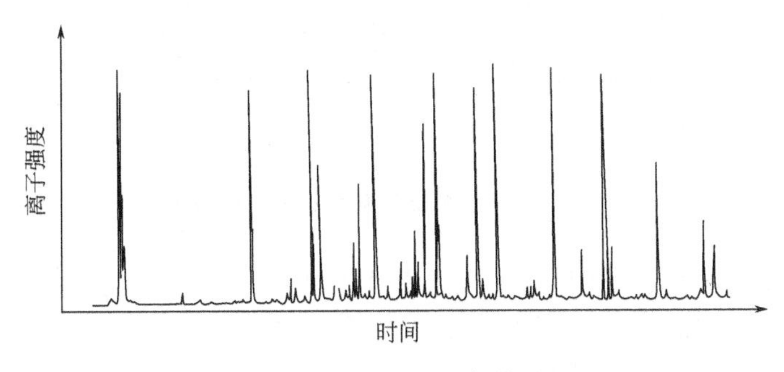

图 21-3 总离子流色谱图

3. 质量色谱图

当进行 GC-MS 分析出现气相色谱峰时，质谱仪在一定质量范围内自动重复扫描，经过处理后，绘制各种质荷比的色谱图，其坐标的表示和通常的总离子流色谱图一样，其外形也和色谱图一样，但含义完全不同。它表示在一次扫描中，具有某一质荷比（m/z）的离子强度随时间变化的规律。可以根据分析目的，对原选定质量范围内的任意一个质量，绘制和总离子流色谱图对应的质量色谱图（MC）。如图 21-4 所示，利用质量色谱图的峰面积或相对峰强度比，可以对组分进行定性、定量分析。有时，当色谱分离不好时，可利用其质量色谱图对未分离的混峰进行分析鉴定。

4. 选择离子检测图

选择离子检测图（SIM）又称质量碎片谱图（mass fragmentogram，MF）。它是在 GC-MS联机时，对预先选定的某个或某几个特征质量峰，进行单离子或多离子检测而获得的某种或几种质荷比的离子流强度随时间变化的情况。由于质谱仪仅对少数特征离子反复自动扫描，故可获得更大的信号强度。其检测灵敏度比总离子流检测高 2～3 个数量级。该图在外形和含义上与质量色谱图相似。

采用选择离子检测图也可对某些色谱混峰进行“分离”。如大麻中含有吗啡、蒂巴因和可卡因，它们的结构相似，极性又强，很不容易分离。已知它们的分子离子峰分别为M^+＝285，311，299。对这 3 个质荷比做多离子检测，即可在其选择离子检测图上将它们分离（见图 21-5）。这种检测方法对只含少数组分的混合物分析是很有效的。其不足是必须事先选出所要检测的离子，且得到的只是一条或几条谱线，不像质量色谱图那样可取得完整的质谱图。

质量色谱图和质量碎片谱图的图形相同，但质量色谱图是在分析过程中，在选定的质荷

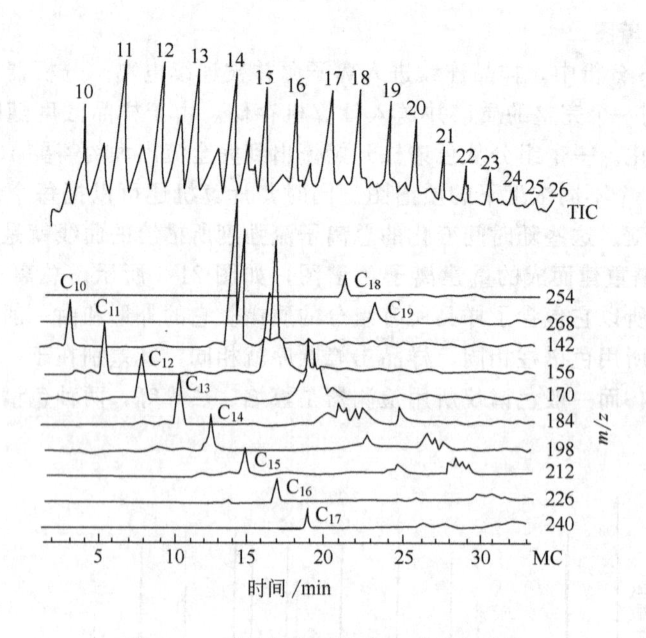

图 21-4 质量色谱图和总离子流色谱图

比范围内绘出的这些质荷比的色谱图，必须由计算机系统来实施，质量碎片谱图则是在分析之前，设定几个感兴趣的质荷比，来取得这些质荷比的碎片图。这可由质谱仪的硬件来做，也可由计算机系统来实施。

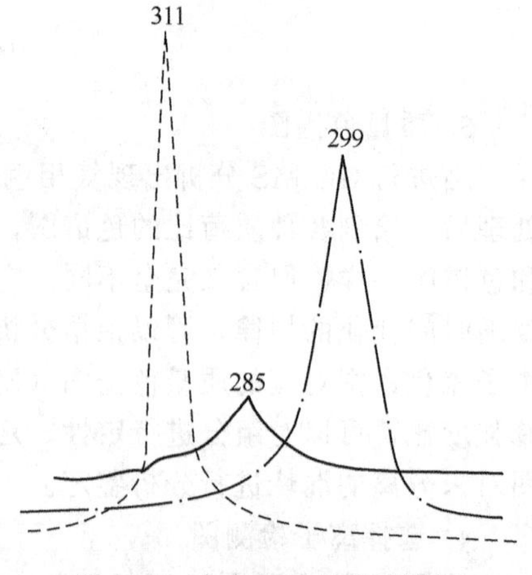

图 21-5 大麻的质量碎片谱图

5. 质谱图

质谱图系指分子离子或碎片离子的相对离子质量与其相对丰度（强度）的关系图，又称棒图。横坐标是带正电荷的离子碎片（包括母体离子）质荷比，即其相对离子质量除以电荷（m/z）。由于一般讨论的是单电荷离子（即 $z=1$），因此其值也就是该峰的相对离子质量。纵坐标是离子的相对丰度。最强峰称为基峰，并规定其强度为 100%，其他峰则以此确定其相对强度。质谱图是 GC-MS 联用法中最重要的谱图，化合物的结构、相对分子质量等特征信息都是从质谱图经过计算机的谱图检索得到的。因此，必须尽力得到一张正确的质谱图。最后才能得到正确的定性结论。

七、GC-MS 联用的定量方法

在 GC-MS 联用法中，不但得到定性的信息，同时也可以得到目标化合物的定量结果，然而定量信息往往被忽视。实际上 GC-MS 联用法是一种很实用的定量测定痕量组分的方法。如前面所提到的，质量碎片谱图法（即质谱选择离子检测法）是气相色谱的一种高灵敏度检测法，与全谱扫描法相比，其定量分析的灵敏度也要高出 3 个数量级。

GC-MS 联用法定量首先要选定欲测定目标化合物的质量范围，然后用单离子检测法或多离子检测法进行测定。定量方法有外标法和内标法。

1. 外标法定量

取一定浓度的外标物，在 GC-MS 合适的条件下，对其特征离子进行扫描，记下离子峰面积，以峰面积对样品浓度绘制校正曲线。在相同条件下，对未知样品进行 GC-MS 分析，然后根据校正曲线计算试样中待测组分的含量。由于样品在处理和转移过程中不可避免地存在损失以及仪器条件变化会引起误差，因此外标法的误差较大，一般在 10%以内。

2. 内标法定量

选取与被测物的化学结构相似的化合物 A 作内标物，并称取一定量加入到已知量的待测组分 B 中，质谱仪聚焦在待测组分 B 的特征离子和内标物 A 的特征离子上。由待测组分 B 峰面积与内标物 A 峰面积之比值对它们进样量之比绘出校正曲线。在相同条件下测出试样中的这一比值，对照校正曲线即可求出试样中待测组分 B 的含量。内标法克服了外标法误差大的缺点，但是要选择到化学结构相似的化合物，有时是十分困难的。不少化学家采用稳定同位素标记物作为内标物进行定量，其结果也良好。

第三节 液相色谱-质谱联用技术

一、液相色谱-质谱联用技术简介

液相色谱-质谱联用技术，又叫液质联用（LC-MS），它以液相色谱作为分离系统，质谱为检测系统。样品在质谱部分和流动相分离，被离子化后，经质谱的质量分析器将离子碎片按质量数分开，经检测器得到质谱图。

色谱为混合物的分离提供了最有效的选择，但其难以得到物质的结构信息，主要依靠与标准物对比来判断未知物，对无紫外吸收化合物的检测还要通过其他途径进行分析。质谱能够提供物质的结构信息，用样量也非常少，但其分析的样品需要进行纯化，具有一定的纯度之后才可以直接进行分析。

LC-MS 除了可以分析气相色谱-质谱（GC-MS）所不能分析的强极性、难挥发、热不稳定性的化合物之外，还具有以下几个方面的优点。

① 分析范围广，MS 几乎可以检测所有的化合物：不挥发性化合物的分析测定；极性化合物的分析测定；热不稳定化合物的分析测定；大分子量化合物（包括蛋白、多肽、多聚物等）的分析测定。一般没有商品化的谱库可对比查询，只能自己建库或自己解析谱图。

② 分离能力强，即使被分析混合物在色谱上没有完全分离开，但通过 MS 的特征离子质量色谱图也能分别给出它们各自的色谱图来进行定性或定量。

③ 定性分析结果可靠，可以同时给出每一个组分的分子量和丰富的结构信息。

④ 检测限低，MS 具备高灵敏度，通过选择离子检测（SIM）方式，其检测能力还可以提高一个数量级以上。

⑤ 分析时间快，LC-MS 使用的液相色谱柱为窄径柱，缩短了分析时间，提高了分离效果。

⑥ 自动化程度高，LC-MS 具有高度的自动化。

因此，液质联用体现了色谱和质谱优势的互补，将色谱对复杂样品的高分离能力，与 MS 具有高选择性、高灵敏度及能够提供相对分子质量与结构信息的优点结合起来，在药物分析、食品分析和环境分析等许多领域得到了广泛的应用。

二、液相色谱-质谱联用仪器

液相色谱-质谱联用要比气相色谱-质谱联用困难得多，主要是因为液相色谱的流动相是液体，如果让液相色谱的流动相直接进入质谱仪，则将严重破坏质谱系统的真空，也将干扰被测样品的质谱分析过程。因此液相色谱-质谱联用技术的发展相对较慢，期间出现过各种各样的接口，直到电喷雾电离（ESI）接口和大气压化学电离（APCI）接口出现以后，才有了成熟的液相色谱-质谱联用仪。

液相色谱-质谱联用仪主要由液相色谱仪、接口（LC和MS之间的连接装置）、质量分析器、真空系统和计算机数据处理系统组成（图21-6）。

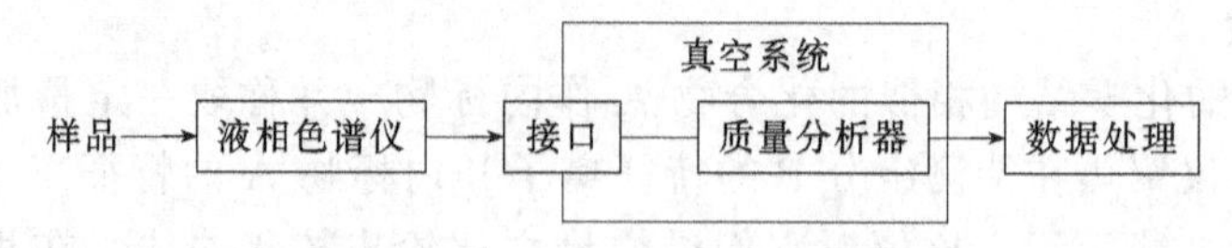

图21-6 LC-MS联用仪组成的框图

使用液相色谱-质谱联用仪分析样品的基本过程包括：样品通过液相色谱系统进样，由色谱柱分离，而后进入接口（又称界面，interface）。在接口中，样品由液相中的离子或分子转变成气相中的离子，其后离子被聚焦于质量分析器中，根据质荷比而分离。最后离子信号被转变为电信号，传送至计算机数据处理系统。

目前液相色谱-质谱联用技术离子化方式有大气压电离（API）（包括大气压电喷雾电离ESI、大气压化学电离APCI、大气压光电离APPI）与基质辅助激光解吸电离。前者常采用四极杆或离子阱质量分析器，统称API-MS。后者常用飞行时间作为质量分析器，所构成的仪器称为基质辅助激光解吸电离飞行时间质谱仪（MALDI-TOF-MS）。API-MS的特点是可以和液相色谱分离手段联用，扩展了应用范围，包括药物代谢、临床和法医学、环境分析、食品检验、组合化学、有机化学的应用等；MALDI-TOF-MS的特点是对盐和添加物的耐受能力高，且测样速度快，操作简单。

ESI和APCI在实际应用中表现出它们各自的优势和弱点，这使得ESI和APCI成为了两个相互补充的分析手段。概括地说，ESI适合于中等极性到强极性的化合物分子，特别是那些在溶液中能预先形成离子的化合物和可以获得多个质子的大分子（蛋白质）。只要有相对强的极性，ESI对小分子的分析也常常可以得到满意的结果。

APCI适合非极性或中等极性的小分子的分析，不适合可带有多个电荷的大分子的分析。表21-2从不同方面对二者进行了比较，可以帮助我们针对不同的样品、不同的分析目的选用这两种接口。

表21-2 ESI和APCI的比较

比较项目	ESI	APCI
可分析样品	蛋白质、肽类、低聚核苷酸、儿茶酚胺、季铵盐等，含有杂原子的化合物如氨基甲酸酯，可用热喷雾分析的化合物	非极性/中等极性的小分子，如脂肪酸、邻苯二甲酸酯等；含有杂原子的化合物如氨基甲酸酯、脲等；可用热喷雾、粒子束技术分析的化合物
不能分析样品	极端非极性样品	非挥发性样品、热稳定性差的样品
基质和流动相的影响	对样品的基质和流动相组成比APCI更敏感，对挥发性很强的缓冲液也要求使用较低的浓度，出现Na^+、K^+、Cl^-、TA^-等离子的加成	对样品的基质和流动相组成的敏感程度比ESI小，可以使用稍高浓度的挥发性强的缓冲溶液，有机溶剂的种类和溶剂分子的加成影响离子化效率和产物
溶剂	溶剂pH对在溶剂中形成离子的分析物有严重影响，溶剂pH的调整会加强在溶液中的非离子化分析物的离子化效率	溶剂选择非常重要并影响离子化过程，溶剂pH对离子化效率有一定的影响
流动相流速	在低流速下工作良好，高流速下比APCI差	在低流速下工作不好，高流速下好于ESI
碎片的产生	CID对大部分的极性和中等极性化合物可以产生显著的碎片	比ESI更为有效，并常有脱水峰出现

三、LC-MS 实验技术

1. LC-MS 扫描模式的选择

(1) 正、负离子模式　一般的商品仪器中，ESI 和 APCI 接口都有正、负离子测定模式可供选择。一般不要选择两种模式同时进行。选择的一般原则如下：

① 正离子模式：适合于碱性样品，可用乙酸或甲酸对样品加以酸化。样品中含有仲胺或叔胺时可优先考虑使用正离子模式。

② 负离子模式：适合于酸性样品，可用氨水或三乙胺对样品进行碱化。样品中含有较多的强负电性基团，如含氯、含溴和多个羟基时可尝试使用负离子模式。

(2) 全扫描方式　全扫描数据采集可以得到化合物的准分子离子，从而可判断出化合物的分子量，用于鉴别是否有未知物，并确认一些判断不清的化合物，如合成化合物的质量及结构。

(3) 母离子扫描　母离子分析可用来鉴定和确认类型已知的化合物，尽管它们的母离子的质量可以不同，但在分裂过程中会生成共同的子离子，这种扫描功能在药物代谢研究中十分重要。

(4) 选择离子扫描　也称为子离子扫描，用于结构判断得到化合物的二级谱图即碎片离子和选择离子对作多种反应监测。相对其他扫描模式，选择离子扫描模式对于目标物质最为灵敏，干扰也最低，一般用于定量分析。

2. 流动相的选择

常用的流动相为甲醇、乙腈、水和它们不同比例的混合物以及一些易挥发盐的缓冲液，如甲酸铵、乙酸铵等，还可以加入易挥发酸碱如甲酸、乙酸和氨水等调节 pH 值。LC/MS 接口避免进入不挥发的缓冲液，避免含磷和氯的缓冲液，盐分太高，会抑制离子源的信号和堵塞喷雾针及污染仪器。

四、LC-MS 能提供的主要信息

(1) 总离子流图（TIC 图）　在选定的质量范围内，所有离子强度的总和对时间或扫描次数所作的图。

(2) 质量色谱图　指定某一质量（或质荷比）的离子其强度对时间所作的图。利用质量色谱图来确定特征离子，在复杂混合物分析及痕量分析时是 LC/MS 测定中最有用的方式。当样品浓度很低时，LC/MS 的 TIC 上往往看不到峰，此时，根据得到的分子量信息，输入 M+1 或 M+23 等数值，观察提取离子的质量色谱图，检验直接进样得到的信息是否在 LC/MS 上都能反映出来，确定 LC 条件是否合适，以后进行 SRM 等其他扫描方式的测定时可作为参考。

(3) 选择离子检测图 SIM　SIM 用于检测已知或目标化合物，比全扫描方式能得到更高的灵敏度。这种数据采集的方式一般用在定量目标化合物之前，而且往往需要已知化合物的性质。若几种目标化合物用同样的数据采集方式监测，那么可以同时测定几种离子。

(4) 碰撞诱导解离 CID 质谱　选择一定质量的离子作为母体离子，进入碰撞室，室内充有靶子反应气体（如选择高纯氦），发生离子-分子碰撞反应，从而产生“子离子”，再经质量分析器及接收器得到子离子质谱，一般称做 CID（collision-induced dissociation）谱。

影响 CID 较大的因素有：所用碰撞气体的种类，压力，离子的能量，仪器的配置以及离子电荷状态。由于在不同的仪器上不可能在完全相同的条件下去分析样品，任何一个给定的化合物将在不同的条件下给出差别或大或小的质谱，尤其是各个离子峰的相对丰度的差别几乎是无法避免的。因而目前尚难以建立商品化的谱库供检索使用，只能进行人工解析或自已建库。大气压电离技术中产生的离子为偶数电子离子，其主要的碎片应由化学键的诱导断裂和重排反应来产生，所以在EI质谱解析中总结出的偶数电子离子的开裂规则一般可适用于CID质谱的解释。

（5）质谱图中离子的信息　质谱图能反映被电离的分子产生的主要离子，根据主要离子的类型和特点推测分子的结构。主要离子有分子离子与准分子离子、碎片离子、多电荷离子、同位素离子等。

五、液质联用技术应用

随着联用技术的日趋完善，LC-MS逐渐成为最热门的分析手段之一。特别是在分子水平上可以进行蛋白质、多肽、核酸的分子量确认，氨基酸和碱基对的序列测定及翻译后的修饰工作等，这在LC-MS联用之前都是难以实现的。LC-MS作为已经比较成熟的技术，目前已在生化分析、天然产物分析、药物和保健食品分析以及环境污染物分析等许多领域得到了广泛的应用。

第四节　气相色谱-傅里叶变换红外光谱联用技术

傅里叶变换红外光谱仪的出现为气相色谱-红外光谱联用创造了条件。20世纪60年代末期，Low等人首次演示了气相色谱-傅里叶变换红外光谱（gas chromatography-Fourier transform infrared spectrometry，GC-FTIR）联用实验。与色散型红外光谱仪相比，傅里叶变换红外光谱仪光通量大，检测灵敏度高，能够检测微量组分，而且由于多路传输，可同时获取全频域光谱信息，其扫描速度快，可同步跟踪扫描气相色谱馏分，微机的引入更是如虎添翼。20世纪70年代中期，随着研究工作的深入，窄带汞镉碲（MCT）检测器代替了硫酸三苷肽（TGS）热释电检测器，内壁镀金硼硅玻璃光管取代了早期的不锈钢光管，这两项关键技术使GC-FTIR进入了实用阶段，最终实现了GC与FTIR的在线联机检测。随着接口技术的不断创新与完善，GC-FTIR联用技术也随之不断发展。早期商品仪器为填充柱GC-FTIR系统，20世纪80年代初，商用毛细管GC-FTIR仪问世，随后逐渐取代了早期的填充柱GC-FTIR仪器。毛细管GC-FTIR以其优越的分离检测特性被广泛用于科研、化工、环保、医药等领域，成为有机混合物分析的重要手段之一。

一、GC-FTIR联用仪的仪器装置和工作原理

1. GC-FTIR联用系统的组成

GC-FTIR联用系统由以下几个单元组成：①气相色谱单元，对试样进行气相色谱分离；②联机接口，GC馏分在此检测；③傅里叶变换红外光谱仪，同步跟踪扫描、检测GC各馏分；④计算机数据系统，控制联机运行及采集、处理数据。其联用系统的结构示意如图21-7所示。

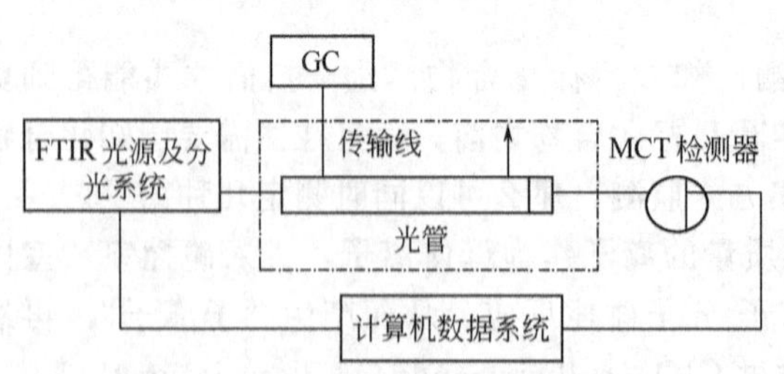

图21-7　GC-FTIR联用系统结构示意

2. GC-FTIR联用仪的工作原理

由图21-7可以看出，GC-FTIR联用是通过一个接口来实现的，它是由一个光管、高灵敏的MCT检测器、传输线和反射镜组成。在整个接口装置中，光管的作用最为重要，它的优劣直接影响着GC-FTIR联机的质量好坏。工作时，一方面从色谱柱分离的组分经传输线（内径约1mm）输入光管中，另一方面，来自主光学台的入射干涉光束经椭球镜聚焦

后射向光管窗口，在光管中被分离组分吸收，并作多次反射，再经椭球镜-平面镜组反射至检测器进行检测（见图21-8）。为避免色谱馏分冷凝，光管和传输线皆缠绕电炉丝保温。整个操作可通过专用控制器自动进行，若使输入端和色谱放大器输出端相接，则利用程序就可以在色谱的输出信号大于阈值电压（即出色谱峰）时，触发FTIR的数据系统，收集干涉图。一个色谱峰出完后，信号低于阈值，数据收集也就停止。当下一个色谱峰馏出，色谱信号又大于设定的阈值，控制器再进行触发收集数据。由于FTIR的扫描速度快，对每个色谱峰都可作多次扫描，把同一色谱峰的多次扫描累加起来平均，并以色谱的出峰先后次序编号，以干涉图形式存储起来，经计算机处理后，得到重建色谱图（reconstructive chromatogram）。利用重建色谱图，可将有研究价值的干涉图文件选择出来，取出相应馏分的存储数据，变换为红外光谱进行进一步分析，同时也可得到色谱分离组分的流出示意图，连续显示得实时控制的三维谱图。

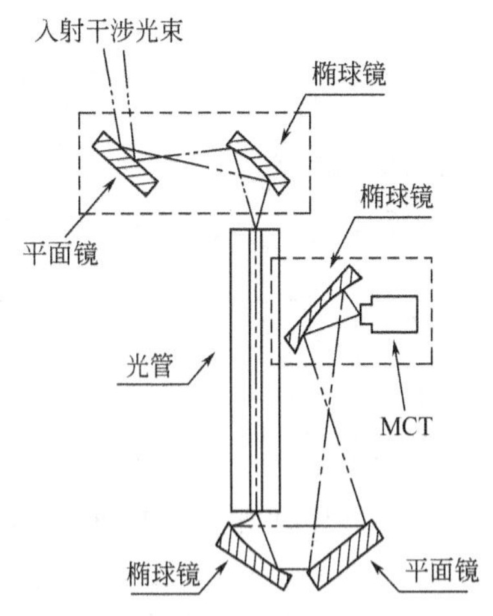

图 21-8　GC-FTIR 接口光路示意

3. GC-FTIR 联用的接口

“接口”是联用系统的关键部分，GC通过接口实现与FTIR间的在线联机检测。目前比较常用的GC-FTIR接口主要有两种类型，光管接口和冷冻捕集接口，另外还有基体隔离技术和低温沉积法。

二、影响 GC-FTIR 结果的因素及实验条件的优化

1. GC 参数与操作条件的选择

就分离鉴定而言，分离是前提。GC工作的好坏，是决定GC-FTIR联机检测能否成功的第一步。

(1) 色谱柱的选择　色谱柱对GC分离效果起着极其重要的作用，对不同试样应选择涂覆合适固定相的色谱柱。根据色谱学上的相似率，一般选用与试样具有相似极性的色谱固定相。例如，分离极性较强的有机酸，可选用极性较大的聚乙二醇柱；对广谱分析，选用中等极性的SE-54柱等即可。

填充柱柱容量较大，但分辨率较差，多用于组成简单的混合物的分析。毛细管柱较长，其优越的分离效能可实现复杂混合物的分析，其中，商用弹性石英毛细管柱为涂壁开口管柱（WCOT），是GC-FTIR联用普遍采用的柱型。一些联机中常用的色谱柱及其有关参数和操作条件示于表21-3中，可供选择联机参数时参考。

表 21-3　联机中常用的色谱柱及其有关参数和操作条件

色谱柱	载气体积流速 /(mL/min)	升温速度 /(℃/min)	进样量 /μL	峰体积 /μL	峰含量 /μg	柱效理论板数
填充柱 内径：2～3mm 柱长：1～3m	30～50	恒温操作	可大于5	2000～15000	<50	$<5\times10^3$
细内径 WCOT 柱 内径：0.2～0.25mm 柱长：20～50m 膜厚：0.1～0.2μm	0.5～2	>4	<1	<100	<0.1	$>10^4$

续表

色谱柱	载气体积流速/(mL/min)	升温速度/(℃/min)	进样量/μL	峰体积/μL	峰含量/μg	柱效理论板数
中内径 WCOT 柱 内径:0.32mm 柱长:20～30m 膜厚:0.5～1μm	1～3	<5	<2	<300	<0.2	$>5\times10^3$
粗内径 WCOT 柱 内径:0.53mm 柱长:15～20m 膜厚:1～50μm	2～5	<5	<5	>300	<1	$<2\times10^4$

粗径厚膜柱既具有毛细管柱的许多优点，又具备较大的柱容量，对提高联用系统的灵敏度有利，在 GC-FTIR 中应用较广。

(2) GC 进样方式的选择　联用中多采用柱前汽化进样。由于红外检测灵敏度较低，毛细管柱的分流进样比通常为 10∶1，甚至 4∶1。不分流进样对痕量分析有利，但由于全部溶剂均引入了柱中，柱负荷和溶剂干扰会增大，对分辨不利。程序升温汽化进样有利于色谱分辨，但由于需使用较高流速，因而对系统的灵敏度会有一定影响。大容量进样显然对红外检测有利，其带来的大量溶剂的干扰则应采取某些补偿措施来解决，如双冷阱进样技术，这是一种在柱前设置一个经三通阀串联起来的双冷阱进样装置。冷阱 1 用干冰冷至－25℃，冷阱 2 用液氮冷至－150℃，并与色谱柱相连。由于进行了两次低温捕集和常温去除溶剂，故该技术可保证进入色谱柱的样品中不含或只含少量溶剂，从而实现了大容量进样，其最大进样量可达 100μL，使系统灵敏度大为提高。其不足是操作不便，沸点与溶剂相近的挥发组分受到损失，故不适合于低沸点挥发物的分析。另外，低温可能使水汽冷凝，从而干扰联机分析。

另外一种是预柱进样技术，它是一种通过预柱富集样品，并同时用化学方法去除溶剂的方法，如 Cu^{2+} 预柱技术。样品以吡啶为溶剂，其汽化后，进入安装在汽化室内的 Cu^{2+} 预柱（长 10cm、内径 3.2mm 的玻璃填充柱，填料为涂有 $CuCl_2$ 固定相的 6021 载体）。Cu^{2+} 与吡啶发生络合反应，生成稳定的四配位铜配合物，从而使溶剂完全除去，被浓缩了的样品则进入与预柱串联的毛细管柱。据称该法可使常规联用系统的灵敏度提高 1～2 个数量级。其不足是，由于胺类化合物能与 Cu^{2+} 发生络合反应，故不适合这类化合物的分析。另外，大容量进样时，预柱固定相易饱和失效。

此外，顶空进样也具有富集样品组分的功能，将其用于联用中也可实现大容量进样，提高系统的灵敏度，完成对痕量挥发性有机组分的分析。

(3) 柱温　柱温影响色谱的分离效率和分析速度。联用中，柱温的选择还要兼顾光管在高温下输出性能下降这一因素。因此，柱温一般应略低于混合物中各组分沸点温度，或使其保持在各组分沸点的平均温度上，对复杂混合物的分析，程序升温是非常有效的。

(4) 载气　氮气无红外吸收，是 GC-FTIR 的理想载气。载气的体积流速将影响系统的分辨，流速过大，传质不充分，柱效降低，分离变差，且由于色谱峰在光管中受检时间太短，对红外检测不利；流速过低，又可能在光管中发生色谱峰返混。对填充柱来说，适宜的载气流速为 30～50mL/min。对细内径毛细管柱来说，适宜流速为 0.5～2mL/min，粗内径毛细管柱则为 2～5mL/min。

(5) 进样量　由于红外光谱法的检测灵敏度不高，因而样品必须具有一定的量才能被检出。通常，色谱进样量应能保证使混合物中每一组分进入柱子的绝对量在 1～0.01μg 的范围，这对填充柱和粗内径厚膜毛细管柱是不成问题的。

2. 光管接口的影响

光管是 GC-FTIR 联机系统的心脏部件，也是实现 GC-FTIR 联机检测效果的关键。

（1）光管规格的影响　GC-FTIR 联机检测的关键是使色谱峰体积与光管体积匹配。一般复杂试样各组分对应色谱峰的半峰宽体积（$V_{1/2}$）差异可达数十甚至数百倍，故不可能以单个色谱峰的体积去匹配不同体积大小的光管，因而取平均值 $V_{1/2}$。当 $V_{1/2}$ 小于光管池体积时，易产生峰扩散、谱峰变形，检测灵敏度变低；当 $V_{1/2}$ 大于光管池体积时，检测的气体样品浓度低，灵敏度也不高；只有当色谱峰的半峰宽体积 $V_{1/2}$ 的有效浓度充满整个光管时，所检测的色谱组分为最佳分辨率和灵敏度。实际上往往要综合考虑多组分色谱峰的存在，以及它们之间的分离度问题。一般选用光管体积等于或略小于色谱峰半峰宽体积的平均值，这就是色谱峰体积与光管体积的匹配问题。

（2）光管温度对 GC-FTIR 联机检测的影响　光管温度的高低对联机检测影响很大，光管内镀金，金在低温下是红外线的良好反射体，可提高检测灵敏度，但在高温下反射能量却急剧下降。光管温度在 200℃时检测能量约为室温下的 50%，在 300℃时，其能量还会降低。同时高温下会导致 KBr 窗片材料因挥发而变毛，密封圈变坏，而且许多有机样品会裂解炭化，积炭会很快降低光管的使用寿命，使信噪比下降，恶化联机检测。

实际分析时，多采用固定的光管温度，一般是略高于色谱柱柱温。由于高温时光管输出性能下降，故这样做不利于在低温下流出的痕量组分的检出。如条件允许，应使光管和色谱柱同步升温，而此时由于升温引起的重建色谱图基线跃升的问题，可采用软件方法部分地解决。总之，在保证色谱组分不冷凝的前提下，应尽量把光管温度降低，一般光管工作温度应控制在 200℃下。

3. FTIR 光谱仪对 GC-FTIR 联机检测的影响

在 GC-FTIR 联机检测中，FTIR 光谱仪是一种特殊的检测器，它能提供丰富的分子结构信息。联机检测要求 FTIR 光谱仪能快速同步跟踪扫描与检测 GC 馏分，这一任务是由麦克尔逊干涉仪和 MCT 检测器来完成的。

大多数毛细管 GC 的出峰时间为 1～5s，同步跟踪扫描要求麦克尔逊干涉仪的扫描速度应为 1 次/s，现行 FTIR 光谱仪扫描速度一般可达 10 次/s，能在每一时刻同时采集全频域的光谱信息。扫描速度越快，对 GC 峰分割测量越细致，对系统分辨越有利；扫描速度不能太慢，否则对系统分辨不利。

另外，多数毛细管 GC 的峰含量在 0.1μg 以下，这要求检测器有足够高的灵敏度，以满足微量或痕量分析的目的。FTIR 光谱仪光通量的优点决定了它具有比色散型仪器高得多的灵敏度，液氮低温下的 MCT 检测器能满足微量或痕量分析的需要。MCT 检测器分为窄带、中带、宽带三种类型，其中，窄带检测器的灵敏度大约是宽带 MCT 的 4 倍，其覆盖频率范围为 4000～700cm^{-1}，GC-FTIR 系统多采用窄带 MCT。

三、GC-FTIR 数据的采集和处理

联机操作的第一步是数据采集。首先设置操作参数，如扫描速度、采集时间、采样点数、存储区间等。数据采集有两种方式：一是连续采集方式，即将采集的所有干涉图信息存储在磁盘上；二是“阈值”采集方式，即人为设置一“阈值”，当被采集的 GC 峰在 MCT 检测器上产生的信号超过此“阈值”时，采集的数据才被存储。

采集开始时，只有载气通过光管等接口，此时从显示器上可以看到，MCT 上产生的信

号为一平坦直线，类似GC的基线。随后，数个色谱峰依次通过“接口”，FTIR谱仪跟踪扫描，即采集GC峰，在相应程序的控制下，进行实时傅里叶变换，此时显示器上实时显示GC馏分的二维或三维气态红外光谱图。图21-9所示为联机检测显示器实时显示的三维图形，其中X轴为波数，Y轴为吸光度值，Z轴为时间，XOY平面显示的是GC馏分的瞬时气态红外谱图，沿Z轴方向显示的是不同时间采集到的GC馏分的气态红外谱图，从图形变化可以看到各色谱峰性质的区别。

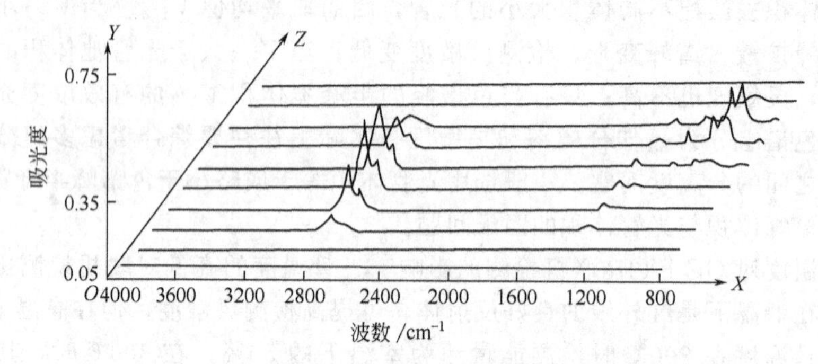

图21-9 联机检测显示器实时显示的三维图形

由于FTIR扫描速度快，随着色谱组分的流出，将会采集到许多干涉数据，把这些数据都存储起来需要很大的存储量，因而往往仅能在色谱峰出现的时间内存储数据，对干涉数据的处理目前常用的有两种方法。

（1）Coffey方法 可对每一干涉数据组的前512个数据点进行快速的傅里叶变换计算，经相位校正后，将所得的单光束光谱与仅含载气的背景光谱进行比较，得到的透射谱再转换为吸收谱，并在操作者所选定的五个频率“窗口”内对光谱进行积分。当任一窗口的吸收值超过某一设定的阈值时，就自动把原始的干涉数据存储起来。这种计算所需时间很短，为1～2s，可与下一数据组的采集同时进行，结果以“化学图”的形式表示出来。从“化学图”可以粗略地估计不同时间的色谱峰馏出物是何种化合物。对应于“化学图”的时间横坐标，可以从相应的存储文件中取出开始存储的干涉数据，经计算后得到相应化合物的完整的红外光谱，然后通过计算机检索程序，将所得光谱与谱库中已知标准物的气态红外光谱进行比较，完成化合物的鉴定工作。

（2）Gram-Schmidt矢量正交法 可直接利用干涉数据重建色谱图。其基本原理是：在第一个样品组分流出来之前，从所采集的扫描数据中选出仅含载气背景的干涉图，通过Gram-Schmidt矢量正交步骤确定一个代表载气背景干涉数据的基集，然后从后来的干涉数据中除去背景信息，并计算背景与红外活性馏分之差。这种计算所得到的结果是整个光谱范围内总吸收强度的函数。用这种方法重建色谱时傅里叶红外光谱仪所起的作用就相当于一个GC的检测器。这种重建色谱图的方法可以用来进行精确的定量分析工作。

四、GC-FTIR联机分析的信息

1. 色谱保留值

红外光谱法对具有类似光谱特征的化合物（如同系物）的鉴别常较困难，而这些化合物的色谱保留值常相差较大，尤其是那些有着多个重复结构单元的化合物。因此，保留值常可作为红外光谱定性的重要辅助参数。

2. 重建色谱图

由联用系统获得的色谱图并不是检测器信号的直接输出信号，而是将红外检测器记录的干涉图经计算机处理后的结果，故称重建色谱图。目前，应用较广的有以下几种重建色谱图。

（1）化学图（chemigram） 又称官能团色谱图，这是一种从所收集的全部光谱信息中选取感兴趣的基团信息加以显示的方法，作用类似于色谱的“官能团检测器”，因而能绘出与GC谱图相似的谱图。进行广谱分析时，一般设定5个窗口：3200～3600cm^{-1}的羟基窗口、1680～1800cm^{-1}的羰基窗口、2800～3000cm^{-1}的烷基窗口、1500～1610cm^{-1}的苯基窗口和720～850cm^{-1}的亚甲基变形窗口等。当然，窗口的设置可根据试样的具体情况而定，可多可少，可宽可窄。如含羰基的化合物的羰基的特征吸收一般在1680～1800cm^{-1}间，当窗口设在这一区间时，则被分离的各组分中只有含羰基的组分才出现信号。化学图的横坐标为随时间变化的光谱文件号或时间，纵坐标为强度，它与通常的色谱图很相似。从“化学图”可以粗略地估计不同时间的色谱峰馏出物是何种化合物。对应于“化学图”的时间横坐标，可以从相应的存储文件中取出开始存储的干涉数据，经计算后得到相应化合物的完整的红外光谱，然后通过计算机检索程序，将所得光谱与谱库中已知标准物的气态红外光谱进行比较，完成化合物的鉴定工作。

（2）Gram-Schmidt 重建色谱图（GSR） 这是一种利用 Gram-Schmidt 矢量正交化方法直接从干涉图取样而建立的色谱图。与化学图不同，它不是实时的，且数学过程较复杂，但由于信噪比高而被广泛采用。其横坐标是时间，可表征保留时间，并可与色谱图直接比较。由于不同类化合物的红外总吸收度不同，以及其取样方法等原因，该图的峰面积不像FID色谱图等那样粗略地代表组分含量。

Gram-Schmidt 重建法是直接从未经傅里叶变换的干涉谱数据重建色谱图。干涉谱的每一部分均包含着全部光谱信息，因此干涉谱的任何一小部分都可以用来判别光管中是否存在色谱馏分。Gram-Schmidt 重建法要首先采集载气干涉图，用以建立参比矢量子空间，而后采集试样组分，试样矢量与参比矢量子空间的距离决定于样品在光管中的吸收，其大小与GC馏分的浓度成正比，依此可建立馏分信号强度与时间的关系图，这就是 Gram-Schmidt 重建色谱图，如图21-10所示。

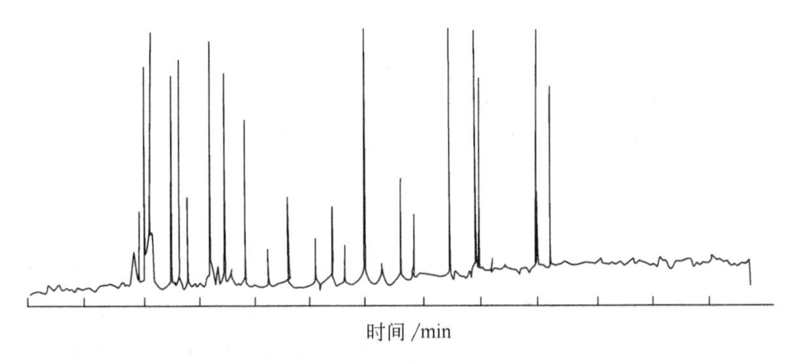

图21-10 Gram-Schmidt 重建色谱图

在实际联机操作中，在数据采集结束后，一般先进行色谱图重建，借助红外重建色谱图即可以判定试样的组成，也可以依据该图进行数据处理，使某数据点对应的信息能得到进一步分析。

（3）红外总吸收度重建色谱图（TIA） 它与化学图相似，其峰的响应是相应时间的干涉图变换成光谱图后全波数或部分波数区的红外吸收强度的积分值，但不是实时的。该图类似于GC/MS中的TIC图，能较全面地反映色谱的流出情况，且分辨率高。然而，其信噪比低，且其横坐标为数据点而不是时间，不便与色谱图比较，从而限制了应用。

3. FTIR 光谱图的获得

一般根据红外重建色谱图确定色谱峰的数据点范围或峰尖位置，然后根据需要选取适当数据点处的干涉图信息进行傅里叶变换，即可获得相应于该数据点的气态 FTIR 光谱图。

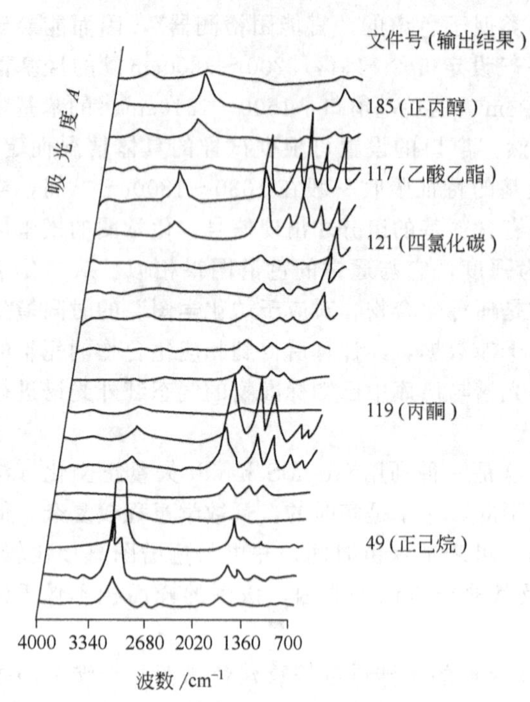

图 21-11 某 5 组分混合物的连续显示谱

未知物红外光谱图的解析尚无一套系统的方法，主要还是依靠经验。一般的解析步骤是：先分析高波数区的谱带，以确定化合物含哪些基团及化合物类型；接着分析指纹区，以保证某些基团存在与否；最后，再结合其他仪器分析或化学分析的结果提出可能的结构式，并同标准谱图或类似结构化合物的谱图对照，给出确定的结构式。

联机分析时，一般采用以下方法分析所得的红外光谱图。

(1) 窗口分类法 从化学图对有关组分作属性的初步分析，参见化学图部分。

(2) 连续观察法 通过随时间连续显示在仪器屏幕上的各文件区的谱图（也可画在记录纸上），或利用计算机再现的实时三维（波数、强度和保留时间）图来观察分析。图 21-11 所示为某 5 组分混合物的连续显示谱，从中可明显看出各组分的流出情况及其光谱特征。

(3) 谱库检索法 目前，商用 GC-FTIR 仪一般均带有谱图检索软件，可对 GC 馏分进行定性检测，一般是将 GC 馏分的 FTIR 光谱图与计算机存储的气态红外标准谱图比较，以实现未知组分的确认。需要指出的是，各 GC-FTIR 厂商均可提供气相红外光谱库，如 Nicolet 公司及 Digilab 公司提供的气相谱库有 4000 多张谱图，Analect 公司提供的谱库有 5012 张谱图，与 GC-MS 数万张谱图的谱库相比相差悬殊，尚难以满足实际检测的需要，还需进一步的工作丰富GC-FTIR的谱库。

4. 混合峰的分析方法

由上述可知联用系统的分辨率常小于色谱的分辨率，因而重建色谱图中的混峰往往多于色谱图中的混峰。对于混峰，同 GC-MS 一样，GC-FTIR 也有其独特的分析方法。

(1) 光谱分离法 由于干涉仪扫描时对色谱峰的响应远快于色谱本身，因而一个色谱峰常由数个光谱文件组成。对于那些并未处处相混的峰，可分别调出这几个文件的谱图，这样常能获得单一组分的谱图。

(2) 差谱法 这是一种利用计算机软件技术改善系统分辨的方法。通过光谱的差减，可对混峰进行剥离，从而达到消除混峰中某一组分的光谱而获得另一组分光谱的目的，甚至有可能对色谱本身未分开的峰进行剥离，该技术是基于混合物的光谱的加和性提出的。此方法是联用分析的一个十分重要的实用技术，但它的操作需有一定的经验。有关此技术的详细论述请参阅有关文献。

五、GC-FTIR 联用技术的应用

GC-FTIR 既能分离又能鉴定样品。由于其技术的不断更新，使灵敏度及各方面性能不断完善，因此已被广泛地用于工业废水及环境污染监测，生物材料、药物、毒物、毒品、烟酒、化妆品、食品、香料、石化制品分析等许多领域。

如在药物分析方面，GC-FTIR 能在微量情况下，对含有不同组分的混合物同时进行分离测定。例如：Wall 等在 GC-FTIR 上利用数据处理软件系统成功地将一混合药物的 4 个组分分离鉴定出来。由图 21-12 看出只有 3 个色谱峰分离出来。将峰 3 的前部分和后部分的干涉数据各自收集出来，进行差谱等一系列数学处理，最后从所分析的结果看峰 3 前部分是邻硝基甲苯，而峰 3 后部分是甲基水杨酸，4 组分的红外光谱都能反映出来。从这一例子可以看出利用 GC-FTIR 的数据软件处理系统可使那些在色谱上分离不好的化合物在光谱上得到分离鉴定。

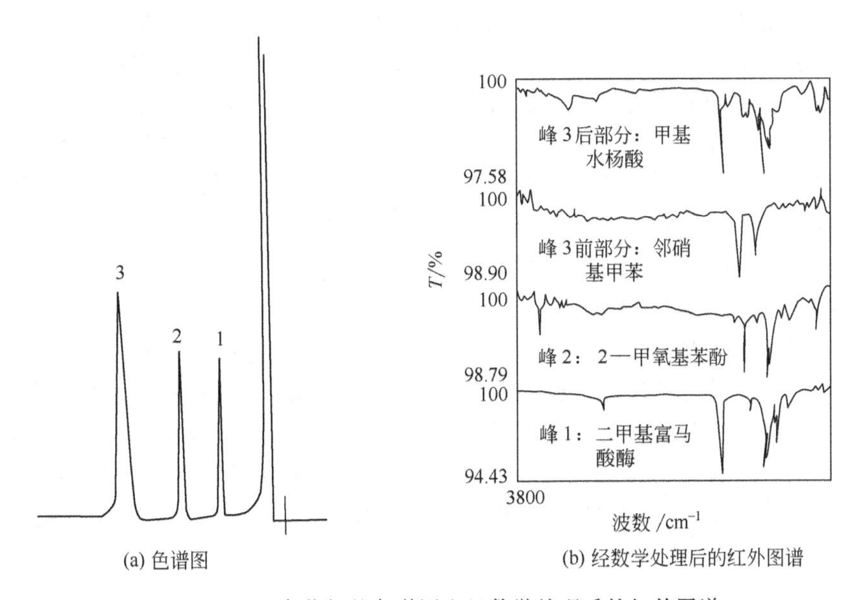

(a) 色谱图　　(b) 经数学处理后的红外图谱

图 21-12　混合药物的色谱图和经数学处理后的红外图谱

第五节　气相色谱-原子发射检测联用技术

同一元素的不同价态和不同形态在某方面的作用是有差别的，例如 Cr^{3+} 是人体必需的微量元素，而 Cr^{6+} 则是致癌物。一些重金属的有机化合物比其无机盐的毒性大得多，如甲基汞、四乙基铅、烷基砷等都远比其相应的无机态重金属毒性强得多。因此在测定金属含量时，应该测定出它们的价态和存在的形态，才更有意义。

气相色谱-原子发射检测联用技术（gas chromatography-atomic emission detector hyphenated technique，GC-AED）是测定不同价态和不同形态的微量元素的常用而有效的方法之一。GC-AED 利用 GC 对不同价态和不同形态的微量元素进行分离，然后再利用原子发射光谱测量这些微量元素的含量。

用于气相色谱的检测器中，常用的有电子俘获检测器（ECD）、氮磷检测器（NPD）、火焰光度检测器（FPD）、电导检测器（ELCD）、红外检测器（IRD）、氢火焰离子化检测器（FID）等。这些检测器在气相色谱分析中均得到了广泛的应用，但它们都具有一个相

同的缺点，即响应值均与化合物的结构有关，没有标准样时定量测定十分困难。另外，对于有毒有害的金属有机化合物、金属元素，例如汞的测定则无能为力。而 GC-AED 技术则弥补了这方面的不足，它可以检测元素周期表中任何一个能从色谱柱中流出的元素。到目前为止，GC-AED 已对 23 种元素，包括氧、铅、汞、硅和锡，特别是那些难于或不能被其他检测器检测的元素进行了深入研究。在选择性和灵敏度方面，气相色谱-原子发射检测联用技术（GC-AED）比常用的选择性检测器有更好的性能。例如对碳，它的灵敏度比 FID 检测高 5 倍；对硫，它的灵敏度比 FPD 检测高 10 倍，而且线性范围大；对于复杂基体，它的选择性比 GC-NPD 更好。因此，GC-AED 已成为分离和检测有毒物质的重要手段之一。

一、GC-AED 的接口

气相色谱与原子发射检测器“接口”的作用是要将色谱分离后的组分送到原子发射检测器的原子化器中使之原子化。这就要求气相色谱-原子发射检测联用的接口能够在不降低色谱分离性能的前提下将色谱分离后的组分尽可能多地送入原子发射检测器的原子化器内，同时不能降低原子化器的原子化效率。随着色谱种类不同和原子发射检测器使用的原子化器不同，接口的形式也多样化。由于大多数原子发射检测器的原子化器是要求以溶液方式进样，因此色谱与原子发射检测器联用的接口较为简单，容易实现。原子发射检测器所用的氢化物发生器也可作为接口，连接色谱和原子发射检测器，测定某些特定元素。经改装后原子发射光谱仪可直接作为 GC 的一个检测器使用。

二、GC-AED 的基本原理

GC-AED 系统示意如图 21-13 所示。它主要由气相色谱柱系统和微波等离子体检测器组成。其基本原理是：被分析样品经色谱柱分离后，被分离组分依次进入微波等离子体腔，等离子体的能量把流入组分原子的外层电子激发至较高能级的电子激发态，被激发的电子跃迁至较低的电子能级时就发射出特征光。用分光光度计测量原子特征波长处的发射光谱的强度，从而得到被分离组分的定性和定量信息。三氯苯 $C_6H_3Cl_3$ 的 GC-AED 基本原理如图 21-14 所示。

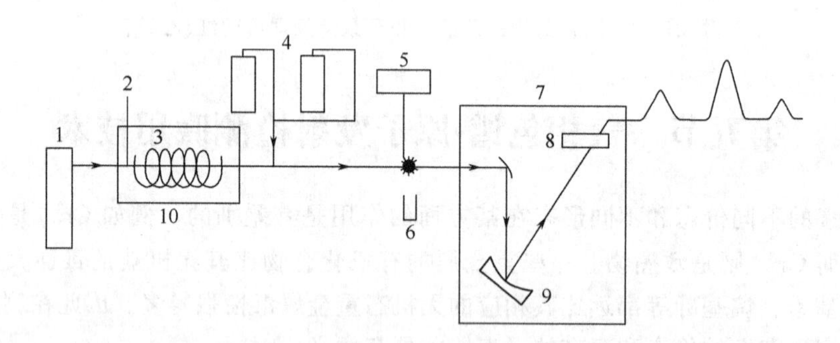

图 21-13 GC-AED 系统示意

1—氢气钢瓶；2—注射口；3—色谱柱；4—试剂气；5—微波发生器；6—等离子体腔；7—分光光度计；8—光传感器；9—光栅；10—色谱炉

色谱柱系统可以是填充柱或毛细管柱。虽然后者的柱容量较低，但由于其分离效率高，材质的惰性好，加上原子发射光谱仪的高灵敏性，因此，在 GC-AED 系统中，用得最多的还是石英毛细管柱。直接进样气相色谱法、多维气相色谱法、顶空气相色谱法、吸附浓缩气相色谱法、萃取浓缩气相色谱法等都可与 AED 联用。当用这些方法都不太理想时，常常用衍生化法，将一种化合物通过化学反应转变成另一种适合原子发射检测器进行测定的化合物。因此凡能进行气相色谱分离的物质都可以用原子发射检测器进行检测。难于进行气相色谱分析的有机金属化合物，通过衍生化等手段处理也可以用原子发射检测器来测定。表 21-4 所列为 HP G2350A 原子发射检测器对 12 种典型元素和氘的 AED 最低检测限及线性动态范围。

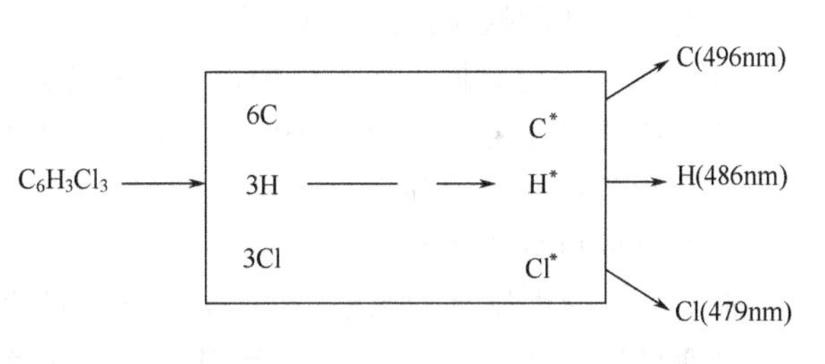

图 21-14　三氯苯 $C_6H_3Cl_3$ 的 GC-AED 基本原理示意

表 21-4　HP G2350A 原子发射检测器对 12 种典型元素和氘的 AED 最低检测限、选择性及线性动态范围

元素	波长/nm	最低检测限/(pg/s)	相对于碳的选择性	线性动态范围
C(碳)	193.1	0.2		20k
H(氢)	486.1	1		5k
D(氘)	656.1	2	300(相对于 H)	10k
O(氧)	777.2	50	10000	5k
N(氮)	174.2	15	2000	20k
S(硫)	180.7	1	8000	10k
P(磷)	177.5	3	5000	1k
Cl(氯)	479.5	25	3000	10k
Br(溴)	478.6	30	2000	1k
F(氟)	685.6	60	20000	2k
Si(硅)	251.6	3	1000	2k
Hg(汞)	253.7	0.1	1000	
Sn(锡)	303.4	1	3000	

三、GC-AED 操作条件的选择

1. 色谱柱系统的操作条件

① 尽量采用交联固定相毛细管色谱柱，液膜厚度一般为 0.1～0.2μm。

② 更换汽化池隔膜垫片之前，一定要把柱炉室温度降至室温后方可操作；而在更换垫片或色谱柱后，要用载气吹扫色谱柱至少 20min，然后才能加热升温。

③ 采用金属密封垫，勿用石墨垫圈，因为后者对空气是可渗透的。

2. 试剂气的选择

试剂气又称反应气，用量虽少但其作用十分重要，主要是防止和清除沉积在放电管上的结焦物和沉积物。若无试剂气，将导致碳的沉积并破坏色谱峰的形状。常用试剂气有四种：氧气、氢气、甲烷气和 10%甲烷-氮混合气。试剂气流速要求控制十分准确，比较先进的仪器都采用电子压力控制器（EPC）控制。

试剂气的选择由被分析元素的性质来决定。例如，氧是在同时测定碳、氢、氯和溴时使用；而对于能生成难溶氧化物的元素如磷、硼，则需要用氢气作试剂气。一般用氢气作试剂气时，对氮元素没有选择性；而用氢-氧混合气作试剂气时（注意这种混合气有爆炸危险），所得到的碳、硫、氮元素的峰形都十分对称，选择性很好。同时测定含氧元素和非含氧元素化合物时，用氮或氢气作试剂气时，对含氧化合物没有选择性，但是用氢气和 10%甲烷-氮混合气作试剂气时，这个问题就不存在。所以，在进行 GC-AED 分析时，选择什么样的试剂气十分重要。

3. 等离子体的操作条件

① 色谱柱一定要插入放电管内部，但不能触及等离子体。

② 溶剂组分不能进入等离子体，应用反吹装置在其进入等离子体之前，将之反吹出去。

③ 放电管要用水冷却。

4. 样品注射量的选择

原子发射检测器是元素选择性检测器，因此样品注射量的选择应使每个元素都有响应，包括目标化合物元素的线性范围、每个元素的检测限和柱容量。特别是在某一化合物中含有几个同时被测定的元素时，更要注意进样量的选择，使它们处在各自响应的线性范围内。

5. 波长的选择

元素分析线既有原子发射线，又有单电荷离子发射线。即一种元素有多条光谱线，如硫元素就有 180.7nm、182.0nm 和 182.3nm 等 3 种，因此在测定时要选择能得到强度大、稳定性好、无干扰谱线的波长。表 21-4 列出了测定各种元素常用的波长。

四、GC-AED 提供的图谱

1. 色谱图

色谱图是在一定波长下，光电二极管阵列检测器（photodiode detector array，PDA）输出信号与时间的关系图（见图 21-15），横坐标为时间，纵坐标为光强度。在色谱图中，每个色谱峰表示混合物中不同的元素组分；峰面积与样品中组分含量成正比。因此，色谱图可以用来进行定量测定。同时还可以得到该组分的保留时间，有助于进行定性分析。

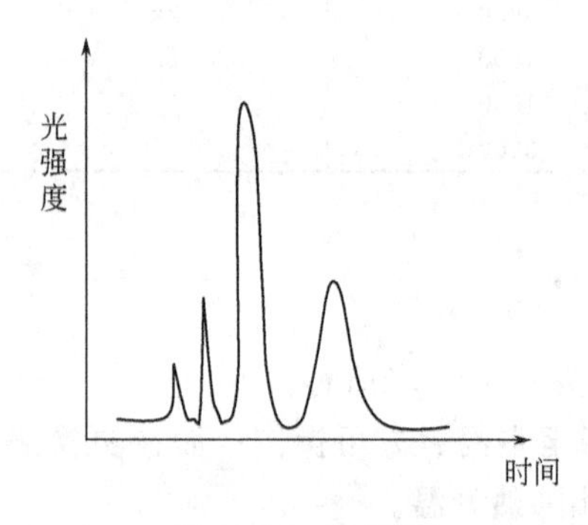

图 21-15 色谱图

色谱图是每秒钟对色谱流出物进行数次检测得到的一系列测量信息，以一组数字形式存储于计算机内，所看到的是一张经过计算机处理的连续谱图。众所周知，在特定波长的光照下，不但有某一原子发出的特征光，而且还有其他碎片发出的一些干扰光，形成干扰光信号。例如，在测定烃中含硫化合物时，在硫化合物流出的同时，也有个别的烃组分也一同流出，光电二极管阵列检测器对它也有光的信号输出。因此，必须进行本底校正或干扰校正。为此，在光电二极管阵列检测器中用两个输出信号，一个检测所需的元素，另一个（用不同的光敏件）检测本底（或干扰物）。本底校正意指从第一种信号中扣除第二种信号。所以，在 GC-AED 色谱图中每点的信号 S，是由元素输出量 E、本底输出 B 和本底量 K 组成，即 $S=E-KB$。PDA 对本底峰的扣除示意如图 21-16 所示。它采用专门的电子元件进行操作（信号处理在软件中完成），光电二极管阵列检测器在图中左侧示出，选择的信号按图示方向传递至放大器，放大器对每个光敏件设置加权量（或增益），然后将输出总计在一起。对图中检测的硫元素来说，在存储器中存储两张色谱图——元素的色谱图和它们单独的本底色谱图，最后通过计算机处理便得到所看到的扣除本底后的连续色谱图。由于光电二极管阵列检测器系由许多个光敏元件组成，可以实现这种实时多点本底校正，使不希望的响应信号降低 2～3 个数量级，这也是光电二极管阵列检测器高选择性的奥秘所在。

2. 瞬谱图

瞬谱图是光电二极管阵列检测器在色谱组分出峰期间产生的某一元素的光谱图。如图 21-17 显示的是硫元素的瞬谱图，横坐标为波长，纵坐标为光电二极管阵列检测器输出的光强度。瞬谱图为阶梯状，每个阶是光电二极管阵列检测器单个光敏件的响应信号。从图中可以看出，硫原子在180～183nm之间发射一组3条特征原子谱线，其中在光敏件91处的一条最强。瞬谱图可以证实某一种元素的存在，因为各个元素的瞬谱图是各不相同的。

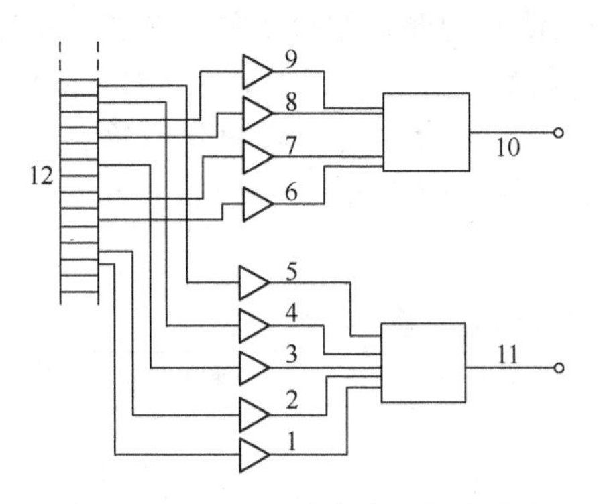

图 21-16 PDA 对本底峰的扣除示意

1～9—放大器；10—硫元素信号谱图；

11—本底信号谱图；12—PDA

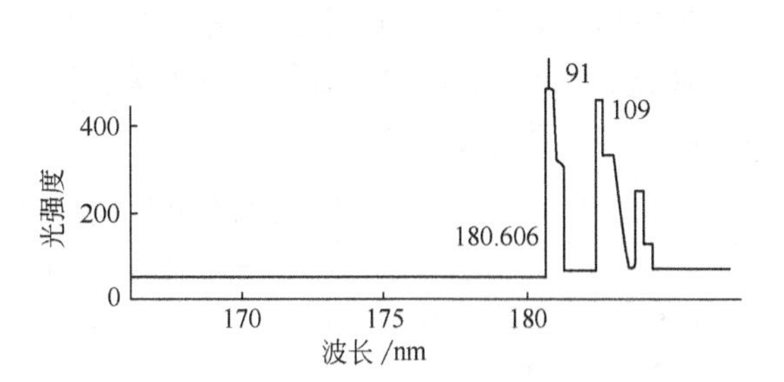

图 21-17 硫元素的瞬谱图

3. 光谱图

光谱图是在某一时刻，PDA 输出光强度信号与波长的关系，如图 21-18 所示。横坐标和纵坐标的物理意义与瞬谱图相同。光谱图与前面所讲的质谱图一样，也是棒状图。从光谱图可以得到样品组分的定性信息，因为光谱图与原子结构有关，每一种元素原子的光谱图是特定的，有“光谱指纹”的功能。

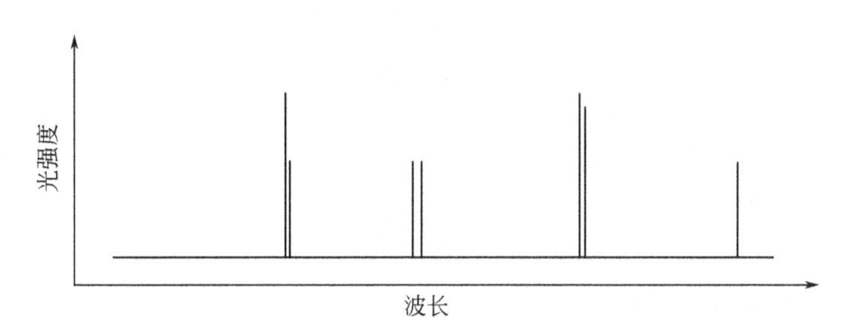

图 21-18 光谱图示意

五、GC-AED 分析的定量方法

1. 多元素同时测定法

使用 AED 可以同时测定一个化合物中或者不同化合物中的多种元素。可同时测定的元素数目首先取决于其发射光波长。例如碳、氢和硫元素的一级发射光波长分别为193nm、174nm和181nm，由于这些发射光波长最大相差19nm，二极管阵列在一个位置即可全部测定这3种元素。如果在数据采集程序中还包含发射光波长777nm的氧，则需单独进样和测定，并需要在运行时移动二极管阵列或光栅的位置。第二个条件是需要有相同的试剂气和补加气流速。例如磷元素，其发射光波长虽然落在氮、硫元素同一窗口上，但是它们对试剂气和补加气的要求却都不一样。因此，磷元素不能和氮、硫元素同时测定。

2. 化合物结构无关校正曲线法

从 AED 检测机理可知，化合物在氦等离子体中被完全碎片化和原子化后，元素信号的强度与实际元素量成正比。即元素信号的峰面积与组分中元素的质量成正比，与元素所在分子的结构无关。例如，氯代环己烷、α-氯化萘、氯代十二烷中的氯元素，其峰面积与各化合物中氯元素的质量的关系曲线是一样的，即其相对响应因子完全相同。表 21-5 所列为 15 种化合物中各种元素碳、氮、氢、氧的相对响应因子（R_f）的测定结果比较，其相对标准偏差最大只有 7%，说明 AED 的元素响应因子与化合物结构无关。因此，在 GC-AED 分析中，可以用一种含有所要测定元素的已知化合物去校正包含相同元素的化合物。这就是 GC-AED分析所独有的与化合物结构无关校正曲线法，简称 CIC 法（compound independent calibration）。其测定步骤如下。

表 21-5　15 种化合物的元素相对响应因子测定结果比较

元素	波长/nm	相对响应因子最小值	相对响应因子最大值	相对标准偏差/%
C(碳)	496	365.7	394.4	1.97
N(氮)	174	503.5	545.0	2.64
H(氢)	486	11325.0	12520.0	2.72
O(氧)	777	434.9	562.8	7.28

① 选定所测元素的波长。

② 用含有被测元素的已知浓度的标准物绘制元素质量与峰面积的关系曲线，求出该元素的单位质量或单位物质的量的相对应答值（即相对响应因子）。

③ 对未知样品进行测定。根据采用的定量方法可按下列任意一种方法求出被测元素的含量（m_i）。

面积归一化法

$$m_i=\frac{A_i}{\sum A_i}\times 100\%$$

外标法

$$m_i=A_iR_{f,i}$$

校正因子归一化法

$$m_i=\frac{A_iR_{f,i}}{\sum A_iR_{f,i}}\times 100\%$$

内标法

$$m_i=\frac{A_iR_{f,i}}{A_sR_{f,s}}m_s$$

式中　m_i——被测元素的含量；

A_i——被测元素的峰面积；

$R_{f,i}$——被测元素的相对响应因子；

m_s——内标元素的含量；

A_s——内标元素的峰面积；

$R_{f,s}$——内标元素的相对响应因子。

以上步骤都已经程序化，由数据处理系统自动处理，若已知被测物的分子式，最后的结果可以表示为：分析物的质量/试样质量。

如果一个化合物含有要分析的所有元素，则该化合物可作为惟一的标准物。与其他气相色谱检测器不同，使用 AED 检测器时，实验室无需准备数十种标准物，这也是 AED 作为检测器的突出优点之一。

六、GC-AED 的应用

一般来说，GC-AED 可以检测元素周期表中任一能从气相色谱柱流出的元素（或含该元素的化合物）。但是氦元素除外，因为它是等离子体气体。迄今为止，已开发了用于检测碳、氢、氘、氧、氮、硫、磷、氟、氯、溴、碘、硅、汞、铅、锡、砷、硒、锑、镍、钒、铜、钴和铁的方法软件，在石油和石油化工、环境检测、药物分析、食品香料等领域中得到了很好的应用。

例如，优先挥发性污染物（如二氯乙烯、四氯化碳、苯、四氯乙烯和乙苯）的测定，大都采用吹扫/捕集气相色谱法，但需要各种各样的检测器，如用电导检测器专门测定卤素，用光离子化检测器专门分析烯烃和芳烃。而原子发射检测器却没有这样的限制，它普遍适用于含有卤素的芳烃混合物优先挥发性污染物的测定。采用长 10m、内径 0.1mm 并涂渍有 5%甲基苯基聚硅氧烷的毛细管柱进行分离，测定优先污染物的 GC-AED 操作参数见表 21-6。其中最难分离的物质苯和四氯化碳，不需要把它们分离都能一一检测，四氯化碳在氯通道进行测定，而苯在氢通道进行测定，这是一般的检测器无法做到的。

表 21-6 测定优先污染物的 GC-AED 操作参数

元素	波长/nm	试剂气	尾吹气流速/(mL/min)	进样序数
C(碳)	495.7	氧气	30	1
H(氢)	486.1	氧气	30	1
Cl(氯)	479.5	氧气	30	1

第六节 ICP-MS 联用技术

20 世纪 80 年代，Houk 和 Gray 分别独立报道了用电感耦合等离子体（ICP）做离子源的质谱分析法，由 ICP 可提供很好的无机物分析所需的离子源，在 ICP 与质谱仪联用的接口问题解决之后，使 ICP-MS 法在无机元素超痕量分析上获得了巨大的成功，并且发展十分迅速。从 1983 年英国和加拿大两个公司同时推出商用 ICP 质谱仪起，到目前为止，全世界已有几百台 ICP 质谱联用仪在使用。目前，ICP-MS 被公认为最理想的元素分析方法。

一、ICP-MS 的基本装置

ICP-MS 基本装置示意图如图 21-19 所示，它是由等离子体、质谱仪及两者的接口三部分组成。工作过程是样品由蠕动泵送入雾室，气溶胶在常压和约 7000K 高温的 ICP 通道中被蒸发、原子化和电离，离子在加速电压作用下，经采样锥和分离锥，被加速、聚焦后进入质谱仪，不同质荷比离子选择性地通过四极质量分析器，用离子检测器检测。通常采用的是

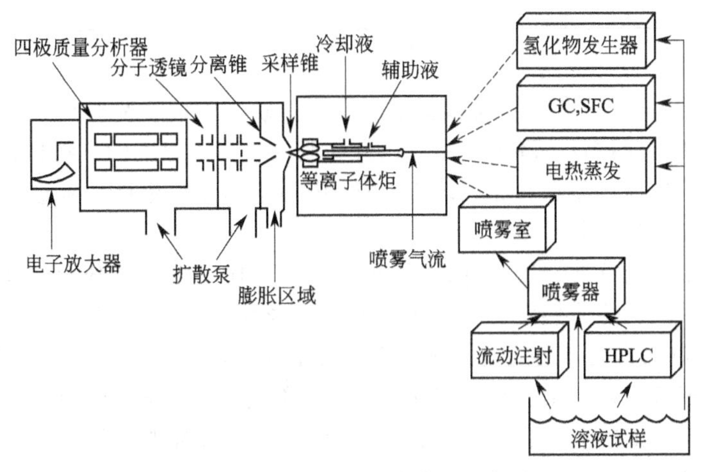

图 21-19 ICP-MS 基本装置示意图

虚线表示气体试样引入，实线表示液体试样引入

配置电子倍增管的脉冲计数检测器。

从等离子体中提取离子将其送入真空系统是ICP-MS的关键过程，其核心部件为等离子体与质谱相连接的接口。解决的办法是将一个采样孔径为0.75～1mm、经冷却的采样锥靠近等离子炬管，它的锥间孔对准炬管的中心通道，锥顶与炬管口距离为1cm左右。在采样锥的后面有一分离锥，外形比采样锥小，锥体比采样锥大。分离锥与采样锥一样，在尖顶部有一小孔，两锥尖之间的安装距离为6～7mm，并在同一轴心线上。由ICP产生的离子经采样孔进入真空系统，在这里形成超声速射流，其中心部分流入分离孔。由于被提取的含有离子的气体是以超声速进入真空室的，且到达分离锥的时间仅需几个微秒，所以样品离子的成分及特性基本没有变化。

常用的ICP质谱仪有两类：①四极质谱计，是ICP质谱仪中最先使用的；②双聚焦磁场高分辨率质谱仪，为ICP使用的新型质谱仪。四极质谱计是目前ICP质谱仪中用得最多的一种质谱计，其优点是结构简单、操作方便、价廉，缺点是分辨率较低，最大分辨率是1000，对无机同质数离子及聚合离子不能很好地分离开。

二、ICP-MS的特点和应用

ICP-MS的主要优点归纳为：①试样是在常压下引入，外部离子源，即离子并不处在真空中；②等离子体的温度很高（7000K），使试样完全蒸发和解离；③试样原子电离的百分比很高；④产生的主要是一价离子；⑤离子能量分散小；⑥离子源处于低电位，可配用简单的质量分析器。正因为ICP-MS有如此多的优点，使得ICP-MS具有优良的分析性能（表21-7），成为元素分析中最重要的分析技术之一，被称为当代分析技术最激动人心的发展。

表21-7 无机分析技术性能比较

参 数	GFAAS	ICP-AES	ICP-MS
检测限	ppt	ppb	ppq～ppt
线性动态范围(数量级)	2～3	4～6	8～9
干扰程度	中等	很多	最少
分析速度	很慢	快	最快
可测定的元素种类	少	60～70	几乎所有元素
多元素同时测定能力	无	有	有
需要样品量	μL	mL	μL或mL
仪器价格/万美元	5～10	10～15	20～30
运行费用	最大	较少	最少

注：ppb为10^{-9}；ppt为10^{-12}；ppq为10^{-15}，下同。

ICP-MS性能优异，尤其在测量极低浓度和同位素丰度的样品时更具优势，其应用领域很广，如半导体和陶瓷材料、环境样品、结合使用同位素示踪剂的生物材料、高纯试剂和金属、原子核材料、地质样品和食品等。ICP-MS可用于物质的定性、半定量和定量分析以及同位素比测定，检测模式灵活多样。

（1）定性和半定量分析　ICP-MS可以很容易地应用于多元素分析，非常适合于不同类型的天然和人造材料的快速鉴定和半定量分析，其检测限优于ICP-AES，类似于甚至超过电热法AAS。通过元素离子的质荷比进行指纹式定性分析，通常原子质谱的谱图比AES的谱图要简单和易于解释，对于分析一些含有复杂发射光谱的元素（如稀土元素、铁等）尤为方便。ICP-MS半定量分析，可以在2min内通过质谱全扫描测定所有元素的近似浓度，不需要标准溶液，多数元素测定误差小于20%。

（2）定量分析　ICP-MS最常用的定量分析方法是用标准溶液做校正曲线进行定量分

析。ICP-MS 在测量的精密度、准确度、测定元素的数量、检出限及样品的允许分析量等方面都具有优势。但为了避免取样器的堵塞，一般把溶液盐的浓度限定在 0.1g/L。另外，为了克服仪器的漂移、不稳定性和基体效应，通常采用内标法，要求在试样中不存在内标元素且原子量和电离能与分析物相近，通常选用其质量在中间范围（115、113 和 103）并很少自然存在于试样中的铟与铑。

使用同位素稀释质谱法（IDMS）可使测定的精密度和准确度明显提高，它是将已知量的同位素示踪剂，通常是丰度较小的稳定同位素或长寿命的放射性同位素，加到样品中并充分混匀，然后测定最高丰度同位素对示踪同位素的比值。最关键问题是样品的制备。但是，IDMS 法的主要缺点是比较费时，且使用示踪同位素花费也比较高。

目前，一个新的发展趋势是将 ICP-MS 与各种分离方法结合起来，以提供有关元素化学形态的识别与定量方面的信息，尤其是对那些毒性由化学元素形态决定的元素，如 As、Se、Pb、Hg 等更是如此。

（3）同位素比测定　同位素比的测定在科学和医学领域极其重要，如用于地质年龄测定及同位素示踪等应用。以前，同位素比的测定都是采用热原子化和离子化，在一个或多个电热灯丝上将试样解离、原子化和离子化，生成的离子引入到双聚焦质谱仪，测定同位素比，相对标准偏差可达 0.01%，相当精确但非常费时。目前采用 ICP-MS 法，分析一个试样只需几分钟，相对标准偏差达到 0.1%～1%，满足多数分析要求，同时还可以进行多元素测定，大大扩展了同位素比测量的应用。

习　题

1. 接口是色谱联用技术中的关键装置，在色谱联用技术中对接口有哪些要求？
2. 常用的色谱联用技术有哪些？仪器联用前后有哪些优点？又有什么缺点？
3. 用 GC-MS 法定量分析与 GC 法定量分析有什么相同之处和不同之处？
4. 在用 GC-MS 进行定量分析时，除了可以使用总离子流色谱图的峰面积计算之外，可否利用选择离子检测图进行定量？为什么？
5. 分析用总离子、多离子、单离子色谱图定量分析，各有什么特点。
6. GC-MS 联用仪的常用接口有哪些？各有什么特点？
7. 在 GC-FTIR 联用仪中对光管有什么要求？它对检测结果有哪些影响？
8. 化学图、Gram-Schmidt 重建色谱图和红外总吸收度重建色谱图定性分析，有什么特点？
9. 试简述影响 GC-FTIR 结果的因素。
10. 在 GC-AED 联用技术中，怎样选择合适的试剂气？试剂气有哪些作用？
11. 色谱图、瞬谱图和光谱图在 GC-AED 联用分析中有什么联系和区别？
12. 用 GC-AED 法定量分析与 AED 法定量分析有什么相同之处和不同之处？
13. 在 GC-AED 联用操作中应注意哪几个问题？

附录　仪器分析中常用缩写及全称

缩写	英文全称	中文全称
AAS	atomic absorption spectrometry	原子吸收光谱法
AED	atomic emission detector	原子发射检测器
AES	atomic emission spectrometry, Auger electron spectrometry	原子发射光谱法，俄歇电子能谱法
AFS	atomic fluorescence spectrometry	原子荧光光谱法
CE	capillary electrophoresis	毛细管电泳法
CF-FAB	continuous flow fast atom bombardment	连续流快原子轰击
CGC	capillary gas chromatography	毛细管气相色谱法
COSY	correlation spectrometry	相关光谱法
DAD	diode array detection (detector)	二极管阵列检测（检测器）
DEPT	distorsionless enhancement by polarization transfer	不失真极化转移增强
DSC	differential scanning calorimetry	差示扫描量热法
DTA	differential thermal analysis	差热分析
DTG	differential thermogravimetry	差示热重分析
EB	forward geometry: electrostatic analyzer + magnetic sector	正相几何结构：静电分析器＋磁扇形
ECD	electron capture detector	电子俘获检测器
ED-XRF	energy-dispersive X-ray fluorescence (spectrometry)	能量色散 X 射线荧光（分析）
EELS	electron energy loss spectrometry	电子能量损失谱法
ESA	electrostatic analyzer	静电分析器
FAB	fast atom bombardment	快原子轰击
FID	flame ionization detector	火焰离子化检测器
FT	Fourier transform	傅里叶变换
FT-ICR	Fourier transform-ion cyclotron resonance (spectrometry)	傅里叶变换离子回旋共振（谱法）
FTIR	Fourier transform infrared (spectrometry)	傅里叶变换红外（光谱法）
FT-MS	Fourier transform mass spectrometry	傅里叶变换质谱法
GC	gas chromatography	气相色谱法
GF-ASS	graphite furnace atomic absorption spectrometry	石墨炉原子吸收光谱法
HCL	hollow cathode lamp	空心阴极灯
HMBC	^{1}H detected heteronuclear mutiple bond correlation	^{1}H 检测的异核多键相关
HMQC	^{1}H detected heteronuclear mutiple quantum coherence	^{1}H 检测的异核多量子相关

HPTLC	high performance thin-layer chromatography	高效薄层色谱
HPLC	high performance liquid chromatography	高效液相色谱
HSQC	^{1}H detected heteronuclear single quantum coherence	^{1}H 检测的异核单量子相关
ICP	inductively coupled plasma	电感耦合等离子体
ICP-MS	inductively coupled plasma mass spectrometry	电感耦合等离子体质谱法
IR	infrared (radiation)	红外(辐射)
IUPAC	International Union for Pure and Applied Chemistry	国际纯粹与应用化学联合会
KRS-5	thallium-bromide-iodide (ATR crystal material)	碘溴化铊(TlBrI)(衰减全反射晶体材料)
LBB	Lambert-Beer's law	朗伯-比尔定律
LC	liquid chromatography	液相色谱法
m/z	mass-to-charge radio	质荷比
MS	mass spectrometry	质谱法
MS-MS	tandem mass spectrometry	串联质谱法
NMR	nuclear magnetic resonance (spectrometry)	核磁共振法(波谱法)
NPD	nitrogen phosphorus detection (detector)	氮磷检测(检测器)
PMT	photomultiplier tube	光电倍增管
ppb	part per billion	十亿分之一
ppm	part per million	百万分之一
ppt	part per trillion	亿万分之一
QMF	quadrupole mass filter	四极滤质器
RS	Raman spectrometry	拉曼光谱法
SCE	standard calomel electrode	标准甘汞电极
SDS-PAGE	sodium dodecylsulfonate polyacrylamide gel electrophoresis	十二烷基磺酸钠聚丙烯酰胺凝胶电泳
SFC	supercritical fluid chromatography	超临界流体色谱法
SEC	size exclusion chromatography	尺寸排阻色谱法
SHE	standard hydrogen electrode	标准氢电极
TIC	total ion chromatography	总离子流色谱法
TLC	thin-layer chromatography	薄层色谱法
TOF	time-of-flight (mass spectrometry)	飞行时间(质谱仪)
UPLC	ultra performance liquid chromatography	超高效液相色谱
UV	ultraviolet (radiation)	紫外(辐射)
VIS	visible (radiation)	可见(辐射)
XAS	X-ray absorption spectrometry	X射线吸收光谱法
XPS	X-ray photoelectron spectrometry	X射线光电子能谱法
XRD	X-ray diffraction	X射线衍射
XRF	X-ray fluorescence (spectrometry)	X射线荧光(光谱法)

参 考 文 献

[1] Hirschfeld T. The hyphenated methods. Anal Chem，1980，52（2）：297A.

[2] 汪正范，杨树民，吴侔天等. 色谱联用技术. 北京：化学工业出版社，2001.

[3] Mclafferty Fred W. Interpretation of Mass Spectra. 4th ed. University Science Books，1993.

[4] 周良模等. 气相色谱新技术. 北京：科学出版社，1994.

[5] 梁汉昌. 痕量物质分析气相色谱法. 北京：中国石化出版社，2000.

[6] Niessen W M A. State-of-the-art in liquid chromatography-mass spectrometry. J of Chromatography A，1999，856（1-2）：179.

[7] Somsen G W，Gooijer C，Brinkman U A. Liquid chromatography—Fourier-transform infrared spectrometry. J of Chromatography A，1999，856（1—2）：213.

[8] Albert K. Liquid chromatography-nuclear magnetic resonance spectroscopy J of Chromatography A，1999，856（1—2）：199.

[9] 张叔良，易大年，吴天明. 红外光谱分析与新技术. 北京：中国医药科技出版社，1993.

[10] 北京大学化学系仪器分析教学组编. 仪器分析教程. 北京：北京大学出版社，1997.

[11] Christian G D，O'Reilly J E. 仪器分析. 王镇浦，王镇棣译. 北京：北京大学出版社，1991.

[12] 方惠群，于俊生，史坚. 仪器分析. 北京：科学出版社，2002.

[13] 刘立行. 仪器分析. 北京：中国石化出版社，1990.

[14] Skoog D A，Holler F J，Nieman T A. Principles of Instrumental Analysis. 5th ed. Philadephia：Saunders College Publishing，1998.

[15] Nakamoto K. Infrared and Raman Spectra of Inorganic and Coordination Compounds. 5th ed. New York：John Wiley&Sons，1997.

[16] 孙国新. 药品检验对分光光度计的要求与评价. 分析测试仪器通讯，1997，(3)：28.

[17] 王静之，许青，买光昕. 有色冶金试样的多组分同时测定. 山东科学，1998，11（4）：12.

[18] 张亚刚，樊莉，文彬等. 紫外可见分光光度法在共轭亚油酸定量分析中的应用. 新疆石油学院学报，2002，14(2)：59.

[19] Williams D H，Fleming I. Spectroscopic Methods in Organic Chemistry. 5th ed. New York：McGraw-Hill Book Co，1988.

[20] 姚新生. 有机化合物波谱解析. 北京：中国医药科技出版社，2004.

[21] 邓勃，宁永成，刘密新. 仪器分析. 北京：清华大学出版社，1991.

[22] 何金兰，杨可让，李小戈. 仪器分析原理. 北京：科学出版社，2002.

[23] 赵澡藩，周性尧，张悟铭，赵文宽. 仪器分析. 北京：高等教育出版社，1990.

[24] 彭采文 G R 著. 分子发光分析法——荧光法和磷光法. 祝大昌，陈剑铉，朱世盛译. 上海：复旦大学出版社，1985.

[25] 罗庆尧，邓延倬，蔡汝秀，曾云鹗. 分光光度分析. 北京：科学出版社，1992.

[26] 裘祖文，裴奉奎. 核磁共振波谱. 北京：科学出版社，1989.

[27] 易大年，徐光漪. 核磁共振波谱——在药物分析中的应用. 上海：上海科学技术出版社，1985.

[28] 严宝珍. 核磁共振在分析化学中的应用. 北京：化学工业出版社，1994.

[29] 苏克曼，潘铁英，张玉兰. 波谱解析法. 上海：华东理工大学出版社，2002.

[30] 董慧茹. 仪器分析. 北京：化学工业出版社，2000. �

[31] 朱淮武. 有机分子结构波谱解析. 北京：化学工业出版社，2005.

[32] 郭德济. 光谱分析法. 重庆：重庆大学出版社，1994.

[33] Kellner R 编著. 分析化学. 李克安，金钦汉等译. 北京：北京大学出版社，2001.

[34] 孙汉文. 原子吸收光谱分析技术. 北京：中国科学技术出版社，1992.
[35] 叶大成，金成伟. X射线粉末法及其在岩石学中的应用. 北京：科学出版社，1984.
[36] Briggs D 编著. X射线与紫外光电子能谱. 桂琳琳，黄惠忠，郭国霖等译. 北京：北京大学出版社，1984.
[37] 刘世宏，王当憨，潘承璜. X射线光电子能谱分析. 北京：科学出版社，1988.
[38] Windawi H，Ho F F-L. Chemical analysis，Vol. 63：Applied electron spectroscopy for chemical analysis. New York：John Wiley&Sons，1982.
[39] 严凤霞，王筱敏. 现代光学仪器分析选论. 上海：华东师范大学出版社，1992.
[40] 清华大学分析化学教研室. 现代仪器分析（下）. 北京：清华大学出版社，1983.
[41] 陆家和，陈长彦. 现代分析技术. 北京：清华大学出版社，1995.
[42] Robert D B 著. 最新仪器分析技术全书. 北京大学化学系，清华大学分析中心，南开大学测试中心译. 北京：化学工业出版社，1990.
[43] 朱明华. 仪器分析. 第 3 版. 北京：高等教育出版社，2000.
[44] 华东理工大学分析化学教研室，成都科学技术大学化学教研室合编. 分析化学. 第 4 版. 北京：高等教育出版社，1995.
[45] 俞惟乐，欧庆瑜. 毛细管柱气相色谱和分离分析新技术. 北京：科学出版社，1999.
[46] 陆婉珍，汪燮卿. 近代物理分析法及其在石油工业中的应用（上册）. 北京：石油工业出版社，1984
[47] 苏皮纳 W R. 气相色谱填充柱. 詹益兴译. 长沙：湖南科学技术出版社，1979.
[48] 李 M L，杨 F J，巴特尔 K D 著. 毛细管柱气相色谱法. 王其昌等译. 北京：化学工业出版社，1988.
[49] 艾特利 L S 著. 开管柱入门. 陈维杰，张铁垣译. 北京：北京师范大学出版社，1982.
[50] 傅若农，刘虎威. 高分辨气相色谱及高分辨裂解气相色谱. 北京：北京理工大学出版社，1992.
[51] Grob R L. Modern practice of gas chromatography. 2nd ed. New York：John Willey&Sons，1985.
[52] 陈培榕，邓勃. 现代仪器分析实验与技术. 北京：清华大学出版社. 1999.
[53] 邵昭明. DB-5 毛细管色谱柱在食品卫生监测中的应用. 中国卫生检验杂志，2001（12）：157.
[54] 胡荣宗，王义星，田昭武. 电迁移毛细管离子色谱的研究. 厦门大学学报：自然科学版，1991（3）：175.
[55] 李志学，尤慧艳，胡三河等. 电填充毛细管色谱柱性能的评价. 色谱，1997（1）：67.
[56] 傅若农，张爱琴，邓景辉等. 高分子液晶的合成及毛细管色谱柱的制备和性能研究. 分析化学，1991（11）：1238.
[57] 陈远荫，唐星华，卢雪然等. 含杯［4］芳烃毛细管固定相的制备与色谱性能. 高等学校化学学报，1998（5）：52.
[58] 国家药典委员会组织编写. 中华人民共和国药典（2000 年版）. 北京：化学工业出版社，2000.
[59] 柯克兰 J J. 液体色谱的现代实践. 中科院上海有机所翻译组译. 北京：科学出版社，1978.
[60] 斯奈德 L R，柯克兰 J J. 现代液相色谱法导论. 第二版. 高潮等译. 北京：化学工业出版社，1988.
[61] 金恒亮. 高压液相色谱法. 北京：原子能出版社，1987.
[62] Chester T L. The role of supercritical fluid chromatography in analytical chemistry. J Chromatogr sci，1986，24（6）：226.
[63] 丁明玉，田松柏著. 离子色谱原理与应用. 北京：清华大学出版社，2001.
[64] 傅若农，顾峻岭编著. 近代色谱分析. 北京：国防工业出版社，1998.
[65] 于世林编著. 高效液相色谱方法及应用. 北京：化学工业出版社，2000.
[66] Bidlingmeyer B A. Practical HPLC methodology and application. New York：John Wiley & Sons，1992. 131-206.
[67] Hiderbrand I H，Scott R L. Regular solutions. New Jersey：Prentice Hall，Englewood Cliffs，1962.
[68] Rohrscheider L. Solvent characterization by gas-liquid partition coefficients of selected solutes. Anal

Chem，1973，45（7）：1241.
[69] Snyder L R. Principles of Adsorption Chromatography；the separation of nonionic organic compounds (Chromatographic Science，Vol. 3). New York：Marcel Dekker，1968.
[70] Mohr P，Pommerening K. Affinity Chromatography：Practical and Theoretical Aspects. New York and Basel：Marcel Dekker Inc，1985.
[71] 师治贤，王俊德编著．生物大分子的液相色谱分离和制备．第 2 版．北京：科学出版社，1996：229-261.
[72] 施良和编．凝胶色谱法．北京：科学出版社，1980.
[73] Scott R L W. Liquid Chromatography Column Theory. Chichester：John Wiley & Sons，1992.
[74] Horvath C. High-Performance Liquid Chromatography：Advances and Perspectives. Vol 2. New York：Academic Press，1980：1-56.
[75] 胡海燕，朱馨乐，胡昊等．超高效液相色谱简介及应用比较．中国兽药杂志，2010，44（4）：48.
[76] 邹汗法，刘震，叶明亮等编著．毛细管电色谱及其应用．北京：科学出版社，2001.
[77] Hatajik T D，Brown P R. Chiral separations of pharmaceuticals using capillary electrochromatography (CEC)：an overview. J Cap Electrophoresis，1998，5：143.
[78] Lin J M，Nakagama T，Uchiyama K，et al. J Liq Chromatogr，1997，20：1489.
[79] 傅若农著．色谱法概论．北京：化学工业出版社，2001.
[80] Yu C，Svec F，Frechet J M. Towards stationary phases for chromatography on a microchip：molded porous polymer monoliths prepared in capillaries by photoinitiated in situ polymerization as separation media for electrochromatography. Electrophoresis，2000，21（1）：120.
[81] Pusecker K，Schewitz J，Gfroerer P，et al. Online coupling of capillary electrochromatography，capillary electrophoresis，and capillary HPLC with nuclear magnetic resonance spectroscopy. Anal Chem，1998，70（15）：3280.
[82] Peters E C，Petro M，Svec F，et al. Molded rigid polymer monoliths as separaion media for capillary electrochromatography. Anal Chem，1997，69（17）：3646.
[83] Demaux A，Sandra P，Ferraz V. Analysis of free fatty acids and phenacyl eaters in vegitable oils and margaine by capillary electrochromatography. Electrophoresis，1999，20（1）：74.
[84] Schmeer K，Behnke B，Bayer E. Capillary electrochromatography-electrospary mass spectrometry：a microanalysis technique. Anal Chem，1995，67（20）：3656.
[85] Pyell U，Rebscher H，Banholczer A. Influence of sample plug width in capillary electrochromatography. J Chromatogr A，1997，779（1+2）：155.
[86] Rebscher H，Pyell U. Instrumental developments in capillary electrochromatography. J Chromatogrphia，1996，42（314）：171.
[87] Rebscher H，Pyell U. In-column versus on-column fluorescence detection in capillary electrochromatography. J Chromatogr A，1996，737（2）：171.
[88] Li D，Remcho V T. Perfusive electroosmotic transport in packed capillary electrochromatography：mechanism and utility. J Micro Sep，1997，9（5）：389.
[89] Li S，Lloyd D K. Packed-capillary electrochromatographic separation of the enantiomers of neutral and anionic compounds using β-CD as chiral selector. J Chromatogr A，1994，666（1-2）：321.
[90] Wright P B，Lister A S，Dorsey J G. Behavior and use of nonaqueous media without supporting electrolyte in capillary electrosis and capillary electrochromatography. J Anal Chem，1997，69：3251-3259.
[91] Gordon S. Topics in chemical instrumentation. VI. Differential thermal analysis. J Chem Edu，1963，40（2）：A87.
[92] 林木良．热分析在医药生产、研究上的应用．广州化工，2000，28（1）.

[93] DeAngelis N J, Papariello G J. Differential scanning calorimetry. Advantages and limitations for absolute purity determinations. J Pharm Sci, 1968, 57 (11): 1868.

[94] 陈栋华，袁誉洪，张健等．中南民族学院学报：自然科学版，1999，18 (2)：60.

[95] Okada S, Yoshi K, Komatsu H. Applicaion of thermal analysis to quality conlrol of drugs: Ⅲ. For the adoption of TA as a general test in Japanese pharmacopocia. Iyakukin Kenkyu, 1996, 27 (9): 632-638.

[96] Lerdkanchanaporn S, Dollimore D, Alexander K S. A thermogravimetric study of ascorbic acid and its excipients in pharmaceutical formulations. Thermochim Acta, 1996, 284 (1): 115.

[97] 周红华，郭寅龙，盛龙生等．中国药科大学学报，1996，27 (9)：547.

[98] Craig D Q M, Johnson F A. Pharmaccutica application of dynamic mechanical thermal analysis. Thermochim Acta, 1995, 248: 97-115.

[99] Utschk H, Schultz D, Bochme K. Methods of the thermal analysis (final part) . Chem Labor Biotech, 1994, 45 (12): 643.

[100] Bezemer R. Trends in thermal analysis: Ⅷ. Thermal analysis becomes an ever broader main topic. Chem Mag, 1994, 20 (9): 367.

[101] Benzler B, Nirschke T. Application the thermal analysis in pharmaceuticals. Laborpraxis, 1996, 20 (9): 70.

[102] 王彦吉，宋增福．光谱分析与色谱分析．北京：北京大学出版社，1995.

[103] 朱良漪．分析仪器手册．北京：化学工业出版社，1997.

[104] EPA Methods 1613.

[105] Munch J W, Eichelberger J W. Evaluation of 48 compounds for possible inclusion in U. S. EPA Methods 524. 2, Revision 3. 0: expansion of the method analyte list to a total of 83 compounds. J Chromatogra Sci, 1992, 30 (12): 471.

[106] Stan H J. Application of capillary gas chromatography with mass selective detection to pesticide residue analysis. J Chromatogra, 1989, 467 (1): 85.

[107] Gerhards P, Bons U, Sawazki J. GC / MS in Clinical Chemistry. New York: John Wiley &Sons, 1999.

[108] 骆传环，史曙光，傅良青．可乐饮料中咖啡因的GC/MS定量测定．质谱学报，1997，18 (3)：46-49.

[109] Schanzer W. Geyer H. Gotzmann A. et al. Recent Advances in Doping Analysis (7), Sport und BUCH Strauss, 1999.

[110] Telliard W A. Broad-range methods for determination of pollutants in wastewater. Journal of Chromatographic Science, 1990, 28 (9): 453-459.

[111] Finnigan R E. Quadrupole mass spectrometers. Analytical Chemistry, 1994, 66 (19): 969A.

[112] McMaster M, McMaster C. GC / MS: A Practical User's Guide. New York: John Wiley &Sons, 1998.

[113] Molnar W S, Yarborough V A. Polyethylene capillary tubes as micro liquid cells for infrared spectroscopy. Appl Spectrosc, 1958, 12: 143-145.

[114] 陈吉平．在GC/FTIR中KOVATS保留指数辅助红外光谱定性分析［硕士论文］．大连：中国科学院大连化学物理研究所，1988.

[115] Kakihana, M. Okamoto M. Application of spectral subtraction technique to solid samples of sodium formate and sodium acetate with small amounts of D-variants. Appl Spectrosc, 1984, 38 (1): 66.

[116] Koenig J L. Application of Fourier transform infrared spectroscopy to chemical systems. Appl Spectrosc, 1975, 29 (4): 293.

[117] Azarraga L V. Gold coating of glass tubes for gas chromatography/Fourier transform infrared spec-

troscopy "light-pipe" gas cells. Appl Spectrosc，1980，34 (2)：224.
[118] Reedy G T，Ettinger D G，Schneider J F，et al. High-resolution gas chromatography/matrix isolation infrared spectrometry. Anal Chem，1985，57 (8)：1602.
[119] McCormack A J，Tong S C，Cooke W D. Sensitive selective gas chromatography detector based on emission spectrometry of organic compounds. Anal Chem 1965，37 (12)：1470.
[120] Ebdon L，Hill S，Ward R W. Directly coupled chromatography-atomic spectroscopy. Part 1. Directly coupled gas chromatography- atomic spectroscopy-a review. Analyst，1986，111 (10)：1113-1138.
[121] Sullivan J J，Quimby B D. Detection of carbon，hydrogen，nitrogen，and oxygen in capillary gas chromatography by atomic emission. J High Resol Chromatogra，1989，12 (5)：282.
[122] 江祖成，田笠卿，陈新坤等. 现代原子发射光谱分析. 北京：科学出版社，1999.
[123] Scott R P W. Introduction to Analytical Gas Chromatography，2nd ed. Revised and Expanded. New York：Marcel Dekker，Inc，1997
[124] Zerezghi M，Mulligan K J，Caruso J A. Application of a rapid scanning plasma emission detector and gas chromatography for multi-element quantification of halogenated hydrocarbons. J Chromatogra Sci，1984，22 (8)：348.
[125] Tanabe K，Haraguchi，H，Fuwa K. Application of an atmospheric pressure helium microwave-induced plasma as an element-selective detector for gas chromatography. Spectrochim Acta，1981，36B (7)：633.
[126] Takigawa Y，Hanai T，Hubert J. Microwave-induced plasma emission spectrophotometer combined with a photodiode array monitor for capillary column gas chromatography. HRC & CC，1986，9 (11)：698.
[127] Quimby B D，Sullivan J J. Evaluation of a microwave cavity，discharge tube，and gas flow system for combined gas chromatography-atomic emission detection. Anal Chem，1990，62 (10)：1027.
[128] 吴谋成. 仪器分析. 北京：科学出版社，2003.